내가 뽑은 원픽! 최고의 수험서



2024

# 피복아크용접 기능사 필기

가스텅스텐아크용접/이산화탄소가스아크용접기능사 포함

유기섭 저

예문사

PREFACE

# 머리말

용접분야의 자격증은 조선, 플랜트 및 발전소, 각종 건설현장과 인테리어 · 금속 관련 제조업 등에서 꼭 필요한 자격 요건이나, 그 중요성이 부각되지 못하고 있었던 것이 사실입니다. 하지만 최근 매스컴에서 접하게 되는 용접 관련 현장에서의 사고들을 보면 아주 사소한 부주의와 실무자의 무지로 인해 돌이킬 수 없는 큰 재난이 일어나고 있습니다. 이에 최근 대규모 사업장을 시작으로 국가기술자격증인 용접 관련 자격증을 요구하는 분위기가 확산되고 있어 자격증의 가치가 점차 상승하고 있다고 말씀드릴 수 있습니다.

이러한 분위기에 편승하여 용접기능사 시험은 2022년까지 시행되고 있던 용접기능사, 특수용접기능사 2개 종목이 2023년부터 국가기술자격법 법령 개정에 따라 아래와 같이 변경되어 관련 출제기준을 반영하여 교재의 내용을 일부 재구성하였습니다.

| 변경 전 (2022.12.31.까지 적용) | | 변경 후 (2023.1.1.부터 적용) |
|---|---|---|
| 용접기능사 | → | 피복아크용접기능사 |
| 특수용접기능사 | → | 가스텅스텐아크용접기능사<br>이산화탄소가스아크용접기능사 |

❒ 이 책의 특징

첫째, 이론 부분에서는 필수 기초 이론을 간략히 정리하였고 시험에 반드시 출제되는 내용을 익히도록 구성하였습니다.

둘째, 단기간 합격하고자 하는 수험자들을 위해 중복되는 문제를 최대한 빼고 출제빈도가 높은 문제만 모은 "테마별 기출문제"편을 새로 구성하였습니다.

셋째, 수험자들이 어려워하는 계산문제를 별도 정리하고 관련 연습문제도 충분히 풀어볼 수 있도록 구성하였습니다.

이후 부족한 부분은 계속해서 보완해 나갈 것을 약속드립니다. 도타비 문제은행(www.dotabi.com)에서 CBT 모의고사를 무료로 제공하고 있으니 함께 활용하면 도움이 될 것입니다.

끝으로 출판을 위해 애써주신 도서출판 예문사 관계자분들에게 감사드립니다.

저자 올림

INFORMATION

# CBT 온라인 모의고사 이용 안내

• 인터넷에서 [예문사]를 검색하여 홈페이지에 접속합니다.

• PC, 휴대폰, 태블릿 등을 이용해 사용이 가능합니다.

## STEP 1 회원가입 하기

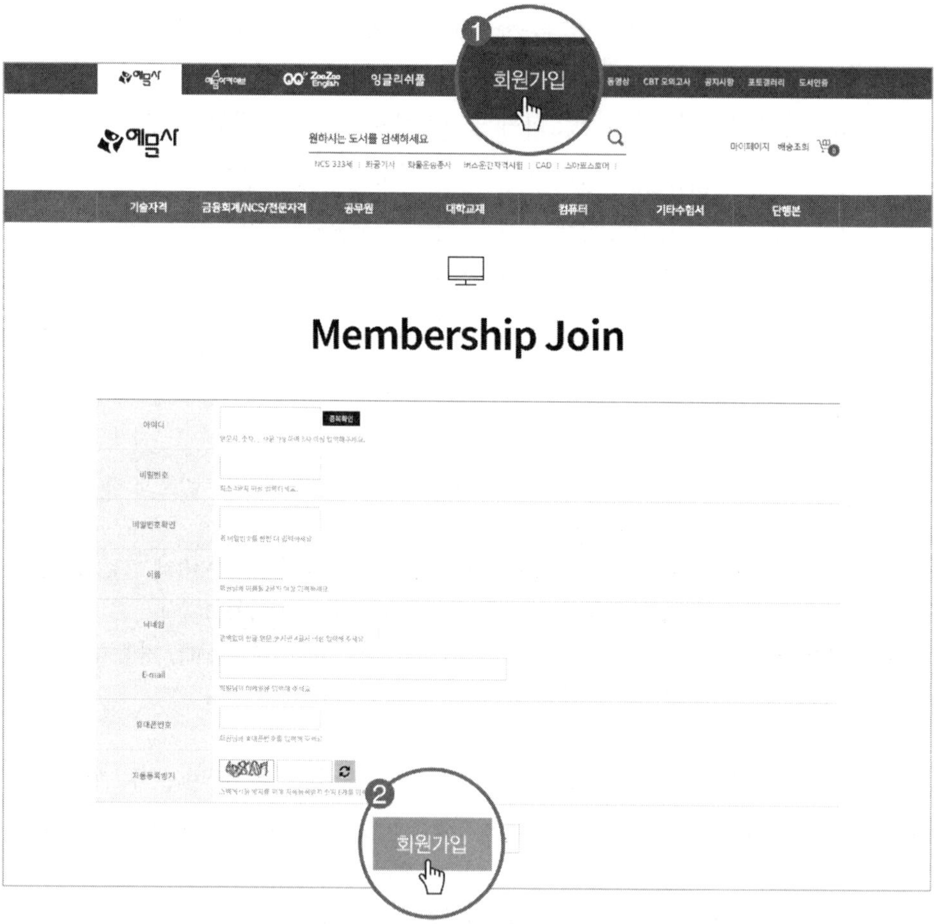


1. 메인 화면 상단의 [회원가입] 버튼을 누르면 가입 화면으로 이동합니다.
2. 입력을 완료하고 아래의 [회원가입] 버튼을 누르면 **인증절차 없이 바로 가입**이 됩니다.

## STEP 2 시리얼 번호 확인 및 등록

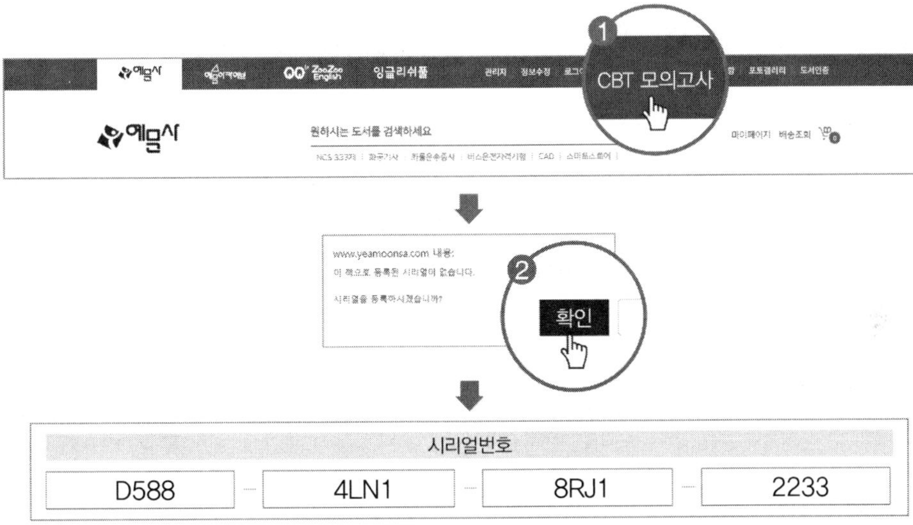


1. 로그인 후 메인 화면 상단의 [CBT 모의고사]를 누른 다음 **수강할 강좌를 선택**합니다.
2. 시리얼 등록 안내 팝업창이 뜨면 [확인]을 누른 뒤 **시리얼 번호를 입력**합니다.

## STEP 3 등록 후 사용하기

1. 시리얼 번호 입력 후 [마이페이지]를 클릭합니다.
2. 등록된 CBT 모의고사는 [모의고사]에서 확인할 수 있습니다.

# 피복/가스텅스텐/이산화탄소가스아크용접기능사 시험안내

## 1 시험정보

### 1. 시험일정

한국산업인력공단 큐넷(www.q-net.or.kr)에서 확인할 수 있습니다.

### 2. 응시자격

피복아크용접기능사(가스텅스텐아크용접/이산화탄소가스아크용접기능사)는 연령, 학력, 경력, 성별, 지역 등에 제한이 없으며 누구나 응시 가능합니다.
(단, 실기시험의 경우 반드시 필기시험에 합격한 자로서 필기시험에 합격한 날로부터 2년이 지나지 않아야 함)

### 3. 원서접수 방법

한국산업인력공단 큐넷(www.q-net.or.kr)에서 회원가입 후 원서접수를 할 수 있습니다.

### 4. 시험 준비물

신분증, 흑색 볼펜, 계산기
(필기시험은 컴퓨터를 이용해 치러지므로 컴퓨터 계산기 기능의 사용이 가능하며, 필기구는 시험장에서 지급받은 연습장에 계산문제를 푸는 경우에 필요)

### 5. 시험과목

① 필기 : 아크용접, 용접안전, 용접재료, 도면해독, 가스 절단, 기타용접
② 실기 : 피복아크용접 실무

### 6. 검정방법

① 필기 : 객관식 4지 택일형 60문항(60분)
※ 문제은행(기출문제)에서 무작위로 선별된 문제들로 구성되며, 응시자 모두가 각기 다른 형태로 출제된 문제를 컴퓨터로 응시
② 실기 : 작업형(약 2시간)

## 7. 합격 기준

① 필기 : 100점을 만점으로 하여 60점 이상(60문제 중 36문제 이상 맞으면 합격)

※ CBT(Computer Based Test)로 치러지는 필기시험은 별도의 합격자 발표 없이 시험 응시 종료 시 화면을 통해 합격/불합격 여부와 점수 확인 가능

② 실기 : 100점을 만점으로 하여 60점 이상

## 8. 연도별 응시인원 및 합격률

1) 피복아크용접기능사(구 용접기능사)

| 종목명 | 연도 | 필기 | | | 실기 | | |
|---|---|---|---|---|---|---|---|
| | | 응시 | 합격 | 합격률(%) | 응시 | 합격 | 합격률(%) |
| 피복아크용접기능사 | 2022 | 12,615 | 3,727 | 29.5% | 5,804 | 2,743 | 47.3% |
| 피복아크용접기능사 | 2021 | 14,356 | 4,420 | 30.8% | 6,696 | 3,508 | 52.4% |
| 피복아크용접기능사 | 2020 | 12,769 | 4,256 | 33.3% | 6,666 | 3,255 | 48.8% |
| 피복아크용접기능사 | 2019 | 17,824 | 5,139 | 28.8% | 8,059 | 3,977 | 49.3% |
| 피복아크용접기능사 | 2018 | 18,841 | 5,375 | 28.5% | 8,709 | 4,520 | 51.9% |
| 피복아크용접기능사 | 2017 | 18,936 | 5,826 | 30.8% | 9,159 | 4,941 | 53.9% |
| 피복아크용접기능사 | 2016 | 20,855 | 6,493 | 31.1% | 9,792 | 5,260 | 53.7% |
| 피복아크용접기능사 | 2015 | 23,266 | 5,564 | 23.9% | 8,148 | 4,316 | 53% |
| 피복아크용접기능사 | 2014 | 21,119 | 6,456 | 30.6% | 9,106 | 4,598 | 50.5% |
| 피복아크용접기능사 | 2013 | 18,827 | 6,209 | 33% | 8,295 | 4,307 | 51.9% |
| 피복아크용접기능사 | 2012 | 18,649 | 4,179 | 22.4% | 6,951 | 3,849 | 55.4% |
| 피복아크용접기능사 | 2011 | 15,693 | 4,938 | 31.5% | 7,551 | 4,246 | 56.2% |
| 피복아크용접기능사 | 2010 | 13,288 | 4,989 | 37.5% | 7,405 | 4,247 | 57.4% |
| 소계 | | 227,038 | 67,571 | 29.8% | 102,341 | 53,767 | 52.5% |

2) 가스텅스텐/이산화탄소가스아크용접기능사(구 특수용접기능사)

| 종목명 | 연도 | 필기 | | | 실기 | | |
|---|---|---|---|---|---|---|---|
| | | 응시 | 합격 | 합격률(%) | 응시 | 합격 | 합격률(%) |
| 특수용접기능사 | 2022 | 7,611 | 2,802 | 36.8% | 4,765 | 2,599 | 54.5% |
| 특수용접기능사 | 2021 | 8,519 | 3,246 | 38.1% | 5,493 | 3,116 | 56.7% |
| 특수용접기능사 | 2020 | 8,068 | 3,165 | 39.2% | 5,348 | 2,976 | 55.6% |
| 특수용접기능사 | 2019 | 10,313 | 3,500 | 33.9% | 6,472 | 3,486 | 53.9% |
| 특수용접기능사 | 2018 | 12,127 | 4,112 | 33.9% | 7,661 | 3,995 | 52.1% |
| 특수용접기능사 | 2017 | 12,633 | 4,649 | 36.8% | 8,020 | 4,518 | 56.3% |
| 특수용접기능사 | 2016 | 15,882 | 5,828 | 36.7% | 9,119 | 5,016 | 55% |
| 특수용접기능사 | 2015 | 17,374 | 5,980 | 34.4% | 9,203 | 5,436 | 59.1% |
| 특수용접기능사 | 2014 | 16,105 | 6,172 | 38.3% | 8,967 | 5,249 | 58.5% |
| 특수용접기능사 | 2013 | 15,379 | 5,100 | 33.2% | 8,283 | 5,005 | 60.4% |
| 특수용접기능사 | 2012 | 13,936 | 5,087 | 36.5% | 7,939 | 4,935 | 62.2% |
| 특수용접기능사 | 2011 | 11,442 | 4,153 | 36.3% | 6,901 | 4,269 | 61.9% |
| 특수용접기능사 | 2010 | 9,579 | 3,588 | 37.5% | 6,432 | 3,969 | 61.7% |
| 특수용접기능사 | 2009 | 10,335 | 5,308 | 51.4% | 7,448 | 4,867 | 65.3% |
| 특수용접기능사 | 2008 | 5,199 | 2,158 | 41.5% | 4,662 | 3,229 | 69.3% |
| 특수용접기능사 | 2007 | 4,325 | 2,354 | 54.4% | 4,171 | 2,956 | 70.9% |
| 특수용접기능사 | 2006 | 3,403 | 1,430 | 42% | 3,137 | 2,394 | 76.3% |
| 특수용접기능사 | 2005 | 3,102 | 1,310 | 42.2% | 2,993 | 2,341 | 78.2% |
| 특수용접기능사 | 2004 | 2,613 | 996 | 38.1% | 2,213 | 1,763 | 79.7% |
| 특수용접기능사 | 2003 | 2,473 | 873 | 35.3% | 2,062 | 1,687 | 81.8% |
| 특수용접기능사 | 2002 | 2,111 | 783 | 37.1% | 1,961 | 1,566 | 79.9% |
| 특수용접기능사 | 2001 | 1,601 | 497 | 31% | 1,900 | 1,667 | 87.7% |
| 특수용접기능사 | 1984 ~2000 | 18,610 | 6,517 | 35% | 16,082 | 13,535 | 84.2% |
| 소계 | | 212,740 | 79,608 | 37.4% | 141,232 | 90,574 | 64.1% |

# 2 실기시험 안내

## 1. 피복아크용접기능사

### 1) 지급재료

| 일련번호 | 재료명 | 규격 | 단위 | 수량 | 비고 |
|---|---|---|---|---|---|
| 1 | 연강판 | t6 100×150 | 개 | 2 | 1인당, 2장 각각 150면 개선가공 |
| 2 | 연강판 | t9 125×150 | 개 | 2 | 1인당, 2장 각각 150면 개선가공 |
| 3 | 연강판 | t9 150×250 | 개 | 1 | 1인당, 가공 없음 |
| 4 | 피복아크용접봉 | $\phi$3.2, $\phi$4 | | | 공용, 저수소계 |

### 2) 작업내용

① t9 150×250 연강판 가스절단 후 필릿용접(아래 보기, 수직, 수평 자세 중 한 가지)

② t6 150×150 연강판 맞대기용접(아래 보기, 수직, 수평, 위 보기 자세 중 한 가지)

③ t9 150×150 연강판 맞대기용접(아래 보기, 수직, 수평, 위 보기 자세 중 한 가지)

### 3) 참고도면

| 자격종목 | 용접기능사 | 과제명 | 시험편 피복아크용접, 가스절단 및 T형 필릿용접 | 척도 | N.S |
|---|---|---|---|---|---|

① 시험편 피복아크용접

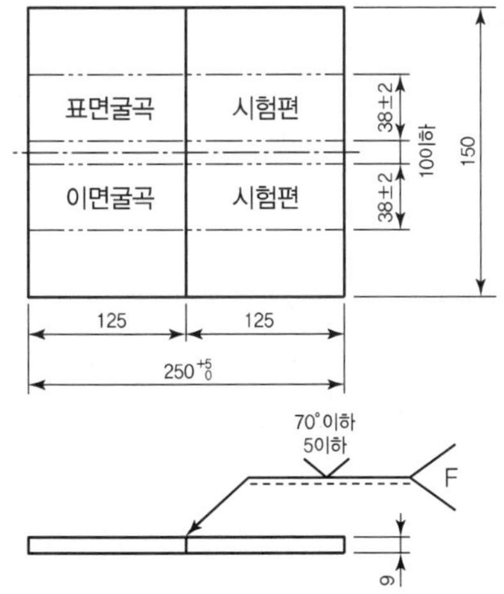


② 시험편 피복아크용접

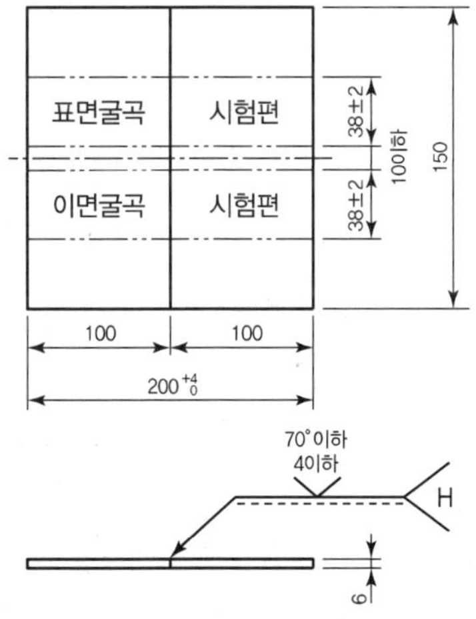

③ 가스 절단

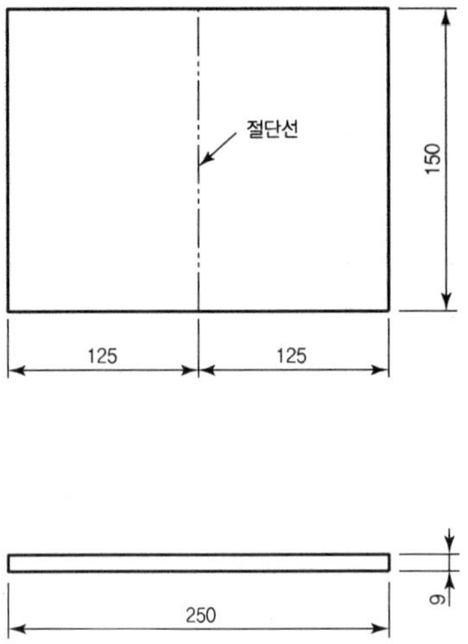


④ T형 필릿 피복아크용접

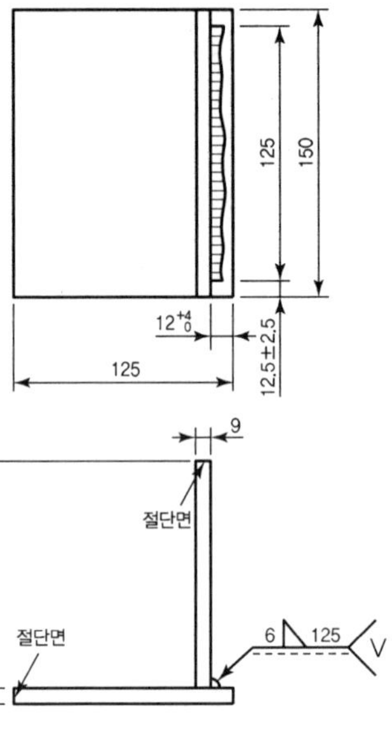


## 2. 가스텅스텐아크용접기능사

1) 지급재료

| 일련번호 | 재료명 | 규격 | 단위 | 수량 | 비고 |
|---|---|---|---|---|---|
| 1 | 연강판 | t6 100×150 | 개 | 2 | 1인당, 2장 각각 150면 개선가공 |
| 2 | 스테인리스 강판 | t3 75×150 | 개 | 2 | 1인당, 2장 각각 150면 개선가공 |
| 3 | 스테인리스 강판 | t4 200×220 | 개 | 1 | 1인당 |
| 4 | 스테인리스 파이프 | t3 80A×50L | 개 | 1 | 1인당, 수동배관용<br>KS D 3576 80A Sch10S(t3) |
| 5 | GTAW 용접봉 | $\phi$2.4×1000 | | | 공용, T－308(스테인리스용) |
| 6 | GTAW 용접봉 | $\phi$2.4×1000 | | | 공용, T－50(연강용) |
| 7 | 텅스텐 전극봉 | $\phi$2.4 | | | 공용 |

2) 작업내용

① t6 100×150 연강판 맞대기용접(아래 보기, 수직, 수평, 위 보기 자세 중 한 가지)

② t3 75×150 스테인리스 강판 맞대기용접(아래 보기, 수직, 수평, 위 보기 자세 중 한 가지)

③ t3 80A×50L(Sch10S) 스테인리스파이프 온둘레 필릿용접(아래 보기, 수직, 수평, 위 보기 자세 중 한 가지)

3) 참고도면

| 자격종목 | 가스텅스텐 아크용접기능사 | 과제명 | 시험편 맞대기용접, 파이프 온둘레 필릿용접 | 척도 | N.S |
|---|---|---|---|---|---|

① 연강 맞대기용접

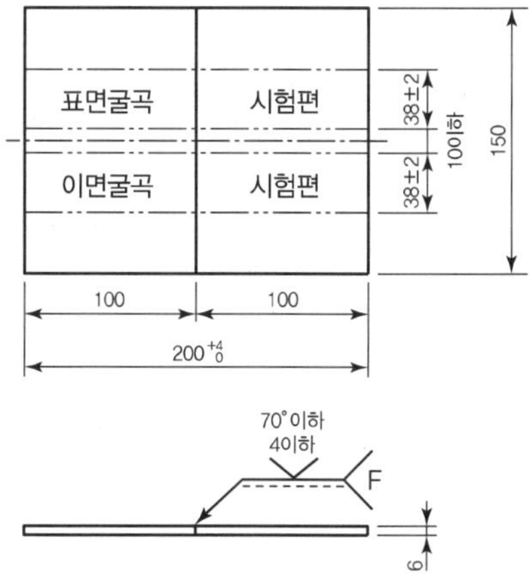


② 스테인리스강 맞대기용접

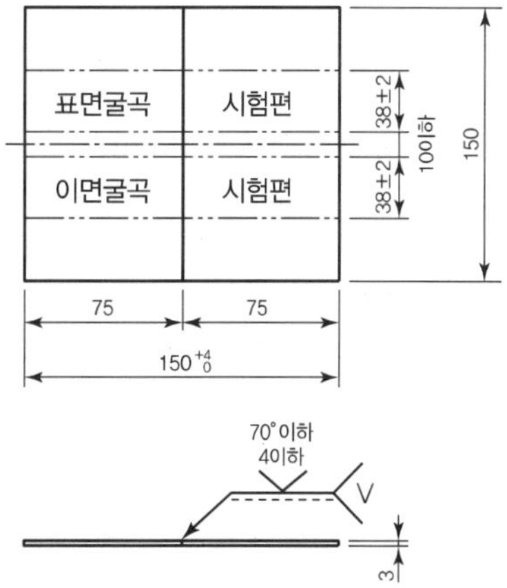


③ 온둘레 필릿용접(일주용접)

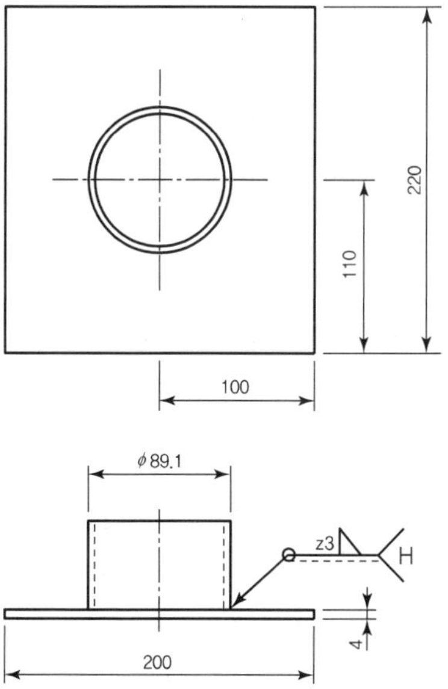


주)
1. 시험편 맞대기용접은 이면 받침판을 사용하여 용접합니다.
2. 시험편 맞대기용접은 전체길이(150mm)를 모두 용접하여야 합니다.(엔드탭 사용을 금한다)
3. 파이프 온둘레 필릿용접 시 용접기호를 참고하여 작업합니다.
4. 파이프 온둘레 필릿용접은 감독위원에게 가용접 검사를 받아야 합니다.

## 3. 이산화탄소가스아크용접기능사

1) 지급재료

| 일련번호 | 재료명 | 규격 | 단위 | 수량 | 비고 |
|---|---|---|---|---|---|
| 1 | 연강판 | t6×100×150 | 개 | 2 | 1인당, 2장 각각 150면 개선가공 |
| 2 | 연강판 | t9×125×150 | 개 | 2 | 1인당, 2장 각각 150면 개선가공 |
| 3 | 연강판 | t9×150×250 | 개 | 1 | 1인당, 가공 없음 |
| 4 | $CO_2$ 플럭스코어드와이어 | $\phi$1.2 | | | 공용 |
| 5 | $CO_2$ 솔리드와이어 | $\phi$1.2 | | | 공용 |

2) 작업내용

① t9 150×250 연강판 가스 절단 후 솔리드와이어 필릿용접(아래 보기, 수직, 수평 자세 중 한 가지)

② t9 125×150 연강판 플럭스코어드와이어 맞대기용접(아래 보기, 수직, 수평, 위 보기 자세 중 한 가지)

③ t9 100×150 연강판 솔리드와이어 맞대기용접(아래 보기, 수직, 수평, 위 보기 자세 중 한 가지)

※ 이산화탄소가스아크용접기능사는 아래 보기, 수평, 수직 자세 위주로 출제되고 있다.

3) 참고 도면

| 자격종목 | 이산화탄소가스<br>아크용접기능사 | 과제명 | 시험편 $CO_2$ 용접,<br>가스 절단 및 T형 필릿용접 | 척도 | N.S |
|---|---|---|---|---|---|

① 솔리드와이어 맞대기용접

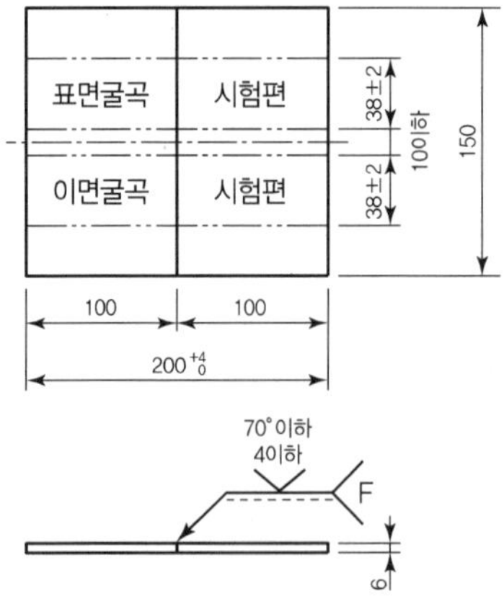


② 플럭스코어드와이어 맞대기용접

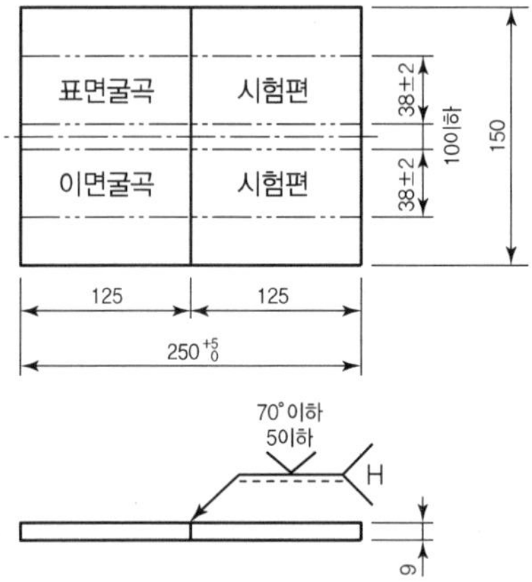

③ 가스 절단 및 T형 필릿 솔리드와이어 용접

• 가스 절단 작업

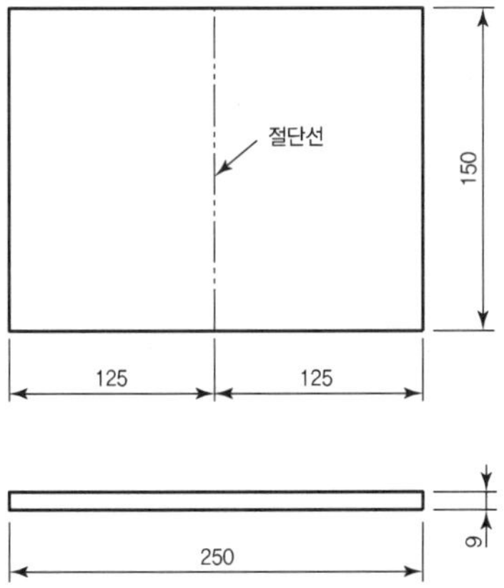


• T형 필릿 솔리드와이어 용접

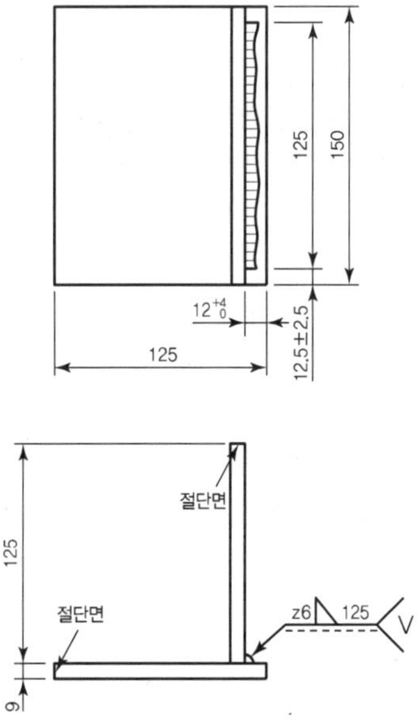


※ 지급재료 목록 및 실기시험 내용은 시험시행기관의 사정에 의해 변경될 수 있습니다. 또한 시험 도면은 큐넷 홈페이지 고객지원 → 자료실 → 공개문제 게시판에서 모든 수험자에게 공개하고 있으니 참고해 주시기 바랍니다.

CONTENTS

# 차례

## PART 01 핵심이론요약 • 1

## PART 02 테마별 기출문제 • 65



## PART 03 과년도 기출문제 • 149

PART

# 01

# 핵심이론요약

## 1. 용접

- 접합하고자 하는 두 개 이상의 재료를 용융, 반용융 또는 고체 상태에서 압력이나 용접 재료를 첨가하여 그 틈새나 간격을 메우는 원리
- 접합하고자 하는 금속을 원자 간의 인력으로 접합하는 것이며, 약 1Å(옹스트롱 ; $10^{-8}$cm)의 거리에서 접합이 이루어짐(인위적으로 불가능하며 열을 가해야만 1Å의 거리로 근접이 가능)

## 2. 금속 접합법의 종류

- 기계적 접합(볼트, 너트리벳, 확관이음 등)
- 야금적 접합(용접)

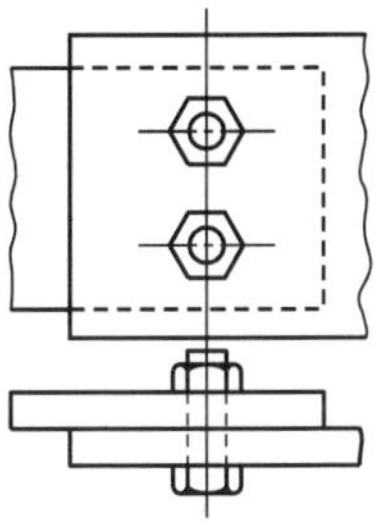

(a) 볼트 이음

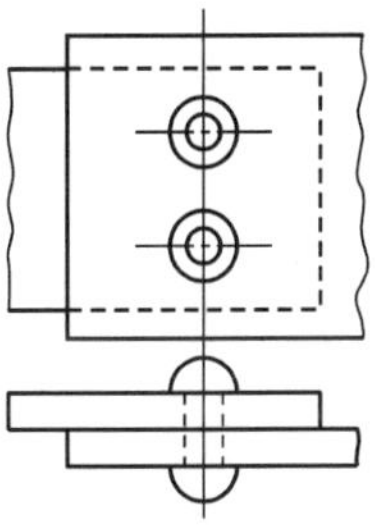

(b) 리벳 이음

(c) 접어 잇기

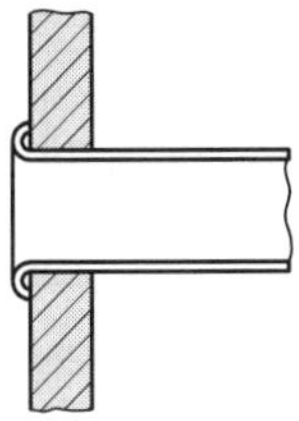

(d) 확관법

## 3. 금속 야금

금속을 그 광석으로부터 추출 및 정련하여 여러 사용목적에 부합하게 그 조성과 조직을 조정하고 또 필요한 형태로 만드는 기술

## 4. 용접의 분류

용접, 압접, 납땜

### ① 용접

접합하고자 하는 두 금속의 부재, 즉 모재(Base Metal)의 접합부를 국부적으로 가열 용융시키고, 이것에 제3의 금속인 용가재(Filler Metal)를 용융 첨가시켜 융합(Fusion)하는 것

※ 일반적으로 우리가 아는 용접이 여기에 속한다.

예 아크용접, 가스용접, 특수용접

### ② 압접(가압용접)

접합부를 적당한 온도로 가열하여 반용융 상태 또는 냉간 상태로 하고 이것에 기계적인 압력을 가하여 접합하는 방법

예 전기저항용접, 초음파용접(자주 출제됨), 가스압접 등

### ③ 납땜

접합하고자 하는 모재보다 융점이 낮은 삽입 금속을 용가재로 사용하는데, 땜납(용가재)을 접합부에 용융 첨가하여 이 용융 땜납의 응고 시에 일어나는 분자 간의 흡입력을 이용하여 접합

## 5. 납땜의 종류

땜납의 용융점이 450℃ 이상의 경우를 경납땜(Brazing), 450℃ 이하를 연납땜(Soldering)이라고 함

## 6. 기계적 에너지를 이용한 용접

- 압접
- 단접
- 초음파 용접
- 마찰용접

## 7. 전기적 에너지를 이용한 용접

- 아크용접
- 스폿용접
- 플래시 버트용접
- 플라스마 용접
- 전자빔 용접

## 8. 화학에너지를 이용한 용접

가스용접, 테르밋 용접, 폭발압접

## 9. 광에너지를 이용한 용접

레이저 빔용접

## 10. 시공방법에 의한 분류

- 수동용접(전기피복아크용접)
- 반자동용접($CO_2$ 용접)
- 자동용접(서브머지드아크용접)

## 11. 용접 이음의 장점과 단점

① 장점

- 재료 절약
- 제품 성능과 수명 향상
- 이음효율 높음
- 구조 간단
- 재료 절약, 공정수 감소
- 제작 원가 절감
- 수밀, 기밀, 유밀성 우수
- 자동화 용이
- 이음효율 우수
- 두께 제한 거의 없음
- 복잡한 모양 제작 가능

② 단점

- 용접부 재질 변화
- 수축 변형, 잔류 응력 발생
- 결함 검사의 어려움
- 용접부 응력 집중
- 용접사의 기술에 의해 이음부 강도 좌우
- 취성 및 균열 발생

## 12. 용접 자세의 종류와 기호(영문 약자 암기)

- 아래보기 자세(F ; Flat Position) : 다른 자세에 비해 20% 정도 높은 전류 사용 가능
- 수직 자세(V ; Vertical Position) : 위에서 아래로, 아래에서 위로 용접
- 수평 자세(H ; Horizontal Position) : 왼쪽에서 오른쪽으로, 오른쪽에서 왼쪽으로 용접
- 위보기 자세(OH ; Over Head Position) : E4311 용접봉(고셀룰로오스계) 위보기 자세에 탁월함
- 전 자세(AP ; All Position) : 네 가지 모든 자세 응용

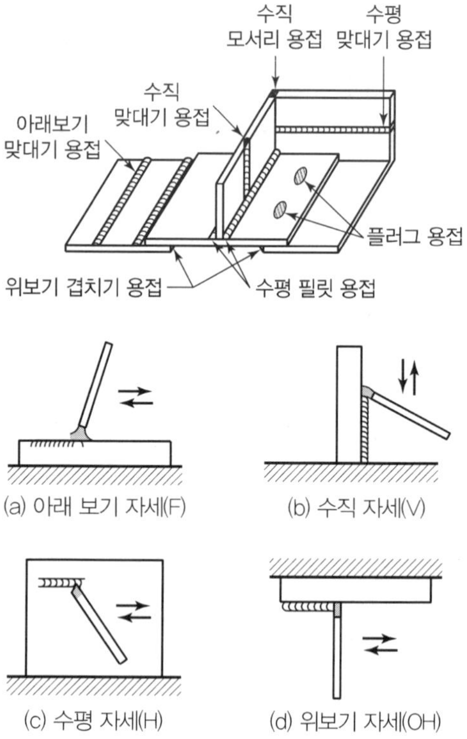


‖ 용접 자세 ‖

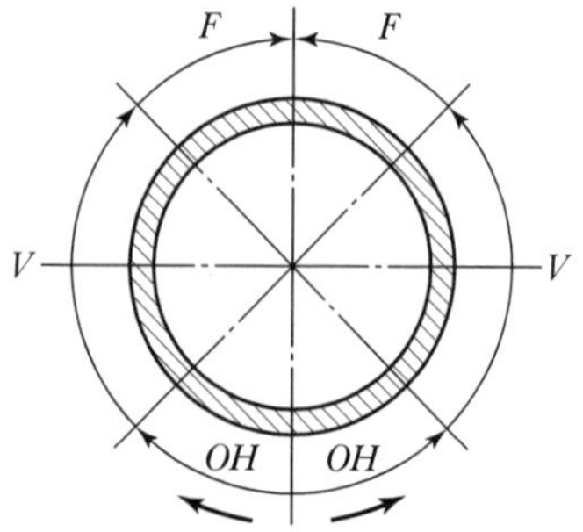


‖ 응용 자세(파이프의 경우) ‖

## 13. 전기 피복아크용접법(SMAW ; Shielded Metal Arc Welding)

일반적으로 전기 용접법이라고 하며, 용접법 중에서 가장 많이 사용된다. 이 용접법은 피복제를 바른 용접봉과 피용접물 사이에 발생하는 전기 아크의 열을 이용하며 용접한다.(발생 아크열은 3,500~5,000℃ 정도)

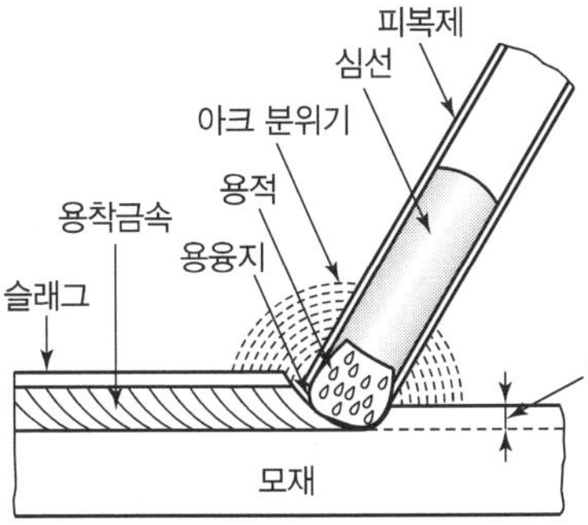


▌피복아크용접 원리▐

## 14. 용접 시 각 부의 명칭

- **용적**(용융금속) : 용접봉이 녹아 금속 증기와 녹은 쇳물 방울
- **용융지**(용융풀) : 아크열에 의하여 용접봉과 모재가 녹은 쇳물 부분
- **용입** : 아크열에 의하여 모재가 녹은 깊이
- **용착**(Deposit) : 용접봉이 용융지에 녹아들어가는 것

## 15. 피복제(Flux, 플럭스)

금속심선(Core Wire) 주위에 유기물 또는 두 가지 이상의 혼합물로 만들어진 비금속 물질로서, 아크 발생을 쉽게 하고 용접부를 보호하며 녹아서 슬래그(Slag)가 되고 일부는 타서 아크 분위기를 만듦

## 16. 용접 회로(Welding Circuit)

용접기 → 전극 케이블(2차, 후크메타 거는 위치) → 홀더 → 피복아크용접봉 → 아크 → 모재(용접하는 대상 금속, Base Metal) → 접지 케이블(2차)

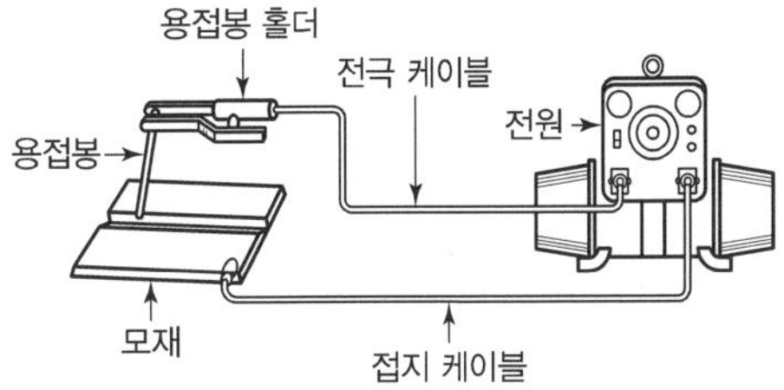


▌피복아크용접 회로▐

## 17. 아크(Arc)

용접봉(Electrode)과 모재(Base Metal) 간의 전기적 방전에 의해 활 모양의 청백색을 띤 불꽃 방전이 일어나는 현상

## 18. 아크 길이

아크 길이는 용접봉 심선두께의 약 1~2배(일반적으로 3mm)

## 19. 전기피복아크용접봉 피복제의 역할 및 성분

- **아크 안정** : 규산칼륨, 규산나트륨, 산화티탄, 석회석 등
- **가스 발생**(산화, 질화 방지) : 녹말, 목재 톱밥, 셀룰로오스 등
- **슬래그 생성**(급랭 방지) : 산화철, 루틸, 일미나이트, 이산화망간, 석회석, 규사, 장석, 형석 등
- **합금 첨가** : 페로망간, 페로실리콘, 페로크롬, 니켈 등
- **고착제**(피복제를 심선에 부착) : 규산소다, 규산칼리 등
- **탈산제**(산소 제거) : 페로망간(Fe−Mn), 페로실리콘(Fe−Si) 등

## 20. 직류(DC)와 교류(AC)

가정/공장에서 사용하는 전기는 교류이나 직류에서 더욱 안정적인 전류가 흐르기 때문에 직류 용접기를 사용

## 21. 직류 아크 중의 전압 분포 출제 빈도 높음

$$V_a = V_K + V_P + V_A$$

이 공식은 아크 길이가 곧 전압의 크기와 비례한다는 것을 의미한다. 모두 더한다.

## 22. 직류 아크의 온도 분포 기출

직류 아크의 경우 양극(+) 쪽에 발생하는 열량은 음극(−) 쪽에 발생하는 열량에 비해 높아서 일반적으로 전체 중 60~75%의 열량이 양극 쪽에서 발생
→ +쪽이 더 뜨겁다는 의미

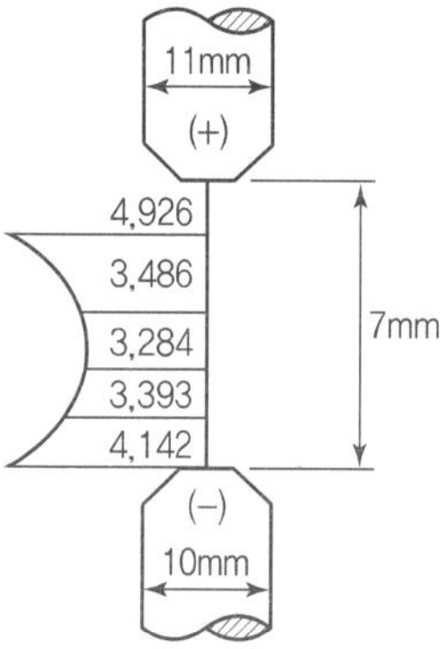


‖ 직류 아크의 온도 분포 ‖

## 23. 교류 아크의 온도 분포 기출

교류는 전류가 +와 −가 일정한 주기로 바뀌며 전원이 60사이클이면 1초 동안에 60회 양극과 음극이 서로 바뀌므로 두 극에서 발생하는 열량은 거의 같게 된다.
※ 1초 동안에 120회 전류의 값이 0이 된다.

## 24. 직류 용접 시 극성 효과(Polarity Effect)의 종류

① 직류 정극성(DCSP ; Direct Current Straight Polarity) 또는 (DCEN ; DC Electrode Negative)
모재(Base Metal)에 (+)극, 용접봉에 (−)극을 연결하는 것

- 모재의 용입이 깊다.
- 봉의 녹음이 느리다.
- 비드 폭이 좁다.
- 일반적으로 많이 쓰인다.

② 직류 역극성
(DCRP ; DC Reverse Polarity) 또는 (DCEP ; DC Electrode Positive)
모재에 (−)극, 용접봉에 (+)극을 연결하는 것

- 용입이 얕다.
- 봉의 녹음이 빠르다.
- 비드폭이 넓다.
- 박판, 주철, 고탄소강, 합금강, 비철금속의 용접에 쓰인다.

‖ 각 극성별 용입 깊이 ‖

## 25. 용접 입열(모재가 용접봉으로부터 받는 열의 양)

$$H = \frac{60EI}{V}\ [\text{Joule/cm}]$$

여기서, $E$ : 아크 전압(Y)
$I$ : 아크 전류(A)
$V$ : 용접 속도(cpm(cm/min))

- 일반적으로 모재에 흡수되는 열량은 전체 입열량의 75~85% 정도(15~25%의 열손실이 일어남)
- 60을 곱해주는 이유는 시간의 단위를 맞추기 위함 (1분=60초)

## 26. 용접봉의 용융 속도

용접봉의 용융 속도는 단위 시간당 소비되는 용접봉의 길이 또는 무게로써 표시하며 아크 전압과 특별한 관계는 없음

| 용접봉의 용융 속도=아크 전류×용접봉 쪽 전압 강하 |
|---|

## 27. 용적(용접봉에서 나오는 용융금속) 이행의 종류

- 단락형
- 스프레이형
- 글로뷸러형

## 28. 단락형

전극 끝부분의 용적이 용융지에 접촉되어 단락되고, 표면장력의 작용으로 용적이 모재 쪽으로 이동하는 방식(저수소계 용접봉이나 비피복 용접봉 사용 시 발생)

## 29. 스프레이형

피복제의 일부가 가스화하여 가스를 뿜어냄으로써 용적의 크기가 와이어 직경보다 적게 되어 스프레이와 같이 날려서 모재 쪽으로 옮겨 가는 방식

## 30. 글로뷸러형(입상 이행형, 핀치 효과형)

용적이 와이어의 직경보다 큰 덩어리로 되어 단락되지 않고 이행하는 방식(서브머지드 용접(SAW)에서 발생)

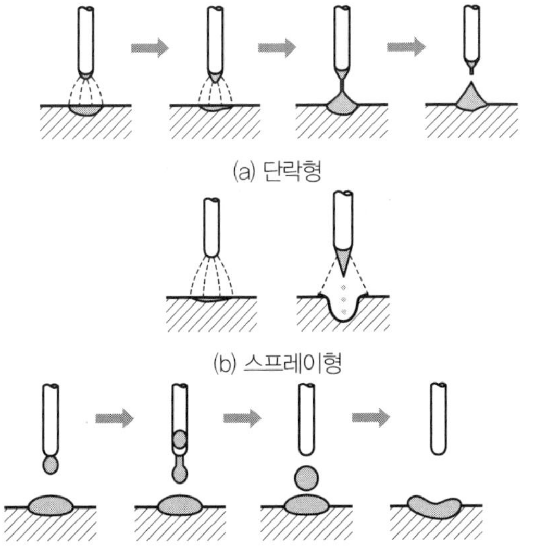

(a) 단락형

(b) 스프레이형

(c) 글로뷸러형

▌용적 이행 형식▐

## 31. 부(不)특성(부저항 특성)

옴의 법칙(Ohm's Law)에 의해 동일한 저항에 흐르는 전류는 그 전압에 비례하는 것이 일반적이지만, 아크의 경우 옴의 법칙과는 반대로 전류가 크게 되면 저항이 작아져 전압도 낮아지는 현상

## 32. 절연 회복 특성

보호 가스에 의해 순간적으로 꺼졌던 아크가 다시 회복되는 특성 교류에서는 1사이클에 2회씩 전압 및 전류가 0(Zero)이 되고 절연되며, 이때 보호 가스가 용접봉과 모재 간의 순간 절연을 회복하여 전기가 잘 통하게 해준다.

## 33. 전압 회복 특성

아크가 꺼진 후에는 용접기의 전압이 매우 높아지게 되며, 용접 중에는 전압이 매우 낮게 된다. 아크용접 전원은 아크가 중단된 순간에 아크 회로의 과도 전압을 급속히 상승 회복시키는 특성을 말한다. 이 특성은 아크의 재발생을 쉽게 한다.

## 34. 아크 길이 자기 제어 특성 출제 빈도 높음

아크 전류가 일정할 때 아크 전압이 높아지면 용접봉의 용융 속도가 늦어지고 아크 전압이 낮아지면 용융 속도가 빨라져 아크 길이를 제어하는 특성을 말한다.

## 35. 아크 쏠림현상(아크 블로, 자기불림)과 방지책

용접봉에 아크가 용접봉 방향에서 한쪽으로 쏠리는 현상으로 비피복 용접봉을 사용했을 때에 특히 심함

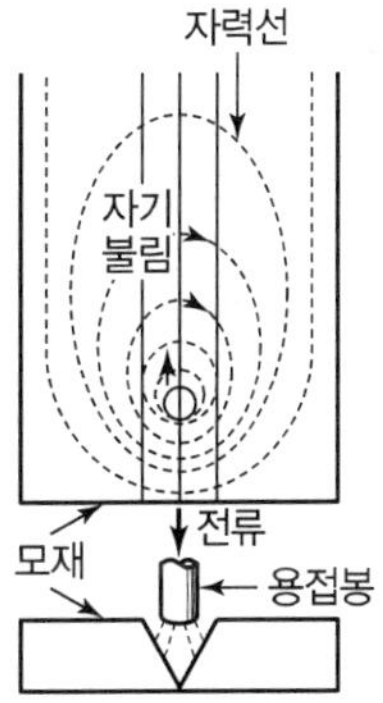


▌아크 쏠림▐

## 36. 아크 쏠림 방지책

- 직류 대신 교류용접기 사용
- 엔트탭 사용
- 접지점을 용접부보다 멀리(여러 개)할 것
- 후퇴법으로 용접
- 짧은 아크 사용

## 37. 수하 특성

출제 빈도 높음

부하 전류가 증가하면 단자 전압이 저하되는 특성으로 전기 피복아크용접(SMAW) 시 필요하다. 이는 아크를 안정시키는 데 요구되는 것으로서, 아크 전원의 현저한 특징

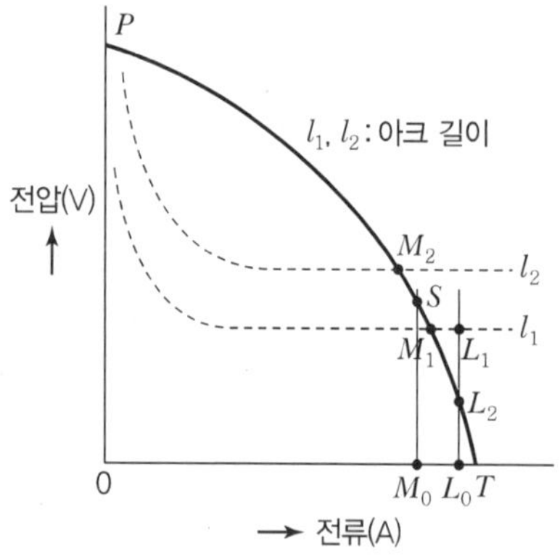


| 수하 특성 |

## 38. 무부하전압(개로 전압)

부하가 걸리지 않은 상태, 즉 용접을 하지 않고 있는 상태의 전압을 말하며, 직류의 경우 50~60V, 교류의 경우 80V 정도가 일반적이다.

## 39. 정전압 특성

출제 빈도 높음

부하 전류가 다소 변하더라도 단자 전압은 거의 변동이 일어나지 않는 특성으로 CP 특성이라고도 한다. SAW, GMAW, FCAW, $CO_2$ 용접 등 자동, 반자동 용접기에 필요한 특성

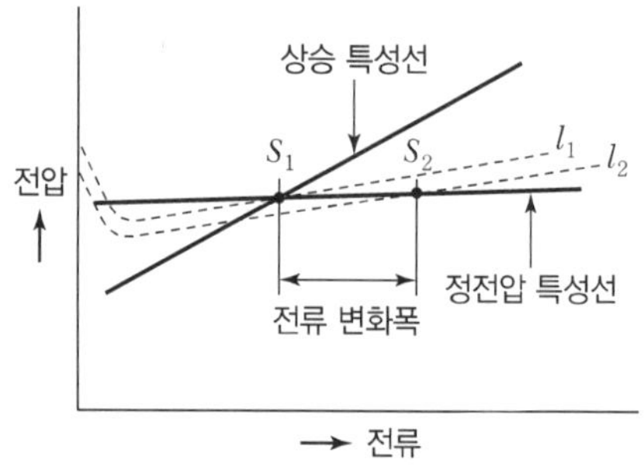


| 정전압 및 상승 특성 |

## 40. 정전류 특성

출제 빈도 높음

단자전압이 변하더라도 부하전류가 변하지 않는 특성으로 용접 중 작업 미숙으로 아크 길이가 다소 변하더라도 용접 전류 변동값이 적어 입열의 변동이 적다. 그래서 용입 불량이나 슬래그 혼입 등의 방지에 좋을 뿐만 아니라, 용접봉의 용융 속도가 일정해져서 균일한 용접 비드용접 가능

## 41. 직류 아크용접기의 종류

- 전동 발전형
- 엔진 발전형
- 정류형(인버터형)

| 종 류 | 특 징 |
|---|---|
| 발전형<br>(모터형,<br>엔진 발전형) | • 완전한 직류 사용 가능<br>• 교류 전원이 없는 장소에서 사용 가능(발전형만 해당)<br>• 구동부가 있어(회전) 고장 나기가 쉽고 소음 발생<br>• 구동부와 발전부로 되어 있어 고가<br>• 보수와 점검이 어려움 |
| 정류기형<br>(인버터) | • 소음이 없음<br>• 취급이 간단하며 가격이 저렴<br>• 완전한 직류를 만들어 내지 못함<br>• 정류기 파손 가능(셀렌 80℃, 실리콘 150℃ 이상에서 파손)<br>• 보수 점검이 용이 |

## 42. 교류 아크용접기의 종류

- 가동 철심형
- 가동 코일형
- 탭 전환형
- 가포화 리액터형

## 43. 가동 철심형 출제 빈도 높음

- 1차 코일과 2차 코일 사이에 가동 철심을 놓고 이를 전후로 이동시킴으로써 전류를 조정하며 일반적으로 많이 사용
- 미세한 전류 조정은 가능하나 광범위한 전류 조정은 불가
- 가동부분 마멸 시 진동과 소음 발생
- 가동 철심으로 전류 조정
- 현재 가장 많이 사용되고 있음
- 가동 부분의 마멸로 철심에 진동 발생

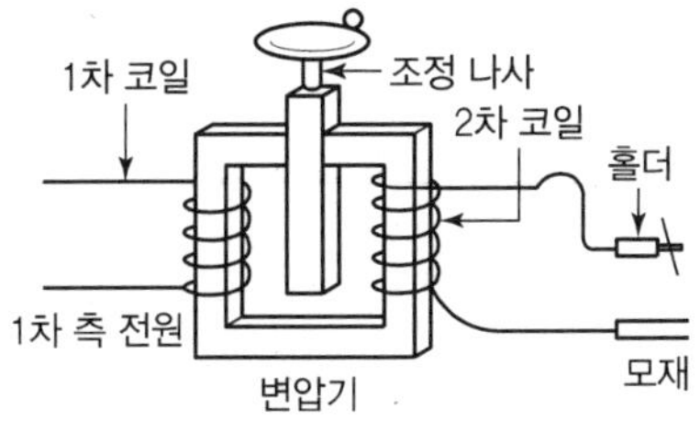


‖ 가동 철심형 교류 아크용접기의 원리 ‖

## 44. 가동 코일형

그림과 같이 1차 코일과 2차 코일이 같은 철심에 감겨 있고, 대개 2차 코일을 고정하고 1차 코일을 이동하여 두 코일 간의 거리를 조절하여 전류를 조정

- 1차, 2차 코일 중 하나를 이동하여 전류 조정
- 아크 안정도 높고 소음 없음
- 가격이 비싸며 현재 사용되지 않음

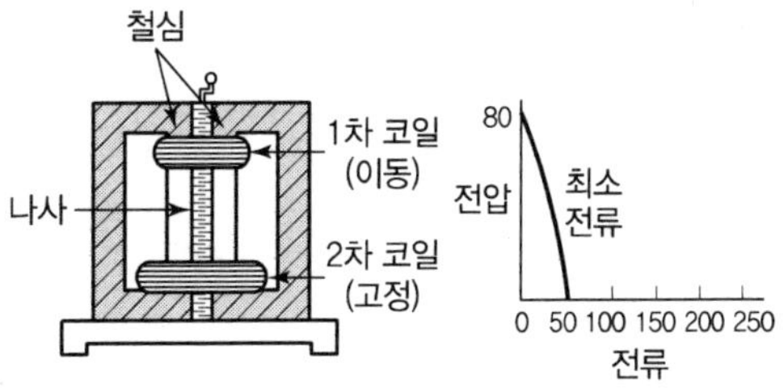


(a) 전류가 최소일 때

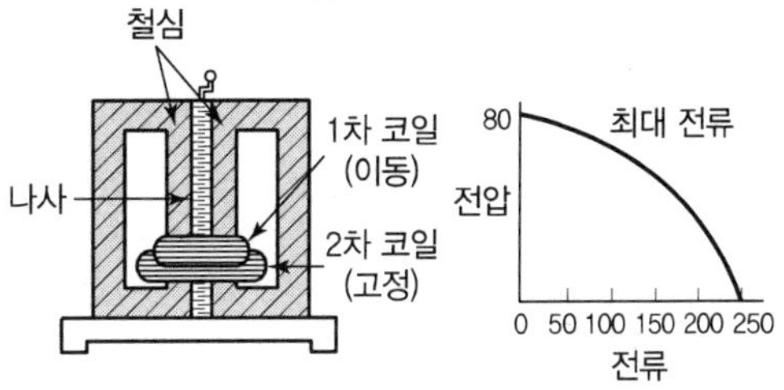


(b) 전류가 최대일 때

‖ 가동 코일형 ‖

## 45. 탭 전환형

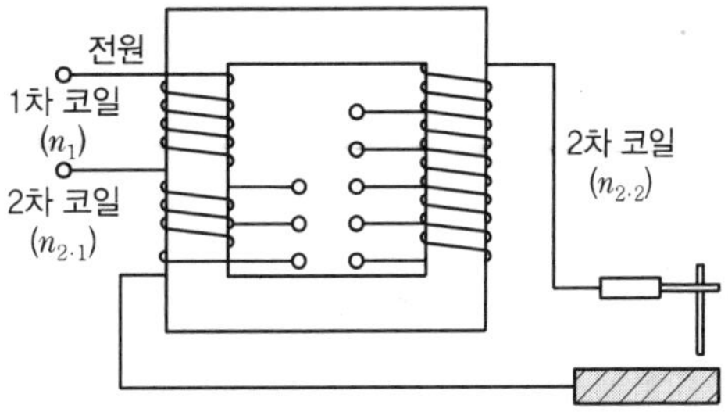


‖ 탭 전환형 용접기의 구조 ‖

① 코일의 감긴 수로 전류를 조정하는 방식이며 무부하 전압이 높아져 전격의 위험이 상당히 많은 용접기

② 탭을 수시로 전환하므로 탭의 고장이 일어나기 쉬우며 소형 용접기에 쓰이는 편이나 요즘은 일반적으로 사용하지 않음

- 코일의 감긴 수에 따라 전류 조정이 가능하다.
- 무부하전압이 높아 전격의 위험이 있다.
- 탭 전환의 소손이 심하다.
- 넓은 범위는 전류 조정이 어렵다.
- 주로 소형에 많다.

## 46. 가포화 리액터형

출제 빈도 높음

가변 저항의 크기를 변화시켜 원격으로 전류를 조절하는 방식

- 가변 저항의 변화로 용접 전류 조정이 가능하다.
- 전기적 전류 조정으로 소음이 없고 기계 수명이 길다.
- 원격 조작이 간단하고 원격 제어가 가능하다.

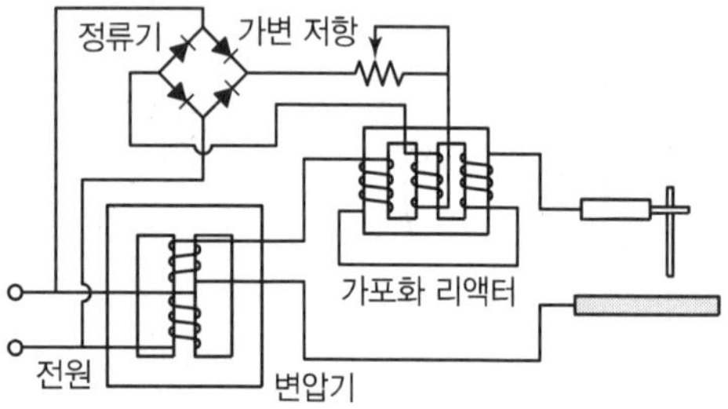


‖ 가포화 리액터형 용접기의 구조 ‖

## 47. 직류 아크용접기와 교류 아크용접기의 비교

출제 빈도 높음

| 비교 항목 | 직류 용접기 | 교류 용접기 |
|---|---|---|
| • 아크의 안정 | • 우수 | • 약간 떨어짐 |
| • 비피복봉 사용 | • 가능 | • 불가능 |
| • 극성 변화 | • 가능 | • 불가능 |
| • 자기 쏠림 방지 | • 불가능 | • 가능 |
| • 무부하전압 | • 약간 낮음 (40~60V) | • 높다(70~90V). |
| • 전격의 위험 | • 적다. | • 많다. |
| • 구조 | • 복잡 | • 간단 |
| • 유지 | • 약간 어려움 | • 용이 |
| • 고장 | • 회전기에 많다. | • 적다. |
| • 역률 | • 매우 양호 | • 불량 |
| • 소음 | • 회전기에 크고 정류형은 조용함 | • 조용함(구동부가 없으므로) |
| • 가격 | • 고가(교류의 몇 배) | • 저렴 |

## 48. 용접기의 사용률

용접기의 사용률은 높은 전류로 용접기를 계속 사용하면 용접기가 고장 나는데 이를 방지하기 위해 정하는 값이다.

- 피복아크용접기의 일반적인 사용률

보통 40% 이하이며 정격 사용률이 40%라는 것은 용접기의 고장을 방지하기 위해 정격 전류로 용접했을 때 10분 중에서 4분만 용접하고, 6분을 쉰다는 의미

$$\text{사용률}(\%) = \frac{\text{아크 시간}}{\text{아크 시간} + \text{휴식 시간}} \times 100$$

## 49. 허용 사용률

출제 빈도 높음

실제 용접의 경우 정격 전류보다는 적은 전류로 용접하는 경우가 많은데, 이때의 사용률을 말함

$$\text{허용사용률}(\%) = \frac{(\text{정격 2차 전류})^2}{(\text{실제 사용 전류})^2} \times \text{정격사용률}$$

## 50. 용접기의 역률

용접기로서 입력, 즉 전원 입력(2차 무부하전압×아크 전류)에 대한 아크 출력(아크 전압×아크 전류)과 2차 측 내부 손실의 합(소비 전력)의 비

$$\text{역률}(\%) = \frac{\text{소비전력(kW)}}{\text{전원 입력(kVA)}} \times 100$$

## 51. 용접기의 효율

아크 출력과 내부 손실과의 합(소비 전력)에 대한 아크 출력의 비율

$$\text{효율}(\%) = \frac{\text{아크 출력(kW)}}{\text{소비 전력(kW)}} \times 100$$

소비 전력 : 아크 출력+내부 손실
전원 입력 : 2차 무부하전압×아크 전류
아크 출력 : 아크 전압×아크 전류

## 52. 고주파 발생 장치

- 아크가 안정되고 아크의 발생이 쉬워 용접이 쉽고 무부하전압(개로전압)을 낮게 할 수 있다. 역률을 개선하며 전격의 위험도 감소 가능
- TIG 용접의 경우 아크 발생 초기에 텅스텐 전극봉을 모재에 접촉시키지 않아도 고주파 불꽃이 튀어 아크 발생이 가능

## 53. 전격(Electrical Shock)

몸속에 흘러 들어간 전류에 의한 전기적 충격

## 54. 전격 방지 장치 출제 빈도 높음

교류 아크용접기의 경우 무부하전압이 85~95V로 높아 전격의 위험이 있으므로 용접기의 2차 무부하전압을 20~30V 이하로 유지시키기 위한 장치

## 55. 원격 제어 장치(Remote Control)

용접기에서 멀리 떨어져 작업을 할 때 작업 위치에서 전류를 조정할 수 있는 장치로 가동 철심 또는 가동 코일을 소형 모터로서 움직이는 전동기 조작형과 가포화 리액터형으로 구분되며, 가포화 리액터형 교류 아크용접기에서는 가변 저항기 부분을 분리하여 작업자 위치에 놓고 원격으로 용접 전류를 조정

## 56. 핫 스타트 장치

용접을 시작하기 전 모재는 냉각되어 있는 상태이므로 아크 발생이 어려운데 초기에 큰 전류를 흘려주어 아크 발생을 용이하게 해준다. 또한 시작점의 기공 발생 등 결함 발생을 적게 하여 비드 모양도 개선한다.

## 57. 전류계

정확한 전류와 전압을 측정 직류의 경우는 2차 측 회로의 케이블선 도중에 분류기의 직류 전류계를 연결하여 측정 전류 측정은 직렬로 연결하여 측정하며, 전압 측정은 2차 측 케이블 접지선과 홀더선을 병렬로 연결하여 측정

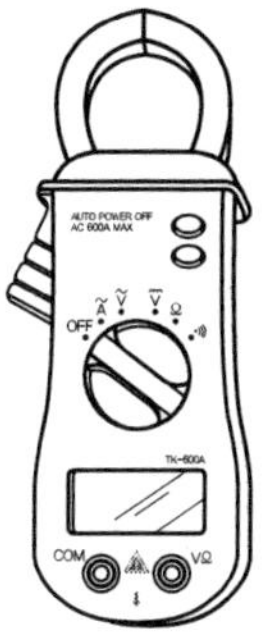


∥ 전류계 ∥

## 58. 용접봉 홀더(Electrode Holder)

- 용접봉의 피복이 없는 노출된 심선 부분(약 25mm)에 용접 전류를 용접 케이블을 통하여 용접봉과 모재 쪽으로 전달하는 기구 홀더는 A형 홀더(안전홀더, 일반적으로 많이 사용)와 B형 홀더로 구분된다.
- **용접봉 홀더의 규격** : 홀더가 100호이면 용접 정격 2차 전류가 100A를, 200호이면 200A를 의미 (홀더번호＝정격 2차 전류)

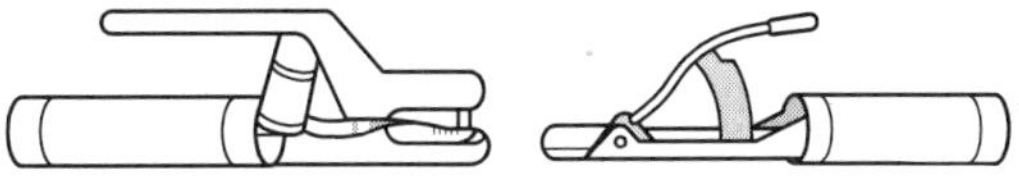

(a) A형 (b) B형

∥ 홀더의 종류 ∥

## 59. 교류 아크용접기의 규격 출제 빈도 높음

예 AW－200

여기서, AW는 교류 용접기(AC Welder), 200은 정격 2차 전류(A)를 뜻함

## 60. 필터 렌즈(차광렌즈)

- 일명 흑유리라고도 하며 용접 중 발생하는 유해한 광선을 차폐하여 용접 작업자의 눈을 보호하기 위한 유리이다. 일반 피복아크용접에서는 10~11번, 가스 용접에서는 4~6번 사용하며 필터 렌즈 앞쪽에 투명유리(백유리)를 두어 차광 유리를 보호해주는 역할도 함
- 필터렌즈의 숫자가 높아질수록 시야가 어두워짐

### 61. 차광막(일종의 커튼의 역할)

차광막은 아크의 강한 유해 광선이 다른 사람에게 영향을 주지 않게 하기 위하여 필요하며 빛을 완전 차단하고, 쉽게 불이 붙지 않는 재료로 사용

### 62. 용접용 공구 및 측정기

치핑 해머, 와이어 브러시는 용접 후의 비드 표면의 녹(스케일)이나 슬래그 제거와 용접부의 솔질에 사용되며 용접 게이지(Weld Gauge)와 버니어 캘리퍼스(Vernier Calipers)는 용접부의 치수 측정 등에 필요하며, 전류를 측정하기 위한 전류계가 필요함

### 63. 전기 피복아크용접봉

용접봉 끝과 모재 사이에 아크를 유발하므로 전극봉(Electrode)이라고도 하며, 금속 아크용접의 용접봉에는 비피복 용접봉과 피복 용접봉이 쓰이는데, 비피복 용접봉은 주로 자동이나 반자동 용접에 사용되고, 피복아크용접봉은 수동 아크용접에 이용된다.

### 64. 연강용 피복아크용접봉 심선

① 심선의 구성원소

- 탄소(C)
- 규소(Si)
- 망간(Mn)
- 인(P)
- 유황(S)
- 구리(Cu)

② 연강용의 경우 저탄소 림드강(Low Carbon Rimmed Steel)이 많이 사용

### 65. 피복제(Flux, 플럭스)

- 중성 또는 환원성 분위기를 만들어 대기 중의 산소, 질소로부터 침입을 방지하고 용융 금속을 보호
- **아크의 안정** : 교류 아크용접을 할 때는 전압이 1초에 120번 '0'이 되므로 전류의 흐름이 120번 끊어지게 되어 아크가 연속적으로 발생될 수 없으나, 피복아크용접봉을 사용하여 용접할 경우, 피복제가 연소해서 생긴 가스가 이온화되어 전류가 끊어져도 이온으로 계속 아크를 발생시키게 되므로 아크가 안정된다. 아크 안정제로는 보통 탄산소다, 석회, 산화티탄, 산화철 등이 쓰인다.
- **용융점이 낮고 적당한 점성의 가벼운 슬래그 생성** : 불순물을 제거하고 탈산 작용을 한다. 보통 유기물, 알루미늄, 마그네슘 등이 사용된다.
- **용착 금속에 합금 원소 첨가** : 합금 원소로는 규소(Si), 망간(Mn), 규소철(Fe−Si) 등이 있음
- 용적을 미세화하고 용착 효율을 높임
- 용착 금속의 응고와 냉각 속도를 느리게 한다.(서랭)
- 어려운 자세의 용접 작업을 가능하게 함
- 비드 모양을 곱게 하며 슬래그 제거도 쉽게 함
- 절연 작용(피복제 부위는 전기가 통하지 않음)

### 66. 아크 안정제

규산칼륨($K_2SiO_3$), 규산나트륨($Na_2SiO_3$), 산화티탄($TiO_2$), 석회석($CaCO_3$) 등

### 67. 가스 발생제

- 가스를 발생하여 아크 분위기를 대기 중의 산소, 질소부터 차단하여 용융 금속의 산화나 질화를 방지하는 작용을 함
- 녹말, 목재 톱밥, 셀룰로오스(Cellulose), 석회석 등

### 68. 슬래그 생성제

- 슬래그는 용융금속의 표면을 덮어서 산화나 질화를 방지함과 아울러 그 냉각을 천천히 한다. 더욱 중요한 것은 탈산 작용을 돕고 용융금속의 금속학적 반응에 중요한 작용을 하며, 용접 작업성에도 큰 영향을 끼친다는 점이다.
- 산화철, 루틸(Rutile, $TiO_2$), 일미나이트(Ilmenite, $TiO_2FeO$), 이산화망간($MnO_2$), 석회석($CaCO_3$), 규사($SiO_2$), 장석($K_2O \cdot Al_2O_3 \cdot 6SiO_2$), 형석(CaF) 등이 사용된다.

## 69. 합금 첨가제

용접 시 합금 원소를 첨가할 수 있으며 첨가제로는 페로망간, 페로실리콘, 페로크롬, 니켈, 페로바륨 등이 있다.

## 70. 고착제

피복제를 심선에 고착시키는 것으로 규산소다(물유리), 규산칼리 등이 있다.

## 71. 탈산제

- 용착 금속 중의 산소를 제거하는 것으로 Fe－Mn, Fe－Si가 있다.
- 피복제의 성분은 무기물과 셀룰로오스, 펄프 등이 있다.

## 72. 연강용 피복아크용접봉의 기호

E 43△ □

- E : 전기 용접봉(Electrode)의 첫 자
- 43 : 전 용착 금속의 최저 인장강도(kg/mm$^2$)
- △ : 용접 자세(0, 1 : 전 자세, 2 : 아래 보기 및 수평 필릿 자세, 3 : 아래 보기, 4 : 전 자세 또는 특정 자세)
- □ : 피복제의 종류

실제 시험에서는 E4316 중 숫자(16)의 의미를 묻는 문제도 출제된다. 마지막 두자리 숫자는 피복제의 계통, 즉 종류를 나타낸다.

## 73. 일미나이트계(E 4301) 용접봉 → 슬래그 생성계

- 30% 이상의 일미나이트를 포함
- 슬래그의 유동성, 용입과 기계적 성질이 양호
- 내부 결함이 적고 모든 자세의 용접이 가능

## 74. 라임 티타니아계(E 4303) 용접봉 → 슬래그 생성계

- 산화티탄을 30% 이상 포함한 슬래그 생성계
- 슬래그의 유동성이 좋고 비드의 외관이 깨끗함
- 슬래그의 제거가 쉽고 용입이 얕음
- 일반 강재의 박판 용접에 사용

## 75. 고셀룰로오스계(E 4311) 용접봉 → 가스실드계

- 셀룰로오스를 30% 정도 함유
- 가스에 의한 산화, 질화를 막고 슬래그 생성이 적음
- 위보기 자세와 좁은 홈 용접이 가능
- 용입이 깊으나 스패터가 심하고 비드 파형이 거칠다.
- 보관 중 습기를 흡수하기 쉽다(기공 발생 우려).
- 주로 배관 용접 시 많이 사용

## 76. 고산화티탄계(E 4313) 용접봉 → 슬래그 생성계

- 산화티탄을 30% 이상 포함한 슬래그 생성계
- 아크가 안정되고 스패터가 적으며, 슬래그 박리성이 좋다.
- 비드 외관은 미려하지만 고온균열 발생 등 기계적 성질이 약간 낮아 중요한 부재의 용접에는 부적당하다.
- 용도 : 박판 용접에 주로 사용

## 77. 저수소계(E 4316)

- 피복제의 주성분 : 유기탄산칼슘($CaCO_3$)과 불화칼슘($CaF_2$)을 주성분으로 하여 아크 분위기 중에 수소량이 적은(타 용접봉의 1/10) 용접봉
- 인성과 연성이 풍부하며 기계적 성질이 우수
- 아크가 불안정하여 작업성이 상당히 떨어짐
- 염기도가 높아 내균열성 우수하여 후판, 구속력이 큰 구조물, 고장력강, 고탄소강 등에 사용 가능

**용접봉의 건조**
- 저수소계 용접봉 300~350℃로 2시간 정도 건조
- 일반 연강용 피복아크용접봉 70~100℃로 30분~1시간 정도 건조

### 78. 철분 산화티탄계(E 4324)

피복제 주성분 : 고산화티탄계에 철분을 첨가시킨 용접봉

### 79. 철분 저수소계(E 4326)

피복제 주성분 : 저수소계에 철분을 첨가시킨 용접봉

### 80. 철분 산화철계(E 4327)

피복제 주성분 : 산화철에 규산염을 첨가하여 산성 슬래그를 생성

### 81. 특수계(E4340)

피복제가 용접봉 종류들 중 어느 계통에도 속하지 않는 것이며 사용성 또는 용접결과가 특수한 목적을 위하여 제작된 것을 포함하여 특수계라 한다.

### 82. 용접봉의 내균열성

- 피복제의 염기도가 높으면 내균열성(균열에 견디는 성질)이 우수하고 작업성이 저하되고 산성도가 높으면 작업성은 좋아지나 내균열성이 적어짐
- 내균열성이 큰 순서 : 저수소계 > 일미나이트계 > 고산화철계 > 고셀룰로오스계 > 고산화티탄계

### 83. 스패터링(용접 시 불똥이 튀는 것)

아크 길이가 길거나 전류가 필요 이상으로 높을 시 심해진다.

### 84. 슬래그

- 전기피복아크용접 시 용착금속 표면에 생기는 물질로 흔히 용접똥이라고도 부름
- 슬래그의 용융점, 응고 온도, 점성 및 표면 장력 등은 용접봉의 작업성에 영향을 주며 용융 슬래그는 표면 장력이 약할수록 용융금속을 잘 덮어준다.

### 85. 용접봉의 편심률과 계산식

용접봉은 제조 시 심선과 피복제의 편심 상태를 보고 편심률이 3% 이내의 것을 사용해야 함

$$편심률 = \frac{D' - D}{D} \times 100(\%)$$

### 86. 용접 도면 및 용접 작업 시방서

공사에 필요한 재료의 종류와 품질, 사용처, 시공 방법 등 설계 도면에 나타내기 어려운 사항을 기재한 문서

### 87. 아크 길이와 아크 전압

용접 시 아크 길이는 반드시 짧게 유지하고 적정한 아크 길이는 사용하는 용접봉 심선의 지름의 1배 이하 정도(3mm 전후)로 하며, 이때의 아크 전압은 아크 길이와 비례하는 관계를 나타낸다.

### 88. 아크 길이가 긴 경우

- 아크가 불안정해지며 비드 외관이 불량하고 용입(아크열로 모재가 녹은 깊이)이 얕아짐
- 질소 및 산소의 영향으로 용착 금속이 질화, 산화되며 기공, 균열 발생
- 스패터도 심해짐

| |
|---|
| 아크를 처음 발생시킬 때 모재를 예열하고자 아크 길이를 길게 하는 방법도 쓰임 |

### 89. 용접 속도

아크 전압과 아크 전류를 동일하게 유지하고, 느린 속도에서 속도를 점차로 증가시키면 비드의 너비(폭)는 감소하나 용입은 적당한 속도 이하의 범위에서는 증가하고, 그 이상의 범위에서는 감소

### 90. 용접 비드(용접의 진행에 따라 만들어진 용착 금속의 가늘고 긴 줄) 내기법의 종류

- 직선 비드 내기
- 위빙 비드 내기 : 용접봉을 좌우 또는 상하로 움직이면서 진행하는 방법이며 위빙 폭은 용접봉 심선 직경의 2~3배 정도로 하는 것이 원칙

### 91. 가스 용접(일명 산소용접)

아세틸렌 가스, 수소 가스, 도시 가스, LP 가스 등의 가연성 가스와 산소(지연성 또는 조연성 가스)와의 혼합 가스의 연소열을 이용하여 용접하는 방법이며 산소－아세틸렌 가스 용접(Oxygen－acetylene Gas Welding)이 일반적으로 많이 사용되고 있음

### 92. 가스 용접의 장점과 단점

① 장점

- 전기가 필요 없음
- 응용 범위가 넓음
- 운반이 편리
- 아크용접에 비해서 유해 광선의 발생이 적음
- 열량 조절이 자유로움(토치 손잡이에 유량조절 밸브가 있음)
- 시공비가 저렴하며 어느 곳에서나 설비가 쉬움

② 단점

- 두꺼운 판(후판)의 용접은 어려움
- 아크용접에 비해서 불꽃의 온도가 낮음(50%)
- 열 집중성이 나쁘고 열의 효율이 낮아 효율적성이 떨어짐
- 폭발의 위험성이 있음
- 아크용접에 비해 가열 범위가 커서 용접 응력이 크고, 가열 시간이 오래 걸림
- 금속의 탄화 및 산화될 가능성이 많음(용접부위를 보호해주는 매체가 없음)

### 93. 가스 불꽃의 최고온도

아세틸렌(3430℃) > 수소(2900℃) > 프로판(2820℃) > 메탄(2700℃)
그러나 프로판은 발열량이 가장 우수한 가스임

### 94. 아세틸렌 가스

- 아세틸렌 가스는 매우 불안정한 상태의 가스로 기체 상태로 충격을 받으며 분해하여 폭발하기 쉬운 가스
- 순수한 것은 무색 무취의 기체
- 비중은 0.906 (15℃ 1기압에서 1$l$의 무게는 1.176g)이다.

### 95. 아세틸렌의 용해

물 1배, 석유 2배, 벤젠 4배, 알코올 6배, 아세톤 25배

| |
|---|
| 실용 가스용기에는 보통 아세톤에 아세틸렌을 용해시켜 사용 |

### 96. 아세틸렌의 발생량

이론상 1kg → 348$l$의 아세틸렌 가스가 발생

### 97. 카바이드

- 물과 화학반응을 일으키며 아세틸렌 가스를 만드는 재료
- 보관 시 물이나 습기와 절대 접촉 금지
- 카바이드가 담겨 있는 통을 따거나 들어낼 때 불꽃(스파크)을 일으키는 공구를 사용해서는 안 되며 목재나 모넬메탈(Ni－Cu－Mn－Fe)을 사용

### 98. 아세틸렌 가스의 폭발성

- 406~408℃ 자연 발화
- 505~515℃에 달하면 폭발
- 산소가 없어도 780℃ 이상 되면 자연 폭발
- 아세틸렌 : 산소와의 비가 15 : 85일 때 가장 폭발의 위험이 크게 됨

## 99. 아세틸렌의 폭발성

아세틸렌 가스는 구리 또는 구리합금(62% 이상 구리 함유), 은(Ag), 수은(Hg) 등과 접촉하면 폭발성 화합물을 생성하므로 가스 통로에 접촉 금지

> 62% 미만의 동합금은 아세틸렌 용기 제조 시 부속으로 사용 가능

## 100. 아세틸렌 가스의 청정방법

① 물리적인 청정
- 수세법
- 여과법

② 화학적인 청정
- 페라톨
- 카타리졸
- 플랑클린
- 아카린

## 101. 산소의 성질 출제 빈도 높음

- 비중 1.105(**공기보다 무거움**)
- 무색 무취(액체 산소는 연한 청색)
- 다른 물질이 연소하는 것을 도와주는 **지연성 또는 조연성 가스**
- 대부분의 원소와 화합 시 산화물을 형성

## 102. 프로판 가스(LPG)의 성질과 용도 출제 빈도 높음

- 액화하기 쉬워 용기에 넣어 수송이 편리함
- 폭발의 위험성이 높고, 발열량이 높음
- 폭발 한계(=연소범위)가 좁아 안전하며 관리 용이
- 가스 절단으로 많이 사용하며 경제적
- 가정에서 취사용 등으로 많이 사용(발열량이 높음)
- 프로판과 산소의 사용 비율이 1 : 4.5로 산소가 많이 소모(산소 : 아세틸렌가스=1 : 1)

## 103. 수소(수중 절단용) 출제 빈도 높음

주로 수중 용접에서 사용되고 있으며 청색의 겉불꽃에 싸인 무광의 불꽃이므로 육안으로는 불꽃을 조절하기 어렵다.

## 104. 가스 불꽃의 최고 온도와 발열량

| 가스의 종류 | 발열량(kcal/m³) | 최고 불꽃 온도(℃) |
|---|---|---|
| 아세틸렌 | 12,690 | 3,430 |
| 수소 | 2,420 | 2,900 |
| 프로판 | 20,780 | 2,820 |
| 메탄 | 8,080 | 2,700 |
| 일산화탄소 | 2,865 | 2,820 |

## 105. 산소 – 아세틸렌 불꽃 구성과 종류

출제 빈도 높음

- 백심, 속불꽃, 겉불꽃으로 구성
- 불꽃은 백심 끝에서 2~3mm 부분(속불꽃)이 가장 높으며 약 3,200~3,500℃ 정도이며, 이 부분으로 용접

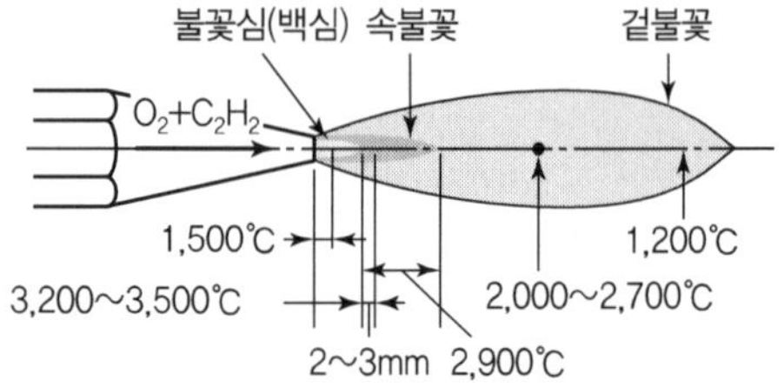


▌산소 – 아세틸렌 불꽃의 온도▐

- **산화 불꽃** : 산소의 양이 아세틸렌보다 많을 때 생기는 불꽃(구리(동)합금 용접에 사용) → 온도가 가장 높은 불꽃
- **탄화 불꽃** : 산소보다 아세틸렌 가스의 분출량이 많은 상태의 불꽃으로 백심 주위에 연한 제3의 불꽃(아세틸렌 깃=패더)이 있는 불꽃
- **중성 불꽃**(표준 불꽃) : 산소와 아세틸렌 가스가 1 : 1로 혼합

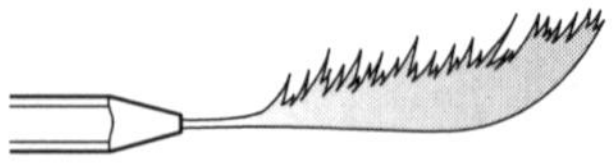

아세틸렌 불꽃
(산소를 약간 혼입)

(a) 적황색(매연)

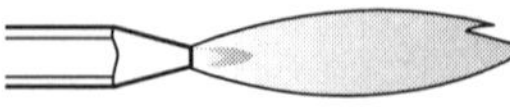

탄화 불꽃
(아세틸렌 과잉 불꽃)

$$\frac{산소}{아세틸렌} = \frac{0.05\sim0.95}{1}$$

(b) 아세틸렌 깃(담백색)

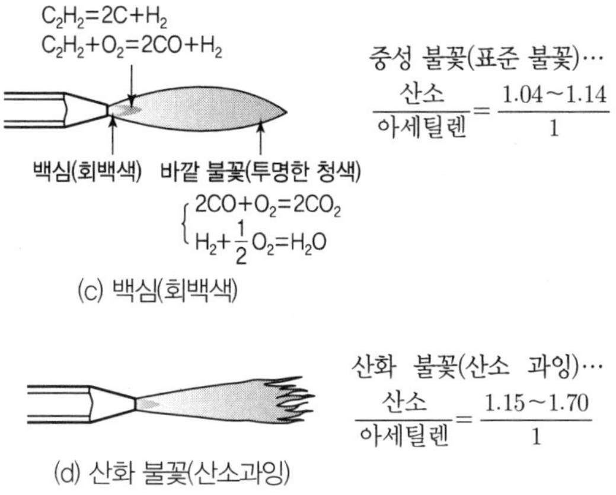


▌산소－아세틸렌 불꽃▐

## 106. 산소－아세틸렌 불꽃의 용도

- 중성 불꽃 → 연강(탄소의 함유량이 0.25% 이하인 저탄소강), 주철, 구리 용접 시 사용
- 탄화 불꽃 → 경강(탄소의 함유량이 약 0.5%), 스테인리스강, 알루미늄
- 산화 불꽃 → 황동

## 107. 산소 용기 제조

- 150기압의 높은 압력으로 용기에 충전되며 이음매 없는 강관 제관법(만네스만법)으로 제조
- 인장강도 57kg/mm$^2$ 이상, 연신율 18% 이상의 강재가 용기의 강재로 사용

## 108. 산소 용기의 크기

| 용기 크기(*l*) | 내용적(*l*) | 용기 높이(mm) | 용기 중량(kg) |
|---|---|---|---|
| 5,000 | 33.7 | 1,285 | 61 |
| 6,000 | 40.7 | 1,230 | 71 |
| 7,000 | 47.7 | 1,400 | 74.5 |

## 109. 산소 가스의 충전

35℃에서 150기압으로 충전(24시간 방치 후 사용) → 아세틸렌 가스의 충전 15℃에서 15.5기압으로 충전

## 110. 가스 용기 취급방법

- 산소 용기 이동 시 밸브는 반드시 잠그고 캡을 씌운다.
- 용기는 눕혀서 보관하거나 충격을 가하지 않는다.
- 기름이 묻은 손이나 장갑을 끼고 취급하지 않는다.
- 화기로부터 5m 이상 떨어져 사용한다.
- 사용이 끝난 용기는 '빈 병'이라 표시하고 새 병과 구분하여 보관한다.
- 반드시 사용 전에 안전 검사(비눗물 검사 등)를 한다.
- 기름이나 그리스 등 기름류를 묻히거나 가까운 곳에 절대로 두지 않는다.(산소밸브, 압력 조정기, 도관 등에는 절대 주유금지)
- 통풍이 잘 되고 직사광선이 없는 곳에 보관(보관온도는 40℃ 이하)
- 용기 보관 시 반드시 고정용 장치(쇠사슬 등) 등을 이용하여 넘어지지 않도록 한다.

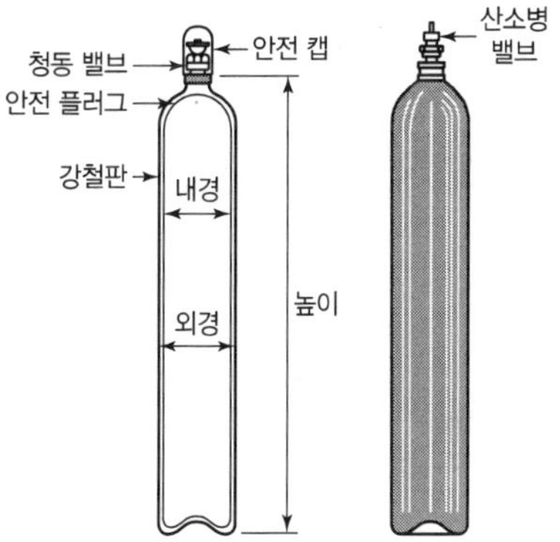


▌산소병▐

## 111. 산소 용기의 각인

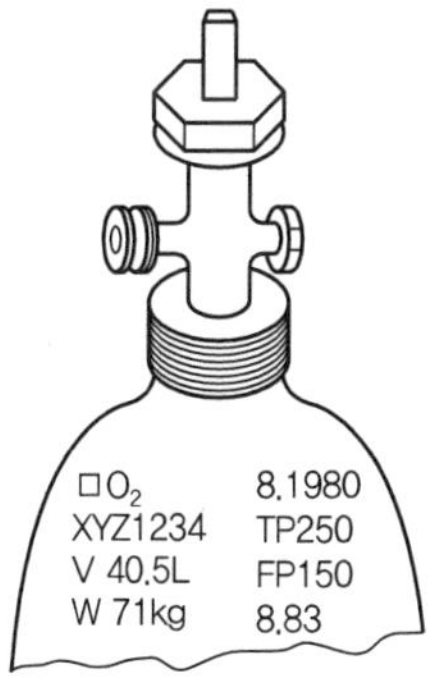


▌용기의 각인 예▐

- 가스의 종류(산소)
- 용기의 기호 및 번호
- 내용적(용기의 부피) 기호
- 용기의 중량(무게)
- 제작일 또는 용기의 내압 시험 연월
- 내압 시험 압력 기호(kg/cm$^2$) − TP
- 최고 충전 압력 기호(kg/cm$^2$) − FP(최저 충전압력은 각인되어 있지 않음. 시험에서는 최저충전압력이 보기로 나옴)

## 112. 아세틸렌 용기의 제조

- 아세틸렌 용기는 고압으로 사용하지 않기 때문에(15℃에서 15.5기압으로 충전하여 사용) 용접하여 제작
- 아세틸렌은 아세톤 흡수 시 다공성 물질(목탄+규조토)을 넣고 아세틸렌을 용해 압축시켜 사용(아세틸렌 용기 내부에는 스펀지와 같은 다공성 물질에 액상의 아세톤이 충진되어 있음)

## 113. 아세틸렌 가스의 양 계산 출제 빈도 높음

$$C = 905(B - A)(l)$$

여기서, $A$ : 빈 병 무게
$B$ : 병 전체의 무게(충전된 병)
$C$ : 용적[$l$]

용해 아세틸렌 1kg 기화 시 905~910$l$의 아세틸렌 가스 발생(15℃, 1기압)

## 114. 아세틸렌 가스 발생기의 종류와 특징

- **투입식** : 물이 담긴 수조에 카바이드를 투입시키는 방식
- **주수식** : 수조에 카바이드를 넣고 필요한 양의 물을 주수하는 방식
- **침지식** : 수조에 물을 넣고 카바이드 덩어리를 물에 닿게 하는 방식

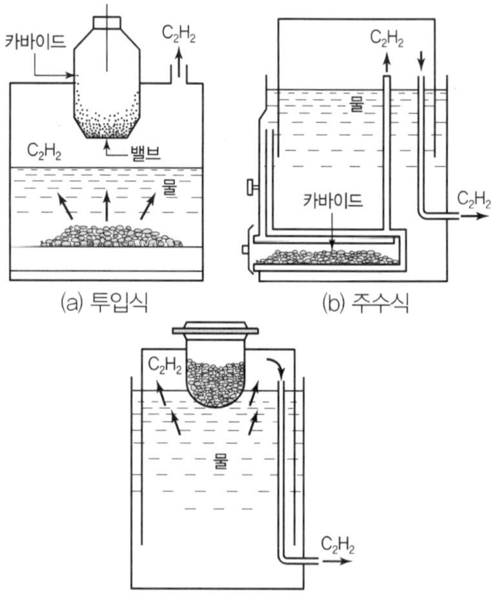

(a) 투입식 (b) 주수식 (c) 침지식

▌아세틸렌 발생기▐

## 115. 압력 조정기(감압 조정기, 레귤레터)

재료와 토치의 능력 등 작업조건에 따라 압력을 조절(감압)할 수 있는 기기

- 산소 조정기(1.3kg/cm$^2$ 이하)
- 아세틸렌 조정기(0.1~0.5kg/cm$^2$ 조정)

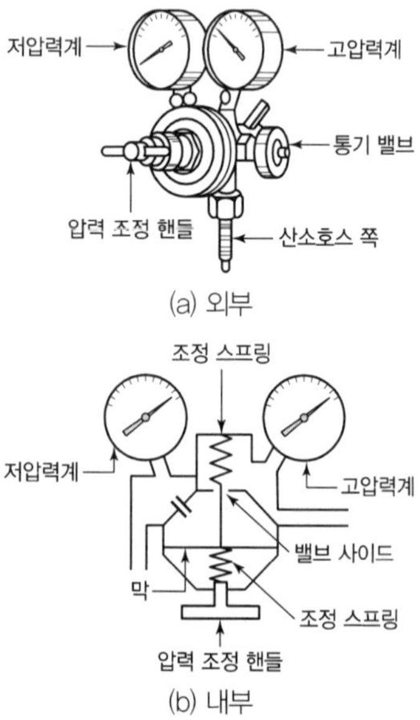

(a) 외부 (b) 내부

▌압력 조정기 구조▐

## 116. 가스 용접 토치의 종류 출제 빈도 높음

독일식(A형, 불변압식), 프랑스식(B형, 가변압식)

- **독일식 토치의 특징** : A형, 불변압식 토치라고도 하며 팁 번호는 용접 가능한 모재의 두께를 나타냄

예 두께가 1mm인 연강판 용접에 적당한 팁의 크기는 1번

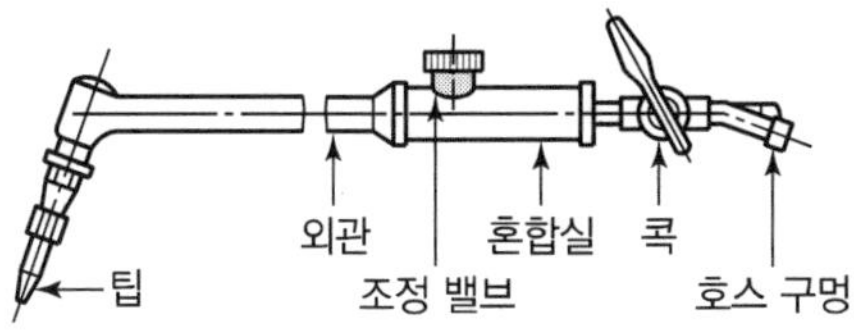


‖ A형(독일식) 용접 토치 ‖

- **프랑스식 토치의 특징** : B형 가변압식 토치라고도 하며 팁 번호는 표준 불꽃으로 1시간당 용접할 경우 소비되는 아세틸렌 양을 $l$로 표시

예 100번 팁은 1시간 동안 100$l$의 아세틸렌 소비

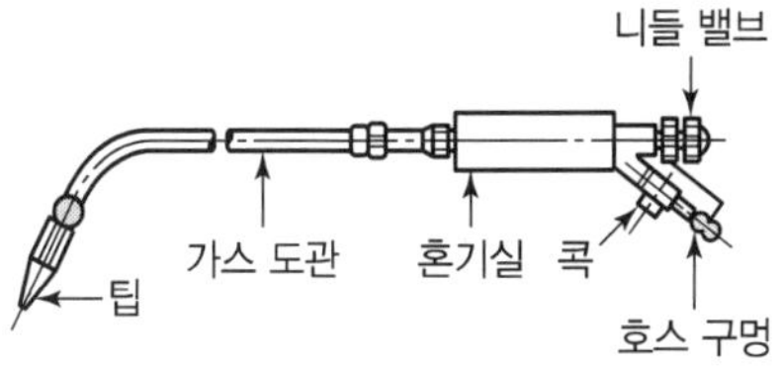


‖ B형(프랑스식) 용접 토치 ‖

## 117. 사용 압력에 따른 분류

- **저압식 토치** : 0.07kg/cm$^2$ 이하 아세틸렌 가스를 사용
- **중압식 토치** : 아세틸렌 가스의 압력이 0.07~1.3kg/cm$^2$ 범위에서 사용
- **고압식 토치** : 1.3kg/cm$^2$ 이상의 고압 아세틸렌 발생기용으로 사용

## 118. 토치 취급 시 주의점

팁이 과열되었을 때는 산소만 분출시키면서 물속에 넣어 냉각(토치 안으로 물이 들어가는 것을 방지)

## 119. 역류, 역화 및 인화(가스 용접 시 발생)

① **역류** : 토치 내부에 높은 압력의 산소가 아세틸렌 호스 쪽으로 흘러 들어가는 경우(압력이 안 맞는 경우)

② **역화** : 불꽃이 순간적으로 '빵빵' 소리를 내면서 꺼졌다가 다시 나타나는 현상

③ **인화** : 팁 끝이 순간적으로 가스의 분출이 나빠지고 혼합실까지 불꽃이 들어가는 현상

④ 역류, 역화의 원인
- 토치 팁 과열
- 가스 압력이 맞지 않는 경우(아세틸렌 가스의 압력 부족)
- 팁, 토치 연결부의 조임이 불확실할 때

## 120. 용접용 호스(도관)의 색상

- **고무호스** : 아세틸렌용 – 적색, 산소 – 녹색
- **강관** : 아세틸렌은 적색(또는 황색), 산소는 검은색(또는 녹색)

## 121. 가스용접 시 사용하는 보안경

- **차광 번호** : 납땜 2~4번, 가스 용접 4~6번(번호가 많아질수록 어두워짐, 전기피복아크용접 시 일반적으로 11번 사용)

## 122. 가스 용접봉의 종류 출제 빈도 높음

- GA46, GA43, GA35, GB32 등 7종으로 구분되며 규격 중의 GA46, GB43 등의 숫자는 용착 금속의 최저 인장강도가 46kg/mm$^2$, 43kg/mm$^2$ 이상이라는 것을 의미
- NSR은 응력을 제거하지 않은 상태의 용접봉
- SR은 응력을 제거(풀림)한 상태의 용접봉

## 123. 가스 용접의 용제

용제는 금속 표면에 생긴 산화막을 제거해 주는 역할을 하며 산화막이 제거되어야 정상적인 용접이 가능

예 황동 파이프 용접 시 붕사를 뿌리는 경우

**연강**
탄소의 양이 적고 비교적 연한 탄소강으로 경강에 대응하는 말이며 탄소 함유량이 0.2% 전후는 용제를 사용하지 않음

| 금속 | 용제 | 금속 | 용제 |
|---|---|---|---|
| 연강 | 사용하지 않는다. | 알루미늄 | • 염화리튬 15%<br>• 염화칼리 45%<br>• 염화나트륨 30%<br>• 불화칼리 7%<br>• 황산칼리 3% |
| 반경강 | 중탄산소다 +탄산소다 | | |
| 주철 | 붕사+중탄산소다 +탄산소다 | | |
| 동합금 | 붕사 | | |

## 124. 가스 용접 시 사용 가능한 용접봉의 두께를 구하는 관계식 출제 빈도 높음

$$D=\frac{T}{2}+1$$

여기서, $D$ : 용접봉의 지름
$T$ : 모재의 두께

모재의 두께를 2로 나눈 후 1을 더한다.

## 125. 가스용접에서 전진법과 후진법 출제 빈도 높음

- **전진법** : 토치를 잡은 오른손이 왼쪽으로 이동하는 방법으로 불꽃이 나오는 팁이 향하는 방향으로 이동하며 보통 5mm 이하의 얇은 판(박판) 용접에 사용
- **후진법** : 토치를 잡은 오른손이 왼손으로 이동하는 방법으로 가열 시간이 짧아 과열되지 않으며, 용접 변형이 적고 속도가 크다. 두꺼운 판 용접에 사용

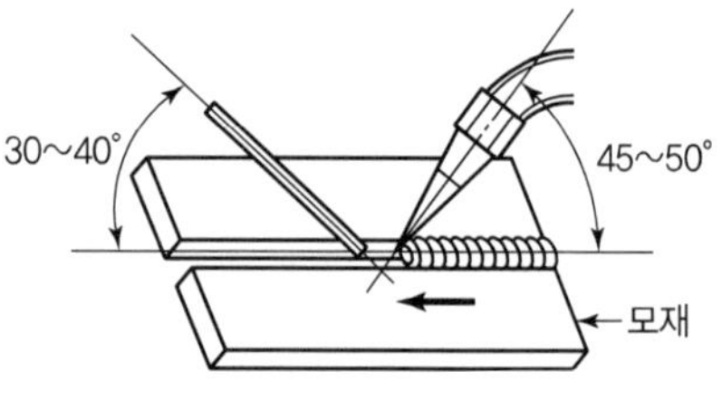


❙ 전진법 ❙

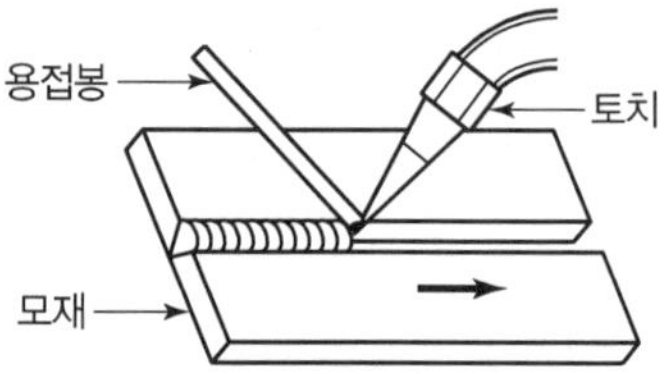


❙ 후진법 ❙

## 126. 전진법과 후진법의 비교 출제 빈도 높음

| 항목 | 전진법 | 후진법 |
|---|---|---|
| 열 이용률 | 나쁘다. | 좋다. |
| 용접 속도 | 느리다. | 빠르다. |
| 비드 모양 | 보기 좋다. | 매끈하지 못하다. |
| 홈 각도 | 반드시 커야 함(80°) | 작아도 됨(60°) |
| 용접 변형 | 크다. | 적다. |
| 용접 모재 두께 | 얇다.(5mm까지) | 두껍다. |
| 산화 정도 | 심하다. | 약하다. |
| 용착 금속의 냉각 속도 | 급랭된다. | 서랭된다. |
| 용착 금속 조직 | 거칠다. | 미세하다. |

* 후진법은 전진법과 비교할 때 기계적 성질이 대체적으로 우수하나 비드의 모양은 좋지 않다.

## 127. 가스 절단의 원리

강재의 절단 부분을 팁(Tip)에서 나오는 산소-아세틸렌 가스 불꽃으로 약 850~900℃가 될 때까지 예열한 후, 팁의 중심에서 고압의 산소(절단 산소)를 불어 내면 철은 연소 후 산화철이 되며 그 산화철이 녹는 동시에 절단이 된다.

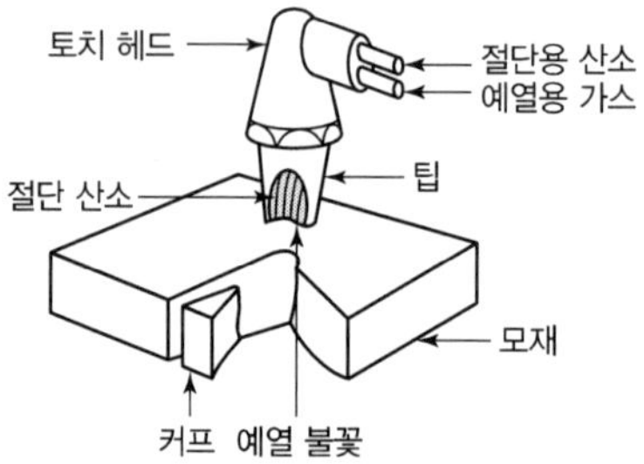


❙ 가스 절단 ❙

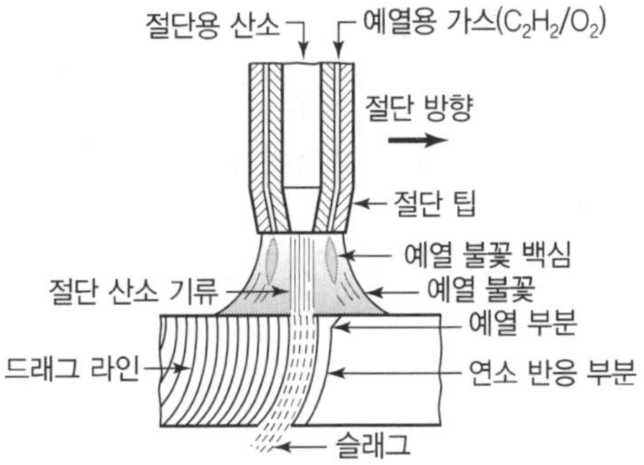


‖ 가스 절단의 원리 ‖

### 128. 가스 절단에서 드래그

가스 절단에서 절단 가스의 입구(절단재의 표면)와 출구(절단재의 이면) 사이의 수평거리를 말하며 표준드래그 길이는 모재 두께의 약 20%(1/5)가 적당하다.

### 129. 드래그 라인

절단 팁에서 강재의 아랫부분으로 갈수록 산소압력이 저하되고, 슬래그와 용융물질에 의해서 절단된 생성물의 배출이 어려워지며, 산소의 오염, 산소 분출 속도의 저하 등으로 산화 작용이 잘 일어나지 않는다. 절단면에 일정한 간격으로 평행된 곡선이 나타나는것을 드래그 라인이라고 한다.

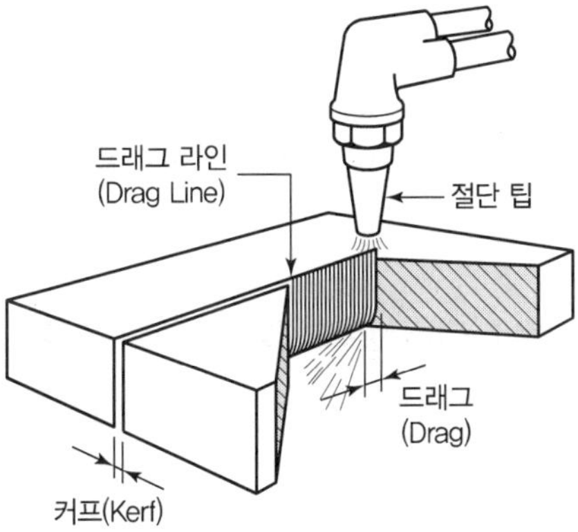


‖ 드래그와 커프 ‖

### 130. 분말 절단

가스 절단이 어려운 주철, 비철금속 그리고 스테인리스강 등은 철분 또는 용제를 연속적으로 절단용 산소와 함께 고압으로 공급함으로써 생기는 산화열 또는 용제의 화학작용을 이용하여 절단한다.

### 131. 수중 절단

수중 절단법은 물속에서는 점화가 불가능하기 때문에 토치를 물속에 넣기 전에 점화용 보조 팁에 점화한다. 사용물질로는 아세틸렌, 프로판, 벤젠 등이 있으며, 수소가 가장 많이 사용된다.

### 132. 산소창 절단

토치 대신 가늘고 긴 강관 속에 고압의 절단용 산소를 흘려 절단하는 방법으로 두꺼운 철판 및 암석의 천공 시에도 사용된다.

### 133. 가스 가우징

강재의 표면에 깊은 홈을 파내는 가공법으로 용접 부분의 뒷면을 따내거나, U형, H형의 용접 홈(Groove)을 가공하기 위해 사용된다.

### 134. 스카핑

강재의 표면을 얇게 깎아내는 가공법으로 표면의 흠집이나 불순물의 층, 탈탄층 등을 제거하기 위하여 사용된다.

### 135. 탄소 아크 절단

전극이 탄소나 흑연으로 구성되며 이를 모재 사이에 아크를 일으켜 절단하는 방법

### 136. 프랑스식 절단 팁(B형 팁, 동심형)

혼합 가스가 분출되는 구멍이 이중으로 된 동심원이며 전후, 좌우 및 직선 절단을 자유롭게 할 수 있으므로 범용으로 많이 사용

## 137. 독일식 절단 팁(A형 팁, 이심형)

혼합가스가 분출되는 구멍이 두 개, 절단 산소와 혼합가스가 서로 다른 팁에서 분출되어 이심형 팁이라고 하며, 예열 팁과 산소 팁이 별도로 구성되어 있어 예열 팁이 붙어 있는 방향으로만 절단할 수 있어 주로 직선 절단에서만 사용

▼ **동심형 팁과 이심형 팁 비교**

| 내용 | 동심형 팁(프랑스식) | 이심형 팁(독일식) |
|---|---|---|
| 곡선 절단 | 가능 | 어려움 |
| 직선 절단 | 가능 | 가능<br>(자동절단 사용 가능) |
| 절단면 | 보통 | 상당히 깔끔함 |

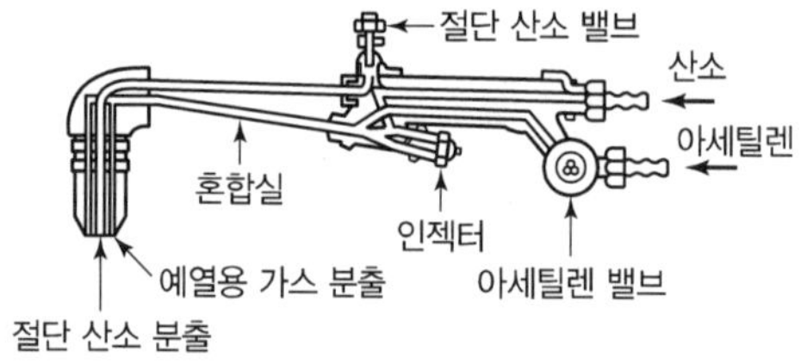


(a) 프랑스식 절단 토치

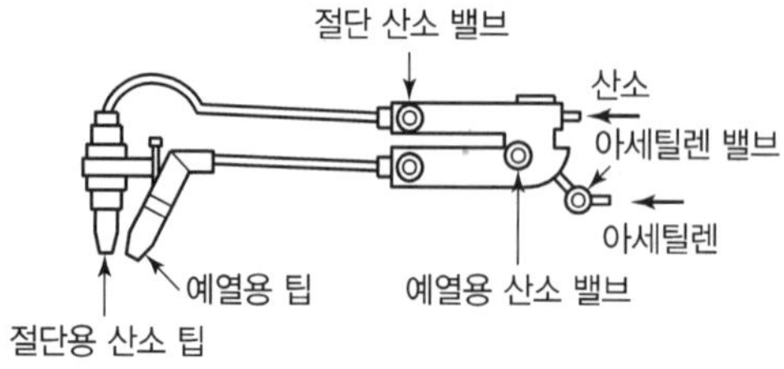


(b) 독일식 절단 토치

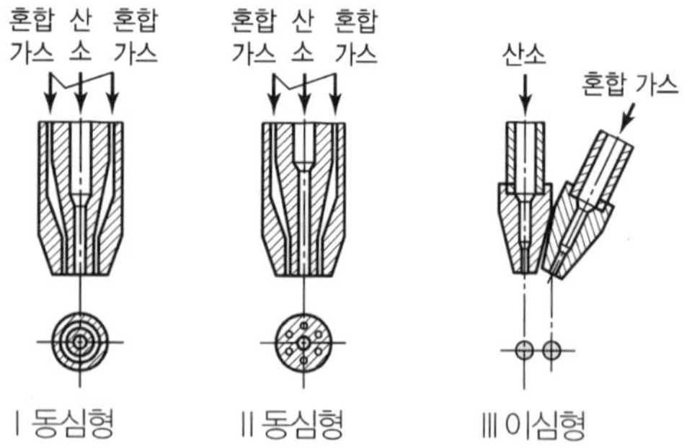


(c) 팁의 모양

**▌절단 토치▐**

## 138. 가스 절단의 조건

- 드래그(Drag)가 가능한 한 작을 것
- 절단면이 평활하며 드래그의 홈이 낮고 노치(Notch) 등이 없을 것
- 절단면의 표면각이 직각에 가깝고 예리할 것(둥글게 절단되지 않을 것)
- 슬래그 이탈이 양호할 것
- 경제적인 절단이 이루어질 것(절단가스의 사용을 최소화)

## 139. 가스 절단 결과물에 영향을 주는 요소

- 절단재의 두께와 폭
- 절단재의 재질
- 절단용 토치 팁의 크기와 모양
- 산소 압력과 순도(아세틸렌의 순도는 큰 영향을 주지 않으며 절단 속도는 산소의 압력과 소비량에 따라 비례함. 산소의 순도는 99.5% 이상으로 순도가 높아야 한다.)
- 절단 주행 속도
- 절단재의 표면 상태
- 예열 불꽃의 세기
- 팁의 거리 및 각도

## 140. 절단 속도

모재의 온도가 높을수록 고속 절단이 잘 되며, 절단 산소의 압력이 높고, 산소 소비량이 많을수록 절단의 속도가 빨라진다.

## 141. 슬로 다이버전트 노즐(가스 고속분출용 노즐)

보통의 팁에 비하여 산소 소비량을 같게 할 때 절단 속도를 약 20% 정도 향상

## 142. 가스 절단방법

팁 끝에서 모재 표면까지의 간격은 백심의 끝단과 모재 표면에서 약 2.0mm 정도 거리가 적당함. 팁 거리가 너무 가까우면 절단면의 윗 모서리가 직각으로 절단되지 않고, 그 부분이 심하게 변질

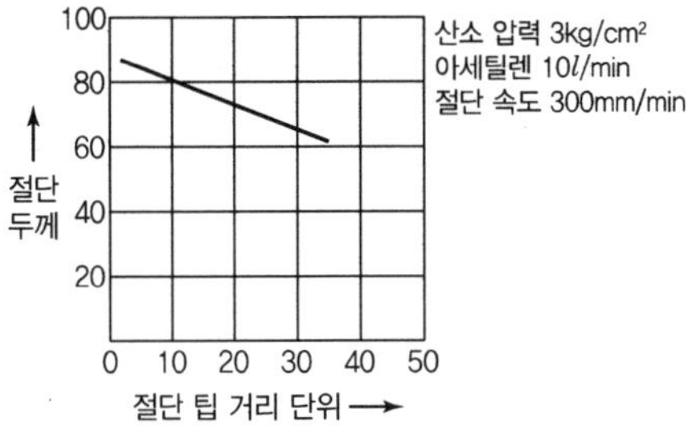


▌절단 팁 거리의 영향▐

## 143. 예열불꽃 적정온도

900℃(절단 개시 온도)

## 144. 가스 절단이 잘 되는 금속과 잘 되지 않는 금속

- **절단이 잘 되는 금속** : 연강, 순철, 주강 등 강재 표면에 생기는 산화물의 용융 온도가 금속 용융 온도보다 낮고 유동성이 있는 조건의 강재
- **절단이 잘 되지 않는 금속** : 주철, 구리, 황동, 알루미늄, 납, 주석, 아연 등은 가스 절단이 어려워 주로 분말절단 사용

## 145. 프로판 가스(LPG)의 성질

- 액화하기 쉬우며, 용기에 넣어 수송하기 편리하다. (가스 부피의 1/250 정도 압축 가능)
- 상온에서는 기체 상태이며 무색 투명하다.
- 온도 변화에 따른 팽창률이 크고 물에 잘 녹지 않는다.
- 쉽게 기화하며 발열량이 상당히 높다.
- 폭발한계(연소범위)가 좁아 안전하며 관리가 쉽다. (폭발한계가 넓으면 위험)
- 부취제를 첨가해 고약한 냄새가 나지만 순수한 가스는 냄새가 없다.(무취)
- 연소할 때 필요한 산소의 양은 1 : 4.5 정도이다.

## 146. 아세틸렌과 프로판 가스의 비교

| 아세틸렌 | 프로판 |
|---|---|
| • 불꽃온도가 높아 점화가 용이<br>• 절단 개시까지 시간 빠름<br>• 박판 절단용<br>산소 : 아세틸렌=1 : 1 | • 절단면이 깨끗<br>• 슬래그 제거 쉬움<br>• 포갬 절단(겹치기 절단) 가능<br>• 후판 절단 가능<br>산소 : 프로판=4.5 : 1<br>(산소 소비 많음) |

## 147. 아크 절단

용접 시 발생하는 아크열을 이용하여 모재를 용융시켜 절단하는 방법이며 가스 절단에 비해 절단면이 매끄럽지 못하고 최근에는 불활성 가스를 이용한 아크 절단법과 플라스마 아크 절단 등으로 실용화

## 148. 금속 아크 절단

일반 피복전기용접봉과 같은 피복봉을 사용하기 때문에 금속 아크 절단(Shield Metal Arc Cutting)이라고도 불린다. 스테인리스 절단에 탁월함

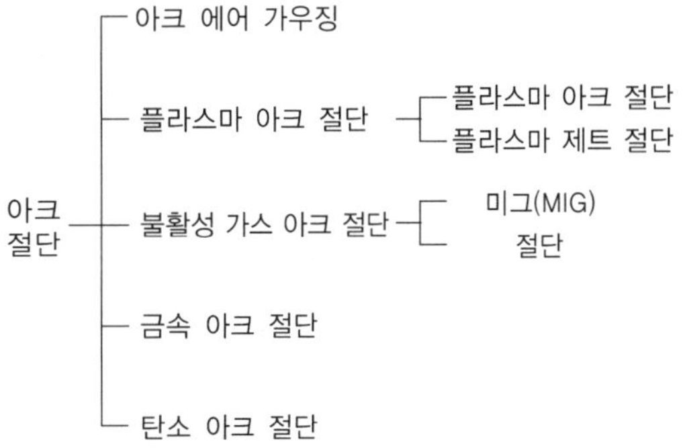


## 149. 산소 아크 절단

중공(속이 비어 있는)의 피복 용접봉과 모재 사이에서 발생하는 아크열을 이용한 가스 절단법

## 150. 아크 에어 가우징

- 아크열로 용해한 금속에 압축 공기를 연속적으로 분출하여 금속 표면에 홈을 파는 방법
- 직류 역극성(DCRP) 전류 사용

- 소음이 발생하지 않아 조용함
- 사용공기 압력 : 5~7kg/cm$^2$

## 151. 플라스마 아크 절단

아크 플라스마의 성질을 이용한 절단방법

## 152. TIG 절단

TIG 용접기를 이용하여 텅스텐 전극과 모재 사이에 고전류의 아크를 발생시켜 모재를 용융시키고 이때 아르곤 가스 등을 공급해서 절단하는 방법

## 153. MIG 절단

절단부를 불활성 가스로 보호하고 금속 전극에 대전류를 사용하여 절단하는 방법

## 154. 탄소 아크 절단

탄소 또는 흑연 전극과 모재 사이에 아크를 일으켜 절단하는 방법이며 전류는 보통 직류 정극성이 사용됨

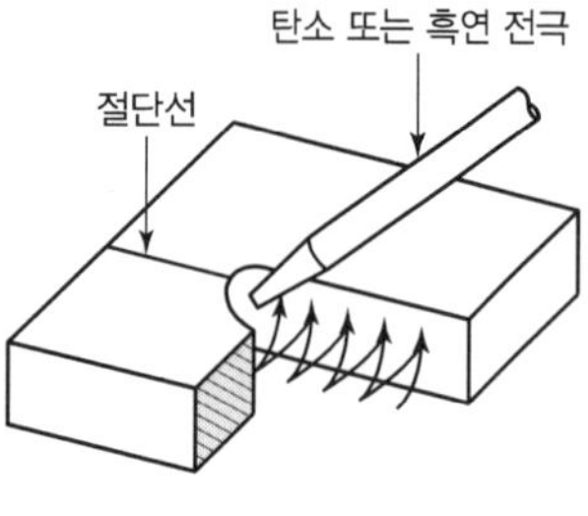


‖ 탄소 아크 절단 ‖

## 155. 불활성 가스 텅스텐 아크용접(TIG, GTAW)

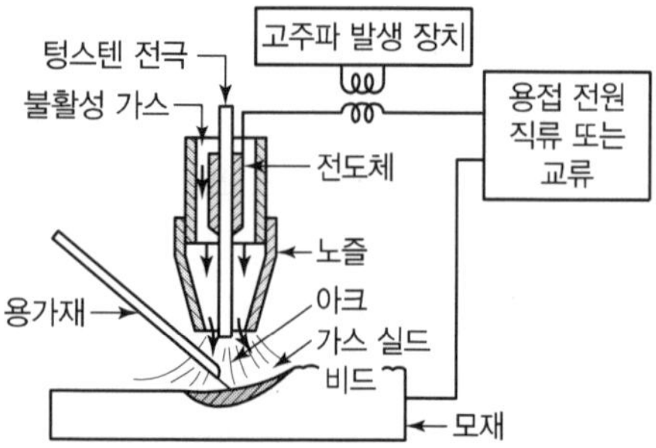


(a) 불활성 가스 텅스텐 아크용접

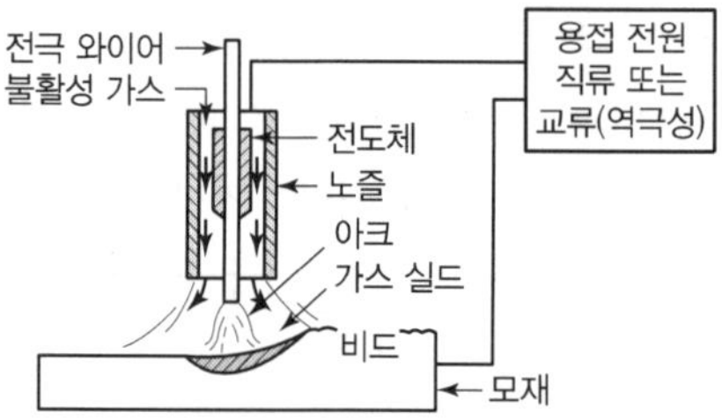


(b) 불활성 가스 금속 아크용접

‖ 불활성 가스 아크용접의 원리 ‖

- **청정 작용(Cleaning Action) 발생** : 직류 역극성(교류도 50% 발생)에서 가스 이온이 모재 표면에 충돌하여 산화막을 제거함으로써 알루미늄과 마그네슘 용접에 효과적이다.
- 불활성 가스가 피복제 및 용제의 역할을 대신한다.(피복제, 용제 불필요)
- Al(알루미늄), Cu(구리), 스테인리스 등 산화하기 쉬운 금속의 용접이 용이하고 용착부 성질이 우수하다.
- 아크가 안정되고 스패터가 적다.
- 슬래그나 잔류 용제를 제거하기 위한 작업이 불필요하다.(작업 간단)
- 텅스텐봉을 전극으로 사용하며 용가재(용접봉 Filler Metal)를 아크로 녹이면서 용접한다.
- 비용극식 또는 비소모식 용접법(전극인 텅스텐봉을 소모하지 않음)이다.
- 헬륨-아크(Helium-arc) 용접법, 아르곤 아크(Argon-arc) 용접법이라고도 불린다.

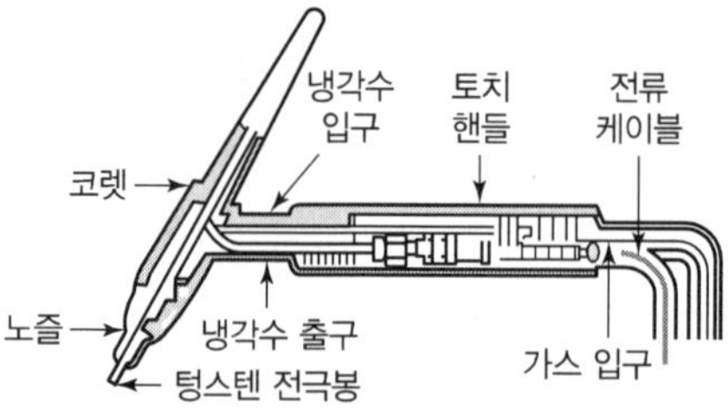


‖ 용접 토치 ‖

## 156. TIG 용접 시 토치의 각도 기출

- 전진법을 사용
- 용접봉은 직류 정극성으로 용접 시 전극 선단의 각도는 30~60°

## 157. 텅스텐 전극봉

- TIG(불활성 가스 텅스텐 아크) 용접의 전극은 텅스텐(화학원소기호 : W)으로 제작
- 순텅스텐봉과 토륨 함유량이 1~2%인 토륨 텅스텐, 지르코늄 함유 텅스텐봉을 사용
- 토륨이 함유되어 전자 방사 능력이 현저하게 뛰어남
- 낮은 전류와 전압에서 아크 발생 용이

## 158. 텅스텐 전극봉의 색상

- 순텅스텐봉 : 녹색
- 1% 토륨 텅스텐봉 : 황색
- 2% 토륨 텅스텐봉 : 적색
- 지르코늄 텅스텐봉 : 갈색

## 159. 불활성 가스 금속 아크용접법(MIG, GMAW)

- $CO_2$ 용접과 유사하며 보호가스로 불활성 가스를 사용하며 용가재(용접봉)인 전극 와이어를 연속적으로 보내서 아크를 발생시키는 방법
- 용극 또는 소모식 불활성 가스 아크용접법(전극으로 사용되는 와이어가 소모됨)
- 상품명 : 에어 코매틱(Air Comatic) 용접법, 시그마(Sigma) 용접법, 필러 아크(Filler Arc) 용접법, 아르고노트(Argonaut) 용접법
- 용접 장치 : 용접기와 아르곤 가스 및 냉각수 공급 장치, 금속 와이어 송급 장치 및 제어 장치 등으로 구성
- 사용 전원 : 직류 역극성(DCRP)
- 모재 표면의 산화막(Al, Mg 등의 경합금 용접)에 대한 청정 작용 발생
- 전류 밀도가 상당히 높고 능률적이다.
- 용접 속도 : 아크용접의 4~6배, TIG 용접의 2배
- 용도 : Al(알루미늄), 스테인리스강, 구리 합금, 연강 등
- 아크의 자기 제어 특성이 있어 같은 전류일 때 아크 전압이 커지면 용융 속도는 낮아짐

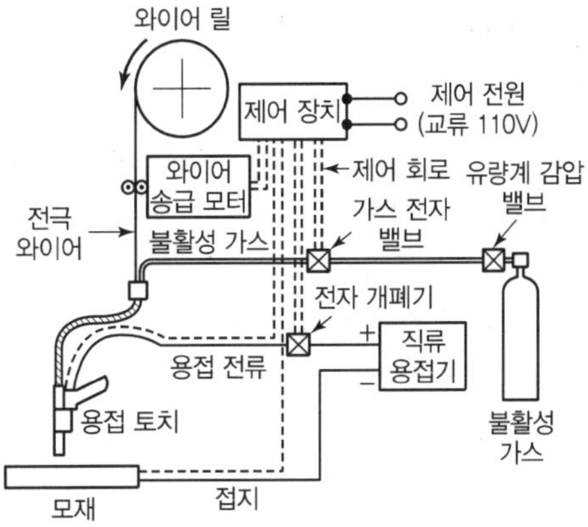


▌반자동 불활성 가스 금속 아크용접 장치▐

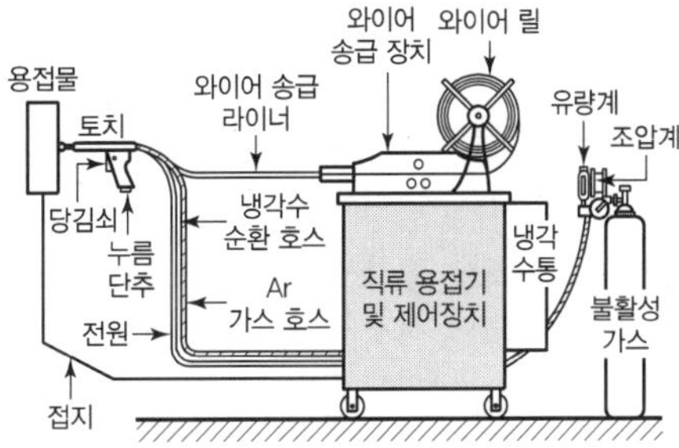


▌MIG 반자동 용접기 구성▐

## 160. 이산화탄소 아크용접법($CO_2$ arc welding)

MIG(불활성 가스 금속 아크용접)에서 사용되는 Ar(아르곤), He(헬륨) 등 불활성 가스 대신 이산화탄소($CO_2$), 탄산가스(불활성 가스가 아닌 불연성 가스임)를 이용한 용극식 용접

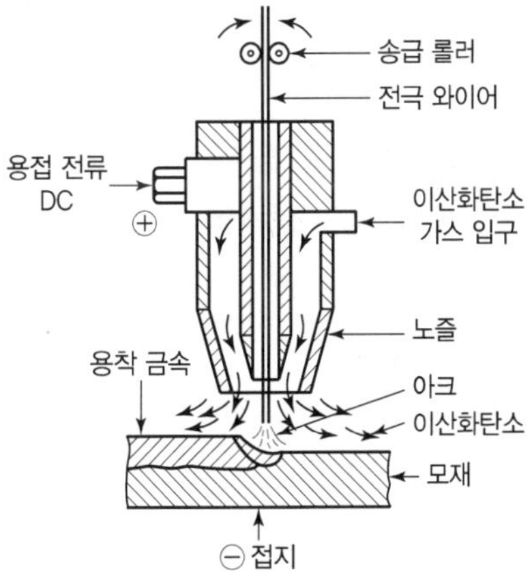


▌이산화탄소 아크용접법의 원리▐

## 161. 이산화탄소($CO_2$) 가스 기출

① 불연성 가스(불활성 가스가 아님)
② 농도가 3~4%이면 두통이나 뇌빈혈 발생, 15% 이상이면 위험 상태가 되며, 30% 이상이면 생명에 지장
③ 고온 중에서는 산화성이 크고 용착금속의 산화가 심하여 기공 및 그 밖의 결함 발생
④ 이에 대한 대책으로 망간, 실리콘 등의 탈산제를 함유한 망간－규소(Mn－Si)계 와이어와 이산화탄소－산소($CO_2-O_2$) 아크용접법, 이산화탄소－아르곤($CO_2$－Ar), 이산화탄소－아르곤－산소($CO_2$－Ar－$O_2$), 용제가 들어 있는 와이어(Flux Cored Wire ; 플럭스 와이어) 사용

⑤ **이산화탄소 아크용접법의 분류**

㉠ 솔리드(Solid) 와이어 이산화탄소법
- 가스 : $CO_2$, 충진제 : 탈산성 원소를 성분으로 가진 솔리드 와이어

㉡ 솔리드 와이어 이산화탄소－산소법
- 가스 : $CO_2-O_2$, 충진제 : 탈산성 원소를 성분으로 가진 솔리드 와이어

㉢ 용제가 들어 있는 와이어(Flux Cored Wire) 이산화탄소법
- 가스 : $CO_2$
  - －아르고스(Argos) 아크법
  - －퓨즈(Fuse) 아크법
  - －NCG(National Cylinder Gas)법
  - －유니언(Union) 아크법

## 162. 용제가 들어 있는 와이어(Flux Cored Wire) 이산화탄소법의 상품명

- 아르고스(Argos) 아크법
- 퓨즈(Fuse) 아크법
- NCG(National Clinder Gas)법
- 유니언(Union) 아크법

## 163. 이산화탄소 아크용접법의 특징

- 소모식(용극식) 용접방법(전극인 와이어가 소모됨)
- **직류 역극성을 사용한다.**
- 산화성 분위기이므로 Al, Mg용에는 사용하지 않음(연강의 용접에 사용)
- 보호가스인 $CO_2$가 저렴하며 와이어로 고속 용접을 하므로 능률이 높고 경제적
- 모재 표면의 녹, 오물 등이 있어도 큰 지장이 없으므로 완전한 청소가 불필요
- 상승 특성을 가지는 전원기기를 사용하여 스패터(Spatter)가 적고 안정된 아크 발생
- 가시 아크(아크가 잘 보임)이므로 시공이 편리
- 용접 전류의 밀도가 커서(100~300A/$mm^2$) 용입이 깊고 속도를 매우 빠르게 함

## 164. 이산화탄소 아크용접 장치

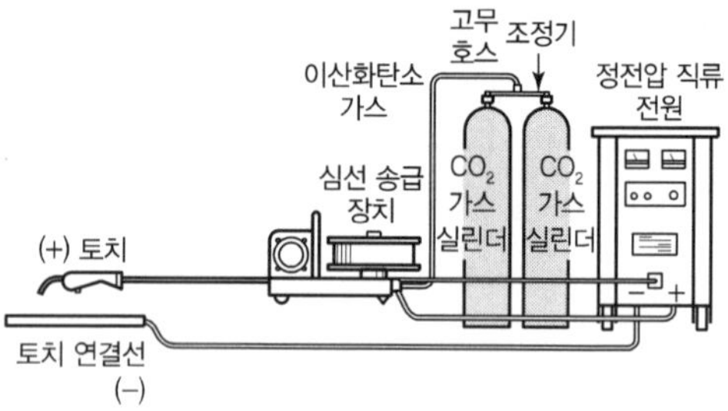


▌반자동 이산화탄소 아크용접 장치(공랭식)▐

## 165. 이산화탄소 및 MIG 용접장치의 와이어 송급 방식

푸시(Push)식, 풀(Pull)식, 푸시 풀(Push Pull)식

## 166. $CO_2$(이산화탄소 아크용접)의 시공

- 와이어 용융 속도는 와이어 지름에는 영향이 없음
- 아크 전류에 정비례하여 용접 속도 증가
- 와이어의 돌출 길이(Extension)가 길수록 빨리 용융
- 와이어의 돌출부가 너무 길면 비드가 반듯하지 않고 아크가 불안정하게 됨

## 167. 서브머지드 아크용접법 출제 빈도 높음

• 모재의 이음 표면에 분말 형태의 용제(Flux)를 공급하고, 그 용제 속에 연속적으로 전극 와이어를 송급하여 용접봉 끝과 모재 사이에 아크를 발생시켜 용접(자동용접)
• 아크나 발생 가스가 용제 속에 잠겨 있어 보이지 않음(불가시용접, 잠호용접)
• 불가시용접법, 잠호용접법, 유니언 멜트 용접법, 링컨 용접법이라는 상품명 등이 있음

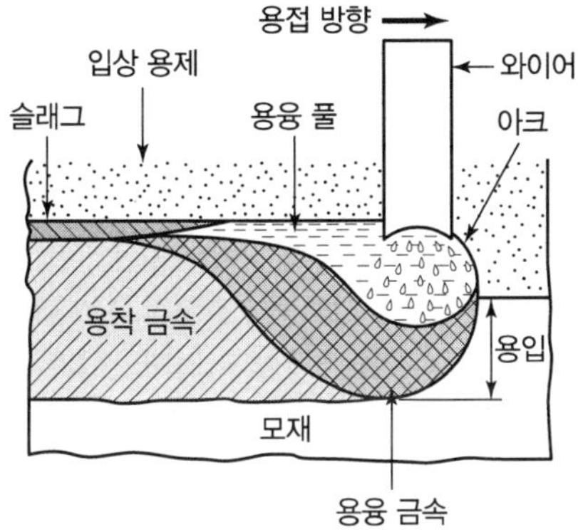


‖ 서브머지드 아크용접법의 원리 ‖

## 168. 서브머지드 아크용접법의 특징

• 와이어에 높은 전류 사용이 가능하고, 용제의 단열 작용(열차단)으로 용입이 대단히 깊음
• 용접 홈의 크기가 작아도 용입이 깊으며 용접 재료의 소비가 적고 용접 변형이나 잔류 응력이 적음
• 자동용접이기 때문에 용접사의 기술에 의한 차이가 적어 안정적인 용접 가능
• 아크가 보이지 않아 용접진행 상태 확인 불가
• 용접 길이가 짧고 용접선이 구부려져 있을 때에는 비능률적
• 용접 홈의 정밀도가 좋아야 하며, 루트 간격이 너무 크면 용락될 위험이 있음
• 홈 각도 : ±5°, 루트 간격 : 0.8mm 이하(받침쇠가 없을 때), 루트 간격 : 0.8mm 이상(받침쇠 사용 시), 루트 면 : ±1mm의 정밀도가 요구됨

## 169. 서브머지드 아크용접기의 구성

① 심선 송급 장치, 전압 제어 장치, 접촉 팁(와이어에 전기를 접촉), 대차(레일에서 이동)로 구성

② 용접헤드
- 와이어 송급 장치
- 접촉 팁
- 용제 호퍼
- 전압제어장치

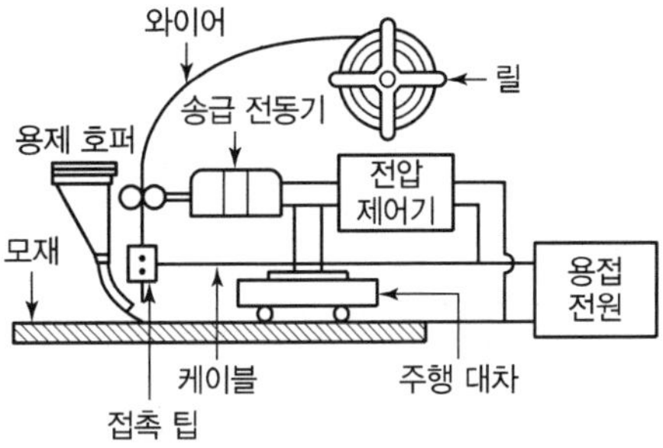


‖ 서브머지드 아크용접 장치 ‖

③ 전류 용량에 따라 4,000A, 2,000A, 1,200A, 900A로 구성
④ 와이어의 표면은 전기적 접촉을 원활하게 하고, 부식 방지를 위해 구리 도금처리

## 170. 서브머지드 아크용접의 용제(Flux)

① 용융형 용제
- 원료를 전기로에서 1,300℃ 이상으로 용융하여 응고 분쇄하여 생산
- 조성이 균일하고 흡습성이 작아 현재 가장 많이 사용

② **소결형 용제** : 원료를 점결제와 함께 첨가하여 용해되지 않을 정도의 낮은 온도(300~1,000℃)에서 소정의 입도로 소결(구워서 제작)
③ **혼성형 용제** : 원료에 고착제(물, 유리 등) 첨가 후 저온(300~400℃)에서 건조하여 제조

## 171. 테르밋 용접법

출제 빈도 높음

- 아크열이 아닌 화학적 반응에너지에 의한 용접
- 테르밋 반응(금속 산화물이 알루미늄에 의하여 산소를 빼앗기는 반응)을 이용한 화학적 열에너지 용접법 → 약 2,800℃의 열이 발생
- 테르밋제의 혼합
  금속산화물 : 알루미늄 = 3 : 1

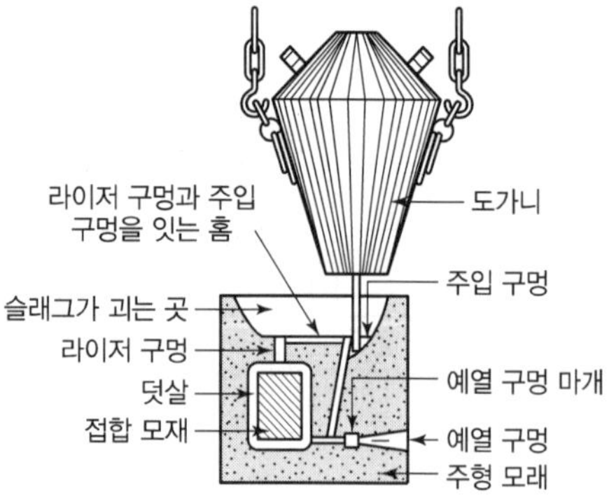


▌테르밋 용접법▐

- 용접작업이 단순하다.
- 변형이 적다.
- 전기가 불필요하다.
- 용접시간이 빠르다.
- 주로 기차레일의 용접에 사용된다.

## 172. 원자 수소 아크용접

- 2개의 텅스텐 전극 사이에 아크를 발생시키고 홀더 노즐에서 수소가스 유출 시 발생되는 발생열(3,000~4,000℃)로 용접하는 방법이다.
- 고도의 기밀 · 수밀을 요하는 제품의 용접에 사용한다.

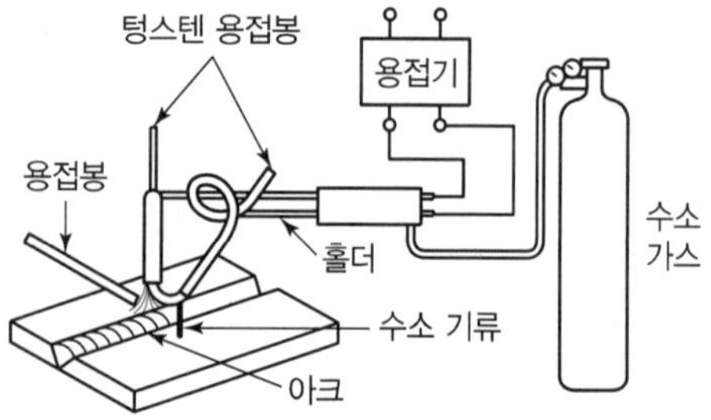


▌원자 수소 아크용접의 원리▐

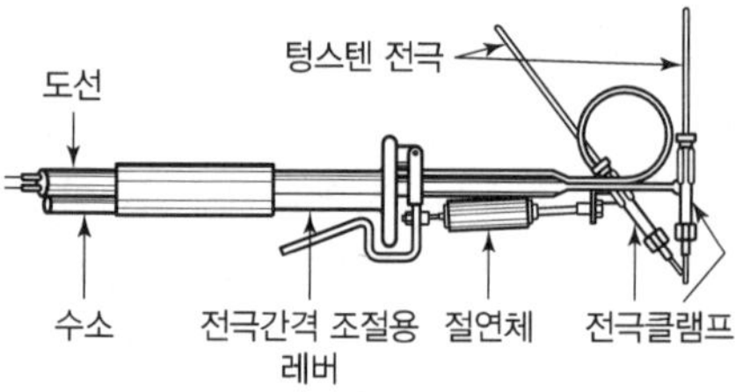


▌원자 수소 아크용접 토치▐

## 173. 일렉트로 슬래그 용접법

- 와이어와 용융 슬래그 사이에 통전된 전류의 저항열을 이용한 용접법
- 용융 슬래그와 용융 금속이 용접부에서 흘러나오지 않도록 용접을 진행시키며, 수랭 구리판을 올리면서 와이어를 연속적으로 공급하여 슬래그 안에서 흐르는 전류의 저항 발열로 와이어와 모재 부분을 용융
- 연속 주조 방식에 의한 단층 상진 용접을 하는 것
- 매우 두꺼운 판 용접에 상당히 경제적인 용접법

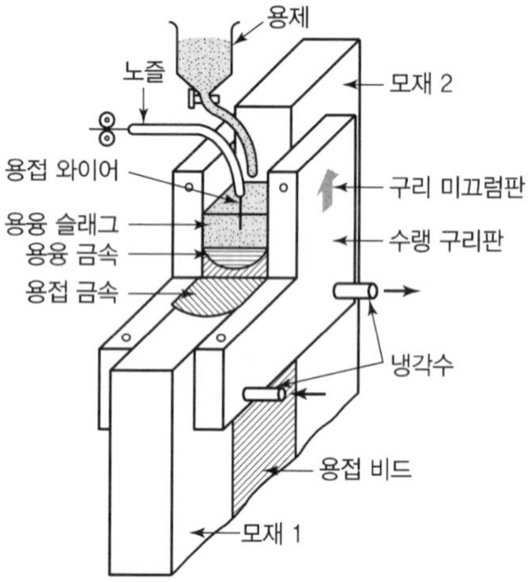


▌일렉트로 슬래그 용접법의 원리▐

## 174. 일렉트로 가스 아크용접

- 일렉트로 슬래그 용접과 비슷한 용접방법
- 일렉트로 슬래그 용접의 슬래그 용제 대신 $CO_2$ 또는 Ar 가스를 보호 가스로 사용
- 중후판물의 모재에 적용되는 것이 능률적이고 효과적
- 용접 속도가 빠름
- 용접 변형도 거의 없고 작업성도 양호

• 재료의 인성이 다소 떨어짐
• 조선, 고압 탱크, 원유 탱크 등에 널리 이용

## 175. 아크 스터드 용접(Arc Stud Welding)

• 볼트나 환봉 핀 등을 강판이나 형강에 용접하는 방법
• 볼트나 환봉을 홀더에 끼우고 모재와 볼트 사이에 아크를 발생시켜 용접
• 급열, 급랭을 받기 때문에 저탄소강에 사용되며 용제를 채워 탈산과 아크 안정을 도움
• 스터드 주변에 세라믹 재질의 페룰(Ferrule)을 사용

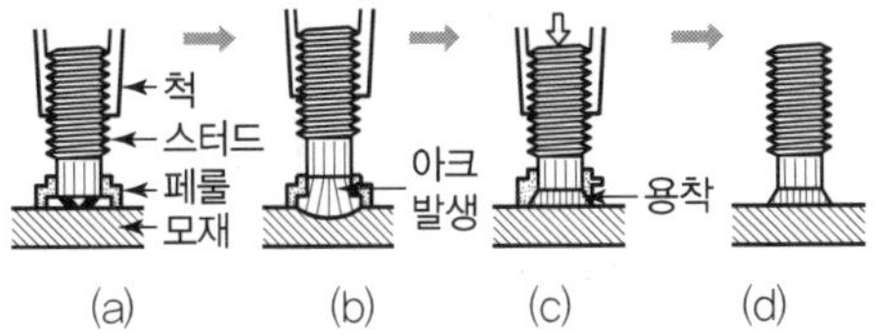

▌넬슨식 아크 스터드 용접법의 원리▐

## 176. 플러그 용접

겹치기 용접에서 6mm까지 두께의 강재는 구멍을 뚫지 않은 상태로 용접하고, 7mm 이상의 경우 구멍을 뚫고 플러그 용접을 시공한다.

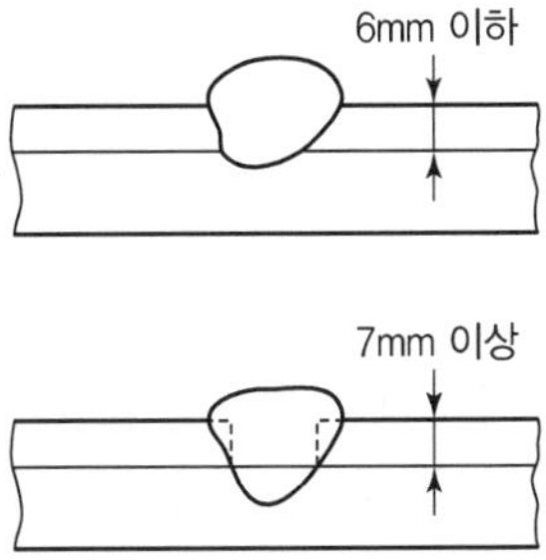

▌판 두께와 구멍의 관계▐

## 177. 전자빔 용접법

• 고진공 중에서 용접하므로 불순 가스에 의한 오염이 적고 성질이 양호한 용접이 가능
• 고속의 전자빔을 형성시켜 그 에너지를 용접 열원으로 사용
• 용융점이 높은 텅스텐, 몰리브덴 등의 용접이 가능하며 이종 금속의 용접도 가능
• 잔류 응력이 적음
• 열 영향부가 적어 용접 변형이 적으며 정밀 용접이 가능
• 기기가 금액적으로 상당히 비싼 편임
• 제품의 크기에 제한을 받음
• 방사선(X선) 방호가 필요(방사능 차폐는 납 ; (Pb)이 효율적)

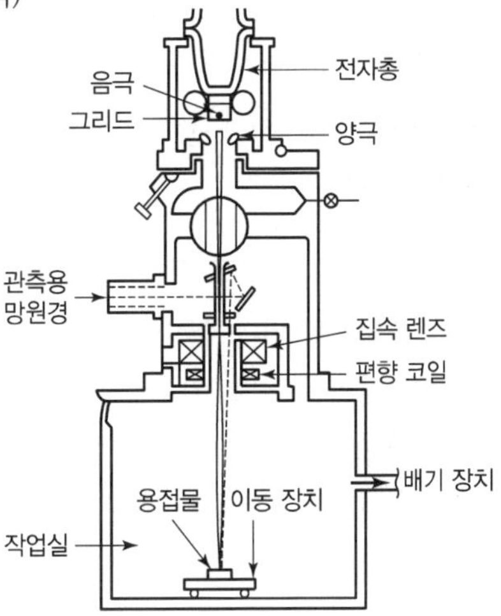

▌전자빔 용접법의 원리▐

## 178. 레이저 빔 용접

레이저에서 얻어진 강한 에너지를 가진 광선을 이용한 용접법

• 진공이 필요하지 않음
• 비접촉식 용접 가능
• 레이저의 종류로는 $CO_2$, 레이저, Nd−YAG 레이저(박판용)이 있음
• 얇은 박판의 용접에 적용

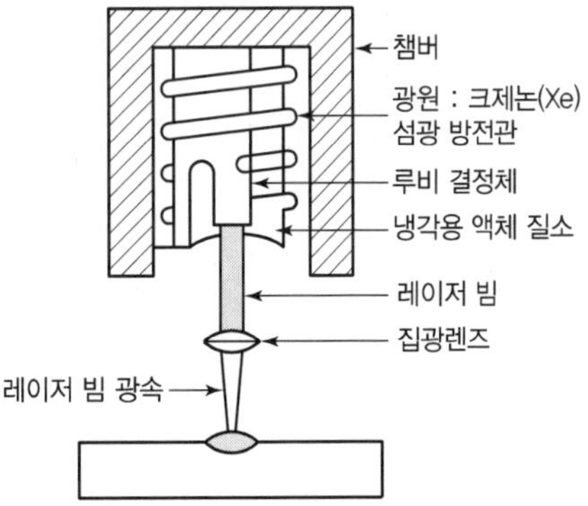

▌레이저 빔 용접의 원리▐

## 179. 용사

용사 재료인 금속의 분말을 가열하여 반용융 상태로 피복하는 방법

## 180. 가스 압접법

접합부를 그 재료의 재결정 온도 이상으로 가열하여 축 방향으로 압축력을 가하여 압접하는 방법. 재료의 가열 가스 불꽃으로는 산소-아세틸렌 불꽃이나 산소-프로판 불꽃 등이 사용

- 탈탄층이 생기지 않는다.
- 전기가 필요 없다.
- 장치가 간단하며 시설비나 수리비가 싸다.
- 작업자의 숙련도와 관계 없이 작업 가능하다.
- 작업 시간이 짧고 용접봉이나 용제가 필요 없다.
- 압접하기 전 이음 단면부의 청결도가 압접 결과에 영향을 끼친다.

## 181. 초음파 용접(압접)

- 용접물을 겹쳐서 상하부의 앤빌(Anvil) 사이에 끼워 놓고 압력을 가하면서 초음파 주파수로 진동시켜 용접을 하는 방법
- 압착된 용접물의 접촉면 사이의 압력과 진동 에너지의 작용으로 청정 작용(용접면의 산화 피막 제거)과 응력 발열 및 마찰열에 의하여 온도 상승과 접촉면 사이에서 원자 간 인력이 작용하여 용접
- 너무 두꺼운 모재의 용접은 어려움(박판 용접용)
- 이종 금속의 용접도 가능
- 용접 장치는 초음파 발진기, 초음파 진동자 및 진동과 압력을 보내주는 기구로 구성

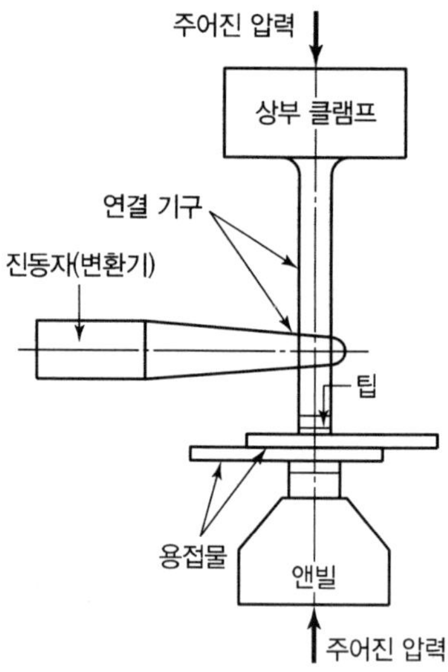


▌초음파 용접기의 구조▐

## 182. 냉간 압접(Cold Welding)

냉간과 열간의 차이는 금속의 재결정온도를 기준으로 나누어지는데, 즉 금속 특유의 재결정온도보다 높은 온도에서 가공하면 열간가공, 낮은 온도에서 가공하면 냉간가공이라 구분함. 깨끗한 2개의 금속면의 원자들을 Å(1 Å $=10^{-8}$cm) 단위의 거리로 밀착시키면 자유 전자가 공동화되고 결정 격자 간의 양이온의 인력으로 인해 2개의 금속이 결합됨

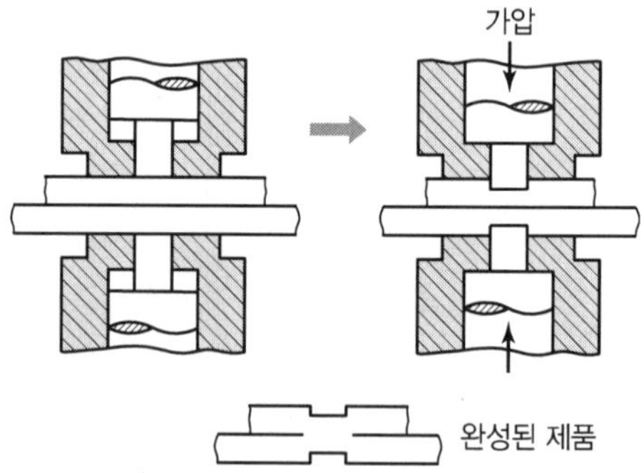


▌겹쳐 맞추기 냉간 압접▐

## 183. 마찰 용접법

2개의 모재에 압력을 가해 접촉시킨 후, 각각의 모재를 서로 다른 방향으로 회전시켜 접촉면에서 발생하는 마찰열을 이용하여 이음면 부근이 적정 온도에 도달했을 때 강한 압력을 가하는 동시에 상대 운동을 정지해서 압접을 하는 용접법이다. 마찰 용접의 종류에는 컨벤셔널(Conventional)형과 플라이 휠(Fly Wheel)형이 있다.

## 184. 단접

적당히 가열한 2개의 금속에 충격을 가하는 방식으로 접촉시키는 동시에 강한 압력을 주어 접합하는 방법이다. 가열은 금속이 반용융 상태가 되는 온도까지 하며, 가열할 때 산화가 되지 않는 금속이 단접의 효율성을 증대시킬 수 있다.

## 185. 저항 용접

압력을 가한 상태에서 대전류를 흘려주면 양 모재 사이 접촉면에서의 접촉 저항과 금속 고유 저항에 의한 저항 발열(줄열 ; Joule's Heat)을 얻고 이 열로 인하여 모재를 가열, 용융시킨 후 가해진 압력에 의해 접합하는 방법

저항발열 $Q$를 구하는 공식

$$Q = I^2Rt(\text{Joule}) = 0.238\,I^2Rt(\text{cal}) \approx 0.24\,I^2Rt(\text{cal})$$

여기서, $I$ = 용접 전류[A]
$R$ = 저항[Ω]
$t$ = 통전 시간[sec]
1cal = 4.2J → 1J ≈ 0.24cal

## 186. 저항 용접의 3요소 출제 빈도 높음

- 용접 전류
- 통전 시간
- 가압력

## 187. 저항 용접의 종류

① **겹치기 용접**(Lap Welding)
- 점용접(Spot Welding)
- 프로젝션 용접(Projection Welding)
- 심용접(Seam Welding)

② **맞대기 용접**(Butt Welding)
- 업셋 버트 용접(Upset Butt Welding)
- 플래시 용접(Flash Welding)
- 퍼커션 용접(Percussion Welding)

## 188. 점용접

금속 재료를 2개의 전극 사이에 끼워 놓고 가압 상태에서 전류를 통하면 접촉면이 전기 저항 발열하는데 이 저항열을 이용하여 접합부를 가열 융합하는 방법, 저항용접의 3요소인 용접 전류, 통전 시간과 가압력 등을 적절히 하면 용접 중 접합면의 일부가 녹아 바둑알 모양의 너깃이 형성되는 용접법

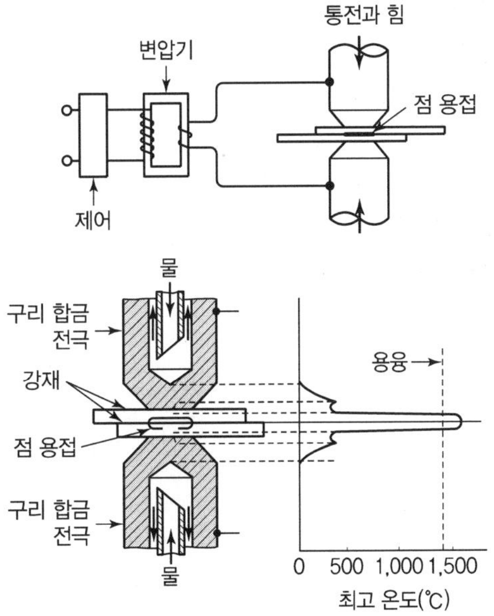


▌점용접의 원리▐

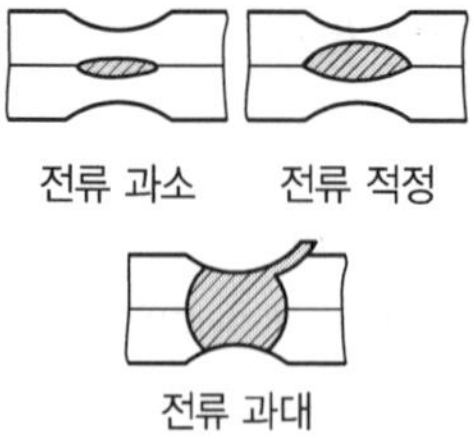


▌용접 전류와 너깃 형상의 관계▐

## 189. 전기저항 점용접에서 전극의 역할

- 통전의 역할
- 가압의 역할
- 냉각의 역할
- 모재를 고정하는 역할

## 190. 전기저항 용접 전극의 종류

- **R형 팁**(Radius Type) : 전극 전단이 50~200mm 반경 구면으로 용접부 품질이 우수하고, 전극 수명이 길다.
- **P형 팁**(Pointed Type) : 많이 사용하기는 하나, R형 팁보다는 그렇지 아니하다.
- **C형 팁**(Truncated Cone Type) : 원추형의 모따기 한 것으로 많이 사용하며 성능도 좋다.
- **E형 팁**(Eccentric Type) : 앵글 등 용접 위치가 나쁠 때 사용한다.
- **F형 팁**(Flat Type) : 표면이 평평하여 압입 흔적이 거의 없다.

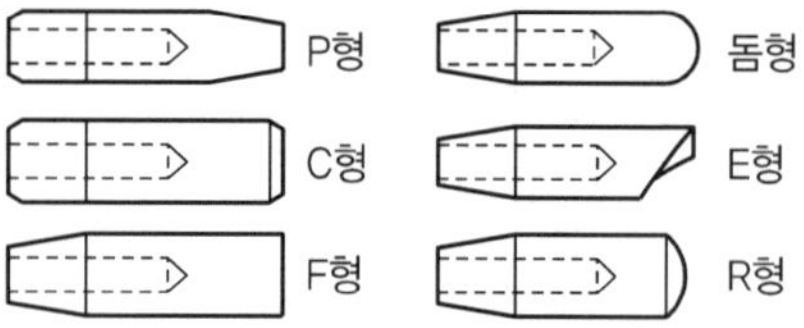


▌전극의 형상▐

## 191. 점용접법의 종류

출제 빈도 높음

- 단극식 점용접
- 다전극 점용접
- 직렬식 점용접
- 맥동 점용접
- 인터랙트 점용접

> **맥동 점용접** : 전극의 과열을 방지하기 위해 사이클 단위로 전류를 단속하여 용접

## 192. 심용접(기밀, 유밀성을 요하는 제품의 용접)

- 원형 롤러 모양의 전극 사이에 용접물을 끼워 전극에 압력을 가하는 동시에 전극을 회전시켜 모재를 이동시키면서 점용접을 연속적으로 진행하는 방법
- 주로 기밀, 유밀을 필요로 하는 이음부에 적용된다.
- **용접 전류의 통전방법** : 단속 통전법, 연속 통전법, 맥동 통전법

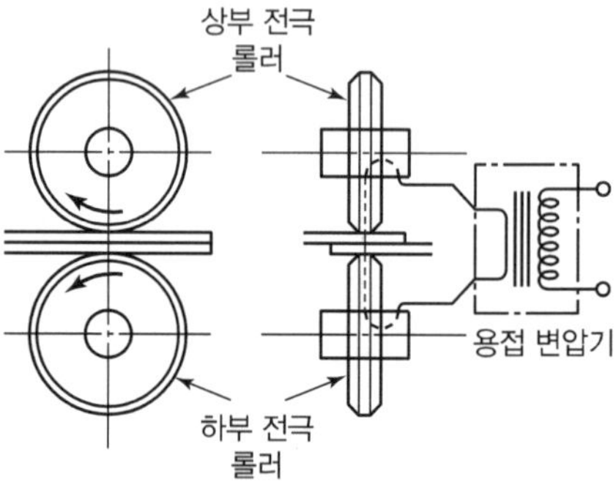


▌심용접의 원리▐

## 193. 프로젝션 용접(돌기용접)

모재의 한쪽 또는 양쪽에 작은 돌기(Projection)를 만들어 모재의 형상에 의해 전류 밀도를 크게 한 후 압력을 가해 압접하는 방법이다.

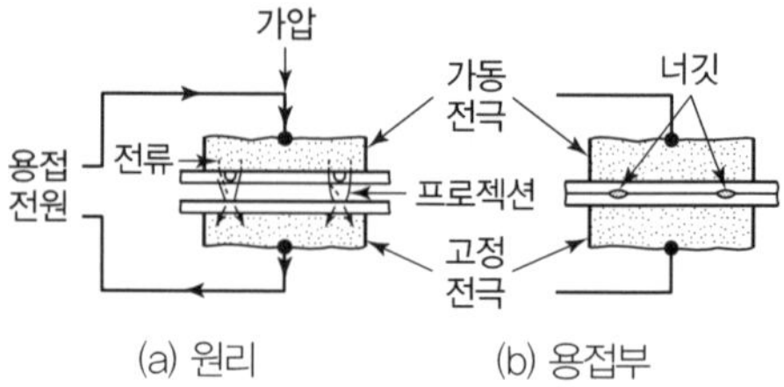


▌프로젝션 용접법의 원리▐

### 194. 업셋 용접법

용접재를 맞대고 여기에 높은 전류를 흘려 이음부에서 발생하는 접촉 저항에 의해 발열되어 용접부가 적당한 온도에 도달했을 때, 큰 압력을 주어 용접하는 방법이다.

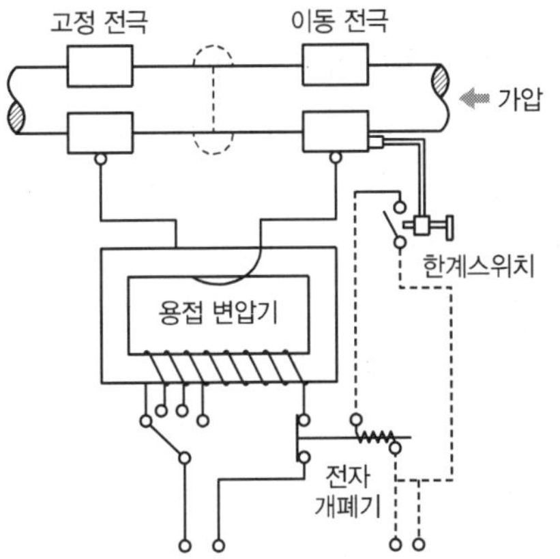


‖ 업셋 용접법의 원리 ‖

### 195. 플래시 용접

용접할 2개의 금속 단면을 가볍게 접촉시키고 높은 전류를 흘려 접촉점을 집중적으로 가열한다. 접촉점은 과열 용융되어 불꽃으로 흩어지고 그 접촉이 끊어지면 다시 용접재를 내보내어 항상 접촉과 불꽃의 비산을 반복시키면서 용접면을 고르게 가열하여 적당한 온도에 도달하였을 때 강한 압력을 주어 압접하는 방법이다.

### 196. 플래시 용접의 3단계 : 예열, 플래시, 업셋

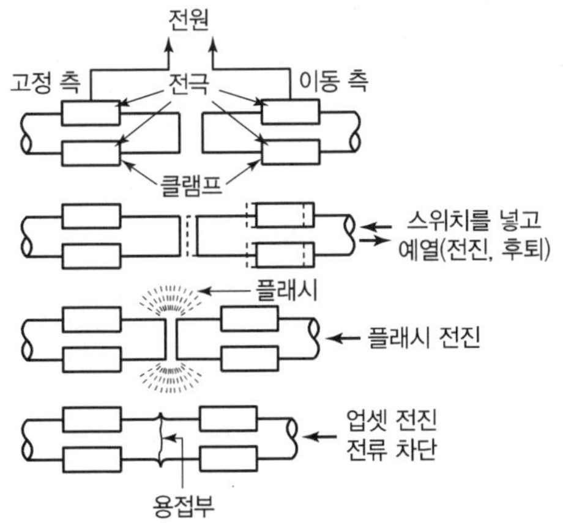


‖ 플래시 용접법의 원리 ‖

### 197. 퍼커션 용접(충돌용접)

축전된 직류를 사용하며 용접물을 두 전극 사이에 끼운 후에 전류를 통한다. 고속으로 피용접물이 충돌하게 되며, 용접물이 상호 충돌되는 상태에서 용접하는 방법이다.

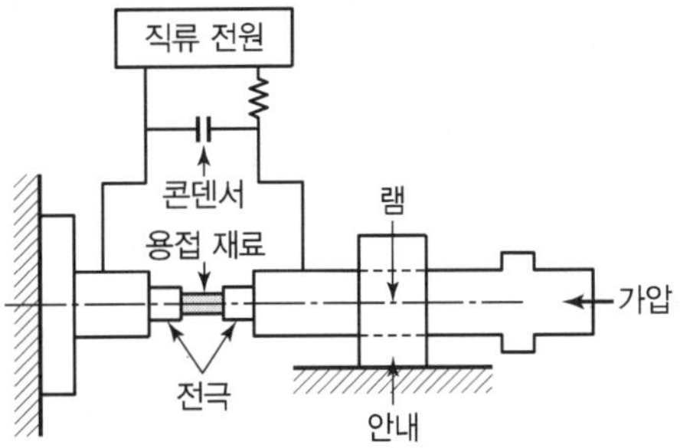


‖ 퍼커션 용접 ‖

### 198. 납땜법(모재를 용융시키지 않고 접합)

같은 종류의 두 금속 또는 이종재료의 금속을 접합할 때 이들 용접 모재보다 용점이 낮은 금속 또는 그들의 합금을 용가재로 사용하여 용가재만을 용융 첨가시켜 두 금속을 이음하는 방법을 납땜이라 한다.

### 199. 납땜법의 종류

- 연납땜 : 납땜재의 융점 450℃ 이하에서의 납땜
- 경납땜 : 납땜재의 융점 450℃ 이상에서의 납땜

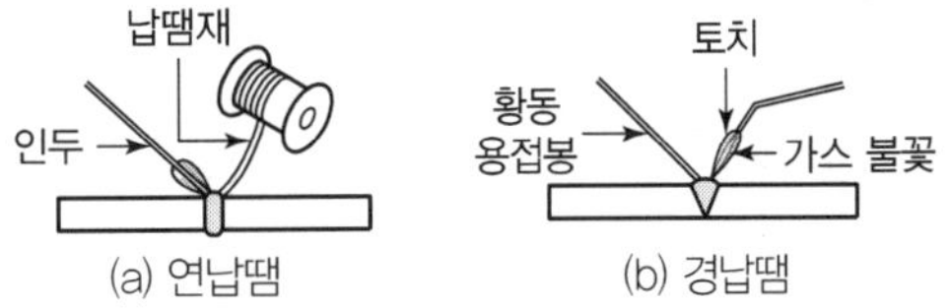


‖ 납땜의 종류 ‖

### 200. 연납용 용제 출제 빈도 높음

염화아연($ZnCl_2$), 염산(HCl), 염화암모늄($NH_4Cl$), 송진, 인산(HCL) 등

### 201. 경납용 용제 출제 빈도 높음

붕사, 붕산, 붕산염, 불화물, 염화물, 알칼리

## 202. 탄소강과 종류(카본강)

순수한 철(순철)은 너무 연하기 때문에 기계 구조용 재료로서는 사용이 어려우므로 탄소(C)와 규소(Si), 망간(Mn), 인(P), 황(S) 등을 첨가하여 강도를 높여서 일반 구조용 강으로 만드는데, 이를 탄소강이라 한다.(강의 종류는 탄소의 함량으로 구분한다.)

- **저탄소강** : 탄소 함유량 0.3% 이하
- **중탄소강** : 탄소 함유량 0.3~0.5%
- **고탄소강** : 탄소 함유량 0.5~1.3%

## 203. 주철

- 철광석을 용광로에서 환원시켜 용융상태에서 뽑아낸 뒤 주선이라 하는 잉곳의 형태로 냉각시켜 제작
- 탄소의 함유량이 1.7~6.67%
- 강에 비해 용융점(1,150℃)이 낮고 유동성이 좋으며 가격이 싸기 때문에 각종 주물을 만드는 데 사용되며 연성이 거의 없고 가단성이 없기 때문에 주철의 용접은 주로 주물 결함의 보수나 파손된 주물의 수리에 옛날부터 사용됨

## 204. 주철의 종류

- **백주철** : 백선 백주철이라고도 하며 흑연의 석출이 없고 탄화철($Fe_3C$)의 형식으로 함유되어 있는 결과 파면이 은백색으로 되어 있음
- **반주철** : 백주철 중에서 탄화철의 일부가 흑연화되어 파면의 일부가 흑색으로 보이는 것을 말함
- **회주철(일반주철)** : 흑연이 비교적 다량으로 석출되어 파면이 회색으로 보이게 되며, 흑연은 보통 편상으로 존재한 주철을 말함
- **구상흑연주철(노듈러 주철)** : 회주철의 흑연이 편상으로 존재하면 이것이 예리한 노치가 되어 주철이 많은 취성을 갖게 되기 때문에 마그네슘, 세륨 등을 첨가하여 구상 흑연으로 바꾸어서 연성을 부여한 것으로 구상흑연주철 또는 연성주철(Ductile Cast Iron)이라고 함
- **가단주철** : 칼슘이나 규소를 첨가하여 흑연화를 촉진시켜 미세 흑연을 균일하게 분포시키거나 백주철을 열처리하여 연신율을 향상시킨 주철을 가단주철이라고 함

## 205. 주철 용접이 어려운 이유

- 연강에 비해 여리며(깨지기 쉬우며) 주철의 급랭에 의한 백선화로 기계 가공이 곤란할 뿐 아니라 수축이 많아 균열이 발생
- 용접 시 일산화탄소 가스가 발생하여 용착 금속에 블로 홀(Blow Hole) 발생
- 주철의 용접 시 모재 전체를 500~600℃의 고온에서 예열하며 후열도 반드시 실시해 주어야 함

## 206. 주철 용접 시 주의사항

- 보수 용접을 행하는 경우는 본 바닥이 나타날 때까지 잘 깎아낸 후 용접
- 파열의 보수는 파열의 연장을 방지하기 위해 파열의 끝에 작은 구멍(정지구멍)을 만듦
- 용접 전류는 필요 이상 높이지 말고, 직선 비드를 배치하며, 용입을 깊게 하지 않을 것
- 용접봉은 가는 지름의 것을 사용
- 비드의 배치는 짧게 여러 번 실시
- 예열과 후열 후 서랭작업(천천히 냉각)을 반드시 실시

## 207. 주강

구조재 중에서 단조로는 만들 수 없는 형상의 것으로, 주철로 제작하기에는 강도가 좋지 않을 경우에 주강이 사용된다. 탄소 0.1~0.5%, 망간 0.4~1.0%, 규소 0.2~0.4%, 인 0.005% 이하, 황 0.006% 이하 조성의 강을 전기로에서 녹여 주물로 한다. 여러 주강 중 흔히 사용되는 것은 탄소강 성분의 탄소강주강이다. 금속조직이 균일해 기계적 성질이 좋으며 용접이 용이한 반면, 수축률이 크고 용융 온도가 주철에 비해 높고, 주조 결함이 나오기 쉬운 약점이 있다.

## 208. 고장력강

연강의 강도를 높이기 위하여 적당한 합금 원소를 소량 첨가한 것이며 HT(High Tensile)라 함. 대체로 인장강도 50kg/mm$^2$ 이상인 것을 고장력강이라고 하며 HT60(인장강도 60~70kg/mm$^2$), HT70, HT80(80~90g/mm$^2$) 등이 사용된다.

## 209. 고장력강의 용접

- 용접봉은 저수소계를 사용하며 사용 전에 300~350℃로 2시간 정도 건조시킨다.
- 용접 개시 전에 용접부 청소를 깨끗이 한다.
- 아크 길이는 가능한 한 짧게 유지하도록 한다.
- 위빙 폭은 봉 지름의 3배 이하로 한다. 위빙 폭이 너무 크면, 인장강도가 저하하고 기공이 발생할 수 있다.

## 210. 스테인리스강의 피복아크용접

- 가장 많이 이용
- 고속도 용접 가능
- 용접 후의 변형방지 가능

## 211. 스테인리스강의 불활성 가스 텅스텐 아크용접(TIG 용접)

- 주로 박판 용접에 사용되며 전류는 직류 정극성(DCSP) 사용
- 토륨 텅스텐봉 사용(아크 안정과 전극 소모가 적고 용접 금속의 오염 방지)

## 212. 스테인리스강의 불활성 가스 금속 아크용접(MIG 용접)

- 전극(와이어)을 사용하여 자동 용접, 반자동 용접
- 직류 역극성 사용
- 순수한 Ar 가스는 스패터가 비교적 많아 아크 안정을 위해 2~5%의 산소를 혼합하여 사용하기도 함

## 213. 용접 이음의 종류

맞대기 이음(Butt Joint), 모서리 이음(Corner Joint), T이음(Tee Joint), 겹치기 이음(Lap Joint), 변두리 이음(Edge Joint) 등 크게 5가지로 구분

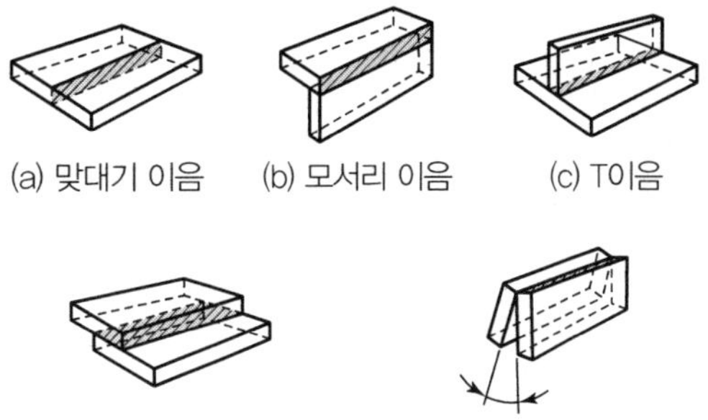

(a) 맞대기 이음 (b) 모서리 이음 (c) T이음

(d) 겹치기 이음 (e) 변두리 이음

▌이음의 종류▐

## 214. 필릿 이음

직교하는 두 면을 용접하여 삼각상의 단면을 가진 용접

## 215. 표면 비드의 모양에 따른 분류

- 볼록한 필릿용접
- 오목한 필릿용접

## 216. 하중의 방향에 따른 분류

- **전면 필릿용접** : 용접선과 부재 응력이 수직
- **측면 필릿용접** : 용접선과 부재 응력이 수평
- **경사 필릿용접** : 용접선과 부재 응력이 직각 이외의 각을 이루는 경우

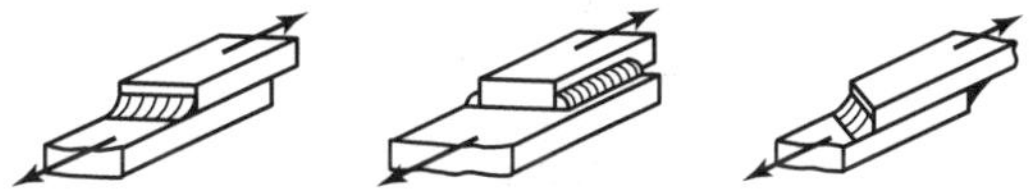

(a) 전면 필릿용접 (b) 측면 필릿용접 (c) 경사 필릿용접

▌하중의 방향에 따른 필릿용접▐

## 217. 비드의 연속성인 측면에 따른 분류

- 연속 필릿용접
- 단속 필릿용접(병렬과 지그재그식으로 구분)

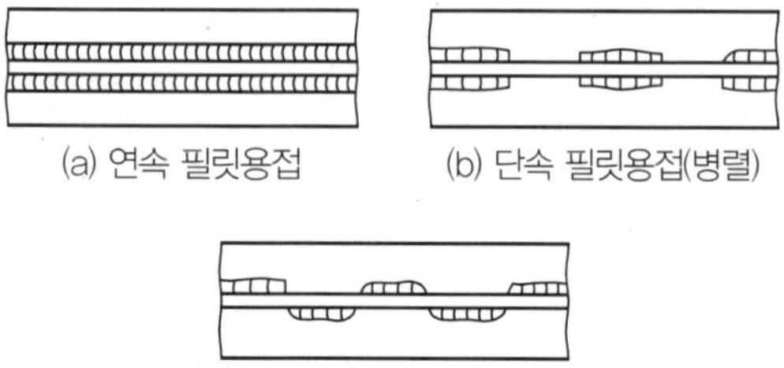

(a) 연속 필릿용접 (b) 단속 필릿용접(병렬)

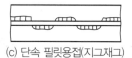

(c) 단속 필릿용접(지그재그)

▌연속 및 단속 필릿용접▐

## 218. 플러그, 슬롯 용접

두 금속판 중 하나에 구멍을 뚫고 그 구멍을 용접하여 접합시키는 방법으로, 구멍이 원형이면 플러그 용접이라 하며, 구멍이 타원형이면 슬롯 용접이라 함

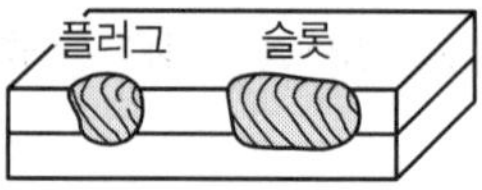


▌플러그, 슬롯 용접▐

## 219. 덧살올림 용접

내식성, 내마열성 등이 뛰어난 용착 금속을 모재 표면에 피복할 때 이용

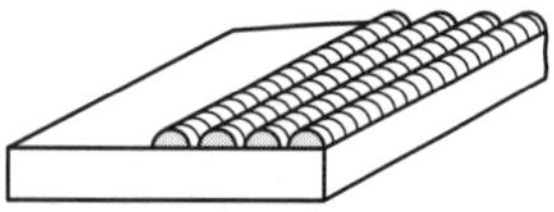

▌덧살올림 용접▐

## 220. 용접 이음 설계 시 고려사항

- 가급적 아래보기 용접을 많이 한다.
- 용접 이음부가 집중되지 않도록 한다.
- 가능한 용접량이 최소가 되는 홈(Groove) 방식을 선택한다.
- 맞대기 용접은 뒷면 용접을 가능토록 하여 용입 부족이 없도록 한다.
- 필릿용접은 되도록 피하고 맞대기 용접을 하도록 한다.
- 용접선이 교차하는 경우에는 한쪽은 연속 비드를 만들고, 다른 한쪽은 부채꼴 모양으로 모재를 가공히여(스캘럽, Scallop) 시공토록 설계
- 내식성을 요하는 구조물은 이종 금속 간 용접 설계는 피한다.

## 221. 스캘럽(Scallop)

용접선이 서로 교차하는 것을 피하기 위하여 한쪽의 모재에 가공한 부채꼴 모양의 노치

## 222. 용접 홈 형상의 종류 출제 빈도 높음

- I형 홈 : 6mm 이하의 박판 용접에 사용
- V형 홈 : 국가자격시험에서 사용되는 홈의 가공법이며 용접에 의해서 완전 용입을 얻으려고 할 때 사용(6~20mm)
- X형 홈(양면 V형) : X형 홈은 용접시 생기는 변형을 줄이고자 할 때 사용되는 가공방법이며 또한 양쪽에서의 용접에 의해 완전한 용입을 얻는 데 적합(6~20mm)
- U형 홈 : 두꺼운 판을 한쪽에서 용접하여 충분한 용입을 얻으려고 할 때 사용(20mm 이상)(한쪽면 용접 시 가장 두꺼운 형태의 용접 홈 가공법)
- H형 홈(양면 U형) : 두꺼운 판을 양쪽 용접하여 충분한 용입을 얻고자 할 때 사용(양면 용접 시 가장 두꺼운 형태의 용접 홈 가공법)
- K형 홈(양면 $\nu$(베벨)형) : 양쪽 용접에 의해 충분한 용입을 얻으려는 홈의 형태

## 223. 목 두께(도면상 기호 : a)

용접부의 크기는 목 두께, 다리 길이 등으로 표시하며 설계의 강도 계산에서는 이론 목 두께로 계산

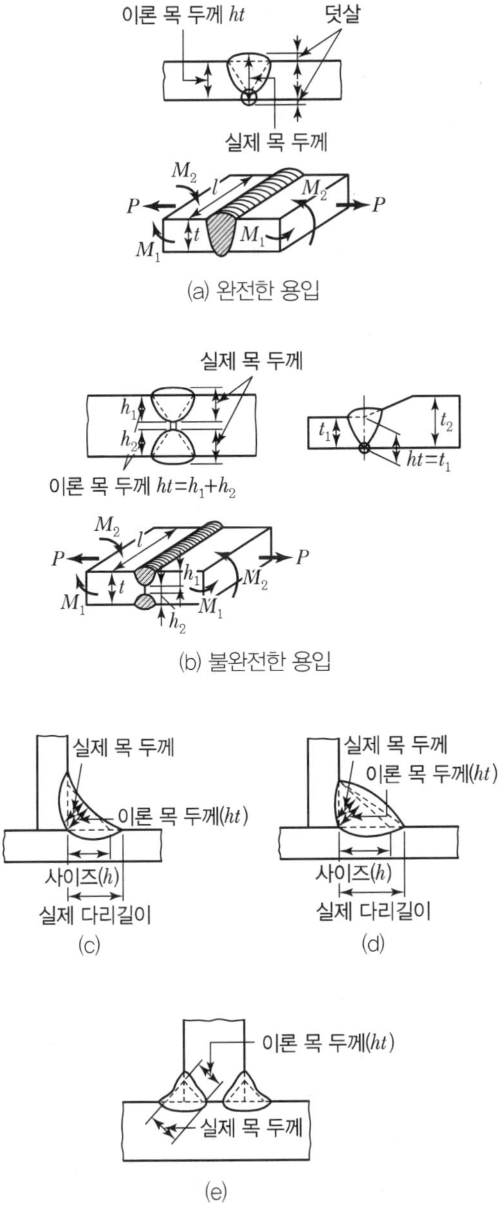


▌이론 목 두께와 실제 목 두께▐

## 224. 안전율

재료의 인장강도(극한 강도) $\sigma_u$와 허용응력 $\sigma_a$의 비

$$안전율 = \frac{극한\ 강도(\sigma_u)}{허용\ 응력(\sigma_a)}$$

## 225. 사용 응력

기계나 구조물의 각 부분이 실제적으로 사용될 때 하중을 받아서 발생하는 응력

$$\sigma_w(사용\ 응력) = \frac{실제\ 사용\ 하중(P_w)}{단면적(A)}$$

## 226. 가용접

- 본 용접을 실시하기 전에 좌우의 홈 부분을 임시적으로 고정하기 위한 짧은 용접
- 피복아크용접에서는 슬래그 섞임, 용입 불량, 루트 균열 등의 결함을 수반하기 쉬우므로, 이음의 끝부분, 모서리 부분을 피해야 함
- 본 용접보다 지름이 약간 가는 용접봉을 사용
- 가용접도 중요한 용접이므로 기량이 있는 전문 용접사가 직접 해야 한다.

## 227. 용착법

- **단층 용접법** : 전진법(Progressive Method), 후진법(Back Step Method), 대칭법(Symmetric Method), 비석법
- **다층 용접법** : 빌드업법(Build Up Sequence), 캐스케이드법(Cascade Sequence), 전진 블록법(Block Sequence)

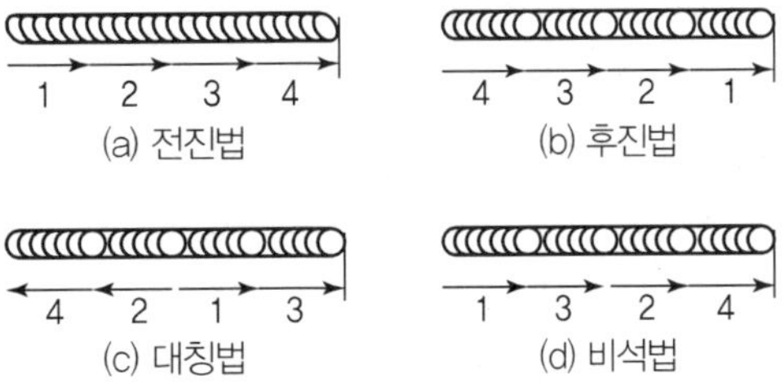

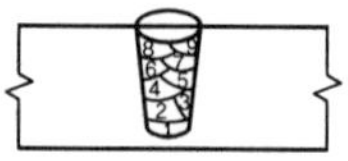

(e) 빌드업법

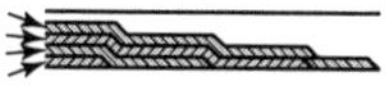

(f) 캐스케이드법
(용접 중심선 단면도)

(g) 전진 블록법(용접 중심선 단면도)

▌용착법▐

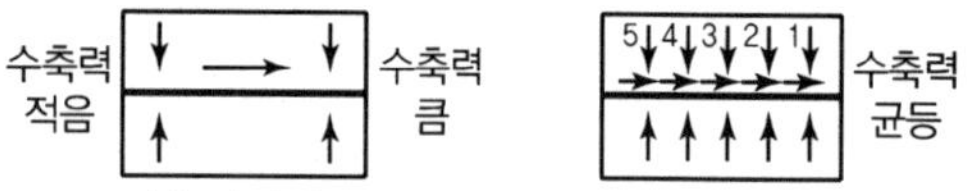


(a) 전진법 (b) 후진법

▌용착 순서와 수축▐

## 228. 용접 순서

출제 빈도 높음

- 같은 평면 안에 많은 이음이 있을 때는 수축은 가능한 한 자유단(아무런 지지 또는 구속을 받고 있지 않는 부재단)으로 보낼 것
- 물건의 중심에 대하여 항상 대칭으로 용접을 진행
- 수축이 큰 이음을 먼저 하고 수축이 작은 이음을 뒤에 용접
- 용접물의 중립축을 생각하고 그 중립축에 대하여 용접으로 인한 수축력 모멘트의 합이 0이 되도록 할 것(용접 방향에 대한 굴곡이 없어짐)

## 229. 본 용접 시 주의사항

- 비드의 시작점과 끝점이 구조물의 중요 부분이 되지 않도록 한다.
- 비드의 교차를 가능한 피한다.
- 아크 길이는 가능한 짧게 한다.
- 용접의 시점과 끝점에 결함의 우려가 많으며 중요한 경우 엔드 탭(End Tap)을 붙여 결함을 방지한다.
- 필릿용접은 언더컷이나 용입 불량이 생기기 쉬우므로 가능한 아래보기 자세로 용접한다.

## 230. 노(爐) 내 풀림법

제품 전체를 가열로 안에 넣고 적당한 온도에서 일정시간 유지한 다음, 노 내에서 서냉하는 방법(여기서 풀림법이란 재료의 잔류 응력(Stress)을 제거해 주는 방법)

## 231. 강의 노 내 풀림 온도

유지온도 625±25℃, 판 두께 25mm에 대해 1~2시간

## 232. 국부 풀림법

노 내에 넣을 수 없는 큰 제품의 경우 용접부 부근만을 풀림하는 것이며 이 방법은 용접선의 좌우 양측을 각각 약 250mm의 범위 혹은 판 두께의 12배 이상의 범위를 가열

## 233. 저온 응력 완화법

출제 빈도 높음

제품의 양측을 가스 불꽃에 의하여 너비 60~130mm에 걸쳐서 150~200℃ 정도의 비교적 낮은 온도로 가열한 다음 곧 수냉하는 방법

## 234. 기계적 응력 완화법

제품에 하중을 주어 용접부에 약간의 소성변형을 일으킨 다음, 하중을 제거하는 방법

## 235. 피닝법

치핑해머로 용접부를 연속적으로 가볍게 때려 용접부 표면상에 소성변형을 주는 방법

## 236. 변형 교정법

- 얇은 판에 대한 점 가열
- 형재에 대한 직선 가열
- 가열한 후 해머로 두드리는 방법
- 두꺼운 판에 대하여는 가열 후 압력을 걸고 수냉하는 방법

## 237. 도열법(열이 도망가게 하는 방법)

용접부에 구리 덮개판이나 수냉 또는 물기가 있는 석면, 천 등을 두고 모재에 대한 용접 입열을 막음으로써 변형을 방지하는 방법이다.

## 238. 억제법

널리 이용되는 방법이며 공작물을 가접 또는 지그 홀더 등으로 장착하고 변형의 발생을 억제하는 방법, 잔류응력이 생기는 단점이 있음

## 239. 점 수축법

얇은 판의 변형이 생긴 경우 500~600℃로 약 30초 정도 20~30mm 주위를 가열한 다음 수냉시키는 작업을 수차례 반복하는 방법

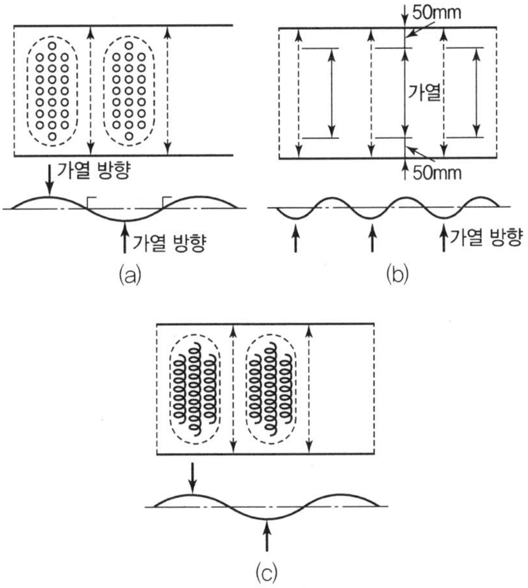


▌점 수축법(변형 교정)▌

## 240. 역변형법

출제 빈도 높음

용접 후에 예상되는 변형 각도만큼 용접 전에 반대방향으로 굽혀 놓고 용접하면 원상태로 돌아오는 방법(용접 전 변형 방지법)

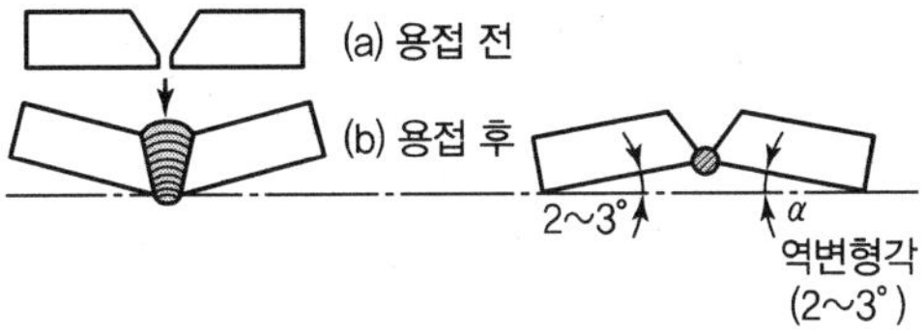


▌역변형법▌

## 241. 결함의 보수

- **기공과 슬래그 섞임** : 해당 부분을 깎아낸 후 다시 용접한다.
- **언더컷** : 작은 용접봉으로 용접한다.
- **오버랩** : 해당 부분을 깎아내거나 갈아내고 다시 용접한다.
- **균열** : 균열일 때는 균열의 성장 방향 끝에 정지구멍(Stop Hole)을 뚫은 후 균열 부분을 파내고(가우징 또는 스카핑 등) 다시 용접한다.

## 242. 인장시험(금속을 끊어질 때까지 잡아당기는 시험법)

재료의 최대 하중, 인장강도, 항복강도 및 연신율, 단면 수축률 등을 측정하는 시험을 말하며 비례한도, 탄성한도, 탄성계수 등의 측정까지 가능

## 243. 인장강도($\sigma_{max}$)

$$\frac{\text{최대하중}}{\text{원단면적}} = \frac{P_{max}}{A_0}\text{kg/cm}^2\text{[Pa]}$$

## 244. 항복강도($\sigma_y$)

$$\frac{\text{상부항복하중}}{\text{원단면적}} = \frac{P_y}{A_0}\text{kg/cm}^2\text{[Pa]}$$

## 245. 연신율($\varepsilon$)

$$\frac{\text{연신된 길이}}{\text{표점거리}} \times 100 = \frac{L' - L_0}{L_0} \times 100 = \frac{\Delta}{L_0} \times 100[\%]$$

## 246. 단면 수축률($\phi$)

$$\frac{\text{원단면적} - \text{파단부단면적}}{\text{원단면적}} \times 100 = \frac{A_0 - A'}{A_0} \times 100$$

## 247. 굽힘 시험

형틀이나 롤러 굽힘 시험기에 의해 금속을 굽혀서 용접부의 결함이나 연성의 유무 등을 검사하는 시험법

## 248. 경도 시험

출제 빈도 높음

- 경도(딱딱한 정도)를 측정하는 방법
- **종류** : 브리넬(강구 입자), 비커즈(다이아몬드 입자), 로크웰(B 스케일과 C 스케일 사용), 쇼어 경도 시험(일정한 높이에서 특수한 추를 낙하시켜 그 반발 높이를 측정)

## 249. 충격 시험

종류 암기

- 시험편에 V형 또는 U형 노치(응력집중이 쉬운 흠집)를 만들고, 충격 하중을 주어서 파단시키는 시험
- 재료의 인성 또는 취성을 시험
- **사용되는 시험기** : 샤르피식과 아이조드식 시험기

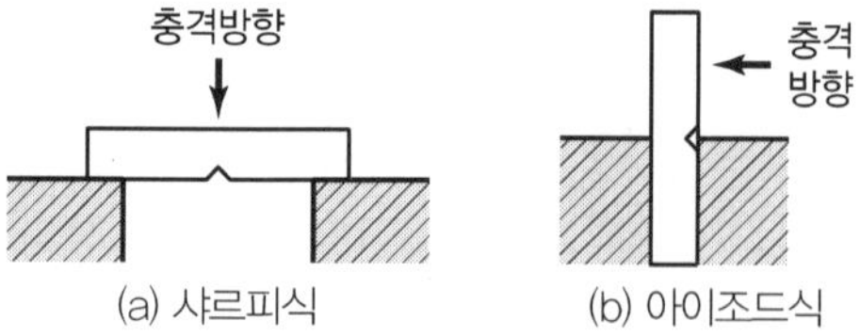


▌충격 시험의 형식▐

## 250. 피로 시험

용접 구조물에 규칙적인 주기를 가지는 작은 반복하중을 걸어 피로파괴강도를 측정

## 251. 현미경 조직 시험(화학적 시험방법)

금속의 단면을 연마하여 부식시킨 후 현미경 조직을 검사하는 방법(파괴검사)

## 252. 비파괴 검사의 종류와 특징

① 외관 검사(육안 검사)(VT)

- 육안으로 제품 외관의 품질, 결함 등을 판정하는 시험(비드의 외관, 비드의 폭과 너비 그리고 높이, 용입 상태, 언더컷, 오버랩, 표면 균열 등 표면 결함의 존재 여부를 검사)
- 간편, 신속, 저렴

② 누설 검사(LT)

저장탱크, 압력용기 등의 용접부에 기밀, 수밀을 조사하는 목적으로 활용

③ 침투 검사(PT)

- 표면 결함만 검출 가능하며 너무 거칠거나 다공성 물체에서는 검사가 어려움
- **종류** : 형광 침투 검사(PT-D), 염료 침투 검사(PT-D)

④ 초음파 검사(UT) 종류 암기

- 초음파를 검사물의 내부에 침투시켜 내부의 결함 또는 불균일층의 존재를 탐지
- 라미네이션 결함 탐지
- **종류** : 투과법, 펄스반사법(가장 일반적으로 사용), 공진법

⑤ 자분 검사(MT)

- 검사물을 자화한 상태에서 표면 결함에 의해 생긴 누설 자속을 자분으로 검출하여 결함을 검출하는 방법
- 균열, 개재물, 편석, 기공, 용입 불량 등 검출 가능

- 오스테나이트계 스테인리스강과 같은 비자성체에는 사용 불가

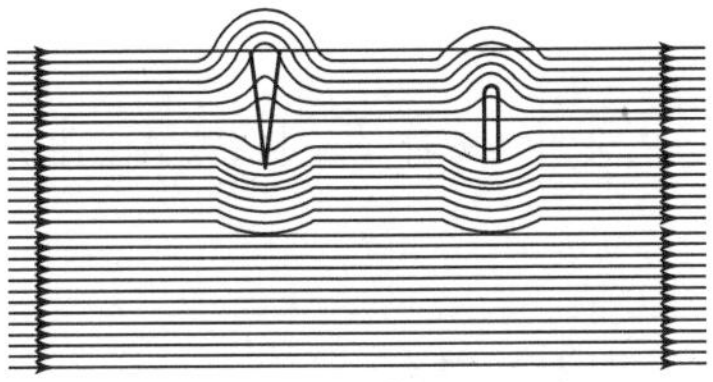

‖ 자기검사의 원리 ‖

⑥ 와류 검사(ET)

와류란 소용돌이치면서 물이 흐름을 뜻하며, 와류검사란 비파괴 검사의 일종으로 전도체에 한하여 전자장 내에서 형성된 와류가 피검체에 통했을 때 균열 및 이질 금속 등에서 오는 전도율의 차이를 측정하여 결함을 발견하는 방법

⑦ 방사선 투과 검사(RT)

- X선 또는 $\gamma$(감마)선을 검사물에 투과시켜 결함의 유무를 조사하는 비파괴 시험법
- 금속 중의 기공은 검은 점으로 나타남

## 253. 비파괴 검사의 기호

| 기호 | 시험의 종류 | 기호 | 시험의 종류 |
|---|---|---|---|
| RT | 방사선 투과 시험 | LT | 누설 시험 |
| UT | 초음파 탐상 시험 | VT | 육안 시험 |
| MT | 자분 탐상 시험 | ET | 와류 탐상 시험 |
| PT | 침투 탐상 시험 | | |

## 254. 용접 시 감전의 위험

- 10mA : 심한 고통
- 20mA : 근육 수축
- 50mA : 사망의 우려
- 100mA : 치명적 위험

## 255. 감전의 예방대책

- 용접기의 절연 상태, 접속 상태, 접지 상태 등을 작업 전 반드시 확인
- 개로 전압(무부하전압)이 필요 이상으로 높지 않도록 해야 하며, 전격 방지기를 설치

## 256. 안전모

- 머리 상부와 안전모 내부 상단과의 간격은 25mm 이상 유지
- 안전모는 공용으로 사용하지 말 것

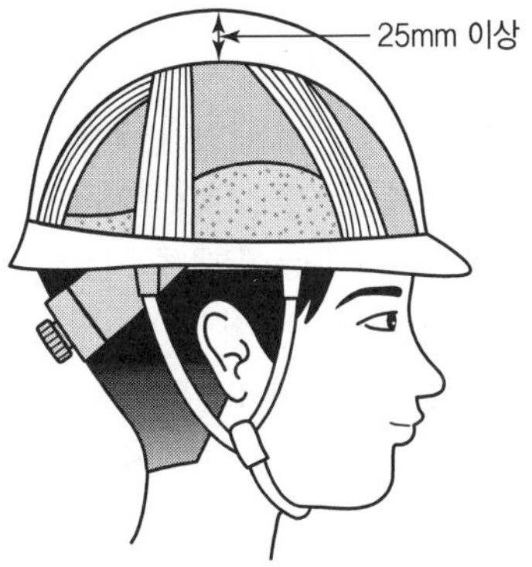


‖ 안전모 ‖

## 257. 소화기의 종류와 용도

| 화재 / 소화기 종류 | A급 화재 (보통화재) | B급 화재 (기름화재) | C급 화재 (전기화재) |
|---|---|---|---|
| 포말 소화기 | 적합 | 적합 | 부적합 |
| 분말 소화기 | 양호 | 적합 | 양호 |
| $CO_2$ 소화기 | 양호 | 양호 | 적합 |

* 포말 소화기는 전기 화재에 부적합

## 258. 화상

- 제1도 화상 : 피부가 빨갛게 됨(화상 부위가 전신의 30%에 달하면 1도 화상이라도 위험)
- 제2도 화상 : 피부가 빨갛게 되며 물집이 생김
- 제3도 화상 : 피부 조직이 까맣게 타버림

## 259. 금속의 일반적 성질

- 상온에서 고체이다.(단, 수은(Hg)은 예외)
- 고유의 색과 광택이 있다.
- 전성, 연성이 커 소성가공이 가능하다.
- 열과 전기가 잘 통하는 양도체이다.
- 비중, 경도가 크고 용융점이 높다.

## 260. 금속의 성질(개념 정리)

① 물리적 성질

- 비중 : 4℃의 순수한 물을 기준으로 가볍고 무거운 정도를 수치로 표시
- 용융점 : 고체가 액체로 변하는 온도(녹는 온도)
- 선 팽창계수 : 물체의 길이에 대해 온도가 1℃ 높아지는 데 따른 늘어난 막대길이의 양
- 열전도율 : 거리 1cm에 대해 1℃의 온도차가 있을 때 1초간 전해지는 열의 양
- 전기 전도율(물질 내에서 전류가 잘 흐르는 정도) : 은(AG) > 구리(Cu) > 금(Au > 알루미늄(Al) > 마그네슘 > 아연 > 니켈 > 철 > 납 > 안티몬

② 기계적 성질

- 항복점 : 인장시험에서 변형이 급격히 증가하는 점
- 연성 : 늘어나는 성질
- 전성 : 충격을 가했을 때 깨지지 않고 옆으로 퍼지는 성질(연성과 비례=가단성)
- 인성(강인성) : 파괴에 대한 저항도(충격에 견디는 성질)
- 취성(메짐) : 깨지고 부서지는 성질
- 가공경화 : 금속이 가공에 의해 강도, 경도가 커지고 연신율이 감소되는 성질
- 강도 : 물체가 외력에 저항할 수 있는 힘
- 경도 : 단단함의 정도

## 261. 금속의 합금 시 변하는 성질

- 강도와 경도, 주조성과 내열성이 증가
- 용융점, 전기 및 열전도율 감소

## 262. 경금속과 중금속(물의 비중 : 1)

- **경금속** : 비중이 4보다 작은 것으로 Ca, Mg, Al, Na 등이 있다.
- **중금속** : 비중이 4보다 큰 것으로 Au, Fe, Cu 등이 있다.

## 263. 가장 가벼운 금속

Li(리튬, 0.53)

| 실용 금속 중 가장 가벼운 금속 : Mg(마그네슘, 1.74) |
|---|

## 264. 금속의 변태

① 동소 변태

- 고체 내에서 원자의 배열상태가 변하는 것을 말한다.
- 순철은 $A_4$ 변태와 $A_3$ 변태를 한다.

② 자기 변태

- 자기의 강도가 변화되는 것을 말한다.
- 순철은 $A_2$ 변태점(768℃)에서 자기변태를 한다.
- 자기변태가 이루어지는 온도점을 일명 퀴리점(Quire Point)이라고 한다.
- 순철은 세 개의 변태점을 가지고 있다.($A_2$, $A_3$, $A_4$)

## 265. 회복과 재결정

- **회복** : 가공 경화된 금속에 열을 가해 처음 상태와 같이 응력이 제거되어 본래의 상태로 되돌아오는 성질
- **재결정** : 회복이 된 금속의 경도는 변하지 않으므로 더욱 가열하면 결정의 슬립이 해소되고, 새로운 핵이 생겨 전체가 새로운 결정이 되는 것을 말하며 이때의 온도를 재결정 온도라고 함

## 266. 열간 가공과 냉간 가공

재결정 온도보다 높은 온도에서 가공하는 것을 열간 가공이라 하며, 재결정 온도보다 낮은 온도에서 가공하는 것을 냉간 가공이라고 함

## 267. 소성 가공

금속을 변형시켜 필요한 모양으로 만드는 것

## 268. 선철

용광로 속에서 용융된 처음으로 흘러나온 철을 선철(先鐵)이라 함

> 용광로의 크기는 24시간 동안에 산출된 선철의 무게를 톤(Ton)으로 표시

## 269. 선철의 종류

- 백선철(단단하고 파면이 흰색)
- 회선철(연하고 파면은 회색)

## 270. 강괴의 종류

① 림드강
  - 평로나 전로에서 가볍게 탈산
  - 순도가 좋으나, 편석이나 기포 등이 발생
  - 용접봉 심선의 재료로 사용되고 있음(저탄소 림드강)

② 킬드강
  - 노 내에서 강탈산제로 충분히 탈산
  - 기포나 편석은 없으나 표면에 헤어 크랙(Hair Crack) 발생
  - 상부에 수축관이 발생하여 상부 10~20%를 제거 후 사용해야 함

③ 세미킬드강
  킬드강과 림드강의 중간 정도의 강

## 271. 순철(순수한 철)

- 탄소 함유량은 0.03% 이하
- 주로 전기 재료에 사용됨(변압기, 발전기용 박판에 사용)
- 용접성이 양호

## 272. 탄소강의 성질

표준상태에서 C(탄소)의 양이 많아지면 강도, 경도가 증가하나 인성, 충격치는 감소

## 273. 청열취성 / 적열취성

- 청열취성 : 강이 200~300℃에서 상온일 때보다 약하게 되는 성질 → P(인)이 원인
- 적열취성(고온취성) : 강이 900~950℃에서 취성을 갖고, 고온 가공성이 나빠짐 → S(황)이 원인[Mn(망간)으로 방지 가능]

## 274. 상온 취성

P(인)의 작용으로 상온에서 연신율, 충격치가 감소됨

## 275. 저온 취성

저온에서 강의 충격치가 감소하여 취성을 갖는 성질 → Mo(몰리브덴)으로 저온 취성 방지 가능

## 276. 탄소강

철과 탄소의 합금으로 0.05~2.1%의 탄소를 함유한 강을 말하며 용도에 따라 적당한 탄소량의 것을 선택하여 사용

## 277. 탄소량에 따른 탄소강의 종류

| 종별 | 탄소 함유량(%) | 암기법(근사값) |
|---|---|---|
| 극연강 | 0.12 이하 | 0.1 |
| 연강 | 0.13~0.20 | 0.2 |
| 반연강 | 0.20~0.30 | 0.3 |
| 반경강 | 0.30~0.40 | 0.4 |
| 경강 | 0.40~0.50 | 0.5 |
| 최경강 | 0.50~0.70 | 0.6 |
| 탄소공구강 | 0.70~1.50 | 0.7 |

## 278. 강의 열처리 종류 출제 빈도 높음

① 담금질
- 강의 경화 목적
- 담금질 조직과 경도 : 마텐자이트 > 트루스타이트 > 소르바이트 > 오스테나이트

② 풀림 : 강의 연화, 내부응력 제거 목적
③ 뜨임 : 인성 부여(담금질 후처리)(Mo(몰리브덴)으로 뜨임취성 방지 가능)
④ 불림 : 강의 표준조직화, 조직의 미세화

## 279. 질량 효과

금속의 질량의 크고 작음에서 나타나는 냉각 속도에 따라 경도의 차이가 생기는 현상을 질량 효과라고 하며, 질량 효과가 작다는 것은 열처리가 잘 된다는 의미

## 280. 자경성

담금질의 온도로 가열 후 공랭 또는 노냉해 경화되는 성질

## 281. *Ms*점, *Mf*점

마텐자이트 변태가 일어나는 점을 *Ms*점, 끝나는 점을 *Mf*점이라 함

## 282. 담금질이 잘 되는 액체

소금물(보통 물보다 담금질 능력이 크다.)

## 283. 서브제로 처리(Subzero Treatment)

심랭 처리(영점하의 처리)는 잔류 오스테나이트를 가능한 적게 하기 위하여 0℃ 이하(드라이 아이스, 액체 산소 −183℃ 등 사용)의 액 중에서 마텐자이트 변태를 완료할 때까지 처리하는 것을 말한다.

## 284. 항온 열처리

열처리하고자 하는 재료를 오스테나이트 상태로 가열하여 일정한 온도의 염욕, 연료 또는 200℃ 이하에서는 실린더유를 가열한 유조 중에서 담금과 뜨임하는 것

## 285. 항온열처리 곡선(TTT곡선, S곡선)

온도(Temperature), 시간(Time), 변태(Transformation)의 3가지 변화를 표로 나타낸 것

## 286. 침탄법(탄소를 침투시켜 표면을 경화)

금속의 표면을 경화시키는 방법으로 0.2% C 이하의 저탄소강을 침탄제(탄소, C), 침탄 촉진제와 함께 침탄상자에 넣은 후 침탄로에서 가열하여 0.5~2mm의 침탄층을 만드는 방법

## 287. 질화법

암모니아 가스($NH_3$)를 이용한 표면 경화법

## 288. 침탄법과 질화법의 비교

| 침탄법 | 질화법 |
|---|---|
| 경도가 낮음 | 경도가 높음 |
| 침탄 후의 열처리가 필요 | 질화 후의 열처리가 필요 없음 |
| 경화에 의한 변형이 생김 | 경화에 의한 변형이 적음 |
| 침탄층은 질화층보다 강함 | 질화층은 약함 |
| 침탄 후 수정 가능 | 질화 후 수정 불가능 |
| 고온으로 가열 시 경도가 낮아짐 | 고온으로 가열 시 경도 변화 없음 |

* 질화법 위주로 암기(질화법이 대체적으로 우수함)

## 289. 화염 경화법

- 탄소강을 산소−아세틸렌(가스용접) 화염으로 가열하여 물로 냉각한 후 경화시키는 방법
- 크고 복잡한 형상의 제품도 경화 처리 가능하나 크기에 제한이 있음

## 290. 금속 침투법 출제 빈도 높음

| 종류 | 침투제 | 종류 | 침투제 |
|---|---|---|---|
| 세라다이징 | Zn | 크로마이징 | Cr |
| 칼로라이징 | Al | 실리코나이징 | Si |

### 291. 쇼트 피닝

작은 강구 입자를 금속 표면에 고압으로 투사하여 가공 경화층을 형성하는 방법

### 292. 스테인리스강(불수강, 내식강)

철에 크롬(Cr)과 니켈(Ni)을 함유시킨 것으로 금속 표면에 산화크롬의 막이 형성되어 녹이 스는 것을 방지해 주는 강

### 293. 스테인리스강의 종류

오스테나이트계, 페라이트계, 마텐자이트계, 석출경화형(암기법 : 오페마석)

### 294. 오스테나이트계 스테인리스강(18－8강, 18% Cr－8% Ni)

- 비자성체(비파괴 검사 중 MT－자분탐상검사를 할 수 없음)
- 인성이 풍부하며 가공 용이
- 용접성 우수
- 입계 부식이 생기기 쉬워 예열을 하면 안 됨

### 295. 마텐자이트계 스테인리스강

기계적 성질이 좋고 내식, 내열성 우수(스테인리스 중 가장 강도가 높음)

### 296. 불변강의 종류

- **인바** : 바이메탈 재료, 정밀 기계 부품, 권척, 표준척, 시계 등에 사용
- **초인바**
- **엘린바** : 시계 스프링, 정밀 계측기 부품에 사용
- **코엘린바** : 엘린바를 개량한 것
- **플래티나이트** : 전구, 진공관, 유리의 봉입선, 백금 대용으로 사용
- **퍼멀로이** : 전자 차폐용 판, 전로 전류계용판, 해전 전선의 코일 등에 사용
- **이소에라스틱** : 항공계기 스케일용, 스프링, 악기의 진동판 등에 사용

| 앞자를 따서 암기 : 인초엘 / 코플퍼이 |
|---|

### 297. 주철

철광석을 용광로에서 제련했을 때 나온 선철을 다시 용해시킨 주조용 재료

### 298. 주철의 종류

- **회주철** : 파면이 회색
- **백주철** : 파면이 백색(취성을 지님)
- **반주철** : 회주철과 백주철의 중간
- **기타 주철** : 고급 주철(미하나이트 주철－펄라이트 조직), 합금주철, 구상흑연주철, 가단주철, 칠드주철(금속 표면을 경화시킨 것으로 압연기의 롤, 기차 바퀴에 사용) 등

### 299. 주철의 장단점

① 장점

- 주조성이 우수하다.(용점이 낮아 잘 녹으며 유동성이 좋다.)
- 크고 복잡한 것도 제작이 용이하다.
- 가격이 저렴하다.
- 녹이 잘 슬지 않는다.

② 단점

- 인장강도가 작다.
- 충격값이 작아 깨지기 쉽다.

### 300. 마우러 조직도

탄소와 규소의 양과 냉각속도에 따른 주철의 성질 변화를 표로 나타낸 것

## 301. 흑연화

철과 탄소의 화합물인 시멘타이트($Fe_3C$)는 900~1,000℃로 장시간 가열하면, $Fe_3C \rightleftarrows 3Fe + C$의 변화를 일으켜 시멘타이트가 분해되어 흑연이 되는데 이를 흑연화라 함

## 302. 흑연화 촉진원소와 방해원소

- 흑연화 촉진원소 : Si > Al > Ti > Ni > P > Cu > Co
- 흑연화 방해원소 : Mn > Cr > Mo > V

## 303. 주철의 성장과 방지법

높은 온도에서 오랜 시간 유지하거나 가열과 냉각을 반복하면 주철의 부피가 팽창하여 변형과 균열이 발생하는 현상

**성장 방지법**
- 흑연의 미세화
- C(탄소) 및 Si(규소)의 양을 감소시킴
- 흑연화 방지제, 탄화물 안정제 등을 첨가
- 편상 흑연을 구상 흑연화시킴

## 304. 주강

탄소 함유량이 약 0.1%로 주철(C% 1.7~6.67%)에 비해 탄소 함유량이 적은 주조용 강을 말하며 저합금강, 고망간강, 스테인리스강, 내열강 등을 만드는 데 사용

**특징**
- 주철에 비하여 용융점이 높아 주조하기 어려움
- 주철에 비해 강도가 우수해 구조용 강으로 사용 가능
- 용접성이 주철에 비해 뛰어남

## 305. 구리(Cu)의 특징

① 비중 : 약 8.9(철 7.9)
② 융점 : 1,083℃(비자성체)
③ 부식이 잘 안 됨
④ 색과 광택이 좋으며 가공이 쉬움
⑤ 전연성이 우수
⑥ 열전도도, 전기전도도 우수(Ag > Cu > Au > Al…)하여 전선으로 사용
⑦ 주로 Zn(아연), Sn(주석) 등의 금속과 합금하여 사용

⑧ 종류
- 정련구리 : 전기동을 반사로에서 정련한 구리
- 무산소구리 : 산소의 함유량을 0.06% 이하로 탈산한 구리

## 306. 구리합금의 종류

- 황동[Cu(구리) + Zn(아연)]
- 청동[Cu(구리) + Sn(주석)]

## 307. 황동의 종류

| 종류 | 성분 | 명칭 | 용도 |
|---|---|---|---|
| 톰백 (Cu 80% 이상) | 95Cu – 5Zn | 길딩메탈 | 동전, 메달 |
| | 90Cu – 10Zn | 커머셜 브라스 | 톰백의 대표 |
| | 85Cu – 15Zn | 레드브라스 | 내식성 우수 |
| | 80Cu – 20Zn | 로브라스 | 전연성 우수(악기) |
| 7 · 3 황동 | 70Cu – 30Zn | 카트리지브라스 | 가공용 구리 |
| 6 · 4 황동 | 60Cu – 40Zn | 문츠메탈 | 인장강도 가장 우수 |
| 연입(납)황동 | 6 · 4황동 –1.5~3.0% Pb | 쾌삭황동 | 가공성 우수(시계의 기어) |
| 네이벌 황동 | 6 · 4 황동 –1% Sn | 네이벌 황동 | 내식성 우수(열교환기) |
| 철황동 | 6 · 4 황동 –1% Fe | 델타메탈 | 고온 강도, 내식성 우수 |
| 듀라나 메탈 | 7 · 3 황동 –1% Fe | – | – |
| 니켈 실버 | 7 · 3 황동 –7% Ni | 양은(은백색) | 식기, 가정용품 |

## 308. 청동의 종류

| 종류 | 성분 | 특징 |
|---|---|---|
| 포금 | Sn 8~12%<br>Zn 1~2%<br>나머지 Cu | • 대포의 포신용으로 사용(건메탈)<br>• 내식성이 좋아 선박용 부품에 사용 |
| 인청동 | P 0.05~0.5%<br>(청동 탈산제),<br>나머지 Cu | • 유동성, 내마모성이 개선되고 경도, 강도가 증가됨<br>• 펌프 부품, 선반용, 화학기계용 |
| 코슨 합금 | Ni 4%,<br>Si 1% 나머지 Cu | 전화선 용도로 사용 |
| 켈밋 | Pb 30~40%<br>나머지 Cu | 열전도도가 양호하며, 베어링용 |
| 오일레스 베어링 합금 | Cu, Sn,<br>흑연 분말 | • 구리, 주석, 흑연 분말을 가압 성형하며, 700~705℃의 수소 기류 중에서 소결<br>• 기름 보급이 곤란한 곳에 베어링으로 사용 |

## 309. 알루미늄(Al)

- 면심입방격자(FCC)
- **비중** : 2.7(철 7.9)로 가벼움
- **용융점** : 660℃(산화막의 융점 약 2060℃)

## 310. 알루미늄 합금

| 종류 | 합금 | 명칭 | 특징 | 용도 |
|---|---|---|---|---|
| 주조용 Al 합금 | Al-Si계 | 실루민 | 주조성 우수 | - |
| | Al-Mg계 | 하이드로날륨 | 내식성 우수 | 다이캐스팅용 |
| | Al-Cu-Si계 | 라우탈 | 실루민 개량형 | 피스톤 기계부품 |
| 내열용 Al 합금 | Al-Cu-Ni-Mg | Y합금 | 고온 강도 우수 | 내연기관 실린더 |
| | Al-Cu-Ni-Mg-Si | Lo-Ex(로엑스 합금) | Y합금 개량형 | 피스톤 재료 |
| 단련용 Al 합금 | Al-Cu-Mg-Mn-Si) | 두랄루민 | 경량, 내식성, 강도 우수 | 항공기, 자동차 재료 |

## 311. 마그네슘(Mg)

- 조밀육방격자(HCP)
- **비중** : 1.74
- **용융점** : 650℃
- 금속 방식용 재료로 사용

## 312. Mg 합금

- **다우메탈** : Mg-Al 합금
- **엘렉트론** : Mg-Al-Zn 합금

## 313. 니켈(Ni)

- 면심입방격자(FCC)
- **비중** : 8.9(철의 비중 : 약 7.9)
- **용융점** : 1455℃
- 강자성체(Fe, Ni, Co : 강자성체)
- **색상** : 은백색
- 내식, 내열성 우수

## 314. 아연(Zn)

- 조밀육방격자(HCP)
- **비중** : 약 7.1
- **용융점** : 419℃
- **색상** : 백색
- 주로 금속의 방식용 도금 재료로 사용

## 315. 납(Pb)

- 면심입방격자(FCC)
- **비중** : 11.35
- **용융점** : 327℃
- 방사능 차폐용 재료 및 땜납, 연판, 연관, 활자 합금, 도료, 축전기 전극, 전선의 피복 등

## 316. 주석(Sn)

- **비중** : 7.3
- **용융점** : 232℃
- 선박, 위생용 튜브, 식기 및 구리, 철 표면의 부식 방지용

## 317. 저용융 합금

- Sn(주석)의 용융점(231.9℃)보다 낮은 금속의 총칭
- 우드 메탈
- 비스무트 합금
- 로즈 메탈

## 318. 신소재

금속, 무기, 유기 원료 및 이들을 조합한 원료를 새로운 제조기술로 제조하여 종래에 없던 새로운 성능, 용도를 가지게 된 소재

| | |
|---|---|
| 신금속재료 | • 형상기억합금<br>대표적인 합금으로 티타늄－니켈 합금이 있으며 인공위성 부품, 인공심장밸브, 감응장치 등에 사용<br>• 비정질금속재료<br>비결정형재료라고도 하며 강도, 자기화 특성, 내마모성, 내부식성이 높아 변압기, 녹화헤드등에 사용<br>• 초전도재료<br>절대영도에 가까운 극저온이 되면 전기저항이 0이 되는 성질을 지닌 합금으로 입력된 에너지를 거의 완벽하게 전달할 수 있으며 통신케이블, 핵융합 등의 에너지개발, 자기부상열차, 고에너지 가속기 등에 사용 |
| 비금속 무기재료 | • 파인세라믹스(뉴세라믹스)<br>천연 또는 인공적으로 합성한 무기화합물인 질화물, 탄화물을 원료로 하여 소결한 자기재료. 내열성, 초정밀가공성, 절연성, 내식성이 철보다 강하여 절삭공구, 저항재료, 원자로부품, 인공관절 등에 사용<br>• 광섬유<br>빛을 머리카락 굵기보다 얇은 지름 0.1mm 이하의 유리 섬유속에 가두어 보냄으로써 광섬유 한 가닥에 전화 1만 2000회선에 해당하는 정보를 전송 가능<br>• 결정화 유리(유리세라믹스)<br>비결정 구조로된 유리를 기술적으로 결정화하여 종래에 없던 특성을 지니게 한 유리 |
| 신고분자 재료 | • 엔지니어링 플라스틱<br>금속보다 강한 플라스틱 제품으로서 경량화를 지향하는 자동차, 전자기기, 전지제품 등에 사용<br>• 고효율성분자막<br>특정한 물질만을 통과시키는 기능을 지닌 고분자막과 같은 특수재료<br>• 태양광발전 플라스틱전지<br>p형과 n형 실리콘 단결정을 접합하여 만든 태양전지보다 더욱 발전한 변화효율이 높은 전지 |
| 복합재료 | • 바이오센서<br>생체에 적합한 의료용 신소재로서 인간의 5감을 가지는 것으로 산업용 로봇제어기술, 자동제어, 정밀 계측기 분야에 사용<br>• 복합재료<br>두 종류 이상 소재를 복합하여 고강도, 고인성, 경량성, 내열성 등을 부여한 재료이다. 유리섬유, 탄소섬유, 아라미드섬유 등이 이에 속한다.<br>• 탄소섬유강화플라스틱<br>강도가 좋으면서도 가벼운 재료를 만들기 위해서 플라스탁에 탄소섬유를 넣어 강화시킨 것이다. 자동차 부품, 비행기 날재, 테니스 라켓, 안전 헬멧 등에 사용<br>• 섬유강화금속<br>금속안에 매우 강한 섬유를 넣은 것으로 금속과 같은 기계적 강도를 가지면서도 가벼운 재료인다. 우주항공분야에 사용 |

## 319. 제도

기계의 제작 시 사용 목적에 맞게 계획, 계산, 설계하는 전 과정을 기계 설계라 하며 이 설계에 의해 도면을 작성하는 과정을 제도라 함

## 320. 제도의 공업 규격

| 국명 | 기호 |
|---|---|
| 국제표준 | ISO(Interational Organization for Standardization) |
| 한국 | KS(Korean Industrial Standards) |
| 영국 | BS(British Standards) |
| 독일 | DIN(Deutsch Industrie Normen) |
| 미국 | ASA(American Standard Association) |
| 일본 | JIS(Japanese Industrial Standards) |

## 321. 한국공업기준(KS)에 따른 분류

| 기호 | 부문 |
|---|---|
| A | 기본 |
| B | 기계 |
| C | 전기 |
| D | 금속 |

## 322. 도면의 종류

- 사용 목적에 따른 분류 : 계획도, 제작도, 주문도, 승인도, 견적도, 설명도
- 내용에 따른 분류 : 조립도, 부분조립도, 부품도, 상세도, 공정도, 접속도, 배선도, 배관도, 계통도, 기초도, 설치도, 배치도, 장치도, 외형도, 구조선도, 곡면선도, 구조도, 전개도
- 도면 성질에 따른 분류 : 원도, 트레이스도, 복사도(트레이스도를 복사)

## 323. 도면에서 사용하는 선의 종류

| 용도에 의한 명칭 | 선의 종류 | | 용도 |
|---|---|---|---|
| 외형선 | 굵은 실선 | ——— | 물체의 보이는 부분을 나타내는 선(기본 형태) |
| 은선 | 중간 크기의 파선 | -------- | 물체의 보이지 않는 부분을 표시 |
| 중심선 | 가는 일점 쇄선 또는 가는 실선 | —-— | 도형의 중심을 표시 |
| 치수선, 치수 보조선 | 가는 실선 | ——— | 치수를 기입하기 위한 선 |
| 지시선 | 가는 실선 | ——— | 지시하기 위한 선 |
| 절단선 | 가는 일점 쇄선으로 하고 그 양끝 및 굴곡부 등의 주요한 곳은 굵은 선을 사용 | ↑—-—↑ | 단면을 그리는 경우, 절단 위치를 표시하는 선 |
| 파단선 | 가는 실선 (불규칙한 선) | ∼∼∼∼ | 물품의 일부를 파단한 곳을 표시하는 선 또는 끊어낸 부분을 표시하는 선 |
| 가상선 | 가는 이점 쇄선 | —--— | • 도시된 물체의 앞면을 표시하는 선<br>• 인접 부분을 참고로 표시하는 선<br>• 가공 전후의 모양을 표시하는 선<br>• 이동하는 부분의 이동 위치를 표시하는 선<br>• 공구, 지그 등의 위치를 참고로 표시하는 선<br>• 반복을 표시하는 선<br>• 도면 내에 그 부분의 다면형을 90° 회전하여 나타내는 선 |
| 피치선 | 가는 일점 쇄선 | —-— | 중심이나 피치 등을 나타내는 선 |
| 해칭선 | 가는 실선 | ////// | 절단면 등을 명시하기 위하여 쓰는 선 |
| 특수한 용도의 선 | 가는 실선 | ——— | • 외형선과 은선의 연장선<br>• 평면이라는 것을 표시하는 선 |
| | 아주 굵은 실선 | ━━━ | 얇은 부분의 단선 도시를 명시하는 데 사용하는 선 |

## 324. 도면의 크기와 치수

| 제도지의 치수 | A0 | A1 | A2 | A3 | A4 | A5 |
|---|---|---|---|---|---|---|
| 세로 × 가로 | 841 × 1,189 | 594 × 841 | 420 × 594 | 297 × 420 | 210 × 297 | 148 × 210 |

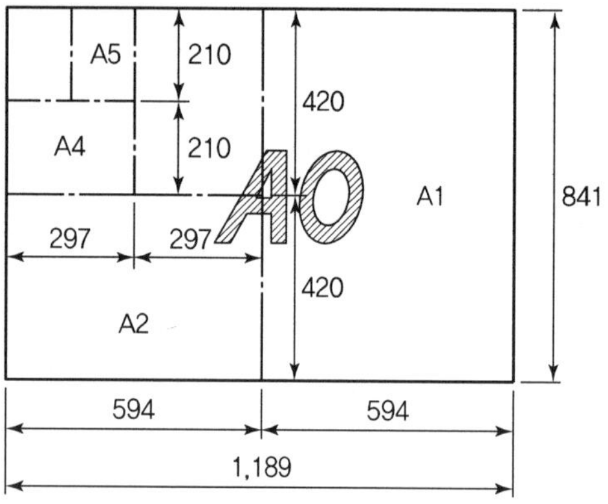


▌제도 용지의 크기▐

## 325. 도면의 크기에 따른 테두리 선의 치수

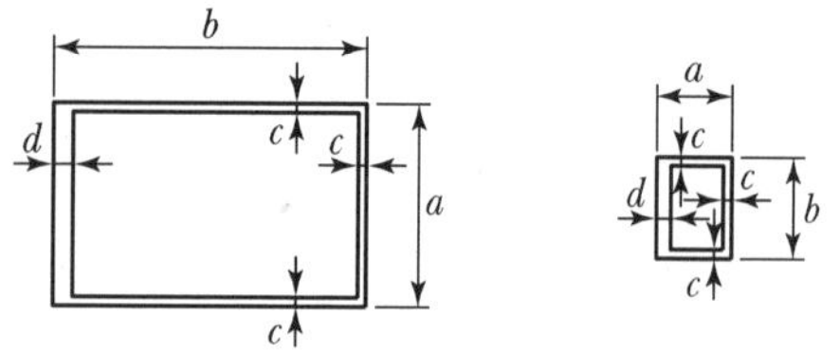


(a) 일반적인 경우

(b) A4 이하에서 길이 방향을 아래위로 하는 경우

▌도면의 테두리▐

| 제도지 | 철을 하지 않는 경우 | 철을 하는 경우 |
|---|---|---|
| A0, A1 | 20mm | 25mm |
| A2, A3, A4, A5 | 10mm | 25mm |

## 326. 척도(Scale)

- 사물의 크기와 실물의 크기의 비율을 척도(Scale)라고 함
- 도면에 기입하는 각 부의 치수는 반드시 척도에 관계없이 실물의 치수를 기입
- 치수와 비례하지 않을 때는 숫자 아래에 "－"를 긋거나 척도란에 "비례척이 아님" 또는 "NS"를 표시

## 327. 척도의 종류

| 현척 | $\frac{1}{1}$(1 : 1) |
|---|---|
| 축척(축소) | $\frac{1}{2}$(1 : 2), $\frac{1}{5}$(1 : 5), $\frac{1}{100}$(1/100) |
| 배척(확대) | $\frac{2}{1}$(2 : 1), $\frac{5}{1}$(5 : 1), $\left(\frac{100}{1}\right)$100 : 1 |

## 328. 제도기

- 디바이더 : 치수를 옮기거나 선, 원 등의 간격을 등분할 때 사용하며 원을 그리는 용도로는 불가
- 운형자 : 작은 곡선을 그리는 데 사용

## 329. 제1각법과 제3각법

- 제1각법 : 물체를 제1각 안에 놓고 투상하며, 투상면의 앞쪽에 물체를 위치
  눈 → 물체 → 투상면
- 제3각법 : 물체를 제3각 안에 놓고 투상하는 방법으로, 투상면 뒤쪽에 물체를 위치
  눈 → 투상면 →물체

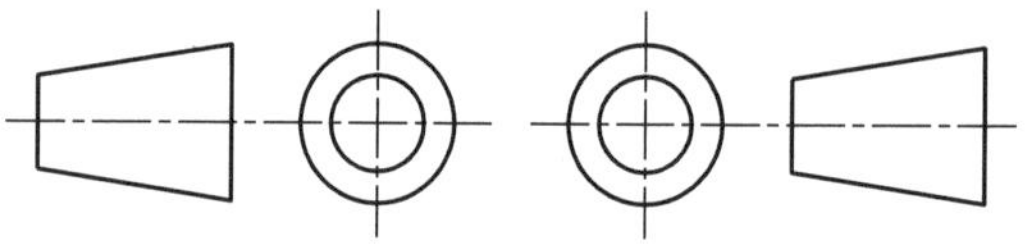

(a) 제1각법　　　(b) 제3각법

▌투상법의 표시기호(사각형이 정면도)▐

## 330. 제1각법과 제3각법의 도면 배치

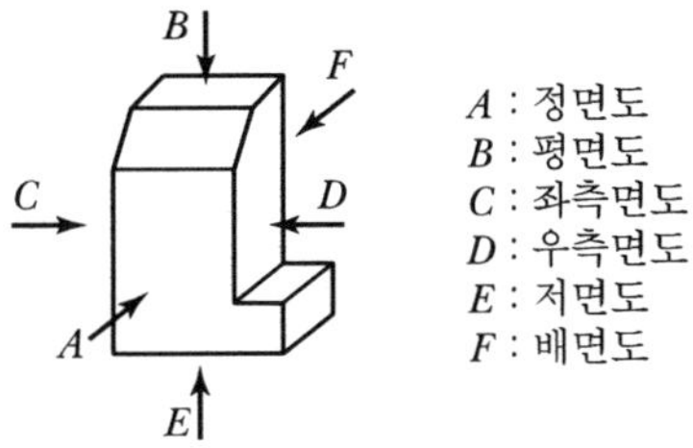


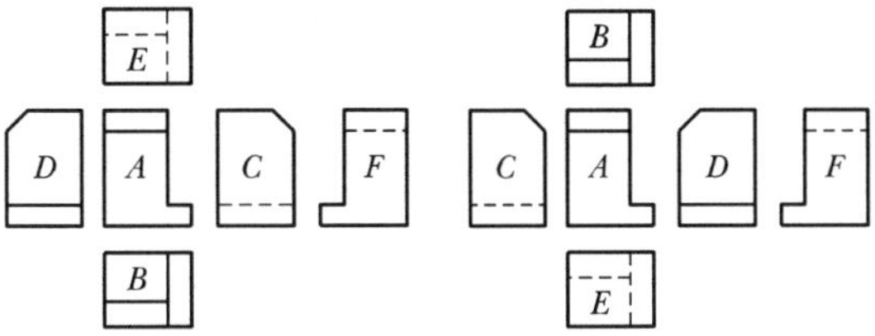


(a) 제1각법 (b) 제3각법

▮ 도면의 표준 배치 ▮

## 331. 투시도법

시점과 물체의 각 점을 연결하여 원근감은 잘 나타내지만 실제 크기가 잘 나타나지 않으므로 제작도에는 잘 쓰이지 않고, 설명도나 건축 제도의 조감도 등에 사용

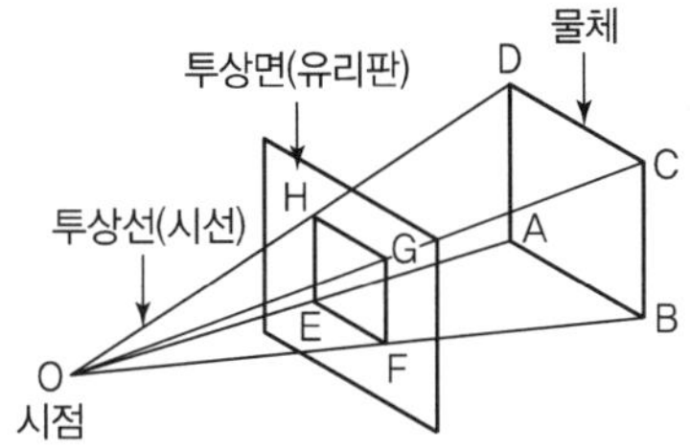


(a) 투시투상

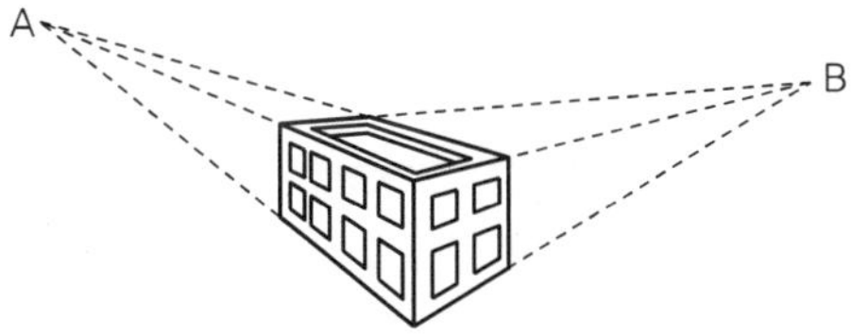


(b) 투시도법

▮ 투시도법 ▮

## 332. 등각 투상도

X, Y, Z축을 서로 120°씩 등각으로 하고 $\alpha$, $\beta$의 경사각은 30°로 투상시킨 것

## 333. 부등각 투상도

$\alpha$, $\beta$가 다르게 된 것으로 $x$, $y$, $z$축이 각각 다름

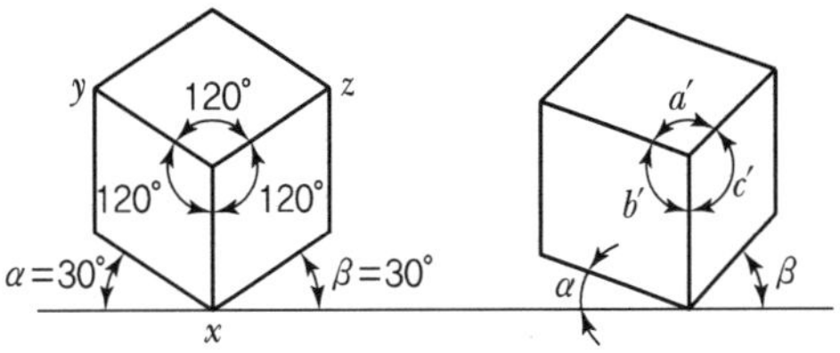


(a) 등각 투상도 (b) 부등각 투상도

▮ 등각 및 부등각 투상도 ▮

## 334. 정면도의 선택

- 물체의 특징을 명료하게 나타내는 투상도를 정면도로 선택하며 이것을 중심으로 측면도, 평면도를 보충
- 은선은 되도록 쓰지 않는다.

## 335. 단면도

물체 내부의 모양 또는 복잡한 것을 일반 투상법으로 나타내면 많은 은선이 만들어져 도면을 읽기 어려운 경우가 있다. 이와 같은 경우 어느 면으로 절단하여 나타낸 형상을 단면도라 한다.

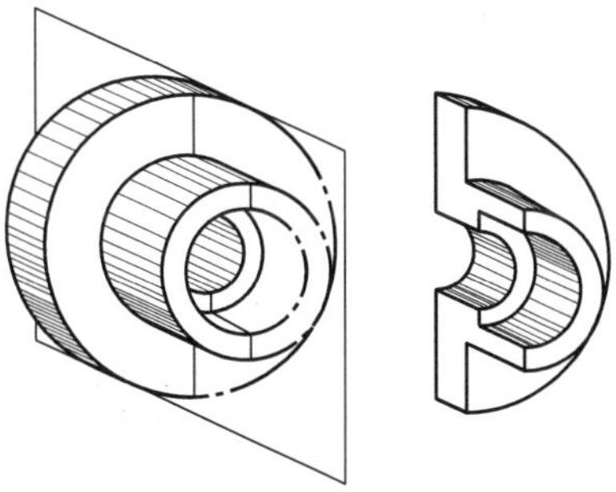

▮ 단면도 ▮

## 336. 단면의 법칙

- 단면을 도시할 때는 해칭(Hatching)이나 스머징(Smudging)을 한다.
- 투상도는 어느 것이나 전부 또는 일부를 단면으로 도시할 수 있다.
- 절단면은 기본 중심선을 지나고 투상면에 평행한 면을 선택하는 것을 원칙으로 한다.
- 절단면 뒤에 있는 은선 또는 세부에 기입된 은선은 그 물체의 모양으로 나타내는 데 필요한 것만 긋는다.

## 337. 단면도의 종류

- **전단면도**(온단면도) : 중심선을 기준으로 대칭인 경우 물체를 2개로 절단(1/2)하여 도면 전체를 단면으로 나타낸 것으로, 절단 평형이 물체를 완전히 절단하여 전체 투상도가 단면도로 표시되는 도법이다.
- **반단면도** : 물체의 1/4을 잘라내고 도면의 반쪽을 단면으로 나타내는 방법이다.
- **부분 단면도** : 필요한 곳 일부만 절단하여 나타낸 것을 부분 단면도라 한다.
- **계단 단면도** : 절단한 부분이 동일 평면 내에 있지 않을 때, 2개 이상의 평면으로 절단하여 나타낸다.
- **회전 단면도** : 절단한 부분의 단면을 90° 우회전하여 단면 형상을 나타낸다.

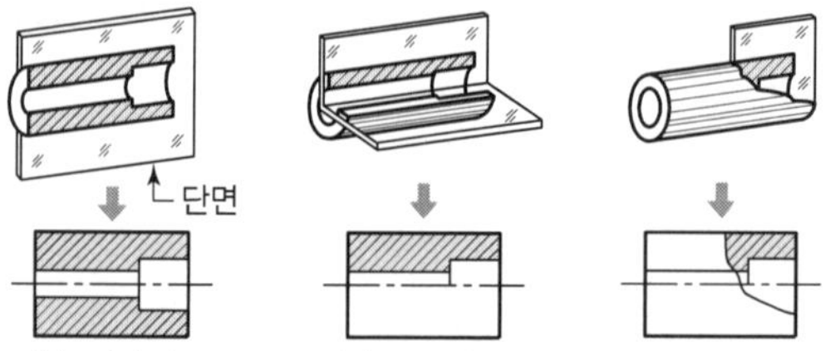

(a) 전단면도 (b) 반단면도 (c) 부분 단면도

▌단면도의 종류▐

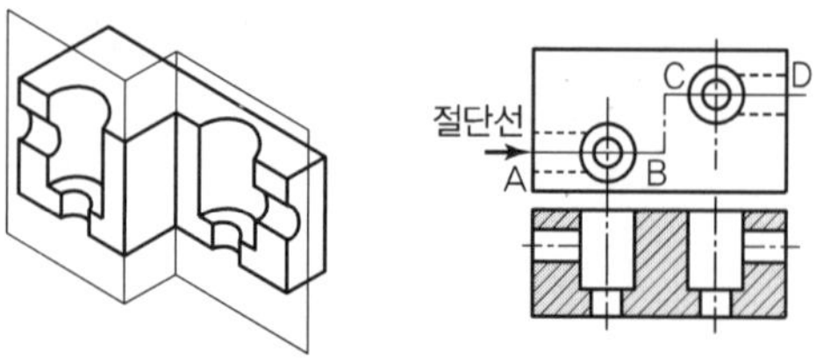

(a) (b) 단면 ABCD

▌계단단면▐

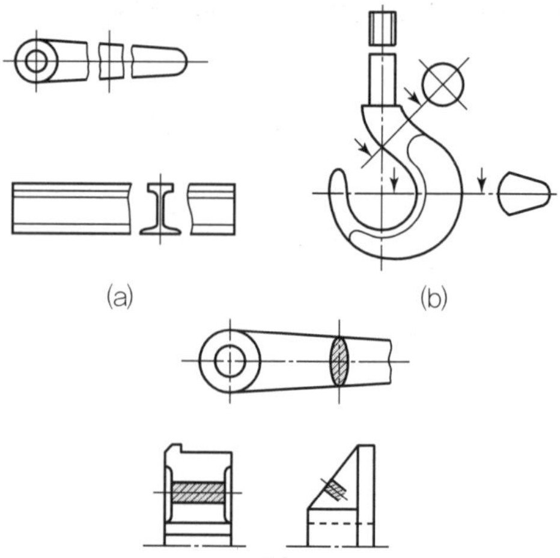
(a) (b) (c)

▌회전 단면의 방법▐

## 338. 단면을 도시하지 않는 부품

① 속이 찬 원기둥 및 모기둥 모양의 부품

- 축
- 볼트
- 너트
- 핀
- 와셔
- 리벳
- 키
- 나사
- 볼 베어링의 볼

② 얇은 부분

- 리브
- 웨브

③ 부품의 특수한 부분

- 기어의 이
- 풀리의 암

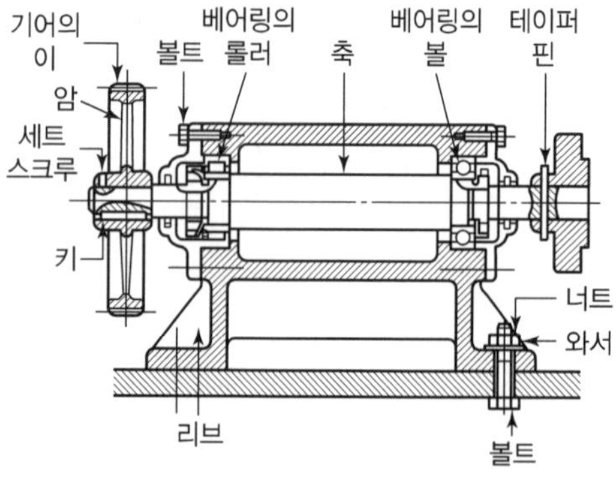


▌단면을 도시하지 않는 부품▐

## 339. 얇은 판의 단면

패킹, 박판처럼 얇은 것을 단면으로 나타낼 때는 한 줄의 굵은 실선으로 단면을 표시한다. 이들 단면이 인접해 있는 경우에는 단면선 사이에 약간의 간격을 둔다.

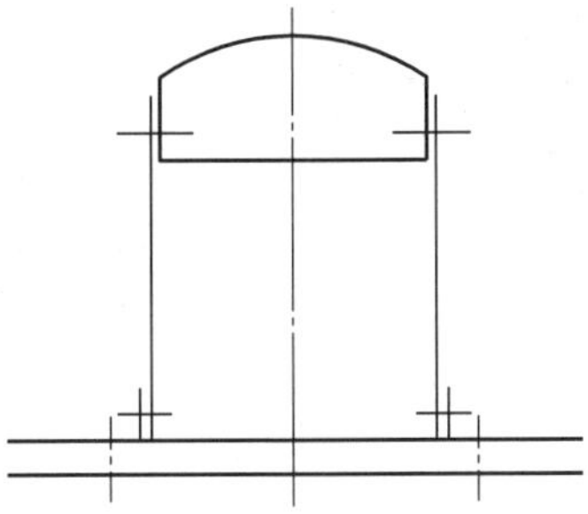

‖ 얇은 판의 단면 ‖

## 340. 해칭법

단면이 있는 것을 나타내는 방법으로 해칭이 있으나, 규정으로는 단면이 있는 것을 명시할 때에만 단면 전부 또는 주변에 해칭을 하거나 스머징(Smudging, 단면부의 내측 주변을 청색 또는 적색 연필로 엷게 칠하는 것) 하도록 되어 있다.

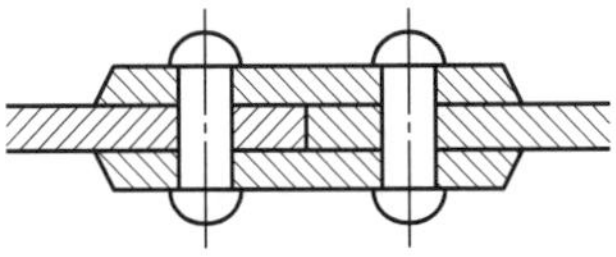

(a)

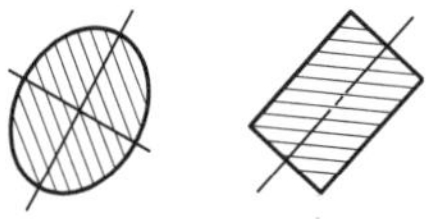

(b)

(c)

‖ 해칭의 실례 ‖

## 341. 해칭의 원칙

- 가는 실선을 사용하는 것을 원칙으로 하나, 혼동될 우려가 없을 때에는 생략하여도 무방하다.
- 기본 중심선 또는 기선에 대하여 45° 기울기로 2~3 mm 간격으로 긋는다. 그러나 45° 기울기로 분간하기 어려울 때는 해칭의 기울기를 30°, 60°로 한다.
- 해칭할 부분이 너무 큰 경우 해칭선 대신 단면 둘레에 청색 또는 적색 연필로 엷게 칠할 수 있다.(스머징)

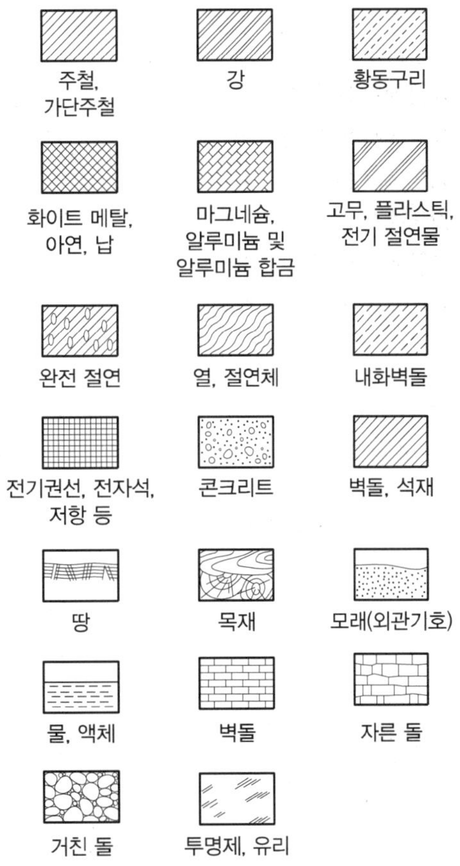


‖ 비금속 재료의 단면 표시 ‖

## 342. 투상도

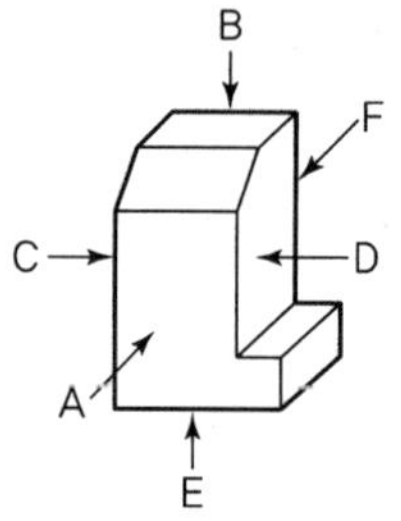


▌입체의 투상 방향▐

위 그림과 같이

- A 방향에서 본 투상 : 정면도
- B 방향에서 본 투상 : 평면도
- C 방향에서 본 투상 : 좌측면도
- D 방향에서 본 투상 : 우측면도
- E 방향에서 본 투상 : 저면도
- F 방향에서 본 투상 : 배면도

정면도(주 투상도)가 선택되면, 관례에 따라 다른 투상도는 정면도 및 그들이 이루는 각도가 90° 또는 90°의 배가 되게 한다.

- 투상도의 상대적인 위치 : 2개의 정투상법을 동등하게 이용할 수 있다.

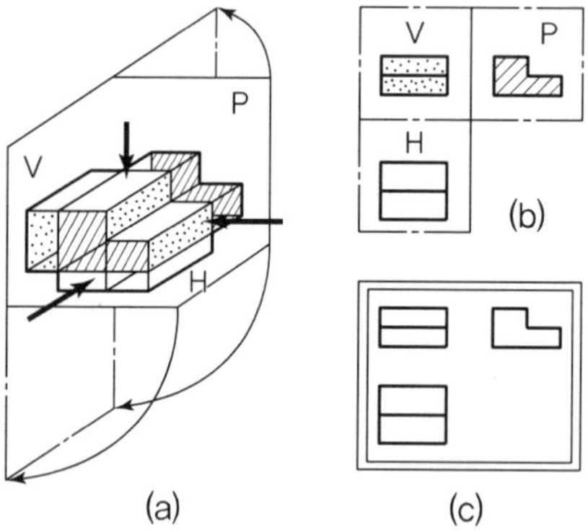


▌제1각법▐

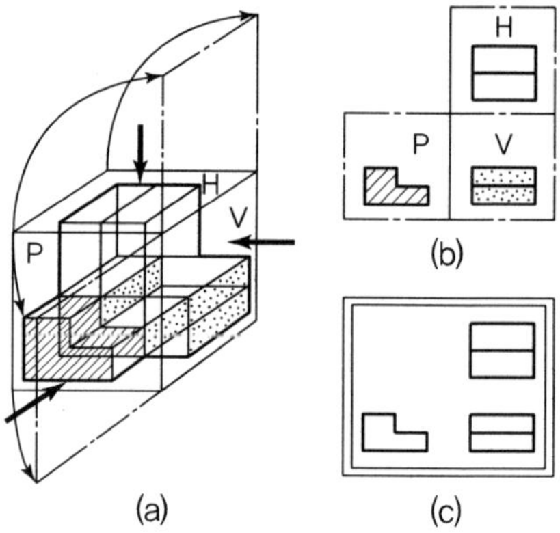


▌제3각법▐

## 343. 제1각법

정면도(A)를 기준으로 하여 다른 투상도는 다음과 같이 배치한다.

- 평면도(B) : 아래쪽에 둔다.
- 저면도(E) : 위쪽에 둔다.
- 좌측면도(C) : 오른쪽에 둔다.
- 우측면도(D) : 왼쪽에 둔다.
- 배면도(F) : 형편에 따라 왼쪽 또는 오른쪽에 둔다.

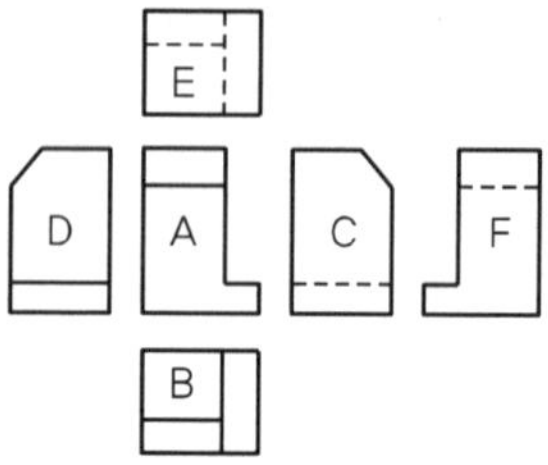


▌제1각법의 도면 배치 상태▐

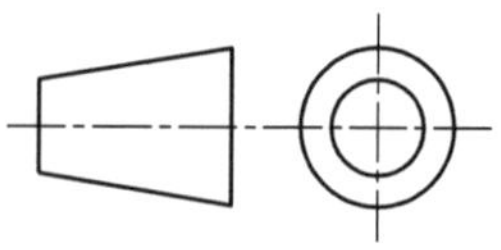

▌제1각법의 표시 기호▐

### 344. 제3각법

정면도(A)를 기준으로 하여 다른 투상도는 다음과 같이 배치한다.

- 평면도(B) : 위쪽에 둔다.
- 저면도(E) : 아래쪽에 둔다.
- 좌측면도(C) : 왼쪽에 둔다.
- 우측면도(D) : 오른쪽에 둔다.
- 배면도(F) : 형편에 따라 왼쪽 또는 오른쪽에 둔다.

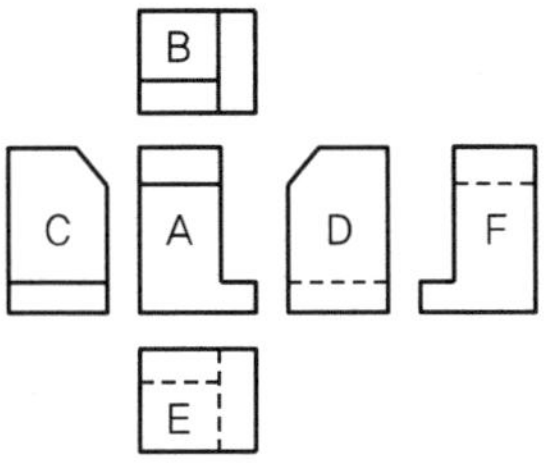


‖ 제3각법의 도면 배치 상태 ‖

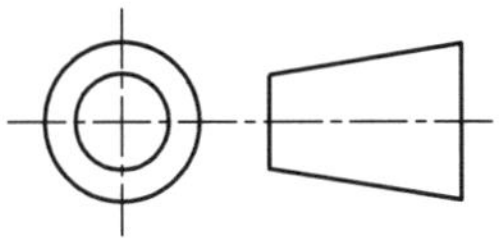

‖ 제3각법의 표시 기호 ‖

### 345. 도면에 사용되는 치수의 기입

- 단위는 밀리미터(mm)를 사용하며 단위 기호는 생략한다.
- 치수 숫자는 자릿수가 많아도 3자리마다 (,)를 쓰지 않는다.

### 346. 치수 기입의 구성요소

치수를 기입하기 위해 치수선, 치수 보조선, 화살표, 치수 숫자, 지시선이 필요하다.

### 347. 치수선

- 치수선은 0.2mm 이하의 가는 실선을 치수 보조선에 직각으로 긋는다.
- 치수선은 외형선에서 10~15mm쯤 떨어져서 긋는다.
- 많은 치수선을 평행하게 그을 때는 간격을 서로 같게 한다.

### 348. 치수 보조선

- 치수를 표시하는 부분의 양 끝에 치수선에 직각이 되도록 긋는다.
- 치수 보조선의 길이는 치수선보다 2~3mm 정도 길게 그린다.
- 치수선과 교차되지 않도록 긋는다.

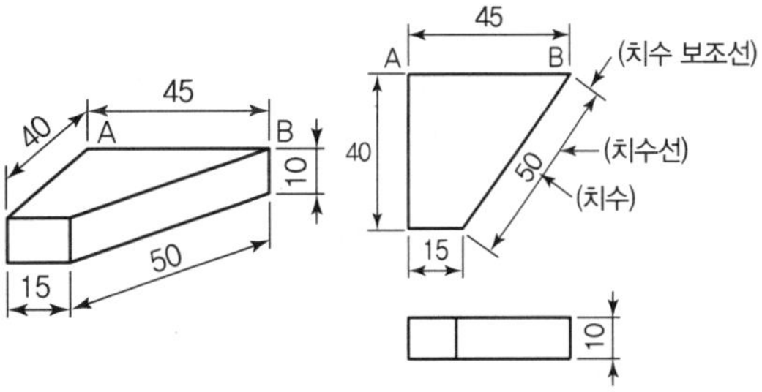


(a) (b)

‖ 치수 표시 ‖

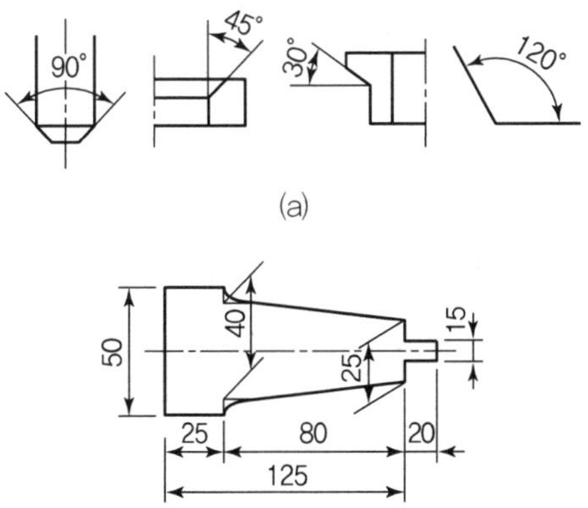


(b)

‖ 치수 보조선 ‖

## 349. 치수 기입법

- 수평 방향의 치수선에 대하여는 치수 숫자의 머리가 위쪽으로 향하도록 하고, 수직 방향의 치수선에 대하여는 치수 숫자의 머리가 왼쪽으로 향하도록 한다.
- 치수선이 수직선에 대하여 왼쪽 아래로 향하여 약 30° 이하의 각도를 가지는 방향(해칭부)에는 되도록 치수를 기입하지 않는다.

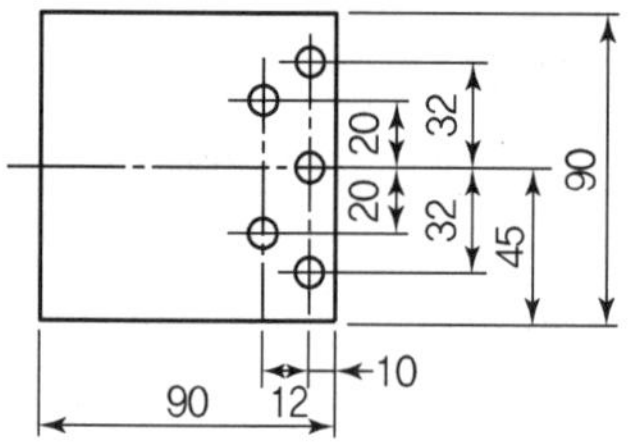


❙ 치수 숫자의 방향 ❙

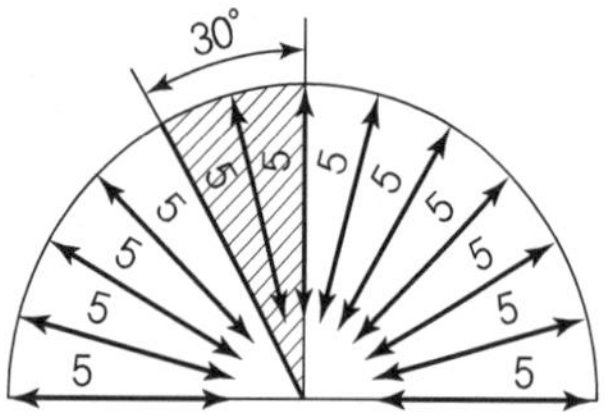


❙ 경사진 부분에서의 숫자 기입 방향 ❙

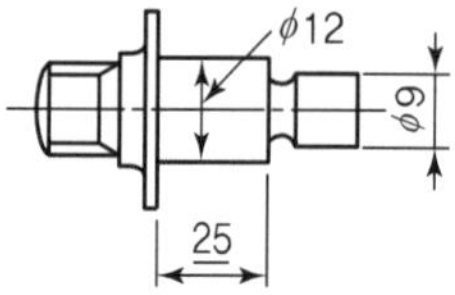


❙ 비례척이 아닌 숫자의 표시 ❙

## 350. 치수에 함께 사용하는 기호

| 기호 | 설명 | 기호 | 설명 |
|---|---|---|---|
| $\phi$ | 지름 기호 | 구면(s)$R$ | 구면의 반지름 기호 |
| □ | 정사각 기호 | $C$ | 45° 모따기 기호 |
| $R$ | 반지름 기호 | $P$ | 피치(Pitch) 기호 |
| 구면(s) $\phi$ | 구면의 지름 기호 | $t$ | 판의 두께 기호 |

## 351. 호, 현, 각도 표시법

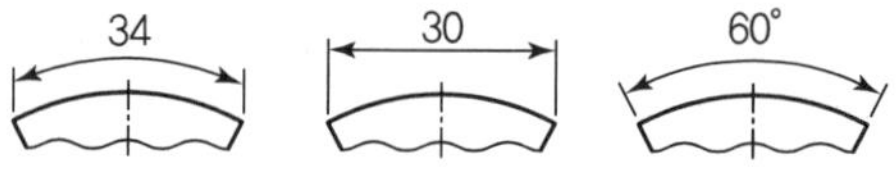


(a) 호　(b) 현　(c) 각도

❙ 호, 현, 각도의 표시 ❙

## 352. 구멍의 치수 기입

- 구멍의 치수는 지시선을 사용해 지름을 나타내는 숫자 뒤에 "드릴"이라 쓴다.
- 원으로 표시되는 구멍은 지시선의 화살을 원의 둘레에 붙인다.
- 원으로 표시되지 않는 구멍은 중심선과 외형선의 교점에 화살을 붙인다.

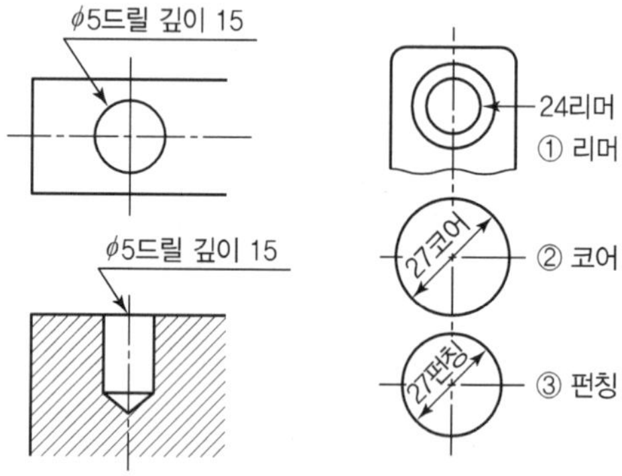


(a) 드릴 구멍 치수 기입　(b) 리머, 코어, 펀칭

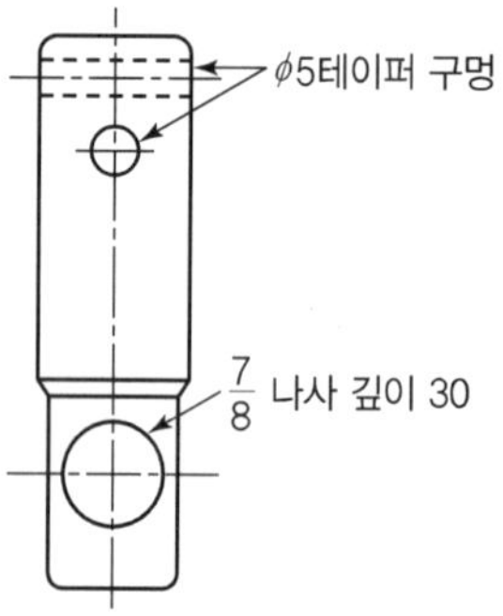


(c) 구멍에 삽입되는 부품의 병기

❙ 구멍 치수 기입법 ❙

- 같은 치수인 다수의 구멍 치수 기입 : 같은 종류의 리벳 구멍, 볼트 구멍, 핀 구멍 등이 연속되어 있을 때는 대표적인 구멍만 그리며 다른 곳은 생략하고 중심선으로 그 위치만 표시한다.

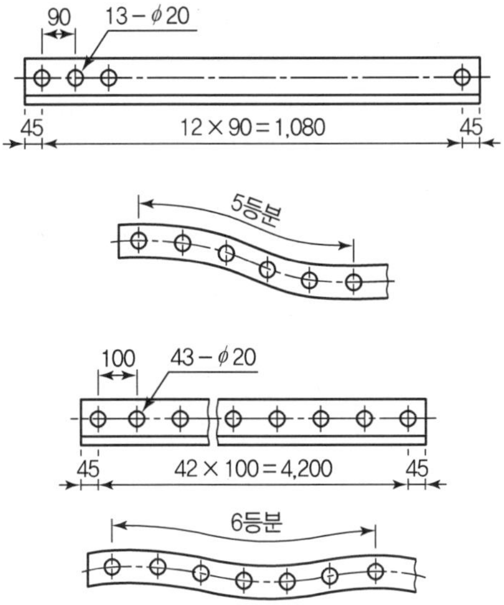

‖ 연속되는 구멍의 치수 ‖

## 353. 기울기 및 테이퍼의 치수 기입

- 한쪽만 기울어진 경우를 기울기 또는 구배라고 하며 중심에 대하여 대칭으로 경사를 이루는 경우를 테이퍼라 한다.
- 기울기는 경사면 위에 기입하고, 테이퍼는 대칭 도면 중심선 위에 기입한다.

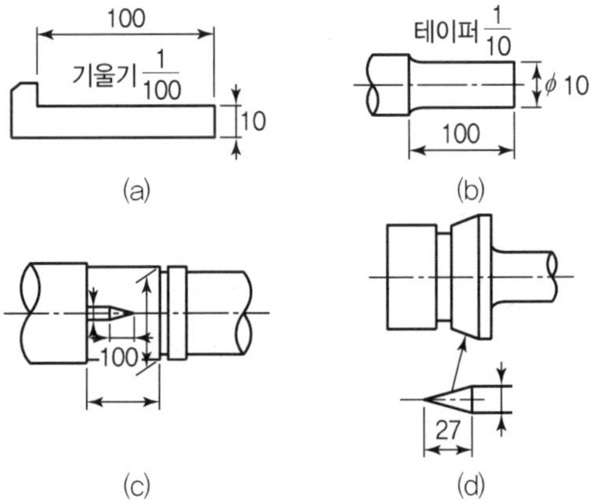

‖ 기울기와 테이퍼의 기입법 ‖

## 354. 치수 기입의 원칙

- 가능한 한 치수는 정면도에 기입하도록 한다.
- 치수는 중복해서 기입하지 않는다.
- 치수는 계산할 필요가 없도록 기입해야 한다.
- 치수의 단위는 mm로 하고 기입은 하지 않는다.
- 치수선은 외형선에서 10~15mm 띄어서 긋는다.
- 치수 숫자의 소수점은 자릿수가 3자리 이상이어도 세 자리마다 콤마(,)를 표시하지 않는다.
- 비례척에 따르지 않을 때는 치수 밑에 밑줄을 긋거나, 표제란의 척도란에 NS(Non－scale) 또는 비례척이 아님을 도면에 표시한다.
- 치수선 양단에서 직각이 되는 치수 보조선은 2~3mm 정도 지나게 긋는다.

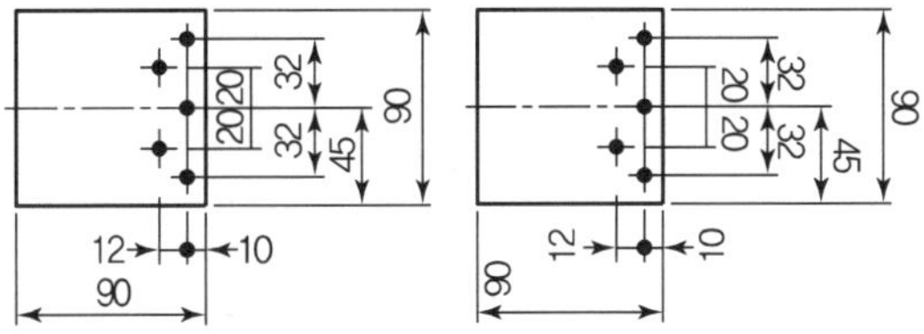

‖ 치수 숫자의 기입 방향 ‖

## 355. 치수 공차

① **실제 치수** : 실제로 측정한 치수로 최종 가공된 치수
② **허용 한계치수** : 허용 한계를 표시하는 크고 작은 두 치수
③ **최대 허용 치수** : 실치수에 대하여 허용하는 최대 치수
④ **최소 허용 치수** : 실치수에 대하여 허용하는 최소 치수
⑤ **치수 허용차** : 허용 한계치수와 기준 치수의 차이 값, 즉 허용 한계치수－기준치수
- 위 치수 허용차 : 최대 허용 치수－기준치수
- 아래 치수 허용차 : 최소 허용 치수－기준치수
- 공차 : 최대 허용 치수－최소 허용 치수

## 356. IT 기본 공차

18등급이 있다.

| 용도 | 게이지류에 사용 | 끼워 맞춤이 필요한 부분 | 끼워 맞춤이 필요 없는 부분 |
|---|---|---|---|
| 구멍축 | IT 1~IT 5<br>IT 1~IT 4 | IT 6~IT 10<br>IT 5~IT 9 | IT 11~IT 18<br>IT 10~IT 18 |

## 357. 재료 기호

재료 기호는 일반적으로 3위(부분) 기호로 표시하나 때로는 5위(부분) 기호로 표시하는 경우도 있다.

- 첫째 자리 : 재질

| 기호 | 기호의 뜻 |
|---|---|
| Al | 알루미늄(원소 기호) |
| AlA | 알루미늄 합금(Al Alloy) |
| B | 청동(Bronze) |
| Bs | 황동(Brass) |
| C | 초경 합금(Carbide Alloy) |
| Cu | 구리(원소 기호) |
| Fe | 철(Ferrum) |
| HBs | 강력 황동(High Strength Brass) |
| K | 켈밋(Kelmet Alloy) |
| MgA | 마그네슘 합금(Magnesium Alloy) |
| NbS | 네이벌 황동(Naval Brass) |
| NiB | 양은(Nickel Silver) |
| PB | 인청동(Phosphor Bronze) |
| Pb | 납(원소 기호) |
| S | 강(Steel) |
| W | 화이트 메탈(White Metal) |
| Zn | 아연(원소 기호) |

- 둘째 자리 : 제품명, 규격

| 기호 | 의미 |
|---|---|
| B | 바 또는 보일러(Bar or Boiler) |
| BF | 단조봉(Forging Bar) |
| C | 주조품(Casting) |
| BMC | 흑심가단주철(Black Malleable Casting) |
| WMC | 백심가단주철(White Malleable Casting) |
| EH | 내열강(Heat－resistant Alloy) |
| FM | 단조재(Forging Material) |
| CP | 가스 파이프(Gas Pipe) |
| HN | 질화 재료(Nitriding) |
| J | 베어링재(로마자) |
| K | 공구강(로마자) |
| NiCr | 니켈크롬강(Nickel Chromium) |
| SKH | 고속도강(High Speed Steel) |
| F | 단조품(Forging) |

- 셋째 자리 : 재료의 종별, 최저 인장강도, 탄소 함유량, 열처리 종류 등

| 구분 | 기호 | 의미 |
|---|---|---|
| 종별 | A | 갑 |
| | B | 을 |
| | C | 병 |
| | D | 정 |
| | E | 무 |
| 가공법·용도·형상 | D | 냉각 일반, 절삭, 연삭 |
| | CK | 표면 경화용 |
| | F | 평판 |
| | C | 파판, 아연철판 |
| | E | 강판 |
| | E | 평강 |
| | A | 형강 일반용 연강재 |
| | B | 봉강 |
| 알루미늄 합금의 열처리 | F | 열처리를 하지 않은 재질 |
| | O | 풀림 처리한 재질 |
| | H | 가공 경화한 재질 |
| | W | 담금질 후 시효경화 진행 중 재료 |
| | $\frac{1}{2}$H | 반경강 |
| | T2 | 풀림 처리한 재질(주물용) |
| | T6 | 담금질한 후 뜨임 처리한 재료 |
| | O6 | 풀림된 재료 |
| | T3 | 담금질 후 풀림 |

## 358. 재료 기호 예시

| 기호 | 첫째 자리 | 둘째 자리 | 셋째 자리 |
|---|---|---|---|
| SS 55 (일반 구조용 압연 강재 5종) | S (강) | S(일반 구조용 압연 강재) | 55 (최저 인장강도) |
| S 10C (기계 구조용 탄소 강재 1종) | S (강) | 10(탄소 함유량 0.10%) | C (화학성분 표시) |
| SWPA (피아노선 A종) | S (강) | WP (피아노선) | A (A종) |
| BC 1 (청동 주물 1종) | B(청동) | C(주조품) | 1(제1종) |
| GC 10 (회주철 1종) | G (회주철) | C (주조품) | 10(제1종, 인장강도 10kg/mm$^2$ 이상) |

## 359. 기계 재료의 표시 기호

| 명칭 | KS 기호 |
|---|---|
| 일반 구조용 압연 강재 | SB |
| 일반 배관용 압연 강재 | SPP |
| 아크용접봉 심선재 | SWRW |
| 피아노 선재 | PWR |
| 냉간 압연 강관 및 강재 | SBC |
| 용접 구조용 압연 강재 | SWS |
| 기계 구조용 탄소강관 | STKM |
| 고속도 공구강재 | SKH |
| 탄소공구강 | STC |
| 탄소강 단조품 | SF |
| 보일러용 압연 강재 | SBB |
| 기계 구조용 탄소 강재 | SM |
| 합금 공구강(주로 절삭, 내충격용) | STS |
| 합금 공구강(주로 내마멸성 불변형용) | STD |
| 합금 공구 강재(주로 열간 가공용) | STF |
| 탄소 주강품 | SC |
| 일반 구조용 탄소강관 | SPS |
| 회주철품 | GC |
| 구상흑연주철 | DC |
| 흑심 가단주철 | BMC |
| 백심 가단주철 | WMC |
| 스프링강 | SPS |

## 360. 수나사와 암나사

원통의 바깥 면을 깎는 나사를 수나사, 구멍의 안쪽 면을 깎은 나사를 암나사라 하며 수나사는 바깥지름, 암나사는 암나사에 맞는 수나사의 바깥지름의 호칭 치수로 한다.

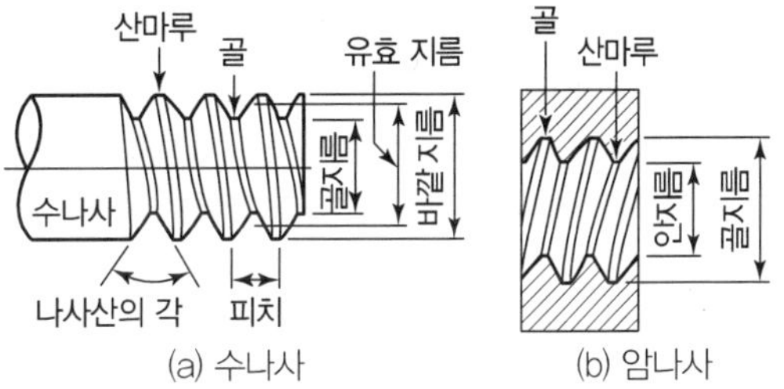


‖ 나사의 각부 명칭 ‖

## 361. 피치와 리드

인접한 두 산의 직선 거리를 측정한 값을 피치(Pitch)라 하고, 나사가 1회전하여 축 방향으로 진행한 거리를 리드(Lead)라고 한다.

$$L = np$$

여기서, $L$ : 리드
$n$ : 줄 수
$p$ : 피치

## 362. 오른나사와 왼나사

시계 방향으로 돌려서 앞으로 나아가거나 잠기는 나사를 오른나사, 반대의 경우를 왼나사라고 한다.

## 363. 나사의 표시법

나사의 표시는 나사의 잠긴 방향, 나사산의 줄 수, 나사의 호칭, 나사의 등급 순으로 나타낸다.

예 좌 2줄 M50×3-2 : 왼나사 2줄 미터 가는 나사 2급

## 364. 나사의 호칭

나사의 호칭은 나사의 종류, 표시 기호, 지름 표시 숫자, 피치 또는 25.4mm에 대한 나사산의 수로 다음과 같이 나타낸다.

- 피치를 mm로 나타내는 나사의 경우

나사의 종류를 표시한 기호 | 나사의 종류를 표시하는 숫자 | × | 피치

예 M16×2
미터 보통 나사는 원칙적으로 피치를 생략하나 M3, M4, M5에는 피치를 붙여 표시한다.

- 피치를 산의 수로 표시하는 나사(유니파이 나사는 제외)의 경우

나사의 종류를 표시한 기호 | 나사의 종류를 표시하는 숫자 | 산 | 산의 수

예 TW20산6
관용 나사(Pipe Thread)는 산의 수를 생략한다. 또 각인에 한하여 '산' 대신 하이픈(-)을 사용할 수 있다.

- 유니파이 나사의 경우

나사의 종류를 표시한 기호 | - | 산의 수 | 나사의 종류를 표시하는 숫자

예 $\frac{1}{2}$-13UNC

## 365. 나사의 종류

| 구분 | 나사의 종류 | | 나사의 종류를 표시하는 기호 | 나사의 호칭에 대한 표시방법의 표기 | 관련 규격 |
|---|---|---|---|---|---|
| 일반용 | 미터 보통 나사 | | M | M 8 | KS B 0201 |
| | 미터 가는 나사(1) | | M | M 8×1 | KS B 0204 |
| | 유니파이 보통나사 | | UNC | 3/8-16 UNC | KS B 0203 |
| | 유니파이 가는 나사 | | UNF | No.8-36 UNF | KS B 0206 |
| | 관용 테이퍼 나사 | 테이퍼 나사 | PT | PT 3/4 | KS B 0222 |
| | | 평행암 나사(2) | PS | PS 3/4 | |
| | 관용 평행 나사 | | PF | PF 1/2 | KS B 0221 |

## 366. 나사의 등급 표시 방법

나사의 정도를 구분한 것을 말하며 숫자 및 문자의 조합으로 나타낸다. 미터 나사는 급수가 작을수록, 유니파이 나사는 급수가 클수록 정도가 높다.

| 나사의 종류 | 등급 | 표시 방법 |
|---|---|---|
| 미터나사 | 1급 | 1 |
| | 2급 | 2 |
| | 3급 | 3 |
| 유니파이 나사 | 3A급 | 3A |
| | 3B급 | 3B |
| | 2A급 | 2A |
| | 2B급 | 2B |
| | 1A급 | 1A |
| | 1B급 | 1B |
| 관용 평행 나사 | A급 | A |
| | B급 | B |

- 미터 나사는 숫자가 작은 것이 정밀급에 속한다.
- 유니파이 나사는 숫자가 큰 것이 정밀급에 속한다.
- A는 수나사, B는 암나사를 나타낸다.

## 367. 볼트와 너트

- 볼트의 호칭

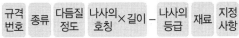

| 규격 번호 | 종류 | 다듬질 정도 | 나사의 호칭 | × | 길이 | – | 나사의 등급 | 재료 | 지정 사항 |
|---|---|---|---|---|---|---|---|---|---|
| KS B 0112 | 육각 볼트 | 중 | M 42 | × | 150 | – | 2 | SM20C | 둥근 끝 |

규격 번호는 생략 가능하며 지정 사항은 자리 붙이기, 나사부의 길이, 나사 끝 모양, 표면 처리 등을 필요에 따라 표기한다.

- 너트의 호칭

| 규격 번호 | 종류 | 모양의 구별 | 다듬질 정도 | 나사의 호칭 | – | 나사의 등급 | 재료 | 지정 사항 |
|---|---|---|---|---|---|---|---|---|
| KS B 1020 | 육각 너트 | 2종 | 상 | M 42 | – | 1 | SM25C | H=42 |

규격 번호는 생략 가능하며 지정 사항은 나사의 바깥지름과 동일한 너트의 높이(H), 한 계단 더 큰 부분의 맞변 거리(B), 표면 처리 등을 필요에 따라 표기한다.

## 368. 리벳의 종류

- **용도별** : 일반용, 보일러용, 선박용 등
- **리벳 머리의 종류별** : 둥근 머리, 접시 머리, 납작 머리, 둥근 접시 머리, 얇은 납작 머리, 냄비 머리 등

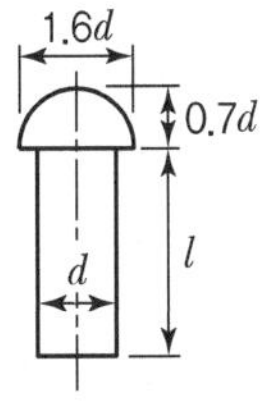

(a) 둥근 머리 리벳

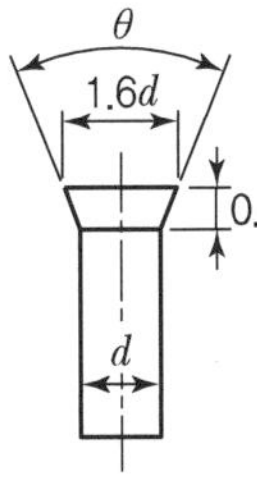

(b) 접시 머리 리벳

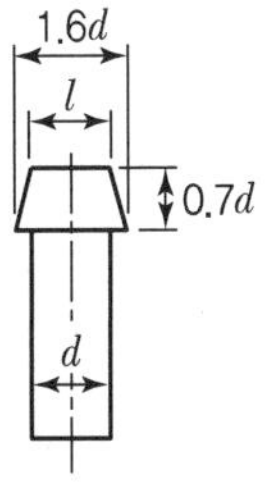

(c) 납작 머리 리벳

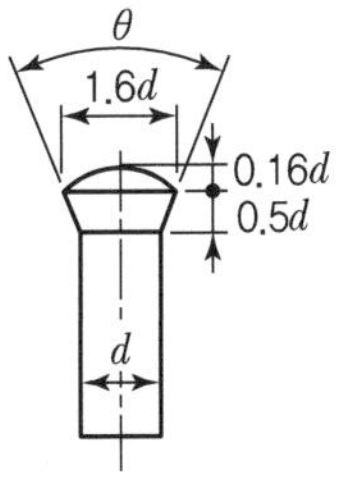

(d) 둥근 접시 머리 리벳

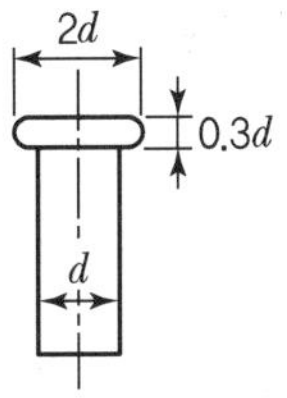

(e) 얇은 납작 머리 리벳

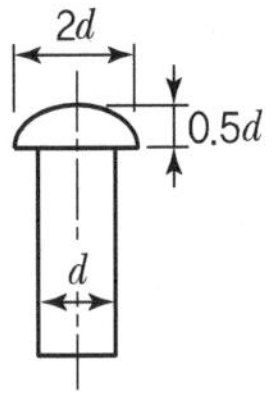

(f) 냄비 머리 리벳

‖ 리벳의 종류 ‖

## 369. 리벳의 호칭

| 규격 번호 | 종류 | 호칭 지름 | × | 길이 | 재료 |
|---|---|---|---|---|---|
| KS B 0112 | 열간 둥근 머리 리벳 | 16 | × | 40 | SBV 34 |

규격 번호를 사용하지 않는 경우에는 종류의 명칭 앞에 "열간" 또는 "냉간"을 기입한다.

## 370. 가공법의 약호

| 가공 방법 | 약호 | | 가공 방법 | 약호 | |
|---|---|---|---|---|---|
| 선반 가공 | L | 선반 | 줄 다듬질 | FF | 줄 |
| 드릴 가공 | D | 드릴 | 스크레이퍼 다듬질 | FS | 스크레이퍼 |
| 볼 머신 가공 | B | 볼링 | 리머 가공 | FR | 리머 |
| 밀링 가공 | M | 밀링 | 연삭 가공 | G | 연삭 |
| 벨트 샌딩 가공 | GB | 포연 | 주조 | C | 주조 |

## 371. 스케치도의 종류

- **프리핸드법** : 자 등을 사용하지 않고 손으로 자연스럽게 그리는 방법
- **본 뜨기법**(모양 뜨기) : 물체를 종이 위에 놓고 그 윤곽을 연필로 그리는 방법
- **프린트법** : 부품 표면에 광명단, 흑연을 바르거나 기름걸레로 문지름 다음, 종이를 대고 눌러서 원형을 구하는 방법

## 372. 원도, 트레이스도, 복사도

- **원도** : 연필로 처음에 그린 도면
- **트레이스도** : 연필이나 먹으로 그린 도면을 말하며, 복사의 원지가 되는 것
- **복사도** : 트레이스도를 복사한 것(청사진도, 백사진도 등)

## 373. 표제란과 부품표

- **표제란** : 도면상에 도면 번호, 도면 명칭, 기업(단체)명, 책임자, 도면 작성 연월일, 척도, 투상법 등이 기입되어 있는 칸을 말한다.
- **부품표** : 부품의 부품 번호, 부품명, 재질, 수량, 중량, 공정 등을 기입한 표를 말한다.(도면에 그린 부품에 대하여 모든 조건을 기입하는 표로서 위의 사항을 기입한다.)

## 374. 볼트의 호칭

| 종류 | 등급 | 나사의 호칭 | × | 지정 사항 | 재질 |
|---|---|---|---|---|---|
| 육각볼트 | 중 3급 | M 48 | × | B=6 | MRsR |

## 375. 너트의 호칭

| 종류 | 모양의 구별 | 등급 | 나사의 호칭 | 지정 사항 | 재질 |
|---|---|---|---|---|---|
| 육각 볼트 | 1종 | 중 3급 | M 16 | (구멍 모따기) | SB 41 |

## 376. 용접부의 기호 판독

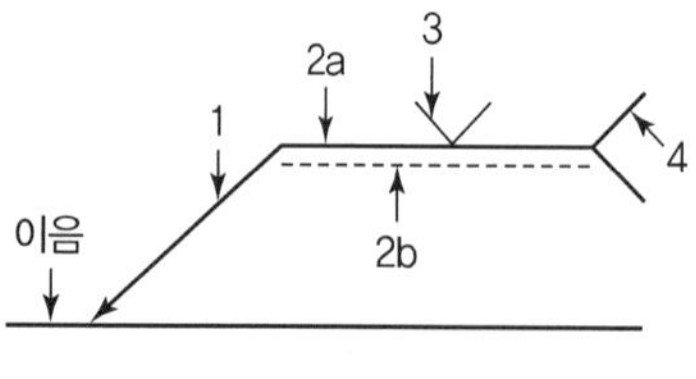


1. 화살표(지시선)
2a. 기준선(실선)
2b. 동일선(파선)
3. 용접기호(이음 용접)
4. 꼬리

▌용접부의 기호 표시방법▐

- 기준선은 실선으로 동일선은 파선으로 표시하며, 동일선인 파선은 기준선 위 또는 아래 중 어느 쪽에나 표시할 수 있다.
- 화살표 및 기준선과 동일선에는 모든 관련 기호를 붙인다. 또한 꼬리 부분에는 용접방법, 허용수준, 용접자세, 용가재 등 상세항목을 표시하는 경우가 있다.

## 377. 기준선에 대한 기호의 위치

- 용접의 기본 기호는 기준선의 위 또는 아래에 표시할 수 있다.
- 용접부가 이음의 화살표 쪽에 있는 경우 용접 기호는 실선 쪽의 기준선에 기입한다.
- 용접부가 이음의 화살표 반대쪽에 있는 경우 용접 기호는 파선 쪽의 기준선에 기입한다.

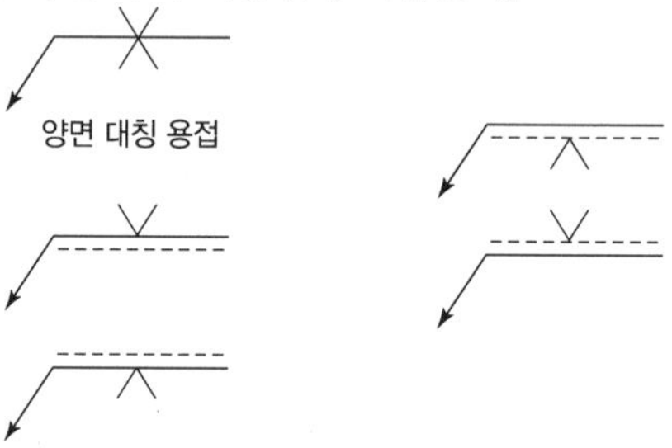


(a) 화살표 쪽 용접　　(b) 화살표 반대쪽 용접

▌기준선에 따른 기호의 위치▐

## 378. 부재의 양쪽을 용접하는 경우

용접 기호를 기준선의 좌우(상하)대칭으로 조합시켜 배치할 수 있다.

▼ **대칭 용접부 기호의 예**

| 명칭 | 도시 | 기호 |
|---|---|---|
| 양면 V형 맞대기 용접(X형 이음) |  |  |
| K형 맞대기 용접 | 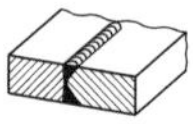 |  |
| 부분 용입 양면 V형 맞대기 용접(부분 용입 X형 이음) |  |  |
| 부분 용입 K형 맞대기 용접 (부분 용입 K형 이음) | 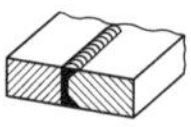 |  |
| 양면 U형 맞대기 용접 (H형 이음) |  | 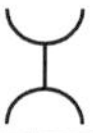 |

## 379. 보조 기호

| 용접부 및 용접부 표면의 형상 | 기호 |
|---|---|
| 평면(동일 평면으로 마름질) | — |
| 凸형 |  |
| 凹형 |  |
| 끝단부를 매끄럽게 함 |  |
| 영구적인 덮개 판을 사용 | M |
| 제거 가능한 덮개 판을 사용 | MR |

## 380. 용접 도면 기호

-  : 기본 기호
- S : 용접부의 단면 치수 또는 강도(그루브의 깊이, 필릿의 다리길이, 플러그 구멍의 지름, 슬롯 홈의 너비, 심의 너비, 점용접의 너깃 지름 또는 한 점의 강도 등)
- R : 루트 간격
- A : 그루브 각도
- L : 단속 필릿용접의 용접 길이, 슬롯 용접의 홈 길이 또는 필요한 경우 용접 길이
- n : 단속 필릿용접의 수
- P : 단속 필릿용접, 플러그 용접, 슬롯 용접, 점용접 등의 피치(피치 : 용접부의 중앙선과 인접 용접 부분  중앙선과의 거리)
- T : 특별 지시사항(J형, U형 등의 루트 반지름, 용접 방법, 비파괴 시험의 보조기호 기타)
- – : 표면 모양의 보조 기호
- G : 다듬질 방법의 보조 기호
- N : 점용접, 심용접, 스터드, 플러그, 슬롯, 프로젝션 용접 등의 수

## 381. 필릿용접의 도면 표시법

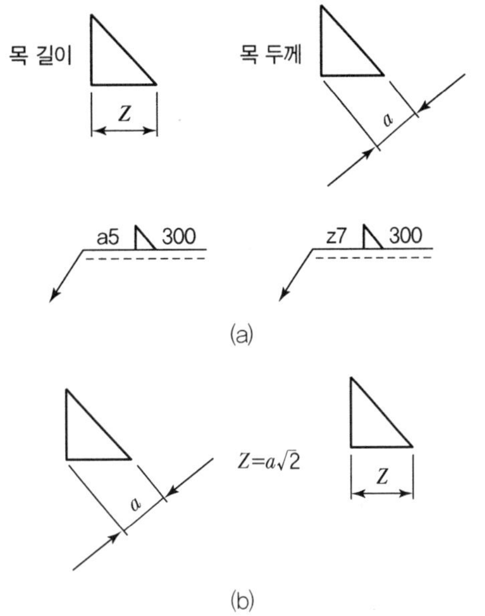


▌필릿용접의 치수 표시 방법▐

필릿용접의 경우 용입 깊이의 치수를 s8a6◺와 같이 표시하는 경우도 있다.

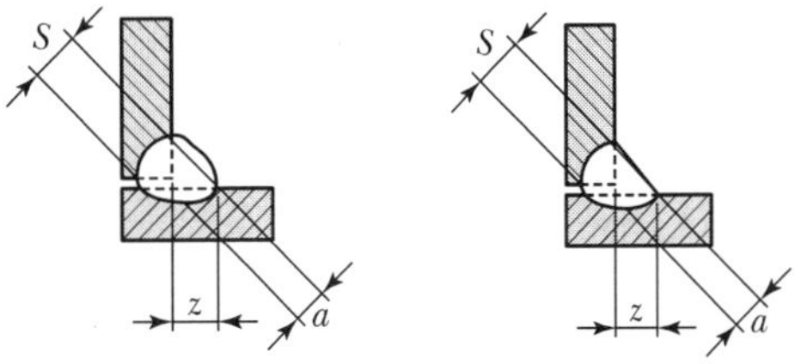


▌필릿용접의 용입 깊이 치수 표시방법▐

PART

# 02

# 테마별 기출문제

SECTION

# 1 아크용접

## 1-1 용접의 개요 및 원리

**01** 금속 아크용접법의 개발자는?

① 톰슨　② 푸세
③ 슬라비아노프　④ 베르나도스

**02** 야금적 접합법의 종류에 속하는 것은?

① 납땜이음　② 볼트이음
③ 코터이음　④ 리벳이음

해설
야금적 접합은 용접이음을 말하며 용접은 크게 융접, 압접, 납땜으로 나누어진다.

**03** 모재의 용융된 부분의 가장 높은 점과 용접하는 면의 표면과의 거리를 의미하는 것은?

① 용입　② 열영향부
③ 용락　④ 용적

해설
용입이란 아크열로 모재가 녹은 깊이를 말한다.

**04** 용접을 크게 분류할 때 압접에 해당되지 않는 것은?

① 저항용접　② 초음파 용접
③ 마찰용접　④ 전자빔 용접

해설
초음파 용접은 마찰열을 이용하여 압접하는 용접법이다.

**05** 전자빔 용접의 특징으로 틀린 것은?

① 정밀 용접이 가능하다.
② 용입이 깊어 다층용접도 단층용접으로 완성할 수 있다.
③ 유해가스에 의한 오염이 적고 높은 순도의 용접이 가능하다.
④ 용접부의 열영향부가 크고 설비비가 적게 든다.

해설
전자빔 용접은 설비비가 많이 들고 한정된 진공의 공간에서 용접을 하므로 제품 크기의 제약을 받는다.

**06** 용접 중 전류를 측정할 때 전류계의 측정위치로 적합한 것은?

① 1차 측 접지선　② 1차 측 케이블
③ 2차 측 접지선　④ 2차 측 케이블

해설
용접전류는 후크미터로 측정하며 2차 홀더 측 케이블에서 실시한다.

**07** 용접의 장점에 대한 설명으로 틀린 것은?

① 이음의 효율이 높고 기밀, 수밀이 우수하다.
② 재료의 두께 제한이 없다.
③ 응력이 분산되어 노치부에 균열이 생기지 않는다.
④ 재료가 절약되고 작업공정 단축으로 경제적이다.

해설
노치는 흠집을 말하여 응력이 집중적으로 생기기 쉬운 부분이다.

**08** 다음 그림과 같은 용접순서의 용착법을 무엇이라고 하는가?

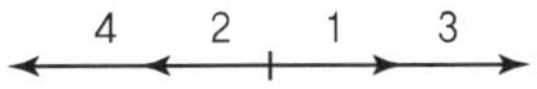


① 전진법　② 후진법
③ 대칭법　④ 비석법

해설
중심을 기준으로 좌우 대칭으로 용접이 진행되고 있다.

정답　01 ③　02 ①　03 ①　04 ④　05 ④　06 ④　07 ③　08 ③

09 다음 금속재료 중 피복아크용접이 가장 어려운 재료는?

① 탄소강 ② 주철
③ 주강 ④ 티탄

10 연강재의 용접 이음부에 대한 충격하중이 작용할 때 안전율은?

① 3 ② 5
③ 8 ④ 12

해설
연강재가 충격하중을 받을 때의 안전율은 12이다.

11 용접 중에 아크를 중단시키면 중단된 부분이 오목하거나 납작하게 파인 모습으로 남게 되는 것은?

① 언더컷 ② 크레이터
③ 피트 ④ 오버랩

해설
용접 종점부근에서는 크레이터(Crater, 화산분화구)가 생기며 이 부분에서 균열이 발생한다.

12 납땜법의 종류가 아닌 것은?

① 인두납땜 ② 가스납땜
③ 초경납땜 ④ 노내납땜

13 다른 접합법과 비교한 용접이음의 장점이 아닌 것은?

① 품질검사가 용이하다.
② 이종재료를 접합할 수 있다.
③ 작업의 자동화가 쉽다.
④ 복잡한 구조물의 제작이 쉽다.

해설
용접은 품질검사가 어려운 단점을 가지고 있다.

14 아크 거리가 길 때, 발생하는 현상이 아닌 것은?

① 스패터의 발생이 많다.
② 용착금속의 재질이 불량해진다.
③ 오버랩이 생긴다.
④ 비드의 외관이 불량해진다.

15 다음 중 기계적 접합법의 종류가 아닌 것은?

① 볼트이음 ② 리벳이음
③ 코터이음 ④ 스터드 용접

해설
기계적이라는 말은 열을 가하지 않고 순수한 힘을 가했다고 이해하면 되며 스터드 용접은 주로 볼트나 환봉을 금속판에 접합하는 아크용접법이다.

16 용접법 중 융접에 해당하지 않는 것은?

① 피복아크용접
② 서브머지드 아크용접
③ 스터드 용접
④ 단접

해설
용접은 모재를 녹이는 것으로 크게 융접, 압접, 납땜으로 구분되며 단접은 압접으로 분류된다.

17 피복금속아크용접에서 "모재의 일부가 녹은 쇳물 부분을" 의미하는 것은?

① 슬래그 ② 용융지
③ 용입부 ④ 용착부

18 다음 중 용착부 용어를 올바르게 정의한 것은?

① 용착금속 및 그 근처를 포함한 부분의 총칭
② 용접작업에 의하여 용가재로부터 모재에 용착한 금속
③ 용접부 안에서 용접하는 동안에 용융 응고한 부분
④ 슬래그가 용융지에 녹아 들어가는 것

정답 09 ④ 10 ④ 11 ② 12 ③ 13 ① 14 ③ 15 ④ 16 ④ 17 ② 18 ③

**19** 상온에서 강하게 압축함으로써 경계면을 국부적으로 소성 변형시켜 압접하는 방법은?

① 가스압접 ② 마찰압접
③ 냉간압접 ④ 테르밋 압접

**20** 용접구조물이 리벳구조물에 비하여 나쁜 점이라고 할 수 없는 것은?

① 품질검사 곤란
② 작업공정의 단축
③ 열영향에 의한 재질변화
④ 잔류응력의 발생

**21** 리벳이음에 비교한 용접이음의 특징으로 틀린 것은?

① 수밀, 기밀, 유밀이 우수하다.
② 품질검사가 간단하다.
③ 응력집중이 생기기 쉽다.
④ 저온 취성이 생길 우려가 있다.

해설
품질검사가 어려운 것은 용접의 큰 단점이다.

**22** 용접법을 크게 융접, 압접, 납땜으로 분류할 때, 압접에 해당되는 것은?

① 전자빔 용접 ② 초음파 용접
③ 원자수소 용접 ④ 일렉트로슬래그 용접

해설
**초음파 용접**
모재에 초음파를 가하여 그 진동에너지로 가열하고 가압하여 용접하는 방법이다.

**23** 용접 열원에서 기계적 에너지를 사용하는 용접법은?

① 초음파 용접 ② 고주파 용접
③ 전자빔 용접 ④ 레이저빔 용접

해설
초음파 용접은 마찰이라는 기계적 에너지를 사용한다.

**24** 직류아크용접에서 직류 정극성의 특징 중 옳게 설명한 것은?

① 비드폭이 넓어진다.
② 용접봉의 용융이 빠르다.
③ 모재의 용입이 깊다.
④ 일반적으로 적게 사용된다.

해설
매 회차마다 출제되는 문제이며, 직류 정극성(DCSP)은 용접봉에 −극을, 모재 측에 +극을 연결한 방법이며 +측에서 약 75~85%의 열이 발생하기 때문에 비드의 모양이 좁고 용입이 깊어진다.

## 1-2 용접장비 설치 및 점검

**25** 직류발전형 아크용접기의 특징을 올바르게 나타낸 것은?

① 완전한 직류 전원을 얻는다.
② 직류를 얻는 데 소음이 없다.
③ 고장이 비교적 적다.
④ 보수와 점검이 용이하다.

해설
발전기로 직류전기를 얻기 때문에 완전한 직류전원을 얻을 수 있는 장점이 있으나 고가이고 보수 및 점검이 어려운 단점이 있다.

**26** 교류전원이 없는 옥외 장소에서 사용하는 데 가장 적합한 직류 아크용접기는?

① 정류기형 ② 가동철심형
③ 엔진구동형 ④ 전동발전형

**27** 교류 아크용접기는 무부하전압이 높아 전격의 위험이 있으므로 안전을 위하여 전격방지기를 설치한다. 이때 전격방지기의 2차 무부하전압은 몇 V 이하로 하는 것이 적당한가?

① 80~90V ② 60~70V
③ 40~50V ④ 20~30V

정답 19 ③ 20 ② 21 ② 22 ② 23 ① 24 ③ 25 ① 26 ③ 27 ④

해설
**전격방지장치**
교류 아크용접기는 무부하전압이 85~95V로 높아 전격의 위험이 있으므로 용접기의 2차 무부하전압을 20~30V 이하로 유지하기 위한 장치이다.

**28** 용접전류의 조정을 직류 여자전류로 조정하고 또한 원격 조정이 가능한 교류 아크용접기는?

① 탭 전환형
② 가동 철심형
③ 가동 코일형
④ 가포화 리액터형

**29** 교류 아크용접기의 원격제어장치에 대한 설명으로 맞는 것은?

① 전류를 조절한다.
② 2차 무부하전압을 조절한다.
③ 전압을 조절한다.
④ 전압과 전류를 조절한다.

해설
가포화 리액터형 교류용접기는 원격으로 전류를 조절할 수 있다.

**30** 용접기의 규격인 AW 500에 대한 설명 중 맞는 것은?

① AW는 직류 아크용접기라는 뜻이다.
② 500은 정격 2차 전류의 값이다.
③ AW는 용접기의 사용률을 말한다.
④ 500은 용접기의 무부하전압값이다.

**31** 용접기의 구비조건으로 잘못 설명된 것은?

① 구조 및 취급이 간단해야 한다.
② 전류조정이 용이하고 일정하게 전류가 흘러야 한다.
③ 아크 발생 및 유지가 용이하고 아크가 안정되어야 한다.
④ 사용 중에 온도 상승이 커야 한다.

해설
④의 사용 중 온도 상승이란 용접기 자체의 온도를 말하는 것이다.

**32** 피복아크용접회로의 구성요소가 아닌 것은?

① 용접기
② 전극 케이블
③ 용접봉 홀더
④ 콘덴싱 유닛

해설
콘덴싱 유닛은 보일러의 부속품이다.

**33** 교류 아크용접기에 비해 직류 아크용접기에 관한 설명으로 올바른 것은?

① 구조가 간단하다.
② 아크 안정성이 떨어진다.
③ 감전의 위험이 많다.
④ 극성의 변화가 가능하다.

해설
직류용접기는 극성을 변화시킬 수 있으며 아크의 안정성이 우수하다는 장점을 가지고 있다. 하지만 고장이 잘 나며 유지 · 보수가 어렵다.(발전형 직류용접기)

**34** 전기 아크용접기로서 구비해야 할 조건 중 잘못된 것은?

① 구조 및 취급이 간편해야 한다.
② 전류조정이 용이하고 일정하게 전류가 흘러야 한다.
③ 아크 발생과 유지가 용이하고 아크가 안정되어야 한다.
④ 용접기가 빨리 가열되어 아크 안정을 유지해야 한다.

정답 28 ④ 29 ① 30 ② 31 ④ 32 ④ 33 ④ 34 ④

**35** 용접용 2차 측 케이블의 유연성을 확보하기 위하여 주로 사용하는 캡 타이어 전선에 대한 설명으로 옳은 것은?

① 가는 구리선을 여러 개로 꼬아 얇은 종이로 싸고 그 위에 니켈 피복을 한 것
② 가는 알루미늄선을 여러 개로 꼬아 튼튼한 종이로 싸고 그 위에 고무 피복을 한 것
③ 가는 구리선을 여러 개로 꼬아 튼튼한 종이로 싸고 그 위에 고무 피복을 한 것
④ 가는 알루미늄선을 여러 개로 꼬아 얇은 종이로 싸고 그 위에 고무 피복을 한 것

해설
용접기의 홀더와 접지 측 케이블은 캡타이어 전선으로 사용을 하며 가는 구리선을 종이로 싸고 그 위에 고무로 피복되어 있다.

## 1-3 피복금속아크용접법

**36** 피복아크용접에서 발생하는 아크의 온도 범위로 가장 적당한 것은?

① 약 1,000~2,000℃
② 약 2,000~3,000℃
③ 약 5,000~6,000℃
④ 약 8,000~9,000℃

**37** 일반 피복금속아크용접에서 용접봉의 용융속도와 관계있는 것은?

① 용접속도
② 아크 길이
③ 아크 전류
④ 용접봉 길이

해설
피복금속아크용접에서는 아크 전류로 용융속도를 조절한다.

**38** 피복아크용접에서 아크쏠림 현상에 대한 설명으로 틀린 것은?

① 직류를 사용할 경우 발생한다.
② 교류를 사용할 경우 발생한다.
③ 용접봉에 아크가 한쪽으로 쏠리는 현상이다.
④ 짧은 아크를 사용하면 아크쏠림 현상을 방지할 수 있다.

해설
아크쏠림(자기불림) 현상은 교류용접기에서는 발생하지 않는다.

**39** 피복아크용접에서 직류 역극성으로 용접하였을 때 나타나는 현상에 대한 설명으로 가장 적합한 것은?

① 용접봉의 용융속도는 늦고 모재의 용입은 직류 정극성보다 깊어진다.
② 용접봉의 용융속도는 빠르고 모재의 용입은 직류 정극성보다 얕아진다.
③ 용접봉의 용융속도는 극성에 관계없으며 모재의 용입만 직류 정극성보다 얕아진다.
④ 용접봉의 용융속도와 모재의 용입은 극성에 관계없이 전류의 세기에 따라 변한다.

**40** 용극식 용접법으로 용접봉과 모재 사이에 발생하는 아크의 열을 이용하여 용접하는 것은?

① 피복아크용접
② 플라스마 아크용접
③ 테르밋 용접
④ 이산화탄소 아크용접

해설
용극식 용접이란 전극을 녹여가며 용접하는 것을 말한다. 피복아크용접은 용접봉이 전극이 되며 이것을 녹여가며 용접을 하는 접합법이다.

정답 35 ③ 36 ③ 37 ③ 38 ② 39 ② 40 ①

## 41 피복아크용접 작업에서 아크 길이 및 아크 전압에 관한 설명으로 틀린 것은?

① 품질 좋은 용접을 하려면 원칙적으로 짧은 아크를 사용해야 한다.
② 아크 길이가 너무 길면 아크가 불안정하고, 용융금속이 산화 및 질화되기 어렵다.
③ 아크 길이가 보통 용접봉 심선의 지름 정도이나 일반적인 아크의 길이는 3mm 정도이다.
④ 아크 전압은 아크 길이에 비례한다.

해설
아크 길이가 너무 길면 용융금속이 산화 및 질화되기 쉽다.

## 42 피복아크용접에서 기공 발생의 원인으로 가장 적당한 것은?

① 용접봉이 건조하였을 때
② 용접봉에 습기가 있었을 때
③ 용접봉이 굵었을 때
④ 용접봉이 가늘었을 때

## 43 KS에서 "용착부에 나타난 비금속 물질"을 나타내는 용접 용어는?

① 덧살　② 슬래그 섞임
③ 슬래그　④ 스패터

## 44 피복아크용접에서 용접봉의 용융속도와 관련이 가장 큰 것은?

① 아크 전압
② 용접봉 지름
③ 용접기의 종류
④ 용접봉 쪽 전압강하

해설
전류는 물과 같이 높은 곳에서 낮은 곳으로 흐르게 되는데 용접기 자체의 전압과 용접봉 쪽 전압의 차가 커지면 용융속도도 빨라지게 된다.

## 45 피복금속아크용접에서 아크를 중단시켰을 때 비드의 끝에 약간 움푹 들어간 부분이 생기는데 이것을 무엇이라 하는가?

① 스패터
② 크레이터
③ 오버랩
④ 슬래그 섞임

해설
크레이터(Crater, 화산분화구)는 용접 중단 시 종점에 생긴다.

## 46 피복아크용접 작업에서 아크 길이 및 아크 전압에 관한 설명으로 틀린 것은?

① 양호한 용접을 하려면 되도록 짧은 아크를 사용하는 것이 유리한다.
② 아크 길이는 지름이 2.6mm 이하의 용접봉에서는 심선의 지름보다 3배 길어야 좋다.
③ 아크 전압은 아크 길이에 비례한다.
④ 아크 길이가 너무 길면 아크가 불안정하게 된다.

해설
아크 길이는 심선 지름의 약 1배 정도로 한다.

## 47 피복아크용접에서 아크 길이에 대한 설명 중 옳지 않은 것은?

① 아크 전압은 아크 길이에 비례한다.
② 일반적으로 아크 길이는 보통 심선 지름의 2배 정도인 6~8mm이다.
③ 아크 길이가 너무 길면 아크가 불안정하고 용입불량의 원인이 된다.
④ 양호한 용접을 하려면 가능한 한 짧은 아크(Short Arc)를 사용하여야 한다.

해설
아크의 길이는 될 수 있는 한 짧게 유지시켜 주어야 하며 통상적으로 심선 지름의 1배 정도가 적당하다.(심선 지름의 2~3배인 것은 위빙 시 운봉폭)

정답 41 ② 42 ② 43 ③ 44 ④ 45 ② 46 ② 47 ②

**48** 피복아크용접에서 아크의 발생 및 소멸 등에 관한 설명으로 틀린 것은?

① 용접봉 끝으로 모재 위를 긁는 기분으로 운봉하여 아크를 발생시키는 방법이 긁기법이다.
② 용접봉을 모재의 표면에서 10mm 정도 되게 가까이 대고 아크발생 위치를 정하고 핸드실드로 얼굴을 가린다.
③ 아크를 소멸시킬 때에는 용접을 정지시키려는 곳에서 아크 길이를 길게 하여 운봉을 정지시킨 후 한다.
④ 용접봉을 순간적으로 재빨리 모재면에 접촉시켰다가 3~4mm 정도 떼면 아크가 발생한다.

해설 아크를 소멸시킬 때에는 용접을 정지시키려는 곳에서 아크 길이를 짧게 하여 운봉을 정지시킨 후 한다.

## 1-4 피복아크용접봉 및 용접와이어

**49** 홀더로 잡을 수 있는 용접봉 지름(mm)이 5.0~8.0일 경우 사용하는 용접봉 홀더의 종류로 맞는 것은?

① 125호 ② 160호
③ 300호 ④ 400호

해설 일반적으로 지름 3.2mm인 용접봉을 기준으로 300호를 사용하므로 지름이 5.0~8.0mm이면 400호를 사용한다.

**50** 고장력강용 피복아크용접봉의 특징으로 틀린 것은?

① 인장강도가 50kgf/mm$^2$ 이상이다.
② 재료 취급 및 가공이 어렵다.
③ 동일한 강도에서 판 두께를 얇게 할 수 있다.
④ 소요 강재의 중량을 경감시킨다.

해설 재료 취급 및 가공이 용이하다.

**51** 피복아크용접봉에서 피복제의 역할 중 틀린 것은?

① 중성 또는 환원성 분위기로 용착금속을 보호한다.
② 용착금속의 급랭을 방지한다.
③ 모재 표면의 산화물을 제거한다.
④ 용착금속의 탈산 및 정련 작용을 방지한다.

해설 용착금속의 탈산 및 정련 작용을 한다.

**52** 가스 용접봉을 선택할 때 고려사항이 아닌 것은?

① 가능한 한 모재와 같은 재질이어야 하며 모재에 충분한 강도를 줄 수 있을 것
② 기계적 성질에 나쁜 영향을 주지 않아야 하며 용융온도가 모재와 동일할 것
③ 용접봉의 재질 중에 불순물을 포함하고 있지 않을 것
④ 강도를 증가시키기 위하여 탄소함유량이 풍부한 고탄소강을 사용할 것

해설 탄소함유량이 증가되면 용접성이 떨어지며 균열 발생 등의 문제가 생긴다.

**53** 피복금속아크용접에서 아크 안정제에 속하는 피복제는?

① 산화티탄 ② 탄산마그네슘
③ 페로망간 ④ 알루미늄

**54** 연강봉 피복 금속 아크용접봉에서 피복제 중 $TiO_2$를 용접에 많이 사용하는 것은?

① 저수소계
② 알루미나이트계
③ 고산화티탄계
④ 고셀룰로오스계

정답 48 ③ 49 ④ 50 ② 51 ④ 52 ④ 53 ① 54 ③

## 55 서브머지드 아크용접용 재료 중 와이어의 표면에 구리를 도금한 이유에 해당되지 않는 것은?

① 콘택트 팁과의 전기적 접촉을 좋게 한다.
② 와이어에 녹이 발생하는 것을 방지한다.
③ 전류의 통전에 효과를 높게 한다.
④ 용착금속의 강도를 높게 한다.

해설
구리는 전기전도도가 우수하다.

## 56 아크용접에서 피복제의 역할로서 옳지 않은 것은?

① 용착금속의 급랭 방지
② 용착금속의 탈산 · 정련작용
③ 전기 절연작용
④ 스패터의 다량 생성 작용

해설
스패터란 아크용접, 가스용접에서 비산하는 슬래그나 금속입자를 말하며 아크 길이를 짧게 유지하면 방지가 가능하다.

## 57 피복금속아크용접봉의 내균열성이 좋은 정도는?

① 피복제의 염기성이 높을수록 양호하다.
② 피복제의 산성이 높을수록 양호하다.
③ 피복제의 산성인 낮을수록 양호하다.
④ 피복제의 염기성이 낮을수록 양호하다.

해설
내균열성이 높다는 것은 균열이 잘 생기지 않는다는 것이며 내균열성이 높은 용접봉은 염기성 또한 높게 나타난다. 염기도가 높은 대표적인 용접봉은 저수소계 용접봉(E4316)이다.

## 58 피복아크용접봉에서 피복제의 주된 역할이 아닌 것은?

① 아크를 안정하게 한다.
② 용착금속의 탈산 정련작용을 한다.
③ 용착금속의 냉각속도를 느리게 한다.
④ 용융점이 높은 적당한 점성의 가벼운 슬래그를 만든다.

해설
피복제는 슬래그 제거를 용이하게 한다.

## 59 불활성 가스 금속 아크용접의 용접토치 구성부품 중 노즐과 토치 몸체 사이에서 통전을 막아 절연시키는 역할을 하는 것은?

① 가스 분출기(Gas Diffuser)
② 인슐레이터(Insulator)
③ 팁(Tip)
④ 플렉시블 콘딧(Flexible Conduit)

## 60 피복금속아크용접에 대한 설명으로 잘못된 것은?

① 전기의 아크열을 이용한 용접법이다.
② 모재와 용접봉을 녹여서 접합하는 비용극식이다.
③ 보통 전기용접이라고 한다.
④ 용접봉은 금속 심선의 주위에 피복제를 바른 것을 사용한다.

해설
용접봉이 전극의 역할을 하며 이것이 직접 용융되는 용극식 용접법이다.(TIG : 비용극식)

## 61 KS에 규정된 연강용 가스 용접봉의 지름 치수(단위 : mm)에 해당되지 않는 것은?

① 1.6 ② 4.2
③ 3.2 ④ 5.0

해설
**피복아크용접봉의 지름**
1.0, 1.4, 2.0, 2.6, 3.2, 4.0, 4.5, 5.0 등

## 62 연강용 피복아크용접봉 심선의 성분 중 고온균열을 일으키는 성분은?

① 황 ② 인
③ 망간 ④ 규소

해설
고온균열(고온취성, 고온메짐, 적열취성)은 S(황)이 원인이 되며 Mn(망간)으로 방지 가능하다.

정답 55 ④ 56 ④ 57 ① 58 ④ 59 ② 60 ② 61 ② 62 ①

## 63 연강용 피복아크용접봉 중 아래 보기 자세와 수평 필릿 자세에 한정되는 용접봉의 종류는?

① E4324 ② E4316
③ E4303 ④ E4301

해설
뒤에서 두 번째 자리의 숫자는 용접 가능 자세를 나타내며 0, 1의 숫자는 전자세용접을, 2는 아래보기와 수평필릿 자세 용접이 가능함을 나타낸다.

## 64 저수소계 용접봉은 사용하기 전 몇 ℃에서 몇 시간 정도 건조하여 사용해야 하는가?

① 100~150℃, 30시간
② 150~250℃, 1시간
③ 300~350℃, 1~2시간
④ 450~550℃, 3시간

해설
저수소계 용접봉(E4316)은 300~350℃로 2시간 정도 건조하여 사용한다.

## 65 용접봉의 내균열성이 가장 좋은 것은?

① 셀룰로오스계 ② 티탄계
③ 일미나이트계 ④ 저수소계

해설
내균열성이란 균열에 견디는 성질로 저수소계 용접봉은 염기도가 높아 내균열성이 좋다.

## 66 고장력강이 주로 사용되는 피복아크용접봉으로 가장 적당한 것은?

① 일루미나이트계 ② 고셀룰로오스계
③ 고산화티탄계 ④ 저수소계

## 67 피복제 중에 $TiO_2$를 포함하고 아크가 안정되고 스패터도 적으며 슬래그의 박리성이 대단히 좋아 비드 표면이 고우며 작업성이 우수한 피복아크용접봉은?

① E4301 ② E4311
③ E4316 ④ E4313

해설
$TiO_2$(산화티탄)이 포함된 용접봉은 E4313(고산화티탄계)이며 용접성은 좋으나 내균열성이 취약해 박판 및 경구조물의 용접에만 사용 가능하다.

## 68 연강용 피복아크용접봉의 종류와 피복제 계통이 잘못 연결된 것은?

① E4301 : 일루미나이트계
② E4303 : 라임티타니아계
③ E4316 : 저수소계
④ E4340 : 철분산화철계

해설
E4340은 특수계 용접봉으로 피복제가 용접봉의 종류들 중 어느 계통에도 속하지 않는 것과 사용성 또는 용접결과가 특수한 목적을 위하여 제작된 것을 특수계라 한다.

## 69 저수소계 피복 용접봉(E4316)의 피복제의 주성분으로 맞는 것은?

① 석회석 ② 산화티탄
③ 일미나이트 ④ 셀룰로오스

## 70 피복아크용접봉의 피복 배합제 중 아크 안정제가 아닌 것은?

① 알루미늄 ② 석회석
③ 산화티탄 ④ 규산나트륨

## 71 피복아크용접봉에 사용되는 피복제의 성분 중에서 탈산제에 해당하는 것은?

① 산화티탄 ② 페로망간
③ 붕산 ④ 일미나이트

해설
탈산제에 해당하는 것은 Fe−Mn(페로망간), Fe−Si(페로실리콘)이다.

정답 63 ① 64 ③ 65 ④ 66 ④ 67 ④ 68 ④ 69 ① 70 ① 71 ②

**72** 피복아크용접봉 취급 시 주의사항으로 잘못된 것은?

① 보관 시 진동이 없고 건조한 장소에 보관한다.
② 보통 용접봉은 70~100℃에서 30~60분 건조 후 사용한다.
③ 사용 중에 피복제가 떨어지는 일이 없도록 통에 넣어 운반 사용한다.
④ 하중을 받지 않는 상태에서 지면보다 낮은 곳에 보관한다.

해설
하중을 받지 않는 상태에서 지면보다 높고 건조한 장소에 보관한다.

**73** 피복아크용접봉 중 고산화티탄계를 나타내는 용접봉은?

① E4301 ② E4311
③ E4313 ④ E4316

해설
- E4301 : 일미나이트계
- E4311 : 고셀룰로오스계
- E4316 : 저수소계

**74** 피복아크용접봉은 사용하기 전에 편심 상태를 확인한 후 사용하여야 한다. 이때 편심률은 몇 % 정도이어야 하는가?

① 3% 이내 ② 5% 이내
③ 3% 이상 ④ 5% 이상

**75** 연강용 피복아크용접봉의 용접기호 E4327 중 "27"이 뜻하는 것은?

① 피복제의 계통
② 용접모재
③ 용착금속의 최저 인장강도
④ 전기용접봉의 뜻

해설
최대인장강도가 아님에 주의한다.

**76** 피복아크용접봉에서 피복제의 역할로 틀린 것은?

① 아크를 안정시킴
② 전기 절연 작용을 함
③ 슬래그 제거가 쉬움
④ 냉각속도를 빠르게 함

해설
피복아크용접봉의 피복제는 용접 시 점성이 가벼운 슬래그를 만들며 이는 용착금속의 냉각속도를 늦춰(서랭) 균열을 방지한다.

**77** 피복아크용접봉의 피복제가 연소한 후 생성된 물질이 용접부를 보호하는 형식에 따라 분류한 것에 해당되지 않는 것은?

① 반가스 발생식 ② 스프레이 형식
③ 슬래그 생성식 ④ 가스 발생식

해설
- 용접부의 보호방식 : (반)가스발생식, 슬래그 생성식
- 가스발생식 용접봉 : E4311(고셀룰로오스계)

## 1-5 용접용 전류, 전압

**78** 직류 및 교류 아크용접에서 용입의 깊이를 바른 순서로 나타낸 것은?

① 직류 정극성 > 교류 > 직류 역극성
② 직류 역극성 > 교류 > 직류 정극성
③ 직류 정극성 > 직류 역극성 > 교류
④ 직류 역극성 > 직류 정극성 > 교류

해설
극성을 묻는 문제는 매 회차 출제되고 있으며 이 문제는 상대적으로 열의 발생이 많은 +극이 어느 쪽(용접봉 또는 모재)에 접속되는지 파악하면 된다.
- 직류 정극성(DCSP) : 용접봉에 −극을, 모재에 +극을 연결하였으며 용입이 깊어 후판용접에 사용되며 일반적으로 많이 사용되는 극성이다.
- 직류 역극성(DCRP) : 용접봉 쪽에 +가 접속되기 때문에 용접봉이 빠르게 녹고, −극이 접속된 모재 쪽은 열전달이 +극에 비해 적어 용입이 얕고 넓어져 주로 박판용접에 사용된다.

정답 72 ④ 73 ③ 74 ① 75 ① 76 ④ 77 ② 78 ①

**79** 불활성 가스 텅스텐 아크용접의 직류 정극성에 관한 설명이 맞는 것은?

① 직류 역극성보다 청정작용의 효과가 크다.
② 직류 역극성보다 용입이 깊다.
③ 직류 역극성보다 비드폭이 넓다.
④ 직류 역극성에 비해 지름이 큰 전극이 필요하다.

해설
**용입이 깊은 정도**
직류 정극성(DCSP) > 교류(AC) > 직류 역극성(DCRP)

**80** 수동 아크용접기의 특성으로 옳은 것은?

① 수하 특성인 동시에 정전압 특성
② 상승 특성인 동시에 정전류 특성
③ 수하 특성인 동시에 정전류 특성
④ 복합 특성인 동시에 정전압 특성

해설
- 수동 아크용접기의 특성 : 수하정전류(수하 특성, 정전류 특성)
- 자동 아크용접기의 특성 : 상승정전압(상승 특성, 정전압 특성)

**81** 불활성 가스 금속 아크용접의 특성으로 틀린 것은?

① 아크의 자기제어 특성이 있다.
② 일반적으로 전원은 직류 역극성이 이용된다.
③ MIG 용접은 전극이 녹는 용극식 아크용접이다.
④ 일반적으로 굵은 와이어일수록 용융속도가 빠르다.

해설
굵은 와이어일수록 용융속도는 느리다.(와이어의 지름과 용융속도는 반비례)

**82** 용접봉 홀더가 KS 규격으로 200호일 때 용접기의 정격 전류로 맞는 것은?

① 100A ② 200A
③ 400A ④ 800A

해설
용접기의 네임플레이트에 AW-200이라고 적혀 있다면 이는 정격 2차 전류가 200A(암페어)라는 뜻이며 용접봉 홀더도 이에 맞는 조건으로 구비해야 한다.

**83** 알루미늄을 TIG 용접법으로 접합하고자 하는 경우 필요한 전원과 극성으로 가장 적합한 것은?

① 직류 정극성 ② 직류 역극성
③ 교류 저주파 ④ 교류 고주파

해설
알루미늄(Al) 용접에는 고주파 교류(ACHF) 용접이 사용된다.

**84** 직류 아크용접에서 용접봉을 음(-)극에, 모재를 양(+)극에 연결한 경우의 극성은?

① 직류 정극성 ② 직류 역극성
③ 용극성 ④ 비용극성

해설
용접봉에 -극을 연결한 것은 직류 정극성이며 용입이 깊어 후판용접에 사용된다.

**85** 직류 아크용접에서 정극성의 특징으로 옳은 것은?

① 비드 폭이 넓다.
② 주로 박판용접에 쓰인다.
③ 모재의 용입이 깊다.
④ 용접봉의 녹음이 빠르다.

해설
**직류 정극성(DCSP)**
용접봉에 -극을 연결, 모재에 +극을 연결한 것이며 비드의 폭이 좁고 깊으며 주로 두꺼운 후판용접에 사용된다.

**86** 일반적인 전기회로는 옴의 법칙에 의해 동일한 저항에 흐르는 전류는 그 전압에 비례하지만 낮은 전류에서 아크의 경우는 반대로 전류가 커지면 저항이 작아져서 전압도 낮아지는데 이러한 현상을 아크의 무슨 특성이라 하는가?

① 전압회복 특성
② 절연회복 특성
③ 부저항 특성
④ 자기제어 특성

해설
**부(不)저항 특성**
일반적인 전기회로의 원리와 반대로 나타나는 현상이다.

정답 79 ② 80 ③ 81 ④ 82 ② 83 ④ 84 ① 85 ③ 86 ③

**87** 전류가 증가하여도 전압이 일정하게 되는 특성으로 이산화탄소 아크용접장치 등의 아크 발생에 필요한 용접기의 외부 특성은?

① 상승 특성 ② 정전류 특성
③ 정전압 특성 ④ 부저항 특성

해설
정선압 특성이란 쉽게 전압이 머무른다, 즉 변하지 않는다는 의미이다.

**88** $CO_2$ 가스 아크용접 시 전원특성과 아크 안정 제어에 대한 설명 중 틀린 것은?

① $CO_2$ 가스 아크용접기는 일반적으로 직류 정전압 특성이나 상승특성의 용접전원이 사용된다.
② 정전압 특성은 용접전류가 증가할 때마다 전압이 다소 높아지는 특성을 말한다.
③ 정전압 특성 전원과 와이어의 송급방식의 결합에서는 아크의 길이 변동에 따라 전류가 대폭 증가 또는 감소하여도 아크 길이를 일정하게 유지시키는 것을 "전원의 자기 제어 특성에 의한 아크 길이 제어"라 한다.
④ 전원의 자기제어 특성에 의한 아크 길이 제어 특성은 솔리드 와이어나 직경이 작은 복합와이어 등을 사용하는 $CO_2$ 가스 아크용접기에 적합한 특성이다.

해설
정전압 특성이란 전압이 머무른다는 의미, 즉 부하전류가 변하더라도 단자전압이 변하지 않는 특성을 말하며 CP 특성이라고도 한다. 또한 자동, 반자동 용접기에 필요한 특성이다.

**89** 아크 전류가 일정할 때 아크 전압이 높아지면 용접봉의 용융속도가 늦어지고 아크 전압이 낮아지면 용융속도가 빨라지는 특성을 무엇이라 하는가?

① 부저항 특성
② 절연회복 특성
③ 전압회복 특성
④ 아크 길이 자기제어 특성

**90** 양극 전압 강하가 $V_A$, 음극 전압 강하가 $V_k$ 아크 기둥 전압강하가 $V_p$라고 할 때에 아크 전압 $V_a$의 올바른 관계식은?

① $V_a = V_A + V_k - V_p$
② $V_a = V_k + V_p - V_A$
③ $V_a = V_A - V_k - V_p$
④ $V_a = V_k + V_p + V_A$

해설
상당히 복잡한 공식처럼 보이나 결국 아크의 길이는 전압과 비례한다는 공식으로 모든 값을 더해준 보기를 찾으면 간단하다.

**91** 피복아크용접기에 필요한 조건으로 부하전류가 증가하면 단자전압이 저하하는 특성은?

① 정전압 특성
② 정전류 특성
③ 상승 특성
④ 수하 특성

해설
**수하 특성**
부하전류 상승 → 단자전압 저하

## 1-6 용접 시공 및 보수

**92** 다층 용접 시 용접이음부의 청정방법으로 틀린 것은?

① 그라인더를 이용하여 이음부 등을 청소한다.
② 많은 양의 청소는 숏 블라스트를 이용한다.
③ 녹슬지 않도록 기름걸레로 청소한다.
④ 와이어 브러시를 이용하여 용접부의 이물질을 깨끗이 제거한다.

해설
용접부의 이물질(페인트, 기름 등)은 기공발생의 원인이 된다.

정답 87 ③ 88 ② 89 ④ 90 ④ 91 ④ 92 ③

**93** 용접부의 결함은 용접 조건이 좋지 않거나 용접 기술이 미숙함으로써 생기는데 언더컷의 발생 원인이 아닌 것은?

① 용접전류가 너무 높을 때
② 아크 길이가 너무 길 때
③ 용접속도가 적당하지 않을 때
④ 용착금속의 냉각속도가 너무 빠를 때

해설
용착금속의 냉각속도가 빠를 때 균열이 발생한다.

**94** 용접순서를 결정하는 기준이 잘못 설명된 것은?

① 용접구조물이 조립되어 감에 따라 용접작업이 불가능한 곳이 발생하지 않도록 한다.
② 용접물 중심에 대하여 항상 대칭적으로 용접한다.
③ 수축이 작은 이음을 먼저 용접한 후 수축이 큰 이음을 뒤에 한다.
④ 용접구조물의 중립축에 대한 수축모멘트의 합이 0이 되도록 한다.

해설
수축이 큰 맞대기이음을 먼저 하고 수축이 작은 필릿이음을 나중에 해야 응력 발생을 줄일 수 있다.

**95** 가접방법으로 가장 옳은 것은?

① 가접은 반드시 본용접을 실시할 홈 안에 하도록 한다.
② 가접은 가능한 한 튼튼하게 하기 위하여 길고 많게 한다.
③ 가접은 본용접과 비슷한 기량을 가진 용접공이 할 필요는 없다.
④ 가접은 강도상 중요한 곳과 용접의 시점 및 종점이 되는 끝부분에는 피해야 한다.

**96** 용접 자세를 나타내는 기호가 틀리게 짝지어진 것은?

① 위 보기 자세 : O
② 수직 자세 : V
③ 아래 보기 자세 : U
④ 수평 자세 : H

해설
아래 보기 자세 : F

**97** 용접결함이 언더컷일 경우 결함의 보수방법은?

① 일부분을 깎아내고 재용접한다.
② 홈을 만들어 용접한다.
③ 가는 용접봉을 사용하여 보수한다.
④ 결함 부분을 절단하여 재용접한다.

**98** 서브머지드 아크용접에서 본용접 시점과 끝나는 부분에 용접결함을 효과적으로 방지하기 위하여 사용하는 것은?

① 동판 받침
② 백킹(Backing)
③ 엔드 탭(End Tab)
④ 실링 비드(Sealing Bead)

**99** 다음 그림과 같이 용접부의 비드 끝과 모재 표면 경계부에서 균열이 발생하였다. A를 무슨 균열이라고 하는가?

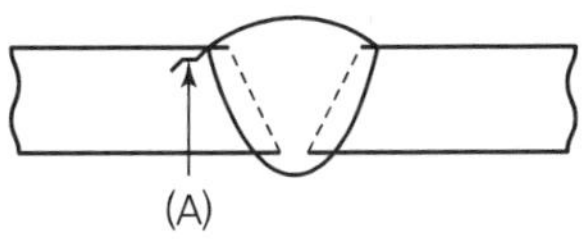


① 토 균열 ② 라멜라테어
③ 비드 밑 균열 ④ 비드 종균열

해설
**토 균열(Toe Crack)**
비드면과 모재부 경계에서 발생하는 균열이다.(모재에 균열 발생, 용접부위 옆쪽에 발생)

정답 93 ④ 94 ③ 95 ④ 96 ③ 97 ③ 98 ③ 99 ①

**100** 용접변형의 교정방법이 아닌 것은?

① 박판에 대한 점 수축법
② 형재에 대한 직선 수축법
③ 가열 후 해머링하는 방법
④ 정지구멍을 뚫고 교정하는 방법

해설
정지구멍(Stop Hole)은 균열을 방지하는 방법이다.

**101** 용접순서를 결정하는 사항으로 틀린 것은?

① 같은 평면 안에 많은 이음이 있을 때에는 수축은 되도록 자유단으로 보낸다.
② 중심선에 대하여 항상 비대칭으로 용접을 진행한다.
③ 수축이 큰 이음을 가능한 먼저 용접하고 수축이 작은 이음을 뒤에 용접한다.
④ 용접물의 중립축에 대하여 용접으로 인한 수축력 모멘트의 합이 0이 되도록 한다.

해설
중심선에 대하여 항상 대칭으로 용접을 진행한다.

**102** 용접변형과 잔류응력을 경감시키는 방법을 틀리게 설명한 것은?

① 용접 전 변형 방지책으로는 역변형법을 쓴다.
② 용접시공에 의한 잔류응력 경감법으로는 대칭법, 후진법, 스킵법 등이 쓰인다.
③ 모재의 열전도를 억제하여 변형을 방지하는 방법으로는 도열법을 쓴다.
④ 용접 금속부의 변형과 응력을 제거하는 방법으로는 담금질법을 쓴다.

해설
- 응력 제거 → 풀림
- 재료의 경화 → 담금질

**103** 용접전류가 높을 때 생기는 결함 중 가장 관계가 적은 것은?

① 언더컷　② 균열
③ 스패터　④ 선상조직

해설
**선상조직**
용접부의 파단면에 나타나는 조직으로, 아주 미세한 주상결정에 서리 모양으로 나란히 있고 그 사이에 현미경적인 비금속 개재물과 기공이 있다. 이 조직을 나타내는 파단면을 선상 파단면이라고 하며 용접전류와는 관계가 적다.

**104** 용접이음을 설계할 때의 주의사항으로 틀린 것은?

① 용접 구조물의 제 특성 문제를 고려한다.
② 강도가 강한 필릿용접을 많이 하도록 한다.
③ 용접성을 고려한 사용재료의 선정 및 열영향 문제를 고려한다.
④ 구조상의 노치부를 피한다.

해설
필릿용접은 되도록 피하고 맞대기용접을 한다.

**105** 모재의 열팽창 계수에 따른 용접성에 대한 설명으로 옳은 것은?

① 열팽창 계수가 작을수록 용접하기 쉽다.
② 열팽창 계수가 높을수록 용접하기 쉽다.
③ 열팽창 계수와는 관련이 없다.
④ 열팽창 계수가 높을수록 용접 후 급랭해도 무방하다.

**106** 각종 용접부의 결함 중 용접이음의 용융부 밖에서 아크를 발생시킬 때 아크열에 의하여 모재에 결함이 생기는 결함은?

① 언더컷
② 언더필
③ 슬래그 섞임
④ 아크 스트라이크

해설
**아크 스트라이크**
용접 개시 전에 모재 위에서 아크를 일으키는 것을 말한다.

정답　100 ④　101 ②　102 ④　103 ④　104 ②　105 ①　106 ④

**107** 용접 경비를 적게 하기 위해 고려할 사항으로 가장 거리가 먼 것은?

① 용접봉의 적절한 선정과 그 경제적 사용방법
② 용접사의 작업 능률 향상
③ 고정구 사용에 의한 능률 향상
④ 용접 지그의 사용에 의한 전 자세 용접의 적용

해설
가급적 아래 보기 자세로 용접하는 것이 효과적이다.

**108** 용접 결함에서 치수상 결함에 속하는 것은?

① 가공 ② 언더컷
③ 변형 ④ 균열

**109** 용접부의 잔류응력을 경감시키기 위한 방법에 속하지 않는 것은?

① 저온 응력 완화법
② 피닝법
③ 냉각법
④ 기계적 응력 완화법

**110** 다층용접에서 각 층마다 전체의 길이를 용접하면서 쌓아 올리는 용착법은?

① 전진블록법 ② 덧살올림법
③ 케스케이드법 ④ 스킵법

해설
**다층쌓기 용접법**
전진블록법, 덧살올림법(빌드업법), 캐스케이드법

**111** 용착법 중 한 부분의 몇 층을 용접하다가 이것을 다른 부분의 층으로 연속시켜 전체가 계단 형태의 단계를 이루도록 용착시켜 나가는 방법은?

① 전진법
② 스킵법
③ 캐스케이드법
④ 덧살올림법

**112** 용접부의 내부 결함으로서 슬래그 섞임을 방지하는 것은?

① 전층의 슬래그는 제거하지 않고 용접한다.
② 슬래그가 앞지르지 않도록 운봉속도를 유지한다.
③ 용접전류를 낮게 한다.
④ 루트 간격을 최대한 좁게 한다.

**113** 저온균열이 일어나기 쉬운 재료에 용접 전에 균열을 방지할 목적으로 피용접물의 전체 또는 이음부 부근의 온도를 올리는 것을 무엇이라고 하는가?

① 잠열 ② 예열
③ 후열 ④ 발열

해설
용접 전에 실시하는 것이 예열이다.

**114** 다음 용접이음부 중에서 냉각속도가 가장 빠른 이음은?

①
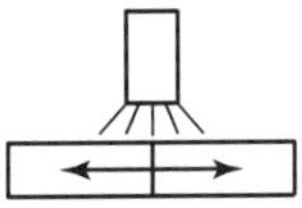
②
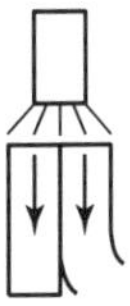
③
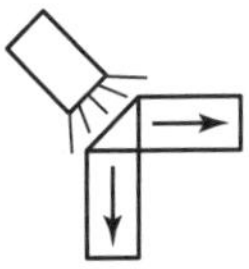
④
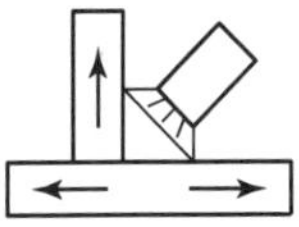

해설
열을 받는 면적이 넓을수록 냉각속도가 빨라진다.

**115** 피복아크용접에서 용접 전류가 너무 낮을 때 생기는 용접결함은?

① 언더컷 ② 기공
③ 스패터 ④ 오버랩

정답 107 ④ 108 ③ 109 ③ 110 ② 111 ③ 112 ② 113 ② 114 ④ 115 ④

**116** 필릿용접에서 루트 간격이 1.5mm 이하일 때, 보수용접 요령으로 가장 적당한 것은?

① 그대로 규정된 다리길이로 용접한다.
② 그대로 용접하여도 좋으나 넓혀진 만큼 다리길이를 증가시킬 필요가 있다.
③ 다리길이를 3배수로 증가시켜 용접한다.
④ 라이너를 넣든지, 부족한 판을 300mm 이상 잘라내서 대체한다.

**117** 용접부에 오버랩의 결함이 생겼을 때, 가장 올바른 보수방법은?

① 작은 지름의 용접봉을 사용하여 용접한다.
② 결함 부분을 깎아내고 재용접한다.
③ 드릴로 정지구멍을 뚫고 재용접한다.
④ 결함부분을 절단한 후 덧붙임 용접을 한다.

해설
오버랩은 용접 전류가 약하면 생기는 결함이며 깎아내고 재용접하여 보수한다.

**118** 용접부에 생긴 잔류응력을 제거하는 방법에 해당되지 않는 것은?

① 노내 풀림법　② 역변형법
③ 국부 풀림법　④ 기계적 응력완화법

해설
역변형법은 변형방지법에 해당된다.

**119** 용접부의 잔류응력 제거법에 해당되지 않는 것은?

① 응력 제거 풀림
② 기계적 응력 완화법
③ 고온응력 완화법
④ 국부가열 풀림법

**120** 필릿용접의 경우 루트 간격의 양에 따라 보수 방법이 다른데 간격이 4.5mm 이상일 때 보수하는 방법으로 옳은 것은 무엇인가?

① 각장(목길이)대로 용접한다.
② 각장(목길이)을 증가시킬 필요가 있다.
③ 루트 간격대로 용접한다.
④ 라이너를 넣는다.

**121** 용접부 외부에서 주어지는 열량을 용접입열이라 한다. 용접입열이 충분하지 못하여 발생하는 결함은?

① 용입 불량　② 언더컷
③ 균열　④ 변형

**122** 용접 전의 작업준비 사항이 아닌 것은?

① 용접 재료　② 용접사
③ 용접봉의 선택　④ 후열과 풀림

해설
후열과 풀림은 용접 후 실시한다.

**123** 여러 용접자세 중에서 용접능률이 가장 좋은 아래 보기 자세로 용접할 수 있도록 위치조정이 가능한 기구는?

① 포지셔너　② C-클램프
③ 역변형용 지그　④ 용접 게이지

**124** 피복아크용접에서 아크 전류와 아크 전압을 일정하게 유지하고 용접속도를 증가시킬 때 나타나는 현상은?

① 비드 폭은 넓어지고 용입은 얕아진다.
② 비드 폭은 좁아지고 용입은 깊어진다.
③ 비드 폭은 좁아지고 용입은 얕아진다.
④ 비드 폭은 넓어지고 용입은 깊어진다.

해설
일정한 전류와 전압에서 용접속도는 입열량과 반비례한다. 속도가 증대되면 입열량이 작아져 비드의 폭이 좁아지고 용입이 얕아진다.

정답　116 ①　117 ②　118 ②　119 ③　120 ④　121 ①　122 ④　123 ①　124 ③

**125** 다음 보기와 같은 용착법은?

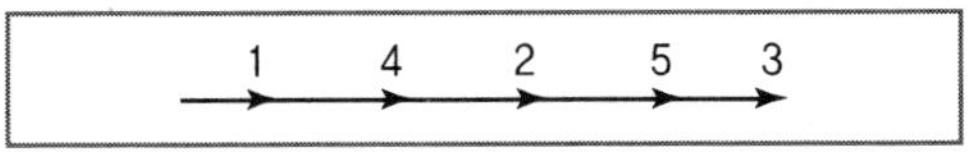


① 대칭법 ② 전진법
③ 후진법 ④ 비석법

해설
일명 건너뛰기 용접이라고 하며 비석법 또는 스킵법으로 불린다.

**126** 수평 필릿용접 시 목의 두께는 각장(다리길이)의 약 몇 % 정도가 적당한가?

① 50 ② 160
③ 70 ④ 180

**127** 용접부의 형상에 따른 필릿용접의 종류가 아닌 것은?

① 연속 필릿 ② 단속 필릿
③ 경사 필릿 ④ 단속지그재그 필릿

해설
전면, 측면, 경사 필릿용접은 하중의 방향에 따른 필릿용접의 종류이다.

**128** 용접 전 꼭 확인해야 할 사항이 아닌 것은?

① 예열, 후열의 필요성을 검토한다.
② 용접전류, 용접순서, 용접조건을 미리 선정한다.
③ 양호한 용접성을 얻기 위해서 용접부에 물을 분무한다.
④ 이음부에 페인트, 기름, 녹 등의 불순물이 없는지 확인 후 제거한다.

**129** 용접에서 예열하는 목적이 아닌 것은?

① 수소의 방출을 용이하게 하여 저온균열을 방지한다.
② 열영향부와 용착금속의 연성을 방지하고 경화를 증가시킨다.
③ 용접부의 기계적 성질을 향상시키고 경화조직의 석출을 방지시킨다.
④ 온도분포가 완만하게 되어 열응력의 감소로 변형과 잔류응력의 발생을 적게 한다.

해설
재료에 연성을 부여하여 경화를 방지하기 위해 예열을 실시한다.

**130** 용접할 때 발생한 변형을 교정하는 방법 중 틀린 것은?

① 형재(形材)에 대한 직선 수축법
② 박판에 대한 점 수축법
③ 박판에 대하여 가열 후 압력을 가하고 공랭하는 방법
④ 롤러에 거는 방법

해설
박판에 대해 가열 후 압력을 가하고 수랭한다.

**131** 다음 용접변형 교정법 중 외력만으로 소성변형을 일어나게 하는 것은?

① 박판에 대한 점 수축법
② 형재에 대한 직선 수축법
③ 피닝법
④ 가열 후 해머링하는 법

해설
피닝법이란 망치로 두들겨 원하는 형태로 만드는 것이며 잔류응력 제거의 효과도 기대할 수 있다.

**132** 용접할 때 발생하는 변형과 잔류응력을 경감하는 데 사용되는 방법 중 틀린 것은?

① 용접 전 변형 방지책으로는 억제법, 역변형법을 쓴다.
② 모재의 열전도를 억제하여 변형을 방지하는 방법으로는 전진법을 쓴다.
③ 용접금속부의 변형과 응력을 경감하는 방법으로는 피닝법을 쓴다.
④ 용접시공에 의한 경감법으로는 대칭법, 후진법, 스킵법 등을 쓴다.

정답 125 ④ 126 ③ 127 ③ 128 ③ 129 ② 130 ③ 131 ③ 132 ②

해설
후진법은 전진법에 비해 변형이 생기는 정도가 적다.

**133** 용접 시 용접균열이 발생할 위험성이 가장 높은 재료는?

① 저탄소강　② 중탄소강
③ 고탄소강　④ 순철

해설
일반적으로 탄소의 함유량이 많을수록 균열(크랙)이 발생할 위험성이 높다.

**134** 보수용접에 관한 설명 중 잘못된 것은?

① 보수용접이란 마멸된 기계부품에 덧살올림용접을 하고 재생, 수리하는 것을 말한다.
② 차축 등이 마멸되었을 때는 내마멸 용접을 하여 보수한다.
③ 덧살올림의 경우에 용접봉을 사용하지 않고, 용융된 금속을 고속기류에 의해 불어 붙이는 용사 용접이 사용되기도 한다.
④ 서브머지드 아크용접에서는 덧살올림용접이 전혀 이용되지 않는다.

**135** 용접부를 예열하는 목적으로 틀린 것은?

① 용접 작업에 의한 수축 변형을 증가시킨다.
② 용접부의 냉각속도를 느리게 하여 결함을 방지한다.
③ 열영향부의 균열을 방지한다.
④ 용접 작업성을 개선한다.

**136** 용입불량의 방지대책으로 틀린 것은?

① 용접봉의 선택을 잘한다.
② 적정 용접전류를 선택한다.
③ 용접속도를 빠르지 않게 한다.
④ 루트 간격 및 홈 각도를 작게 한다.

해설
루트 간격 및 홈 각도를 크게 한다.

**137** 이음 홈 형상 중에서 동일한 판두께에 대하여 가장 변형이 적게 설계된 것은?

① I형　② V형
③ U형　④ X형

**138** 하중의 방향에 따른 필릿용접 이음의 구분이 아닌 것은?

① 전면 필릿용접
② 측면 필릿용접
③ 경사 필릿용접
④ 슬롯 필릿용접

해설
**하중의 방향에 따른 필릿용접의 종류**
- 전면 필릿용접(용접선과 하중이 직각)
- 측면 필릿용접(용접선과 하중이 수평)
- 경사 필릿용접

## 1-7 용접부 검사

**139** 방사선 투과검사의 특징으로 틀린 것은?

① 모든 용접 재질에 적용할 수 있다.
② 모재가 두꺼워지면 검사가 곤란하다.
③ 내부 결함 검출에 용이하다.
④ 검사의 신뢰성이 높다.

해설
방사선 투과검사는 모재두께가 두꺼워도 검사가 가능하다.

**140** 용접부의 시험 및 검사의 분류에서 충격시험은 무슨 시험에 속하는가?

① 기계적 시험　② 낙하시험
③ 화학적 시험　④ 압력시험

해설
충격시험은 기계적(외력만을 사용) 시험에 속한다.

정답　133 ③　134 ④　135 ①　136 ④　137 ④　138 ④　139 ②　140 ①

**141** 용접부의 완성검사에 사용되는 비파괴시험이 아닌 것은?

① 방사선 투과시험 ② 형광 침투시험
③ 자기 탐상법 ④ 현미경 조직시험

해설
현미경 조직시험은 육안 조직검사법과 마찬가지로 재료의 부식 · 연마 단계를 거쳐 파괴가 이루어지는 시험이다.

**142** 용접성 시험 중 노치취성 시험방법이 아닌 것은?

① 샤르피 충격시험 ② 슈나트 시험
③ 카안인열 시험 ④ 코메럴 시험

해설
**노치취성 시험방법의 종류**
샤르피 충격시험, 슈나트 시험, 티퍼 시험, 반데어비인 시험, 카안인열 시험, 로버트슨 시험 등이 있다.
※ 코메럴 시험 → 연성 시험법

**143** 용접부 검사법 중 기계적 시험법이 아닌 것은?

① 굽힘시험 ② 경도시험
③ 인장시험 ④ 부식시험

해설
부식시험은 화학적 시험법에 속한다.

**144** 설퍼 프린트 시 강판에 황(S)이 많은 곳의 인화지 색깔은 어떻게 변하는가?

① 흑색 ② 청색
③ 적색 ④ 녹색

해설
황의 분포를 알아보는 시험법을 설퍼 프린트법이라 하는데, 설퍼(Sulfur)란 황을 의미하며 시험에서 황이 많은 곳의 인화지 색깔이 흑색으로 변한다.

**145** 샤르피식의 시험기를 사용하는 시험방법은?

① 경도시험 ② 충격시험
③ 인장시험 ④ 피로시험

해설
충격시험은 재료의 인성과 취성을 시험하는 것으로 샤르피식과 아이조드식이 있다.

**146** 시험편에 V형 또는 U형 등의 노치(Notch)를 만들고 충격적인 하중을 주어서 파단시키는 시험법은?

① 인장시험 ② 피로시험
③ 충격시험 ④ 경도시험

**147** 자분 탐상검사의 장점이 아닌 것은?

① 표면 균열검사에 적합하다.
② 정밀한 전처리가 요구된다.
③ 결함 모양이 표면에 직접 나타나 육안으로 관찰할 수 있다.
④ 작업이 신속 간단하다.

해설
자분 탐상검사(MT)는 자성체인 시험편에 자분을 뿌려 검사하는 것으로 특별한 전처리작업을 요하지 않는다.

**148** KS에서 규정한 방사선 투과시험 필름 판독에서 제3종 결함은?

① 둥근 블로홀 및 이와 유사한 결함
② 슬래그 섞임 및 이와 유사한 결함
③ 갈라짐 및 이와 유사한 결함
④ 노치 및 이와 유사한 결함

해설
- 제1종 결함 : 둥근 블로홀 및 이와 유사한 결함
- 제2종 결함 : 가늘고 긴 슬래그 개재물 및 파이프, 용입부족, 융합불량
- 제3종 결함 : 균열(갈라짐) 및 이와 유사한 결함, 날카로운 용입 부족(용입 불량)

**149** B스케일과 C스케일이 있는 경도시험법은?

① 로크웰 경도시험
② 쇼어 경도시험
③ 브리넬 경도시험
④ 비커스 경도시험

해설
☞ 암기법 : B번 방으로 갈지 C번 방으로 갈지 노크(로크) 잘(Well)해 봐라!

정답 141 ④ 142 ④ 143 ④ 144 ① 145 ② 146 ③ 147 ② 148 ③ 149 ①

**150** 전류를 통하여 자화가 될 수 있는 금속재료, 즉 철, 니켈과 같이 자기변태를 나타내는 금속 또는 그 합금으로 제조된 구조물이나 기계부품의 표면부에 존재하는 결함을 검출하는 비파괴시험법은?

① 맴돌이 전류시험　② 자분 탐상시험
③ $\gamma$선 투과시험　④ 초음파 탐상시험

**151** 작은 강구나 다이아몬드를 붙인 소형의 추를 일정 높이에서 시험편 표면에 낙하시켜 튀어 오르는 반발 높이에 의하여 경도를 측정하는 것은?

① 로크웰 경도　② 쇼어 경도
③ 비커스 경도　④ 브리넬 경도

**152** 모재 및 용접부의 연성과 안전성을 조사하기 위하여 사용되는 시험법으로 맞는 것은?

① 경도시험　② 압축시험
③ 굽힘시험　④ 충격시험

**153** 인장시험기를 사용하여 측정할 수 없는 것은?

① 항복점　② 연신율
③ 경도　④ 인장강도

해설
경도는 단단함의 정도를 뜻하며 이는 브리넬 · 비커스 · 쇼어 · 로크웰 경도시험법으로 측정한다.

**154** 용접부의 연성결합을 조사하기 위해 사용되는 시험법은?

① 브리넬 시험　② 비커스 시험
③ 굽힘시험　④ 충격시험

해설
- 브리넬 시험, 비커스 시험 : 경도시험법
- 충격시험 : 인성시험법

**155** 초음파 탐상법에 속하지 않는 것은?

① 투과법　② 펄스반사법
③ 공진법　④ 맥동법

해설
초음파 탐상법의 종류를 묻는 문제는 출제 빈도가 높은 편이며 맥동법은 저항용접에서 통전법의 종류이다.

**156** 피로시험에서 사용되는 하중방식이 아닌 것은?

① 빈복하중　② 교번하중
③ 편진하중　④ 회전하중

**157** 용접부의 연성과 안전성을 판단하기 위하여 사용되는 시험 방법은?

① 굴곡시험　② 인장시험
③ 충격시험　④ 경도시험

해설
**굴곡시험**
굽힘시험(Bending Test)이라고도 하며 주로 금속의 연성 유무를 판단하기 위해 실시한다.

**158** 시험편을 인장 파단시켜 항복점(또는 내력), 인장강도, 연신율, 단면 수축률 등을 조사하는 시험법은?

① 경도시험　② 굽힘시험
③ 충격시험　④ 인장시험

**159** 금속의 비파괴 검사방법이 아닌 것은?

① 방사선 투과시험　② 초음파시험
③ 로크웰 경도시험　④ 음향시험

해설
로크웰 경도시험은 B스케일과 C스케일이라는 압입자로 시험편을 찍어 경도를 시험하는 파괴시험의 한 종류이다.

**160** 부식시험은 어느 시험법에 속하는가?

① 금속학적 시험
② 화학적 시험
③ 기계적 시험
④ 야금학적 시험

정답　150 ②　151 ②　152 ③　153 ③　154 ③　155 ④　156 ④　157 ①　158 ④　159 ③　160 ②

SECTION 2

# 기타용접

## 2-1 가스텅스텐 아크용접

**01** TIG 용접에서 가스 노즐의 크기는 가스분출 구멍의 크기로 정해지며 보통 몇 mm의 크기가 주로 사용되는가?

① 1~3 ② 4~13
③ 14~20 ④ 21~27

**02** 불활성 가스(Inert Gas)에 속하지 않는 것은?

① Ar(아르곤) ② CO(일산화탄소)
③ Ne(네온) ④ He(헬륨)

해설
일산화탄소는 가연성 가스이다.

**03** TIG 용접에서 토치는 수랭식, 공랭식 2종류가 있다. 이 중 공랭식 토치에 사용되는 용접전류의 크기는?

① 200A 이하 ② 300A 이하
③ 400A 이하 ③ 500A 이하

**04** 산화하기 쉬운 알루미늄을 용접할 경우에 가장 적당한 용접법은?

① 서브머지드 아크용접
② 불활성 가스 아크용접
③ $CO_2$ 아크용접
④ 전기저항용접

해설
불활성 가스 아크용접에는 TIG 용접과 MIG 용접이 있다.

**05** TIG 용접법에 대한 설명으로 틀린 것은?

① 금속 심선을 전극으로 사용한다.
② 텅스텐을 전극으로 사용한다.
③ 아르곤 분위기에서 한다.
④ 교류나 직류전원을 사용할 수 있다.

**06** TIG 절단에 관한 설명 중 틀린 것은?

① 알루미늄, 마그네슘, 구리와 구리합금, 스테인리스강 등 비철금속의 절단에 이용된다.
② 절단면이 매끈하고 열효율이 좋으며 능률이 대단히 높다.
③ 전원은 직류 역극성을 사용한다.
④ 아크 냉각용 가스에는 아르곤과 수소의 혼합가스를 사용한다.

해설
전원은 직류 정극성을 사용한다.

**07** TIG 용접에서 아크 발생이 용이하며 전극의 소모가 적어 직류 정극성에는 좋으나 교류에는 좋지 않은 것으로 주로 강, 스테인리스강, 동합금 용접에 사용되는 전극봉은?

① 토륨 텅스텐 전극봉
② 순 텅스텐 전극봉
③ 니켈 텅스텐 전극봉
④ 지르코늄 텅스텐 전극봉

**08** 텅스텐 아크 절단은 특수한 TIG 절단토치를 사용한 절단법이다. 주로 사용되는 작동 가스는?

① $Ar+C_2H_2$ ② $Ar+H_2$
③ $Ar+O_2$ ④ $Ar+CO_2$

정답 01 ② 02 ② 03 ① 04 ② 05 ① 06 ③ 07 ① 08 ②

**09** TiG 용접에서 청정작용이 가장 잘 발생하는 용접 전원은?

① 직류 역극성일 때 ② 직류 정극성일 때
③ 교류 정극성일 때 ④ 극성에 관계없음

해설
청정작용은 금속표면의 산화막을 제거해 주는 작용을 말하며 직류 역극성+불활성 가스의 조건이 필요하다.

**10** 펄스 TIG 용접기의 특징으로 틀린 것은?

① 저주파 펄스용접기와 고주파 펄스용접기가 있다.
② 직류용접기에 펄스 발생회로를 추가한다.
③ 전극봉의 소모가 많은 것이 단점이다.
④ 20A 이하의 저전류에서 아크의 발생이 안정하다.

해설
TIG 용접은 비소모성(비용극식) 용접으로 전극봉이 소모되지 않는다.

**11** TIG 용접 토치의 형태에 따른 종류가 아닌 것은?

① T형 토치 ② Y형 토치
③ 직선형 토치 ④ 플렉시블형 토치

해설
TIG 용접 토치에는 T형, 직선형, 플렉시블형이 있으며, 현장에서 일반적으로 T형과 플렉시블형 토치를 많이 사용한다.

**12** TIG 용접에서 직류 정극성으로 용접할 때 전극 선단의 각도가 가장 적합한 것은?

① 5~10° ② 10~20°
③ 30~50° ④ 60~70°

해설
약 45°가 적합하다.

**13** 불활성 가스 텅스텐 아크용접에서 중간 형태의 용입과 비드 폭을 얻을 수 있으며 청정효과가 있어 알루미늄이나 마그네슘 등의 용접에 사용되는 전원은?

① 직류 정극성 ② 직류 역극성
③ 고주파 교류 ④ 교류 전원

**14** 알루미늄이나 스테인리스강, 구리와 그 합금의 용접에 가장 많이 사용되는 용접법은?

① 산소-아세틸렌 용접
② 탄산가스 아크용접
③ 테르밋 용접
④ 불활성 가스 아크용접

**15** 텅스텐 전극과 모재 사이에 아크를 발생시켜 모재를 용융하여 절단하는 방법은?

① 티그 절단 ② 미그 절단
③ 플라스마 절단 ④ 산소아크 절단

해설
텅스텐을 사용하는 용접 · 절단은 TIG(티그) 용접 · 절단이다.

## 2-2 이산화탄소가스 아크용접

**16** 탄산가스 아크용접의 종류에 해당되지 않는 것은?

① 아코스 아크법
② 테르밋 용접법
③ 유니언 아크법
④ 퓨즈 아크법

해설
**테르밋 용접법**
금속산화물 분말과 알루미늄 분말을 이용한 화학적인 용접법이다.

**17** 전기 저항용접에 속하지 않는 것은?

① 테르밋 용접 ② 점용접
③ 프로젝션 용접 ④ 심용접

정답 09 ① 10 ③ 11 ② 12 ③ 13 ③ 14 ④ 15 ① 16 ② 17 ①

**18** 이산화탄소 아크용접에서 일반적인 용접작업(약 200A 미만)에서의 팁과 모재 간 거리는 몇 mm 정도가 가장 적당한가?

① 0~5 ② 10~15
③ 40~50 ④ 30~40

해설
용접 시 아크가 잘 보이는 최적의 거리이다.

**19** $CO_2$ 아크용접에서 가장 두꺼운 판에 사용되는 용접 홈은?

① I형 ② V형
③ H형 ④ J형

**20** 탄산가스 아크용접법으로 주로 하는 금속은?

① 알루미늄 ② 구리와 동합금
③ 스테인리스강 ④ 연강

해설
- 탄산가스 아크용접($CO_2$ 용접) : 연강
- MIG 용접 : 구리, 알루미늄 등

**21** $CO_2$ 가스 아크용접에서 기공 발생의 원인이 아닌 것은?

① $CO_2$ 가스 유량이 부족하다.
② 노즐과 모재 간 거리가 지나치게 길다.
③ 바람에 의해 $CO_2$ 가스가 날린다.
④ 엔드 탭(End Tap)을 부착하여 고전류를 사용한다.

해설
**엔드 탭**
용접의 시작점과 마지막점(종점)에 생기는 결함을 방지하기 위해 모재와 동일한 금속을 붙여 사용하는 것이다.

**22** $CO_2$ 가스 아크용접 결함에서 다공성이란 무엇을 의미하는가?

① 질소, 수소, 일산화탄소 등에 의한 가공을 말한다.
② 와이어 선단부에 용적이 붙어 있는 것을 말한다.
③ 스패터가 발생하여 비드의 외관에 붙어 있는 것을 말한다.
④ 노즐과 모재 간 거리가 지나치게 좁아서 와이어 송급 불량을 의미한다.

해설
**다공성**
내부에 작은 구멍을 많이 가지고 있는 성질이다.

**23** $CO_2$ 가스 아크용접에서의 기공과 피트의 발생 원인으로 맞지 않는 것은?

① 탄산가스가 공급되지 않는다.
② 노즐과 모재 사이의 거리가 좁다.
③ 가스노즐에 스패터가 부착되어 있다.
④ 모재의 오염, 녹, 페인트가 있다.

해설
기공과 피트는 노즐과 모재 사이의 거리가 지나치게 길면 발생한다.

**24** 이산화탄소 아크용접에 대한 설명으로 틀린 것은?

① 비용극식 용접방법이다.
② 가시 아크이므로 시공이 편리하다.
③ 전류밀도가 높아 용입이 깊다.
④ 용제를 사용하지 않아 슬래그 혼입이 없다.

해설
이산화탄소 아크용접은 와이어가 전극이며 직접 녹으며 용접이 진행되는 용극식 용접법이다.
※ 비용극식 용접법 : TIG

**25** 이산화탄소 아크용접에서 아르곤과 이산화탄소를 혼합한 보호가스를 사용할 경우의 설명으로 가장 거리가 먼 것은?

① 스패터의 발생량이 적다.
② 용착효율이 양호하다.
③ 박판의 용접조건 범위가 좁아진다.
④ 혼합비는 아르곤이 80%일 때 용착효율이 가장 좋다.

정답 18 ② 19 ③ 20 ④ 21 ④ 22 ① 23 ② 24 ① 25 ③

**26** $CO_2$ 가스 아크용접조건에 대한 설명으로 틀린 것은?

① 전류를 높게 하면 와이어의 녹아내림이 빠르고 용착률과 용입이 증가한다.
② 아크 전압을 높이면 비드가 넓어지고 납작해지며, 지나치게 아크 전압을 높이면 기포가 발생한다.
③ 아크 전압이 너무 낮으면 볼록하고 넓은 비드를 형성하며, 와이어가 잘 녹는다.
④ 용접속도가 빠르면 모재의 입열이 감소되어 용입이 얕아지고 비드 폭이 좁아진다.

해설
아크 전압이 낮으면 볼록하고 좁은 비드를 형성하고 와이어가 잘 녹지 않게 된다. 이는 전압이 입열량을 제어하기 때문이다.

**27** 이산화탄소 아크용접의 시공법에 대한 설명으로 맞는 것은?

① 와이어의 돌출길이가 길수록 비드가 아름답다.
② 와이어의 용융속도는 아크 전류에 정비례하여 증가한다.
③ 와이어의 돌출길이가 길수록 늦게 용융된다.
④ 와이어의 돌출길이가 길수록 아크가 안정된다.

**28** 이산화탄소 아크용접의 특징이 아닌 것은?

① 전원은 교류 정전압 또는 수하 특성을 사용한다.
② 가시 아크이므로 시공이 편리하다.
③ 모든 용접 자세로 용접이 가능하다.
④ 산화나 질화가 되지 않는 양호한 용착금속을 얻을 수 있다.

해설
수하 특성은 피복아크용접과 같은 수동용접(이산화탄소 아크용접은 자동 반용접)에 사용되며 이산화탄소 아크용접은 직류 역극성을 사용한다.

**29** $CO_2$ 용접 중 와이어가 팁에 용착될 때의 방지대책으로 틀린 것은?

① 팁과 모재 사이의 거리는 와이어의 지름에 관계없이 짧게만 사용한다.
② 와이어를 모재에서 떼놓고 아크 스타트를 한다.
③ 와이어에 대한 팁의 크기가 맞는 것을 사용한다.
④ 와이어의 선단에 용적이 붙어 있을 때는 와이어 선단을 절단한다.

해설
팁과 모재 사이의 거리는 10~15mm 정도가 적당하며 거리가 너무 짧은 경우 와이어가 접촉 팁을 막아버려 용접이 중단될 수 있다.

**30** $CO_2$ 가스 아크용접 시 저전류 영역에서 가스유량은 약 몇 $l$/min 정도가 가장 적당한가?

① 1~5　② 6~10
③ 10~15　④ 16~20

**31** $CO_2$가스 아크용접에서 아크 전압이 높을 때 나타나는 현상으로 맞는 것은?

① 비드 폭이 넓어진다.
② 아크 길이가 짧아진다.
③ 비드 높이가 높아진다.
④ 용입이 깊어진다.

해설
아크 전압은 용접 온도와 관계가 있어 전압을 올리면 뜨거운 아크열로 비드의 폭이 넓어지게 된다.

**32** 이산화탄소 아크용접에서 용접전류는 용입을 결정하는 가장 큰 요인이다. 아크 전압은 무엇을 결정하는 가장 중요한 요인인가?

① 용착금속량　② 비드형상
③ 용입　④ 용접결함

해설
$CO_2$ 용접은 전류와 전압 두 가지를 조정해 주어야 하는 용접법으로, 전류는 와이어의 용접속도, 전압은 용접열을 제어하며 이는 비드형상에 영향을 미친다.

정답　26 ③　27 ②　28 ①　29 ①　30 ③　31 ①　32 ②

**33** $CO_2$ 가스아크용접에서 용극식의 솔리드와이어 혼합가스법으로 맞는 것은?

① $CO_2$+C 법 ② $CO_2$+CO+Ar 법
③ $CO_2$+CO+$O_2$ 법 ④ $CO_2$+Ar 법

**34** 이산화탄소($CO_2$)가스 아크용접용 와이어 중 탈산제, 아크 안정제 등 합금원소가 포함되어 있어 양호한 용착금속을 얻을 수 있으며, 아크도 안정되어 스패터가 적고 비드 외관도 아름다운 것은?

① 혼합 솔리드 와이어
② 복합 와이어
③ 솔리드 와이어
④ 특수 와이어

해설
복합 와이어를 이용한 용접을 플럭스 코어드 와이어 용접이라고 한다.

**35** 탄산가스 아크용접의 특징으로 틀린 것은?

① 용착금속의 기계적 성질이 우수하다.
② 가시 아크이므로 시공이 편리하다.
③ 아르곤 가스에 비하여 가스 가격이 저렴하다.
④ 용입이 얕고 전류밀도가 매우 낮다.

해설
$CO_2$ 용접은 전류밀도가 높아 용입이 깊다.

## 2-3 기타 용접

**36** 열적 핀치효과와 자기적 핀치효과를 이용하는 용접은?

① 초음파 용접 ② 고주파 용접
③ 레이저 용접 ④ 플라스마 아크용접

해설
**플라스마 아크용접**
열적 핀치효과와 자기적 핀치효과를 이용하는 용접법이다.
※ 핀치효과 : 열이나 자기적인 에너지가 중심으로 집중된다는 의미이다.

**37** 텅스텐, 몰리브덴 같은 대기에서 반응하기 쉬운 금속도 용이하게 용접할 수 있으며 고진공 속에서 음극으로부터 방출되는 전자를 고속으로 가속시켜 충돌에너지를 이용하는 용접방법은?

① 레이저 용접
② 전자빔 용접
③ 테르밋 용접
④ 일렉트로 슬래그 용접

**38** 플러그 용접에서 전단강도는 구멍의 면적당 전용착금속 인장강도의 몇 % 정도로 하는가?

① 20~30 ② 40~50
③ 60~70 ④ 80~90

**39** 저항 용접의 3요소가 아닌 것은?

① 가압력 ② 통전시간
③ 통전전압 ④ 전류의 세기

**40** 용접법 중 가스압접의 특징을 설명한 것으로 맞는 것은?

① 대단위 전력이 필요하다.
② 용접장치가 복잡하고 설비 보수가 비싸다.
③ 이음부에 첨가 금속 또는 용제가 불필요하다.
④ 용접이음부의 탈탄층이 많아 용접이음효율이 나쁘다.

**41** 납땜에서 경납용 용제가 아닌 것은?

① 붕사 ② 붕산
③ 염산 ④ 알칼리

해설
경납에 사용되는 용제는 붕사, 붕산, 불화염, 알칼리 등이 있으며 주로 "ㅂ"이 들어가는 경우가 많다.

정답 33 ④ 34 ② 35 ④ 36 ④ 37 ② 38 ③ 39 ③ 40 ③ 41 ③

**42** 납땜의 용제가 갖추어야 할 조건이 아닌 것은?

① 모재의 산화피막과 같은 불순물을 제거하고 유동성이 나쁠 것
② 청정한 금속면의 산화를 방지할 것
③ 땜납의 표면장력을 맞추어서 모재와의 친화력을 높일 것
④ 용제의 유효온도 범위와 납땜온도가 일치할 것

해설
납땜에서 사용되는 용제는 유동성이 좋아야 한다.

**43** 경납땜에 사용하는 용제로 맞는 것은?

① 염화아연 ② 붕산염
③ 염화암모늄 ④ 염산

**44** 용접방법을 올바르게 설명한 것은?

① 스터드 용접 : 볼트나 환봉 등을 직접 강판이나 형강에 용접하는 방법으로 융접법에 해당된다.
② 서브머지드 아크용접 : 일명 잠호용접이라고도 부르며 상품명으로 유니언 아크용접이 있다.
③ 불활성 가스 아크용접 : TIG, MIG가 있으며 보호가스로는 Ar, $O_2$ 가스를 사용한다.
④ 이산화탄소 아크용접 : 이산화탄소 가스를 이용한 용극식 용접방법이며, 비가시 아크이다.

해설
② 서브머지드 아크용접 : 잠호용접, 불가시용접이라고도 하며 상품명으로는 유니언멜트 용접, 링컨 용접으로 불린다.
③ 불활성 가스 아크용접 : 보호가스로는 불활성 가스인 Ar과 He 등이 사용된다.
④ 이산화탄소 아크용접 : 가시용접이다.

**45** 융점 450℃ 이상의 땜납재인 경납에 속하지 않는 것은?

① 주석－납 ② 황동납
③ 인동납 ④ 은납

해설
주석－납은 연납땜의 대표적인 종류이다.

**46** 전기저항 용접법 중 극히 짧은 지름의 용접물을 접합하는 데 사용하고 축전된 직류를 전원으로 사용하며 일명 충돌용접이라고도 하는 용접은?

① 업셋 용접 ② 플래시 버트 용접
③ 퍼커션 용접 ④ 심용접

**47** 전기저항 용접법의 특징으로 틀린 것은?

① 작업속도가 빠르고 대량생산에 적합하다.
② 산화 및 변질부분이 적다.
③ 열손실이 많고, 용접부에 집중열을 가할 수 없다.
④ 용접봉, 용재 등이 불필요하다.

해설
열손실이 적고, 용접부에 집중열을 가할 수 있다.

**48** 전기저항 용접의 장점이 아닌 것은?

① 작업 속도가 빠르다.
② 용접봉의 소비량이 많다.
③ 접합 강도가 비교적 크다.
④ 열손실이 적고, 용접부에 집중열을 가할 수 있다.

해설
전기저항 용접에서는 용접봉을 사용하지 않는다.

**49** 전기저항 점용접법에 대한 설명으로 틀린 것은?

① 인터랙 점용접이란 용접점의 부분에 직접 2개의 전극을 물리지 않고 용접전류가 피용접물의 일부를 통하여 다른 곳으로 전달하는 방식이다.
② 단극식 점용접이란 전극이 1쌍으로 1개의 점 용접부를 만드는 것이다.
③ 맥동 점용접은 사이클 단위를 몇 번이고 전류를 연속하여 통전하며 용접속도 향상 및 용접 변형 방지에 좋다.
④ 직렬식 점용접이란 1개의 전류회로에 2개 이상의 용접점을 만드는 방법으로 전류손실이 많아 전류를 증가시켜야 한다.

정답 42 ① 43 ② 44 ① 45 ① 46 ③ 47 ③ 48 ② 49 ③

해설
**맥동 점용접**
마치 맥박이 뛰듯 불연속적으로 전류를 통전하는 방식이다.

**50** 플라스마 아크용접의 아크 종류 중 텅스텐 전극과 구속 노즐 사이에서 아크를 발생시키는 것은?

① 이행형(Transferred) 아크
② 비이행형(Non Transferred) 아크
③ 반이행형(Semi Transferred) 아크
④ 펄스(Pulse) 아크

**51** 이음부에 납땜재와 용제를 발라 저항열을 이용하여 가열하는 방법으로 스폿 용접이 곤란한 금속의 납땜이나 작은 이종금속의 납땜에 적당한 방법은?

① 담금납땜 ② 저항납땜
③ 노내납땜 ④ 유도가열 납땜

**52** 금속산화물이 알루미늄에 의하여 산소를 빼앗기는 반응에 의해 생성되는 열을 이용하여 금속을 접합하는 용접방법은?

① 일렉트로 슬래그 용접
② 테르밋 용접
③ 불활성 가스 금속 아크용접
④ 스폿 용접

해설
**테르밋 용접**
전기가 필요 없고, 금속산화물분말과 알루미늄분말의 두 가지를 혼합하여 나타나는 화학적인 열에너지를 이용한 용접이다.

**53** 플라스틱 용접의 용접방법만으로 조합된 것은?

① 마찰용접, 아크용접
② 고주파 용접, 열풍용접
③ 플라스마 용접, 열기구 용접
④ 업셋용접, 초음파 용접

**54** 플라스마 아크용접장치에서 아크 플라스마의 냉각가스로 쓰이는 것은?

① 아르곤과 수소의 혼합가스
② 아르곤과 산소의 혼합가스
③ 아르곤과 메탄의 혼합가스
④ 아르곤과 프로판의 혼합가스

**55** 기체나 액체 연료를 토치나 버너로 연소시켜 그 불꽃을 이용하여 납땜하는 것은?

① 유도가열 납땜 ② 담금납땜
③ 가스납땜 ④ 저항납땜

**56** 일렉트로 슬래그 용접법에 사용되는 용제(Flux)의 주성분이 아닌 것은?

① 산화규소 ② 산화망간
③ 산화알루미늄 ④ 산화티탄

**57** 선박, 보일러 등 두꺼운 판의 용접 시 용융 슬래그와 와이어의 저항열을 이용하여 연속적으로 상진하면서 용접하는 방법으로 맞는 것은?

① 테르밋 용접
② 일렉트로 슬래그 용접
③ 넌실드 아크용접
④ 서브머지드 아크용접

해설
MIG 용접은 전류밀도가 높아 용입이 깊어 후판용접에 사용된다.

**58** 다음 중 가장 두꺼운 판을 용접할 수 있는 용접법은?

① 불활성 가스 아크용접
② 산소-아세틸렌 용접
③ 일렉트로 슬래그 용접
④ 이산화탄소 아크용접

정답 50 ② 51 ② 52 ② 53 ② 54 ① 55 ③ 56 ④ 57 ② 58 ③

해설
일렉트로 슬래그 용접은 아크열이 아닌 용융슬래그 속의 전기저항열을 이용한 용접이다.

**59** 스터드 용접에서 페룰의 역할이 아닌 것은?
① 용융금속의 탈산방지
② 용융금속의 유출방지
③ 용착부의 오염방지
④ 용접사의 눈을 아크로부터 보호

해설
**페룰**
스터드 용접에 사용되는 내열도관(耐熱陶管)이다. 이것으로 스터드(Stud)의 용식단(溶植端)을 둘러싸면 이 속에서 아크가 발생하여 모재와 스터드가 용융된다.

**60** 볼트나 환봉을 피스톤형의 홀더에 끼우고 모재와 볼트 사이에 순간적으로 아크를 발생시켜 용접하는 방법은?
① 서브머지드 아크용접
② 스터드 용접
③ 테르밋 용접
④ 불활성가스 아크용접

**61** 아크를 보호하고 접종시키기 위하여 내열성의 도기로 만든 페룰 기구를 사용하는 용접은?
① 스터드 용접
② 테르밋 용접
③ 전자빔 용접
④ 플라스마 아크용접

해설
스터드 용접은 볼트나 환봉의 용접에 사용되는 아크용접이다.

**62** 서브머지드 아크용접 헤드에 속하지 않는 것은?
① 용제 호퍼
② 와이어 송급장치
③ 불활성 가스 공급장치
④ 제어장치 콘택트 팁

해설
서브머지드 아크용접은 빈번히 출제되는 문제이며 불활성 가스를 사용하지 않고 용제를 사용하는 자동용접법이다.

**63** 서브머지드 아크용접기로 아크를 발생시킬 때 모재와 용접 와이어 사이에 놓고 통전시켜주는 재료는?
① 용제
② 스틸 울
③ 탄소 봉
④ 엔드 탭

**64** 서브머지드 아크용접의 용접 조건을 설명한 것 중 맞지 않는 것은?
① 용접전류를 크게 증가시키면 와이어의 용융량과 용입이 크게 증가한다.
② 아크 전압이 증가하면 아크 길이가 길어지고 동시에 비드 폭이 넓어지면서 평평한 비드가 형성된다.
③ 용착량과 비드 폭은 용접속도의 증가에 거의 비례하여 증가하고 용입도 증가한다.
④ 와이어 돌출길이를 길게 하면 와이어의 저항열이 많이 발생하게 된다.

해설
용접속도와 입열량은 반비례하여 속도가 증가하면 용착량이 작아지며 비드 폭이 좁아지게 된다.

**65** 피복금속아크용접에 비해 서브머지드 아크용접의 특징으로 옳은 것은?
① 용접 장비의 가격이 싸다.
② 용접속도가 느리므로 저능률의 용접이 된다.
③ 비드 외관이 거칠다.
④ 용접선이 구부러지거나 짧으면 비능률적이다.

정답 59 ① 60 ② 61 ① 62 ③ 63 ② 64 ③ 65 ④

## 66 서브머지드 아크용접의 장점에 해당되지 않는 것은?

① 용접속도가 수동용접보다 빠르고 능률이 높다.
② 개선각을 작게 하여 용접 패스 수를 줄일 수 있다.
③ 콘택트 팁에서 통전되므로 와이어 중에 저항열이 적게 발생되어 고전류 사용이 가능하다.
④ 용전 집행상태의 좋고 나쁨을 육안으로 확인할 수 있다.

해설
서브머지드 아크용접은 와이어가 입상의 용제 속에서 아크를 일으키기 때문에 육안으로 아크를 확인할 수 없는 단점이 있다. 그러므로 불가시용접, 잠호용접으로 불리기도 한다.

## 67 연납땜의 대표적인 것으로 흡착작용은 무엇의 함유량에 의해 좌우되는가?

① 주석　② 아연
③ 송진　④ 붕사

## 68 서브머지드 아크용접의 특징으로 틀린 것은?

① 개선각을 작게 하여 용접 패스 수를 줄일 수 있다.
② 용접 중 아크가 안 보이므로 용접부의 확인이 곤란하다.
③ 용접선이 구부러지거나 짧아도 능률적이다.
④ 용접설비비가 고가이다.

해설
서브머지드 아크용접은 자동용접으로 아래 보기, 수평필릿자세 용접만 가능하며 용접선이 너무 짧거나 구부러진 것은 효율성이 떨어지므로 잘 사용하지 않는다.

## 69 용접용 용제는 성분에 의해 용접 작업성, 용착금속의 성질이 크게 변화하는데 서브머지드 아크용접의 용접용 용제에 속하지 않는 것은?

① 고온 소결형 용제　② 저온 소결형 용제
③ 용융형 용제　④ 스프레이형 용제

해설
**서브머지드 아크용접에 사용되는 용제의 종류**
소결형, 용융형, 혼성형

## 70 서브머지드 아크용접 시, 받침쇠를 사용하지 않을 경우 루트 간격을 몇 mm 이하로 하여야 하는가?

① 0.2　② 0.4
③ 0.6　④ 0.8

## 71 서브머지드 아크용접에서 루트간격이 몇 mm 이상이면 받침쇠를 사용하는가?

① 0.1　② 0.3
③ 0.5　④ 0.8

## 72 서브머지드 아크용접기에서 다전극 방식에 의한 분류에 속하지 않는 것은?

① 푸시 풀식　② 텐덤식
③ 횡병렬식　④ 횡직렬식

해설
푸시 풀식은 푸시식, 풀식과 함께 와이어 송급방식에 속한다.

## 73 MIG 용접의 기본적인 특징이 아닌 것은?

① 피복아크용접에 비해 용착효율이 높다.
② $CO_2$ 용접에 비해 스패터 발생이 적다.
③ 아크가 안정되므로 박판 용접에 적합하다.
④ TIG 용접에 비해 전류밀도가 높다.

해설
MIG, $CO_2$ 용접은 전류밀도가 높아 용입이 깊어 후판용접에 적합하다.

## 74 불활성 가스 금속 아크용접의 특징이 아닌 것은?

① 대체로 모든 금속의 용접이 가능하다.
② 수동 피복아크용접에 비해 용착효율이 높아 고능률적이다.
③ 전류밀도가 낮아 3mm 이상의 두꺼운 용접에 비능률적이다.
④ 아크의 자기제어 기능이 있다.

정답 66 ④ 67 ① 68 ③ 69 ④ 70 ④ 71 ④ 72 ① 73 ③ 74 ③

**75** 불활성 가스 금속 아크(MIG) 용접의 특징으로 옳은 것은?

① 바람의 영향을 받지 않아 방풍대책이 필요 없다.
② 피복 금속 아크용접에 비해 용착효율이 높아 고능률적이다.
③ 각종 금속용접이 불가능하다.
④ TIG 용접에 비해 전류밀도가 낮아 용접속도가 느리다.

**76** MIG 용접의 와이어 송급방식 중 와이어 릴과 토치 측의 양측에 송급장치를 부착하는 방식을 무엇이라 하는가?

① 푸시방식 ② 풀방식
③ 푸시–풀방식 ④ 더블푸시방식

**77** MIG 용접의 용적 이행 형태에 대한 설명 중 맞는 것은?

① 용적 이행에는 단락 이행, 스프레이 이행, 입상 이행이 있으며, 가장 많이 사용되는 것은 입상 이행이다.
② 스프레이 이행은 저전압 저전류에서 Ar 가스를 사용하는 경합금 용접에서 주로 나타난다.
③ 입상 이행은 와이어보다 큰 용적으로 용융되어 이행하며 주로 $CO_2$ 가스를 사용할 때 나타난다.
④ 직류 정극성일 때 스패터가 적고 용입이 깊게 되며, 용적 이행이 완전한 스프레이 이행이 된다.

**78** 불활성 가스 금속 아크용접(MIG)법에서 가장 많이 사용되는 것으로 용가재가 고속으로 용융되어 미입자의 용적으로 분사되어 모재로 옮겨가는 이행방식은?

① 단락 이행 ② 입상 이행
③ 펄스아크 이행 ④ 스프레이 이행

해설
용적(용융금속)의 이행 형식에는 입상 이행형(글로뷸러형), 단락형, 스프레이형이 있으며 MIG 용접은 스프레이형에 해당한다.

**79** 점용접의 종류가 아닌 것은?

① 맥동 점용접 ② 인터랙 점용접
③ 직렬식 점용접 ④ 원판식 점용접

**80** 점용접의 3대 요소가 아닌 것은?

① 전극모양 ② 통전시간
③ 가압력 ④ 전류세기

**81** 플라스마 아크용접에 적합한 모재로 짝지어진 것이 아닌 것은?

① 스테인리스강–탄소강
② 티탄–니켈 합금
③ 티탄–구리
④ 텅스텐–백금

**82** 심(Seam)용접법에서 용접전류의 통전방법이 아닌 것은?

① 직·병렬 통전법 ② 단속 통전법
③ 연속 통전법 ④ 맥동 통전법

해설
심용접법에서 병렬 통전법은 사용하지 않으며 이 용접법은 전기저항용접의 일종으로 기밀, 수밀을 요하는 제품의 용접에 사용된다.

**83** 두꺼운 판의 양쪽에 수랭동판을 대고 용융 슬래그 속에서 아크를 발생시킨 후 용융 슬래그의 전기 저항열을 이용하여 용접하는 방법은?

① 서브머지드 아크용접
② 불활성 가스 아크용접
③ 일렉트로 슬래그 용접
④ 전자빔 용접

정답 75 ② 76 ③ 77 ③ 78 ④ 79 ④ 80 ① 81 ④ 82 ① 83 ③

해설
일렉트로 슬래그 용접은 가장 두꺼운 판(약 1m)의 용접이 가능하며 와이어와 용융 슬래그 사이에 통전된 전류의 저항열을 이용해 용접하는 방식이다. 반드시 양쪽에 수냉동판을 사용하여 용융금속의 흘러내림을 방지해야 한다.

**84** 파장이 같은 빛을 렌즈로 집광하면 매우 작은 점으로 집중이 가능하고 높은 에너지로 집속하면 높은 열을 얻을 수 있다. 이것을 열원으로 하여 용접하는 방법은?

① 레이저 용접
② 일렉트로 슬래그 용접
③ 테르밋 용접
④ 플라스마 아크용접

**85** 논 가스 아크용접(Non Gas Arc Welding)의 장점에 대한 설명으로 틀린 것은?

① 아크의 빛과 열이 강렬하다.
② 용접장치가 간단하며 운반이 편리하다.
③ 바람이 있는 옥외에서도 작업이 가능하다.
④ 피복 가스 용접봉의 저수소계와 같이 수소의 발생이 적다.

해설
논 가스 아크용접은 산화를 방지하기 위해 용접봉 심선에 피복재를 감싼 봉을 사용하고 아크 보호용 탄산가스의 공급 없이 용접이 진행되며 아크의 빛과 열이 강렬하지 않다.

**86** 미그(MiG) 용접 제어장치의 기능으로 아크가 처음 발생되기 전 보호가스를 흐르게 하여 아크를 안정되게 하고 결함발생을 방지하기 위한 것은?

① 스타트 시간　② 가스지연 유출시간
③ 턴 잭 시간　④ 예비가스 유출시간

**87** 불활성 가스 금속 아크(MIG) 용접에서 주로 사용되는 가스는?

① CO　② Ar
③ $O_2$　④ H

**88** 불활성 가스 텅스텐 아크용접에 주로 사용되는 가스는?

① He, Ar　② Ne, Lo
③ Rn, Lu　④ CO, Xe

해설
불활성 가스 텅스텐 아크용접에 주로 사용되는 가스는 He(헬륨), Ne(네온), Ar(아르곤)이다.

**89** 아크열이 아닌 와이어와 용융 슬래그 사이에 통전된 전류의 저항열을 이용하는 방법은?

① 저항 용접
② 테르밋 용접
③ 서브머지드 아크용접
④ 일렉트로 슬래그 용접

해설
일렉트로 슬래그 용접 관련 문제는 출제가 잘 되는 편이다. 아크열이 아닌 전류의 저항열을 이용하며 용융금속의 흘러내림 방지를 위해 양측에 수랭구리동판을 사용한다.

**90** 서브머지드 아크용접의 기공발생 원인으로 맞는 것은?

① 용접속도 과대
② 적정전압 유지
③ 용제의 양호한 건조
④ 가용접부의 표면, 이면 슬래그 제거

**91** 기계적 이음과 비교한 용접이음의 장점으로 틀린 것은?

① 기밀성이 우수하다.
② 재료의 변형이 없다.
③ 이음효율이 높다.
④ 재료두께의 제한이 없다.

해설
용접열로 재료가 변형되는 것은 용접의 단점이다.

정답 84 ① 85 ① 86 ④ 87 ② 88 ① 89 ④ 90 ① 91 ②

**92** 플래시 버트 용접과정의 3단계는?
① 예열, 플래시, 업셋
② 업셋, 플래시, 후열
③ 예열, 검사, 플래시
④ 업셋, 예열, 후열

**93** 탄소 아크절단에 압축공기를 병용한 방법은?
① 산소창 절단
② 아크에어 가우징
③ 스카핑
④ 플라스마 절단

해설
아크에어 가우징은 5~7기압의 압축공기를 병용한 방법이다.

**94** 원자와 분자의 유도방사현상을 이용한 빛에너지를 이용하여 모재의 열변형이 거의 없고 이종금속의 용접이 가능하며, 미세하고 정밀한 용접을 비접촉식 용접방식으로 할 수 있는 용접법은?
① 전자빔 용접법
② 플라스마 용접법
③ 레이저 용접법
④ 초음파 용접법

**95** 아크에어 가우징에 사용되는 압축공기에 대한 설명으로 올바른 것은?
① 압축공기의 압력은 2~3kgf/cm$^2$ 정도가 좋다.
② 압축공기 분사는 항상 봉의 바로 앞에서 이루어져야 효과적이다.
③ 약간의 압력 변동에도 작업에 영향을 미치므로 주의한다.
④ 압축공기가 없을 경우 긴급 시에는 용기에 압축된 질소나 아르곤 가스를 사용한다.

해설
압축공기는 압력이 5~7kgf/cm$^2$며 소음이 적고 직류 역극성 전류를 사용한다.

**96** 아크에어 가우징의 작업능률은 치핑이나 그라인딩 또는 가스 가우징보다 몇 배 정도 높은가?
① 10~12배　② 8~9배
③ 5~6배　④ 2~3배

**97** 아크에어 가우징의 특징으로 틀린 것은?
① 가스 가우징이나 치핑에 비해 작업능률이 높다.
② 보수용접 시 균열부분이나 용접 결함부를 제거하는 데 적합하다.
③ 장비가 복잡하고 작업방법이 어렵다.
④ 활용범위가 넓어 스테인리스강, 동합금, 알루미늄에도 적용될 수 있다.

해설
아크에어 가우징은 소음이 적고 조작이 간단하며 장비의 구성이 복잡하지 않다.

**98** 용접 로봇 동작을 나타내는 관절 좌표계의 장점에 대한 설명으로 틀린 것은?
① 3개의 회전축을 이용한다.
② 장애물의 상하에 접근이 가능하다.
③ 작은 설치 공간에 큰 작업 영역이 가능하다.
④ 단순한 매니퓰레이터의 구조이다.

정답　92 ①　93 ②　94 ③　95 ④　96 ④　97 ③　98 ④

SECTION 3

# 가스용접 및 절단

**01** 연소의 3요소에 해당하지 않는 것은?

① 가연물　② 부촉매
③ 산소 공급원　④ 점화에너지 열원

해설
☞ 암기법 : 연소의 3요소 → 가산점

**02** 가스 용접봉 선택의 조건에 들지 않는 것은?

① 모재와 같은 재질일 것
② 불순물이 포함되어 있지 않을 것
③ 용융온도가 모재보다 낮을 것
④ 기계적 성질에 나쁜 영향을 주지 않을 것

해설
용융온도가 모재와 같을 것

**03** 산소-아세틸렌가스 용접의 장점에 대한 설명으로 틀린 것은?

① 용접기의 운반이 비교적 자유롭다.
② 아크용접에 비해서 유해 광선의 발생이 적다.
③ 열의 집중성이 좋아서 용접이 효율적이다.
④ 가열할 때 열량 조절이 비교적 자유롭다.

해설
산소-아세틸렌 용접은 열효율성이 떨어진다.

**04** 중공의 피복용접봉과 모재와의 사이에 아크를 발생시키고 이 아크열을 이용하여 절단하는 방법은?

① 산소 아크 절단
② 플라스마 제트 절단
③ 산소창 절단
④ 스카핑

해설
"중공"은 가운데가 비어 있다는 뜻이며, 그 안으로 고압의 절단 산소가 지나가게 된다.

**05** 산소창 절단방법으로 절단할 수 없는 것은?

① 알루미늄 판
② 암석의 천공
③ 두꺼운 강판의 절단
④ 강괴의 절단

**06** 가스용접에서 탄화불꽃의 설명과 관련이 가장 적은 것은?

① 표준불꽃이다.
② 아세틸렌 과잉불꽃이다.
③ 속불꽃과 겉불꽃 사이에 밝은 백색의 제3불꽃이 있다.
④ 산화작용이 일어나지 않는다.

**07** 가스 절단에서 양호한 가스 절단면을 얻기 위한 조건으로 틀린 것은?

① 절단면이 깨끗할 것
② 드래그가 가능한 한 작을 것
③ 절단면 표면의 각이 예리할 것
④ 슬래그의 이탈성이 나쁠 것

해설
슬래그 이탈이 양호할 것

**08** 가스 절단면에 있어서 절단 기류의 입구점과 출구점 사이의 수평거리를 무엇이라고 하는가?

① 드래그
② 절단깊이
③ 절단거리
④ 너깃

정답　01 ②　02 ③　03 ③　04 ①　05 ①　06 ①　07 ④　08 ①

**09** 가스 절단에서 드래그에 대한 설명으로 틀린 것은?

① 절단면에 일정한 간격의 곡선이 진행 방향으로 나타나 있는 것을 드래그 라인이라 한다.
② 드래그 길이는 절단 속도, 산소 소비량 등에 의해 변화한다.
③ 표준 드래그 길이는 보통 판 두께의 50% 정도이다.
④ 하나의 드래그 라인의 시작점에서 끝점까지의 수평거리를 드래그 또는 드래그 길이라 한다.

해설
표준 드래그 길이는 판 두께의 20%(1/5)이다.

**10** 수동가스 절단기에서 저압식 절단토치는 아세틸렌가스 압력이 보통 몇 $kgf/cm^2$ 이하일 때 사용되는가?

① 0.07 ② 0.40
③ 0.70 ④ 1.40

해설
0.07 이하 저압, 0.07~1.3 중압, 1.3 이상 고압으로 분류한다.

**11** 아세틸렌(Acetylene)이 연소하는 과정에 포함되지 않는 원소는?

① 유황(S) ② 수소(H)
③ 탄소(C) ④ 산소(O)

**12** 아세틸렌은 각종 액체에 잘 용해된다. 그러면 1기압 아세톤 2*l*에는 몇 *l*의 아세틸렌이 용해되는가?

① 2 ② 10
③ 25 ④ 50

해설
**아세틸렌의 용해**
물(1배), 석유(2배), 벤젠(4배), 알코올(6배), 아세톤(25배)

**13** 프로판($C_3H_8$)의 성질을 설명한 것으로 틀린 것은?

① 상온에서는 기체 상태이다.
② 쉽게 기화하며 발열량이 높다.
③ 액화하기 쉽고 용기에 넣어 수송이 편리하다.
④ 온도 변화에 따른 팽창률이 작다.

해설
온도 변화에 따른 팽창률이 크다.

**14** 가스용접에 사용되는 연소가스의 혼합으로 틀린 것은?

① 산소－아세틸렌 ② 산소－질소가스
③ 산소－프로판 ④ 산소－수소가스

해설
가스용접은 지연성 가스인 산소와 가연성 가스를 혼합하는 것이다.

**15** 가스용접에서 압력 조정기의 압력 전달순서가 올바르게 된 것은?

① 부르동관 → 링크 → 섹터기어 → 피니언
② 부르동관 → 피니언 → 링크 → 섹터기어
③ 부르동관 → 링크 → 피니언 → 섹터기어
④ 부르동관 → 피니언 → 섹터기어 → 링크

해설
☞ 암기법 : 부링섹피

**16** KS에서 연강용 가스용접봉 용착금속의 기계적 성질에서 시험편의 처리에 사용한 기호 중 "용접 후 열처리를 한 것"을 나타내는 기호는?

① P ② A
③ GA ④ GP

**17** 산소절단 시 예열불꽃이 너무 강한 경우 나타나는 현상으로 틀린 것은?

① 드래그가 증가한다.
② 절단면이 거칠게 된다.
③ 슬래그 중 철 성분의 박리가 어렵게 된다.
④ 절단 모서리가 둥글게 된다.

해설
드래그 증가는 예열불꽃이 너무 약한 경우에 나타나는 현상이다.

정답 09 ③ 10 ① 11 ① 12 ④ 13 ④ 14 ② 15 ① 16 ① 17 ①

**18** 산소-아세틸렌 가스용접에 대한 장점 설명으로 틀린 것은?

① 운반이 편리하다.
② 후판용접이 용이하다.
③ 아크용접에 비해 유해 광선이 적다.
④ 전원설비가 없는 곳에서도 쉽게 설치할 수 있다.

해설
산소-아세틸렌 가스용접은 박판용적에 적합하다.

**19** 가스용접용 토치의 팁 중 표준불꽃으로 1시간 용접시 아세틸렌 소모량이 100$l$인 것은?

① 고압식 200번 팁 ② 중압식 200번 팁
③ 가변압식 100번 팁 ④ 불변압식 100번 팁

해설
- 가변압식(프랑스식) 팁 : 100, 200, 300의 세 자리 숫자로 시간당 소비되는 아세틸렌 가스의 양을 나타낸다.
- 불변압식(독일식) 팁 : 1, 2, 3의 한 자리 숫자이며 용접 가능한 모재의 두께를 나타낸다.

**20** 가스용접봉 표시 GA46에서 46의 의미는?

① 용접봉의 재질
② 용접봉의 규격
③ 용접봉의 종류
④ 용착금속의 최소 인장강도

**21** 산소-아세틸렌가스 절단과 비교한 산소-프로판 가스 절단의 특징이 아닌 것은?

① 절단면 윗 모서리가 잘 녹지 않는다.
② 슬래그 제거가 쉽다.
③ 포갬 절단 시에는 아세틸렌보다 절단속도가 느리다.
④ 후판 절단 시에는 아세틸렌보다 절단속도가 빠르다.

해설
산소-프로판은 발열량이 높아 후판의 절단이나 포갬 절단(겹치기 절단)이 가능하며, 포갬 절단 시 아세틸렌보다 절단속도가 빠르다.

**22** 가스 용접기의 압력조정기가 갖추어야 할 점이 아닌 것은?

① 조정 압력이 용기 내의 가스량 변화에 따라 유동성이 있을 것
② 동작이 예민하고 빙결(氷結)되지 않을 것
③ 조정 압력과 사용 압력의 차이가 작을 것
④ 가스의 방출량이 많더라도 흐르는 양이 안정될 것

해설
용기 내의 가스량에 관계없이 일정한 압력이 나와야 하는 것이 압력조정기의 역할이다.

**23** 가스 용접에 사용되는 기체의 폭발한계가 가장 큰 것은?

① 수소 ② 메탄
③ 프로판 ④ 아세틸렌

해설
폭발한계(연소범위)가 크면 위험한 물질이다. 아세틸렌은 상당히 불안정한 화합물로 기체상태에서 압축하면 충격을 받을 때 분해하여 폭발하기 쉬운 가스이다.

**24** 산소는 대기 중의 공기 속에 약 몇 % 함유되어 있는가?

① 11 ② 21
③ 31 ④ 41

**25** 가스 용접 기법의 설명 중 맞는 것은?

① 열 이용률은 전진법보다 후진법이 우수하다.
② 용접 변형은 후진법이 크다.
③ 산화의 정도가 심한 것은 후진법이다.
④ 용접속도는 전진법에 비해 후진법이 느리다.

해설
상당히 빈번히 출제되는 유형이며 전진법보다는 후진법이 가진 장점이 많다고 기억하자.(비드 모양은 예외)

정답 18 ② 19 ③ 20 ④ 21 ③ 22 ① 23 ④ 24 ② 25 ①

**26** 가스용접에서 가변압식 팁의 능력을 표시하는 것은?

① 표준불꽃으로 용접 시 매시간당 아세틸렌가스의 소비량을 리터로 표시한 것
② 표준불꽃으로 용접 시 매시간당 산소의 소비량을 리터로 표시한 것
③ 표준불꽃으로 용접 시 매분당 아세틸렌가스의 소비량을 리터로 표시한 것
④ 표준불꽃으로 용접 시 매분당 산소의 소비량을 리터로 표시한 것

**27** 가연물을 가열할 때 가연물이 점화원의 직접적인 접촉 없이 연소가 시작되는 최저온도를 무엇이라고 하는가?

① 인화점 ② 발화점
③ 연소점 ④ 융점

**28** 가스용접에서 알루미늄을 가스용접하고자 할 때 일반적으로 어떠한 용접봉을 사용해야 하는가?

① Al에 소량의 P을 첨가한 용접봉
② Al에 소량의 S을 첨가한 용접봉
③ Al에 소량의 C를 첨가한 용접봉
④ Al에 소량의 Fe을 첨가한 용접봉

**29** 가스용접에 사용되는 가스가 아닌 것은?

① 천연가스 ② 부탄가스
③ 도시가스 ④ 티탄가스

**30** 산소－아세틸렌 불꽃의 종류가 아닌 것은?

① 중성 불꽃 ② 탄화 불꽃
③ 질화 불꽃 ④ 산화 불꽃

해설
산소－아세틸렌 불꽃에는 중성 불꽃, 탄화 불꽃, 산화 불꽃이 있으며, 그중 불꽃온도가 가장 높은 것은 산화 불꽃이다.

**31** 가스용접에서 아세틸렌 과잉불꽃이라 하며 속불꽃과 겉불꽃 사이에 아세틸렌 페더가 있는 불꽃의 명칭은?

① 바깥 불꽃 ② 중성 불꽃
③ 산화 불꽃 ④ 탄화 불꽃

해설
탄화 불꽃은 아세틸렌 페더(깃)라는 깃털모양의 불꽃이 나타난다.

**32** 가스용접에서 용제를 사용하는 가장 중요한 이유로 맞는 것은?

① 용접봉 용융속도를 느리게 하기 위하여
② 용융온도가 높은 슬래그를 만들기 위하여
③ 침탄이나 질화를 돕기 위하여
④ 용접 중에 생기는 금속의 산화물을 용해하기 위해

해설
용접에서 용제의 역할은 상당히 중요한 개념이다.

**33** 다음 중 가스 절단이 가장 용이한 금속은?

① 주철 ② 저합금강
③ 알루미늄 ④ 아연

해설
주철과 알루미늄, 아연 등 비철금속은 가스 절단이 어려워 주로 분말 절단으로 절단한다.

**34** 프로판가스가 완전연소하였을 때 설명으로 맞는 것은?

① 완전연소하면 이산화탄소로 된다.
② 완전연소하면 이산화탄소와 물이 된다.
③ 완전연소하면 일산화탄소와 물이 된다.
④ 완전연소하면 수소가 된다.

**35** 아크절단의 종류에 해당하는 것은?

① 철분 절단 ② 수중 절단
③ 스카핑 ④ 아크 에어 가우징

정답 26 ① 27 ② 28 ① 29 ④ 30 ③ 31 ④ 32 ④ 33 ② 34 ② 35 ④

해설
철분 절단, 수중 절단, 스카핑은 아크(전기적 에너지)가 발생하지 않는다.

**36** 강재 표면의 흠이나 개재물, 탈탄층 등을 제거하기 위하여 얇고 타원형 모양으로 표면을 깎아 내는 가공법은?

① 산소창 절단 ② 스카핑
③ 탄소아크 절단 ④ 가우징

해설
얇게 깎아내는 가공법은 스카핑이다.
☞ 암기법 : 스카프는 얇다.

**37** 스카핑(Scarfing)에 대한 설명 중 옳지 않은 것은?

① 수동용 토치는 서서 작업할 수 있도록 긴 것이 많다.
② 토치는 가우징 토치에 비해 능력이 큰 것이 사용된다.
③ 되도록 좁게 가열해야 첫 부분이 깊게 파이는 것을 방지할 수 있다.
④ 예열면이 점화온도에 도달하여 표면의 불순물이 떨어져 깨끗한 금속면이 나타날 때까지 가열한다.

해설
좁게 가열하면 깊게 파이게 된다.

**38** U형, H형의 용접홈을 가공하기 위하여 슬로 다이버전트로 설계된 팁을 사용하여 깊은 홈을 파내는 가공법은?

① 치핑 ② 슬래그 절단
③ 가스 가우징 ④ 아크 에어 가우징

해설
가스 가우징은 용접홈과 같은 깊은 홈을 파내는 데 사용한다.

**39** 특수 절단 및 가스 가공방법이 아닌 것은?

① 수중 절단 ② 스카핑
③ 치핑 ④ 가스 가우징

해설
치핑은 끝이 둥근 해머를 이용해 금속을 두들겨 응력을 제거하는 방법이다.

**40** 가스 절단장치에 관한 설명으로 틀린 것은?

① 프랑스식 절단 토치의 팁은 동심형이다.
② 중압식 절단 토치는 아세틸렌가스 압력이 보통 $0.07kgf/cm^2$ 이하에서 사용된다.
③ 독일식 절단 토치의 팁은 이심형이다.
④ 산소나 아세틸렌 용기 내의 압력이 고압이므로 그 조정을 위해 압력조정기가 필요하다.

해설
$0.07kgf/cm^2$ 이하는 저압식, $0.07 \sim 1.3kgf/cm^2$는 중압식 토치이다.

**41** 절단법 중에서 직류 역극성을 사용하여 주로 절단하는 방법은?

① 불활성 가스 금속 아크 절단
② 탄소 아크 절단
③ 산소 아크 절단
④ 금속 아크 절단

해설
여러 절단법 중 직류 역극성(DCRP)을 사용하는 것은 불활성 가스 금속 아크(MIG) 절단과 아크 에어 가우징이다.

**42** 탄소 전극봉 대신 절단 전용의 특수 피복을 입힌 피복봉을 사용하여 절단하는 방법은?

① 금속분말 절단 ② 금속아크 절단
③ 전자빔 절단 ④ 플라스마 절단

해설
금속아크 절단법은 스테인리스 절단에 탁월한 성능을 가진다.

**43** 플라스마 제트 절단에서 주로 이용하는 효과는?

① 열적 핀치효과 ② 열적 불림효과
③ 열적 담금효과 ④ 열적 뜨임효과

정답 36 ② 37 ③ 38 ③ 39 ③ 40 ② 41 ① 42 ② 43 ①

**44** 가스 용접 작업에서 보통작업할 때 압력조정기의 산소압력은 몇 $kgf/m^2$ 이하이어야 하는가?

① 5~6 ② 3~4
③ 1~2 ④ 0.1~0.3

**45** 가스 가우징에 의한 홈 가공을 할 때 가장 적당한 홈의 깊이에 대한 너비의 비는 얼마인가?

① 1 : (2~3) ② 1 : (5~7)
③ (2~3) : 1 ④ (5~7) : 1

**46** 가스 용접에서 붕사 75%에 염화나트륨 25%가 혼합된 용제는 어떤 금속용접에 적합한가?

① 연강 ② 주철
③ 알루미늄 ④ 구리합금

**47** 고속분출을 얻는 데 적합하고 보통의 팁에 비하여 산소의 소비량이 같을 때, 절단속도를 20~25% 증가시킬 수 있는 절단 팁은?

① 다이버전트형 팁 ② 직선형 팁
③ 산소-LP용 팁 ④ 보통형 팁

**48** 청색의 겉불꽃에 둘러싸인 무광의 불꽃이며 육안으로는 불꽃 조절이 어렵고, 납땜이나 수중 절단의 예열 불꽃으로 사용되는 것은?

① 천연가스 불꽃
② 산소-수소 불꽃
③ 도시가스 불꽃
④ 산소-아세틸렌 불꽃

**49** 표준 불꽃에서 프랑스식 가스용접 토치의 용량은?

① 1시간에 소비하는 아세틸렌가스의 양
② 1분에 소비하는 아세틸렌가스의 양
③ 1시간에 소비하는 산소가스의 양
④ 1분에 소비하는 산소가스의 양

**50** 주철이나 비철금속은 가스 절단이 용이하지 않으므로 철분 또는 용제를 연속적으로 절단용 산소에 공급하여 그 산화열 또는 용제의 화학작용을 이용한 절단방법은?

① 분말 절단 ② 산소창 절단
③ 탄소아크 절단 ④ 스카핑

**51** 가스 가우징에 대한 설명 중 틀린 것은?

① 용접부의 결함, 가접의 제거, 홈 가공 등에 사용된다.
② 스카핑에 비하여 너비가 큰 홈을 가공한다.
③ 팁은 슬로 다이버전트로 설계되어 있다.
④ 가우징 진행 중 팁은 모재에 닿지 않도록 한다.

해설
스카핑에 비하여 너비가 작은 홈을 가공한다.

**52** 다음 중 산소 프로판 가스 용접 시 산소 : 프로판 가스의 혼합비는?

① 1 : 1 ② 2 : 1
③ 2.5 : 1 ④ 4.5 : 1

해설
산소-프로판 용접 시 산소의 소비량이 4.5배 많다.

**53** 산소는 대기 중의 공기 속에 약 몇 % 함유되어 있는가?

① 11% ② 21%
③ 31% ④ 41%

해설
공기 중에는 약 78%의 질소와 21%의 산소 그리고 그 외 가스로 이루어져 있다.

**54** 가스 용접에서 전진법과 비교한 후진법의 특성을 설명한 것으로 틀린 것은?

① 열 이용률이 좋다.
② 용접속도가 빠르다.
③ 용접 변형이 작다.
④ 산화 정도가 심하다.

정답 44 ② 45 ① 46 ④ 47 ① 48 ② 49 ① 50 ① 51 ② 52 ④ 53 ② 54 ④

해설

자주 출제되는 문제유형이며 후진법은 전진법에 비해 전반적으로 용접효율성이 뛰어나지만 비드의 모양이 미려하지 못한 단점이 있다.

**전진법과 후진법 비교**

| 항목 | 전진법 | 후진법 |
|---|---|---|
| 열 이용률 | 나쁘다. | 좋다. |
| 속도 | 느리다. | 빠르다. |
| 홈 각도 | 크다. | 작다. |
| 변형 | 크다. | 적다. |
| 용접 가능 모재 두께 | 얇다. | 두껍다. |
| 산화 정도 | 심하다. | 약하다. |
| 냉각속도 | 빠르다. | 느리다. |
| 비드 모양 | 좋다. | 나쁘다. |

**55** 산소-아세틸렌 가스용접의 단점이 아닌 것은?

① 열효율이 낮다.
② 폭발할 위험이 있다.
③ 가열시간이 오래 걸린다.
④ 가스불꽃의 조절이 어렵다.

해설

가스불꽃 조절이 용이한 것은 가스용접의 장점이다.

**56** 가스용접에서 산소용 고무호스의 사용 색은?

① 노랑 ② 흑색
③ 흰색 ④ 적색

해설

흑색 또는 녹색을 사용한다.

**57** 가스 절단에서 예열 불꽃이 약할 때 나타나는 현상은?

① 드래그가 증가한다.
② 절단면이 거칠어진다.
③ 변두리가 용융되어 둥글게 된다.
④ 슬래그 중의 철 성분의 박리가 어려워진다.

**58** 가스 절단면의 표준 드래그의 길이는 얼마 정도로 하는가?

① 판 두께의 1/2 ② 판 두께의 1/3
③ 판 두께의 1/5 ④ 판 두께의 1/7

해설

1/5=20%

**59** 가스용접에서 역화가 생기는 주요 원인이 아닌 것은?

① 팁의 막힘
② 팁의 과열
③ 가스용기의 형태와 크기
④ 가스압력의 부적절

**60** 가스용접에 사용되는 산소의 성질을 설명한 것으로 잘못된 것은?

① 산소 자체는 타지 않는다.
② 성질은 무색, 무취, 무미의 기체이다.
③ 액체 산소는 일반적으로 연한 청색을 띤다.
④ 다른 물질의 연소를 도와주는 가연성 가스이다.

해설

산소는 다른 물질의 연소를 도와주는 지연성 또는 조연성 가스이다.

**61** 아크 절단법으로 고체, 액체, 기체 이외의 제4의 물리 상태로 알려지고 있으며, 아크 방전에 있어 양극 사이에서 강한 빛을 발하는 부분을 열원으로 하여 절단하는 방법으로, 금속재료는 물론 비금속 절단에도 사용되는 것은?

① 플라스마 아크 절단
② MIG 절단
③ 탄소 아크 절단
④ TIG 절단

해설

플라스마 아크 절단은 비금속재료인 콘크리트의 절단에도 활용된다.

정답 55 ④ 56 ② 57 ① 58 ③ 59 ③ 60 ④ 61 ①

**62** 플라스마 아크용접의 장점이 아닌 것은?

① 핀치효과에 의해 전류밀도가 작고 용입이 얕다.
② 용접부의 기계적 성질이 좋으며 용접 변형이 적다.
③ 1층으로 용접할 수 있으므로 능률적이다.
④ 비드 폭이 좁고 용접속도가 빠르다.

해설
열적 · 자기적 핀치효과에 의해 전류밀도가 크고 용입이 깊다.

**63** 각종 금속의 가스 용접 시 사용하는 용제들 중 주철 용접에 사용하는 용제들만으로 짝지어진 것은?

① 붕사 – 염화리튬
② 탄산나트륨 – 붕사 – 중탄산나트륨
③ 염화리튬 – 중탄산나트륨
④ 규산칼륨 – 붕사 – 중탄산나트륨

해설
용제는 금속 표면의 산화막을 제거하는 역할을 한다.

**64** 가스 용접을 피복금속아크용접과 비교할 때의 단점으로 옳은 것은?

① 가열할 때 열량조절이 비교적 어렵다.
② 아크용접에 비해 유해광선의 발생이 많다.
③ 전원설비가 없는 곳에서는 쉽게 설치할 수 없다.
④ 폭발의 위험이 크고 금속이 탄화 및 산화될 가능성이 많다.

**65** 용접열원의 하나인 가스에너지 중 가연성 가스가 아닌 것은?

① 아세틸렌　② 부탄
③ 산소　④ 수소

해설
산소는 지연성(조연성) 가스이다.

**66** 가스 절단에서 고속 분출을 얻는 데 가장 적합한 다이버전트 노즐은 보통의 팁에 비하여 산소 소비량이 같을 때 절단속도를 몇 % 정도 증가시킬 수 있는가?

① 5~10%　② 10~15%
③ 20~25%　④ 30~35%

해설
다이버전트 노즐은 보통 팁에 비해 절단속도를 약 20~25% 정도 증가시킬 수 있다.

**67** 연강용 가스 용접봉에서 "625±25℃에서 1시간 동안 응력을 제거했다."라는 영문자 표시에 해당되는 것은?

① NSR　② GB
③ SR　④ GA

해설
• NSR(Non Stress Relief) : 응력을 제거하지 않음
• SR(Stress Relief) : 응력 제거

**68** 가스용접이나 절단에 사용되는 가연성 가스의 구비조건 중 틀린 것은?

① 불꽃의 온도가 높을 것
② 발열량이 클 것
③ 연소속도가 느릴 것
④ ~~용융금속과~~ 화학반응이 일어나지 않을 것

해설
가스용접에 사용되는 가연성 가스는 작업 시 연소속도가 빨라야 한다.

**69** 연강을 가스 용접할 때 사용하는 용제는?

① 염화나트륨
② 붕사
③ 중탄산소다 + 탄산소다
④ 사용하지 않는다.

해설
연강은 탄소의 함유량이 약 0.25% 이하인 강을 말하며 가스용접 시 용제를 사용하지 않는다.

정답　62 ①　63 ②　64 ④　65 ③　66 ③　67 ③　68 ③　69 ④

**70** 가스 절단 토치 형식 중 절단팁이 동심형에 해당하는 형식은?

① 영국식 ② 미국식
③ 독일식 ④ 프랑스식

해설
동심형 팁은 프랑스식이며 팁의 번호는 시간당 소비되는 아세틸렌가스의 양으로 표기한다.

**71** 절단용 산소 중의 불순물이 증가되면 나타나는 결과가 아닌 것은?

① 절단속도가 늦어진다.
② 산소의 소비량이 적어진다.
③ 절단 개시시간이 길어진다.
④ 절단 홈의 폭이 넓어진다.

해설
절단 산소 중에 불순물이 증가하면 정상적인 절단이 되지 않아 불필요하게 산소의 소비량을 늘려야 한다.

**72** 가스 절단작업에서 절단속도에 영향을 주는 요인과 가장 관계가 먼 것은?

① 모재의 온도 ② 산소의 압력
③ 아세틸렌 압력 ④ 산소의 순도

해설
아세틸렌의 압력과 순도는 절단속도에 영향을 주지 않는다.

**73** 산소 용기의 윗부분에 각인되어 있지 않은 것은?

① 용기의 중량
② 충전가스의 내용적
③ 내압시험 압력
④ 최저 충전압력

해설
산소 용기에는 충전할 수 있는 최고 압력이 표기되어 있다.

**74** 수중 절단작업에 주로 사용되는 가스는?

① 아세틸렌 가스 ② 프로판 가스
③ 벤젠 ④ 수소

**75** 혼합가스 연소에서 불꽃 온도가 가장 높은 것은?

① 산소－수소 불꽃
② 산소－프로판 불꽃
③ 산소－아세틸렌 불꽃
④ 산소－부탄 불꽃

해설
불꽃 온도가 높은 것은 산소－아세틸렌이며, 발열량이 높은 것은 산소－프로판이다.

**76** 산소－아세틸렌가스 불꽃의 종류 중 불꽃온도가 가장 높은 것은?

① 탄화 불꽃 ② 중성 불꽃
③ 산화 불꽃 ④ 환원 불꽃

해설
산화 불꽃은 산소 과잉 불꽃이라고도 한다.

**77** 용접작업에서 아르곤(Ar) 용기를 나타내는 색깔은?

① 황색 ② 녹색
③ 회색 ④ 흰색

해설
- 아세틸렌 용기 : 황색(노란색)
- 산소 용기 : 녹색
- 의료용 산소 : 흰색

**78** 가스용접에서 충전가스의 용도 색으로 틀린 것은?

① 산소－녹색 ② 프로판－흰색
③ 탄소가스－청색 ④ 아세틸렌－황색

해설
프로판－회색

정답 70 ④ 71 ② 72 ③ 73 ④ 74 ④ 75 ③ 76 ③ 77 ③ 78 ②

SECTION

# 4 안전관리

## 4-1 용접안전

**01** 재해와 숙련도 관계에서 사고가 많이 발생하는 경향이 있는 것으로 가장 알맞은 것은?

① 경험이 1년 미만인 근로자
② 경험이 3년인 근로자
③ 경험이 5년인 근로자
④ 경험이 10년인 근로자

**02** KS규격에서 화재안전, 금지표시의 의미를 나타내는 안전색은?

① 노랑 ② 초록
③ 빨강 ④ 파랑

**03** 작업장에 따라 작업 특성에 맞는 적당한 조명을 하여야 한다. 보통작업 시 조도기준으로 적합한 것은?

① 750lux 이상
② 75lux 이상
③ 150lux 이상
④ 300lux 이상

**04** 가스용접작업에 관한 안전사항으로서 틀린 것은?

① 산소 및 아세틸렌병 등 빈 병은 섞어서 보관한다.
② 호스의 누설 시험 시에는 비눗물을 사용한다.
③ 용접 시 토치의 끝을 긁어서 오물을 털지 않는다.
④ 아세틸렌병 가까이에서는 흡연하지 않는다.

해설
사용한 용기는 "빈 병"이라고 표시하고 새 병과 구분하여 보관한다.

**05** 가연성 가스로 스파크 등에 의한 화재에 대하여 가장 주의해야 할 가스는?

① LPG ② $CO_2$
③ He ④ $O_2$

**06** 용해 아세틸렌 취급 시 주의사항으로 잘못 설명된 것은?

① 저장장소는 통풍이 잘 되어야 한다.
② 저장장소에는 화기를 가까이 하지 말아야 한다.
③ 용기는 아세톤의 유출을 방지하기 위해 눕혀서 보관한다.
④ 용기는 진동이나 충격을 가하지 말고 신중히 취급해야 한다.

해설
아세틸렌 용기를 눕혀서 보관하면 용기 속의 아세톤이 가스와 함께 유출되므로 세워서 보관한다.

**07** 수동 절단 작업 요령을 틀리게 설명한 것은?

① 절단 토치의 밸브를 자유롭게 열고 닫을 수 있도록 가볍게 한다.
② 토치의 진행 속도가 늦으면 절단면 위 모서리가 녹아서 둥글게 되므로 적당한 속도로 진행한다.
③ 토치가 과열되었을 때는 아세틸렌 밸브를 열고 물에 냉각시켜서 사용한다.
④ 절단 시 필요한 경우 지그나 가이드를 이용하는 것이 좋다.

해설
토치가 과열되었을 때는 토치 내부로 물 유입을 방지하기 위해 산소 밸브를 열고 물에 냉각시킨다.

정답 01 ① 02 ③ 03 ③ 04 ① 05 ① 06 ③ 07 ③

## 08 통행과 운반 관련 안전조치가 틀린 것은?

① 뛰지 말고, 한눈을 팔거나 주머니에 손을 넣고 걷지 말 것
② 기계와 다른 시설물과의 사이의 통로로, 폭은 30cm 이상으로 할 것
③ 운반차는 규정속도를 지키고 운반 시 시야를 가리지 않게 할 것
④ 통행로와 운반차, 기타 시설물에는 안전표지색을 이용한 안전표지를 할 것

해설
통로의 폭은 90cm 이상으로 할 것

## 09 가스 절단 작업 시 유의사항으로 틀린 것은?

① 호스가 꼬여 있는지 확인한다.
② 가스 절단에 알맞은 보호구를 착용한다.
③ 절단부가 예리하고 날카로우므로 상처를 입지 않도록 주의한다.
④ 절단 진행 중에 시선은 절단면을 떠나도 된다.

## 10 줄 작업 시의 방법 및 안전수칙에 위배되는 사항은?

① 줄 작업은 당길 때 힘을 많이 주어 절삭되도록 한다.
② 줄 작업 전 줄 자루가 단단하게 끼워져 있는가를 확인한다.
③ 줄을 해머나 공구용으로 사용하지 않는다.
④ 줄눈에 끼인 칩은 와이어 브러시로 제거한다.

해설
줄 작업 시 앞으로 밀 때 힘을 주어 절삭되도록 한다.

## 11 헬멧이나 핸드실드의 차광유리 앞에 보호유리를 끼우는 가장 타당한 이유는?

① 시력을 보호하기 위하여
② 가시광선을 차단하기 위하여
③ 적외선을 차단하기 위하여
④ 차광유리를 보호하기 위하여

해설
차광유리를 보호하기 위해 앞에 보호유리를 끼운다.

## 12 전기스위치류의 취급에 관한 안전사항으로 틀린 것은?

① 운전 중 정전되었을 때 스위치는 반드시 끊는다.
② 스위치 근처에는 여러 가지 재료 등을 놓아두지 않는다.
③ 스위치를 끊을 때는 부하를 무겁게 해 놓고 끊는다.
④ 스위치는 노출시켜 놓지 말고, 반드시 뚜껑을 만들어 장착한다.

## 13 화재 및 폭발 방지 조치사항으로 틀린 것은?

① 용접 작업 부근에 점화원을 두지 않는다.
② 인화성 액체의 반응 또는 취급은 폭발한계범위 이내의 농도로 한다.
③ 아세틸렌이나 LP가스 용접 시에는 가연성 가스가 누설되지 않도록 한다.
④ 대기 중에 가연성 가스를 누설 또는 방출시키지 않는다.

해설
폭발한계범위(연소범위) 이내의 농도는 위험한 상태에 두는 것이다.

## 14 아크용접 작업 중 허용전류가 20~50mA일 때 인체에 미치는 영향으로 맞는 것은?

① 고통을 느끼고 가까운 근육이 저려서 움직이지 않는다.
② 고통을 느끼고 강한 근육 수축이 일어나며 호흡이 곤란하다.
③ 고통을 수반한 쇼크를 느낀다.
④ 순간적으로 사망할 위험이 있다.

해설
- 5mA : 상당한 고통
- 10mA : 견디기 힘든 심한 고통
- 20mA : 근육 수축
- 50mA : 사망위험
- 100mA : 치명적인 영향

정답 08 ② 09 ④ 10 ① 11 ④ 12 ③ 13 ② 14 ②

**15** 산소－아세틸렌 가스로 두께가 25mm 이하인 연강판을 산소 절단할 때 차광번호로 가장 적합한 것은?

① 10~12 ② 7~8
③ 4~6 ④ 12~14

해설
필터렌즈의 차광번호는 일반 피복아크용접에서는 10~11번, 가스용접에서는 4~6번을 사용한다.

**16** 산업안전보건법 시행규칙에서 화학물질 취급장소에서의 유해위험 경고 이외의 위험 경고 주의 표지 또는 기계방호물을 나타내는 색채는?

① 빨간색 ② 노란색
③ 녹색 ④ 파란색

**17** 용접작업 시 전격방지를 위한 주의사항으로 틀린 것은?

① 안전 홀더 및 안전한 보호구를 사용한다.
② 협소한 장소에서는 용접공의 몸에 열기로 인하여 땀에 젖어 있을 때가 많으므로 신체가 노출되지 않도록 한다.
③ 스위치의 개폐는 지정한 방법으로 하고, 절대로 젖은 손으로 개폐하지 않도록 한다.
④ 장시간 작업을 중지할 경우에는 용접기의 스위치를 끊지 않아도 된다.

**18** 용접재해 중 전격에 의한 재해 방지대책으로 맞는 것은?

① TIG 용접 시 텅스텐 전극봉을 교체할 때는 항상 전원 스위치를 차단하고 교체한다.
② 용접 중 홀더나 용접봉은 맨손으로 취급해도 무방하다.
③ 밀폐된 구조물에서는 혼자서 작업하여도 무방하다.
④ 절연 홀더의 절연부분이 균열이나 파손되어 있으면 작업이 끝난 후에 보수하거나 교체한다.

**19** $CO_2$ 가스 아크용접 시 작업장의 이산화탄소 농도가 3~4%일 때 인체에 일어나는 현상으로 가장 적절한 것은?

① 두통 및 뇌빈혈을 일으킨다.
② 위험 상태가 된다.
③ 치사량이 된다.
④ 아무렇지도 않다.

해설
- 3~4% : 두통
- 15% 이상 : 뇌빈혈
- 30% 이상 : 치사량

**20** 안전모의 사용 시 머리 상부와 안전모 내부의 상단과의 간격은 얼마로 유지하면 좋은가?

① 10mm 이상 ② 15mm 이상
③ 20mm 이상 ④ 25mm 이상

**21** 전기용접기의 취급관리에 대한 안전사항으로서 잘못된 것은?

① 용접기는 항상 건조한 곳에 설치 후 작업한다.
② 용접전류는 용접봉 심선의 굵기에 따라 적정 전류를 정한다.
③ 용접전류 조정은 용접을 진행하면서 조정한다.
④ 용접기는 통풍이 잘 되고 그늘진 곳에 설치하고 습기가 없어야 한다.

해설
용접전류 조정은 용접작업 중단 후 실시해야 한다.

**22** 용접용 산소용기 취급상의 주의사항 중 틀린 것은?

① 용기 운반 시 충격을 주어서는 안 된다.
② 통풍이 잘 되고 직사광선이 잘 드는 곳에 보관한다.
③ 밸브의 개폐는 조용히 해야 한다.
④ 가연성 물질이 있는 곳에는 용기를 보관하지 말아야 한다.

정답 15 ③ 16 ② 17 ④ 18 ① 19 ① 20 ④ 21 ③ 22 ②

## 23 다음 중 전기용접을 할 때 전격의 위험이 가장 높은 경우는?

① 용접 중 접지가 불량할 때
② 용접부가 두꺼울 때
③ 용접봉이 굵고 전류가 높을 때
④ 용접부가 불규칙할 때

## 24 이산화탄소의 성질이 아닌 것은?

① 색, 냄새가 없다.
② 대기 중에서 기체로 존재한다.
③ 상온에서도 쉽게 액화한다.
④ 공기보다 가볍다.

## 25 화재 및 폭발의 방지 조치로 틀린 것은?

① 대기 중에 가연성 가스를 방출시키지 말 것
② 필요한 곳에 화재 진화를 위한 방화설비를 설치할 것
③ 용접작업 부근에 점화원을 둘 것
④ 배관에서 가연성 증기의 누출 여부를 철저히 점검할 것

해설
점화원이란 불이 붙을 위험성이 큰 물질을 말하며 용접작업 부근에 두어서는 안 된다.

## 26 가스 절단기 및 토치의 취급상 주의사항으로 틀린 것은?

① 가스가 분출되는 상태로 토치를 방치하지 않는다.
② 토치의 작동이 불량할 때는 분해하여 기름을 발라야 한다.
③ 점화가 불량할 때에는 고장을 수리 · 점검한 후 사용한다.
④ 조정용 나사를 너무 세게 조이지 않는다.

## 27 산소 용기의 취급상 주의사항이 아닌 것은?

① 운반 중에 충격을 주지 말 것
② 그늘진 곳을 피하여 직사광선이 드는 곳에 둘 것
③ 산소 누설시험에는 비눗물을 사용할 것
④ 밸브의 개폐는 천천히 할 것

## 28 용해 아세틸렌 용기 취급 시 주의사항으로 잘못된 것은?

① 아세틸렌 충전구는 동결 시 50℃ 이상의 온수로 녹여야 한다.
② 저장장소는 통풍이 잘 되어야 한다.
③ 용기는 반드시 씌워 보관한다.
④ 용기는 진동이나 충격을 가하지 말고 신중히 취급해야 한다.

해설
아세틸렌 용기는 반드시 40℃ 이하의 온도에서 보관하며 동결 시에는 35℃ 미만의 미온수로 녹인다.

## 29 용접작업 시 주의사항으로 거리가 가장 먼 것은?

① 좁은 장소 및 탱크 내에서의 용접은 충분히 환기한 후에 작업한다.
② 훼손된 케이블은 용접작업 종료 후에 절연 테이프로 보수한다.
③ 전격방지기가 설치된 용접기를 사용하여 작업한다.
④ 안전모, 안전화 등 보호장구를 착용한 후 작업한다.

해설
훼손된 케이블은 반드시 용접작업 전 보수하도록 한다.

## 30 KS규격에 의한 안전색채에 관한 각각의 표시사항으로 옳은 것은?

① 적색 : 고도의 위험
② 황색 : 안전
③ 청색 : 방사능
④ 황적색 : 피난

정답 23 ① 24 ④ 25 ③ 26 ② 27 ② 28 ① 29 ② 30 ①

**31** 다음 중 응급처치 구명 4대 요소에 속하지 않는 것은?

① 상처 보호　② 지혈
③ 기도 유지　④ 전문 구조기관의 연락

해설
**응급처치의 4대 요소**
기도 유지, 지혈, 쇼크 방지, 상처 보호

**32** 다음 중 가연성 가스로 스파크 등에 의한 화재에 대하여 가장 주의해야 할 가스는?

① LPG　② $CO_2$
③ He　④ $O_2$

**33** 감전의 위험으로부터 용접 작업자를 보호하기 위해 교류용접기에 설치하는 것은?

① 고주파 발생장치
② 전격 방지장치
③ 원격 제어장치
④ 시간 제어장치

**34** 100A 이상 300A 미만의 피복금속아크용접 시, 차광유리의 차광도 번호가 가장 적당한 것은?

① 4~5번　② 8~9번
③ 10~12번　④ 15~16번

해설
일반적으로 사용되는 차광유리(흑유리)의 번호를 묻는 문제로 11번을 기준으로 답을 찾으면 된다. 차광유리(필터렌즈)의 번호가 클수록 어두워지는 것이며 더 높은 전류의 용접이 가능해진다.

**35** 가스 용접 시 주의사항으로 틀린 것은?

① 반드시 보호안경을 착용한다.
② 산소호스와 아세틸렌호스는 색깔 구분이 없이 사용한다.
③ 불필요한 긴 호수를 사용하지 말아야 한다.
④ 용기 가까운 곳에서는 인화물질 사용을 금한다.

**36** 용접작업에서 안전에 대해 설명한 것 중 틀린 것은?

① 높은 곳에서 용접 작업할 경우 추락, 낙하 등의 위험이 있으므로 항상 안전벨트와 안전모를 착용한다.
② 용접 작업 중에 여러 가지 유해 가스가 발생하기 때문에 통풍 또는 환기 장치가 필요하다.
③ 가연성의 분진, 화약류 등 위험물이 있는 곳에서는 용접을 해서는 안 된다.
④ 가스 용접은 강한 빛이 나오지 않기 때문에 보안경을 착용하지 않아도 된다.

**37** 안전모의 착용에 대한 설명으로 틀린 것은?

① 턱조리개는 반드시 조이도록 할 것
② 작업에 적합한 안전모를 사용할 것
③ 안전모는 작업자 공용으로 사용할 것
④ 머리 상부와 안전모 내부의 상단과의 간격은 25mm 이상 유지하도록 조절하여 쓸 것

해설
안전모는 공용이 아닌 개인 전용으로 사용하도록 한다.

**38** 방화, 금지, 정지, 고도의 위험을 표시하는 안전색은?

① 적색　② 녹색
③ 청색　④ 백색

**39** 전기용접 작업 시 전격에 관한 주의사항으로 틀린 것은?

① 무부하전압이 필요 이상으로 높은 용접기는 사용하지 않는다.
② 낮은 전압에서는 주의하지 않아도 되며, 피부에 적은 습기는 용접하는 데 지장이 없다.
③ 작업 종료 시 또는 장시간 작업을 중지할 때는 반드시 용접기의 스위치를 끄도록 한다.
④ 전격을 받은 사람을 발견했을 때는 즉시 스위치를 꺼야 한다.

정답　31 ④　32 ①　33 ②　34 ③　35 ②　36 ④　37 ③　38 ①　39 ②

## 40 용접작업 시 주의사항이 틀린 것은?

① 화재를 진화하기 위하여 방화설비를 설치할 것
② 용접작업 부근에 점화원을 두지 않도록 할 것
③ 배관 및 기기에서 가스 누출이 되지 않도록 할 것
④ 가연성 가스는 항상 옆으로 뉘어서 보관할 것

# 4-2 산업안전보건법령

## 41 재해를 가져오게 한 근원이 되는 기계, 장치 또는 기타 물체나 환경을 의미하는 용어로 재해발생의 주원인이며 어떠한 불안전상태가 존재하는 것을 무엇이라 하는가?

① 가해물 ② 기인물
③ 결함 ④ 직접원인

해설
재해의 원인이 되는 기계설비 등 물적인 것 또는 환경을 기인물이라 하며, 작업자에게 직접적인 접촉 등으로 피해를 가한 물건을 가해물이라 한다.

## 42 산업재해 발생 시 기록 및 보고와 관련한 설명으로 옳지 않은 것은?

① 산업재해조사표는 사망자 또는 3일 이상 휴업이 필요한 부상자 및 질병자 발생 시 작성한다.
② 사업주는 산업재해 발생 1개월 이내에 산업재해조사표를 작성하여야 한다.
③ 산업재해조사표를 제출할 때에는 반드시 지방고용노동관서의 장에게 서면으로 제출하여야 한다.
④ 사업주는 산업재해조사표 제출 전 근로자 대표의 확인을 받아야 한다.

해설
산업재해조사표는 전자문서로도 제출이 가능하다.

## 43 중대재해처벌법에 의해서, 안전보건 확보 의무를 위반하여 중대산업재해 중 사망에 이르게 한 사업주 또는 경영책임자 등이 받을 수 있는 처벌로 알맞은 것은?

① 1년 이하의 징역
② 10억 원 이하의 벌금
③ 7년 이하의 징역
④ 1억 원 이하의 벌금

해설
중대재해처벌법에 의해서, 안전보건 확보 의무를 위반하여 중대산업재해 중 사망에 이르게 한 사업주 또는 경영책임자 등에게는 1년 이상의 징역 또는 10억 원 이하의 벌금에 처한다.

## 44 공공기관 근로자의 안전을 위한 조치사항과 거리가 먼 것은?

① 위험 작업은 2인 1조로 근무
② 근속기간 6개월 미만 근로자의 작업 제한
③ 위험한 작업에 대한 안전작업 허가제도 운영
④ 산재 위험 노출 근로자에 대한 심리치료 실시

## 45 다음 중 '공사착공 단계'에서 '발주자'의 안전보건 관리 사항으로 알맞은 것은?

① 해당 건설공사의 안전 · 보건에 대한 목표, 역할과 책임을 결정하고 유해 · 위험요인 및 위험성 감소대책을 사전에 발굴한다.
② 설계단계에서 발굴한 유해 · 위험요인 및 위험성 감소대책과 반드시 지켜야 할 안전 · 보건요구사항과 기대성과를 입찰내용에 반영한다.
③ 시공방법이 변경되거나 안전보건에 영향을 미치는 상황을 원활히 전달하고, 공기나 공사금액을 연장해야 하는 경우가 있으면 반영한다.
④ 발주자는 반드시 준수해야 하는 안전보건 지침 등을 시공자에게 제공하고, 시공사가 유해 · 위험방지계획을 수립하도록 해야 한다.

정답 40 ④ 41 ② 42 ③ 43 ② 44 ② 45 ④

**46** 다음 중 유해 · 위험요인 파악의 방법과 가장 거리가 먼 것은?

① 사업장 순회점검
② 곱셈법
③ 청취조사
④ 안전보건 체크리스트

**47** 중대재해처벌법에서 규정하는 중대산업재해 발생사실 공표에 대한 설명으로 틀린 것은?

① 사업장의 명칭은 공표되지 않는다.
② 경영책임자 등의 의무 위반사항이 포함된다.
③ 최근 5년 내 중대산업재해 발생 여부를 알린다.
④ 재해 발생 일시 및 장소, 재해자 수, 원인 등도 포함된다.

**48** 도급작업장에서 실시해야 하는 안전보건활동과 거리가 먼 것은?

① 원청이 보유한 위험기계기구 및 설비의 안전성능 확보
② 도급작업 완료 후, 안전보건 정보를 수급인에게 제공
③ 신호체계 및 연락체계 구축
④ 원 · 하청 작업자 현황관리 및 출입통제

해설
도급작업 전, 안전보건 정보를 수급인에게 제공해야 한다.

**49** 위험성 감소대책 중 우선순위가 가장 높은 것은?

① 설계나 계획단계에서 위험성을 제거
② 개인보호구 사용
③ 환기장치 설치 등의 공학적 대책
④ 작업절차서 정비 등의 관리적 대책

**50** 산업안전보건법상 산업재해예방을 위한 제재를 강화하는 조항에 대한 내용으로 옳지 않은 것은?

① 사업주 안전보건조치 의무 위반으로 근로자 사망 시, 징역 또는 벌금의 처벌이 부과될 수 있다.
② 수급인 근로자의 안전보건조치 의무는 도급인이 전적으로 부담하도록 규정하고 있다.
③ 산업안전보건법 위반 처벌은 실형, 벌금과 별도로 안전보건교육 이수 수강명령 제도가 도입되었다.
④ 도급인의 안전 및 보건조치 의무 위반 시에도 징역 또는 벌금의 처벌이 부과될 수 있다.

**51** 다음 중 산업안전보건법상 중대재해에 대한 설명이 아닌 것은?

① 사망자가 1명 이상 발생
② 3개월 이상 요양이 필요한 부상자가 동시에 2명 이상 발생
③ 부상자가 동시에 10명 이상 발생
④ 직업성 질병자가 동시에 2명 이상 발생

해설
**중대재해**
- 사망자가 1명 이상 발생
- 3개월 이상 요양이 필요한 부상자가 동시에 2명 이상 발생
- 부상자 또는 직업성 질병자가 동시에 10명 이상 발생

**52** 위험성평가의 절차 중 가장 먼저 이루어져야 하는 것은?

① 사전준비
② 유해 · 위험요인 파악
③ 위험성 추정
④ 위험성 감소대책 수립

해설
**위험성평가**
〈1단계〉 사전준비, 〈2단계〉 유해 · 위험요인 파악, 〈3단계〉 위험성 추정, 〈4단계〉 위험성 결정, 〈5단계〉 위험성 감소대책 수립 및 실행하는 일련의 과정을 말한다.

정답 46 ② 47 ① 48 ② 49 ① 50 ② 51 ④ 52 ①

## 53 재해통계의 신뢰성을 확보하기 위한 조건으로 적절하지 않은 것은?

① 정확한 재해원인 파악을 위해서는 신속한 조사가 이루어져야 한다.
② 재해조사는 사건현장에 가장 가까이 있던 사람이 신속하게 실시한다.
③ 재해통계는 필요한 자료를 획득하고 가공하는 작업이 쉬어야 한다.
④ 재해통계자료는 예상되는 재해를 예측하여 예방대책을 산출할 수 있도록 연속적이어야 한다.

## 54 다음 중 위험성평가 실시 시 위험성 추정방법으로 가장 거리가 먼 것은?

① 곱셈법
② 행렬법
③ 분기법
④ 체크리스트 방식

해설
**위험성 추정방법**
곱셈법, 행렬법, 분기법, 덧셈법

## 55 공공기관이 안전관리를 위해 수립하는 안전경영책임계획의 절차가 아닌 것은?

① 공공기관은 매년 12월 말까지 다음 연도 안전경영책임계획을 수립하여야 한다.
② 공공기관은 주무기관의 장과의 협의를 거쳐 수립하고 이사회의 승인을 거쳐 확정한다.
③ 공공기관은 이행상황을 주기적으로 점검하여야 하며, 매년 1월 말까지 전년도 이행 실적을 주무기관의 장에게 점검받아야 한다.
④ 공공기관은 안전경영책임계획에 산업재해 및 안전사고 감축목표를 포함하여야 한다.

## 56 중대재해처벌법에서 규정하는 안전 및 보건 확보 의무를 위반한 법인이나 기관의 처벌에 관한 설명으로 옳은 것은?

① 부상 및 질병의 경우 5억 원 이하의 벌금형
② 사망사고의 경우 50억 원 이하의 벌금형
③ 부상 및 질병의 경우 5억 원 이상의 벌금형
④ 사망사고의 경우 100억 원 이하의 벌금형

해설
부상 및 질병의 경우 10억 원 이하의 벌금형

## 57 위험성평가의 근본 목적은 무엇인가?

① 사업장의 위험성을 확인하는 것
② 사업장의 위험성을 등급화하는 것
③ 사업장의 위험성을 없애는 것
④ 사업장의 위험성을 기록하는 것

해설
위험성평가에서 가장 중요한 것은 위험성(위험원, 위해를 일으키는 잠재적 근원, 잠재적 위험)을 찾아내어 위험성을 없애는 것이다.

## 58 중대재해처벌법에서 규정하는 '중대산업재해'의 정의로 틀린 것은?

① 사망자가 1명 이상 발생한 재해
② 동일한 사고로 6개월 이상 치료가 필요한 부상자가 2명 이상 발생한 재해
③ 동일한 유해요인으로 직업성 질병자가 1년 이내에 3명 이상 발생한 재해
④ 부상자 또는 직업성 질병자가 동시에 10명 이상 발생한 재해

해설
부상자 또는 직업성 질병자가 동시에 10명 이상 발생한 재해는 산업안전보건법에서 규정하고 있는 중대재해의 의미에 포함된다.

정답 53 ② 54 ④ 55 ④ 56 ② 57 ③ 58 ④

**59** 산업안전보건법에서 "작업중지"에 대한 설명으로 옳지 않은 것은?

① 근로자는 산업재해가 발생할 급박한 위험이 있을 경우 작업을 중지하고 긴급 대피할 수 있다.
② 사업주는 합리적인 근거가 있을 경우 작업중지한 노동자에게 불이익 처우를 해서는 안 된다.
③ 고용노동부장관은 중대재해가 발생, 주변으로 확산 가능성이 있는 경우 즉시 작업중지를 명령할 수 있다.
④ 고용노동부장관은 중대재해 발생 사업장의 작업중지 해제를 단독으로 판단, 명령할 권한을 갖는다.

해설
중대재해 발생 사업주의 신청에 따라 고용노동부장관은 전문가로 구성된 심의위원회를 거쳐 작업중지 해제 절차규정을 마련하고, 이에 따라 작업중지 해제를 명할 수 있다.

**60** 감전방지를 목적으로 시설하는 누전차단기의 종류로 옳은 것은?

① 고감도 고속형
② 중감도 고속형
③ 저감도 고속형
④ 고감도 시연형

해설
감전방지를 목적으로 시설하는 누전차단기는 고감도 고속형이다.

**61** 다음 중 기계장치의 이상 상태 인적요인에 해당하는 것은?

① 기계의 파손 및 기능저하
② 기계설비 방호덮개 결손
③ 환기장치 고장
④ 안전장치 제거

해설
안전장치를 떼어내는 등의 행위는 인적요인에 해당한다.

**62** 가공물이 낙하하거나 날아올 위험성이 있는 작업에서 작업자를 보호하기 위한 방법은?

① 출입금지 ② 덮개설치
③ 동력차단장치 설치 ④ 잠금장치 설치

해설
가공물이 낙하하거나, 날아올 위험성이 있는 곳에는 덮개를 설치해야 충돌을 방지할 수 있다.

**63** 현장에서 발생할 수 있는 감전의 유형에 대한 설명 중 옳지 않은 것은?

① 감전은 전류가 흐르는 전선 또는 설비 등에 인체가 직접 접촉할 때에만 발생한다.
② 피복이 벗겨진 전선을 완벽하게 절연하지 못할 경우 인체 접촉 시 감전이 발생한다.
③ 낙뢰 발생 시 수도관 등 금속관을 타고 들어온 전압에 노출되어 감전이 발생할 수 있다.
④ 습기가 많은 장소는 건조한 장소보다 감전이 발생할 확률이 높다.

해설
누전 등 간접접촉에 의한 감전재해 및 고전압 전로 주변 등에서 발생하는 정전유도작용에 의한 비접촉 감전재해가 발생하기도 한다.

**64** 감전의 위험성을 결정하는 요인에 대한 설명으로 옳은 것은?

① 감전에 따른 위험은 통상적으로 교류보다 직류가 위험하다.
② 고주파수에서 감전 발생 시, 저주파수에서 발생할 때보다 위험도가 높다.
③ 젖은 손은 건조한 상태일 때보다 인체저항값이 낮아 감전의 위험이 더 크다.
④ 오른손－가슴으로 감전될 경우 왼손－가슴일 때보다 위험하다.

해설
① 통상적으로 감전은 직류보다 교류가 위험하다.
② 감전 시 주파수는 고주파수보다 인간의 심장맥동주기(80Hz)와 비슷한 저주파수가 더 위험하다.
④ 심장에 가까운 왼손－가슴 통전 시 위험도가 오른손－가슴일 때보다 높다.

정답 59 ④ 60 ① 61 ④ 62 ② 63 ① 64 ③

## 65 기계설비의 위험점과 설명이 올바르게 짝지어지지 않은 것은?

① 협착점 : 왕복운동을 하는 운동부와 움직임이 없는 고정부 사이에 형성되는 위험점
② 회전말림점 : 회전하는 물체에 작업복 등이 말려드는 위험이 존재하는 위험점
③ 절단점 : 기계에서 회전운동 또는 왕복운동을 하는 절삭날 등 돌출부위에 형성되는 위험점
④ 끼임점 : 회전하는 부분의 접선 방향으로 물려 들어갈 위험이 있는 곳

해설
④는 회전말림점에 대한 설명이다.
끼임점은 고정 부분과 회전 또는 직선운동 부분 사이에 형성되는 위험점으로, 연삭숫돌과 공구지지대 사이 등에서 나타난다.

## 66 기계의 기능상 안전에 관한 설명 중, 사람이 실수를 범해도 사고나 재해로 발전하지 않아야 한다는 의미를 가진 용어는?

① 풀 프루프(Fool Proof)
② 페일 세이프(Fail Safe)
③ 풀 세이프(Fool Safe)
④ 페일 프루프(Fail Proof)

해설
**풀 프루프(Fool Proof)**
사람이 실수를 범하여도 사고나 재해로 발전하지 않게 해야 한다는 것이다.

## 67 페일 세이프(Fail Safe)의 예시로 가장 적절한 것은?

① 항공기 비행 중 엔진이 고장 나도 다른 하나의 엔진으로 운행 가능
② 실수하여 손이 금형 사이로 들어갔을 때, 슬라이드 하강이 자동으로 정지
③ 로봇이 설치된 작업장에 방책문을 닫지 않으면 로봇 미작동
④ 승강기 과부하 시 경보가 울리고 작동이 멈춤

해설
**페일 세이프(Fail Safe)**
시스템에 고장이 생겨도 어느 기간 동안은 정상 기능이 유지되어 사고나 재해까지 발전되지 않도록 하는 것

## 68 기계작업 시 준수해야 할 안전수칙으로 가장 적절하지 않은 것은?

① 특별한 경우에 담당자가 아니더라도 기계에 손 댈 수 있음
② 기계의 가동 중에는 정비, 청소를 하지 말아야 함
③ 기계의 조정이나 정지 시 막대기를 사용하지 말아야 함
④ 기계운전 시 사전 안전점검을 실시해야 함

해설
기계작업을 할 때 내용을 모르는 작업에 함부로 손대지 말아야 한다.

## 69 다음 중 작업 중 점검내용이 아닌 것은?

① 기계장치의 금형 및 볼트 고정상태
② 기계장치의 안전장치 부착상태
③ 전기설비의 스위치 및 배선상태
④ 작업구역 출입통제 상태

해설
기계장치의 금형 및 볼트의 고정상태는 작업 전 점검항목이다.

## 70 밀폐공간 사고에 대한 설명으로 가장 바르지 않은 것은?

① 일단 밀폐공간에 진입하는 것이 중요하다.
② 구조 후 호흡 유무를 확인하고 심폐소생술 및 인공호흡을 실시한다.
③ 밀폐공간 사고를 예방하기 위해서는 2인 1조로 작업하여 외부에 감시인을 배치한다.
④ 작업 전 및 작업 중 산소농도를 수시로 측정하고, 환기를 실시해야 한다.

해설
밀폐공간 사고 발생 시 전문 구조장비 및 보호구 착용 없이 진입하여 추가 인명피해가 발생하는 경우가 많으므로 반드시 환기 조치 및 보호구를 착용하고 진입하며, 무리한 구조를 하지 않도록 한다.

정답 65 ④ 66 ① 67 ① 68 ① 69 ① 70 ①

**71** 기본소생술에 대한 설명으로 가장 바르지 않은 것은?

① 가슴압박, 기도유지, 인공호흡을 함께 실시하는 심폐소생술이 가장 효과적이므로 반드시 인공호흡을 실시해야 한다.
② 가슴압박 시 압박 부위는 가슴뼈 아래쪽 절반 위치이다.
③ 가슴압박 시 압박속도는 분당 100~120회 속도로 실시한다.
④ 자동심장충격기로 제세동 실시 후 가슴압박을 계속해서 실시한다.

해설
가슴압박, 기도유지, 인공호흡을 함께 실시하는 심폐소생술이 효과적이지만, 일반인 구조자의 경우 인공호흡을 제대로 실시하지 못하는 경우가 많으므로 가슴압박소생술만 시행하여도 된다.

**72** 밀폐공간 작업 시작 전 산소농도 등을 측정 · 평가할 수 있는 자격자가 아닌 것은?

① 관리감독자
② 지정측정기관
③ 작업 담당자
④ 안전 또는 보건관리 전문기관

해설
관리감독자, 안전관리자 또는 보건관리자, 안전관리전문기관 및 보건관리전무기관, 지정측정기관은 해당 밀폐공간의 산소 및 유해가스 농도를 측정하여 적정공기가 유지되고 있는지를 평가하도록 한다.

**73** 사고 발생 시 행동요령 기본원칙으로 가장 바르지 않은 것은?

① 상황 파악 시 독성가스의 냄새를 인지하면 지체 없이 그 지역을 벗어난다.
② 사고 발생 시 회사에 피해가 갈 수 있으므로, 최대한 조용히 처리한다.
③ 구조대 신고 후 구조대가 찾아올 수 있도록 큰 길가에 유도자를 배치한다.
④ 어떤 응급처치를 해야 할지 모른다면 신고 후 전화상담원에게 말하고 지시에 따른다.

해설
사고 발생 시 주변에 도움을 요청하도록 하며, 사고를 은폐해서는 안 된다.

**74** 화재 발생 시 대처요령 및 안전수칙으로 가장 바르지 않은 것은?

① 계단을 이용하여 낮은 자세로 대피한다.
② 초기 진압을 시도한 후, 실패하더라도 계속해서 시도하는 것이 좋다.
③ 물을 적신 담요나 수건 등으로 몸과 얼굴을 감싼다.
④ 화기 작업 전에는 소화기를 비치해 둔다.

해설
초기 진압을 시도한 후, 실패하게 되면 즉시 대피해야 한다.

정답 71 ① 72 ③ 73 ② 74 ②

SECTION 5

# 용접재료(금속재료)

**01** 일반적으로 순금속이 합금에 비해 갖고 있는 좋은 성질로 가장 적절한 것은?

① 경도 및 강도가 우수하다.
② 전기전도도가 우수하다.
③ 주조성이 우수하다.
④ 압축강도가 우수하다.

해설
합금을 하면 순금속에 비해 전기전도도가 떨어지게 된다.

**02** 황동납의 주성분으로 맞는 것은?

① 구리+아연 ② 은+구리
③ 알루미늄+구리 ④ 구리+금납

**03** 경금속(Light Metal) 중에서 가장 가벼운 금속은?

① 리튬(Li) ② 베릴륨(Be)
③ 마그네슘(Mg) ④ 티타늄(Ti)

해설
Li(리튬)은 비중이 0.534로 경금속 중 가장 가볍다.
※ 비중이 가장 무거운 금속 : Ir(이리듐, 22.5)

**04** 다음 그래프는 금속의 기계적 성질과 냉간가공도의 관계를 나타낸 것이다. (  ) 안에 들어갈 성질로 옳은 것은?

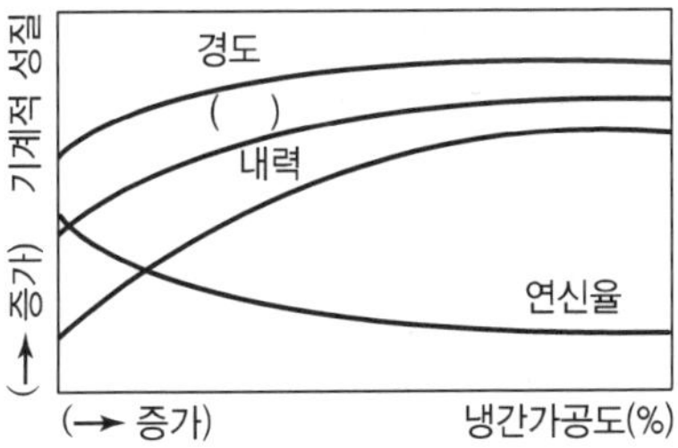


① 연성 ② 전성
③ 인장강도 ④ 단면수축률

**05** 다음 중 주조, 단조, 압연 및 용접 후에 생긴 잔류응력을 제거할 목적으로 보통 500~600℃ 정도에서 가열하여 서랭시키는 열처리는?

① 담금질 ② 질화불림
③ 저온뜨임 ④ 응력제거풀림

해설
풀림(어닐링) 열처리는 금속 중의 잔류응력을 제거해 준다.

**06** 교류 아크용접기에서 안정한 아크를 얻기 위하여 상용 주파의 아크전류에 고전압의 고주파를 중첩시키는 방법으로 아크 발생과 용접작업을 쉽게 할 수 있도록 하는 부속장치는?

① 전격방지장치
② 고주파 발생장치
③ 원격제어장치
④ 핫 스타트 장치

**07** 탄소 공구강 및 일반 공구재료의 구비조건 중 틀린 것은?

① 상온 및 고온경도가 클 것
② 내마모성이 클 것
③ 강인성 및 내충격성이 작을 것
④ 가공 및 열처리성이 양호할 것

해설
강인성 및 내충격성이 클 것

**08** 특수주강을 제조하기 위하여 첨가하는 금속으로 맞는 것은?

① Ni, Zn, Mo, Cu
② Si, Mn, Co, Cu
③ Ni, Si, Mo, Cu
④ Ni, Mn, Mo, Cr

정답 01 ② 02 ① 03 ① 04 ③ 05 ④ 06 ② 07 ③ 08 ④

**09** 특수용도용 합금강에서 내열강의 요구 성질에 관한 설명으로 옳은 것은?

① 고온에서 $O_2$, $SO_2$ 등에 침식되어야 한다.
② 고온에서 우수한 기계적 성질을 가져야 한다.
③ 냉간 및 열간가공이 어려워야 한다.
④ 반복응력에 대한 피로강도가 적어야 한다.

**10** 풀림 열처리의 목적으로 틀린 것은?

① 내부의 응력 증가
② 조직의 균일화
③ 가스 및 불순물 방출
④ 조직의 미세화

해설
풀림 열처리는 금속 내부의 응력 제거와 연화의 목적으로 실시된다.

**11** 용착 금속이나 모재의 파면에서 결정의 파면이 은백색으로 빛나는 파면을 무엇이라 하는가?

① 연성파면 ② 취성파면
③ 인성파면 ④ 결정파면

해설
취성은 금속이 깨지기 쉬운 상태의 성질을 말하며 금속이 백색이 된다는 것은 취성을 가진다는 의미이다.

**12** 용착강 터짐발생의 원인이 아닌 것은?

① 용착강에 기포 등의 결함이 있는 경우
② 예열, 후열을 한 경우
③ 유황 함량이 많은 강을 용접한 경우
④ 나쁜 용접봉을 사용한 경우

**13** Cr18%－Ni8%의 조성으로 되어 있는 18－8 스테인리스강의 조직계는?

① 오스테나이트계 ② 페라이트계
③ 마텐자이트계 ④ 석출경화계

**14** 은, 구리, 아연이 주성분으로 된 합금이며 인장강도, 전연성 등의 성질이 우수하여 구리, 구리합금, 철강, 스테인리스강 등에 사용되는 납은?

① 마그네슘납 ② 인동납
③ 은납 ④ 알루미늄납

**15** 질화처리의 특징으로 틀린 것은?

① 침탄에 비해 높은 표면 경도를 얻을 수 있다.
② 고온에서 처리되므로 변형이 크고 처리시간이 짧다.
③ 내마모성이 커진다.
④ 내식성이 우수하고 피로 한도가 향상된다.

해설
**질화처리**
강의 표면에 질화물을 만들어 내식성, 내마모성, 피로강도 등을 향상시키는 가공법이며 그 종류에는 가스질화법과 액체질화법이 있다.

**16** Al－Cu 합금의 G.P 집합체(Guinier Preston Zone)에 의한 경화는?

① 시효 경화 ② 석출 경화
③ 확산 경화 ④ 섬유 경화

해설
**시효 경화**
금속재료를 일정한 시간, 적당한 온도하에 놓아두면 단단해지는 현상이다.

**17** 백주철을 고온에서 장시간 열처리하여 시멘타이트 조직을 분해 또는 소실시켜서 얻는 가단주철에 속하지 않는 것은?

① 흑심 가단주철
② 백심 가단주철
③ 펄라이트 가단주철
④ 솔바이트 가단주철

정답 09 ② 10 ① 11 ② 12 ② 13 ① 14 ③ 15 ② 16 ① 17 ④

**18** 가단주철은 주조성이 우수한 백선주물을 만들고 열처리함으로써 강인한 조직과 단조를 가능케 한 주철인데 그 종류가 아닌 것은?

① 백심 가단주철
② 펄라이트 가단주철
③ 특수 가단주철
④ 오스테나이트 가단주철

해설
**가단주철의 종류**
백심 가단주철, 흑심 가단주철, 펄라이트 가단주철, 특수 가단주철

**19** 가단주철의 분류에 해당되지 않는 것은?

① 백심 가단주철 ② 흑심 가단주철
③ 반선 가단주철 ④ 펄라이트 가단주철

해설
**가단주철**
주철을 열처리하여 그 산화작용에 의하여 가단성을 부여한 것이다. 보통 주철보다도 점성이 강하고 충격에 잘 견디는 재질을 얻을 수 있어 용도가 넓고 흑심 가단주철과 백심 가단주철, 펄라이트 가단주철이 있다.

**20** 철계 주조재의 기계적 성질 중 인장강도가 가장 높은 주철은?

① 보통주철 ② 백심 가단주철
③ 고급주철 ④ 구상 흑연주철

**21** 용접변형과 잔류응력을 경감시키는 방법을 틀리게 설명한 것은?

① 용접 전 변형 방지책으로는 역변형법을 쓴다.
② 용접시공에 의한 잔류응력 경감법으로는 대칭법, 후진법, 스킵법 등을 쓴다.
③ 모재의 열전도를 억제하여 변형을 방지하는 방법으로는 도열법을 쓴다.
④ 용접 금속부의 변형과 응력을 제거하는 방법으로는 담금질을 한다.

해설
담금질은 응력 제거가 아닌 재료의 경도를 높이는 데 활용된다.

**22** KS규격의 SM45C에 대한 설명으로 옳은 것은?

① 인장강도 45kgf/$mm^2$의 용접 구조용 탄소강재
② Cr을 42~48% 함유한 특수 강재
③ 인장강도 40~45kgf/$mm^2$의 압연 강재
④ 화학성분에서 탄소 함유량이 0.42~0.48%인 기계 구조물 탄소 강재

해설
C는 탄소, 45는 0.4~0.5%의 함유량을 의미한다.

**23** 강을 담금질할 때 정지상태의 냉각수 냉각속도를 1로 했을 때 냉각효과가 가장 빠른 냉각액은?

① 기름 ② 소금물
③ 물 ④ 공기

**24** 황동이 고온에서 탈아연(Zn)되는 현상을 방지하는 방법으로 황동 표면에 어떤 피막을 형성시키는가?

① 탄화물 ② 산화물
③ 질화물 ④ 염화물

**25** 황동의 가공재를 상온에서 방치할 경우 시간의 경과에 따라 성질이 약화되는 현상은?

① 탈아연 부식 ② 자연 균열
③ 경년 변화 ④ 고온 탈아연

해설
**경년 변화**
장기간의 세월이 경과하는 사이, 자연 열화(自然熱化)를 포함하여 부식, 마모, 물리적인 성질의 변화 등으로 성능이나 기능이 떨어지는 것을 말한다.

**26** 재료의 내외부에 열처리 효과의 차이가 생기는 현상으로 강의 담금질성에 의해 영향을 받는 것은?

① 심랭처리 ② 질량효과
③ 금속 간 화합물 ④ 소성변형

정답 18 ④ 19 ③ 20 ④ 21 ④ 22 ④ 23 ② 24 ② 25 ③ 26 ②

해설

**질량효과**

질량의 차이에 따라 열처리효과가 내 · 외부에 다르게 나타나는 것을 말하며 질량효과가 크다는 것은 열처리(담금질)가 잘 안 된다는 의미이다.

**27** 재료의 내외부에 열처리 효과의 차이가 생기는 현상을 질량효과라고 한다. 이것은 강의 담금질성에 의해 영향을 받는데 이 담금질성을 개선하는 효과가 있는 원소는?

① Pb ② Zn
③ C ④ B

해설

B(붕소)는 담금질성을 개선하는 효과가 있다.

**28** 탄소량이 증가함에 따라서 탄소강의 표준 상태에서 기계적 성질이 감소하는 것은?

① 경도 ② 항복점
③ 연신율 ④ 인장 강도

해설

일반적으로 탄소의 양이 증가함에 따라 재료는 경해진다(단단해짐). 여기서 연신율은 늘어나는 성질로 탄소량의 증가와 더불어 감소되는 현상이다.

**29** 다음 중 연성이 가장 큰 재료는?

① 순철 ② 탄소강
③ 경강 ④ 주철

해설

**연성**

금속 재료가 탄성한도 이상의 인장력에 의해서 파괴되는 것이 아니라 늘어나 소성변형을 하는 성질이다. 일반적으로 부드러운 금속 재료일수록 연성이 크고 동일의 재료에서는 고온으로 갈수록 연성이 크게 된다.

**30** 다음 중 용융점이 가장 높은 재료는?

① Mg ② W
③ Pb ④ Fe

해설

① 마그네슘(Mg) : 650℃
② 텅스텐(W) : 3,410℃
③ 납(Pb) : 327.4℃
④ 철(Fe) : 1,538℃

**31** 합금강에서 고온에서의 크리프 강도를 높게 하는 원소는?

① O ② S
③ Mo ④ H

해설

장시간의 하중으로 재료가 계속적으로 서서히 소성변형을 일으키는 것을 크리프라고 하며, 파단되는 순간의 최대 하중을 크리프 강도라고 한다.
Mo(몰리브덴)은 고온에서 크리프 강도를 높이는 효과가 있다.

**32** 다음 중 중금속에 속하는 것은?

① Al ② Mg
③ Be ④ Fe

해설

비중 4.5를 기준으로 중금속과 경금속으로 나눈다.
☞ 암기법
- 철의 비중(7.9) → 철은 우리들의 친(7)구(9)
- 구리의 비중(8.9) → 구리는 고철값이 비싸니 어서 팔(8)구(9) 와라!

**33** 다이캐스팅용 알루미늄 합금으로 요구되는 성질이 아닌 것은?

① 유동성이 좋을 것
② 열간취성이 적을 것
③ 금형에 대한 점착성이 좋을 것
④ 응고 수축에 대한 용탕 보급성이 좋을 것

해설

다이캐스팅은 정밀주조에 해당하여 용융금속의 유동성이 좋아야 하며 점착성이 작아야 한다.

**다이캐스팅**
- 정의 : 다이주조라고도 하며 필요한 주조형상에 완전히 일치하도록 정확하게 기계가공된 강제(鋼製)의 금형(金型)에 용융금속을 주입하여 금형과 똑같은 주물을 얻는 정밀주조법이다.
- 특징 : 치수가 정확하므로 다듬질할 필요가 거의 없는 장점 외에 기계적 성질이 우수하며, 대량생산이 가능하다.
- 제품 : 자동차부품이 많으며, 전기기기 · 광학기기 · 차량 · 방직기 · 건축 · 계측기의 부품 등이 있다.

정답 27 ④ 28 ③ 29 ① 30 ② 31 ③ 32 ④ 33 ③

**34** 주조용 알루미늄 합금의 종류가 아닌 것은?

① Al－Cu계 합금　② Al－Si계 합금
③ 내열용 Al 합금　④ 내식성 Al 합금

**35** 아연과 그 합금에 대한 설명으로 틀린 것은?

① 조밀육방 격자형이며 청백색으로 연한 금속이다.
② 아연 합금에는 Zn－Al계, Zn－Al－Cu계 및 Zn－Cu계 등이 있다.
③ 주조성이 나쁘므로 다이캐스팅용에 사용되지 않는다.
④ 주조한 상태의 아연은 인장강도나 연신율이 낮다.

**36** 알루미늄의 전기전도율은 구리의 약 몇 % 정도인가?

① 5　② 65
③ 90　④ 135

해설
알루미늄은 구리의 약 65%의 전기전도율을 가지고 있다.

**37** 알루미늄 합금, 구리 합금 용접에서 예열온도로 가장 적합한 것은?

① 200~400℃　② 100~200℃
③ 60~100℃　④ 20~50℃

**38** 구리와 구리 합금이 다른 금속에 비하여 우수한 점이 아닌 것은?

① 전기 및 열전도율이 높다.
② 연하고 전연성이 좋아 가공하기 쉽다.
③ 철강보다 비중이 낮아 가볍다.
④ 철강에 비해 내식성이 좋다.

해설
• 구리의 비중 : 8.9
• 철의 비중 : 7.9
☞ 암기법 : 구리는 고철값이 비싸니 당장 팔(8)구(9) 와라.

**39** 용접할 때 변형과 잔류응력을 경감시키는 방법으로 틀린 것은?

① 용접 전 변형 방지책으로 억제법, 역변형법을 쓴다.
② 용접시공에 의한 경감법으로는 대칭법, 후진법, 스킵법 등을 쓴다.
③ 모재의 열전도를 억제하여 변형을 방지하는 방법으로는 도열법을 쓴다.
④ 용접 금속부의 변형과 응력을 제거하는 방법으로는 담금질을 한다.

해설
담금질은 금속을 경화시키는 열처리법이다.

**40** 금속조직에서 펄라이트 중의 층상 시멘타이트가 그대로 존재하면 기계가공성이 나빠지기 때문에 $A_1$ 변태점 부근은 650~700℃에서 일정시간 가열 후 서랭시켜 가공성을 양호하게 하는 방법은?

① 마템퍼　② 저온뜨임
③ 담금질　④ 구상화 풀림

**41** 모넬메탈(Monel Metal)의 종류 중 유황(S)을 넣어 강도는 희생시키고 쾌삭성을 개선한 것은?

① KR－Monel　② K－Monel
③ R－Monel　④ H－Monel

**42** 내열강의 구비조건 중 틀린 것은?

① 고온에서 기계적 성질이 우수하고 조직이 안정되어야 한다.
② 냉간, 열간 가공 및 용접, 단조 등이 쉬워야 한다.
③ 반복 응력에 대한 피로강도가 커야 한다.
④ 고온에서 취성파괴가 커야 한다.

정답　34 ④　35 ③　36 ②　37 ①　38 ③　39 ④　40 ④　41 ③　42 ④

**43** 선철과 탈산제로부터 잔류하게 되며 보통 탄소강 중에 0.1~0.35% 정도 함유되어 있고 강의 인장강도, 탄성한계, 경도 등은 높아지나 용접성을 저하시키는 원소는?

① Cu ② Mn
③ Ni ④ Si

**44** 철강 표면에 Al을 침투시키는 금속 침투법은?

① 세라다이징 ② 칼로라이징
③ 실리코나이징 ④ 크로마이징

해설
① 아연 : 세라다이징(Zn)
② 알루미늄 : 칼로라이징(Al)
③ 규소 : 실리코나이징(Si)
④ 크롬 : 크로마이징(Cr)

**45** 다음 중 비중이 가장 작은 금속은?

① Au(금) ② Pt(백금)
③ V(바나듐) ④ Mn(망간)

해설
① Au : 197.2 ② Pt : 195.2
③ V : 5.98 ④ Mn : 54.94

**46** 다음 중 18% W－4% V 조성으로 된 공구용강은?

① 고속도강 ② 합금공구강
③ 다이스강 ④ 게이지용강

해설
**고속도강의 조성**
W(텅스텐)－Cr(크롬)－V(바나듐)
☞ 암기법 : 텅크바

**47** 다음 중 합금 공구강이 아닌 것은?

① 규소－크롬강 ② 세륨강
③ 바나듐강 ④ 텅스텐강

**48** 탄소강에 크롬(Cr), 텅스텐(W), 바나듐(V), 코발트(Co) 등을 첨가하여, 500~600℃ 고온에서도 경도가 저하되지 않고 내마멸성을 크게 한 강은?

① 합금 공구강 ② 고속도강
③ 초경합금 ④ 스텔라이트

**49** 탄소강 함유원소 중 망간(Mn)의 영향으로 가장 거리가 먼 것은?

① 고온에서 결정립 성장을 억제시킨다.
② 주조성을 좋게 하며 S의 해를 감소시킨다.
③ 강의 담금질 효과를 증대시킨다.
④ 강의 강도, 경도, 인성을 저하시킨다.

해설
망간은 경화가 쉽고 경화층이 깊어 경도를 크게 하여 광산기계, 기차레일의 교차점, 칠드롤러, 불도저 등의 재료에 사용된다.

**50** 탄소 주강에 망간이 10~14% 정도 첨가된 하드필드 주강을 주조상태의 딱딱하고 메진 성질을 없어지게 하고 강인한 성질을 갖게 하기 위하여 몇 ℃에서 수인법으로 인성을 부여하는가?

① 400~500℃ ② 600~700℃
③ 800~900℃ ④ 1,000~1,100℃

해설
**수인법**
고망간강의 열처리이며 1,000~1,100℃에서 수중 담금질로 완전한 오스테나이트 조직을 만드는 방법이다.

**51** 철강의 열처리에서 열처리 방식에 따른 종류가 아닌 것은?

① 계단 열처리
② 항온 열처리
③ 표면강화 열처리
④ 내부경화 열처리

정답 43 ④ 44 ② 45 ③ 46 ① 47 ② 48 ② 49 ④ 50 ④ 51 ④

## 52 탄소강에서 자성이 있으며 전성과 연성이 크고 연하며 거의 순철에 가까운 조직은?

① 마르텐사이트 ② 페라이트
③ 오스테나이트 ④ 시멘타이트

해설
순철에 가까운 조직은 페라이트이다.

## 53 하드필드강은 어느 주강에 해당되는가?

① 망간(Mn) 주강
② 크롬(Cr) 주강
③ 니켈(Ni) 주강
④ 니켈(Ni) – 크롬(Cr) 주강

해설
**하드필드강**
강에 망간을 함유시킨 것으로 내마멸성이 커서 광산기계나 철도레일의 교차점 등에 쓰인다.

## 54 비드 밑 균열은 비드의 바로 밑 용융선을 따라 열영향부에 생기는 균열로 고탄소강이나 합금강 같은 재료를 용접할 때 생기는데, 그 원인으로 맞는 것은?

① 탄산 가스 ② 수소 가스
③ 헬륨 가스 ④ 아르곤 가스

## 55 오스테나이트계 스테인리스강을 용접하여 사용 중에 용접부에서 녹이 발생하였다. 이를 방지하기 위한 방법이 아닌 것은?

① Ti, V, Nb 등이 첨가된 재료를 사용한다.
② 저탄소의 재료를 선택한다.
③ 용체화처리 후 사용한다.
④ 크롬탄화물을 형성하도록 시효처리한다.

해설
크롬탄화물이 형성된다는 것은 이미 녹이 발생했다는 의미와 같다.

## 56 강자성체만으로 구성된 것은?

① 철 – 니켈 – 코발트
② 금 – 구리 – 철
③ 철 – 구리 망간
④ 백금 – 금 – 알루미늄

해설
**자성**
자석에 이끌리는 성질로 상자성체와 반자성체로 나누며 특히 상자성체 중 강한 자성을 갖는 니켈, 코발트, 철을 강자성체라 한다.
☞ 암기법 : 니코가 철이다.

## 57 스테인리스강 중 내식성이 가장 높고 비자성체인 것은?

① 마텐자이트계 ② 페라이트계
③ 펄라이트계 ④ 오스테나이트계

해설
**스테인리스강의 종류**
오스테나이트계, 페라이트계, 마텐자이트계, 석출경화형이 있고 이 중 비자성체인 것은 오스테나이트계 스테인리스이며 흔히 18–8강이라고도 한다.
☞ 암기법 : 오페마석(오페라 보러 마석에 가자!)

## 58 주성분은 Al – Si – Cu – Mg – Ni로 열팽창 계수 및 비중이 작고 내마멸성이 커서 피스톤용으로 사용되는 내열용 알루미늄 합금은?

① 실루민 ② Lo – Ex 합금
③ 하이드로날륨 ④ 라우탈

해설
내열용 알루미늄에는 Y합금(Al – Cu – Mg – Ni)과 Lo – Ex 합금이 있다.
☞ 암기법
- Y합금 : 마니알구(Mg – Ni – Al – Cu)
- Lo – Ex 합금 : 마니알구실(Mg – Ni – Cu – Al)

## 59 알루미늄 합금 중에 Y합금의 조성 원소에 해당되는 것은?

① 구리, 니켈, 마그네슘
② 구리, 아연, 납
③ 구리, 주석, 망간
④ 구리, 납 티탄

정답 52 ② 53 ① 54 ② 55 ④ 56 ① 57 ④ 58 ② 59 ①

해설
Y합금은 내열용 알루미늄 합금이며 Al－Ni－Mg－Cu로 구성되어 있다.
☞ 암기법 : Y합금은 마니알구 있어야 한다.

## 60 내열성 알루미늄 합금으로 실린더 헤드, 피스톤 등에 사용되는 것은?

① 알민 ② Y합금
③ 하이드로날 ④ 알드레이

해설
내열용 알루미늄 합금에는 Y합금, Lo－Ex 합금이 있다.

## 61 마그네슘의 성질에 대한 설명 중 잘못된 것은?

① 비중은 1.74이다.
② 비강도가 Al(알루미늄) 합금보다 우수하다.
③ 면심입방격자이며, 냉간가공이 가능하다.
④ 구상흑연 주철의 첨가제로 사용한다.

해설
금속의 원자 배열상태에는 면심입방격자(FCC), 체심입방격자(BCC), 조밀육방격자(HCP)가 있으며 아연(Zn)과 마그네슘(Mg)은 조밀육방격자이다.

## 62 킬드강을 제조할 때 사용하는 탈산제는?

① C, Fe－Mn ② C, Al
③ Fe－Mn, S ④ Fe－Si, Al

해설
탈산제란 용융철 속에 함유되어 있는 산소를 제거하고, 건전한 용융금속을 만드는 작용을 하는 용제를 말하며, 킬드강을 제조할 때 Fe－Si, Al을 사용한다.

## 63 탄소강에 함유된 황(S)에 대해 설명한 것 중 맞는 것은?

① 황은 철과 화합하여 용융온도가 높은 황화철을 만든다.
② 황은 단조온도에서 융체로 되어 결정입계로 나와 저온가공을 해친다.
③ 황은 절삭성을 향상시킨다.
④ 황에 의한 청열취성의 폐해를 제거하기 위하여 망간을 첨가한다.

해설
황(S)은 강의 절삭성을 높여주어 정밀한 가공을 용이하게 한다.

## 64 탄소 주강품 SC 370에서 숫자 370은 무엇을 나타내는가?

① 인장강도 ② 탄소함유량
③ 연신율 ④ 단면수축률

## 65 강괴를 탈산의 정도에 따라 분류할 때 이에 해당되지 않는 것은?

① 킬드강 ② 림드강
③ 세미킬드강 ④ 쾌삭강

해설
강은 탈산 정도에 따라 완벽하게 탈산한 킬드강, 불완전 탈산한 림드강, 두 가지의 중간 정도인 세미킬드강으로 나뉜다.
※ 용접봉의 심선은 저탄소림드강을 사용한다.

## 66 용접금속에 수소가 잔류하면 헤어크랙의 원인이 된다. 용접 시 수소의 흡수가 가장 많은 강은?

① 저탄소킬드강 ② 세미킬드강
③ 고탄소림드강 ④ 림드강

해설
강의 종류는 크게 림드강, 킬드강, 세미킬드강의 세 가지로 분류된다. 그중 킬드강은 탈산을 완벽하게 행하여 기포와 편석이 존재하지 않지만 헤어크랙과 수축관이 생성된다.

## 67 니켈－구리 합금이 아닌 것은?

① 큐프로니켈 ② 콘스탄탄
③ 모넬메탈 ④ 문츠메탈

해설
문츠메탈은 구리(Cu, 60%)－아연(Zn, 40%) 합금이다.

정답 60 ② 61 ③ 62 ④ 63 ③ 64 ① 65 ④ 66 ① 67 ④

**68** 합금 공구강에 첨가하는 원소로서 담금질 효과를 증대시키는 원소는?

① Pt ② Cr
③ Al ④ Zr

**69** 탄소강의 담금질 중 고온의 오스테나이트 영역에서 소재를 냉각하면 냉각속도의 차에 따라 마텐자이트, 트루스타이트, 솔바이트, 오스테나이트 등의 조직으로 변태되는데 이들 조직 중에서 강도와 경도가 가장 높은 것은?

① 마텐자이트 ② 트루스타이트
③ 솔바이트 ④ 오스테나이트

해설
**담금질 조직 중 강도와 경도가 높은 순서**
마텐자이트 > 트루스타이트 > 솔바이트 > 오스테나이트
☞ 암기법 : 마트솔오

**70** 합금 주철의 합금 원소들 중에서 흑연화를 촉진시키는 원소는?

① Cr ② Mo
③ V ④ Ni

해설
• 흑연화 촉진원소 : Si, Al, Ti, Ni, P, Cu, Co
• 방해원소 : S, Mn, Cr, V, Mn, Mo, W
☞ 암기법 : 흑연화 촉진원소는 주로 영문자 i나 l자가 들어가는 것이 많다.

**71** 다음 중 알루미늄 합금의 가스 용접법으로 틀린 것은?

① 용접 중에 사용되는 용제는 염화리튬 15%, 염화칼륨 45%, 염화나트륨 30%, 플루오르화 칼륨 7%, 황산칼륨 3%이다.
② 200~400℃의 예열을 한다.
③ 얇은 판의 용접 시에는 변형을 막기 위하여 스킵법과 같은 용접방법을 채택하도록 한다.
④ 용접을 느린 속도로 진행하는 것이 좋다.

**72** 다음 중 스테인리스강의 내식성 향상을 위해 첨가하는 가장 효과적인 원소는?

① Zn ② Sn
③ Cr ④ Mg

해설
스테인리스강은 녹이 슬지 않아서 불수강 또는 내식강이라 불리며 철(Fe)에 Cr(크롬)과 Ni(니켈)을 합금하여 제조한다.

**73** 제강법 중 쇳물 속으로 공기 또는 산소($O_2$)를 불어 넣어 불순물을 제거하는 방법으로 연료를 사용하지 않는 것은?

① 평로 제강법 ② 아크 전기로 제강법
③ 전로 제강법 ④ 유도 전기로 제강법

**74** 다음 중 주강에 대한 일반적인 설명으로 틀린 것은?

① 주철에 비하면 용융점이 800℃ 전후의 저온이다.
② 주철에 비하여 기계적 성질이 월등히 우수하다.
③ 주조상태로는 조직이 거칠고 취성이 있다.
④ 주강 제품에는 기포 등이 생기기 쉬우므로 제강작업에는 다량의 탈산제를 사용함에 따라 Mn이나 Ni의 함유량이 많아진다.

해설
주철보다 용융점이 높아 녹이기 어렵다.

**75** 형상이 크거나 복잡하여 단조품으로 만들기 곤란하고 주철로서는 강도가 부족할 경우에 사용되며, 주조 후 완전 풀림을 실시하는 강은?

① 일반 구조용강 ② 주강
③ 공구강 ④ 스프링강

해설
주강과 주철을 비교하는 문제가 자주 출제되며, 주강은 탄소의 함유량이 주철에 비해 적어 용접성과 기계적인 성질이 우수하다.

정답 68 ② 69 ① 70 ④ 71 ④ 72 ③ 73 ③ 74 ① 75 ②

**76** 다음 중 화학적인 표면 경화법이 아닌 것은?

① 고체 침탄법 ② 가스 침탄법
③ 고주파 경화법 ④ 질화법

**77** 침탄법의 종류가 아닌 것은?

① 고체 침탄법 ② 액체 침탄법
③ 가스 침탄법 ④ 증기 침탄법

**78** 산소-아세틸렌 가스를 사용하여 담금질성이 있는 강제의 표면만을 경화시키는 방법은?

① 화염 경화법 ② 질화법
③ 고주파 경화법 ④ 가스 침탄법

**79** 퓨즈, 활자, 정밀 모형 등에 사용되는 아연, 주석, 납계의 저용융점 합금이 아닌 것은?

① 비스무트 땜납 ② 리포위츠 합금
③ 다우메탈 ④ 우드메탈

해설
**다우메탈**
마그네슘, 구리, 아연, 카드뮴, 망간 등을 섞어서 만드는 경합금이며 가볍고 강하여 항공기, 자동차의 부속에 사용된다.

**80** 중탄소강(0.3~0.5%C)의 용접 시 탄소함유량의 증가에 따라 저온균열이 발생할 우려가 있으므로 적당한 예열이 필요하다. 다음 중 가장 적당한 예열온도는?

① 100~200℃ ② 400~450℃
③ 500~600℃ ④ 800℃ 이상

**81** 용접균열에서 저온균열은 일반적으로 몇 ℃ 이하에서 발생하는 균열을 말하는가?

① 200~300℃ 이하 ② 300~400℃ 이하
③ 400~500℃ 이하 ④ 500~600℃ 이하

**82** 주철을 고온으로 가열했다가 냉각하는 과정을 반복하면 부피가 팽창하여 변형이나 균열이 발생하는데 이러한 현상을 무엇이라 하는가?

① 청열취성 ② 적열취성
③ 고온시효 ④ 성장

**83** 주철의 일반적인 특성 및 성질에 대한 설명으로 틀린 것은?

① 주조성이 우수하여 크고 복잡한 것도 제작할 수 있다.
② 인장강도, 휨강도 및 충격값은 크나 압축강도는 작다.
③ 금속재료 중에서 단위 무게당의 값이 싸다.
④ 주물의 표면은 굳고 녹이 잘 슬지 않는다.

해설
주철은 인장강도와 충격값이 작고 압축강도가 크다.

**84** 주로 전자기 재료로 사용되는 Ni-Fe 합금에 사용하지 않는 것은?

① 슈퍼인바
② 엘린바
③ 스텔라이트
④ 퍼멀로이

해설
**스텔라이트**
코발트에 크롬, 텅스텐, 철, 탄소를 섞은 합금이며 열에 견디는 성질이 뛰어나 내연 기관, 각종 바이트, 착암용(鑿巖用) 드릴 공구에 널리 쓰인다.

**85** 주로 전자기 재료로 사용되는 Ni-Fe 합금이 아닌 것은?

① 인바 ② 슈퍼인바
③ 콘스탄탄 ④ 플라티나이트

해설
콘스탄탄은 Cu-Ni 합금이며 전기 저항선으로 사용된다.

정답 76 ③ 77 ④ 78 ① 79 ③ 80 ① 81 ① 82 ④ 83 ② 84 ③ 85 ③

## 86 아연을 약 40% 첨가한 황동으로 고온가공하여 상온에서 완성하며, 열교환기, 열간 단조품, 탄피 등에 사용되고 탈아연부식을 일으키기 쉬운 것은?

① 알브락 ② 니켈황동
③ 문츠메탈 ④ 애드미럴티 황동

해설
황동은 구리(Cu)와 아연(Zn)의 합금금속이며 구리 60%, 아연 40%가 합금된 것을 문츠메탈 또는 6－4황동이라고 한다.

## 87 가공용 황동의 대표적인 것으로 아연을 28~32% 정도 함유하여 상온 가공이 가능한 황동은?

① 7 : 3 황동 ② 6 : 4 황동
③ 니켈 황동 ④ 철 황동

해설
7 : 3 황동을 카트리지 브라스라고도 한다.

## 88 다음 중 철(Fe)의 재결정온도는?

① 180~200℃ ② 200~250℃
③ 350~450℃ ④ 800~900℃

해설
**재결정온도**
가공경화된 금속을 가열하였을 때 경화된 금속의 조직이 회복을 하여 재결정을 이루는 온도이며 금속마다 그 온도점이 다르다. 재결정온도를 기준으로 하여 냉간가공과 열간가공으로 구분된다.

## 89 다음 중 주강에 대한 설명으로 틀린 것은?

① 주철로서는 강도가 부족할 경우에 사용된다.
② 용접에 의한 보수가 용이하다.
③ 단조품이나 압연품에 비하여 방향성이 없다.
④ 주철에 비하여 용융점이 낮다.

해설
주철과 주강을 구분할 수 있는지 물어보는 문제이며 주강은 주철보다 탄소의 함유량이 적어 강도가 우수하고 용접성이 좋으나 융점이 높아 주철에 비해 녹이기 어렵다.

## 90 주강의 특성을 설명한 것으로 틀린 것은?

① 유동성이 나쁘다.
② 주조 시의 수축이 적다.
③ 고온 인장강도가 낮다.
④ 표피 및 그 인접부분의 품질이 양호하다.

## 91 다음 중 스테인리스강의 분류에 해당하지 않는 것은?

① 페라이트계 ② 오스테나이트계
③ 석출경화계 ④ 레데뷰라이트계

해설
**스테인리스강의 종류**
오스테나이트계, 페라이트계, 마텐자이트계, 석출경화계
☞ 암기법 : 오페마석(오페라 보러 마석에 가자!)

## 92 오스테나이트계 스테인리스강 용접 시 유의사항이 아닌 것은?

① 아크를 중단하기 전에 크레이터 처리를 한다.
② 아크 길이를 길게 유지한다.
③ 낮은 전류로 용접하여 용접 입열을 억제한다.
④ 용접봉은 가급적 모재의 재질과 동일한 것을 사용한다.

해설
스테인리스강 용접 시 아크 길이는 반드시 짧게 유지하도록 한다.

## 93 비중이 7.14이고 비철 금속 중에서 알루미늄, 구리 다음으로 많이 생산되며, 황동과 다이캐스팅용 합금에 많이 이용되는 원소는?

① 은 ② 티탄
③ 아연 ④ 규소

해설
아연(Zn)은 철 부식방지와 생명체에 아주 중요한 금속원소이며 철판에 아연을 도금한 것을 함석이라고 한다. 구리 합금의 대표적인 황동은 구리와 아연의 합금이며 다이캐스팅용으로 사용되고 있다.

정답 86 ③ 87 ① 88 ③ 89 ④ 90 ② 91 ④ 92 ② 93 ③

**94** 주기율표의 제 4, 5, 6족 금속의 탄화물을 철족 결합금속으로 접합, 증착한 합금으로 WC－Co계, WC－TiC－Co계 등으로 나뉘는 합금은?

① 시효경화합금 ② 세라믹스공구
③ 주조경질합금 ④ 소결초경합금

해설
**소결초경합금**
WC(탄화텅스텐), TiC(탄화티탄) 등의 매우 단단한 금속간 화합물의 분말과 결합체로 코발트 등의 분말을 혼합한 것을 압축 성형하고 고압으로 가열하여 소결한 합금을 말한다.

**95** 용탕의 유동성을 좋게 하고 합금의 경도 및 강도를 증가시키며 내마모성과 탄성을 개선시키기 위해 청동의 용해 주조 시 탈산제로 사용하는 P(인)을 합금 중에 0.05~0.5% 정도 남게 하여 만든 특수청동은?

① 켈밋 ② 배빗메탈
③ 암즈청동 ④ 인청동

**96** 가스 침탄법의 특징으로 틀린 것은?

① 침탄온도, 기체혼합비 등의 조절로 균일한 침탄층을 얻을 수 있다.
② 열효율이 좋고 온도를 임의로 조절할 수 있다.
③ 대량생산에는 부적합하다.
④ 침탄 후 직접 담금질이 가능하다.

**97** 합금주철의 원소 중 흑연화를 방지하고 탄화물을 안정시키는 원소는?

① 크롬(Cr) ② 니켈(Ni)
③ 구리(Cu) ④ 몰리브덴(Mo)

**98** 다음 중 특수 주강의 종류가 아닌 것은?

① 망간(Mn) 주강 ② 니켈(Ni) 주강
③ 크롬(Cr) 주강 ④ 티탄(Ti) 주강

**99** 크롬－몰리브덴강은 니켈－크롬강에 0.15~0.3%의 몰리브덴을 첨가한 것이다. 이는 어떠한 성질 개선하기 위한 것인가?

① 연삭성
② 뜨임취성
③ 항온성
④ 흑연화 성질

해설
Mo(몰리브덴)은 강의 뜨임취성 방지제로 사용된다.

**100** 탄소강에 함유된 구리(Cu)의 영향으로 틀린 것은?

① $A_1$ 변태점을 저하시킨다.
② 강도, 경도, 탄성한도를 증가시킨다.
③ 내식성을 저하시킨다.
④ 다량 함유하면 압연 시 균열의 원인이 되기도 한다.

해설
구리는 내식성을 향상시키는 대표적인 합금원소이다.

**101** 탄소강의 주성분으로 맞는 것은?

① Fe＋C ② Fe＋Si
③ Fe＋Mn ④ Fe＋P

해설
강은 탄소(C)의 함량에 따라 종류가 구분된다.

**102** 구리의 성질을 설명한 것으로 틀린 것은?

① 전기 및 열의 전도성이 우수하다.
② 비중이 철(Fe)보다 작고 아름다운 광택을 갖고 있다.
③ 전연성이 좋아 가공이 용이하다.
④ 화학적 저항력이 커서 부식되지 않는다.

해설
- Fe(철)의 비중 : 7.9
- Cu(구리)의 비중 : 8.9

정답 94 ④ 95 ④ 96 ③ 97 ① 98 ④ 99 ② 100 ③ 101 ① 102 ②

**103** Mg-Al-Zn 합금으로 내연기관의 피스톤 등에 사용되는 것은?

① 실루민(Silumin)
② 두랄루민(Duralumin)
③ Y합금(Y-alloy)
④ 일렉트론(Elektron)

해설
① 실루민 : Al+Si
② 두랄루민 : Al+Cu+Mg+Mn
③ Y합금 : Al+Mg+Ni+Cu

**104** 두랄루민(Duralumin)의 성분 재료로 맞는 것은?

① Al, Cu, Mg, Mn ② Al, Cu, Fe, Si
③ Al, Fe, Si, Mg ④ Al, Cu, Mn, Pb

해설
☞ 암기법 : 알구마망(Al-Cu-Mg-Mn)

**105** 고강도 알루미늄 합금으로 대표적인 시효 경화성 알루미늄 합금명은?

① 두랄루민(Duralumin)
② 양은(Nickel Silver)
③ 델타 메탈(Delta Metal)
④ 실루민(Silumin)

해설
두랄루민은 Al-Cu-Mg-Mn-Si의 고강도 알루미늄 합금으로 주로 비행기 동체의 재료로 사용되기도 한다. 고급 등산용 스틱도 두랄루민 재질을 사용한다.
☞ 암기법 : 알구마망실

**106** 은, 구리, 아연이 주성분으로 된 합금이며 인장강도, 전연성 등의 성질이 우수하여 구리, 구리합금, 철강, 스테인리스강 등에 사용되는 납은?

① 마그네슘납 ② 인동납
③ 은납 ④ 알루미늄납

해설
문제 속에 답이 있다고 생각하자.(은+납)

**107** 철강재료를 강화 및 경화시킬 목적으로 물 또는 기름 속에 급랭하는 방법은?

① 불림 ② 풀림
③ 담금질 ④ 뜨임

해설
보기는 모두 열처리법의 종류이므로 숙지하도록 하자.
• 불림 : 조직의 표준화
• 풀림 : 재료의 연화 및 응력 제거
• 뜨임 : 재료의 인성 부여

**108** 기본 열처리 방법의 목적을 설명한 것으로 틀린 것은?

① 담금질-급랭시켜 재질을 경화시킨다.
② 풀림-재질을 연하고 균일화하게 한다.
③ 뜨임-담금질된 것에 취성을 부여한다.
④ 불림-소재를 일정온도에서 가열 후, 공냉시켜 표준화한다.

해설
뜨임이란 강에 인성을 부여하는 열처리이다.
※ 취성 : 깨지는 성질

**109** 일반적인 연강의 탄소 함유량은 얼마인가?

① 1.0~1.4% ② 0.13~0.2%
③ 1.5~1.9% ④ 2.0~3.0%

**110** 강의 표면에 질소를 침투하여 확산시키는 질화법에 대한 설명으로 틀린 것은?

① 높은 표면 경도를 얻을 수 있다.
② 처리 시간이 길다.
③ 내식성이 저하된다.
④ 내마멸성이 커진다.

해설
강의 표면경화법으로 주로 질화법과 침탄법을 비교하는 문제가 잘 출제되고 있다.
두 가지 방법 중 질화법이 침탄법에 비해 우수한 편이며 질화층이 여리다는 단점이 있다.

정답 103 ④ 104 ① 105 ① 106 ③ 107 ③ 108 ③ 109 ② 110 ③

**111** 18－8 스테인리스강에서 18－8이 의미하는 것은 무엇인가?

① 몰리브덴이 18%, 크롬이 8% 함유되어 있다.
② 크롬이 18%, 몰리브덴이 8% 함유되어 있다.
③ 크롬이 18%, 니켈이 8% 함유되어 있다.
④ 니켈이 18%, 크롬이 8% 함유되어 있다.

해설
스테인리스의 종류 중 18－8 스테인리스강은 오스테나이트계열의 스테인리스를 말한다.

**112** 다음 중 탄소강의 표준조직이 아닌 것은?

① 페라이트 ② 펄라이트
③ 시멘타이트 ④ 마텐자이트

해설
**탄소강의 표준조직**
페라이트, 시멘타이트, 펄라이트
☞ 암기법 : 페시펄

**113** 다음 중 주로 입계부식에 의해서 손상을 입는 것은?

① 황동
② 18－8 스테인리스강
③ 청동
④ 다이스강

해설
모든 금속은 결정의 집합체이며 결정과 결정 사이를 입계라고 한다. 18－8 강(오스테나이트계 스테인리스강)은 예열 시 입계부식이 심하게 나타난다.

**114** 크롬계 스테인리스강 중 Cr이 약 18% 정도 함유된 것은?

① 시멘타이트계
② 펄라이트계
③ 오스테나이트계
④ 페라이트계

해설
**페라이트계 스테인리스강**
18 Cr 강 및 25 Cr 강이 주로 쓰이며, 자경성이 없는 강을 말한다. 또한 천이온도가 높아 하중을 받는 구조물 사용에서는 주의해야 하는 강이다.

**115** 탄소강에 함유된 가스 중에서 강을 여리게 하고 산이나 알칼리에 약하며, 백점(Flakes)이나 헤어크렉(Hair Crack)의 원인이 되는 가스는?

① 이산화탄소 ② 질소
③ 산소 ④ 수소

해설
- 백점 : 강재의 파면에 나타나는 은백색의 광택을 지닌 반점이다.
- 헤어크랙 : 헤어크랙 강재의 마무리 면에 발생하는 미세한 균열로, 그 크기가 모발과 같이 미세하기 때문에 이름이 붙여졌다.

**116** 재료의 온도 상승에 따라 강도는 저하되지 않고 내식성을 가지는 PH형 스테인리스강은?

① 페라이트계 스테인리스강
② 마텐자이트계 스테인리스강
③ 오스테나이트계 스테인리스강
④ 석출경화형 스테인리스강

해설
**석출경화**
하나의 고체 속에 다른 고체가 별개의 상(相)으로 되어 나올 때, 그 모재가 단단해지는 현상으로 이 경화를 이용해서 재료를 강하게 하여 공업재료에 사용하고 있는 경우가 많다. 예로 특수한 강 · 두랄루민 등의 강력한 알루미늄합금, 베릴륨구리 등의 강력 구리합금이 있다.

**117** 3~4% Ni, 1% Si를 첨가한 구리합금으로 강도와 전기 전도율이 좋은 것은?

① 켈멧(Kelmet)
② 암즈(Arms)
③ 네이벌(Naval) 황동
④ 코슨(Corson) 합금

해설
**코슨 합금**
Cu－Ni 합금에 소량의 Si를 첨가하여 전기전도율을 좋게 한 구리합금으로 전화 등 통신용 전선으로 사용된다.

정답 111 ③ 112 ④ 113 ② 114 ④ 115 ④ 116 ④ 117 ④

**118** 실용 특수 황동으로 6 : 4 황동에 0.75% 정도의 주석을 첨가한 것으로 용접봉, 선박, 기계부품 등으로 사용되는 것은?

① 애드미럴티 황동
② 네이벌 황동
③ 함연 황동
④ 알브랙 황동

해설
6 : 4 황동에 Sn(주석)을 첨가한 것을 네이벌 황동이라 하며, Fe을 첨가한 것을 철황동(델타메탈)이라고 한다.

**119** 델타메탈(Delta Metal)에 속하는 것은?

① 7 : 3 황동에 Fe 1~2%를 첨가한 것
② 7 : 3 황동에 Sn 1~2%를 첨가한 것
③ 6 : 4 황동에 Sn 1~2%를 첨가한 것
④ 6 : 4 황동에 Fe 1~2%를 첨가한 것

해설
델타메탈을 철황동이라고도 한다.

**120** 상온가공을 하여도 동소변태를 일으켜 경화되지 않는 재료는?

① 금(Ag) ② 주석(Sn)
③ 아연(Zn) ④ 백금(Pt)

**121** 펄라이트 바탕에 흑연이 미세하고 고르게 분포되어 있으며 내마멸성이 요구되는 피스톤 링 등 자동차 부품에 많이 쓰이는 주철은?

① 미하나이트 주철
② 구상 흑연주철
③ 고합금 주철
④ 가단주철

해설
**미하나이트 주철**
내마멸성 등 가단성을 향상시킨 대표 고급주철이며, 펄라이트 조직으로 이루어져 있다.

**122** 다음은 구리 및 구리합금의 용접성에 관한 설명이다. 틀린 것은?

① 용접 후 응고 수축 시 변형이 생기기 쉽다.
② 충분한 용입을 얻기 위해서는 예열을 해야 한다.
③ 구리는 연강에 비해 열전도도와 열팽창계수가 낮다.
④ 구리합금은 과열에 의한 아연 증발로 중독을 일으키기 쉽다.

**123** 탄소의 함유량이 약 0.2~0.5% 정도인 주강은?

① 저탄소 주강 ② 중탄소 주강
③ 고탄소 주강 ④ 합금 주강

**124** 비중이 2.7, 용융온도가 660℃이며 가볍고 내식성 및 가공성이 좋아 주물, 다이캐스팅, 전선 등에 쓰이는 비철금속 재료는?

① 구리(Cu) ② 니켈(Ni)
③ 마그네슘(Mg) ④ 알루미늄(Al)

해설
철의 비중(약 7.9)을 기준으로 알루미늄은 상당히 가볍고 전기전도도가 우수해 고압 송전탑의 전선으로 사용되고 있다.

**125** 알루미늄에 대한 설명으로 틀린 것은?

① 전기 및 열의 전도율이 매우 떨어진다.
② 경금속에 속한다.
③ 융점이 660℃ 정도이다.
④ 내식성이 좋다.

**126** 마그네슘합금에 속하지 않는 것은?

① 다우메탈 ② 일렉트론
③ 미쉬메탈 ④ 화이트메탈

해설
**화이트메탈**
Pb(납)-Sn(주석)-Sb(안티몬)계, Sn-Sb계 합금의 총칭이다.

정답 118 ② 119 ④ 120 ② 121 ① 122 ③ 123 ② 124 ④ 125 ① 126 ④

**127** 마그네슘 합금의 성질 및 특징을 나타낸 것으로 적당하지 않은 것은?

① 비강도가 크고, 냉간가공이 거의 불가능하다.
② 인장강도, 연신율, 충격값이 두랄루민보다 작다.
③ 피절삭성이 좋으며, 부품의 무게 경감에 큰 효과가 있다.
④ 바닷물에 접촉하여도 침식되지 않는다.

**128** 냉간가공의 특징을 설명한 것으로 틀린 것은?

① 제품의 표면이 미려하다.
② 제품의 치수 정도가 좋다.
③ 가공경화에 의한 강도가 낮아진다.
④ 가공공 수가 적어 가공비가 적게 든다.

**129** 순철의 자기변태점은?

① $A_1$ ② $A_2$
③ $A_3$ ④ $A_4$

해설

자기변태점이란 자기의 성질이 변하는 온도점으로 퀴리점이라고도 하며, 순철은 $A_2$ 변태점(768℃)에서 자기변태를 한다.

**130** 오스테나이트계 스테인리스강은 용접 시 냉각되면서 고온균열이 발생하는데 그 원인이 아닌 것은?

① 크레이터 처리를 하지 않았을 때
② 아크 길이를 짧게 했을 때
③ 모재가 오염되어 있을 때
④ 구속력이 가해진 상태에서 용접할 때

정답 127 ④ 128 ③ 129 ② 130 ②

SECTION 6

# 도면해독(기계제도)

**01** 기계제도에서 용도에 의한 명칭이 가는 2점 쇄선인 선은?

① 숨은선 ② 기준선
③ 피치선 ④ 가상선

해설
- 가는 1점 쇄선 : 중심선
- 가는 2점 쇄선 : 가상선

**02** 배관도에서 유체의 종류와 글자기호를 나타낸 것 중 틀린 것은?

① 공기 : A
② 연류 가스 : G
③ 연료유 또는 냉동기유 : O
④ 증기 : V

해설
증기 : S(Steam)

**03** 용도에 따른 선의 종류에서 가는 1점 쇄선의 용도가 아닌 것은?

① 중심선 ② 기준선
③ 피치선 ④ 지시선

해설
가는 1점 쇄선은 중심선(기준선) 또는 피치선으로 사용된다.

**04** 재료기호가 SM400으로 표시되어 있을 때 이는 무슨 재료인가?

① 일반 구조용 압연 강재
② 용접 구조용 압연 강재
③ 스프링 강재
④ 탄소 공구강 강재

**05** 다음 정면도의 평면도로 가장 적합한 투상은?

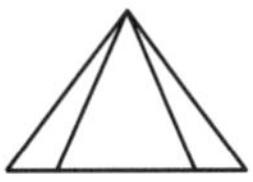

①  ② 
③ 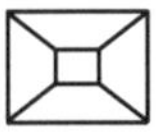 ④ 

**06** 강판을 다음과 같이 용접할 때의 KS 용접 기호는?

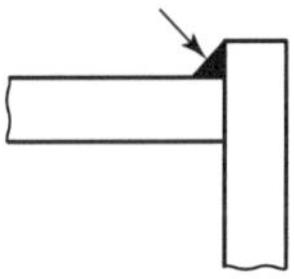

① 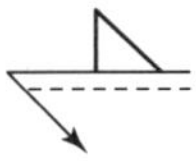 ② 
③ 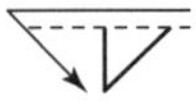 ④ 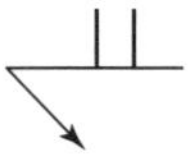

해설
①에서 점선이 있는 부분은 화살표의 반대방향을 나타내며 은 필릿용접을 의미한다.

**07** 용접 보조기호에서 현장 용접인 것은?

①  ② 
③  ④ 

정답 01 ④ 02 ④ 03 ④ 04 ② 05 ① 06 ① 07 ①

**08** 미터나사 호칭이 M8×10으로 표시되어 있다면 "10"이 의미하는 것은?

① 호칭 지름 ② 산의 수
③ 피치 ④ 나사의 등급

**09** 나사 호칭 표시 "M20×2"에서 숫자 "2"의 뜻은?

① 나사의 등급 ② 나사의 줄 수
③ 나사의 지름 ④ 나사의 피치

**10** 판의 두께를 나타내는 치수 보조기호는?

① C ② R
③ □ ④ t

해설
판의 두께는 t로 표기하며 단위는 mm이다.

**11** 도면을 축소 또는 확대했을 경우, 그 정도를 알기 위해서 설정하는 것은?

① 중심 마크 ② 비교 눈금
③ 도면의 구역 ④ 재단 마크

**12** 지그재그 선을 사용하는 경우에 해당하는 것은?

① 특정 부분의 단면을 90° 회전하여 나타내는 경우
② 대상물의 일부를 파단한 경계를 표시하는 경우
③ 인접을 참고로 표시하는 경우
④ 반복을 표시하는 경우

**13** 도면의 양식 중 반드시 갖추어야 할 사항은?

① 방향 마크 ② 도면의 구역
③ 재단 마트 ④ 중심 마크

**14** 기계제도에서 도형의 표시방법으로 가장 적절하지 않은 것은?

① 투상도는 표준 배치에 의한 6면도를 모두 그린다.
② 물체의 특징이 가장 잘 나타난 면을 주 투상도로 한다.
③ 투상도에는 가급적 숨은선을 쓰지 않고 나타낼 수 있도록 한다.
④ 도형이 대칭인 것은 중심선을 경계로 하여 한쪽만을 도시할 수 있다.

해설
기계제도에서는 원칙적으로 정투상도법을 써서 정면도, 평면도, 측면도 등을 나타내며, 6면도를 모두 그릴 필요는 없다.

**15** 다음 중 머리부를 포함한 리벳의 전체 길이로 리벳 호칭 길이를 나타내는 것은?

① 얇은 납작머리 리벳
② 접시머리 리벳
③ 둥근 머리 리벳
④ 냄비머리 리벳

**16** 파이프의 영구 결합부(용접 등)는 어떤 형태로 표시하는가?

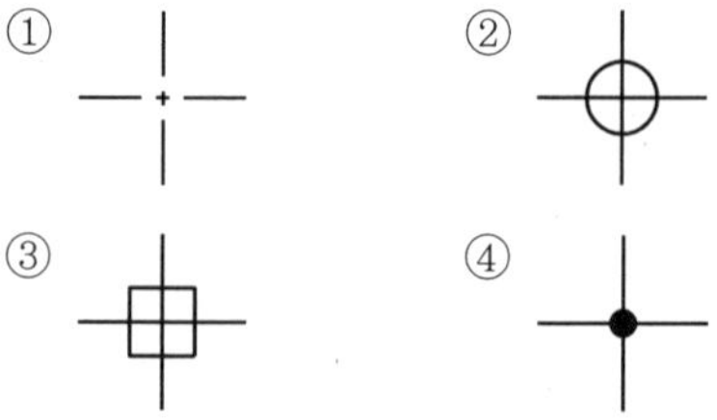


해설
배관의 용접부위(영구 결합부)는 점으로 표시한다.

정답 08 ③ 09 ④ 10 ④ 11 ② 12 ② 13 ④ 14 ① 15 ② 16 ④

**17** 제3각법으로 작성한 보기 투상도의 입체도로 가장 적합한 것은?

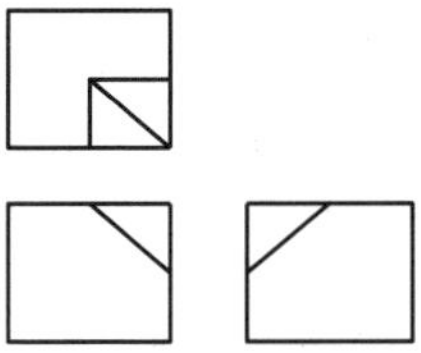

① 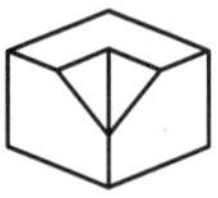
② 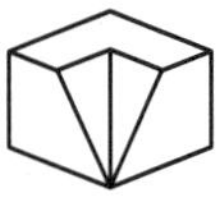
③ 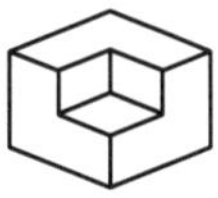
④ 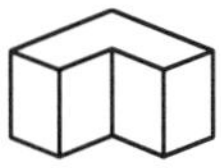

**18** I형강의 치수가 I－A×B×C×D로 나타나 있다면 A, B, C, D의 대상이 지칭하는 것으로 올바른 것은?

① A＝형강 높이
② B＝웨브 두께
③ C＝형강 길이
④ D＝형강 폭

해설
**I형강의 치수 표기법**
I－높이×너비×기둥의 두께×밑바닥(위 바닥)의 두께

**19** 배관의 간략 도시방법에서 파이프의 영구 결합부(용접 또는 다른 공법에 의한다.) 상태를 나타내는 것은?

① 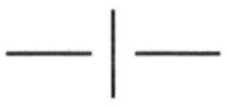
② 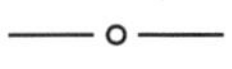 
③ 
④ 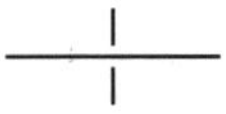

**20** 보기 입체도에서 화살표 방향이 정면일 때 제3각 정투상도는?

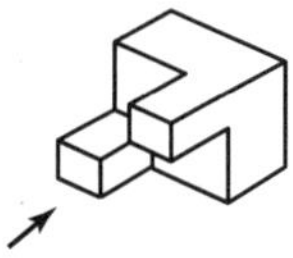

① 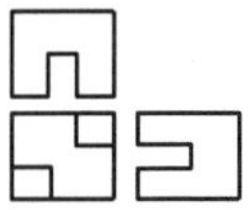
② 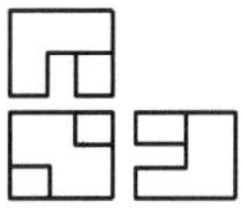
③ 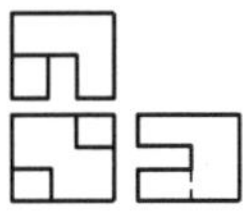
④ 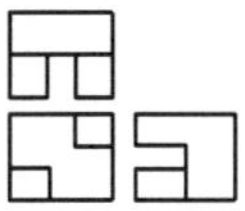

**21** 그림과 같은 용접 도시기호를 올바르게 설명한 것은?

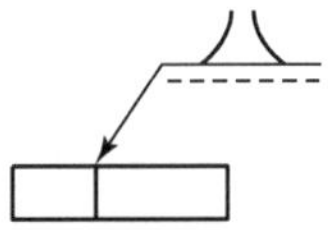

① 돌출된 모서리를 가진 평판 사이의 맞대기 용접이다.
② 평행(I형) 맞대기 용접이다.
③ U형 이음으로 맞대기 용접이다.
④ J형 이음으로 맞대기 용접이다.

**22** 한 변이 10mm인 정사각형을 2 : 1로 도시하려고 한다. 실제 정사각형 면적을 $L$이라고 하면 도면 도형의 정사각형 면적은 얼마인가?

① $\frac{1}{2}L$ ② $2L$
③ $\frac{1}{4}L$ ④ $4L$

해설
한 변의 길이가 2배가 되면 면적은 4배가 된다.

정답 17 ① 18 ① 19 ③ 20 ④ 21 ① 22 ④

**23** 그림과 같이 상하면의 절단된 경사각이 서로 다른 원통의 전개도 형상으로 가장 적합한 것은?

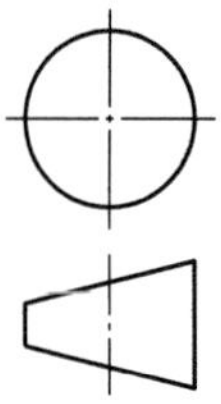

① 
② 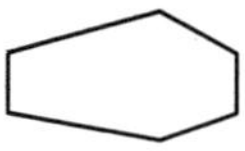
③ 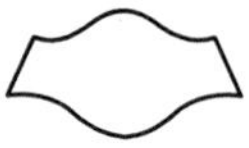
④ 

**24** 그림과 같은 KS 용접기호의 용접 명칭으로 올바른 것은?

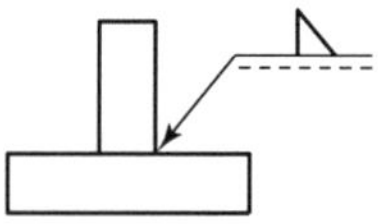

① I형 맞대기 용접　② 플러그 용접
③ 필릿용접　④ 점용접

**25** 배관 도시기호 중 체크밸브에 해당하는 것은?

① 
② 
③ 
④ 

해설
① 밸브일반(게이트밸브)　② 체크밸브　③ 앵글밸브

**26** 일반적으로 치수선을 표시할 때, 치수선 양 끝에 치수가 끝나는 부분임을 나타내는 형상으로 사용하는 것이 아닌 것은?

① 
② 
③ 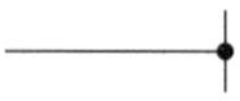
④ 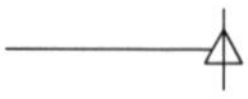

**27** 그림과 같은 용접 도시기호를 올바르게 해석한 것은?

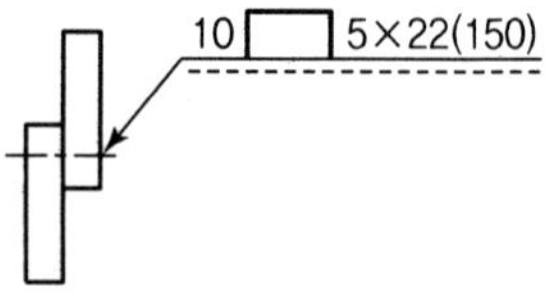


① 슬롯 용접의 용접 수 22
② 슬롯의 너비 10mm, 용접길이 22mm
③ 슬롯 용접 루트간격 6mm, 폭 150mm
④ 슬롯의 너비 5mm, 피치 22mm

해설
슬롯 용접의 개소는 총 5개이며, 피치(슬롯 용접의 간격)는 150mm이다.

**28** 한쪽 단면(반단면) 표시법에 대한 설명으로 올바른 것은?

① 대칭형의 물체를 중심선을 경계로 하여 외형도의 절반과 단면도의 절반을 조합하여 표시한 것이다.
② 부품도의 중앙 부위 전후를 절단하여, 단면을 90° 회전시켜 표시한 것이다.
③ 도형 전체가 단면으로 표시된 것이다.
④ 물체의 필요한 부분만 단면으로 표시한 것이다.

**29** 기계제도에서 선의 굵기가 가는 실선이 아닌 것은?

① 치수선　② 수준면선
③ 지시선　④ 특수지정선

**30** 파이프 이음 도시기호 중에서 플랜지 이음에 대한 기호는?

① 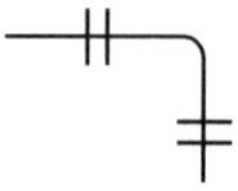
② 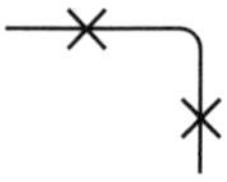
③ 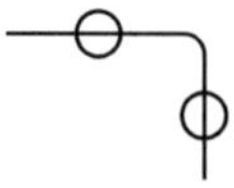
④ 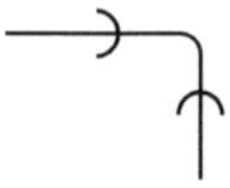

정답　23 ④　24 ③　25 ②　26 ④　27 ②　28 ①　29 ④　30 ①

31 보기와 같은 투상도의 명칭으로 가장 적합한 것은?

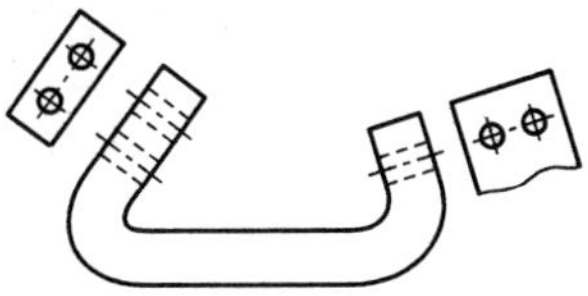

① 보조 투상도　　② 국부 투상도
③ 주 투상도　　④ 경사 투상도

32 보기 도면에서 A~D선의 용도에 의한 명칭으로 틀린 것은?

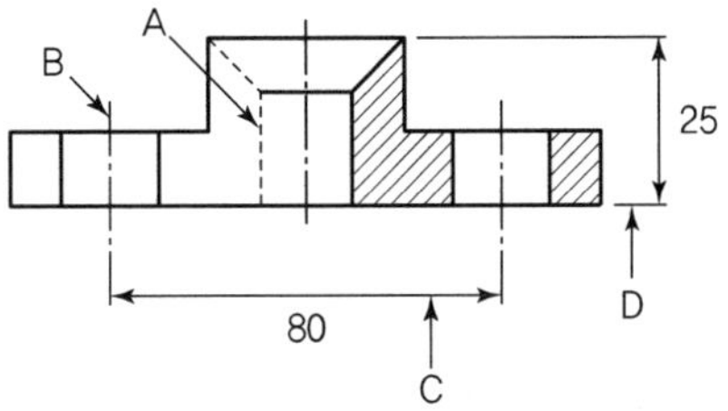


① A : 숨은선　　② B : 중심선
③ C : 치수선　　④ D : 지시선

해설
D : 치수보조선

33 도면에서 치수 숫자의 아래쪽에 굵은 실선이 의미하는 것은?

① 일부의 도형이 그 치수 수치에 비례하지 않는 치수
② 진직도가 정확해야 할 치수
③ 가장 기준이 되는 치수
④ 참고 치수

34 기계제도 치수 기입법에서 참고 치수를 의미하는 것은?

① 50　　② 50
③ (50)　　④ ≪50≫

35 1/2－20UNF로 표시된 나사의 해독으로 올바른 것은?

① 유니파이 보통 나사이다.
② 등급은 1급이다.
③ 호칭지름(수나사 바깥지름, 암나사 골지름)은 1/2인치이다.
④ 나사의 피치가 20mm이다.

36 보기와 같은 KS 용접기호 설명으로 올바른 것은?

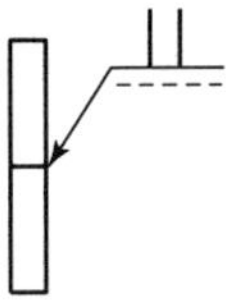

① I형 맞대기 용접으로 화살표 쪽 용접
② I형 맞대기 용접으로 화살표 반대쪽 용접
③ H형 맞대기 용접으로 화살표 쪽 용접
④ H형 맞대기 용접으로 화살표 반대쪽 용접

해설
지시선의 점선부분은 화살표 반대방향이며 점선부분에 아무런 기호가 없으므로 화살표 방향에 표시된 기호대로 용접을 하라는 도면이다.

37 다음 도면의 ( ) 안에 치수로 가장 적합한 것은?

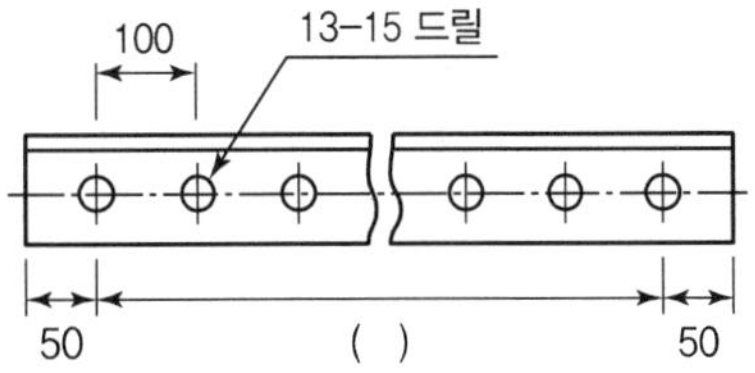


① 1,400mm
② 1,300mm
③ 1,200mm
④ 1,100mm

해설
12×100＝1,200

정답　31 ①　32 ④　33 ①　34 ③　35 ③　36 ①　37 ③

**38** 공작물을 1 : 5의 척도로 그리려고 하는데 실제 길이는 50mm이다. 도면에 공작물의 길이를 얼마의 크기로 그려야 하는가?

① 10mm　　② 25mm
③ 50mm　　④ 100mm

**39** 그림과 같이 도시된 용접기호에서 [MR] 해독으로 올바른 것은?

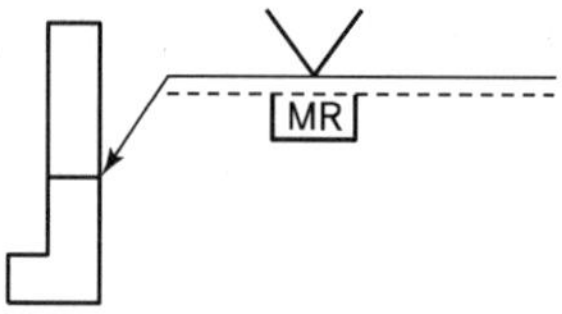


① 화살표 쪽은 방사선 시험이다.
② 화살표 반대쪽은 육안검사이다.
③ 제거 가능한 덮개판을 사용한다.
④ 영구적인 덮개판을 사용하여 용접한다.

해설
- MR : 제거 가능한 덮개판 사용
- R : 영구적인(제거할 수 없는) 덮개판 사용

**40** 다음 입체도에서 화살표 방향을 정면으로 제3각법으로 그린 정투상도는?

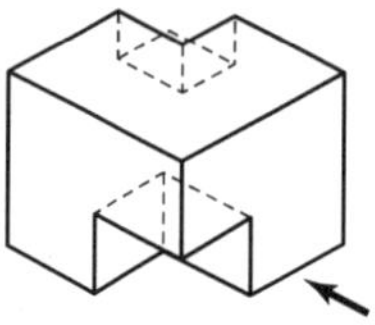

①
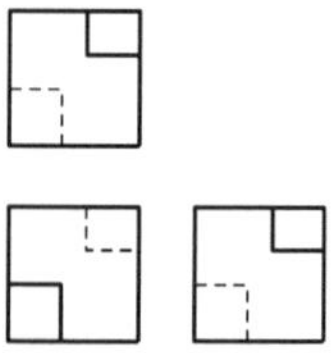
②
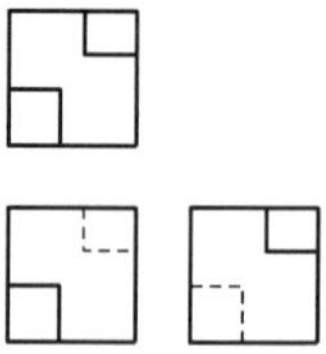
③
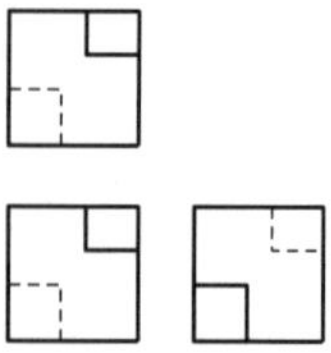
④
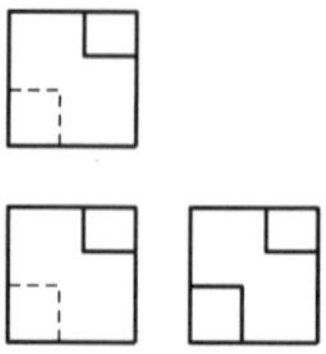

**41** 그림과 같은 3각법으로 정투상한 정면도와 우측면도에 가장 적합한 평면도는?

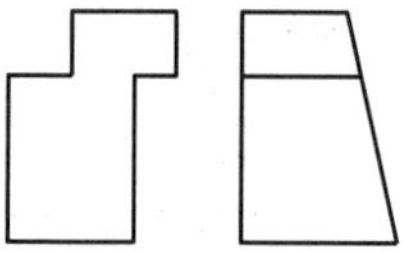

①
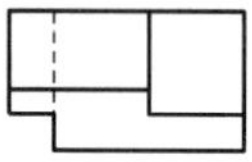
②
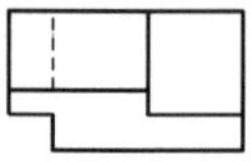
③
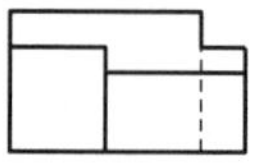
④
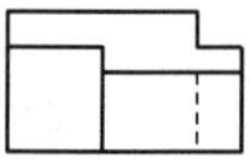

**42** 도면에 리벳의 호칭이 "KS B 1102 보일러용 둥근 머리리벳 13×30 SV 400"으로 표시된 경우 올바른 해독은?

① 리벳의 수량 13개
② 리벳의 길이 30mm
③ 최대 인장강도 400kPa
④ 리벳의 호칭 지름 30mm

**43** 얇은 두께 부분의 단면도(개스킷, 형강, 박판 등 얇은 것의 단면) 표시로 사용되는 선에 해당하는 것은?

① 실제 치수와 관계없이 극히 굵은 1점 쇄선
② 실제 치수와 관계없이 극히 굵은 2점 쇄선
③ 실제 치수와 관계없이 극히 가는 실선
④ 실제 치수와 관계없이 극히 굵은 실선

**44** 도면에 나사가 M10×1.5－6g로 표시되어 있을 경우 나사의 해독으로 가장 올바른 것은?

① 한 줄 왼나사 호칭경 10mm이고, 피치가 1.5mm이며 등급은 6g이다.
② 한 줄 오른나사 호칭경 10mm이고, 피치가 1.5mm이며 등급은 6g이다.
③ 한 줄 오른나사 호칭경 10mm이고, 피치가 1.5mm에서 6mm 중 하나면 된다.
④ 줄 수와 나사 감김 방향은 알 수 없고 미터나사 10mm이며 피치는 1.5mm×6mm이다.

정답　38 ①　39 ③　40 ①　41 ③　42 ②　43 ④　44 ②

**45** 제1각법에서 좌측면도는 정면도를 기준으로 어느 쪽에 배치되는가?

① 좌측　　② 우측
③ 상부　　④ 하부

해설
제1각법은 3각법의 반대, 즉 보이는 부분의 반대방향에 배치한다.

**46** 그림과 같은 용접기호의 해독으로 가장 적합한 것은?

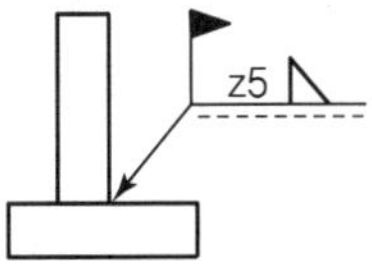


① 필릿단속 공장용접
② 필릿연속 현장용접
③ 필릿단속 현장용접
④ 필릿연속 공장용접

해설
•  : 현장용접
• z5 : 목길이(다리길이, 각장)
•  : 필릿용접

**47** 단면임을 나타내기 위하여 단면부분의 주된 중심선에 대해 45° 경사지게 나타내는 선들을 의미하는 것은?

① 호핑　　② 해칭
③ 코킹　　④ 스머징

**48** 기계제도에서 사용하는 파단선의 설명으로 올바른 것은?

① 가는 1점 쇄선이다.
② 불규칙한 파형의 가는 실선이다.
③ 굵기는 외형선과 같다.
④ 아주 굵은 실선으로 그린다.

**49** 일반적인 판금 전개도법의 3가지 종류가 아닌 것은?

① 삼각형법　　② 평행선법
③ 방사선법　　④ 상관선법

해설
전개도법에는 평행선법, 방사선법, 삼각형법이 있다.

**50** 파이프 이음의 도시 중 다음 기호가 뜻하는 것은?

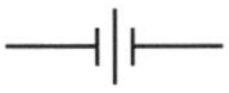

① 유니언　　② 엘보
③ 부싱　　④ 플러그

해설
**유니언**
관경이 같은 파이프를 접속할 때 사용되는 부속이다.

**51** 전개도법에서 꼭짓점을 도면에서 찾을 수 있는 원뿔의 전개에 가장 적합한 것은?

① 평행선 전개법
② 방사선 전개법
③ 삼각형 전개법
④ 사각형 전개법

해설
• 평행선 전개도법 : 각기둥, 원기둥
• 방사선 전개도법 : 각뿔, 원뿔

**52** 제3각법에 의한 정투상도에서 배면도의 위치는?

① 정면도의 위
② 좌측면도의 좌측
③ 정면도의 아래
④ 우측면도의 우측

해설
**배면도**
정면도의 반대편 도면을 말하며, 우측면도의 우측에 기입한다.

정답 45 ② 46 ② 47 ② 48 ② 49 ④ 50 ① 51 ② 52 ④

**53** 도면의 척도란에 5 : 1로 표시되었을 때의 의미로 올바른 설명은?

① 축척으로 도면의 형상 크기는 실물의 1/5배이다.
② 축척으로 도면의 형상 크기는 실물의 5배이다.
③ 배척으로 도면의 형상 크기는 실물의 1/5배이다.
④ 배척으로 도면의 형상 크기는 실물의 5배이다.

**54** 도면에서 척도의 표시가 "NS"로 표시된 것은 무엇을 의미하는가?

① 배척　② 나사의 척도
③ 축척　④ 비례척이 아닌 것

해설
NS : Non Scale

**55** 기계나 장치 등의 실체를 프리핸드(Free hand)로 그린 도면을 의미하는 용어는?

① 입체도　② 투시도
③ 평면도　④ 스케치도

**56** 다음 그림에서 A 부의 치수는 얼마인가?

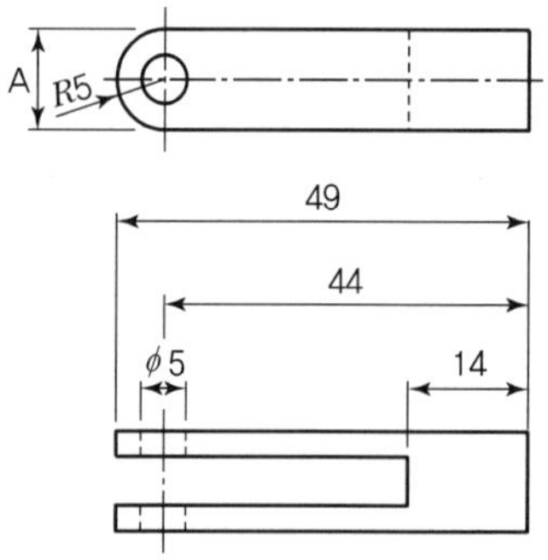


① 5　② 10
③ 15　④ 14

**57** 기계제도에서 호의 길이를 표시하는 치수 기입법은?

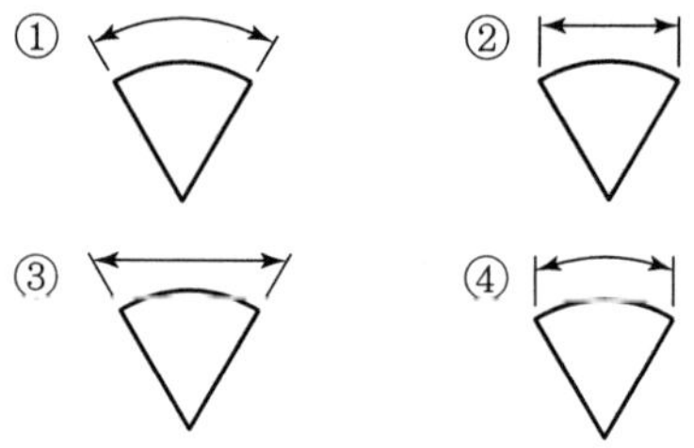

**58** 그림 입체도의 화살표 방향이 정면일 경우 좌측면도로 가장 적합한 것은?

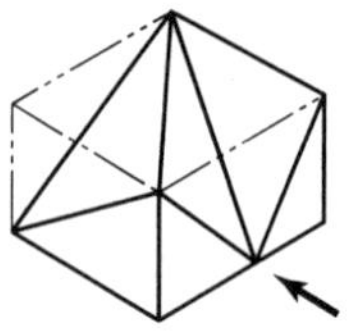

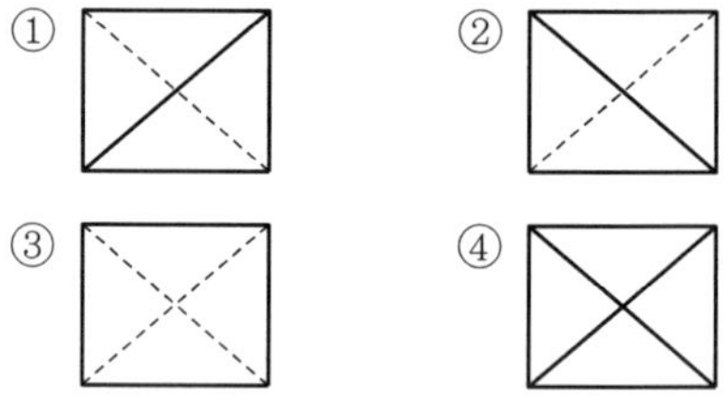

**59** 그림의 도면에서 리벳의 개수는?

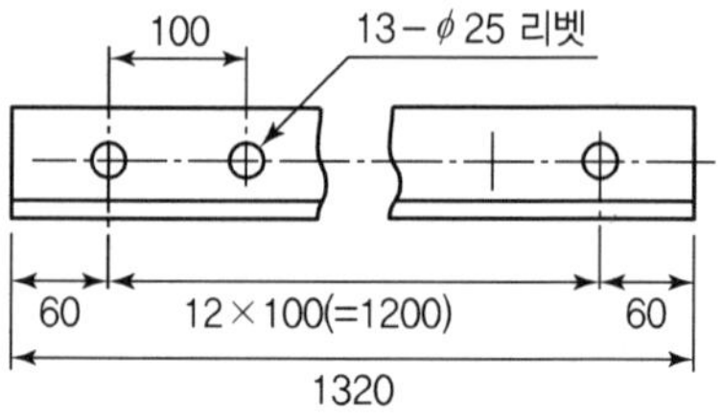


① 12개　② 13개
③ 25개　④ 100개

정답　53 ④　54 ④　55 ④　56 ②　57 ④　58 ①　59 ②

**60** 특수부분의 도형이 작은 까닭으로 그 부분의 상세한 도시나 치수기입을 할 수 없을 때 그 부분을 에워싸고 영문자의 대문자로 표시하고, 그 부분을 확대하여 다른 장소에 그리는 투상도의 명칭은?

① 부분 투상도 ② 보조 투상도
③ 부분 확대도 ④ 국부 투상도

**61** 그림과 같은 입체도를 화살표 방향을 정면으로 하는 제3각법으로 제도한 정투상도는?

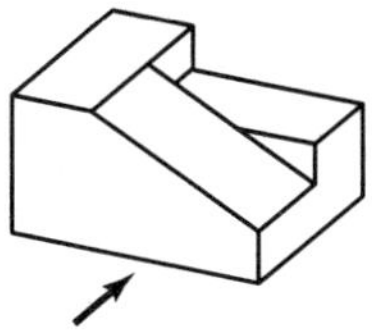

①
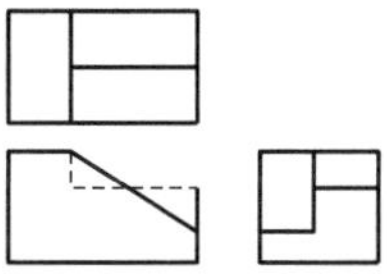
②
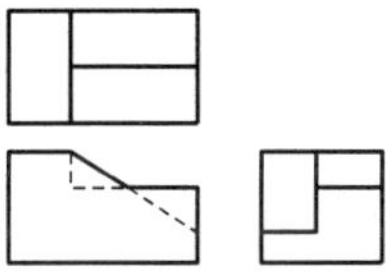
③
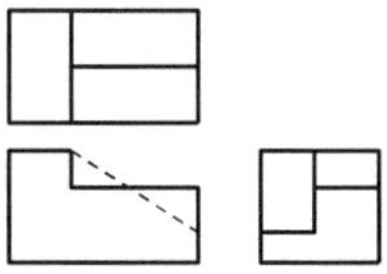
④
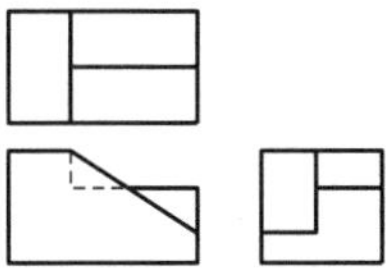

**62** 기계제도에서 선의 굵기가 가는 실선이 아닌 것은?

① 치수선 ② 해칭선
③ 지시선 ④ 특수 지정선

해설
특수지정선 : 굵은 1점 쇄선

**63** 기계구조용 탄소 강관의 KS 재료기호는?

① SPC ② SPS
③ SWP ④ STKM

해설
SPC : 판스프링, SPS : 스프링강, SWP : 피아노선재

**64** 구의 반지름을 나타내는 치수 보조기호는?

① S$\phi$ ② R
③ SR ④ $\phi$

**65** 기계제도의 치수 보조 기호 중에서 S$\phi$는 무엇을 나타내는 기호인가?

① 구의 지름 ② 원통의 지름
③ 판의 두께 ④ 원호의 길이

**66** 기계제도에서 폭이 50mm, 두께가 7mm인 등변 L형강(Angle)의 치수를 바르게 나타낸 것은?

① L7×50×50
② L×7×50×50
③ L50×50×7
④ L−50×50×7

**67** 다음 그림에서 현의 치수기입이 올바르게 된 것은?

①
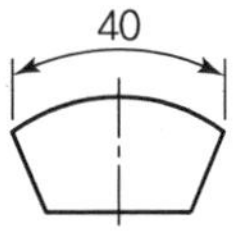

②
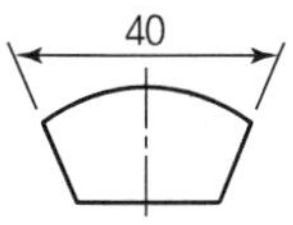

③
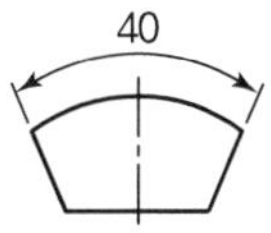

④
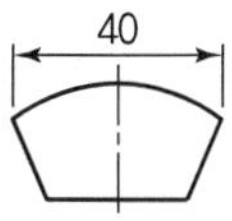


**68** 배관설비도의 계기 표시기호 중에서 유량계를 나타내는 글자 기호는?

① T ② P
③ F ④ V

해설
T : 온도계, P : 압력계

정답 60 ③ 61 ④ 62 ④ 63 ④ 64 ③ 65 ① 66 ③ 67 ④ 68 ③

**69** 그림과 같은 배관 도시기호에서 계기 표시가 압력계일 때 원 안에 사용하는 글자기호는?

① A　② P
③ T　④ F

해설
압력계 : P(Pressure Gage)

**70** 그림과 같은 도면에서 KS 용접기호의 해독으로 틀린 것은?

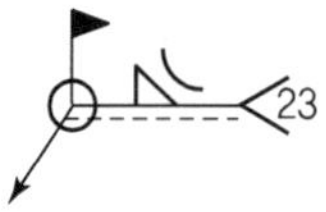


① 필릿용접이다.
② 용접부 형상은 오목하다.
③ 현장용접이다.
④ 스폿 용접(점용접)이다.

해설
- 깃발 : 현장용접
- 원 : 온둘레 용접
- 지시선 위의 직각삼각형 : 필릿용접

**71** 구멍의 표시방법에서 리벳 구멍 치수 기입이 '13 – 20드릴'로 표시되었을 때 올바른 해독은?

① 리벳의 피치는 20mm
② 드릴 구멍의 총수는 13개
③ 드릴 구멍의 피치는 20mm
④ 드릴 구멍의 피치 길이의 합은 23×24mm

해설
**13 – 20드릴**
지름이 20mm인 드릴구멍이 13개이다.
※ 피치 : 구멍의 중심과 다음 구멍의 중심 사이의 거리를 말한다.

**72** 다음 용접 도시기호를 올바르게 해독한 것은?

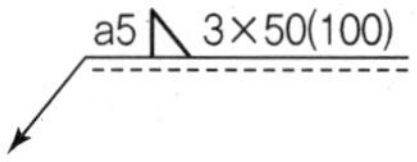


① V형 용접
② 용접 피치 50mm
③ 용접 목두께 5mm
④ 용접길이 100mm

해설
a : 목두께, z : 목길이(다리길이, 각장)

**73** 도면에서 표제란의 투상법란에 보기와 같은 투상법 기호로 표시되는 경우는 몇 각법 기호인가?

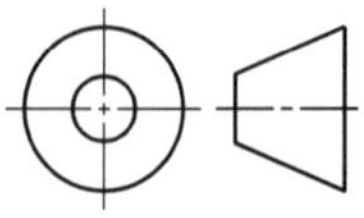

① 1각법
② 2각법
③ 3각법
④ 4각법

해설
다각형 모양이 정면도이다. 정면도를 기준으로 원의 모양이 왼쪽에서 본 모양이 맞으면 3각법이며 아니면 1각도법이다.(생수병을 돌려보면 이해하기 쉽다.)

**74** 그림과 같은 단면도의 명칭으로 가장 적합한 것은?

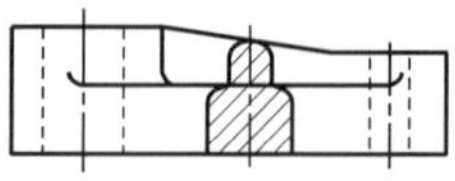

① 가상단면도
② 회전도시단면도
③ 보조투상단면도
④ 곡면단면도

**75** 그림과 같은 원통을 경사지게 절단한 제품을 제작할 때, 다음 중 어떤 전개법이 가장 적합한가?

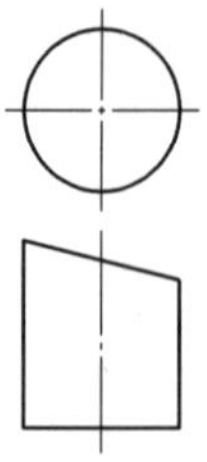

① 혼합형법
② 평행선법
③ 삼각형법
④ 방사선법

정답　69 ②　70 ④　71 ②　72 ③　73 ③　74 ②　75 ②

해설
원통의 전개도법은 평행선법을 사용한다.

**76** 그림과 같은 입체도를 화살표 방향에서 본 투상도로 올바르게 도시된 것은?

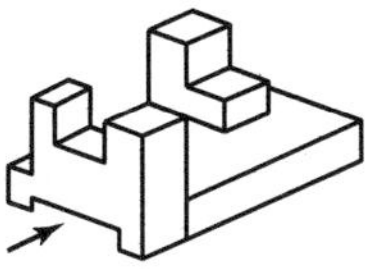

① 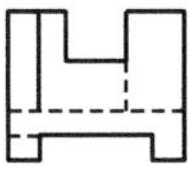
② 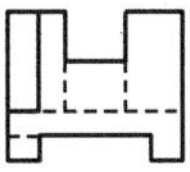
③ 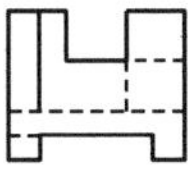
④ 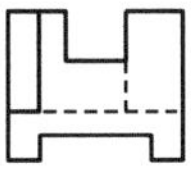

**77** 3개의 좌표축의 투상이 서로 120°가 되는 추측 투상으로 평면, 측면, 정면을 하나의 투상면 위에서 동시에 볼 수 있도록 그려진 투상법은?

① 등각 투상법
② 국부 투상법
③ 정 투상법
④ 경사 투상법

**78** 다음과 같은 배관의 등각투상도(Isometric Drawing)를 평면도로 나타낸 것은?

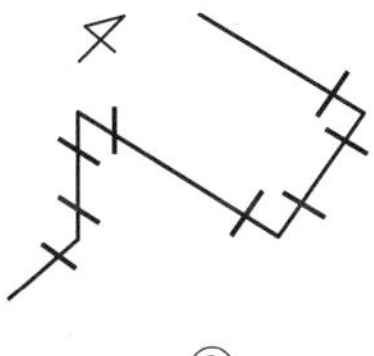

① 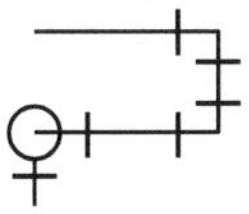
② 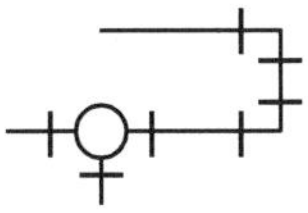
③ 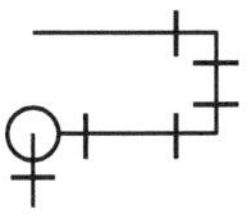
④ 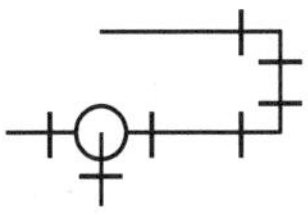

**79** 원호의 길이 42mm를 나타낸 것으로 옳은 것은?

① 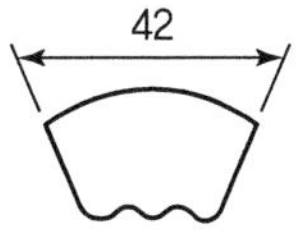

② 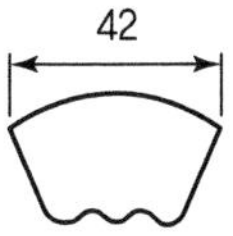

③ 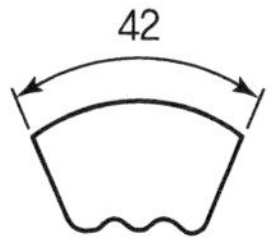

④ 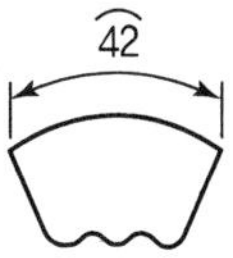


해설
① (잘못된 표기)
② 현의 표기
③ 각도의 표기

**80** 그림과 같은 판금제품인 원통을 정면에서 진원인 구멍 1개를 제작하려고 한다. 전개한 현도 판의 진원 구멍부분형상으로 가장 적합한 것은?

① 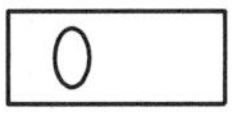
② 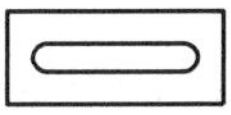
③ 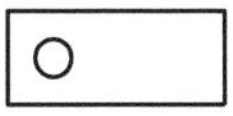
④ 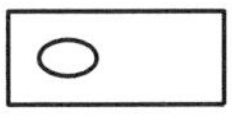

**81** 절단된 원추를 3각법으로 정투상한 정면도와 평면도가 그림과 같을 때, 가장 적합한 전개도 형상은?

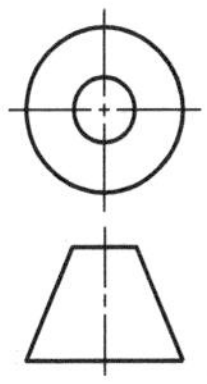

① 
② 
③ 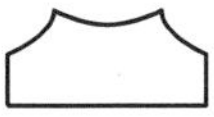
④ 

정답 76 ④ 77 ① 78 ① 79 ④ 80 ④ 81 ①

**82** 기계제도에서 대상물의 보이는 부분의 외형을 나타내는 선의 종류는?

① 가는 실선
② 굵은 파선
③ 굵은 실선
④ 가는 일점쇄선

**83** 다음 입체도의 화살표 방향이 정면일 때 평면도로 적합한 것은?

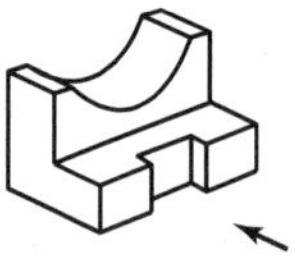

①
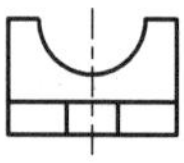

②
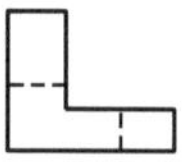

③
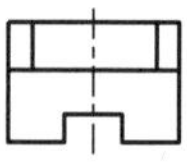

④
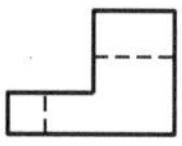

**84** 그림과 같은 KS 용접 기호 해독으로 올바른 것은?

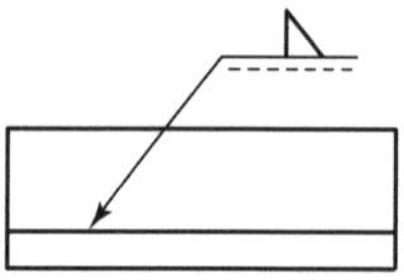

① 화살표 쪽에 용접
② 화살표 반대쪽에 용접
③ V홈에 단속 용접
④ 작업자 편한 쪽에 용접

**85** 그림과 같은 KS 용접기호의 해석이 잘못된 것은?

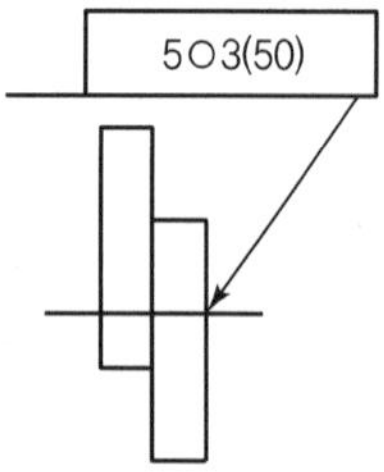


① 온둘레 용접이다.
② 점(용접부)의 지름은 5mm이다.
③ 스폿 용접 간격은 50mm이다.
④ 스폿 용접의 수는 3이다.

해설

○ : 점(스폿)용접

**86** 열간 성형 리벳의 호칭법 표시방법으로 옳은 것은?

① (종류)(호칭지름)×(길이)(재료)
② (종류)(호칭지름)(길이)×(재료)
③ (종류)×(호칭지름)(길이)−(재료)
④ (종류)(호칭지름)(길이)−(재료)

**87** 도면에서 표제란과 부품란으로 구분할 때, 부품란에 기입할 사항이 아닌 것은?

① 품명　② 재질
③ 수량　④ 척도

**88** 나사의 단면도에서 수나사와 암나사의 골 밑(골지름)은 어떤 선으로 도시하는가?

① 굵은 실선　② 가는 1점쇄선
③ 가는 파선　④ 가는 실선

**89** 물체의 구멍, 홈 등 특정 부분만의 모양을 도시하는 것으로 그림과 같이 그려진 투상도의 명칭은?

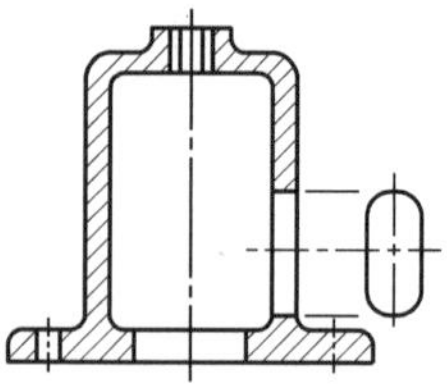

① 회전 투상도
② 보조 투상도
③ 부분 확대도
④ 국부 투상도

정답　82 ③　83 ③　84 ①　85 ①　86 ①　87 ④　88 ④　89 ④

**90** 다음 도면의 “□40”에서 치수 보조기호인 “□”가 뜻하는 것은?

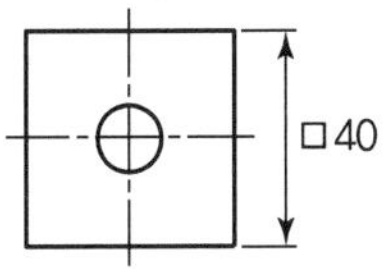


① 정사각형의 변
② 이론적으로 정확한 치수
③ 판의 두께
④ 참고치수

**91** 그림과 같은 제3각법의 정투상도에 가장 적합한 입체도는?

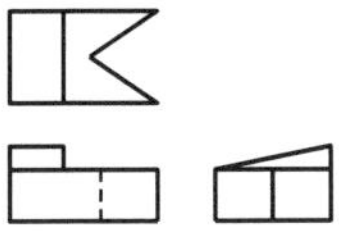

①

②

③

④
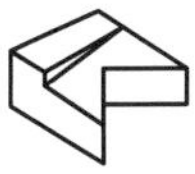

**92** 기계제도에서 도면에 치수를 기입하는 방법에 대한 설명으로 틀린 것은?

① 길이는 원칙으로 mm의 단위로 기입하고, 단위 기호는 붙이지 않는다.
② 치수의 자릿수가 많을 경우 세 자리마다 콤마를 붙인다.
③ 관련 치수는 되도록 한곳에 모아서 기입한다.
④ 치수는 되도록 주 투상도에 집중하여 기입한다.

해설
치수의 자릿수가 많아도 세 자리씩 끊는 점을 붙이지 않는다.

**93** 다음 도면에서 ‘A’ 부의 길이 치수로 가장 적당한 것은?

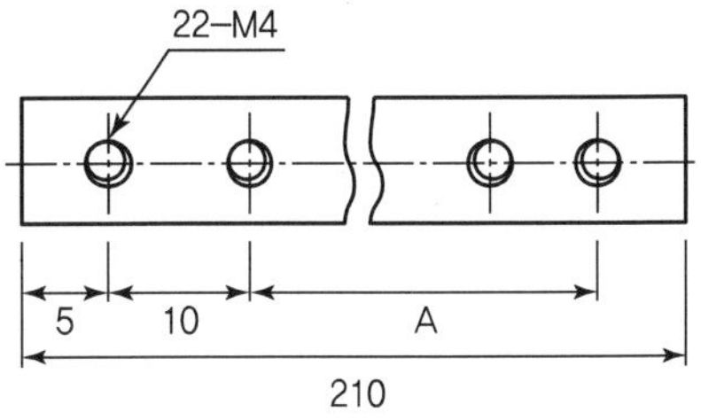


① 185 ② 190
③ 195 ④ 200

**94** 용도에 의한 명칭에서 선의 굵기가 모두 가는 실선인 것은?

① 치수선, 치수보조선, 지시선
② 중심선, 지시선, 숨은선
③ 외형선, 치수보조선, 해칭선
④ 기준선, 피치선, 수준면선

정답 90 ① 91 ① 92 ② 93 ② 94 ①

PART

# 03

# 과년도 기출문제

시 행 일 자
2013년 1월 27일

# 용접기능사 1회

**01** 가스 용접 시 안전사항으로 적당하지 않은 것은?

① 산소병은 60℃ 이하 온도에서 직사광선을 피하여 보관한다.
② 호스는 길지 않게 하며, 용접이 끝났을 때는 용기 밸브를 잠근다.
③ 작업자 눈을 보호하기 위해 적당한 차광유리를 사용한다.
④ 호스 접속구는 호스 밴드로 조이고 비눗물 등으로 누설 여부를 검사한다.

해설
가스용기는 40℃ 이하의 온도에서 보관한다.

**02** 맞대기 용접이음에서 모재의 인장강도는 450MPa 이며, 용접 시험편의 인장강도가 470MPa일 때 이음효율은 약 몇 %인가?

① 104　② 96
③ 60　④ 69

해설
**이음효율**
시험편의 인장강도/모재의 인장강도×100이므로,
470/450×100=104.4

**03** 서브머지드 아크용접의 용융형 용제에서 입도에 대한 설명으로 틀린 것은?

① 용제의 입도는 발생 가스의 방출상태에는 영향을 미치나, 용제의 용융성과 비드 형상에는 영향을 미치지 않는다.
② 가는 입자일수록 높은 전류를 사용해야 한다.
③ 거친 입자의 용제에 높은 전류를 사용하면 비드가 거칠어 기공, 언더컷 등이 발생한다.
④ 가는 입자의 용제를 사용하면 비드 폭이 넓어지고, 용입이 얕아진다.

**04** 플라스마 아크용접에 관한 설명 중 틀린 것은?

① 전류 밀도가 크고 용접속도가 빠르다.
② 기계적 성질이 좋으며 변형이 적다.
③ 설비비가 적게 든다.
④ 1층으로 용접할 수 있으므로 능률적이다.

해설
플라스마 아크용접은 설비비가 많이 소요되는 단점이 있다.

**05** 서브머지드 아크용접의 용제 중 흡습성이 높아 보통 사용 전에 150~300℃에서 1시간 정도 재건조해서 사용하는 것은?

① 용제형　② 혼성형
③ 용융형　④ 소결형

해설
**서브머지드 아크용접의 용제의 종류**
용융형(일반적으로 많이 사용), 소결형(흡습성 높음, 용융되지 않을 정도의 온도로 구워서(소결) 제작), 혼성형

**06** $CO_2$ 가스 아크용접에서 용제가 들어 있는 와이어 $CO_2$법의 종류에 속하지 않은 것은?

① 솔리드 아크법　② 유니언 아크법
③ 퓨즈 아크법　④ 아코스 아크법

**07** 가스 절단에 따른 변형을 최소화할 수 있는 방법이 아닌 것은?

① 적당한 지그를 사용하여 절단재의 이동을 구속한다.
② 절단에 의하여 변형되기 쉬운 부분을 최후까지 남겨놓고 냉각하면서 절단한다.
③ 여러 개의 토치를 이용하여 평행 절단한다.
④ 가스 절단 직후 절단물 전체를 650℃로 가열한 후 즉시 수냉한다.

정답 01 ① 02 ① 03 ① 04 ③ 05 ④ 06 ① 07 ④

**08** MIG 용접에 사용되는 보호가스로 적합하지 않은 것은?

① 순수 아르곤 가스 ② 아르곤－산소 가스
③ 아르곤－헬륨 가스 ④ 아르곤－수소 가스

해설
수소가스는 가연성 가스로 아크 보호기능을 실현시키기 어렵다.

**09** 아크용접작업에 의한 재해에 해당되지 않은 것은?

① 감전 ② 화상
③ 전광성 안염 ④ 전도

해설
전도재해란 근로자가 작업 중 평면 또는 경사면, 층계 등에서 미끄러지거나 넘어져서 발생하는 재해를 말한다.

**10** 출제빈도높음 다음 중 응력 제거방법에 있어 노 내 풀림법에 대한 설명으로 틀린 것은?

① 일반 구조물 압연강재의 노 내 및 국부 풀림의 유지 온도는 725±50℃이며, 유지시간은 판 두께 25mm에 대하여 5시간 정도이다.
② 잔류응력의 제거는 어떤 한계 내에서 유지온도가 높을수록 또 유지시간이 길수록 효과가 크다.
③ 보통 연강에 대하여 제품을 노 내에서 출입시키는 온도는 300℃를 넘어서는 안 된다.
④ 응력제거 열처리법 중에서 가장 잘 이용되고 또 효과가 큰 것은 제품 전체를 가열로 안에 넣고 적당한 온도에서 얼마 동안 유지한 다음 노 내에서 서냉하는 것이다.

해설
일반강재의 노 내 풀림 온도는 625℃±25℃로 1~2시간 실시한다.

**11** 금속 아크용접 시 지켜야 할 유의사항 중 적당하지 않은 것은?

① 작업 시 전류는 적절하게 조절하고 정리 · 정돈을 잘하도록 한다.
② 작업을 시작하기 전에는 메인 스위치를 작동시킨 후에 용접기 스위치를 작동시킨다.
③ 작업이 끝나면 항상 메인 스위치를 먼저 끈 후에 용접기 스위치를 꺼야 한다.
④ 아크 발생 시에는 항상 안전에 신경을 쓰도록 한다.

해설
작업 종료 시에는 반드시 용접기 전원을 차단시킨 후 메인 스위치를 끄도록 한다.

**12** 가연물 중에서 착화온도가 가장 높은 것은?

① 수소($H_2$) ② 일산화탄소(CO)
③ 아세틸렌($C_2H_2$) ④ 휘발유(Gasoline)

**13** 일반적으로 MIG 용접의 전류 밀도는 아크용접의 몇 배 정도 되는가?

① 2~4배 ② 4~6배
③ 6~8배 ④ 8~11배

해설
MIG 용접의 전류 밀도는 아크용접의 4~8배, TIG 용접의 2배 정도이다.

**14** 출제빈도높음 미세한 알루미늄 분말과 산화철 분말을 혼합하여 과산화바륨과 알루미늄 등 혼합분말로 된 점화제를 넣고 연소시켜 그 반응열로 용접하는 것은?

① 테르밋 용접
② 전자 빔 용접
③ 불활성가스 아크용접
④ 원자 수소 용접

해설
테르밋 용접 관련 문제는 출제 빈도가 상당히 높은 편이다. 테르밋 용접은 전기를 사용하지 않으며 금속산화철과 알루미늄의 분말을 약 3 : 1로 혼합하여 과산화바륨과 알루미늄 또는 마그네슘 등의 점화제를 가해 발생하는 화학적인 반응 에너지로 용접을 하게 되며 변형이 적어 주로 기차 레일의 용접에 사용된다.

정답 08 ④ 09 ④ 10 ① 11 ③ 12 ④ 13 ② 14 ①

**15** 피복아크용접에서 용접봉을 선택할 때 고려할 사항이 아닌 것은?

① 모재와 용접부의 기계적 성질
② 모재와 용접부의 물리적 · 화학적 성질
③ 경제성
④ 용접기의 종류와 예열방법

해설
용접봉 선택 시 용접기는 특별히 고려할 사항은 아니다.

**16** 용접부의 방사선 검사에서 $\gamma$선원으로 사용되지 않는 원소는?

① 이리듐 192 ② 코발트 60
③ 세슘 134 ④ 몰리브덴 30

해설
용접부의 방사선 검사는 신뢰도가 높아 많이 사용되고 있으며 그중 X-선과 $\gamma$(감마)-선이 사용되고 있다. $\gamma$(감마)-선의 선원에는 이리듐, 코발트, 세슘이 있다.

**17** 다음 그림은 탄산가스 아크용접($CO_2$ Gas Arc Welding)에서 용접토치의 팁과 모재 부분을 나타낸 것이다. $d$ 부분의 명칭을 올바르게 설명한 것은?

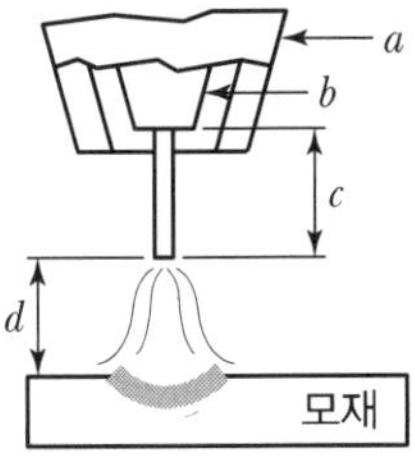


① 팁과 모재 간 거리
② 가스 노즐과 팁 간 거리
③ 와이어 돌출 길이
④ 아크 길이

**18** 모재의 홈 가공을 U형으로 했을 경우 앤드 탭(End-tap)은 어떤 조건으로 하는 것이 가장 좋은가?

① I형 홈 가공으로 한다.
② X형 홈 가공으로 한다.
③ U형 홈 가공으로 한다.
④ 홈 가공이 필요 없다.

해설
앤드 탭은 모재의 재질과 홈 가공 등을 동일하게 맞추어 주어야 한다.

**19** 겹치기 저항 용접에 있어서 접합부에 나타나는 용융 응고된 금속 부분은?

① 마크(Mark) ② 스포트(Spot)
③ 포인트(Point) ④ 너깃(Nugget)

**20** 납땜법에 관한 설명으로 틀린 것은?

① 비철 금속의 접합도 가능하다.
② 재료에 수축 현상이 없다.
③ 땜납에는 연납과 경납이 없다.
④ 모재를 녹여서 용접한다.

해설
납땜의 가장 큰 특징은 모재를 녹이지 않고 융점이 낮은 삽입금속을 모재 사이에 흡인시켜 접합한다는 것이다.

**21** 초음파 탐상법에 속하지 않는 것은?

출제 빈도 높음

① 펄스 반사법 ② 투과법
③ 공진법 ④ 관통법

해설
초음파 탐상법의 종류에는 펄스 반사법, 투과법, 공진법 등이 있다.

**22** 용접 균열을 방지하기 위한 일반적인 사항으로 맞지 않은 것은?

① 좋은 강재를 사용한다.
② 응력 집중을 피한다.
③ 용접부에 노치를 만든다.
④ 용접 시공을 잘한다.

해설
노치라는 것은 응력 집중이 생기기 쉬운 부분, 쉽게 말해 흠집과도 같은 부분을 말한다.

정답 15 ④ 16 ④ 17 ④ 18 ③ 19 ④ 20 ④ 21 ④ 22 ③

**23** 용접 입열과 관련된 설명으로 옳은 것은?

① 아크 전류가 커지면 용접 입열은 감소한다.
② 용접 입열이 커지면 모재가 녹지 않아 용접이 되지 않는다.
③ 용접 모재에 흡수되는 열량은 입열의 10% 정도이다.
④ 용접 속도가 빠르면 용접 입열은 감소한다.

해설
용접속도와 입열량은 반비례한다.

**24** 용접에 사용되는 가연성 가스인 수소의 폭발 범위는?

① 4~5%　② 4~15%
③ 4~35%　④ 4~75%

해설
수소의 폭발범위는 상당히 높으며 이는 폭발하기 쉬운 가스라는 의미이다. 즉, 연소범위(폭발범위)가 큰 것은 위험한 물질이다.

**25** 산소병의 내용적이 40.7리터인 용기에 압력이 100kg/cm$^2$로 충전되어 있다면 프랑스식 팁 100번을 사용하여 표준 불꽃으로 약 몇 시간까지 용접이 가능한가?

① 16시간　② 22시간
③ 31시간　④ 41시간

해설
내용적×충전압력=총 가스의 양이며, 프랑스식 팁의 번호는 1시간당 소비하는 아세틸렌가스의 양이다. 그러므로 총 가스의 양은 40.7×100=4,070리터이며 4,070/100=약 40시간이 나온다.

**26** 가스 절단에서 전후, 좌우 및 직선 절단을 자유롭게 할 수 있는 팁은?

① 이심형　② 동심형
③ 곡선형　④ 회전형

해설
동심형(프랑스식, B형) 팁은 자유로운 곡선의 절단이 가능하며 이심형(독일식, A형)팁은 곡선절단이 불가하나 직선절단이 상당히 깔끔하게 처리된다는 장점이 있다.

**27** 피복아크용접봉의 피복제에 들어가는 탈산제에 모두 해당되는 것은?

① 페로실리콘, 산화니켈, 소맥분
② 페로티탄, 크롬, 규사
③ 페로실리콘, 소맥분, 목재 톱밥
④ 알루미늄, 구리, 물유리

**28** 다음 중 고압가스 용기의 색상이 틀린 것은?

① 산소－청색
② 수소－주황색
③ 아르곤－회색
④ 아세틸렌－황색

해설
• 공업용 산소용기 : 녹색
• 의료용 산소용기 : 백색

**29** 주철 용접이 곤란하고 어려운 이유가 아닌 것은?

① 예열과 후열을 필요로 한다.
② 용접 후 급랭에 의한 수축, 균열이 생기기 쉽다.
③ 단시간 가열로 흑연이 조대화되어 용착이 양호하다.
④ 일산화탄소 가스 발생으로 용착금속에 기공이 생기기 쉽다.

해설
주철은 장시간 가열로 흑연이 조대화된 경우 용착이 불량하고 모재의 친화력이 좋지 않아 용접성이 상당히 떨어지게 된다.

**30** 가동 철심형 교류 아크용접기에 관한 설명으로 틀린 것은?

① 교류 아크용접기의 종류 중 현재 가장 많이 사용하고 있다.
② 용접 작업 중 가동 철심의 진동으로 소음이 발생할 수 있다.
③ 가동 철심을 움직여 누설 자속을 변동시켜 전류를 조절한다.
④ 광범위한 전류 조절이 쉬우나 미세한 전류 조정은 불가능하다.

정답　23 ④　24 ④　25 ④　26 ②　27 ③　28 ①　29 ③　30 ④

해설

가동 철심형 교류아크용접기는 미세한 전류 조정이 가능한 반면 광범위한 전류 조정은 어렵다. 용접 국가자격시험에서 보는 실기시험은 가동 철심형 교류 아크용접기로 응시하게 된다.

**31** 가스 용접 작업에서 보통 작업을 할 때 압력 조정기의 산소 압력은 몇 $kg/cm^2$ 이하이어야 하는가?

출제 빈도 높음

① 6~7　　② 3~4
③ 1~2　　④ 0.1~0.3

해설

가스용접 시 산소의 압력은 5 이하인 3~4 정도이다.

**32** 연강판의 두께가 4.4mm인 모재를 가스 용접할 때 가장 적합한 가스 용접봉의 지름은 몇 mm인가?

① 1.0　　② 1.5
③ 2.0　　④ 3.2

해설

가스용접 시 사용하는 용접봉의 지름은 모재의 두께를 2로 나누고 1을 더한 공식으로 계산한다.
$4.4/2+1=3.2$

**33** 용접 중 전류를 측정할 때 후크미터(클램프미터)의 측정 위치로 적합한 것은?

① 1차 측 접지선
② 피복아크용접봉
③ 1차 측 케이블
④ 2차 측 케이블

해설

용접 전류의 측정은 홀더 측 2차 케이블에서 한다.

**34** 가스 용접에서 전진법과 후진법을 비교하여 설명한 것으로 맞는 것은?

① 용착금속의 냉각속도는 후진법이 서냉된다.
② 용접 변형은 후진법이 크다.
③ 산화의 정도가 심한 것은 후진법이다.
④ 용접속도는 후진법보다 전진법이 더 빠르다.

해설

가스용접에서 전진법과 후진법의 차이점을 묻는 문제는 상당히 출제빈도가 높다. 전진법보다는 후진법의 기계적인 성질이 좋은데(용접 비드 예외) 가령 냉각속도가 느려 균열 및 변형이 적고, 산화가 잘 되지 않으며 속도가 빠르고 개선각도를 작게 해도 충분한 용입을 얻을 수 있다.

**35** 피복아크용접봉의 피복제가 연소 후 생성된 물질이 용접부를 어떻게 보호하는가에 따라 분류한 것이 아닌 것은?

① 가스 발생식　　② 슬래그 생성식
③ 구조물 발생식　　④ 반가스 발생식

해설

**용융금속(용적)의 이행형식**
스프레이형, 단락형, 글로뷸러형

**36** 자기 불림(Magnetic Blow)은 어느 용접에서 생기는가?

① 가스 용접
② 교류 아크용접
③ 일렉트로 슬래그 용접
④ 직류 아크용접

**37** 아크 에어 가우징에 사용되는 압축공기에 대한 설명으로 올바른 것은?

① 압축 공기의 압력은 2~3$kgf/cm^2$ 정도가 좋다.
② 압축 공기의 분사는 항상 봉의 바로 앞에서 이루어져야 효과적이다.
③ 약간의 압력 변동도 작업에 영향을 미치므로 주의한다.
④ 압축 공기가 없을 경우 긴급 시에는 용기에 압축된 질소나 아르곤 가스를 사용한다.

해설

압축공기의 압력은 5~7기압이 적당하다.

정답　31 ②　32 ④　33 ④　34 ①　35 ③　36 ④　37 ④

**38** 다음 용접자세에 사용되는 기호 중 틀리게 나타낸 것은?

① F : 아래 보기 자세 ② V : 수직 자세
③ H : 수평 자세 ④ O : 전 자세

해설
• 위 보기 자세(O ; Over Head Position)
• 전 사세 용접(AP ; All Position)

**39** 텅스텐 전극과 모재 사이에 아크를 발생시켜 알루미늄, 마그네슘, 구리 및 구리합금, 스테인리스강 등의 절단에 사용되는 것은?

① TIG 절단 ② MIG 절단
③ 탄소 절단 ④ 산소 아크 절단

**40** 철강의 종류는 Fe－C 상태도의 무엇을 기준으로 하는가?

① 질소 함유량 ② 탄소 함유량
③ 규소 함유량 ④ 크롬 함유량

**41** 다음 중 알루미늄 합금이 아닌 것은?

① 라우탈(lautal)
② 실루민(Silumin)
③ 두랄루민(Duralumin)
④ 켈밋(Kelmet)

해설
켈밋은 베어링으로 사용되는 구리와 납의 합금이다.

**42** 질화 처리의 특성에 관한 설명으로 틀린 것은?

① 침탄에 비해 높은 표면 경도를 얻을 수 있다.
② 고온에서 처리되어 변형이 크고 처리시간이 짧다.
③ 내마모싱이 커진다.
④ 내식성이 우수하고 피로 한도가 향상된다.

**43** 주철의 성장 원인이 아닌 것은?

① $Fe_3C$ 흑연화에 의한 팽창
② 불균일한 가열로 생기는 균열에 의한 팽창
③ 흡수되는 가스의 팽창으로 인해 항복되어 생기는 팽창
④ 고용된 원소인 Mn의 산화에 의한 팽창

**44** Cr－Ni계 스테인리스강의 결함인 입계 부식의 방지책 중 틀린 것은?

① 탄소량이 적은 강을 사용한다.
② 300℃ 이하에서 가공한다.
③ Ti을 소량 첨가한다.
④ Nb를 소량 첨가한다.

**45** 구리의 물리적 성질에서 용융점은 약 몇 ℃ 정도인가?

① 660℃ ② 1,083℃
③ 15,28℃ ④ 3,410℃

해설
구리의 비중은 약 8.9이며 융점은 1,083℃인 FCC(면심입방정계) 구조의 금속이고 전기와 열의 전도도가 우수하다.

**46** 강을 동일한 조건에서 담금질할 경우 '질량효과(Mass Effect)가 적다' 의 가장 적합한 의미는?

① 냉간 처리가 잘된다.
② 담금질 효과가 적다.
③ 열처리 효과가 높다.
④ 경화능이 적다.

해설
질량효과가 크다는 것은 담금질 열처리가 잘 안 된다는 의미이다.

**47** 알루미늄 합금, 구리 합금 용접에서 예열 온도로 가장 적합한 것은?

① 200~400℃ ② 100~200℃
③ 60~100℃ ④ 20~50℃

정답 38 ④ 39 ① 40 ② 41 ④ 42 ② 43 ④ 44 ② 45 ② 46 ③ 47 ①

## 48 탄소강의 적열취성의 원인이 되는 원소는?

① S　　② $CO_2$
③ Si　　④ Mn

해설
적열취성의 원인은 황(S)이며 망간(Mn)으로 방지가 가능하다.

## 49 주석(Sn)에 대한 설명 중 틀린 것은?

① 은백색의 연한 금속으로 용융점은 232℃ 정도이다.
② 독성이 없으므로 의약품, 식품 등의 튜브로 사용된다.
③ 고온에서 강도, 경도, 연신율이 증가된다.
④ 상온에서 연성이 충분하다.

해설
주석은 비중 7.3, 용융점 232℃이며 상온에서 물, 공기 등에 대해 저항이 크고 강한 산에 침식된다. 은백색의 고유한 광택이 있으며 상온에서 소성이 커서 선박, 위생용 튜브, 식기 및 구리, 철의 부식 방지용으로 사용된다.

## 50 구조물 탄소강 주물의 기호 중 연신율(%)이 가장 큰 것은?

① SC 360　　② SC 410
③ SCW 450　　④ SC 480

해설
SC 360에서 숫자는 최저인장강도를 의미하며, 최저인장강도의 값이 작을수록 연신율이 커지게 된다.

## 51 다음 재료 기호 중 용접 구조용 압연 강재에 속하는 것은?

① SPPS 380　　② SPCC
③ SCW 450　　④ SM 400C

해설
- SPPS : 압력배관용탄소강관
- SPCC : 냉간압연강판
- SCW : 용접구조용주강

## 52 다음 그림은 제3각법으로 정투상한 정면도와 우측면도이다. 평면도로 가장 적합한 투상도는?

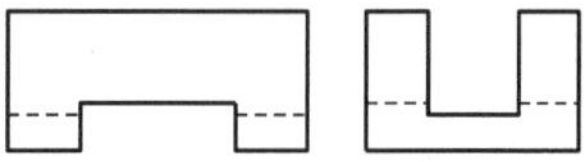

① 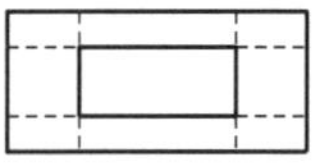　② 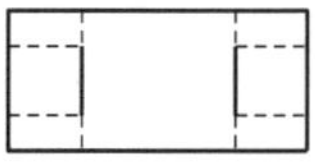
③ 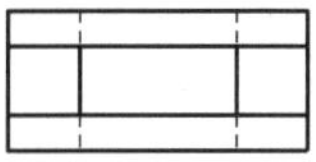　④ 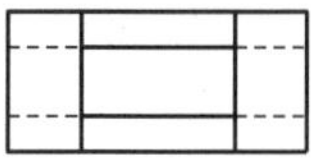

## 53 나사의 표시가 'M42×3−6H'로 되어 있을 때 이 나사에 대한 설명으로 틀린 것은?

① 암나사 등급이 6H이다.
② 호칭 지름(바깥지름)은 42mm이다.
③ 피치는 3mm이다.
④ 왼 나사이다.

해설
왼 나사는 좌M42라고 표기한다.

## 54 그림과 같이 구조물의 부재 등에서 절단할 곳의 전후를 끊어서 90° 회전하여 그 사이에 단면 형상을 표시하는 단면도는?

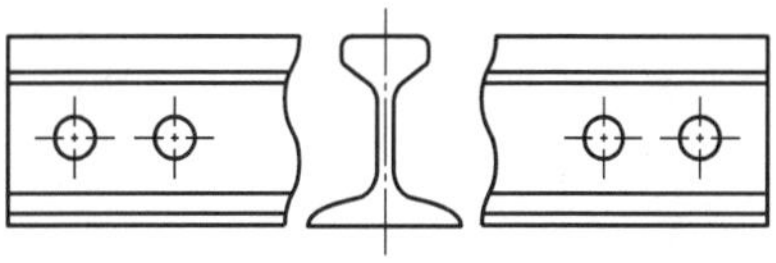

① 부분 단면도　　② 한쪽 단면도
③ 회전 도시 단면도　　④ 조합 단면도

## 55 관 끝의 표시방법 중 용접식 캡을 나타낸 것은?

① 　② 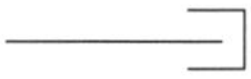
③ 　④ 

정답 48 ① 49 ③ 50 ① 51 ④ 52 ③ 53 ④ 54 ③ 55 ④

**56** 호의 길이 치수를 가장 적합하게 나타낸 것은?

① 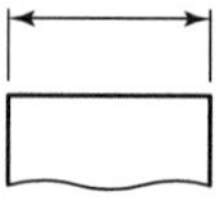
② 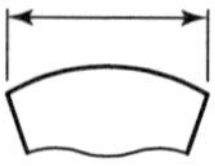
③ 
④ 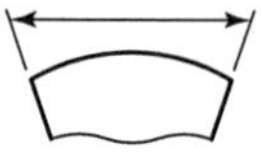

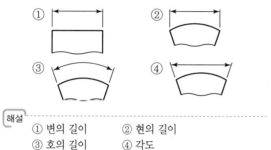

해설
① 변의 길이 ② 현의 길이
③ 호의 길이 ④ 각도

**57** 도면에서 두 종류 이상의 선이 같은 장소에서 중복될 경우 선의 우선순위를 옳게 나열한 것은?

① 외형선>숨은선>절단선>중심선>치수보조선
② 외형선>중심선>절단선>치수 보조선>숨은선
③ 외형선>절단선>치수 보조선>중심선>숨은선
④ 외형선>치수 보조선>절단선>숨은선>중심선

해설
도면의 외형선과 숨은선은 도면의 실제 형태를 도시하는 선이기 때문에 우선으로 그리도록 한다.

**58** 기계제도에서 도형의 생략에 관한 설명으로 틀린 것은?

① 도형이 대칭 형식인 경우에는 대칭 중심선의 한쪽 도형만을 그리고 그 대칭 중심선의 양 끝 부분에 대칭 그림 기호를 그려서 대칭임을 나타낸다.
② 대칭 중심선의 한쪽 도형을 대칭 중심선을 조금 넘는 부분까지 그려서 나타낼 수도 있으며, 이 때 중심선 양 끝에 대칭 그림 기호를 반드시 나타내야 한다.
③ 같은 종류, 같은 모양의 것이 다수 줄지어 있는 경우에는 실형 대신 그림 기호를 피치선과 중심선의 교점에 기입하여 나타낼 수 있다.
④ 축, 막대, 관과 같은 동일 단면형의 부분은 지면을 생략하기 위하여 중간 부분을 파단선으로 잘라내서 그 긴요한 부분만을 가까이 하여 도시할 수 있다.

**59** 그림과 같은 제3각법 정투상도에서 누락된 우측면도를 가장 적합하게 투상한 것은?

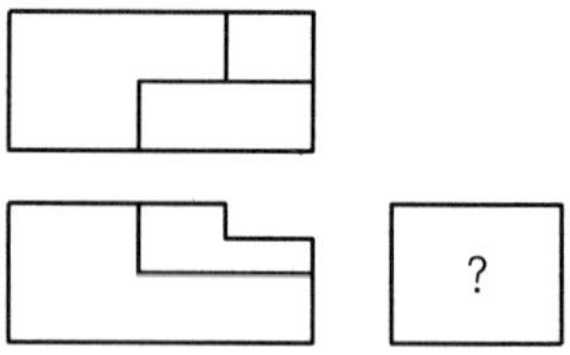


① 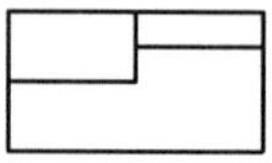
② 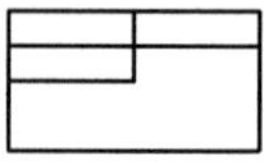
③ 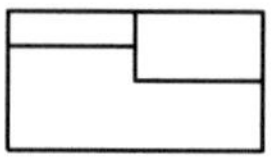
④ 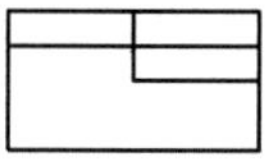

**60** 다음 중 필릿용접의 기호로 옳은 것은?

① 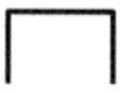
② 
③ 
④ 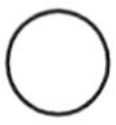

정답 56 ③ 57 ① 58 ② 59 ① 60 ③

시 행 일 자 2013년 1월 27일

# 특수용접기능사 1회

**01** 내용적이 33.7L인 산소용기에 15MPa로 충전하였을 때 사용 가능한 용기 내의 산소량은?

① 약 505.5L
② 약 5,055L
③ 약 13,575L
④ 약 12,673L

해설
15MPa로 충전을 하였다는 의미는 가스 내부의 용적 33.7L보다 15배 많은 산소가스를 충전을 하였다는 의미이며 1MPa = 약 10kgf/cm$^2$이므로
33.7 × 150 = 5,055L의 값이 구해진다.

**02** 산소용기 취급 시 주의사항으로 틀린 것은?

① 저장소에는 화기를 가까이 하지 말고 통풍이 잘되어야 한다.
② 저장 또는 사용 중에는 반드시 용기를 세워 두어야 한다.
③ 가스용기 사용 시 가스가 잘 발생되도록 직사광선을 받도록 한다.
④ 가스 용기는 뉘어 두거나 굴리는 등 충돌, 충격을 주지 말아야 한다.

**03** 피복아크용접봉의 피복제가 연소한 후 생성된 물질이 용접부를 보호하는 방식에 따라 분류했을 때, 이에 속하지 않는 것은?

① 스패터 발생식
② 가스 발생식
③ 슬래그 생성식
④ 반가스 발생식

해설
**용접부 보호방식**
가스 발생식(E4311 용접봉), 반가스 발생식, 슬래그 생성식

**04** 용접전류가 100A, 전압이 30V일 때 전력은 몇 kW인가?

① 4.5kW ② 15kW
③ 10kW ④ 3kW

해설
전력(kW) = 100A × 30V
= 3,000VA
= 3kW

**05** 아크 절단법이 아닌 것은?

① 아크 에어 가우징 ② 금속 아크 절단
③ 스카핑 ④ 플라스마 제트 절단

해설
스카핑은 강재 표면의 홈이나 개재물, 탈탄층 등을 가능한 한 얇게 그리고 타원형으로 깎아내는 작업이다.

**06** 피복아크용접 시 복잡한 형상의 용접물을 자유회전시킬 수 있으며, 용접 능률 향상을 위해 사용하는 회전대는?

① 가접 지그 ② 역변형 지그
③ 회전 지그 ④ 용접 포지셔너

**07** 모재의 두께, 이음형식 등 모든 용접 조건이 같을 때, 일반적으로 가장 많은 전류를 사용하는 용접 자세는?

① 아래 보기 자세용접 ② 수직 자세용접
③ 수평 자세용접 ④ 위 보기 자세용접

**08** 강재를 가스 절단 시 예열온도로 가장 적합한 것은?

① 300~450℃ ② 450~700℃
③ 800~900℃ ④ 1,000~1,300℃

정답 01 ② 02 ③ 03 ① 04 ④ 05 ③ 06 ④ 07 ① 08 ③

**09** 아크용접에서 직류 역극성으로 용접할 때의 특성에 대한 설명으로 틀린 것은?

출제 빈도 높음

① 모재의 용입이 얕다.
② 비드 폭이 좁다.
③ 용접봉의 용융이 빠르다.
④ 박판 용접에 쓰인다.

해설
상대적으로 열의 발생이 많은 +극이 어느 쪽(용접봉 또는 모재)에 접속되는지 파악하면 된다. 직류 역극성(DCRP)은 용접봉 쪽에 +가 접속되기 때문에 용접봉의 녹음이 빠르고 −극이 접속된 모재 쪽은 열 전달이 +극에 비해 적어 용입이 얕고 넓어져 주로 박판용접에 사용된다.

**10** 용접봉에서 모재로 용융금속이 옮겨가는 상태를 용적이행이라 한다. 다음 중 용적이행이 아닌 것은?

① 단락형　② 스프레이형
③ 글로뷸러형　④ 불림이행형

해설
용적(용융금속)의 이행형식에는 스프레이형, 단락형, 글로뷸러형(입상이행형, 핀치효과형)이 있다.

**11** 가스 용접에서 전진법과 비교한 후진법의 특성을 설명한 것으로 틀린 것은?

출제 빈도 높음

① 열 이용률이 나쁘다.　② 용접속도가 빠르다.
③ 용접 변형이 작다.　④ 산화 정도가 약하다.

해설
전진법과 후진법 중 기계적인 성질이 우수한 것은 후진법이다.(비드의 모양은 예외)

**12** 아세틸렌가스가 충격, 진동 등에 의해 분해 폭발하는 압력용 15℃에서 몇 $kgf/cm^2$ 이상인가?

① $2.0kgf/cm^2$　② $1kgf/cm^2$
③ $0.5kgf/cm^2$　④ $0.1kgf/cm^2$

**13** 모재의 두께가 4mm인 가스용접봉의 이론상의 지름은?

① 1mm　② 2mm
③ 3mm　④ 4mm

해설
$(4/2)+1=3$

**14** 고압에서 사용이 가능하고 수중절단 중에 기포의 발생이 적어 예열가스로 가장 많이 사용되는 것은?

① 부탄　② 수소
③ 천연가스　④ 프로판

**15** 용접용 가스의 불꽃온도 중 가장 높은 것은?

① 산소−수소 불꽃　② 산소−아세틸렌 불꽃
③ 도시가스 불꽃　④ 천연가스 불꽃

해설
용접기능사 시험에서는 불꽃온도가 높은 불꽃(산소−아세틸렌)과 발열량이 높은 불꽃(산소−프로판)을 묻는 문제가 자주 출제된다.

**16** 가변저항기로 용접전류를 원격조정하는 교류 용접기는?

① 가포화 리액터형　② 가동 철심형
③ 가동 코일형　④ 탭 전환형

해설
원격으로 전류를 조정하는 가포화 리액터형 용접기는 교류용접기임을 반드시 기억하자.

**17** 연강용 가스용접봉의 성분 중 강의 강도를 증가시키나 연신율, 굽힘성 등을 감소시키는 것은?

① 규소(Si)　② 인(P)
③ 탄소(C)　④ 유황(S)

해설
탄소는 강의 강도를 증가시키는 원소이나 그 양이 너무 과대하면 취성이 생겨 깨지기 쉬운 상태가 된다.(주철)

정답 09 ② 10 ④ 11 ① 12 ① 13 ③ 14 ② 15 ② 16 ① 17 ③

## 18 금속의 표면에 스텔라이트나 경합금 등을 용접 또는 압접으로 융착시키는 것은?

① 숏 피닝　② 하드 페이싱
③ 샌드 블라스트　④ 화염 경화법

## 19 Ni－Cr계 합금이 아닌 것은?

① 크로멜　② 니크롬
③ 인코넬　④ 두랄루민

해설

**두랄루민의 조성**

Al－Cu－Mg－Mn－Si

☞ 암기법 : 알.구.마.망.실.(비행기 재료로 사용되는 가공용 Al －두랄루민)

## 20 스테인리스강의 용접 부식의 원인은?

① 균열　② 뜨임 취성
③ 자경성　④ 탄화물의 석출

## 21 기계구조물 저합금강에 양호하게 요구되는 조건이 아닌 것은?

① 항복강도　② 가공성
③ 인장강도　④ 마모성

## 22 주철의 여린 성질을 개선하기 위하여 합금 주철에 첨가하는 특수 원소 중 크롬(Cr)이 미치는 영향으로 잘못 된 것은?

① 내마모성을 향상시킨다.
② 흑연의 구상화를 방해하지 않는다.
③ 크롬 0.2~1.5% 정도를 포함시키면 기계적 성질이 향상된다.
④ 내열성과 내식성을 감소시킨다.

해설

녹이 슬지 않는 대표적인 금속인 스테인리스강의 경우 Fe＋Cr(약 11% 이상)의 합금으로 만들며, 여기서 Cr(크롬)은 내식성을 향상시키는 중요한 금속원소이다.

## 23 알루미늄－규소계 합금으로서, 10~14%의 규소가 함유되어 있고, 알펙스(Alpeax)라고도 하는 것은?

① 실루민(Silumin)
② 두랄루민(Duralumin)
③ 하이드로날륨(Hydronalium)
④ Y 합금

해설

Si(규소)를 실리콘이라고도 읽는데 Al(알루미늄)과 Si(실리콘)의 합성어가 실루민이다.

## 24 주철과 비교한 주강에 대한 설명으로 틀린 것은?

① 주철에 비하여 강도가 더 필요할 경우에 사용한다.
② 주철에 비하여 용접에 의한 보수가 용이하다.
③ 주철에 비하여 주조 시 수축량으로 인해 컷 균열 등이 발생하기 쉽다.
④ 주철에 비하여 용융점이 낮다.

해설

주강에 비해 주철의 용점이 낮으며 유동성이 좋아 주조가 잘 된다.

## 25 구리합금의 용접 시 조건으로 잘못된 것은?

① 구리의 용접 시 적당한 간격과 높은 예열온도가 필요하다.
② 비교적 루트 간격과 홈 각도를 크게 취한다.
③ 용가재는 모재와 같은 재료를 사용한다.
④ 용접봉으로는 토빈(Torbin) 청동봉, 인 청동봉, 에버듈(Everdur) 봉 등이 많이 사용된다.

## 26 냉간가공의 특징을 설명한 것으로 틀린 것은?

① 제품의 표면이 미려하다.
② 제품의 치수 정도가 좋다.
③ 가공경화에 의한 강도가 낮아진다.
④ 가공공 수가 적어 가공비가 적게 든다.

정답　18 ②　19 ④　20 ④　21 ④　22 ④　23 ①　24 ④　25 ①　26 ③

해설
냉간가공과 열간가공은 강의 재결정온도를 기준으로 나뉘나 이를 쉽게 이해하기 위해서는 냉간가공은 차가운 상태에서 금속을 가공하는 것을 생각하면 되며 높은 열을 가하는 반용융상태의 열간가공에 비해 정밀한 가공이 용이하고 표면이 미려하고 가공 공수가 적어지나 가공경화에 의해 강도가 약해질 수 있다.

**27** 일반적으로 냉간가공 경화된 탄소강 재료를 600～650℃에서 중간 풀림하는 방법은?

① 확산 풀림　② 연화 풀림
③ 항온 풀림　④ 완전 풀림

해설
풀림열처리는 강의 응력 제거 및 연화를 목적으로 하는 것이며 이 중 냉간가공으로 경화된 탄소강을 중간 풀림하는 방법은 연화 풀림으로, 600～650℃를 반드시 기억하도록 하자.

**28** 탄소강에서 피트(Pit) 결함의 원인이 되는 원소는?

① C　② P
③ Pb　④ Cu

**29** 납땜을 가열방법에 따라 분류한 것이 아닌 것은?

① 인두 납땜　② 가스 납땜
③ 유도가열 납땜　④ 수중 납땜

**30** 서브머지드 아크용접법의 단점으로 틀린 것은?

① 와이어에 소전류를 사용할 수 있어 용입이 얕다.
② 용접선이 짧거나 복잡한 경우 비능률적이다.
③ 루트 간격이 너무 크면 용락될 위험이 있다.
④ 용접 진행 상태를 육안으로 확인할 수 없다.

해설
서브머지드 아크용접은 전류밀도가 높아 대(높은) 전류가 흘러 용입이 깊다.
☞ 암기법 : 서브머지드 아크용접, $CO_2$ 용접, MIG 용접 등은 전류밀도가 높아 대전류가 흐른다.

**31** $CO_2$ 가스 아크용접 시 보호가스로 $CO_2+Ar+O_2$를 사용할 때의 좋은 효과로 볼 수 없는 것은?

① 슬래그 생성량이 많아져 비드 표면을 균일하게 덮어 급랭을 방지하며, 비드 외관이 개선된다.
② 용융지의 온도가 상승하며, 용입량도 다소 증대된다.
③ 비금속 개재물의 응집으로 용착강이 청결해진다.
④ 스패터가 많아지며, 용착강의 환원반응을 활발하게 한다.

**32** 판 두께가 보통 6mm 이하인 경우에 사용되는 용접 홈의 형태는?

① I형　② V형
③ U형　④ X형

해설
I형은 6mm 이하의 박판 용접에 사용되는 홈의 형태이다. (가장 얇은 판 용접용)

**33** 연강의 인장시험에서 하중 100N, 시험편의 최초 단면적이 50mm²일 때 응력은 몇 N/mm²인가?

① 1　② 2
③ 5　④ 10

해설
응력＝하중/단면적이므로 100/50＝2

**34** 테르밋 용접의 특징으로 틀린 것은?
출제 빈도 높음

① 용접 작업이 단순하고 용접 결과의 재현성이 높다.
② 용접시간이 짧고 용접 후 변형이 적다.
③ 전기가 필요하고 설비비가 비싸다.
④ 용접기구가 간단하고 작업장소의 이동이 쉽다.

해설
테르밋 용접은 전기를 필요치 않으며 알루미늄 분말과 산화알루미늄 분말의 화학작용 중에 생기는 열로 용접을 한다. 주로 기차레일의 용접에 사용된다.

정답　27 ②　28 ①　29 ④　30 ①　31 ④　32 ①　33 ②　34 ③

**35** 다음 중 변형과 잔류응력을 경감하는 일반적인 방법이 잘못된 것은?

① 용접 전 변형 방지책 : 억제법
② 용접 시공에 의한 경감법 : 빌드업법
③ 모재의 열전도를 억제하여 변형을 방지하는 방법 : 도열법
④ 용접 금속부의 변형과 응력을 제거하는 방법 : 피닝법

해설
빌드업법(덧살올림법)은 다층쌓기 용접법의 일종이다.

**다층쌓기 용접법**
빌드업법, 케스케이드법, 전진블록법

**36** 점용접법의 종류가 아닌 것은?

출제 빈도 높음

① 맥동 점용접 ② 인터랙 점용접
③ 직렬식 점용접 ④ 병렬식 점용접

해설
점용접(전기저항용접)에서는 병렬식 용접을 사용하지 않는다.
☞ 암기법 : 점 빼려고 하다가 병(병렬식) 나는 수가 있다.

**37** 아세틸렌, 수소 등의 가연성 가스와 산소를 혼합 연소시켜 그 연소열을 이용하여 용접하는 것은?

① 탄산가스 아크용접
② 가스 용접
③ 불활성가스 아크용접
④ 서브머지드 아크용접

**38** 아크용접에서 기공의 발생 원인이 아닌 것은?

① 아크 길이가 길 때
② 피복제 속에 수분이 있을 때
③ 용착금속 속에 가스가 남아 있을 때
④ 용접부 냉각속도가 느릴 때

해설
기공은 용접부 내부에 공기가 차는 것으로 아크 길이가 길며 피복제 중에 수분이 있을 때 생기는 경우가 많다. 냉각속도가 느리면 오히려 기공이 생기지 않는다.

**39** 용접봉을 선택할 때 모재의 재질, 제품의 형상, 사용 용접기기, 용접자세 등의 사용목적에 따른 고려사항으로 가장 거리가 먼 것은?

① 용접성 ② 작업성
③ 경제성 ④ 환경성

해설
용접봉의 선택 시 주변 환경은 고려하지 않는다.(용접이 환경에 그리 좋지는 않다.)

**40** 보호가스의 공급 없이 와이어 자체에서 발생하는 가스에 의해 아크 분위기를 보호하는 용접법은?

① 일렉트로 슬래그 용접
② 스터드 용접
③ 논 가스 아크용접
④ 플라스마 아크용접

해설
영어에서는 '아니다'라는 의미로 No(노) 또는 Non(논)을 사용한다. Non Gas Arc Welding(논가스 아크용접)은 외부의 보호가스를 사용하지 않는 용접법이다.

**41** TIG 용접에서 고주파 교류(ACHF)의 특성을 잘못 설명한 것은?

① 고주파 전원을 사용하므로 모재에 접촉시키지 않아도 아크가 발생한다.
② 긴 아크 유지가 용이하다.
③ 전극의 수명이 짧다.
④ 동일한 전극봉에서 직류 정극성(DCSP)에 비해 고주파 교류(ACHF)가 사용 전류 범위가 크다.

**42** 가스 용접 및 절단 재해의 사례를 열거한 것 중 틀린 것은?

① 내부에 밀폐된 용기를 용접 또는 절단하다가 내부 공기의 팽창으로 인하여 폭발하였다.
② 역화 방지기를 부착하여 아세틸렌 용기가 폭발하였다.

정답 35 ② 36 ④ 37 ② 38 ④ 39 ④ 40 ③ 41 ③ 42 ②

③ 철판의 절단 작업 중 철판 밑의 불순물(황, 인 등)이 분출하여 화상을 입었다.
④ 가스용접 후 소화상태에서 토치의 아세틸렌과 산소 밸브를 잠그지 않아 인화되어 화재를 당했다.

해설
역화방지기는 가스의 역류를 방지하여 폭발을 예방하기 위한 장비이다.

## 43 가스용접 토치의 취급상 주의사항으로 틀린 것은?

① 팁 및 토치를 작업장 바닥 등에 방치하지 않는다.
② 역화방지기는 반드시 제거한 후 토치를 점화한다.
③ 팁을 바꿔 끼울 때는 반드시 양쪽 밸브를 모두 닫은 사음에 행한다.
④ 토치를 망치 등 다른 용도로 사용해서는 안 된다.

해설
역화방지기는 가스의 역류를 방지하여 폭발을 예방하기 위한 장비이므로 항시 부착되어 있어야 한다.

## 44 변형과 잔류응력을 최소로 해야 할 경우 사용되는 용착법으로 가장 적합한 것은?

① 후진법 ② 전진법
③ 스킵법 ④ 덧살 올림법

해설
스킵법(비석법)은 다른 용접법에 비해 변형과 잔류응력이 적은 용접법이다.

## 45 초음파 탐상법의 종류에 속하지 않는 것은?

① 투과법 ② 펄스반사법
③ 공진법 ④ 맥동법

해설
초음파 탐상법의 종류에는 펄스반사법, 투과법, 공진법 등이 있다.

## 46 피복아크용접 시 아크가 발생될 때 아크에 다량 포함되어 있어 인체에 가장 큰 피해를 줄 수 있는 광선은?

① 감마선 ② 자외선
③ 방사선 ④ X－선

## 47 MIG 용접에서 토치의 종류와 특성에 대한 연결이 잘못된 것은?

① 커브형 토치－공랭식 토치 사용
② 거브형 토치－단단한 와이어 사용
③ 피스톨형 토치－낮은 전류 사용
④ 피스톨형 토치－수랭식 사용

## 48 다음 금속 재료 중에서 가장 용접하기 어려운 것은?

① 철 ② 알루미늄
③ 티탄 ④ 니켈경합금

해설
니켈 산화물을 확실히 제거해주지 않으면 니켈 산화물을 용융점이 굉장히 높으므로 아크 중심부로 녹이지 않는 한 잘 녹지 않아 용접이 어렵고 이것이 심각한 결함으로 남을 수 있다.

## 49 불활성가스 금속 아크용접(MIG)의 특성이 아닌 것은?

① 아크 자기제어 특성이 있다.
② 정전압 특성, 상승 특성이 있는 직류용접기이다.
③ 반자동 또는 전자동 용접기로 속도가 빠르다.
④ 전류밀도가 낮아 3mm 이하 얇은 판 용접에 능률적이다.

해설
MIG 용접은 전류밀도가 높아 후판 용접에 능률적이다.

정답 43 ② 44 ③ 45 ④ 46 ② 47 ③ 48 ④ 49 ④

**50** 결함 끝 부분을 드릴로 구멍을 뚫어 정지구멍을 만들고 그 부분을 깎아내어 다시 규정의 홈으로 다듬질하여 보수를 해야 하는 용접 결함은?

① 슬래그 섞임　　② 균열
③ 언더컷　　④ 오버랩

**51** 치수 보조기호 중 지름을 표시하는 기호는?

① D　　② $\phi$
③ R　　④ SR

해설
$\phi$ : 지름, R : 반지름, SR : 구의 반지름

**52** 다음 도면은 정면도이다. 이 정면도에 가장 적합한 평면도는?

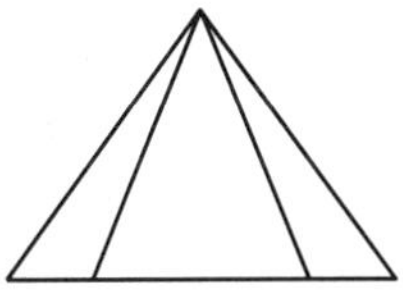

①
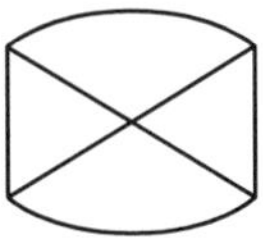
②
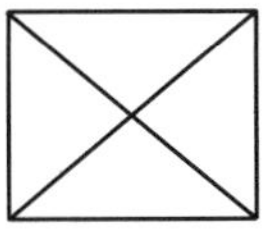
③
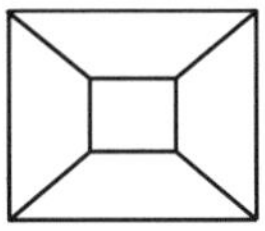
④
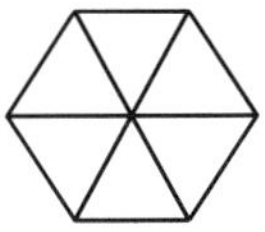

**53** 3개의 좌표 측의 투상이 서로 120°가 되는 축측 투상으로 평면, 측면, 정면을 하나의 투상면 위에 동시에 볼 수 있도록 그린 투상법은?

① 등각투상법　　② 국부투상법
③ 정투상법　　④ 경사투상법

**54** 그림에서 나타난 배관 접합 기호는 어떤 접합을 나타내는가?

① 블랭크(Blank) 연결
② 유니언(Union) 연결
③ 플랜지(Flange) 연결
④ 칼라(Collar) 연결

**55** 인접부분을 참고로 표시하는 데 사용하는 선은?

① 숨은선　　② 가상선
③ 외형선　　④ 피치선

**56** 다음 그림에서 화살표 방향을 정면도로 선정할 경우 평면도로 가장 올바른 것은?

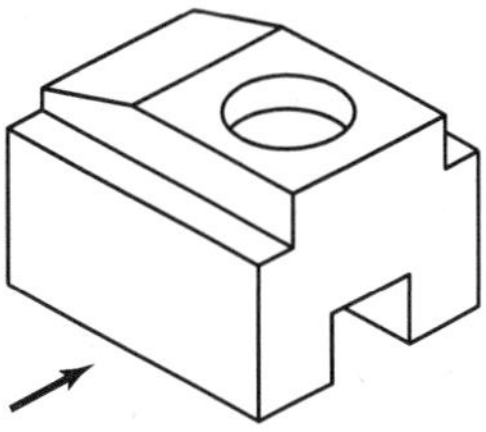

①
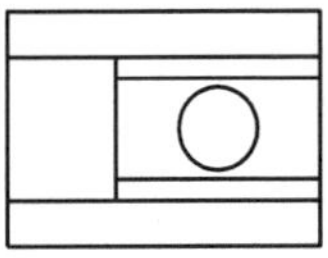
②
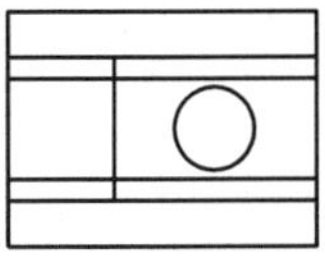
③
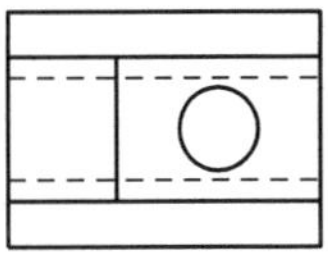
④
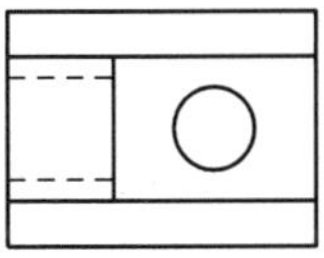

정답　50 ②　51 ②　52 ④　53 ①　54 ④　55 ②　56 ③

**57** 다음 그림과 같은 입체도에서 화살표 방향이 정면일 경우 평면도로 가장 적합한 것은?

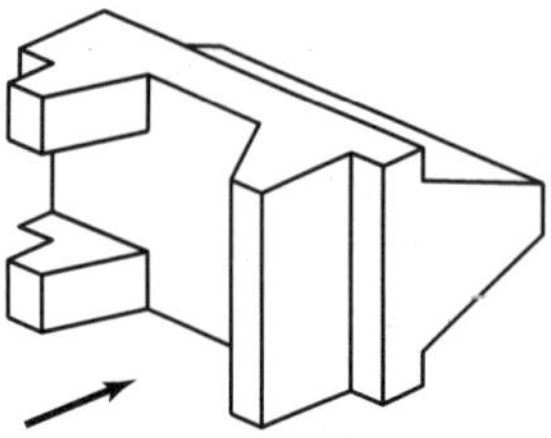

① 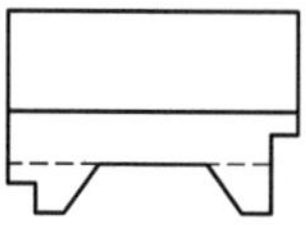
② 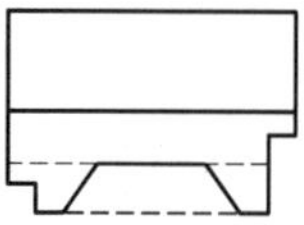
③ 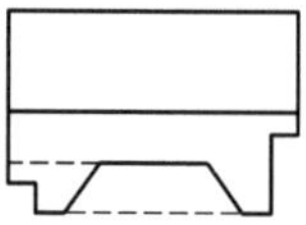
④ 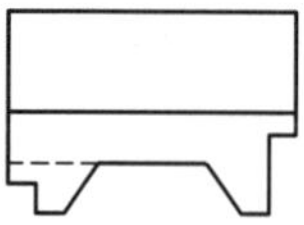

**58** 양면 용접부 조합 기호에 대하여 그 명칭이 틀린 것은?

①  : 양면 V형 맞대기 용접
②  : 넓은 루트면이 있는 K형 맞대기 용접
③  : K형 맞대기 용접
④  : 양면 U형 맞대기 용접

**59** 그림과 같은 부등변 ㄱ형강의 치수 표시로 가장 적합한 것은?

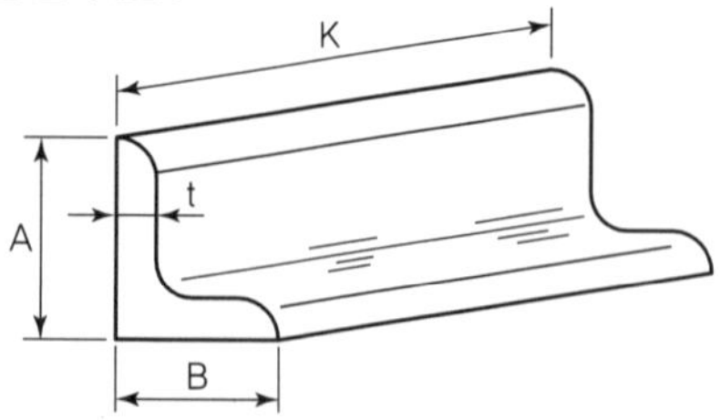


① L A×B×t−K　② H B×t×A−K
③ L K×t×A−B　④ ㄷ K−A×t−B

**60** KS 재료 중에서 탄소강 주강품을 나타내는 "SC 410"의 기호 중에서 "410"이 의미하는 것은?

① 최저 인장강도　② 규격 순서
③ 탄소 함유량　④ 제작 번호

정답 57 ④ 58 ② 59 ① 60 ①

시 행 일 자
2013년 4월 14일

# 용접기능사 2회

**01** 구조물의 본 용접 작업에 대하여 설명한 것 중 맞지 않는 것은?

① 위빙 폭은 심선 지름의 2~3배 정도가 적당하다.
② 용접 시단부의 기공 발생 방지대책으로 핫 스타트(Hot Start) 장치를 설치한다.
③ 용접 작업 종단에 생기는 수축공을 방지하기 위하여 아크를 빨리 끊어 크레이터를 남게 한다.
④ 구조물의 끝부분이나 모서리, 구석부분과 같이 응력이 집중되는 곳에서 용접봉을 갈아 끼우는 것을 피하여야 한다.

해설
용접 작업 종단에 생기는 수축공은 결함이 발생할 위험이 있어 아크를 짧게 한 상태에서 약간 머물러 크레이터의 오목한 부분을 채워야 한다.

**02** 대전류, 고속도 용접을 실시하므로 이음부의 청정(수분, 녹, 스케일 제거 등)에 특히 유의하여야 하는 용접은?

① 수동 피복아크용접
② 반자동 이산화탄소 아크용접
③ 서브머지드 아크용접
④ 가스 용접

해설
서브머지드 아크용접은 자동용접이며 대전류 고속도 용접이 이루어지므로 이음부의 청정과 홈의 가공 등을 정확하게 맞춰주어야 한다.

**03** $CO_2$ 가스 아크용접 시 작업장의 $CO_2$ 가스가 몇 %이상이면 인체에 위험한 상태가 되는가?

① 1% ② 4%
③ 10% ④ 15%

해설
많은 양의 이산화탄소에 노출되면 인체에 위험한 상태가 된다. 이산화탄소의 농도에 따라 3~4%이면 두통, 뇌빈혈 발생, 15% 이상이면 위험, 30% 이상이면 치사량으로 구분한다.

**04** 안전을 위하여 가죽장갑을 사용할 수 있는 작업은?

① 드릴링 작업 ② 선반 작업
③ 용접 작업 ④ 밀링 작업

해설
고속 회전하는 전동공구의 사용 시 장갑을 착용하지 않는 것이 원칙이다.

**05** $CO_2$ 가스 아크용접을 보호가스와 용극가스에 의해 분류했을 때 용극식의 솔리드 와이어 혼합 가스법에 속하는 것은?

① $CO_2$+C법
② $CO_2$+CO+Ar법
③ $CO_2$+CO+$O_2$법
④ $CO_2$+Ar법

**06** 다음 중 연소를 가장 바르게 설명한 것은?

① 물질이 열을 내며 탄화한다.
② 물질이 탄산가스와 반응한다.
③ 물질이 산소와 반응하여 환원한다.
④ 물질이 산소와 반응하여 열과 빛을 발생한다.

**07** 그림과 같이 길이가 긴 T형 필릿용접을 할 경우에 일어나는 용접 변형의 영향은?

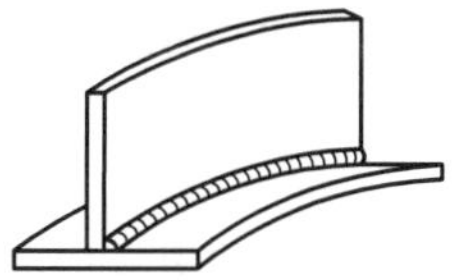

① 회전 변형 ② 세로 굽힘 변형
③ 좌굴 변형 ④ 가로 굽힘 변형

해설
**좌굴 변형**
얇은 판을 용접할 때에 내부에 생기는 압축 잔류응력 때문에 판이 좌굴하여 생기는 변형을 말한다.

정답 01 ③ 02 ③ 03 ④ 04 ③ 05 ④ 06 ④ 07 ②

**08** 플라스마 아크용접장치에서 아크 플라스마의 냉각가스로 쓰이는 것은?

① 아르곤과 수소의 혼합가스
② 아르곤과 산소의 혼합가스
③ 아르곤과 메탄의 혼합가스
④ 아르곤과 프로판의 혼합가스

**09** 용접부의 외관검사 시 관찰사항이 아닌 것은?

① 용입 ② 오버랩
③ 언더컷 ④ 경도

**10** 용접균열을 발생하는 위치에 따라서 분류한 것은?

① 용착금속 균열과 용접 열영향부 균열
② 고온 균열과 저온 균열
③ 매크로 균열과 마이크로 균열
④ 입계 균열과 입안 균열

**11** 불활성가스 텅스텐 아크용접에서 고주파 전류를 사용할 때의 이점이 아닌 것은?

① 전극을 모재에 접촉시키지 않아도 아크 발생이 용이하다.
② 전극을 모재에 접촉시키지 않으므로 아크가 불안정하여 아크가 끊어지기 쉽다.
③ 전극을 모재에 접촉시키지 않으므로 전극의 수명이 길다.
④ 일정한 지름의 전극에 대하여 광범위한 전류의 사용이 가능하다.

**12** 용접부 시험 중 비파괴 시험방법이 아닌 것은?

① 초음파 시험 ② 크리프 시험
③ 침투 시험 ④ 맴돌이 전류 시험

해설
**크리프 시험**
시험편을 일정한 온도로 유지하고 여기에 일정한 하중을 가하여 시간과 더불어 변화하는 변형을 측정하는 시험이며 그 결과로부터 크리프 곡선 및 크리프 강도를 구한다. 응력의 종류에 따라 인장 크리프 시험, 압축 크리프 시험 등으로 분류된다.

**13** MIG 용접에서 와이어 송급방식이 아닌 것은?

① 푸시 방식 ② 풀 방식
③ 푸시 풀 방식 ④ 포터블 방식

해설
와이어 송급방식에는 푸시(Push) 방식, 풀(Pull) 방식, 푸시–풀(Push–pull)방식이 있다.

**14** 다음 중 오스테나이트계 스테인리스강을 용접하면 냉각하면서 고온균열이 발생할 수 있는 경우는?

① 아크 길이가 너무 짧을 때
② 크레이터 처리를 하지 않았을 때
③ 모재 표면이 청정했을 때
④ 구속력이 없는 상태에서 용접할 때

**15** 다음 용착법 중에서 비석법을 나타낸 것은?

① 5→ 4→ 3→ 2→ 1→
② 2→ 3→ 4→ 1→ 5→
③ 1→ 4→ 2→ 5→ 3→
④ 3→ 4→ 5→ 1→ 2→

해설
비석법[스킵(Skip)법]은 일명 건너뛰기 용착법이라고도 불린다.

**16** 알루미늄을 TIG 용접법으로 접합하고자 할 경우 필요한 전원과 극성으로 가장 적합한 것은?

① 직류 정극성 ② 직류 역극성
③ 교류 저주파 ④ 교류 고주파

정답 08 ① 09 ④ 10 ① 11 ② 12 ② 13 ④ 14 ② 15 ③ 16 ④

## 17 연납땜에 가장 많이 사용되는 용가재는?

① 주석 납　② 인동 납
③ 양은 납　④ 황동 납

## 18 충전가스 용기 중 암모니아 가스 용기의 도색은?

① 회색　② 청색
③ 녹색　④ 백색

## 19 다음 그림에서 루트 간격을 표시하는 것은?

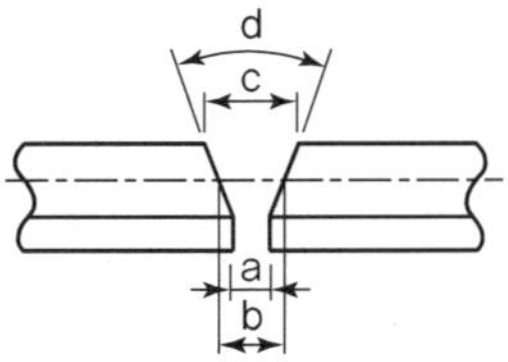


① a　② b
③ c　④ d

## 20 일렉트로 가스 아크용접에 주로 사용하는 실드 가스는?

① 아르곤 가스　② $CO_2$ 가스
③ 프로판 가스　④ 헬륨 가스

## 21 이음형상에 따라 저항용접을 분류할 때 맞대기 용접에 속하는 것은?

① 업셋 용접　② 스폿 용접
③ 심용접　④ 프로젝션 용접

## 22 용접기의 보수 및 점검사항 중 잘못 설명한 것은?

① 습기나 먼지가 많은 장소는 용접기 설치를 피한다.
② 용접기 케이스와 2차 측 단자의 두 쪽 모두 접지를 피한다.
③ 가동부분 및 냉각판을 점검하고 주유를 한다.
④ 용접케이블의 파손된 부분은 절연 테이프로 감아준다.

## 23 교류아크용접기의 종류에 속하지 않는 것은?

① 가동 코일형　② 가동 철심형
③ 전동기 구동형　④ 탭 전환형

해설
전동기 구동형은 전동기(모터)가 발전기를 돌려 직류전기를 얻어 용접을 하는 방식의 용접기이다.(직류용접기는 교류보다 안정적인 아크가 발생된다.)

## 24 용접봉에서 모재로 용융금속이 옮겨가는 용적이행 상태가 아닌 것은?

① 단락형　② 스프레이형
③ 탭 전환형　④ 글로뷸러형

해설
**용적의 이행형식**
스프레이형, 단락형, 글로뷸러형

## 25 교류와 직류 아크용접기를 비교해서 직류 아크용접기의 특징이 아닌 것은?

출제 빈도 높음

① 구조가 복잡하다.
② 아크의 안정성이 우수하다.
③ 비피복 용접봉 사용이 가능하다.
④ 역률이 불량하다.

해설
역률이 불량한 것은 교류 용접기이며 전력의 소모가 많다는 의미이다.

## 26 가스용접에서 탄화불꽃에 대한 설명과 관련이 가장 적은 것은?

① 속불꽃과 겉불꽃 사이에 밝은 백색의 제3불꽃이 있다.
② 산화작용이 일어나지 않는다.
③ 아세틸렌 과잉불꽃이다.
④ 표준불꽃이다.

해설
표준불꽃은 중성 불꽃(산소 : 아세틸렌=1 : 1)이다.(탄화불꽃은 아세틸렌 과잉불꽃)

정답 17 ① 18 ④ 19 ① 20 ② 21 ① 22 ② 23 ③ 24 ③ 25 ④ 26 ④

**27** 전기용접봉 E4301은 어느 계인가?

① 저수소계 ② 고산화티탄계
③ 일미나이트계 ④ 라임티타니아계

해설
☞ 암기법 : E4301 마지막 숫자가 1로 끝나므로 일(1)미나이트계 용접봉이다.

**28** 가스 절단 작업 시의 표준 드래그 길이는 일반적으로 모재 두께의 몇 % 정도인가?

① 5 ② 10
③ 20 ④ 30

해설
표준 드래그 길이는 모재 두께의 약 20%(1/5)이다.

**29** 산소용기의 표시로 용기 윗부분에 각인이 찍혀 있다. 잘못 표시된 것은?

① 용기제작사 명칭 및 기호
② 충전가스 명칭
③ 용기 중량
④ 최저 충전압력

해설
가스용기는 적정 압력 이상 충전을 하면 위험하기 때문에 최고충전압력을 각인한다.

**30** 피복아크용접기의 아크 발생시간과 휴식시간 전체가 10분이고 아크 발생시간이 3분일 때 이 용접기의 사용률(%)은?

출제 빈도 높음

① 10% ② 20%
③ 30% ④ 40%

해설
전체 시간 10분을 기준으로 아크 발생시간이 3분일 때 사용률은 30%이다.
아크 발생시간/(아크 발생시간+휴식시간)×100

**31** 다음 절단법 중에서 두꺼운 판, 주강의 슬래그 덩어리, 암석의 천공 등의 절단에 이용되는 절단법은?

① 산소창 절단 ② 수중 절단
③ 분말 절단 ④ 포갬 절단

**32** 다음 중 직류 정극성을 나타내는 기호는?

① DCSP ② DCCP
③ DCRP ④ DCOP

해설
용입의 깊이에 따라 직류 정극성(DCSP) > 교류(AC) > 직류 역극성(DCRP)으로 구분한다.

**33** 용접에서 직류 역극성의 설명 중 틀린 것은?

출제 빈도 높음

① 모재의 용입이 깊다.
② 봉의 녹음이 빠르다.
③ 비드 폭이 넓다.
④ 박판, 합금강, 비철금속의 용접에 사용한다.

해설
상대적으로 열의 발생이 많은 +극이 어느 쪽(용접봉 또는 모재)에 접속되는지 파악하면 된다. 직류 역극성(DCRP)은 용접봉 쪽에 +가 접속되기 때문에 용접봉의 녹음이 빠르고 −극이 접속된 모재 쪽은 열 전달이 +극에 비해 적어 용입이 얕고 비드폭이 넓어져 주로 박판 용접에 사용된다.

**34** 피복아크용접봉의 피복제에 합금제로 첨가되는 것은?

① 규산칼륨 ② 페로망간
③ 이산화망간 ④ 붕사

**35** 100A 이상 300A 미만의 피복 금속 아크용접 시 차광유리의 차광도 번호가 가장 적합한 것은?

① 4 ~5번 ② 8~9번
③ 10~12번 ④ 15~16번

**36** 가스 절단에서 절단 속도에 영향을 미치는 요소가 아닌 것은?

① 예열 불꽃의 세기
② 팁과 모재의 간격
③ 역화 방지기의 설치 유무
④ 모재의 재질과 두께

해설
역화 방지기는 불꽃의 역류를 예방하여 폭발사고를 예방하기 위해 설치하는 것이다.

정답 27 ③ 28 ③ 29 ④ 30 ③ 31 ① 32 ① 33 ① 34 ② 35 ③ 36 ③

**37** 두께가 6.0mm인 연강판을 가스용접하려고 할 때 가장 적합한 용접봉의 지름은 몇 mm인가?

① 1.6 ② 2.6
③ 4.0 ④ 5.0

해설
가스용접봉의 지름=모재의 두께/2+1이므로
6.0/2+1=4

**38** 가스의 혼합비(가연성 가스 : 산소)가 최적의 상태일 때 가연성 가스의 소모량이 1이면 산소의 소모량이 가장 적은 가스는?

① 메탄 ② 프로판
③ 수소 ④ 아세틸렌

**39** 가변압식 토치의 팁 번호 400번을 사용하여 표준 불꽃으로 2시간 동안 용접할 때 아세틸렌 가스의 소비량은 몇 $l$인가?

출제 빈도 높음

① 400 ② 800
③ 1,600 ④ 2,400

해설
가변압식 토치의 팁번호가 400번이면 1시간당 400리터의 아세틸렌 가스를 소비한다는 것이므로 2시간 동안 800리터의 아세틸렌 가스를 소비하게 된다.

**40** 두랄루민(Duralumin)의 합금 성분은?

출제 빈도 높음

① Al+Cu+Sn+Zn
② Al+Cu+Si+Mo
③ Al+Cu+Ni+Fe
④ Al+Cu+Mg+Mn

해설
☞ 암기법 : 알.구.마.망.(Al－Cu－Mg－Mn)

**41** 탄소강에 관한 설명으로 옳은 것은?

① 탄소가 많을수록 가공 변형은 어렵다.
② 탄소강의 내식성은 탄소가 증가할수록 증가한다.
③ 아공석강에서 탄소가 많을수록 인장강도가 감소한다.
④ 아공석강에서 탄소가 많을수록 경도가 감소한다.

해설
탄소함유량이 많을수록 금속은 단단해지기 때문에 가공변형은 어렵다.

**42** 액체 침탄법에 사용되는 침탄제는?

① 탄산바륨 ② 가성소다
③ 시안화나트륨 ④ 탄산나트륨

**43** 다음 금속의 기계적 성질에 대한 설명 중 틀린 것은?

① 탄성 : 금속에 외력을 가해 변형되었다가 외력을 제거했을 때 원래 상태로 돌아오는 성질
② 경도 : 금속 표면이 외력에 저항하는 성질, 즉 물체의 기계적인 단단함의 정도를 나타내는 것
③ 취성 : 강도가 크면서 연성이 없는 것, 즉 물체가 약간의 변형에도 견디지 못하고 파괴되는 성질
④ 피로 : 재료에 인장과 압축하중을 오랜 시간 동안 연속적으로 되풀이하여도 파괴되지 않는 현상

해설
고체 재료에 반복 응력을 연속 가하면 인장강도보다 훨씬 낮은 응력에서 재료가 파괴된다. 이것을 재료의 피로라고 하며, 피로에 의한 파괴를 피로파괴라 한다

**44** 다이캐스팅 합금강 재료의 요구조건에 해당되지 않는 것은?

① 유동성이 좋아야 한다.
② 열간 메짐성(취성)이 적어야 한다.
③ 금형에 대한 점착성이 좋아야 한다.
④ 응고수축에 대한 용탕 보급성이 좋아야 한다.

정답 37 ③ 38 ③ 39 ② 40 ④ 41 ① 42 ③ 43 ④ 44 ③

**45** 강을 담금질할 때 다음 냉각액 중에서 냉각효과가 가장 빠른 것은?

① 기름　　② 공기
③ 물　　④ 소금물

**46** 주석청동 중에 납(Pb)을 3~26% 첨가한 것으로 베어링 패킹 재료 등에 널리 사용되는 것은?

① 인청동　　② 연청동
③ 규소청동　　④ 베릴륨 청동

**47** 페라이트계 스테인리스강의 특징이 아닌 것은?

① 표면 연마된 것은 공기나 물에 부식되지 않는다.
② 질산에는 침식되나 염산에는 침식되지 않는다.
③ 오스테나이트계에 비하여 내산성이 낮다.
④ 풀림 상태 또는 표면이 거친 것은 부식되기 쉽다.

**48** Mg(마그네슘)의 특성을 나타낸 것이다. 틀린 것은?

① Fe, Ni 및 Cu 등의 함유에 의하여 내식성이 대단히 좋다.
② 비중이 1.74로 실용금속 중에서 매우 가볍다.
③ 알칼리에는 견디나 산이나 열에는 약하다.
④ 바닷물에 대단히 약하다.

**49** 다음 주강에 대한 설명 중 잘못된 것은?

① 용접에 의한 보수가 용이하다.
② 주철에 비해 기계적 성질이 우수하다.
③ 주철로서는 강도가 부족할 경우에 사용한다.
④ 주철에 비해 용융점이 낮고 수축률이 크다.

**50** 가볍고 강하며 내식성이 우수하나 600℃ 이상에서는 급격히 산화되어 TIG 용접 시 용접토치에 특수(Shield Gas) 장치가 반드시 필요한 금속은?

① Al　　② Ti
③ Mg　　④ Cu

해설
Ti : 티탄

**51** 그림의 형강을 올바르게 나타낸 치수 표시법은? (단, 형강 길이는 K이다.)

① L75×50×5×K
② L75×50×5−K
③ L50×75−5−K
④ L50×75×5×K

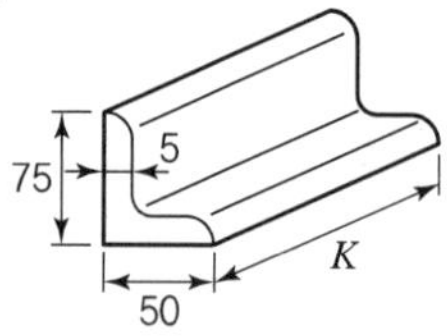


**52** 기계제도에 관한 일반사항의 설명으로 틀린 것은?

① 도형의 크기와 대상물의 크기와의 사이에는 올바른 비례관계를 보유하도록 그린다. 다만, 잘못 볼 염려가 없다고 생각되는 도면은 도면의 일부 또는 전부에 대하여 이 비례관계는 지키지 않아도 좋다.
② 선의 굵기 방향의 중심은 선의 이론상 그려야 할 위치 위에 있어야 한다.
③ 서로 근접하여 그리는 선의 선 간격(중심거리)은 원칙적으로 평행선의 경우 선의 굵기의 3배 이상으로 하고 선과 선의 간격은 0.7mm 이상으로 하는 것이 좋다.
④ 투명한 재료로 만들어지는 대상물 또는 부분은 투상도에서 전부 투명한 것(없는 것)으로 하여 나타낸다.

**53** 다음 그림과 같은 제3각 투상도에 가장 적합한 입체도는?

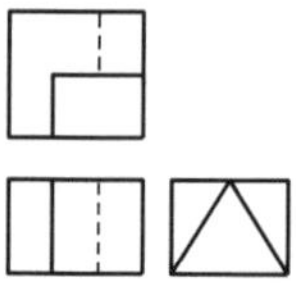

① 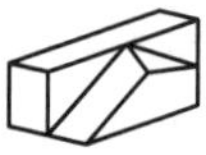
② 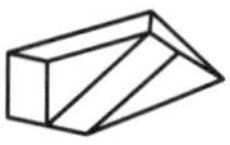
③ 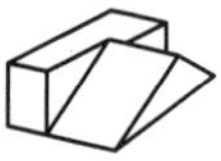
④ 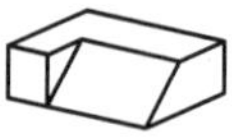

정답 45 ④ 46 ② 47 ② 48 ① 49 ④ 50 ② 51 ② 52 ④ 53 ③

**54** 배관 제도 밸브 도시기호에서 일반 밸브가 닫힌 상태를 도시한 것은?

① 
② 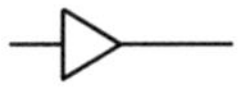
③ 
④ 

해설
① 밸브일반(게이트밸브)
② 리듀서
③ 체크밸브
④ 닫혀 있는 일반 밸브

**55** 다음 용접기호의 설명으로 옳은 것은?

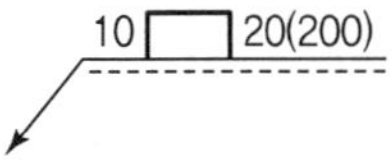


① 플러그 용접을 의미한다.
② 용접부 지름은 20mm이다.
③ 용접부 간격은 10mm이다.
④ 용접부 수는 200개이다.

해설
지시선 위의 사각형은 플러그 용접을 의미하며 용접부의 지름은 10mm, 용접부의 개수는 20개, 용접부의 중심거리(피치)는 200mm이다.

**56** 정투상법의 제1각법과 제3각법에서 배열위치가 정면도를 기준으로 동일한 위치에 놓이는 투상도는?

① 좌측면도 ② 평면도
③ 저면도 ④ 배면도

해설
정면도와 배면도는 제1각법과 제3각법에서 위치가 동일하다.

**57** 다음 중 원기둥의 전개에 가장 적합한 전개도법은?

① 평행선 전개도법 ② 방사선 전개도법
③ 삼각형 전개도법 ④ 역삼각형 전개도법

해설
원이나 각기둥 전개에는 평행선 전개도법이 사용된다.

**58** 판의 두께를 나타내는 치수 보조 기호는?

① C ② R
③ □ ④ t

해설
판의 두께는 t로 표기하며 단위는 mm이다.
예 3t – 두께가 3mm

**59** KS 재료기호 SM10C에서 10C는 무엇을 뜻하는가?

① 제작방법 ② 종별 번호
③ 탄소함유량 ④ 최저인장강도

**60** 다음 투상도 중 표현하는 각법이 다른 하나는?

① 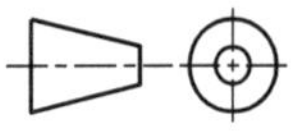
② 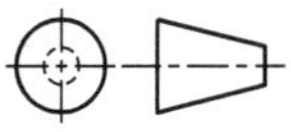
③ 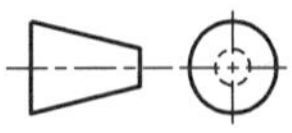
④ 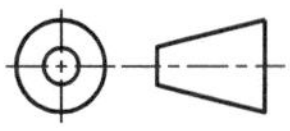

해설
③번의 경우 우선 사각형을 정면도라고 보고 우측의 원이 오른쪽에 있는데 그것이 보는 방향, 즉 오른쪽에서 본 우측면도의 도면이 맞다면 제3각도법이며 아니라면 제1각도법이다. ③번의 경우 우측에 있는 원은 사각형의 왼쪽에서 보이는 모습을 오른쪽에 도시한 것이기 때문에 제1각도법이며 나머지는 모두 제3각도법이다.(이해가 가지 않는다면 생수병을 옆으로 돌려보면 이해가 쉽다.)

정답 54 ④ 55 ① 56 ④ 57 ① 58 ④ 59 ③ 60 ③

시 행 일 자
2013년
4월 14일

# 특수용접기능사 2회

**01** 아크용접에서 사용하는 피복제 중 아크 안정제에 해당되지 않는 것은?

① 산화티탄($TiO_2$) ② 석회석($CaCO_3$)
③ 규산칼륨($K_2SiO_2$) ④ 탄산바륨($BaCO_3$)

해설
**아크안정제**
규산칼륨, 규산나트륨, 산화티탄, 석회석 등

**02** 가스용접으로 연강 용접 시 사용하는 용제는?

① 염화리튬 ② 붕사
③ 염화나트륨 ④ 사용하지 않는다.

**03** 출제 빈도 높음 용접봉의 종류에서 용융금속의 이행 형식에 따른 분류가 아닌 것은?

① 단락형 ② 글로뷸러형
③ 스프레이형 ④ 직렬식 노즐형

해설
**용융금속(용적)의 이행형식**
스프레이형, 단락형, 글로뷸러형(입상이행형, 핀치효과형)

**04** 철분 또는 용제를 연속적으로 절단용 산소에 공급하여 그 산화열 또는 용제의 화학작용을 이용하여 절단하는 것은?

① 산소창 절단 ② 스카핑
③ 탄소 아크 절단 ④ 분말 절단

**05** 용접봉에 아크가 한쪽으로 쏠리는 아크 쏠림 방지책이 아닌 것은?

① 짧은 아크를 사용할 것
② 접지점을 용접부로부터 멀리할 것
③ 긴 용접에는 전진법으로 용접할 것
④ 직류용접을 하지 말고 교류 용접을 사용할 것

해설
전진법보다는 후진법이 아크 쏠림 방지효과가 크다.

**06** 2차 무부하전압이 80V, 아크전류가 200A, 아크전압이 30V, 내부손실이 3kW일 때 역률(%)은?

① 48.00% ② 56.25%
③ 60.00% ④ 66.67%

해설
$$\text{역률} = \frac{\text{소비전력}}{\text{전원입력}} \times 100$$

여기서, 소비전력 : 아크출력+내부손실
전원입력 : 2차 무부하전압×정격 2차 전류
아크출력 : 아크전류×아크 전압

아크출력 $= 200 \times 30 = 6,000$
전원입력 $= 80 \times 200 = 16,000$
소비전력 $= 6,000 + 3,000 = 9,000$
$$\therefore \text{역률} = \frac{9,000}{16,000} \times 100 = 56.25\%$$

**07** 피복아크용접에서 직류 정극성(DCSP)을 사용하는 경우 모재와 용접봉의 열 분배율은?

① 모재 70%, 용접봉 30%
② 모재 30%, 용접봉 70%
③ 모재 60%, 용접봉 40%
④ 모재 40%, 용접봉 60%

해설
용접봉에서 100%의 열이 발생한다면 +쪽에서 약 60~75%의 열이, −쪽에서 25~40%의 열이 발생한다. 직류 정극성은 모재에 +, 용접봉에 −극이 연결된다.

**08** 교류 아크용접기에서 교류 변압기의 2차 코일에 전압이 발생하는 원리는 무슨 작용인가?

① 저항유도작용 ② 전자유도작용
③ 전압유도작용 ④ 전류유도작용

정답 01 ④ 02 ④ 03 ④ 04 ④ 05 ③ 06 ② 07 ① 08 ②

**09** 아세틸렌 가스의 자연 발화온도는 몇 ℃ 정도인가?

① 250~300℃ ② 300~397℃
③ 406~408℃ ④ 700~705℃

해설
아세틸렌 가스는 약 400℃에서 자연발화(점화원 없이 점화), 약 500℃에서 자연폭발, 780℃ 이상에서 산소의 공급 없이 자연폭발한다.

**10** 수동가스 절단 시 일반적으로 팁 끝과 강판 사이의 거리는 백심에서 몇 mm 정도 유지시키는가?

① 0.1~0.5 ② 1.5~2.0
③ 3.0~3.5 ④ 5.0~7.0

**11** 알루미늄 등의 경금속에 아르곤과 수소의 혼합가스를 사용하여 절단하는 방식인 것은?

① 분말절단 ② 산소 아크 절단
③ 플라스마 절단 ④ 수중절단

**12** 산소 용기의 윗부분에 각인되어 있지 않은 것은?

① 용기의 중량 ② 최저 충전압력
③ 내압시험 압력 ④ 충전가스의 내용적

해설
용기를 충전시키는 데 있어 최고충전압력은 용기의 폭발을 방지하기 위해 반드시 각인이 되어 있으나 최저충전압력은 각인이 되어 있지 않다.

**13** 중공의 피복 용접봉과 모재 사이에 아크를 발생시키고 중심에서 산소를 분출시키면서 절단하는 방법은?

① 아크에어 가우징(Arc Air Gouging)
② 금속 아크 절단(Metal Arc Cutting)
③ 탄소 아크 절단(Carbon Arc Cutting)
④ 산소 아크 절단(Oxygen Arc Cutting)

해설
중공이라는 말은 가운데가 비었으며 그곳으로 고압의 절단 산소가 나온다는 것으로 산소아크절단을 말한다.

**14** 용접에서 아크가 길어질 때 발생하는 현상이 아닌 것은?

① 아크가 불안정하게 된다.
② 스패터가 심해진다.
③ 산화 및 질화가 일어난다.
④ 아크 전압이 감소한다.

해설
아크 길이와 전압은 비례한다.

**15** 용접열원으로 전기가 필요 없는 용접법은?

① 테르밋 용접
② 원자 수소 용접
③ 일렉트로 슬래그 용접
④ 일렉트로 가스 아크용접

해설
테르밋 용접법은 전기가 필요 없으며, 금속산화물과 알루미늄 분말의 혼합 시 생기는 화학적인 열에너지로 용접한다.

**16** 연강용 피복아크용접봉의 E 4316에 대한 설명 중 틀린 것은?

출제 빈도 높음

① E : 피복금속아크용접봉
② 43 : 전용착금속의 최대인장강도
③ 16 : 피복제의 계통
④ E 4316 : 저수소계 용접봉

해설
43은 전 용착금속의 최저인장강도를 의미한다.
($43kgf/mm^2$)

**17** 용접기 설치 시 1차 입력이 10kVA이고 전원 전압이 200V이면 퓨즈 용량은?

① 50A ② 100A
③ 150A ④ 200A

해설
10kVA＝10,000VA이므로
10,000/200＝50A

정답 09 ③ 10 ② 11 ③ 12 ② 13 ④ 14 ④ 15 ① 16 ② 17 ①

**18** 특수 황동에 대한 설명으로 가장 적합한 것은?

① 주석황동 : 황동에 10% 이상의 Sn을 첨가한 것
② 알루미늄 황동 : 황동 10~15%의 Al을 첨가한 것
③ 철황동 : 황동 5% 정도의 Fe을 첨가한 것
④ 니켈황동 : 황동 7~30%의 Ni을 첨가한 것

해설

**특수 황동의 종류**
- 주석황동 : Sn을 1% 내외 첨가
- 알루미늄 황동 : Al을 2~3% 첨가
- 철황동 : Fe을 약 1% 첨가
- 니켈 실버(Cu−Zn−Ni, 양은 식기, 가정용품, 장식품으로 사용)

**19** 탄소강의 기계적 성질 변화에서 탄소량이 증가하면 어떠한 현상이 생기는가?

① 강도와 경도는 감소하나 인성 및 충격값 연신율, 단면 수축률은 증가한다.
② 강도와 경도가 감소하고 인성 및 충격값 연신율, 단면 수축률도 감소한다.
③ 강도와 경도가 증가하고 인성 및 충격값 연신율, 단면 수축률도 증가한다.
④ 강도와 경도는 증가하나 인성 및 충격값 연신율, 단면 수축률은 감소한다.

해설

탄소량 증가 시 강도와 경도는 증가하고 연신율, 단면 수축률은 감소한다.

**20** 스테인리스강을 불활성가스 금속아크용접법으로 용접 시 장점이 아닌 것은?

① 아크 열 집중성보다 확장성이 좋다.
② 어떤 방향으로도 용접이 가능하다.
③ 용접이 고속도로 아크 방향으로 방사된다.
④ 합금원소가 98% 이상으로 거의 전부가 용착금속에 옮겨진다.

**21** 연강에 비해 고장력강이 갖는 장점이 아닌 것은?

① 소요 강재의 중량을 상당히 경감시킨다.
② 재료의 취급이 간단하고 가공이 용이하다.
③ 구조물의 하중을 경감시킬 수 있어 그 기초공사가 단단해진다.
④ 동일한 강도에서 판의 두께를 두껍게 할 수 있다.

해설

고장력강은 판의 두께를 얇게 할 수 있다.

**22** 일반적으로 중금속과 경금속을 구분하는 비중은?

① 1.0 ② 3.0
③ 5.0 ④ 7.0

해설

책마다 약간의 차이는 있으나 비중 약 4~5를 기준으로 중금속과 경금속을 구분한다.

**23** 가단주철의 종류가 아닌 것은?

① 산화 가단주철 ② 백심 가단주철
③ 흑심 가단주철 ④ 펄라이트 가단주철

**24** 침탄법의 종류에 속하지 않는 것은?

① 고체 침탄법 ② 증기 침탄법
③ 가스 침탄법 ④ 액체 침탄법

해설

**침탄법의 종류**
고체, 가스, 액체 침탄법

**25** 재료의 잔류 응력을 제거하기 위해 적당한 온도와 시간을 유지한 후 냉각하는 방식으로 일명 저온 풀림이라고 하는 것은?

① 재결정 풀림 ② 확산 풀림
③ 응력 제거 풀림 ④ 중간 풀림

정답 18 ④ 19 ④ 20 ① 21 ④ 22 ③ 23 ① 24 ② 25 ③

## 26 Mg－Al계 합금에 소량의 Zn, Mn을 첨가한 마그네슘 합금은?

① 다우메탈　② 일렉트론 합금
③ 하이드로날륨　④ 라우탈 합금

해설
Mg－Al의 합금을 다우메탈(Dow Metal)이라고 하며 여기에 Zn을 첨가한 것을 일렉트론이라고 한다.
☞ 암기법 : 마알－다우메탈－아연－일렉트론

## 27 알루미늄 합금으로 강도를 높이기 위해 구리, 마그네슘 등을 첨가하여 열처리 후 사용하는 것으로 교량, 항공기 등에 사용하는 것은?

① 주조용 알루미늄 합금
② 내열 알루미늄 합금
③ 내식 알루미늄 합금
④ 고강도 알루미늄 합금

## 28 금속 표면이 녹슬거나 산화물질로 변화되어가는 금속의 부식현상을 개선하기 위해 이용되는 강은?

① 내식강　② 내열강
③ 쾌삭강　④ 불변강

## 29 높은 곳에서 용접작업 시 지켜야 할 사항으로 틀린 것은?

① 족장이나 발판이 견고하게 조립되어 있는지 확인한다.
② 고소작업 시 착용하는 안전모의 내부 수직거리는 10mm 이내로 한다.
③ 주변에 낙하물건 및 작업위치 아래에 인화성 물질이 없는지 확인한다.
④ 고소작업장에서 용접작업 시 안전벨트 착용 후 안전로프를 핸드레일에 고정시킨다.

해설
안전모의 내부 수직거리는 25mm 이상이 되도록 한다.

## 30 자분탐상 검사에서 검사물체를 자화하는 방법으로 사용되는 자화전류로서 내부결함의 검출에 적합한 것은?

① 교류　② 자력선
③ 직류　④ 교류나 직류 상관없다.

해설
표면결함 검출 : 교류(AC), 내부결함 검출 : 직류(DC)

## 31 용접순서의 결정 시 가능한 한 변형이나 잔류응력의 누적을 피할 수 있도록 하기 위한 유의사항으로 잘못된 것은?

출제빈도 높음

① 용접물의 중심에 대하여 항상 대칭으로 용접을 해 나간다.
② 수축이 적은 이음을 먼저 용접하고 수축이 큰 이음은 나중에 용접한다.
③ 용접물이 조립되어 감에 따라 용접작업이 불가능한 곳이나 곤란한 경우가 생기지 않도록 한다.
④ 용접물의 중립축을 참작하여 그 중립축에 대한 용접 수축력의 모멘트의 합이 "0"이 되게 하면 용접선 방향에 대한 굽힘이 없어진다.

해설
수축이 큰 이음(맞대기 이음)을 먼저 용접하고 수축이 적은 이음(필릿 이음)은 나중에 용접한다.

## 32 용접부의 시험 및 검사의 분류에서 크리프 시험은 무슨 시험에 속하는가?

① 물리적 시험　② 기계적 시험
③ 금속학적 시험　④ 화학적 시험

해설
**크리프 시험**
시험편을 일정한 온도로 유지하고 여기에 일정한 하중을 가하여 시간과 더불어 변화하는 변형을 측정하는 물리적 시험법. 그 결과로부터 크리프 곡선 및 크리프 강도를 구한다. 응력의 종류에 따라 인장 크리프 시험, 압축 크리프 시험 등으로 분류된다.

정답　26 ②　27 ④　28 ①　29 ②　30 ③　31 ②　32 ①

**33** 납땜 용제의 구비조건으로 맞지 않는 것은?

① 침지땜에 사용되는 것은 수분을 함유할 것
② 청정한 금속면의 산화를 방지할 것
③ 전기저항 납땜에 사용되는 것은 전도체일 것
④ 모재나 땜납에 대한 부식작용이 최소한일 것

**34** TIG 용접에서 사용되는 텅스텐 전극에 관한 설명으로 옳은 것은?

① 토륨을 1~2% 함유한 텅스텐 전극은 순 텅스텐 전극에 비해 전자 방사 능력이 떨어진다.
② 토륨을 1~2% 함유한 텅스텐 전극은 저전류에서도 아크 발생이 용이하다.
③ 직류 역극성은 직류 정극성에 비해 전극의 소모가 적다.
④ 순 텅스텐 전극은 온도가 높으므로 용접 중 모재나 용접봉과 접촉되었을 경우에도 오염되지 않는다.

**35** 자동 아크용접법 중의 하나로서 그림과 같은 원리로 이루어지는 용접법은?

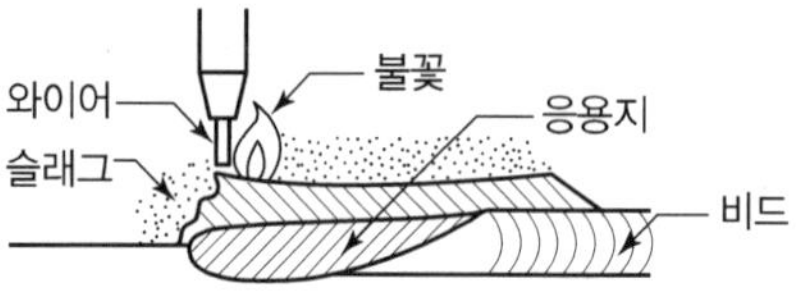


① 전자빔 용접 ② 서브머지드 아크용접
③ 테르밋 용접 ④ 불활성 가스 아크용접

해설
**자동아크용접법**
서브머지드 아크용접법(용제 속에서 아크가 발생)

**36** 전기용접 작업의 안전사항 중 전격방지대책이 아닌 것은?

① 용접기 내부는 수시로 분해 수리하고 청소를 하여야 한다.
② 절연 홀더의 절연부분이 노출되거나 파손되면 교체한다.
③ 장시간 작업을 하지 않을 시에는 반드시 전기 스위치를 차단한다.
④ 젖은 작업복이나 장갑, 신발 등을 착용하지 않는다.

**37** 다음은 잔류응력의 영향에 대한 설명이다. 가장 옳지 않은 것은?

① 재료의 연성이 어느 정도 존재하면 부재의 정적강도에는 잔류응력이 크게 영향을 미치지 않는다.
② 일반적으로 하중방향의 인장 잔류응력은 피로강도에 무관하며 압축 잔류응력은 피로강도에 취약한 것으로 생각된다.
③ 용접부 부근에는 항상 항복점에 가까운 잔류응력이 존재하므로 외부하중에 의한 근소한 응력이 가산되어도 취성파괴가 일어날 가능성이 있다.
④ 잔류응력이 존재하는 상태에서 고온으로 수개월 이상 방치하면 거의 소성변형이 일어나지 않고 균열이 발생하여 파괴하는데 이것을 시즌 크랙(Season Crack)이라 한다.

**38** 아크를 발생시키지 않고 와이어와 용융 슬래그 모재 내에 흐르는 전기 저항열에 의하여 용접하는 방법은?

① TIG 용접
② MIG 용접
③ 일렉트로 슬래그 용접
④ 이산화탄소 아크용접

해설
일렉트로 슬래그 용접은 아크열을 이용하지 않고 전기저항열을 이용한다. 가장 두꺼운 판의 용접에 사용된다.

**39** 탄산가스 아크용접의 종류에 해당되지 않는 것은?

① NCG법 ② 테르밋 아크법
③ 유니어 아크법 ④ 퓨즈 아크법

해설
테르밋 용접법과 혼동하지 말자.

정답 33 ① 34 ② 35 ② 36 ① 37 ② 38 ③ 39 ②

**40** 맞대기 용접에서 용접기호는 기준선에 대하여 90도의 평행선을 그리어 나타내며 주로 얇은 판에 많이 사용되는 홈 용접은?

① V형 홈 용접 ② H형 홈 용접
③ X형 홈 용접 ④ I형 홈 용접

해설
I형 홈 용접은 가장 얇은 판의 용접에 사용된다.

**41** 원자수소 용접에 사용되는 전극은?

① 구리 전극 ② 알루미늄 전극
③ 텅스텐 전극 ④ 니켈 전극

해설
원자수소 용접은 고도의 기밀, 수밀을 요하는 제품의 용접에 사용이 되며 두 개의 텅스텐 전극봉을 사용한다.

**42** 필릿용접에서 루트 간격이 1.5mm 이하일 때 보수용접 요령으로 가장 적합한 것은?

① 다리길이를 3배수로 증가시켜 용접한다.
② 그대로 용접하여도 좋으나 넓혀진 만큼 다리 길이를 증가시킬 필요가 있다.
③ 그대로 규정된 다리 길이로 용접한다.
④ 라이너를 넣든지 부족한 판을 300mm 이상 잘라내서 대체한다.

**43** TIG 용접용 텅스텐 전극봉의 전류 전달능력에 영향을 미치는 요인이 아닌 것은?

① 사용전원 극성 ② 전극봉의 돌출길이
③ 용접기 종류 ④ 전극봉 홀더 냉각효과

**44** $CO_2$ 가스 아크 편면용접에서 이면 비드의 형성은 물론 뒷면 가우징 및 뒷면 용접을 생략할 수 있고 모재의 중량에 따른 뒤엎기(Turn Over) 작업을 생략할 수 있도록 홈 용접부 이면에 부착하는 것은?

① 포지셔너 ② 스캘럽
③ 엔드탭 ④ 뒷댐재

**45** 다음 중 불활성 가스 텅스텐 아크용접에 사용되는 전극봉이 아닌 것은?

① 티타늄 전극봉
② 순 텅스텐 전극봉
③ 토륨 텅스텐 전극봉
④ 산화란탄 텅스텐 전극봉

**46** MIG 용접용의 전류밀도는 TIG 용접의 약 몇 배 정도인가?

① 2 ② 4
③ 6 ④ 8

해설
MIG 용접용의 전류밀도는 아크용접의 4~6배, TIG 용접의 약 2배 정도이다.

**47** 아크를 보호하고 집중시키기 위하여 내열성의 도기로 만든 페룰(Ferrule)이라는 기구를 사용하는 용접은?

① 스터드 용접
② 테르밋 용접
③ 전자빔 용접
④ 플라스마 용접

해설
**스터드 용접**
강봉을 모재에 심는 일종의 아크용접법으로, 막대(스터드)를 모재에 접속시켜 전류를 흘린 다음 막대를 모재에서 조금 떼어 아크를 발생시켜 적당히 용융했을 때 다시 용융지에 밀어붙여서 용착시키는 방법이며 주로 볼트나 환봉의 용접 시 사용된다.

**48** 용접 전류가 용접하기에 적합한 전류보다 높을 때 가장 발생되기 쉬운 용접 결함은?

① 용입 불량 ② 언더컷
③ 오버랩 ④ 슬래그 섞임

정답 40 ④ 41 ③ 42 ③ 43 ③ 44 ④ 45 ① 46 ① 47 ① 48 ②

**49** 잔류응력의 경감 방법 중 노 내 풀림법에서 응력 제거 풀림에 대한 설명으로 가장 적합한 것은?

① 유지온도가 높을수록 또 유지시간이 길수록 효과가 크다.
② 유지온도가 낮을수록 또 유지시간이 짧을수록 효과가 크다.
③ 유지온도가 높을수록 또 유지시간이 짧을수록 효과가 크다.
④ 유지온도가 낮을수록 또 유지시간이 길수록 효과가 크다.

**50** 재해와 숙련도 관계에서 사고가 가장 많이 발생하는 근로자는?

① 경험이 1년 미만인 근로자
② 경험이 3년인 근로자
③ 경험이 5년인 근로자
④ 경험이 10년이 근로자

**51** 기계제도 치수 기입법에서 참고 치수를 의미하는 것은?

① 50　　② 50
③ (50)　　④ ≪50≫

**52** 다음은 제3각법의 정투상도로 나타낸 정면도와 우측면도이다. 평면도로 가장 적합한 것은?

① 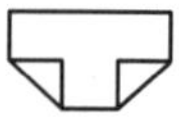
② 
③ 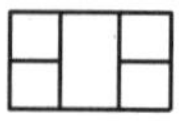
④ 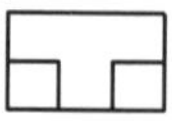

**53** 구의 지름을 나타낼 때 사용되는 치수 보조기호는?

① $\phi$　　② S
③ S$\phi$　　④ SR

**54** 그림과 같은 배관접합(연결) 기호의 설명으로 옳은 것은?

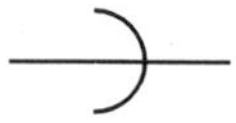

① 마개와 소켓 연결
② 플랜지 연결
③ 칼라 연결
④ 유니언 연결

**55** 물체의 일부분을 파단한 경계 또는 일부를 떼어낸 경계를 나타내는 선으로 불규칙한 파형의 가는 실선인 것은?

① 파단선　　② 지시선
③ 가상선　　④ 절단선

**56** 기계 재료의 종류 기호 "SM 400A"가 뜻하는 것은?

① 일반 구조용 압연 강재
② 기계 구조용 압연 강재
③ 용접 구조용 압연 강재
④ 자동차 구조용 열간 압연 강판

**57** 구멍에 끼워 맞추기 위한 구멍, 볼트, 리벳의 기호 표시에서 양쪽 면에 카운터 싱크가 있고 현장에서 드릴 가공 및 끼워 맞춤을 하는 것은?

① 
② 
③ 
④ 

정답 49 ① 50 ① 51 ③ 52 ④ 53 ③ 54 ① 55 ① 56 ③ 57 ④

**58** 다음 투상도 중 제1각법이나 제3각법으로 투상하여도 정면도를 기준으로 그 위치가 동일한 곳에 있는 것은?

① 우측면도　② 평면도
③ 배면도　④ 저면도

해설
제3각법과 제1각법에서 도시하는 위치가 변하지 않는 것은 정면도와 배면도이다.

**59** 그림과 같은 용접 도시 기호를 올바르게 설명한 것은?

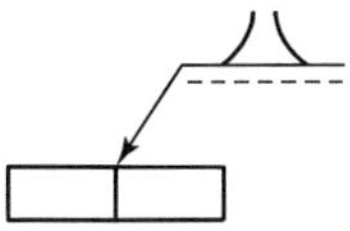

① 돌출된 모서리를 가진 평판 사이의 맞대기 용접이다.
② 평행(I형) 맞대기 용접이다.
③ U형 이음으로 맞대기 용접이다.
④ J형 이음으로 맞대기 용접이다.

**60** 다음 도면에 관한 설명으로 틀린 것은?(단, 도면의 등변 ㄱ 형강 길이는 160mm이다.)

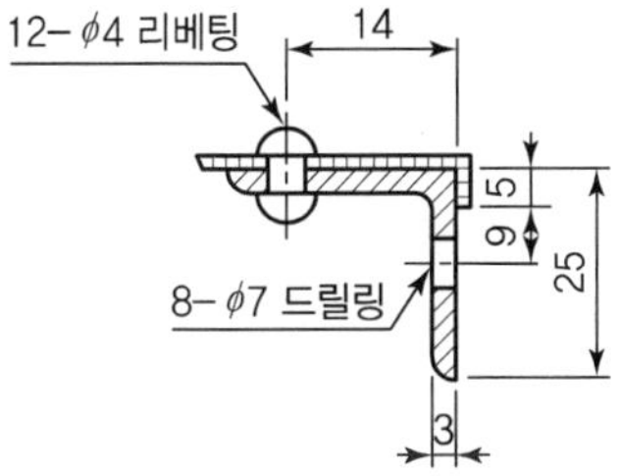


① 등변 ㄱ 형강의 호칭은 L 25×25×3－160이다.
② ϕ4 리벳의 개수는 알 수 없다.
③ ϕ7 구멍의 개수는 8개이다.
④ 리벳팅의 위치는 치수가 14mm인 위치에 있다.

정답　**58** ③　**59** ①　**60** ②

시 행 일 자
2013년 7월 21일

# 특수용접기능사 4회

**01** 다음 중 용접법의 분류에서 초음파 용접은 어디에 속하는가?

출제빈도 높음

① 융접 ② 아크융접
③ 납땜 ④ 압접

해설
용접은 크게 융접, 압접, 납땜으로 분류하며, 초음파 용접은 진동자를 진동시켜 압력을 가해 접합하는 방식으로 압접에 해당된다.

**02** 용접에서 오버랩이 생기는 원인이 아닌 것은?

① 모재의 재질이 불량할 때
② 용접전류가 너무 적을 때
③ 용접봉의 유지각도가 불량할 때
④ 용접봉의 선택이 불량할 때

해설
오버랩은 전류가 과소한 경우 및 용접 각도와 용접봉의 선택이 불량한 경우 생기는 결함이며 결함발생 부위를 잘 갈아내고 재용접을 해야 한다.

**03** 연강용 아크용접봉의 특성에 대한 설명 중 틀린 것은?

① 고산화티탄계는 아크 안정성이 좋다.
② 일미나이트계는 슬래그 생성계이다.
③ 저수소계는 기계적 성질이 우수하다.
④ 고셀룰로스계는 슬래그 생성식이다.

해설
고셀룰로오스계(E4311) 용접봉은 대표적인 가스실드계 용접봉이다.(위보기 용접에 탁월함)

**04** 발전기형 용접기와 정류기형 용접기의 특징을 비교한 아래의 표에서 내용이 틀린 것은?

| 구분 | | 발전기형 | 정류기형 |
|---|---|---|---|
| ㉠ | 전원 | 없는 곳에서 가능 | 없는 곳에서 불가능 |
| ㉡ | 직류전원 | 완전한 직류 | 불완전한 직류 |
| ㉢ | 구조 | 간단 | 복잡 |
| ㉣ | 고장 | 많다. | 적다. |

① ㉠ ② ㉡
③ ㉢ ③ ㉣

해설
발전기형은 구조가 복잡하며 고장이 많고 유지 · 보수가 힘들다.

**05** 용접 변형이 발생하는 중요 요인과 가장 거리가 먼 것은?

① 판 두께
② 피 용접 재질
③ 용접봉의 건조 상태
④ 이음부 형상

해설
용접봉의 건조상태가 좋지 않으면 기공이 생기며 스패터 발생이 심해진다.

**06** 경도와 강도를 높이기 위한 열처리 방법은?

① 뜨임 ② 담금질
③ 풀림 ④ 불림

해설
담금질은 강을 단단하게(경하게) 하기 위한 열처리이다.

**07** 볼트나 환봉을 강판에 용접할 때 가장 적합한 것은?

① 스터드 용접
② 테르밋 용접
③ 서브머지드 아크용접
④ 불활성가스 용접

해설
볼트, 환봉 용접은 스터드 용접을 사용하며 페룰이라는 세라믹 재질의 부속이 쓰인다.

정답 01 ④ 02 ① 03 ④ 04 ③ 05 ③ 06 ② 07 ①

## 08 정전압 특성에 관한 내용이 맞는 것은?

① 전류가 증가할 때 전압이 높아지는 것
② 전압이 증가할 때 전류가 높아지는 것
③ 전류가 증가하여도 전압이 일정하게 되는 것
④ 전압이 증가하여도 전류가 일정하게 되는 것

해설
정전압(전압이 정지 : 변하지 않고 일정하다.)

## 09 용기에 충전된 아세틸렌 가스의 양을 측정하는 방법은?

① 무게에 의하여 측정한다.
② 아세톤이 녹는 양에 의해서 측정한다.
③ 사용시간에 의하여 측정한다.
④ 기압에 의해 측정한다.

## 10 가스 에너지 중 스스로 연소할 수 없으나 다른 가연성 물질을 연소시킬 수 있는 지연성 가스는?

출제 빈도 높음

① 수소 ② 프로판
③ 산소 ④ 메탄

해설
산소는 지연성(조연성)가스라고 하며 공기보다 무겁고 무색, 무취, 무미하다.

## 11 가스 가우징에 대한 설명 중 옳은 것은?

① 드릴 작업의 일종이다.
② 용접부의 결함, 가접의 제거 등에 사용된다.
③ 저압식 토치의 압력조절방법의 일종이다.
④ 가스의 순도를 조절하기 위한 방법이다.

## 12 가스 절단에서 표준 드래그는 보통 판 두께의 얼마 정도인가?

출제 빈도 높음

① 1/4 ② 1/5
③ 1/10 ④ 1/100

해설
표준 드래그 길이 = 1/5(20%)

## 13 가스 용접 시 모재가 주철인 경우 사용되는 용제에 속하지 않는 것은?

① 염화칼륨 45% ② 붕사 15%
③ 탄산나트륨 15% ④ 중탄산나트륨 15%

## 14 가스용접 불꽃에서 아세틸렌 과잉 불꽃이라 하며 속불꽃과 겉불꽃 사이에 아세틸렌 페더가 있는 것은?

출제 빈도 높음

① 바깥불꽃 ② 중성불꽃
③ 산화불꽃 ④ 탄화불꽃

해설
탄화불꽃은 아세틸렌의 압력을 산소보다 과잉 분출시킨 것으로 제3의 불꽃 즉 아세틸렌 페더(깃)가 발생한다.

## 15 가스용접에서 압력조정기의 압력 전달 순서가 올바르게 된 것은?

① 부르동관 → 피니언 → 섹터기어 → 링크
② 부르동관 → 피니언 → 링크 → 섹터기어
③ 부르동관 → 링크 → 섹터기어 → 피니언
④ 부르동관 → 링크 → 피니언 → 섹터기어

해설
☞ 암기법 : 부.링.섹.피

## 16 불활성가스 아크용접의 특징을 올바르게 설명한 것은?

① 산화막이 강한 금속이나 산화되기 쉬운 금속은 용접이 불가능하다.
② 교류 전원을 사용할 때에는 직류 정극성을 사용할 때보다 용입이 깊다.
③ 용융 금속이 대기와 접촉하지 않아 산화, 질화를 방지한다.
④ 수평 필릿용접 전용이며, 작업 능률이 높다.

해설
**용입이 깊은 정도**
직류 정극성(DCSP) > 교류(AC) > 직류 역극성(DCRP)

정답 08 ③ 09 ① 10 ③ 11 ② 12 ② 13 ① 14 ④ 15 ③ 16 ③

**17** 탄소강의 상태도에서 나타나는 반응은?

① 인장반응, 공정반응, 압축반응
② 전단반응, 굽힘반응, 공석반응
③ 포정반응, 공정반응, 공석반응
④ 흑연반응, 공정반응, 전단반응

해설
- 공정반응 : $Fe_3C$ 상태도에서 공정 반응은 Liquid가 $\gamma$ − Austenite와 Cement로 바뀌는 반응
- 포정반응 : Liquid + $\delta$ Ferrite가 $\gamma$ − Austenite로 변태하는 것
- 공석반응 : $\gamma$ − Austenite가 $\alpha$ − Ferrite와 Cementite로 변화하는 것

☞ 암기법 : 공.공.포.(공정, 공석, 포정반응)

**18** 탄소 아크 절단에 대해 설명한 것 중 틀린 것은?

① 중후판의 절단은 전 자세로 작업한다.
② 전원은 주로 직류 역극성이 사용된다.
③ 주철 및 고탄소강의 절단에서는 절단면이 가스 절단에 비하여 대단히 거칠다.
④ 주철 및 고탄소강의 절단에서는 절단면에 약간의 탈탄이 생긴다.

해설
아크절단법에서 직류 역극성(DCRP) 전원을 사용하는 것은 MIG 절단과 아크에어가우징이 대표적이니 반드시 암기하자.

**19** 직류아크용접에서 맨(Bare) 용접봉을 사용했을 때 심하게 일어나는 현상으로 용접 부분 주위에 아크가 한쪽으로 쏠리는 현상은?

① 오버랩(Over Lap)
② 언더컷(Undercut)
③ 기공(Blow Hole)
④ 자기불림(Magnetic Blow)

**20** 피복아크용접에서 용접봉의 용융속도로 맞는 것은?

출제 빈도 높음

① 무부하전압 × 아크 저항
② 아크전류 × 용접봉 쪽 전압강하
③ 아크전류 × 아크 저항
④ 아크전류 × 무부하전압

**21** 피복아크용접봉에서 피복제의 역할로 맞는 것은?

① 아크를 안정시킨다.
② 냉각속도를 빠르게 한다.
③ 스패터의 발생을 증가시킨다.
④ 산화 정련작용을 한다.

**22** 일반적으로 모재의 두께가 6mm인 경우 사용할 가스용접봉의 지름은 몇 mm인가?

출제 빈도 높음

① 1.0 ② 1.6
③ 2.6 ④ 4.0

해설
$6/2+1=4$

**23** $CO_2$ 가스 아크용접 시 이산화탄소의 농도가 3~4%일 때 인체에 미치는 영향으로 가장 적합한 것은?

출제 빈도 높음

① 위험상태가 된다.
② 두통, 뇌빈혈을 일으킨다.
③ 치사(致死)량이 된다.
④ 아무렇지도 않다.

해설
**이산화탄소의 농도**
- 3~4% : 두통, 뇌빈혈
- 15% 이상 : 위험
- 30% 이상 : 치사량

**24** 교류 아크용접기의 부속장치에 해당되지 않는 것은?

① 전격방지장치 ② 원격제어장치
③ 고주파 발생장치 ④ 자기제어장치

**25** 오스테나이트 스테인리스강 용접 시 유의사항으로 틀린 것은?

① 아크를 중단하기 전에 크레이터 처리를 한다.
② 용접하기 전에 예열을 하여야 한다.
③ 낮은 전류값으로 용접하여 용접 입열을 억제한다.
④ 짧은 아크 길이를 유지한다.

정답 17 ③ 18 ② 19 ④ 20 ② 21 ① 22 ④ 23 ② 24 ④ 25 ②

해설
오스테나이트계 스테인리스강은 예열 시 입계부식이 생길 위험이 있다.(예열 금지)

**26** 금속산화물이 알루미늄에 의하여 산소를 빼앗기는 반응에 의해 생성되는 열을 이용하여 금속을 용접하는 것은?
출제 빈도 높음

① 일렉트로 슬래그 용접
② 서브머지드 아크용접
③ 테르밋 용접
④ 마찰 용접

**27** 용접 홀더 중 손잡이 부분 외를 작업 중에 전격의 위험이 적도록 절연체로 제조되어 있어 주로 많이 사용되는 것은?

① A형　② B형
③ C형　④ D형

해설
A형 홀더를 일명 안전홀더라고도 한다.

**28** 강이나 주철제의 작은 볼을 고속 분사하는 방식으로 표면층을 가공 경화시키는 것은?

① 금속 침투법　② 숏 피닝
③ 하드 페이싱　④ 질화법

해설
금속 표면에 작은 주강의 입자를 공기 압력을 이용하여 분사시켜 표면의 산화막을 제거하며 잔류 압축력을 발생시켜 표면을 딱딱하게 함으로써 피로 강도를 향상시키는 것을 말한다.

**29** 주조 시 주형에 냉금을 삽입하여 주물의 표면을 급랭시켜 백선화하고 경도를 증가시킨 내마모성 주철은?

① 칠드주철　② 구상흑연주철
③ 고규소주철　④ 가단주철

해설
**칠드주철**
주조 시 주물의 표면에 금속형을 대고 주물 표면을 급랭한 후 백선화시켜 경도를 높여 내마멸성을 크게 한 것이며 이에 칠드 층이 약 10~25mm 정도 생성되어 압연기의 롤이나 기차바퀴 등으로 사용되는 것을 말한다.

**30** Sn－Sb－Cu의 합금으로 주석계 화이트 메탈이라고도 부르는 것은?

① 연납　② 경납
③ 배빗메탈　④ 바안메탈

**31** 주조용 알루미늄 합금 중 라우탈 합금은?

① Sn－Sb－Cu계 합금
② Cu－Zn－Ni계 합금
③ Al－Cu－Si계 합금
④ Mg－Al－Zn계 합금

해설
☞ 암기법 : 라우탈(알구실 Al－Cu－Si)－알루미늄, 구리, 규소(실리콘)

**32** Ni 합금 중에서 구리에 Ni 40~50% 정도를 첨가한 합금으로 저항선, 전열선 등으로 사용되며 열전쌍의 재료로도 사용되는 것은?

① 퍼멀로이　② 큐프로니켈
③ 모넬메탈　④ 콘스탄탄

해설
콘스탄탄은 Cu－Ni 청동으로 Ni 45%함유로 열기전력, 전기 저항이 커서 전기 저항선, 전열선 등으로 사용된다. 20% 이상의 아연을 포함한 황동이 바닷물에 침식될 경우 아연만이 용해되고 동은 남아 있어 재료에 구멍이 나기도 하고, 얇게 되기도 하는 현상. 부식 예방에는 주석이나 안티몬 등을 첨가한다.

**33** 황동 표면에 불순물 또는 부식성 물질이 녹아 있는 수용액의 작용에 의해서 발생되는 현상은?

① 고온 탈아연　② 경년변화
③ 탈 아연부식　④ 자연균열

정답　26 ③　27 ①　28 ②　29 ①　30 ③　31 ③　32 ④　33 ③

해설
**탈아연부식**
약 20% 이상의 아연을 포함한 황동이 바닷물에 침식될 경우 아연만이 용해되고 동은 남아 있어 재료에 구멍이 나기도 하고, 얇게 되기도 하는 현상이다.

**34** 일반적인 주강의 특성에 대한 설명으로 틀린 것은?

① 주철에 비하여 기계적 성질이 월등하게 좋다.
② 용접에 의한 보수가 용이하다.
③ 주철에 비하여 용융점이 1,600℃ 전후의 고온이며, 수축률도 적기 때문에 주조하는 데 어려움이 없다.
④ 주강품은 압연재나 단조품과 같은 수준의 기계적 성질을 가지고 있다.

해설
주철은 주물용 강 또는 주조한 강이며 주철을 사용하기에 강도가 부족한 경우 주강이 사용된다. 가장 일반적으로 사용되는 주강은 탄소강주강이다.

**35** 순철에 대한 설명 중 맞는 것은?

① 순철은 동소체가 없다.
② 순철에는 전해철, 탄화철, 쾌삭강 등이 있다.
③ 강도가 높아 기계 구조용으로 적합하다.
④ 전기 재료 변압기 철심에 많이 사용된다.

해설
순철은 세 개의 동소체($\alpha$, $\gamma$, $\delta$)가 있으며, 전연성이 풍부하여 기계재료로의 사용은 부적당하나 항장력이 높고 투자율이 높아 주로 전기재료(변압기, 발전기용 박판 등)로 사용된다.

**36** 서브머지드 아크용접장치에서 용접기의 전류 용량에 따른 분류 중 최대전류가 2,000A일 경우에 해당하는 용접기는?

① 대형(M형) ② 경량형(DS형)
③ 표준 만능형(UZ형) ④ 반자동형(SMW형)

해설
**서므머지드 아크용접기의 종류**
- 대형(4,000A)
- 표준만능형(2,000A)
- 경량형(1,200A)
- 반자동형(900A)

[출제빈도 낮음] 전류 위주로 암기

**37** 용접작업에서 소재의 예열온도에 관한 설명 중 옳은 것은?

① 주철, 고급내열합금은 용접균열을 방지하기 위하여 예열을 하지 않는다.
② 연강을 0℃ 이하에서 용접할 경우, 이음의 양쪽 폭 100mm 정도를 80~140℃로 예열한다.
③ 고장력강, 저합금강, 스테인리스강의 경우 용접부를 50~350℃로 예열한다.
④ 열전도가 좋은 알루미늄합금, 구리합금은 500~600℃로 예열한다.

해설
주철은 연강에 비해 여리고 급랭에 의한 백선화로 가공이 곤란하고 수축으로 인한 균열이 생기기 쉬워 반드시 모재 전체를 500~600℃로 예열해야 한다.

**38** 산소와 아세틸렌 용기 및 가스 용접장치 등의 사용방법으로 잘못된 것은?

① 아세틸렌 병은 세워서 사용하며 병에 충격을 주어서는 안 된다.
② 산소병과 아세틸렌가스병 등을 혼합하여 보관해서는 안 된다.
③ 가스 용접장치는 화기로부터 5m 이상 떨어진 곳에 설치해야 한다.
④ 산소병 밸브, 조정기, 도관 등은 기름 묻은 천으로 깨끗이 닦는다.

**39** 논 가스 아크용접(Non－Gas Arc Welding)의 장점이 아닌 것은?

① 용접장치가 간단하며 운반이 편리하다.
② 길이가 긴 용접물에 아크를 중단하지 않고 연속용접을 할 수 있다.
③ 용접 전원으로 교류, 직류를 모두 사용할 수 있고 전 자세 용접이 가능하다.
④ 피복아크용접봉 중 고산화티탄계와 같이 수소의 발생이 많다.

정답 34 ③ 35 ④ 36 ③ 37 ③ 38 ④ 39 ④

## 40 불활성 가스 금속 아크용접법에서 장치별 기능 설명으로 틀린 것은?

① 와이어 송급장치는 직류 전동기, 감속장치, 송급롤러와 와이어 송급속도 제어장치로 구성되어 있다.
② 용접 전원은 정전류 특성 또는 상승 특성의 직류 용접기가 사용되고 있다.
③ 제어장치의 기능으로 보호가스 제어와 용접전류제어, 냉각수 순환기능을 갖는다.
④ 토치는 형태, 냉각방식, 와이어 송급방식 또는 용접기의 종류에 따라 다양하다.

## 41 다음 중 가장 두꺼운 판을 용접할 수 있는 용접법은?

① 일렉트로 슬래그 용접
② 불활성 가스 아크용접
③ 산소-아세틸렌 용접
④ 이산화탄소 아크용접

해설
**일렉트로 슬래그 용접**
용접기능사 시험에 출제되는 용접의 종류 중 가장 두꺼운 모재의 용접이 가능(약 1m 두께 용접 가능)

## 42 납땜의 용제 중 부식성이 없는 용제는?

① 송진 ② 염화암모늄
③ 염화아연 ④ 염산

해설
**송진**
소나무나 잣나무에서 분비되는 끈적끈적한 액체로 부식성이 없는 용제로 사용된다.

## 43 모재 열영향부의 연성과 노치취성 악화의 원인으로 가장 거리가 먼 것은?

① 용접봉의 선택이 부적합한 때
② 냉각 속도가 너무 빠를 때
③ 이음 설계의 강도 계산이 부적합할 때
④ 모재에 탄소함유량이 과다했을 때

## 44 전기용접기의 취급관리에 대한 안전사항으로서 잘못된 것은?

① 용접기는 통풍이 잘 되고 그늘진 곳에 설치를 한다.
② 용접 전류 조정은 용접을 진행하면서 실시한다.
③ 용접기는 항상 건조한 곳에 설치 후 작업한다.
④ 용접전류는 용접봉 심선의 굵기에 따라 적정 전류를 정한다.

해설
용접전류 조정은 용접 작업 중단 후 실시해야 한다.

## 45 용접 후처리에서 변형을 교정하는 일반적인 방법으로 틀린 것은?

① 얇은 판에 대한 점 수축법
② 형재에 대하여 직선 수축법
③ 두꺼운 판을 수냉한 후 압력을 걸고 가열하는 법
④ 가열한 후 해머로 두드리는 법

해설
두꺼운 판은 가열 후 압력을 가해 수냉함으로써 변형을 교정한다.

## 46 용접 작업 전의 준비사항이 아닌 것은?

① 모재 재질 확인 ② 용접봉의 선택
③ 지그의 선정 ④ 용접 비드 검사

## 47 용접 포지셔너(Welding Positioner)를 사용하여 구조물을 용접하려 한다. 용접능률이 가장 좋은 자세는?

① 수평 자세 ② 위보기 자세
③ 아래보기 자세 ④ 직립 자세

## 48 방사선투과검사 결함 중 원형 지시 형태인 것은?

① 기공 ② 언더컷
③ 용입 불량 ④ 균열

해설
방사선 투과 시험에서 기공은 필름에 검은색 점의 모양으로 나타난다.

정답 40 ② 41 ① 42 ① 43 ③ 44 ② 45 ③ 46 ④ 47 ③ 48 ①

**49** 일반적으로 용접 이음에 생기는 결함 중 이음 강도에 가장 큰 영향을 주는 것은?

① 기공 ② 오버랩
③ 언더컷 ④ 균열

해설
균열은 이음강도에 가장 큰 영향을 준다.

**50** 다음 그림과 같이 필릿용접을 하였을 때 어느 방향으로의 변형이 가장 크게 나타나는가?

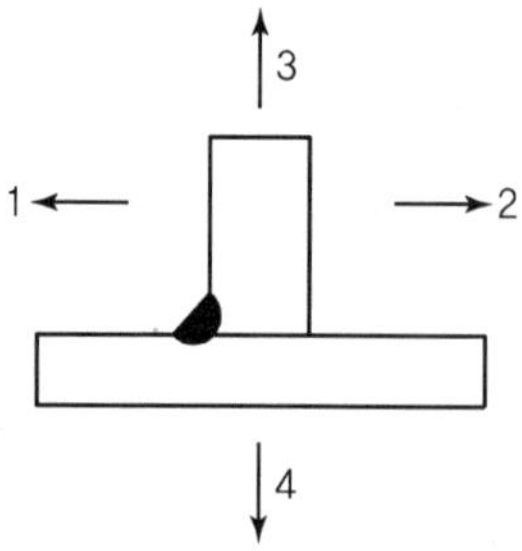


① 1 ② 2
③ 3 ④ 4

해설
처음에는 2번 방향으로 팽창하나 곧 냉각되면서 1번 방향으로 수축이 이루어진다.

**51** 한 변이 100mm인 정사각형을 2 : 1로 도시하려고 한다. 실제 정사각형 면적을 L이라고 하면 도면 도형의 정사각형 면적은 얼마인가?

① 4L ② 2L
③ (1/2)L ④ (1/4)L

해설
한 변의 길이가 2배가 되면 면적은 4배(4L)가 된다.

**52** 인쇄된 제도 용지에서 다음 중 반드시 표시해야 하는 사항을 모두 고른 것은?

| | |
|---|---|
| ㉠ 표제란 | ㉡ 윤곽선 |
| ㉢ 방향마크 | ㉣ 비교눈금 |
| ㉤ 도면구역표시 | ㉥ 중심마크 |
| ㉦ 재단마크 | |

① ㉠, ㉡, ㉢, ㉤
② ㉠, ㉡, ㉢, ㉣, ㉤, ㉥, ㉦
③ ㉠, ㉡, ㉤
④ ㉠, ㉡, ㉥

해설
도면에 표제란과 윤곽선, 중심마크는 반드시 표시되야 한다.

**53** 기계제도에서 선의 굵기가 가는 실선이 아닌 것은?

① 지시선 ② 치수선
③ 특수지정선 ④ 수준면선

해설
도면에서 특수하게 가공하는 부분을 표시하는 특수지정선은 굵은 1점 쇄선을 사용한다.

**54** 다음 재료기호 중에서 용접구조용 압연강재는?

① WMC 330 ② SWRS 62 A
③ SM 570 ④ SS 330

해설
- WMC : 백심가단주철
- SWRS : 피아노선재
- SS : 일반구조용압연강재

**55** 그림과 같은 배관 도시 기호는 무엇을 나타내는 것인가?

① 게이트 밸브 ② 안전 밸브
③ 앵글 밸브 ④ 체크 밸브

**56** 다음 도면에 표시된 치수에서 최소허용치수는?

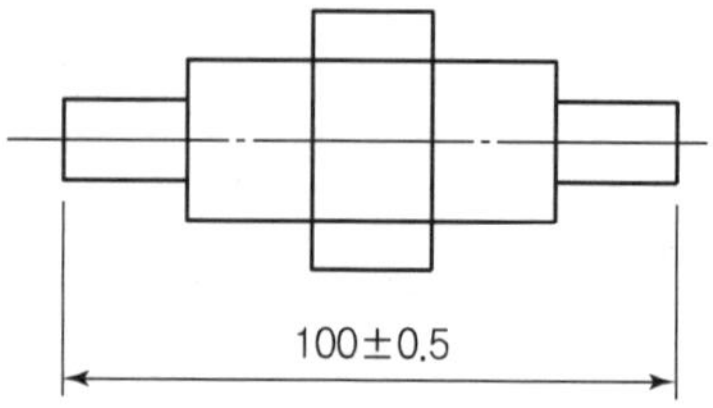


① 0.5 ② 99.5
③ 100 ④ 100.5

정답 49 ④ 50 ① 51 ① 52 ④ 53 ③ 54 ③ 55 ③ 56 ②

**57** 다음 도면의 (  ) 안의 치수로 가장 적합한 것은?

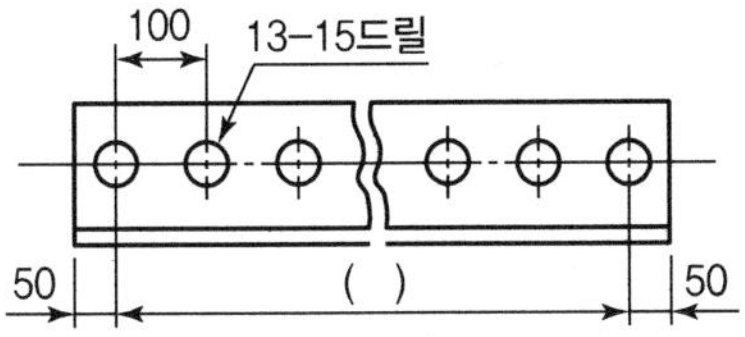


① 1,400 ② 1,300
③ 1,200 ④ 1,100

해설
13개인 구멍의 수에서 1을 뺀 12에 피치(100)를 곱하여 구한다.
12×100=1,200

**58** 그림과 같이 용접을 하고자 할 때 용접 도시 기호를 올바르게 나타낸 것은?

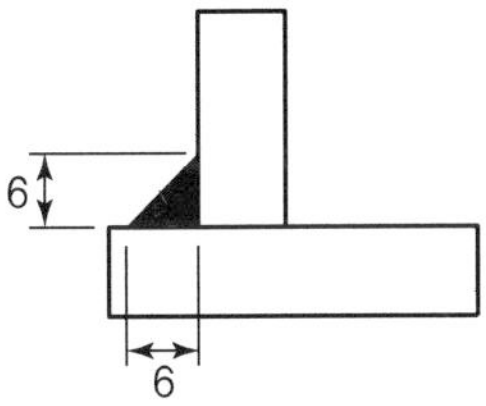


①
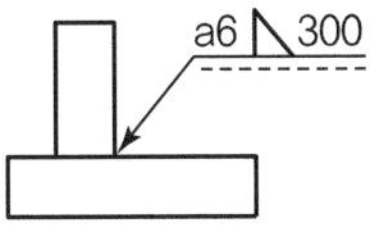


②
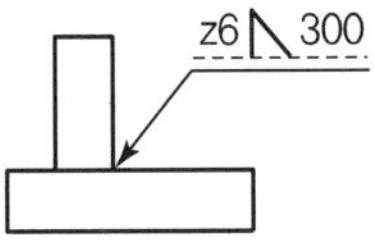


③
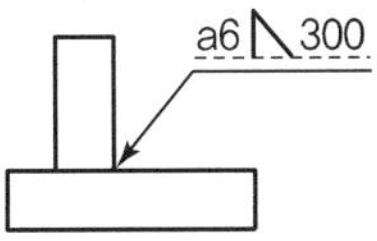


④
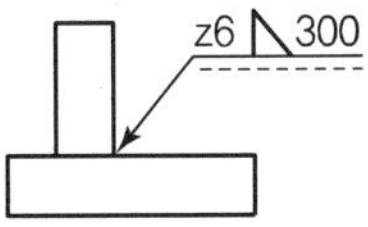


해설
a(목 두께), z(다리 길이, 각장, 목 길이)이며 점선 위의 용접기호는 화살표 반대방향을 의미한다.

**59** 화살표 방향이 정면일 때 좌우 대칭이 그림과 같은 입체도의 좌측면도로 가장 적합한 것은?

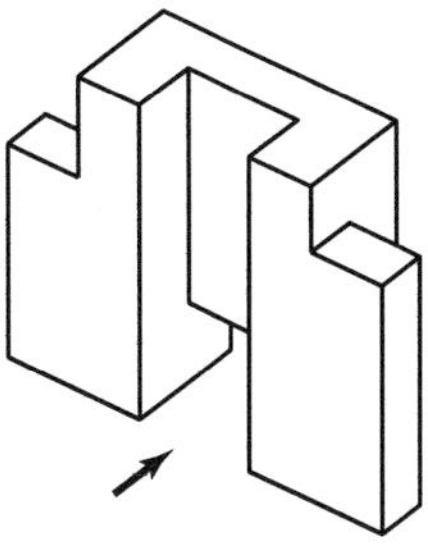

①
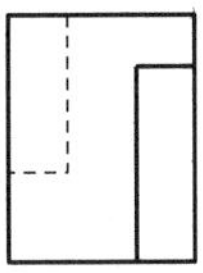

②
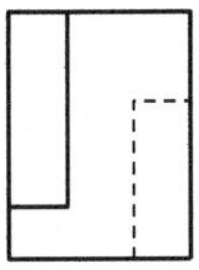

③
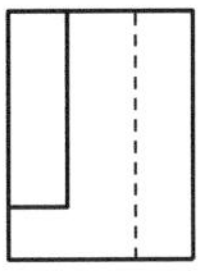

④
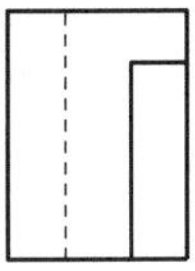

**60** 그림과 같은 입체도의 화살표 방향인 정면도를 가장 올바르게 투상한 것은?

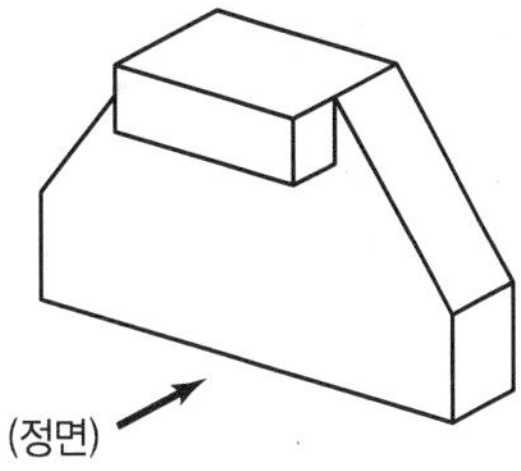


①
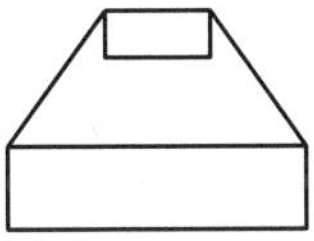

②
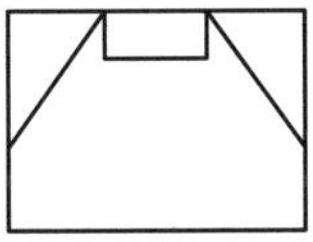

③
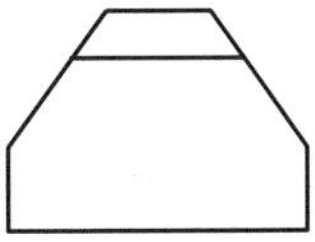

④
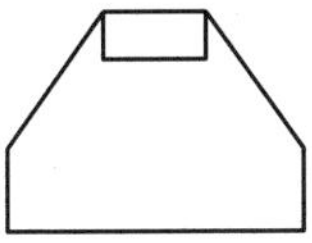

정답 57 ③ 58 ② 59 ① 60 ④

시 행 일 자
2013년 10월 12일

# 특수용접기능사 5회

**01** 용접부의 외부에서 주어지는 열량을 무엇이라 하는가?

① 용접 입열 ② 용접 가열
③ 용접 열효율 ④ 용접 외열

**02** 용접의 단점이 아닌 것은?

① 재질의 변형과 잔류응력 발생
② 용접에 의한 변형과 수축
③ 저온취성 발생
④ 제품의 성능과 수명 향상

**03** 용접용 산소용기의 취급상 주의사항 중 틀린 것은?

① 통풍이 잘 되고 직사광선이 잘 드는 곳에 보관한다.
② 용기 운반 시 충격을 주어서는 안 된다.
③ 기름이 묻은 손이나 장갑을 끼고 취급하지 않는다.
④ 가연성 물질이 있는 곳에는 용기를 보관하지 말아야 한다.

**04** 용접기에 AW－300이란 표시가 있다. 여기서 "300"이 의미하는 것은?

① 2차 최대전류
② 최고 2차 무부하전압
③ 정격 사용률
④ 정격 2차 전류

**05** 출제빈도 높음 정격 사용률 40%, 정격 2차 전류 300A인 용접기로 180A 전류를 사용하여 용접하는 경우 이 용접기의 허용사용률은?(단, 소수점 미만은 버린다.)

① 109% ② 111%
③ 113% ④ 115%

해설
허용사용률＝(정격 2차 전류)$^2$/(실제 사용전류)$^2$ ×정격 사용률
＝(300)$^2$/(180)$^2$×40
＝약 111%

**06** 다음 중 열처리 방법에 있어 불림의 목적으로 가장 적합한 것은?

① 급랭시켜 재질을 경화시킨다.
② 담금질된 것에 인성을 부여한다.
③ 재질을 강하게 하고 균일하게 한다.
④ 소재를 일정온도에서 가열 후 공랭시켜 표준화한다.

해설
불림(노멀라이징)은 표준조직화, 조직의 균일화를 목적으로 실시한다.

**07** 출제빈도 높음 다음 중 용접성이 가장 좋은 스테인리스강은?

① 펄라이트계 스테인리스강
② 페라이트계 스테인리스강
③ 마르텐사이트계 스테인리스강
④ 오스테나이트계 스테인리스강

해설
오스테나이트계 스테인리스강은 절대 예열을 하면 안 되며(입계부식 발생), 18－8강(Cr－Ni)이라고도 한다. 비자성체에 용접성이 가장 좋은 스테인리스강이다.

정답 01 ① 02 ④ 03 ① 04 ④ 05 ② 06 ④ 07 ④

**08** 스테인리스강용 용접봉의 피복제는 루틸을 주성분으로 한 (　)와 형석, 석회석 등을 주성분으로 한 (　)가 있는데, 전자는 아크가 안정되고 스패터도 적으며, 후자는 아크가 불안정하며 스패터도 큰 입자인 것이 비산된다. (　) 안에 알맞은 말은?

① 티탄계, 라임계
② 일미나이트계, 저수소계
③ 라임계, 티탄계
④ 저수소계, 일미나이트계

**09** 다음 중 금속재료의 가공방법에 있어 냉간가공의 특징으로 볼 수 없는 것은?

① 제품의 표면이 미려하다.
② 제품의 치수 정도가 좋다.
③ 연신율과 단면수축률이 저하된다.
④ 가공경화에 의한 강도가 저하된다.

**10** 다음 중 일반적으로 경금속과 중금속을 구분할 때 중금속은 비중이 얼마 이상을 말하는가?

① 1.0　② 2.0
③ 4.5　④ 7.0

**11** 다음 중 Al, Cu, Mn, Mg을 주성분으로 하는 알루미늄 합금은?

① 실루민　② 두랄루민
③ Y합금　④ 로엑스

해설
두랄루민(알구마망으로 암기)은 가공용 Al의 대표적인 것으로 자동차 비행기의 재료로 사용된다.

**12** 다음 중 구리 및 구리합금의 용접성에 대한 설명으로 옳은 것은?

① 순구리의 열전도도는 연강의 8배 이상이므로 예열이 필요 없다.
② 구리의 열팽창계수는 연강보다 50% 이상 크므로 용접 후 응고 수축 시 변형이 생기지 않는다.
③ 순수 구리의 경우 구리에 산소 이외의 납이 불순물로 존재하면 균열 등의 용접결함이 발생된다.
④ 구리합금의 경우 과열에 의한 주석의 증발로 작업자가 중독을 일으키기 쉽다.

해설
구리는 열전도도가 높아 반드시 예열을 해야 하며 구리합금의 용접 중 아연의 증발로 작업자가 중독을 일으키기 쉽다.

**13** 니켈(Ni)에 관한 설명으로 옳은 것은?

① 증류수 등에 대한 내식성이 나쁘다.
② 니켈은 열간 및 냉간가공이 용이하다.
③ 360℃ 부근에서는 자기변태로 강자성체이다.
④ 아황산가스($SO_2$)를 품는 공기에서는 부식되지 않는다.

**14** 주철의 결점을 개선하기 위하여 백주철의 주물을 만들고 이것을 장시간 열처리하여 탄소의 상태를 분해 또는 소실시켜 인성 또는 연성을 증가시킨 주철은?

① 회주철　② 반주철
③ 가단주철　④ 칠드주철

**15** 다음 중 탄소강의 인장강도, 탄성한도를 증가시키며 내식성을 향상시키는 성분은?

① 황(S)　② 구리(Cu)
③ 인(P)　④ 망간(Mn)

**16** 출제빈도 높음 다음 중 칼로라이징(Calorizing) 금속침투법은 철강 표면에 어떠한 금속을 침투시키는가?

① 규소　② 알루미늄
③ 크롬　④ 아연

해설
칼로라이징(Al), 세라다이징(Zn), 크로마이징(Cr), 실리코나이징(Si)

정답 08 ① 09 ④ 10 ③ 11 ② 12 ③ 13 ② 14 ③ 15 ② 16 ②

**17** 다음 중 기계구조용 탄소 강재에 해당하는 것은?

① SM30C ② STD11
③ SP37 ④ STC6

해설
SM(기계구조용 탄소강재), 30C(탄소함유량)

**18** 강재 표면의 홈이나 개재물, 탈탄층 등을 제거하기 위하여 될 수 있는 대로 얇게 그리고 타원형 모양으로 표면을 깎아내는 가공법은?

① 가우징 ② 드래그
③ 프로젝션 ④ 스카핑

**19** 가스 절단에서 재료 두께가 25mm일 때 표준드래그의 길이는 다음 중 몇 mm 정도인가?

출제 빈도 높음

① 10 ② 8
③ 5 ④ 2

해설
표준드래그 길이는 모재 두께의 1/5(20%)인 5mm이다.

**20** 심용접에서 사용하는 통전 방법이 아닌 것은?

① 포일 통전법 ② 단속 통전법
③ 연속 통전법 ④ 맥동 통전법

해설
심용접의 종류에는 매시심, 포일심, 맞대기 심용접이 있다.

**21** 가스용접법에서 후진법과 비교한 전진법의 설명에 해당하는 것은?

출제 빈도 높음

① 용접속도가 빠르다.
② 열 이용률이 나쁘다.
③ 용접변형이 작다.
④ 용접 가능한 판 두께가 두껍다.

해설
전진법은 후진법에 비해 기계적 특성이 떨어지는 특징이 있다.(단, 비드의 모양은 예외)

**22** 이산화탄소 아크용접의 특징이 아닌 것은?

① 전원은 교류 정전압 또는 수하특성을 사용한다.
② 가시아크이므로 시공이 편리하다.
③ MIG용접에 비해 용착금속에 기공 생김이 적다.
④ 산화 및 질화가 되지 않는 양호한 용착금속을 얻을 수 있다.

해설
이산화탄소 아크용접의 전원은 직류 역극성(DCRP)을 사용한다.

**23** 불활성가스 텅스텐 아크용접법의 극성에 대한 설명으로 틀린 것은?

① 직류 정극성에서는 모재의 용입이 깊고 비드 폭이 좁다.
② 직류 역극성에서는 전극 소모가 많으므로 지름이 큰 전극을 사용한다.
③ 직류 정극성에서는 청정작용이 있어 알루미늄이나 마그네슘 용접에 가스를 사용한다.
④ 직류 역극성에서는 모재의 용입이 얕고, 비드 폭이 좁다.

해설
청정작용이라 함은 금속 표면의 산화막을 제거해 주는 작용을 말하며, 직류 역극성과 교류(50%)에서 나타난다.

**24** 아크에어 가우징의 특징으로 틀린 것은?

① 가스가우징보다 작업의 능률이 높다.
② 모재에 미치는 영향이 별로 없다.
③ 비철금속의 절단도 가능하다.
④ 장비가 복잡하여 조작하기가 어렵다.

**25** 아크용접 로봇 자동화 시스템의 구성으로 틀린 것은?

① 포지셔너(Positioner)
② 아크발생장치
③ 모재가공부
④ 안전장치

정답 17 ① 18 ④ 19 ③ 20 ① 21 ② 22 ① 23 ③ 24 ④ 25 ③

**26** 아크용접에서 정극성과 비교한 역극성의 특징은?

출제 빈도 높음

① 모재의 용입이 깊다.
② 용접봉의 녹음이 빠르다.
③ 비드 폭이 좁다.
④ 후판 용접에 주로 사용된다.

해설 상대적으로 열의 발생이 많은 +극이 어느 쪽(용접봉 또는 모재)에 접속되는지 파악하면 된다. 직류 역극성(DCRP)은 용접봉 쪽에 +가 접속되기 때문에 용접봉의 녹음이 빠르고 −극이 접속된 모재 쪽은 열전달이 +극에 비해 적어 용입이 얕고 넓어져 주로 박판 용접에 사용이 된다.

**27** 피복아크용접봉의 운봉법 중 수직용접에 주로 사용되는 것은?

① 8자형 ② 진원형
③ 6각형 ④ 3각형

**28** 피복아크용접에서 피복제의 역할이 아닌 것은?

① 아크를 안정되게 한다.
② 스패터를 적게 한다.
③ 용착금속에 적당한 합금 원소를 공급한다.
④ 용착금속에 산소를 공급한다.

해설 피복제가 하는 역할 중 하나는 산소의 공급을 막아주는 것이다.(산화 방지)

**29** 피복아크용접기에 관한 설명으로 맞는 것은?

① 용접기는 역률과 효율이 낮아야 한다.
② 용접기는 무부하전압이 낮아야 한다.
③ 용접기의 역률이 낮으면 입력에너지가 증가한다.
④ 용접기의 사용률은 아크시간/(아크시간−휴식시간)에 대한 백분율이다.

**30** 산소−아세틸렌가스 용접기로 두께가 3.2mm인 연강 판을 V형 맞대기 이음을 하기 위해 이에 적합한 연강용 가스용접봉의 지름(mm)을 계산식에 의해 구하면 얼마인가?

출제 빈도 높음

① 4.6 ② 3.2
③ 3.6 ④ 2.6

해설 3.2/2+1=2.6

**31** 산소−아세틸렌가스를 이용하여 용접할 때 사용하는 산소압력 조정기의 취급에 관한 설명 중 틀린 것은?

① 산소용기에 산소압력 조정기를 설치할 때 압력조정기 설치구에 있는 먼지를 털어내고 연결한다.
② 산소압력 조정기 설치구 나사부나 조정기의 각 부에 그리스를 발라 잘 조립되도록 한다.
③ 산소압력 조정기를 견고하게 설치한 후 가스 누설 여부를 비눗물로 점검한다.
④ 산소압력 조정기의 압력 지시계가 잘 보이도록 설치하며 유리가 파손되지 않도록 한다.

해설 산소용기뿐 아니라 연결된 압력 조정기 등에는 절대 주유를 해서는 안 된다.

**32** 산소−아세틸렌의 불꽃에서 속불꽃과 겉불꽃 사이의 불꽃으로, 백색의 제3의 불꽃, 즉 아세틸렌 페더라고도 하는 것은?

출제 빈도 높음

① 탄화 불꽃 ② 중성 불꽃
③ 산화 불꽃 ④ 백색 불꽃

해설 아세틸렌 과잉불꽃이라고 하는 탄화불꽃에서는 제3의 불꽃, 즉 아세틸렌 페더가 발생한다.

**33** $CO_2$ 가스 아크용접에서 플럭스 코어드 와이어의 단면 형상이 아닌 것은?

① NCG형 ② Y관상형
③ 풀(Pull)형 ④ 아코스(Arcos)형

정답 26 ② 27 ④ 28 ④ 29 ③ 30 ④ 31 ② 32 ① 33 ③

해설
이산화탄소 아크용접의 와이어 송급방식에는 푸시(Push)형, 풀(Pull)형, 푸시풀형(Push－pull)이 있다.

**34** $CO_2$ 가스 아크용접 결함에 있어서 다공성이란 무엇을 의미하는가?

① 질소, 수소, 일산화탄소 등에 의한 기공을 말한다.
② 와이어 선단부에 용적이 붙어 있는 것을 말한다.
③ 스패터가 발생하여 비드의 외관에 붙어 있는 것을 말한다.
④ 노즐과 모재 간 거리가 지나치게 작아서 와이어 송급 불량을 의미한다.

**35** 다음 중 응급처치 구명 4대 요소에 속하지 않는 것은?

① 상처 보호 ② 지혈
③ 기도 유지 ④ 전문구조기관의 연락

**36** 다음 용접법 중 용접봉을 용제 속에 넣고 아크를 일으켜 용접하는 것은?

① 원자수소 용접
② 서브머지드 아크용접
③ 불활성 가스 아크용접
④ 이산화탄소 아크용접

해설
서브머지드 아크용접은 용제호퍼에서 공급되는 입상의 용제가 모재에 뿌려지게 되면 그 용제 속으로 와이어가 아크를 발생시키기 때문에 아크가 보이지 않게 된다.

**37** MIG 알루미늄 용접을 그 용적 이행 형태에 따라 분류할 때 해당되지 않는 용접법은?

① 단락 아크용접 ② 스프레이 아크용접
③ 펄스 아크용접 ④ 저전압 아크용접

**38** 용접지그 선택의 기준이 아닌 것은?

① 물체를 튼튼하게 고정시킬 크기와 힘이 있어야 할 것
② 용접위치를 유리한 용접자세로 쉽게 움직일 수 있을 것
③ 물체의 고정과 분해가 용이해야 하며 청소에 편리할 것
④ 변형이 쉽게 되는 구조로 제작될 것

**39** 출제 빈도 높음
선박, 보일러의 두꺼운 판 용접 시 용융슬래그와 와이어의 저항 열을 이용하여 연속적으로 상진하면서 용접하는 것은?

① 테르밋 용접
② 일렉트로 슬래그 용접
③ 논실드 아크용접
④ 서브머지드 아크용접

해설
용접기능사 시험에서 출제되는 용접방법의 종류 중 가장 두꺼운 판의 용접이 가능한 일렉트로 슬래그 용접에 관한 문제이다. 아크열이 아닌 전기 저항열을 이용한다는 개념이 중요하다.

**40** 다음 중 화학적 시험에 해당되는 것은?

① 물성 시험 ② 열특성 시험
③ 설퍼 프린트 시험 ④ 함유 수소 시험

**41** 전자 빔 용접의 특징 중 잘못 설명한 것은?

① 용접변형이 적고 정밀용접이 가능하다.
② 열전도율이 다른 이종 금속의 용접이 가능하다.
③ 진공 중에서 용접하므로 불순가스에 의한 오염이 적다.
④ 용접물의 크기에 제한이 없다.

해설
전자빔 용접은 고진공 중에서 용접이 이루어지며 부피의 제한을 받는다는 단점이 있다.

정답 34 ① 35 ④ 36 ② 37 ④ 38 ④ 39 ② 40 ④ 41 ④

## 42 납땜의 용제가 갖추어야 할 조건 중 맞는 것은?

① 모재나 땜납에 대한 부식작용이 최대한일 것
② 납땜 후 슬래그 제거가 용이할 것
③ 전기저항 납땜에 사용되는 것은 부도체일 것
④ 침지땜에 사용되는 것은 수분을 함유하여야 할 것

## 43 모재 두께가 9~10mm인 연강 판의 V형 맞대기 피복아크용접 시 홈의 각도로 적당한 것은?

① 20~40°  ② 40~50°
③ 60~70°  ④ 90~100°

해설
용접기능사 실기시험에서도 마찬가지의 홈의 각도로 가공된 모재를 수험자에게 지급한다.

## 44 용접 홈 종류 중 두꺼운 판을 한쪽 방향에서 충분한 용입을 얻으려고 할 때 사용되는 것은?

① U형 홈  ② X형 홈
③ H형 홈  ④ I형 홈

해설
한쪽 방향에서만 용접을 하며 충분한 용입을 기대할 수 있는 홈의 종류는 U형 홈이다.

## 45 용접부의 잔류 응력을 제거하기 위한 방법으로 끝이 둥근 해머로 용접부를 연속적으로 때려 용접 표면 상에 소성변형을 주어 용접 금속부의 인장응력을 완화하는 방법은?

① 코킹법  ② 피닝법
③ 저온응력완화법  ④ 국부풀림법

## 46 용접 분위기 가운데 수소 또는 일산화탄소가 과잉될 때 발생하는 결함은?

① 언더컷  ② 기공
③ 오버랩  ④ 스패터

## 47 용접 작업 시 전격 방지를 위한 주의사항 중 틀린 것은?

① 캡타이어 케이블의 피복상태, 용접기의 접지상태를 확실하게 점검할 것
② 기름기가 묻었거나 젖은 보호구와 복장은 입지 말 것
③ 좁은 장소의 작업에서는 신체를 노출시키지 말 것
④ 개로 전압이 높은 교류 용접기를 사용할 것

해설
개로전압(무부하전압)이 높은 용접기는 전격의 위험이 크다.

## 48 다음 소화기의 설명으로 옳지 않은 것은?

① A급 화재에는 포말소화기가 적합하다.
② A급 화재란 보통화재를 뜻한다.
③ C급 화재에는 $CO_2$ 소화기가 적합하다.
④ C급 화재란 유류화재를 뜻한다.

해설
A급 화재(일반 고체화재), B급 화재(유류화재), C급 화재(전기화재), D급 화재(금속화재)

## 49 가스용접장치에 대한 설명으로 틀린 것은?

① 화기로부터 5m 이상 떨어진 곳에 설치한다.
② 전격방지기를 설치한다.
③ 아세틸렌가스 집중장치 시설에는 소화기를 준비한다.
④ 작업 종료 시 메인 밸브 및 콕 등을 완전히 잠근다.

해설
전격방지기는 가스용접기에 사용이 불가능하다.

## 50 가스용접에 의한 역화가 일어날 경우 대처방법으로 잘못된 것은?

① 아세틸렌을 차단한다.
② 산소밸브를 열어 산소량을 증가시킨다.
③ 팁을 물로 식힌다.
④ 토치의 기능을 점검한다.

정답 42 ② 43 ③ 44 ① 45 ② 46 ② 47 ④ 48 ④ 49 ② 50 ②

**51** 기계 제도의 일반사항에 관한 설명으로 틀린 것은?

① 잘못 볼 염려가 없다고 생각되는 도면은, 도면의 일부 또는 전부에 대하여 비례관계를 지키지 않아도 좋다.

② 선의 굵기 방향의 중심은 이론상 그려야 할 위치 위에 그린다.

③ 선이 근접하여 그리는 선의 간격은 원칙적으로 편행선의 경우 선 굵기의 3배 이상으로 하고, 선과 선의 간격은 0.7mm 이상으로 하는 것이 좋다.

④ 다수의 선이 1점에 집중할 경우 그 점 주위를 스머징하여 검게 나타낸다.

해설 스머징이란 단면도시방법의 일종이다.

**52** 제도에 사용되는 문자 크기의 기준으로 맞는 것은?

① 문자의 폭

② 문자 대각선의 길이

③ 문자의 높이

④ 문자의 높이와 폭의 비율

해설 제도에서 문자의 크기는 문자의 높이를 기준으로 한다.

**53** 배관용 탄소 강관의 KS기호는?

① SPP　② SPCD

③ STKM　④ SAPH

해설 SPP는 배관용 탄소강관의 KS기호이다.(P=파이프를 의미한다.)

**54** 배관에서 유체의 종류 중 공기를 나타내는 기호는?

① A　② C

③ S　④ W

**55** 나사 표시기호 "M50×2"에서 "2"는 무엇을 나타내는가?

① 나사산의 수　② 나사 피치

③ 나사의 줄 수　④ 나사의 등급

해설 피치란 나사산 간의 거리를 말한다.

**56** 치수를 나타내기 위한 치수선의 표시가 잘못된 것은?

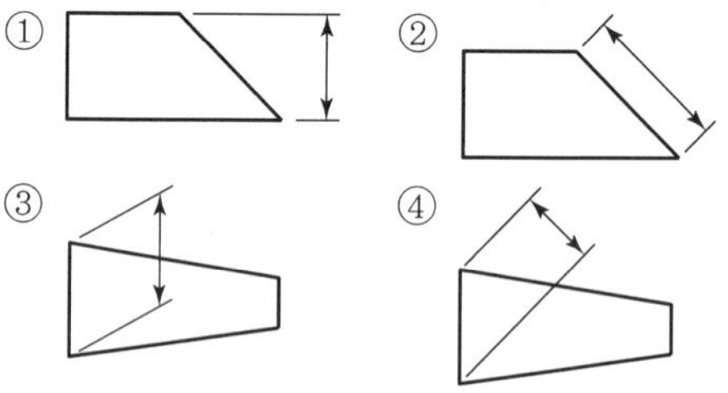


**57** 그림과 같은 도면에서 가는 실선으로 대각선을 그려 도시한 면의 설명으로 올바른 것은?

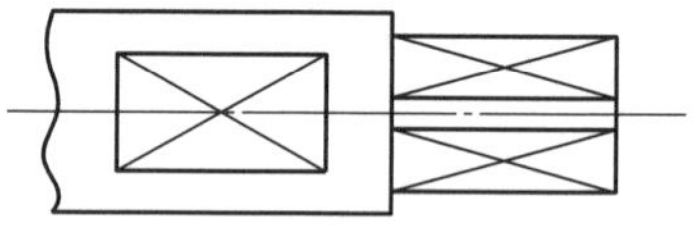

① 대상의 면이 평면임을 도시

② 특수 열처리한 부분을 도시

③ 다이아몬드의 볼록 현상을 도시

④ 사각형으로 관통한 면을 도시

**58** 그림과 같은 양면 필릿용접기호를 가장 올바르게 해석한 것은?

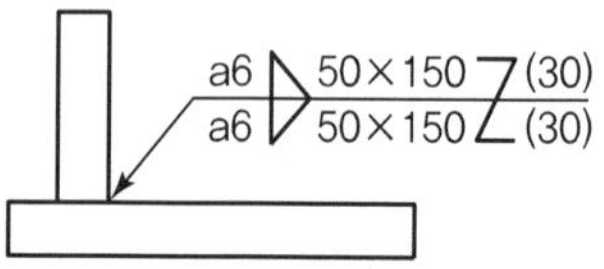


① 목길이 6mm, 용접길이 150mm, 인접한 용접부 간격 50mm

② 목길이 6mm, 용접길이 50mm, 인접한 용접부 간격 30mm

정답 51 ④ 52 ③ 53 ① 54 ① 55 ② 56 ④ 57 ① 58 ③

③ 목길이 6mm, 용접길이 150mm, 인접한 용접부 간격 30mm
④ 목길이 6mm, 용접길이 50mm, 인접한 용접부 간격 50mm

**59** 제3각법으로 정투상한 그림과 같은 정면도와 우측면도에 가장 적합한 평면도는?

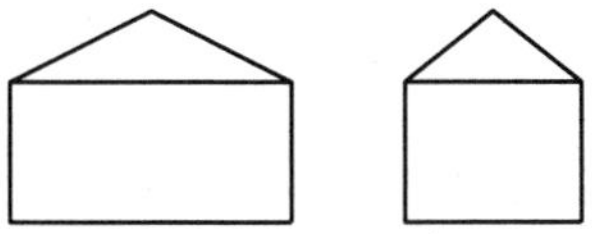
(정면도)

① 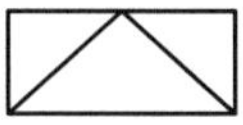
② 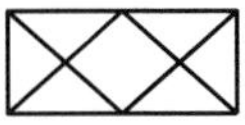
③ 
④ 

**60** 그림의 A 부분과 같이 경사면부가 있는 대상물에서 그 경사면의 실형을 표시할 필요가 있는 경우 사용하는 투상도는?

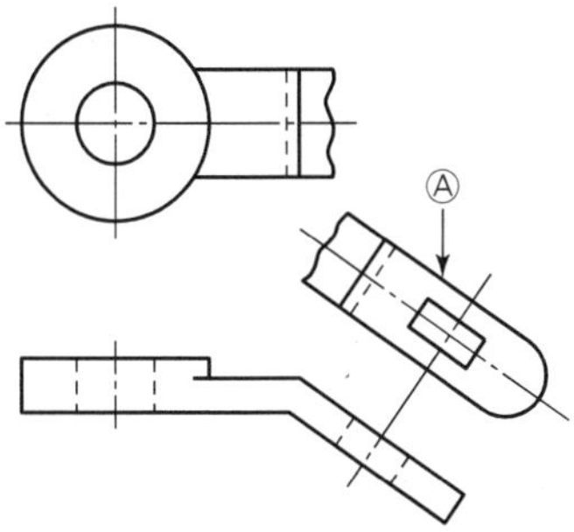


① 국부 투상도 ② 전개 투상도
③ 회전 투상도 ④ 보조 투상도

정답 59 ③ 60 ④

시 행 일 자
2014년
1월 26일

# 용접기능사 1회

**01** 용접결함 중 구조상 결함이 아닌 것은?

① 슬래그 섞임 ② 용입불량과 융합불량
③ 언더 컷 ④ 피로강도 부족

해설
- 구조상 결함 : 기공, 슬래그 섞임, 융합불량, 용입불량, 언더 컷, 균열 등
- 치수상 결함 : 변형, 치수불량, 형상불량
- 성질상 결함 : 기계적 · 화학적 · 물리적 성질 부족

**02** 화재 발생 시 사용하는 소화기에 대한 설명으로 틀린 것은?

① 전기로 인한 화재에는 포말소화기를 사용한다.
② 분말 소화기는 기름 화재에 적합하다.
③ $CO_2$ 가스 소화기는 소규모의 인화성 액체 화재나 전기 설비 화재의 초기 진화에 좋다.
④ 보통화재에는 포말, 분말, $CO_2$ 소화기를 사용한다.

해설
포말소화기는 쉽게 말해 물이 포함된 비누거품의 성분이 나오는 것으로 전기화재의 사용에는 부적합하다.

**03** 용접기 설치 및 보수할 때 지켜야 할 사항으로 옳은 것은?

① 셀렌 정류기형 직류아크용접기에서는 습기나 먼지 등이 많은 곳에 설치해도 괜찮다.
② 조정핸들, 미끄럼 부분 등에는 주유해서는 안 된다.
③ 용접 케이블 등의 파손된 부분은 즉시 절연 테이프로 감아야 한다.
④ 냉각용 선풍기, 바퀴 등에도 주유해서는 안 된다.

**04** 서브머지드 아크용접에서 다전극 방식에 의한 분류가 아닌 것은?

① 텐덤식 ② 횡병렬식
③ 횡직렬식 ④ 이행형식

**05** TIG 용접에서 직류 정극성으로 용접할 때 전극 선단의 각도로 가장 적합한 것은?

① 5~10° ② 10~20°
③ 30~50° ④ 60~70°

**06** 필릿용접부의 보수방법에 대한 설명으로 옳지 않은 것은?

① 간격이 1.5mm 이하일 때에는 그대로 용접하여도 좋다.
② 간격이 1.5~4.5mm일 때에는 넓혀진 만큼 각장을 감소시킬 필요가 있다.
③ 간격이 4.5mm일 때에는 라이너를 넣는다.
④ 간격이 4.5mm 이상일 때에는 300mm 정도의 치수로 판을 잘라낸 후 새로운 판으로 용접한다.

**07** 다음 그림과 같은 다층용접법은?

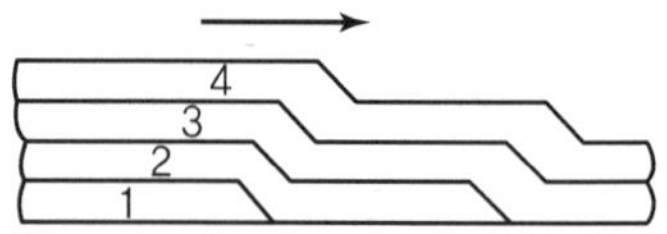


① 빌드업법 ② 캐스케이드법
③ 전진 블록 법 ④ 스킵법

해설
캐스케이드법은 계단식 다층용접법이다.

정답 01 ④ 02 ① 03 ③ 04 ④ 05 ③ 06 ② 07 ②

**08** 용접작업 시 작업자의 부주의로 발생하는 안염, 각막염, 백내장 등을 일으키는 원인은?

① 용접 흄 가스　② 아크 불빛
③ 전격 재해　④ 용접 보호 가스

**09** 플라스마 아크용접에 대한 설명으로 잘못된 것은?

① 아크 플라스마의 온도는 10,000~30,000℃ 온도에 달한다.
② 핀치효과에 의해 전류밀도가 크므로 용입이 깊고 비드 폭이 좁다.
③ 무부하전압이 일반 아크용접기에 비하여 2~5배 정도 낮다.
④ 용접장치 중에 고주파 발생장치가 필요하다.

**10** 전기저항 점용접법에 대한 설명으로 틀린 것은?

① 인터랙 점용접이란 용접점의 부분에 직접 2개의 전극을 물리지 않고 용접전류가 피용접물의 일부를 통하여 다른 곳으로 전달하는 방식이다.
② 단극식 점용접이란 적극이 1쌍으로 1개의 점 용접부를 만드는 것이다.
③ 맥동 점용접은 사이클 단위를 몇 번이고 전류를 연속하여 통전하는 것으로 용접 속도 향상 및 용접변형방지에 좋다.
④ 직렬식 점용접이란 1개의 전류 회로에 2개 이상의 용접점을 만드는 방법으로 전류 손실이 많아 전류를 증가시켜야 한다.

해설
맥동 점용접이란 사람의 맥박이 뛰듯 전류가 불연속적으로 흐르는 것을 말한다.

**11** 가스용접에서 가변압식(프랑스식) 팁(TIP)의 능력을 나타내는 기준은?

출제 빈도 높음

① 1분에 소비하는 산소가스의 양
② 1분에 소비하는 아세틸렌가스의 양
③ 1시간에 소비하는 산소가스의 양
④ 1시간에 소비하는 아세틸렌가스의 양

해설
가변압식 팁의 능력(번호)은 1시간에 소비하는 아세틸렌가스의 양을 말한다.

**12** 아크 쏠림은 직류아크용접 중에 아크가 한쪽으로 쏠리는 현상을 말하는데 아크 쏠림 방지법이 아닌 것은?

① 접지점을 용접부에서 멀리한다.
② 아크 길이를 짧게 유지한다.
③ 가용접을 한 후 후퇴 용접법으로 용접한다.
④ 가용접을 한 후 전진법으로 용접한다.

해설
후진법은 아크쏠림방지법 중에 하나이다.

**13** 용접기의 가동 핸들로 1차 코일을 상하로 움직여 2차 코일의 간격을 변화시켜 전류를 조정하는 용접기로 맞는 것은?

① 가포화 리액터형　② 가동코어 리액터형
③ 가동 코일형　④ 가동 철심형

**14** 프로판 가스가 완전연소하였을 때 설명으로 맞는 것은?

① 완전연소하면 이산화탄소로 된다.
② 완전연소하면 이산화탄소와 물이 된다.
③ 완전연소하면 일산화탄소와 물이 된다.
④ 완전연소하면 수소가 된다.

해설
자동차와 마찬가지로 프로판 가스가 연소하게 되면 주로 이산화탄소와 물이 생성된다.

**15** 아세틸렌가스가 산소와 반응하여 완전연소할 때 생성되는 물질은?

① $CO$, $H_2O$　② $2CO_2$, $H_2O$
③ $CO$, $H_2$　④ $CO_2$, $H_2$

정답 08 ② 09 ③ 10 ③ 11 ④ 12 ④ 13 ③ 14 ② 15 ②

**16** 용접부에 X선을 투과하였을 경우 검출할 수 있는 결함이 아닌 것은?

① 선상조직 ② 비금속 개재물
③ 언더컷 ④ 용입불량

해설
방사선투과법은 길고 가느다란 균열은 검출이 곤란하다. (라미네이션도 검출 안 됨)

**17** 다층용접 방법 중 각 층마다 전체의 길이를 용접하면서 쌓아 올리는 용착법은?

① 전진블록법 ② 덧살올림법
③ 케스케이드법 ④ 스킵법

해설
덧살올림법(빌드업법)은 각 층마다 전체의 길이를 용접하면서 쌓아 올리는 용착법이다.

**18** 용접부의 시험검사에서 야금학적 시험방법에 해당되지 않는 것은?

① 파면시험 ② 육안조직시험
③ 노치취성시험 ④ 설퍼 프린트 시험

해설
**야금학적 시험법**
육안조직시험, 현미경조직시험(노치취성시험은 기계적인 시험법에 속한다.)

**19** 구리와 아연을 주성분으로 한 합금으로 철강이나 비철금속의 납땜에 사용되는 것은?

① 황동납 ② 인동납
③ 은납 ④ 주석납

해설
황동은 구리와 아연의 합금이다.

**20** 탄산가스 아크용접에 대한 설명으로 맞지 않는 것은?

① 가시 아크이므로 시공이 편리하다.
② 철 및 비철류의 용접에 적합하다.
③ 전류밀도가 높고 용입이 깊다.
④ 바람의 영향을 받으므로 풍속 2m/s 이상일 때에는 방풍장치가 필요하다.

해설
탄산가스 아크용접은 비철의 용접에는 사용되지 않는다.

**21** 이산화탄소 아크용접의 솔리드와이어 용접봉에 대한 설명으로 YGA – 50W – 1.2 – 20에서 "50"이 뜻하는 것은?

① 용접봉의 무게
② 용착금속의 최소 인장강도
③ 용접와이어
④ 가스실드 아크용접

해설
YGA – 50W – 1.2 – 20
- Y : 용접 와이어
- G : 가스실드 아크용접
- A : 내후성(대기에 대한 내식성 있는) 강용
- 50 : 용착 금속의 최소인장강도($kgf/mm^2$)
- W : 와이어 화학성분
- 1.2 : 와이어 지름(mm)
- 20 : 와이어 무게(kg)

**22** 다음 중 스터드 용접법의 종류가 아닌 것은?

① 아크 스터드 용접법
② 텅스텐 스터드 용접법
③ 충격 스터드 용접법
④ 저항 스터드 용접법

해설
텅스텐이 사용되는 것은 TIG 용접과 원자수소 용접뿐이다.

**23** 아크용접부에 기공이 발생하는 원인과 가장 관련이 없는 것은?

① 이음 강도 설계가 부적당할 때
② 용착부가 급랭될 때
③ 용접봉에 습기가 많을 때
④ 아크 길이, 전류값 등이 부적당할 때

해설
강도 설계와 기공은 관계가 없다.

정답 16 ① 17 ② 18 ③ 19 ① 20 ② 21 ② 22 ② 23 ①

**24** 전자빔 용접의 종류 중 고전압 소전류형의 가속 전압은?

① 20~ 40kV ② 50~70kV
③ 70~150kV ④ 150~300kV

**25** 다음 중 TIG 용접기의 주요 장치 및 기구가 아닌 것은?

① 보호가스 공급장치 ② 와이어 공급장치
③ 냉각수 순환장치 ④ 제어장치

해설
TIG 용접은 와이어 공급장치가 없다.(한손으로 직접 와이어를 공급하며 용접)

**26** 출제빈도 높음
MIG 용접 제어장치의 기능으로 크레이터 처리 기능에 의해 낮아진 전류가 서서히 줄어들면서 아크가 끊어지며 이면 용접부가 녹아내리는 것을 방지하는 것을 의미하는 것은?

① 예비 가스 유출시간
② 스타트 시간
③ 크레이터 충전 시간
④ 버언 백 시간

**27** 일반적으로 안전을 표시하는 색채 중 특정행위의 지시 및 사실의 고지 등을 나타내는 색은?

① 노란색 ② 녹색
③ 파란색 ④ 흰색

**28** 산소 프로판 가스 절단에서 프로판 가스 1에 대하여 얼마 비율의 산소를 필요로 하는가?

① 8 ② 6
③ 4.5 ④ 2.5

해설
산소 프로판 가스 절단 시 4.5(산소) : 1(프로판)의 비율로 실시한다.

**29** 용접설계에 있어서 일반적인 주의사항 중 틀린 것은?

① 용접에 적합한 구조 설계를 할 것
② 용접 길이는 될 수 있는 대로 길게 할 것
③ 결함이 생기기 쉬운 용접방법은 피할 것
④ 구조상의 노치부를 피할 것

해설
용접의 특성상 재료의 변형을 초래하기 때문에 용착량은 가급적 적게 하며 용접길이도 최소화해야 한다.

**30** 가스용접에서 양호한 용접부를 얻기 위한 조건으로 틀린 것은?

① 모재 표면에 기름, 녹 등을 용접 전에 제거하여 결함을 방지하여야 한다.
② 용착 금속의 용입 상태가 불균일해야 한다.
③ 과열의 흔적이 없어야 하며, 용접부에 첨가된 금속의 성질이 양호해야 한다.
④ 슬래그, 기공 등의 결함이 없어야 한다.

**31** 출제빈도 높음
직류 아크 용접에서 역극성의 특징으로 옳은 것은?

① 용입이 깊어 후판 용접에 사용된다.
② 박판, 주철, 고탄소강, 합금강 등에 사용된다.
③ 봉의 녹음이 느리다.
④ 비드 폭이 좁다.

해설
이 문제는 상대적으로 열의 발생이 많은 +극이 어느 쪽(용접봉 또는 모재)에 접속되는지 파악하면 된다. 직류 역극성(DCRP)은 용접봉 쪽에 +가 접속되기 때문에 용접봉의 녹음이 빠르고 −극이 접속된 모재 쪽은 열전달이 +극에 비해 적어 용입이 얕고 넓어져 주로 박판용접에 사용된다.

**32** 직류아크용접기와 비교한 교류아크용접기의 설명에 해당되는 것은?

① 아크의 안정성이 우수하다.
② 자기쏠림 현상이 있다.
③ 역률이 매우 양호하다.
④ 무부하전압이 높다.

정답 24 ③ 25 ② 26 ④ 27 ③ 28 ③ 29 ② 30 ② 31 ② 32 ④

해설
교류아크용접기는 무부하전압(개로전압)이 높아 전격의 위험이 있어 전격방지기를 설치 후 사용한다.

**33** 피복아크용접봉에서 피복 배합제인 아교는 무슨 역할을 하는가?

① 아크 안정제 ② 합금제
③ 탈산제 ④ 환원가스 발생제

**34** 출제빈도 높음
피복금속아크용접봉은 습기의 영향으로 기공(Blow Hole)과 균열(Crack)의 원인이 된다. 보통 용접봉 (1)과 저수소계 용접봉 (2)의 온도와 건조 시간은?(단, 보통 용접봉은 (1)로, 저수소계 용접봉은 (2)로 나타냈다.)

① (1) 70~100℃) 30~60분, (2) 100~150℃ 1~2시간
② (1) 70~100℃ 2~3시간, (2) 100~150℃ 20~30분
③ (1) 70~100℃ 30~60분, (2) 300~350℃ 1~2시간
④ (1) 70~100℃ 2~3시간, (2) 300~350℃ 20~30분

해설
저수소계 용접봉의 건조온도에 관한 문제는 자주 출제되고 있다.

**35** 가스가공에서 강제 표면의 홈, 탈탄층 등의 결함을 제거하기 위해 얇게 그리고 타원형 모양으로 표면을 깎아내는 가공법은?

① 가스 가우징 ② 분말 절단
③ 산소창 절단 ④ 스카핑

해설
표면의 결함을 얇게 깎는 것은 스카핑이다.

**36** 용접법을 융접, 압접, 납땜으로 분류할 때 압접에 해당하는 것은?

① 피복아크용접 ② 전자 빔 용접
③ 테르밋 용접 ④ 심용접

해설
심용접은 전기저항용접으로 압접에 해당한다.

**37** 가스용접 시 사용하는 용제에 대한 설명으로 틀린 것은?

① 용제의 융점은 모재의 융점보다 낮은 것이 좋다.
② 용제는 용융금속의 표면에 떠올라 용착금속의 성질을 양호하게 한다.
③ 용제는 용접 중에 생기는 금속의 산화물 또는 비금속개재물을 용해하여 용융온도가 높은 슬래그를 만든다.
④ 연강에는 용제를 일반적으로 사용하지 않는다.

해설
용제는 용융온도가 낮은 슬래그를 만든다.

**38** 출제빈도 높음
A는 병 전체 무게(빈 병 +아세틸렌가스)이고, B는 빈 병의 무게이며, 또한 15℃ 1기압에서의 아세틸렌가스 용적을 905리터라고 할 때, 용해 아세틸렌가스의 양 C(리터)을 계산하는 식은?

① C=905(B−A)
② C=905+(B−A)
③ C=905(A−B)
④ C=905+(A−B)

해설
**용해 아세틸렌가스의 양**
(병 전체의 무게−빈 병의 무게)×905
※ 용해 아세틸렌가스 1kg=905L

**39** 저용융점 합금이 아닌 것은?

① 아연과 그 합금 ② 금과 그 합금
③ 주석과 그 합금 ④ 납과 그 합금

정답 33 ④ 34 ③ 35 ④ 36 ④ 37 ③ 38 ③ 39 ②

**40** 내용적 40.7리터의 산소병에 150kgf/cm$^2$의 압력이 게이지에 표시되었다면 산소병에 들어 있는 산소량은 몇 리터인가?

① 3,400 ② 4,055
③ 5,055 ④ 6,105

해설
산소의 양 = 내용적 × 충전압력
= 40.7 × 150 = 6,105

**41** 18 – 8 스테인리스강의 조직으로 맞는 것은?

① 페라이트 ② 오스테나이트
③ 펄라이트 ④ 마텐자이트

해설
18 – 8강은 오스테나이트계 스테인리스강으로 18% Cr – 8% Ni로 구성되어 있다.

**42** 주철의 편상 흑연 결함을 개선하기 위하여 마그네슘, 세륨, 칼슘 등을 첨가한 것으로 기계적 성질이 우수하여 자동차 주물 및 특수 기계의 부품용 재료에 사용되는 것은?

① 미하나이트 주철 ② 구상 흑연 주철
③ 칠드 주철 ④ 가단 주철

**43** 특수 주강 중 주로 롤러 등으로 사용되는 것은?

① Ni 주강 ② Ni – Cr 주강
③ Mn 주강 ④ Mo 주강

해설
Mn(망간)은 내마멸성을 향상시켜 주는 재료로 칠드롤러, 광산기계, 기차레일의 교차점 등에 사용된다.

**44** 탄소가 0.25%인 탄소강이 0~500℃의 온도 범위에서 일어나는 기계적 성질의 변화 중 온도가 상승함에 따라 증가되는 성질은?

① 항복점 ② 탄성한계
③ 탄성계수 ④ 연신율

해설
원래길이에서 늘어난 비율을 연신율이라 한다.

**45** 용접할 때 예열과 후열이 필요한 재료는?

① 15mm 이하 연강판
② 중탄소강
③ 순철판
④ 18℃일 때 18mm 연강판

해설
중탄소강은 C 0.2~0.45%를 함유한 탄소강으로 용접 시 예열과 후열을 필요로 한다.

**46** 다음 중 알루미늄 합금(Alloy)의 종류가 아닌 것은?

① 실루민(Silumin) ② Y 합금
③ 로엑스(Lo – Ex) ④ 인코넬(Inconel)

해설
**인코넬**
니켈을 주체로 한 합금으로 15%의 Cr, 6~7%의 Fe, 2.5%의 Ti, 1% 이하의 Al · Mn · Si를 첨가한 내열합금이다.

**47** 철강에서 펄라이트 조직으로 구성되어 있는 강은?

① 경질강 ② 공석강
③ 강인강 ④ 고용체강

해설
C 0.86%의 탄소강을 말한다. 풀림(Annealing) 상태에서는 공석 조직(펄라이트)뿐이다. 탄소 함량이 이보다 적은 것을 아공 석강(亞共析鋼)이라고 하고, 안정 조직은 펄라이트와 페라이트로 이루어지며 탄소가 이보다 많은 것을 과공석강이라고 하며, 펄라이트와 시멘타이트로 이루어진다.

**48** Ni – Cu계 합금에서 60~70% Ni 합금은?

① 모넬메탈(Monel – metal)
② 어드밴스(Advance)
③ 콘스탄탄(Constantan)
④ 알민(Almin)

해설
모넬메탈의 조성은 암기해 두는 것이 좋다.
(Ni – Cu – Mn – Fe : 니켈 – 구리 – 망간 – 철)
☞ 암기법 : 니.구.망.철.

정답 40 ④ 41 ② 42 ② 43 ③ 44 ④ 45 ② 46 ④ 47 ② 48 ①

**49** 가스 침탄법의 특징으로 틀린 것은?

① 침탄온도, 기체혼합비 등의 조절로 균일한 침탄층을 얻을 수 있다.
② 열효율이 좋고 온도를 임으로 조절할 수 있다.
③ 대량 생산에 적합하다.
④ 침탄 후 직접 담금질이 불가능하다.

**50** 다음 중 풀림의 목적이 아닌 것은?

출제빈도 높음

① 결정립을 조대화시켜 내부응력을 상승시킨다.
② 가공경화 현상을 해소시킨다.
③ 경도를 줄이고 조직을 연화시킨다.
④ 내부응력을 제거한다.

해설
풀림의 목적은 재료의 연화와 응력 제거이다.

**51** 기계제도에서 도면에 치수를 기입하는 방법에 대한 설명으로 틀린 것은?

① 길이는 원칙으로 mm의 단위로 기입하고, 단위 기호는 붙이지 않는다.
② 치수의 자릿수가 많을 경우 세 자리마다 콤마를 붙인다.
③ 관련 치수는 되도록 한곳에 모아서 기입한다.
④ 치수는 되도록 주 투상도에 집중하여 기입한다.

해설
기계제도에서는 세 자리마다 콤마를 붙이지 않는다.

**52** 단면도의 표시방법에 관한 설명 중 틀린 것은?

① 단면을 표시할 때에는 해칭 또는 스머징을 한다.
② 인접한 단면의 해칭은 선의 방향 또는 각도를 변경하든지 그 간격을 변경하여 구별한다.
③ 절단했기 때문에 이해를 방해하는 것이나 절단하여도 의미가 없는 것은 원칙적으로 긴 쪽 방향으로는 절단하여 단면도를 표시하지 않는다.
④ 개스킷같이 얇은 제품의 단면은 투상선을 한 개의 가는 실선으로 표시한다.

해설
물체의 자른 면을 도시한 도면을 단면도라고 하며 개스킷같이 얇은 제품의 단면은 두꺼운 실선으로 표시한다.

**53** 2종류 이상의 선이 같은 장소에서 중복될 경우 다음 중 가장 우선적으로 그려야 할 선은?

① 중심선　② 숨은선
③ 무게 중심선　④ 치수 보조선

해설
위 보기에서는 물체의 외형을 도시하는 숨은선이 우선이 된다.

**54** 도면에 리벳의 호칭이 "KS B 1102 보일러용 둥근 머리 리벳 13×30 SV 400"로 표시된 경우 올바른 설명은?

① 리벳의 수량 13개
② 리벳의 길이 30mm
③ 최대 인장강도 400kPa
④ 리벳의 호칭 지름 30mm

**55** 전개도는 대상물을 구성하는 면을 평면 위에 전개한 그림을 의미하는데, 원기둥이나 각기둥의 전개에 가장 적합한 전개도법은?

① 평행선 전개도법
② 방사선 전개도법
③ 삼각형 전개도법
④ 사각형 전개도법

해설
원이나 각기둥의 전개에는 평행선 전개도법을 원뿔이나 각뿔은 방사선법을 쓴다.

**56** 다음 중 일반 구조용 탄소 강관의 KS 재료 기호는?

① SPP　② SPS
③ SKH　④ STK

정답 49 ④ 50 ① 51 ② 52 ④ 53 ② 54 ② 55 ① 56 ④

## 57 배관도에 사용된 밸브표시가 올바른 것은?

① 밸브일반 : 
② 게이트 밸브 : 
③ 나비 밸브 : 
④ 체크 밸브 : 

## 58 용접 보조기호 중 현장용접을 나타내는 기호는?

① 
② 
③ 
④ 

## 59 그림은 투상법의 기호이다. 몇 각법을 나타내는 기호인가?

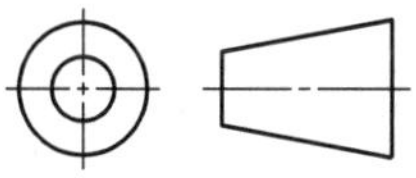

① 제1각법
② 제2각법
③ 제3각법
④ 제4각법

## 60 그림과 같은 정면도와 우측면도에 가장 적합한 평면도는?

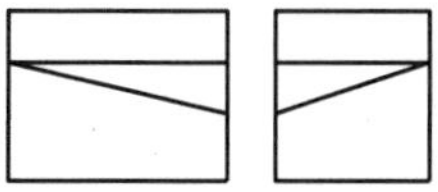

(정면도) (우측면도)

① 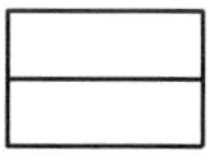
② 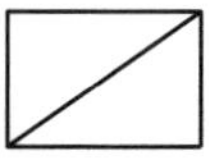
③ 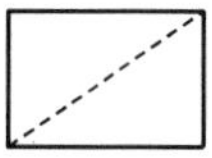
④ 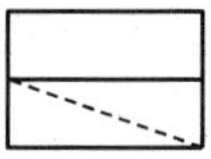

정답 57 ④ 58 ① 59 ③ 60 ②, ③

시 행 일 자
2014년 1월 26일

# 특수용접기능사 1회

**01** 출제빈도 높음

다음 중 고속분출을 얻는 데 적합하고, 보통의 팁에 비하여 산소의 소비량이 같을 때 절단속도를 20~25% 증가시킬 수 있는 절단 팁은?

① 직선형 팁
② 산소－LP형 팁
③ 보통형 팁
④ 다이버전트형 팁

**02** 다음 중 직류 아크용접의 극성에 관한 설명으로 틀린 것은?

① 전자의 충격을 받는 양극이 음극보다 발열량이 작다.
② 정극성일 때는 용접봉의 용융이 늦고 모재의 용입은 깊다.
③ 역극성일 때는 용접봉의 용융속도는 빠르고 모재의 용입이 얕다.
④ 얇은 판의 용접에는 용락(Burn Through)을 피하기 위해 역극성을 사용하는 것이 좋다.

해설
전자의 충격을 받는 양극은 음극보다 발열량이 크다.(＋극에서 약 75~85%의 열이 발생한다.)

**03** 출제빈도 높음

다음 중 정격 2차 전류가 200A, 정격 사용률이 40%의 아크용접기로 150A의 용접전류를 사용하여 용접하는 경우 사용률은 약 몇 %인가?

① 33%
② 40%
③ 50%
④ 71%

해설
허용사용률＝(정격 2차 전류$^2$/실제 사용 전류$^2$)×정격 사용률
＝($200^2/150^2$)×40≒71%

**04** 다음 중 연강 용접봉에 비해 고장력강 용접봉의 장점이 아닌 것은?

① 재료의 취급이 간단하고 가공이 용이하다.
② 동일한 강도에서 판의 두께를 얇게 할 수 있다.
③ 소요 강재의 중량을 상당히 무겁게 할 수 있다.
④ 구조물의 하중을 경감시킬 수 있어 그 기초공사가 단단해진다.

**05** 출제빈도 높음

다음 중 아크 에어 가우징 시 압축공기의 압력으로 가장 적합한 것은?

① 1~3kgf/cm$^2$
② 5~7kgf/cm$^2$
③ 9~15kgf/cm$^2$
④ 11~20kgf/cm$^2$

**06** 다음 중 가스 불꽃의 온도가 가장 높은 것은?

① 산소－메탄 불꽃
② 산소－프로판 불꽃
③ 산소－수소불꽃
④ 산소－아세틸렌 불꽃

**07** 다음 중 가연성 가스가 가져야 할 성질과 가장 거리가 먼 것은?

① 발열량이 클 것
② 연소속도가 느릴 것
③ 불꽃의 온도가 높을 것
④ 용융금속과 화학반응을 일으키지 않을 것

**08** 다음은 수중 절단(Underwater Cutting)에 관한 설명으로 틀린 것은?

① 일반적으로 수중 절단은 수심 45m 정도까지 작업이 가능하다.
② 수중 작업 시 절단 산소의 압력은 공기 중에서의 1.5~2배로 한다.

정답 01 ④ 02 ① 03 ④ 04 ③ 05 ② 06 ④ 07 ② 08 ④

③ 수중 작업 시 예열 가스의 양은 공기 중에서의 4~8배 정도로 한다.
④ 연료가스로는 수소, 아세틸렌, 프로판, 벤젠 등이 사용되나 그 중 아세틸렌이 가장 많이 사용된다.

해설
수중 절단 작업에서는 수소가스가 가장 많이 사용된다.

**09** 다음 중 원판상의 롤러 전극 사이에 용접할 2장의 판을 두고 가압, 통전하여 전극을 회전시키며 연속적으로 점용접을 반복하는 용접법은?

① 심용접　② 프로젝션 용접
③ 전자빔 용접　④ 테르밋 용접

해설
심용접법은 기밀, 수밀을 요하는 제품의 용접에 사용되는 전기저항용접법이다.(겹치기용접)

**10** 강재의 가스 절단 시 팁 끝과 연강판 사이의 거리는 백심에서 1.5~2.0mm 정도 떨어지게 하며, 절단부를 예열하여 약 몇 ℃ 정도가 되었을 때 고압산소를 이용하여 절단을 시작하는 것이 좋은가?

① 300~450℃　② 500~600℃
③ 650~750℃　④ 800~900℃

**11** 다음 중 산소－아세틸렌가스 용접에서 주철에 사용하는 용제에 해당하지 않는 것은?

① 붕사　② 탄산나트륨
③ 염화나트륨　④ 중탄산나트륨

해설
주철의 용접에서 염화나트륨(소금)은 용제로 사용하지 않는다.

**12** 내용적이 40L, 충전압력이 150kgf/cm$^2$인 산소 용기의 압력이 50kgf/cm$^2$까지 내려갔다면 소비한 산소의 양은 몇 L인가?

① 2,000L　② 3,000L
③ 4,000L　④ 5,000L

해설
내용적×충전압력＝용기 내 가스의 양이므로
$(150 \times 40) - (50 \times 40) = 4,000$

**13** 다음 중 저용점 합금에 대한 설명으로 틀린 것은?

① 납(Pb : 용융점 327℃)보다 낮은 융점을 가진 합금을 말한다.
② 가융합금이라 한다.
③ 2원 또는 다원계의 공정합금이다.
④ 전기 퓨즈, 화재경보기, 저온땜납 등에 이용된다.

해설
저용점 합금이란 주석(Sn)보다 낮은 융점을 가진 합금을 말한다.

**14** 금속의 공통적 특성이 아닌 것은?

① 상온에서 고체이며 결정체이다.(단, Hg은 제외)
② 열과 전기의 양도체이다.
③ 비중이 크고 금속적 광택을 갖는다.
④ 소성변형이 없어 가공하기 쉽다.

**15** 다음 중 대표적인 주조 경질 합금은?

① HSS　② 스텔라이트
③ 콘스탄탄　④ 켈멧

**16** 다음 중 정전압 특성에 관한 설명으로 옳은 것은?

① 부하 전압이 변화하면 단자 전압이 변하는 특성
② 부하 전류가 증가하면 단자 전압이 저하하는 특성
③ 부하 전류가 변화하여도 단자 전압이 변하지 않는 특성
④ 부하 전류가 변화하지 않아도 단자 전압이 변하는 특성

해설
정전압(전압이 정지, 머무르다.) 특성은 전압이 변하지 않는 특성이다.

정답　09 ①　10 ④　11 ③　12 ③　13 ①　14 ④　15 ②　16 ③

**17** 피복아크용접에서 용접속도(Welding Speed)에 영향을 미치지 않는 것은?

① 모재의 재질 ② 이음 모양
③ 전류값 ④ 전압값

**18** 다음 중 연강용 피복아크용접봉 피복제의 역할과 가장 거리가 먼 것은?

① 아크를 안정하게 한다.
② 전기를 잘 통하게 한다.
③ 용착금속의 급랭을 방지한다.
④ 용착금속의 탈산 및 정련작용을 한다.

해설
절연작용을 하는 것은 피복제의 역할 중 하나이다.

**19** 다음 중 피복아크용접에 있어 위빙 운봉 폭은 용접봉 심선 지름의 얼마로 하는 것이 가장 적절한가?

① 1배 이하 ② 약 2~3배
③ 약 4~5배 ④ 약 6~7배

해설
위빙이란 용접봉을 좌우로 넓혀가며 용접하는 것을 말하며 심선지름을 기준으로 약 2~3배 정도로 한다.

**20** 다음 중 전기 용접에서 전격 방지기가 기능하지 않을 경우 2차 무부하전압은 어느 정도가 가장 적합한가?

① 20~30V ② 40~50V
③ 60~70V ④ 90~100V

**21** 구리는 비철재료 중에 비중을 크게 차지한 재료이다. 다른 금속재료와의 비교 설명 중 틀린 것은?

① 철에 비해 용융점이 높아 전기제품에 많이 사용된다.
② 아름다운 광택과 귀금속적 성질이 우수하다.
③ 전기 및 열이 전도도가 우수하다.
④ 전연성이 좋아 가공이 용이하다.

해설
구리의 융점은 약 1,083℃로 철(1,538℃)보다 용융점이 낮다.

**22** 크롬강의 특징을 잘못 설명한 것은?

① 크롬강은 담금질이 용이하고 경화층이 깊다.
② 탄화물이 형성되어 내마모성이 크다.
③ 내식 및 내열강으로 사용한다.
④ 구조용은 W, V, Co를 첨가하고 공구용은 Ni, Mn, Mo을 첨가한다.

**23** 고 Ni의 초고장력강이며 1,370~2,060Mpa의 인장강도와 높은 인성을 가진 석출경화형 스테인리스강의 일종은?

① 마르에이징(Maraging)강
② Cr 18%−Ni 8%의 스테인리스강
③ 13% Cr강의 마텐자이트계 스테인리스강
④ Cr 12−17%, C 0.2%의 페라이트계 스테인리스강

**24** 열처리 방법에 따른 효과로 옳지 않은 것은?

① 불림− 미세하고 균일한 표준조직
② 풀림− 탄소강의 경화
③ 담금질−내마멸성 향상
④ 뜨임−인성 개선

해설
풀림 열처리는 탄소강의 연화의 목적으로 사용된다.

**25** 침탄법을 침탄제의 종류에 따라 분류할 때 해당되지 않는 것은?

① 고체 침탄법 ② 액체 침탄법
③ 가스 침탄법 ④ 화염 침탄법

해설
화염 경화법(침탄법 아님)은 가스용접기를 이용한 불꽃으로 가열 후 수랭시켜 강재를 경화시키는 방법 중 하나이다.

정답 17 ④ 18 ② 19 ② 20 ① 21 ① 22 ④ 23 ① 24 ② 25 ④

**26** 용접 결함 방지를 위한 관리기법에 속하지 않는 것은?

① 설계도면에 따른 용접 시공 조건의 검토와 작업 순서를 정하여 시공한다.
② 용접 구조물의 재질과 형상에 맞는 용접 장비를 사용한다.
③ 작업 중인 시공 상황을 수시로 확인하고 올바르게 시공할 수 있게 관리한다.
④ 작업 후에 시공 상황을 확인하고 올바르게 시공할 수 있게 관리한다.

**27** 비자성이고 상온에서 오스테나이트 조직인 스테인리스강은?(단, 숫자는 %를 의미한다.)

출제 빈도 높음

① 18 Cr－8 Ni 스테인리스강
② 13 Cr 스테인리스강
③ Cr계 스테인리스강
④ 13 Cr－Al 스테인리스강

해설
오스테나이트계 스테인리스강(18－8강)은 비자성체이다.

**28** 담금질 가능한 스테인리스강으로 용접 후 경도가 증가하는 것은?

① STS 316　② STS 304
③ STS 202　④ STS 410

**29** 청동은 다음 중 어느 합금을 의미하는가?

① Cu－Zn　② Fe－Al
③ Cu－Sn　④ Zn－Sn

해설
청동(Cu구리－Sn주석), 황동(Cu구리－Zn아연)

**30** 티그 용접의 전원 특성 및 사용법에 대한 설명이 틀린 것은?

① 역극성을 사용하면 전극의 소모가 많아진다.
② 알루미늄 용접 시 교류를 사용하면 용접이 잘 된다.
③ 정극성은 연강, 스테인리스강 용접에 적당하다.
④ 정극성을 사용할 때 전극은 둥글게 가공하여 사용하는 것이 아크가 안정된다.

**31** 서브머지드 아크용접에 사용되는 용융형 용제에 대한 설명 중 틀린 것은?

① 흡수성이 거의 없으므로 재건조가 불필요하다.
② 미용융 용제는 다시 사용이 가능하다.
③ 고속 용접성이 양호하다.
④ 합금 원소의 첨가가 용이하다.

해설
합금 원소의 첨가가 용이한 것은 소결형 용제이다.

**32** 이산화탄소 가스 아크용접에서 아크 전압이 높을 때 비드 형상으로 맞는 것은?

① 비드가 넓어지고 납작해진다.
② 비드가 좁아지고 납작해진다.
③ 비드가 넓어지고 볼록해진다.
④ 비드가 좁아지고 볼록해진다.

해설
아크 전압은 온도를 제어하기 때문에 전압이 높으면 온도가 높아진다. 때문에 비드의 폭은 넓어지고 납작해진다.

**33** 다음 중 테르밋 용접의 점화제가 아닌 것은?

① 과산화바륨　② 망간
③ 알루미늄　④ 마그네슘

**34** 파장이 같은 빛을 렌즈로 집광하면 매우 작은 점으로 집중이 가능하고 높은 에너지로 집속하면 높은 열을 얻을 수 있다. 이것을 열원으로 하여 용접하는 방법은?

① 레이저 용접
② 일렉트로 슬래그 용접
③ 테르밋 용접
④ 플라스마 아크용접

정답　26 ④　27 ①　28 ④　29 ③　30 ④　31 ④　32 ①　33 ②　34 ①

**35** 보통화재와 기름 화재의 소화기로는 적합하나 전기 화재의 소화기로는 부적합한 것은?

① 포말 소화기 ② 분말 소화기
③ $CO_2$ 소화기 ④ 물 소화기

해설
포말 소화기에서는 물을 포함한 비누거품과 비슷한 물질이 나오기 때문에 진기화재에는 사용해서는 안 된다.

**36** 다음 중 용접성 시험이 아닌 것은?

① 노치취성시험 ② 용접연성시험
③ 파면시험 ④ 용접균열시험

**37** 용접부의 표면이 좋고 나쁨을 검사하는 것으로 가장 많이 사용하며 간편하고 경제적인 검사방법은?

① 자분검사 ② 외관검사
③ 초음파검사 ④ 침투검사

해설
외관검사(Visual Test)는 가장 경제적이면서도 간편한 검사법이다.

**38** 이산화탄소 아크용접에서 일반적인 용접작업(약 200A 미만)에서의 팁과 모재 간 거리는 몇 mm 정도가 가장 적합한가?

① 0~5mm ② 10~15mm
③ 40~50mm ④ 30~40mm

**39** 불활성 가스 금속아크용접의 용접토치 구성 부품 중 와이어가 송출되면서 전류를 통전시키는 역할을 하는 것은?

① 가스 분출기(Gas Diffuser)
② 팁(Tip)
③ 인슐레이터(Insulator)
④ 플렉시블 콘딧(Flexible Conduit)

**40** 경납용 용제의 특징으로 틀린 것은?

① 모재와 친화력이 있어야 한다.
② 용융점이 모재보다 낮아야 한다.
③ 모재와의 전위차가 가능한 한 커야 한다.
④ 모재와 야금적 반응이 좋아야 한다.

**41** 아크용접 작업에 관한 사항으로서 올바르지 않은 것은?

① 용접기는 항상 환기가 잘 되는 곳에 설치할 것
② 전류는 아크를 발생하면서 조절할 것
③ 용접기는 항상 건조되어 있을 것
④ 항상 정격에 맞는 전류로 조절할 것

**42** 점용접 조건의 3대 요소가 아닌 것은?

출제빈도 높음

① 고유저항 ② 가압력
③ 전류의 세기 ④ 통전시간

해설
**저항용접(= 점용접)의 3대 요소**
- 전류
- 시간
- 압력

**43** 화재 및 폭발의 방지 조치사항으로 틀린 것은?

① 용접 작업 부근에 점화원을 두지 않는다.
② 인화성 액체의 반응 또는 취급은 폭발 한계범위 이내의 농도로 한다.
③ 아세틸렌이나 LP 가스 용접 시에는 가연성 가스가 누설되지 않도록 한다.
④ 대기 중에 가연성 가스를 누설 또는 방출시키지 않는다.

해설
폭발한계(연소범위) 범위 내에 있다는 것은 위험한 상태에 둔다는 것을 말한다.

정답 35 ① 36 ③ 37 ② 38 ② 39 ② 40 ③ 41 ② 42 ① 43 ②

**44** 다음 중 용접부에 언더컷이 발생했을 경우 결함 보수 방법으로 가장 적당한 것은?

① 드릴로 정지 구멍을 뚫고 다듬질한다.
② 절단 작업을 한 다음 재용접한다.
③ 가는 용접봉을 사용하여 보수용접한다.
④ 일부분을 깎아내고 재용접한다.

**45** 액체 이산화탄소 25kg 용기는 대기 중에서 가스량이 대략 12,700L이다. 20L/min의 유량으로 연속 사용할 경우 사용 가능한 시간은 약 얼마인가?

① 60시간 ② 6시간
③ 10시간 ④ 1시간

해설
12,700L의 가스를 분당 20L의 유량으로 사용한다는 문제인데 분당 20L는 1시간당 20×60분=1,200이므로 12,700/1,200= 약 10시간

**46** 용접부의 인장 응력을 완화하기 위하여 특수해머로 연속적으로 용접부 표면층을 소성변형 주는 방법은?

① 피닝법 ② 저온응력 완화법
③ 응력제거 어닐링법 ④ 국부가열 어닐링법

**47** 용접에서 변형교정방법이 아닌 것은?

① 얇은 판에 대한 점 수축법
② 롤러에 거는 방법
③ 형재에 대한 직선 수축법
④ 노내풀림법

해설
노내풀림법은 잔류응력제거 방법 중 하나이다.

**48** 용접재 예열의 목적으로 옳지 않은 것은?

① 변형 방지 ② 잔류응력 감소
③ 균열 발생 방지 ④ 수소 이탈 방지

**49** 가스용접작업 시 주의사항으로 틀린 것은?

① 반드시 보호안경을 착용한다.
② 산소호스와 아세틸렌호스는 색깔 구분 없이 사용한다.
③ 불필요한 긴 호스를 사용하지 말아야 한다.
④ 용기 가까운 곳에서는 인화물질의 사용을 금한다.

**50** 플러그 용접에서 전단 강도는 일반적으로 구멍의 면적당 전용착금속 인장강도의 몇 % 정도로 하는가?

① 20~30% ② 40~50%
③ 60~70% ④ 80~90%

**51** 일반적으로 표면의 결 도시 기호에서 표시하지 않는 것은?

① 표면 재료 종류 ② 줄무늬 방향의 기호
③ 표면의 파상도 ④ 컷오프값, 평가 길이

**52** 다음 중 도면의 일반적인 구비조건으로 거리가 먼 것은?

① 대상물의 크기, 모양, 자세, 위치의 정보가 있어야 한다.
② 대상물을 명확하고 이해하기 쉬운 방법으로 표현해야 한다.
③ 도면의 보존, 검색 이용이 확실히 되도록 내용과 양식을 구비해야 한다.
④ 무역과 기술의 국제 교류가 활발하므로 대상물의 특징을 알 수 없도록 보안성을 유지해야 한다.

**53** 다음 중 일반구조용 압연강재의 KS 재료 기호는?

① SS 490 ② SSW 41
③ SBC 1 ④ SM 400A

해설
• SS : 일반구조용압연강재
• SSW : 스테인리스강
• SBC : 열간압연 원형강

정답 44 ③ 45 ③ 46 ① 47 ④ 48 ④ 49 ② 50 ③ 51 ① 52 ④ 53 ①

**54** 치수 숫자와 함께 사용되는 기호가 바르게 연결된 것은?

① 지름 : P　② 정사각형 : □
③ 구면의 지름 : $\phi$　④ 구의 반지름 : C

**55** 그림과 같은 용접기호에서 a7이 의미하는 뜻으로 알맞은 것은?

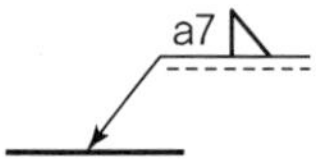


① 용접부 목길이가 7mm이다.
② 용접 간격이 7mm이다.
③ 용접 모재의 두께가 7mm이다.
④ 용접부 목두께가 7mm이다.

해설
- a : 목두께
- z : 목길이(각장, 다리길이)

**56** 그림과 같은 도면에서 지름 3mm 구멍의 수는 모두 몇 개인가?

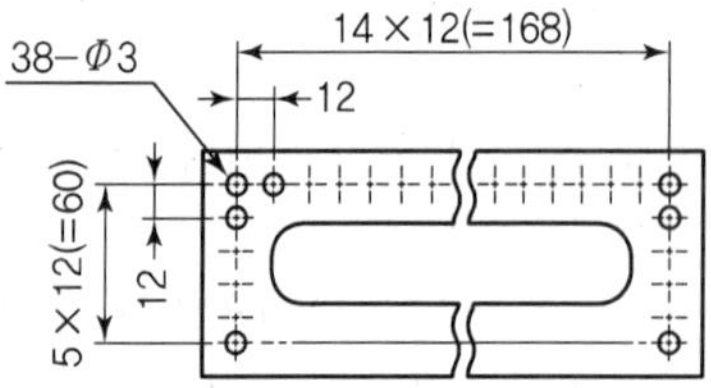


① 24　② 38
③ 48　④ 60

해설
38 − $\phi$3의 표기는 지름이 3mm인 구멍이 38개 있다는 의미이다.

**57** 다음 중 직원뿔 전개도의 형태로 가장 적합한 형상은?

① 　② 
③ 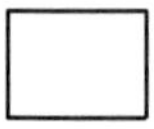　④ 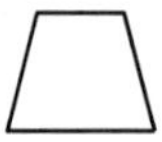

**58** 배관의 접합 기호 중 플랜지 연결을 나타내는 것은?

① 　② 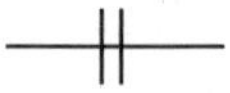
③ 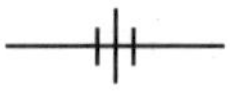　④ 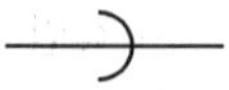

해설
① 나사식이음, ③ 유니온이음, ④ 소켓이음

**59** 그림에서 '6.3' 선이 나타내는 선의 명칭으로 옳은 것은?

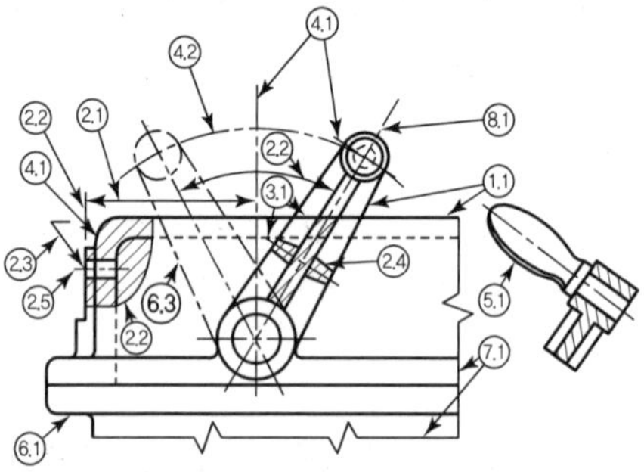


① 가상선　② 절단선
③ 중심선　④ 무게 중심선

해설
가는 이점쇄선은 가상선으로 사용된다.

**60** 그림과 같은 입체도에서 화살표 방향을 정면으로 할 때 제3각법으로 올바르게 정투상한 것은?

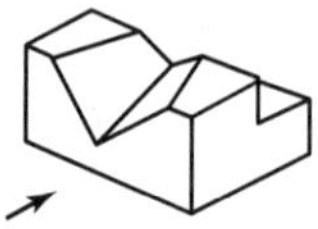

① 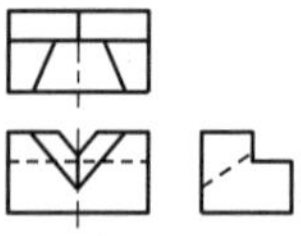　② 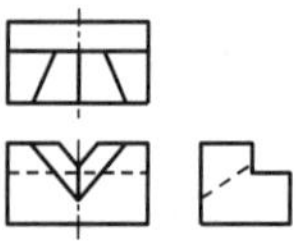
③ 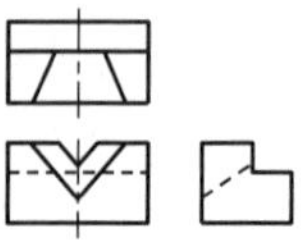　④ 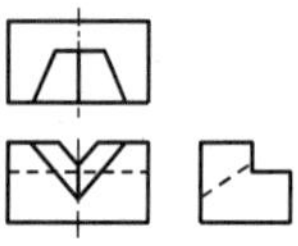

정답　54 ②　55 ④　56 ②　57 ②　58 ②　59 ①　60 ②

시 행 일 자
2014년 4월 6일

# 용접기능사 2회

**01** 가연성 가스로 스파크 등에 의한 화재에 대하여 가장 주의해야 할 가스는?

① $C_3H_8$　　② $CO_2$
③ He　　④ $O_2$

해설
$C_3H_8$(부탄)은 폭발하기 쉬운 가연성 가스이다.

**02** 서브머지드 아크용접기에서 다전극 방식에 의한 분류에 속하지 않는 것은?

① 푸시 풀식　　② 텐덤식
③ 횡병렬식　　④ 횡직렬식

해설
**푸시 풀(Push – Pull)식**
와이어 송급방식의 한 종류

**03** 용접기의 구비조건에 해당되는 사항으로 옳은 것은?

① 사용 중 용접기 온도 상승이 커야 한다.
② 용접 중 단락되었을 경우 대전류가 흘러야 된다.
③ 소비전력이 큰 역률이 좋은 용접기를 구비한다.
④ 무부하전압을 최소로 하여 전격기의 위험을 줄인다.

해설
용접기는 사용 중 용접기 자체의 온도 상승이 크면 안 된다.

**04** $CO_2$ 가스 아크용접장치 중 용접전원에서 박판 아크 전압을 구하는 식은?(단, I는 용접 전류의 값이다.)

① $V=0.04\times I+15.5\pm1.5$
② $V=0.004\times I+155.5\pm11.5$
③ $V=0.05\times I+111.5\pm2$
④ $V=0.005\times I+1111.5\pm2$

해설
• 박판(6t 이하) 전류×0.04+14~17=최소전압~최대전압
• 후판(9t 이상) 전류×0.04+18~22=최소전압~최대전압

**05** 다음 보기와 같은 용착법은?

| |
|---|
| ① ④ ② ⑤ ③<br>→ → → → → |

① 대칭법　　② 전진법
③ 후진법　　④ 스킵법

해설
보기는 일명 건너뛰기 용접법인 스킵법(비석법)을 나타낸 것이다.

**06** 용접 이음을 설계할 때 주의사항으로 틀린 것은?

① 구조상의 노치부를 피한다.
② 용접 구조물의 특성 문제를 고려한다.
③ 맞대기 용접보다 필릿용접을 많이 하도록 한다.
④ 용접성을 고려한 사용 재료의 선정 및 열 영향 문제를 고려한다.

해설
필릿용접은 용입이 불충분하여 강도상 문제가 생길 것 같은 부위의 용접은 하지 않는다. 때문에 가급적 필릿용접은 하지 않는 게 좋다.

**07** 불활성 아크용접에 관한 설명으로 틀린 것은?

① 아크가 안정되어 스패터가 적다.
② 피복제나 용제가 필요하다.
③ 열 집중성이 좋아 능률적이다.
④ 철 및 비철 금속의 용접이 가능하다.

정답 01 ① 02 ① 03 ④ 04 ① 05 ④ 06 ③ 07 ②

**08** 용접 후 인장 또는 굴곡시험으로 파단시켰을 때 은점을 발견할 수 있는데 이 은점을 없애는 방법은?

① 수소 함유량이 많은 용접봉을 사용한다.
② 용접 후 실온으로 수개월간 방치한다.
③ 용접부를 염산으로 세척한다.
④ 용접부를 망치로 두드린다.

해설
용접금속의 파단면에 나타나는 은백색을 띤 물고기 눈 모양의 결함이며 이는 수소가 관여하여 나타난다고 알려져 있다. 실온으로 수개월간 방치하면 제거가 가능하다.

**09** 가스 중에서 최소의 밀도로 가장 가볍고 확산속도가 빠르며, 열전도가 가장 큰 가스는?

① 수소 ② 메탄
③ 프로판 ④ 부탄

**10** 초음파 탐상법에서 널리 사용되며 초음파의 펄스를 시험체의 한쪽 면으로부터 송신하여 결함에코의 형태로 결함을 판정하는 방법은?

① 투과법 ② 공진법
③ 침투법 ④ 펄스 반사법

해설
초음파탐상법의 종류에는 펄스 반사법, 투과법, 공진법 등이 있으며 이 중 가장 일반적으로 사용되는 것은 펄스반사법이다.

**11** 이산화탄소의 특징이 아닌 것은?

① 색, 냄새가 없다.
② 공기보다 가볍다.
③ 상온에서도 쉽게 액화한다.
④ 대지 중에서 기체로 존재한다.

해설
이산화탄소는 공기보다 무겁다.

**12** 용접 전류가 낮거나, 운봉 및 유지 각도가 불량할 때 발생하는 용접 결함은?

① 용락 ② 언더컷
③ 오버랩 ④ 선상조직

해설
오버랩은 전류가 낮을 때 발생하는 결함으로 잘 깎아주고 재용접을 해주어야 한다.

**13** 알루미늄 분말과 산화철 분말을 1 : 3의 비율로 혼합하고, 점화제로 점화하면 일어나는 화학반응은?

① 테르밋반응 ② 용융반응
③ 포정반응 ④ 공석반응

해설
테르밋반응은 알루미늄과 산화철 분말의 화학적 반응 열을 이용한 용접법으로 용접시간이 빠르고 변형이 적어 주로 기차 레일의 용접에 사용된다.

**14** 용접부의 검사법 중 기계적 시험이 아닌 것은?

① 인정시험 ② 부식시험
③ 굽힘시험 ④ 피로시험

해설
부식시험은 화학적 시험법에 속한다.

**15** 주성분이 은, 구리, 아연의 합금인 경납으로 인장강도, 전연성 등의 성질이 우수하여 구리, 구리합금, 철강, 스테인리스강 등에 사용되는 납재는?

① 양은납 ② 알루미늄납
③ 은납 ④ 내열납

**16** 전기 저항 점용접 작업 시 용접기에서 조정할 수 있는 3대 요소에 해당하지 않는 것은?

① 용접 전류 ② 전극 가압력
③ 용접 전압 ④ 통전 시간

해설
**전기 저항용접의 3대 요소**
전류, 압력, 시간

정답 08 ② 09 ① 10 ④ 11 ② 12 ③ 13 ① 14 ② 15 ③ 16 ③

**17** 다음 중 비용극식 불활성 가스 아크용접은?

① GMAW　② GTAW
③ mmAW　④ SMAW

해설
비용극식 불활성 가스 용접은 텅스텐을 전극으로 사용하는 TIG 용접을 말하는 것이다. 알파벳 T(Tungsten) 자를 찾으면 된다.

**18** $CO_2$ 가스 아크용접에서 일반적으로 용접전류를 높게 할 때의 사항을 열거한 것 중 옳은 것은?

① 용접입열이 작아진다.
② 와이어의 녹아내림이 빨라진다.
③ 용착률과 용입이 감소한다.
④ 우수한 비드 형상을 얻을 수 있다.

해설
용접전류를 높게 하면 와이어의 녹아내림이 빨라진다.

**19** 불활성 가스 금속 아크용접에서 가스 공급 계통의 확인 순서로 가장 적합한 것은?

① 용기 → 감압밸브 → 유량계 → 제어장치 → 용접토치
② 용기 → 유량계 → 감압밸브 → 제어장치 → 용접토치
③ 감압밸브 → 용기 → 유량계 → 제어장치 → 용접토치
④ 용기 → 제어장치 → 감압밸브 → 유량계 → 용접토치

해설
가스용기로부터 용접기까지 순차적으로 부착되어 있는 장비를 점검해 주면 된다.
☞ 암기법 : 용감한 유제용(여기서 유제용은 가상의 인물이다.)

**20** 용접을 크게 분류할 때 압접에 해당되지 않는 것은?

① 저항용접　② 초음파용접
③ 마찰용접　④ 전자빔용접

**21** 다음 중 주철 용접 시 주의사항으로 틀린 것은?

① 용접봉은 가능한 한 지름이 굵은 용접봉을 사용한다.
② 보수 용접을 행하는 경우는 결람부분을 완전히 제거한 후 용접한다.
③ 균열의 보수는 균열의 성장을 방지하기 위해 균열의 양 끝에 정기 구멍을 뚫는다.
④ 용접 전류는 필요 이상 높이지 말고 직선비드를 배치하며, 지나치게 용입을 깊게 하지 않는다.

해설
주철은 탄소의 함유량이 높아 순간적인 열이 가해지면 균열이 발생하기 쉽다. 때문에 용접 시에는 지름이 가는 용접봉을 사용한다.

**22** 용접 현장에서 지켜야 할 안전 사항 중 잘못 설명한 것은?

① 탱크 내에서는 혼자 작업한다.
② 인화성 물체 부근에서는 작업을 하지 않는다.
③ 좁은 장소에서의 작업 시는 통풍을 실시한다.
④ 부득이 가연성 물체 가까이서 작업 시는 화재 발생 예방조치를 한다.

해설
탱크 내에서는 반드시 2인 이상 조를 이루어 작업을 해야 한다.

**23** 용접 시 냉각속도에 관한 설명 중 틀린 것은?

① 예열을 하면 냉각속도가 완만하게 된다.
② 얇은 판보다는 두꺼운 판이 냉각속도가 크다.
③ 알루미늄이나 구리는 연강보다 냉각속도가 느리다.
④ 맞대기 이음보다는 T형 이음이 냉각속도가 크다.

해설
Al, Cu는 열전도도가 우수한 금속으로 냉각속도가 연강보다 빠르다.

정답 17 ② 18 ② 19 ① 20 ④ 21 ① 22 ① 23 ③

**24** 수소함유량이 타 용접봉에 비해서 1/10 정도 현저하게 적고 특히 균열의 감소성이나 탄소, 황의 함유량이 많은 강의 용접에 적합한 용접봉은?

① E4301　② E4313
③ E4316　④ E4324

해설 저수소계용접봉(E4316)은 수소의 함유량이 타 용접봉에 비해 1/10 정도로 적다.

**25** 다음 중 아크에어 가우징에 사용되지 않는 것은?

① 가우징 토치　② 가우징봉
③ 압축공기　④ 열교환기

해설 열교환기는 보일러, 공조기 등에 들어가는 장비이다.

**26** 교류아크용접기의 종류 중 조작이 간단하고 원격 조정이 가능한 용접기는?

출제빈도 높음

① 가동 코일형 용접기
② 가포화 리액터형 용접기
③ 가동 철심형 용접기
④ 탭 전환형 용접기

해설 전류의 원격조정이 가능한 용접기는 가포화 리액터형 용접기이다.

**27** 가연성 가스에 대한 설명 중 가장 옳은 것은?

① 가연성 가스는 $CO_2$와 혼합하면 더욱 잘 탄다.
② 가연성 가스는 혼합 공기가 적은 만큼 완전연소한다.
③ 산소, 공기 등과 같이 스스로 연소하는 가스를 말한다.
④ 가연성 가스는 혼합한 공기와의 비율이 적절한 범위 안에서 잘 연소한다.

**28** 수중 절단 작업을 할 때에는 예열 가스의 양을 공기 중의 몇 배로 하는가?

① 0.5~1배　② 1.5~2배
③ 4~8배　④ 9~16배

**29** 아크용접기의 구비조건으로 틀린 것은?

① 구조 및 취급이 간단해야 한다.
② 사용 중에 온도 상승이 커야 한다.
③ 전류 조정이 용이하고, 일정한 전류가 흘러야 한다.
④ 아크 발생 및 유지가 용이하고 아크가 안정되어야 한다.

**30** 철강을 가스 절단하려고 할 때 절단 조건으로 틀린 것은?

① 슬래그의 이탈이 양호하여야 한다.
② 모재에 연소되지 않은 물질이 적어야 한다.
③ 생성된 산화물의 유동성이 좋아야 한다.
④ 생성된 금속 산화물의 용융온도는 모재의 용융점보다 높아야 한다.

해설 생성된 금속산화물의 용융온도는 모재의 용융온도보다 낮아야 한다.

**31** 가스용접용 토치의 팁 중 표준불꽃으로 1시간 용접 시 아세틸렌 소모량이 100L인 것은?

① 고압식 200번 팁　② 중압식 200번 팁
③ 가변압식 100번 팁　④ 불변압식 100번 팁

해설 가변압식(프랑스식) 팁의 번호는 1시간에 소비되는 아세틸렌의 양으로 나타낸다.

**32** 고체 상태에 있는 두 개의 금속 재료를 용접, 압접, 납땜으로 분류하여 접합하는 방법은?

① 기계적인 접합법　② 화학적 접합법
③ 전기적 접합법　④ 야금적 접합법

해설 용접은 야금적 접합법으로 크게 용접, 압접, 납땜으로 나눈다.

정답 24 ③　25 ④　26 ②　27 ④　28 ③　29 ②　30 ④　31 ③　32 ④

**33** 헬멧이나 핸드실드의 차광유리 앞에 보호유리를 끼우는 가장 타당한 이유는?

① 시력 보호 ② 가시광선 차단
③ 적외선 차단 ④ 차광유리 보호

해설
차광유리(흑유리)의 가격이 비싸기 때문에 이를 보호하기 위해 보호유리(백유리)를 사용한다.

**34** 직류 아크용접기의 음(−)극에 용접봉을, 양(+)극에 모재를 연결한 상태의 극성을 무엇이라 하는가?

① 직류 정극성 ② 직류 역극성
③ 직류음극성 ④ 직류용극성

해설
직류 정극성(DCSP)은 용접봉에 −극을 모재에 +극을 연결하며 용입이 깊고 비드의 폭이 좁아 후판용접에 사용된다. 일반적으로 많이 사용되는 극성이다.

**35** 수동 가스 절단 작업 중 절단면의 윗 모서리가 녹아 둥글게 되는 현상이 생기는 원인과 거리가 먼 것은?

① 팁과 강판 사이의 거리가 가까울 때
② 절단가스의 순도가 높을 때
③ 예열불꽃이 너무 강할 때
④ 절단속도가 너무 느릴 때

**36** 두 개의 모재를 강하게 맞대어 놓고 서로 상대 운동을 주어 발생되는 열을 이용하는 방식은?

① 마찰 용접 ② 냉간 압접
③ 가스 압접 ④ 초음파 용접

**37** 18−8형 스테인리스강의 특징을 설명한 것 중 틀린 것은?

① 비자성체이다.
② 18−8에서 18은 Cr%, 8은 Ni%이다.
③ 결정구조는 면심입방격자를 갖는다.
④ 500~800℃로 가열하면 탄화물이 입계에 석출하지 않는다.

해설
18−8형 스테인리스강은 예열 시 탄화물이 입계에 석출하는 단점이 있다. 보기 ①~③은 출제가 잘 되는 내용이므로 반드시 암기하도록 하자.

**38** 아크용접에서 피복제의 역할이 아닌 것은?

① 전기 절연작용을 한다.
② 용착금속의 응고와 냉각속도를 빠르게 한다.
③ 용착금속에 적당한 합금원소를 첨가한다.
④ 용적(Globule)을 미세화하고, 용착효율을 높인다.

해설
피복제는 적당한 점성의 슬래그를 생성하여 용착금속의 냉각속도를 느리게 한다.

**39** 직류용접에서 발생되는 아크 쏠림의 방지 대책 중 틀린 것은?

① 큰 가접부 또는 이미 용접이 끝난 용착부를 향하여 용접할 것
② 용접부가 긴 경우 후퇴 용접법(Back Step Welding)으로 할 것
③ 용접봉 끝을 아크가 쏠리는 방향으로 기울일 것
④ 되도록 아크를 짧게 하여 사용할 것

해설
아크 쏠림(자기불림)현상 발생 시에는 용접봉 끝을 아크가 쏠리는 반대방향으로 기울여야 한다. 또한 교류용접기는 아크쏠림이 발생하지 않는다.

**40** 산소−아세틸렌가스 불꽃 중 일반적인 가스용접에는 사용하지 않고 구리, 황동 등의 용접에 주로 이용되는 불꽃은?

① 탄화 불꽃 ② 중성 불꽃
③ 산화 불꽃 ④ 아세틸렌 불꽃

해설
일반적인 동(구리)용접 시 산소과잉불꽃을 사용한다.

정답 33 ④ 34 ① 35 ② 36 ① 37 ④ 38 ② 39 ③ 40 ③

**41** 용접금속의 용융부에서 응고 과정의 순서로 옳은 것은?

① 결정핵 생성 → 결정경계 → 수지상정
② 결정핵 생성 → 수지상정 → 결정경계
③ 수지상정 → 결정핵 생성 → 결정경계
④ 수지상정 → 결정경계 → 결정핵 생성

해설
용융금속이 응고할 때에 먼저 핵이 생성되고, 이 핵을 중심으로 하여 금속이 규칙적으로 응고하여 수지의 골격을 형성한다. 이와 같은 것을 수지상정이라고 한다. 인접해서 생성한 다른 수지상정과 만날 때까지 점차 성장하여 늘어나고 동시에 그 수가 증가하여 결국은 수지의 간극이 전부 충전되어 다면체의 외형 결정이 된다.

**42** 질량의 대소에 따라 담금질 효과가 다른 현상을 질량효과라고 한다. 탄소강에 니켈, 크롬, 망간 등을 첨가하면 질량효과는 어떻게 변하는가?

① 질량효과가 커진다.
② 질량효과는 변하지 않는다.
③ 질량효과가 작아지다가 커진다.
④ 질량효과가 작아진다.

**43** Mg(마그네슘)의 융점은 약 몇 ℃인가?

① 650℃ ② 1,538℃
③ 1,670℃ ④ 3,600℃

해설
마그네슘(Mg)의 융점은 알루미늄(Al)의 융점(660℃)과 비슷하다. 마그네슘은 아연과 함께 조밀육방정계의 금속에 속한다.

**44** 주철에 관한 설명으로 틀린 것은?

① 주철은 백주철, 반주철, 회주철 등으로 나눈다.
② 인장강도가 압축강도보다 크다.
③ 주철은 메짐(취성)이 연강보다 크다.
④ 흑연은 인장강도를 약하게 한다.

**45** 강재 부품에 내마모성이 좋은 금속을 용착시켜 경질의 표면층을 얻는 방법은?

① 브레이징(Brazing)
② 숏 피닝(Shot Peening)
③ 하드 페이싱(Hard Facing)
④ 질화법(Nitriding)

**46** 합금강이 탄소강에 비하여 좋은 성질이 아닌 것은?

① 기계적 성질 향상
② 결정입자의 조대화
③ 내식성, 내마멸성 향상
④ 고온에서 기계적 성질 저하 방지

**47** 산소나 탈산제를 품지 않으며, 유리에 대한 봉착성이 좋고 수소취성이 없는 시판동은?

① 무산소동 ② 전기동
③ 전련동 ④ 탈산동

**48** 용해 시 흡수한 산소를 인(P)으로 탈산하여 산소를 0.01% 이하로 한 것이며, 고온에서 수소 취성이 없고 용접성이 좋아 가스관, 열교환관 등으로 사용되는 구리는?

① 탈산구리 ② 정련구리
③ 전기구리 ④ 무산소구리

**49** 저합금강 중에서 연강에 비하여 고장력강의 사용 목적으로 틀린 것은?

① 재료가 절약된다.
② 구조물이 무거워진다.
③ 용접공수가 절감된다.
④ 내식성이 향상된다.

해설
보통 강보다 인장강도가 강한 강으로 인장강도가 50kg/mm² 이상인 강을 의미한다. 0.2% 정도의 탄소를 함유한 탄소강에 규소 · 망간 · 니켈 · 크롬 · 구리 등을 첨가하여 성능을 향상시킨 것이다.

정답 41 ② 42 ④ 43 ① 44 ② 45 ③ 46 ② 47 ① 48 ① 49 ②

**50** 다음 중 주조상태의 주강품 조직이 거칠고 취약하기 때문에 반드시 실시해야 하는 열처리는?

① 침탄　　② 풀림
③ 질화　　④ 금속침투

**51** 기계제도 도면에서 "t120"이라는 치수가 있을 경우 "t"가 의미하는 것은?

① 모떼기　　② 재료의 두께
③ 구의 지름　　④ 정사각형의 변

**52** 기계제도에서 사용하는 선의 굵기 기준이 아닌 것은?

① 0.9mm　　② 0.25mm
③ 0.18mm　　④ 0.7mm

**53** 기계 제작 부품 도면에서 도면의 윤곽선 오른쪽 아래 구석에 위치하는 표제란을 가장 올바르게 설명한 것은?

① 품번, 품명, 재질, 주서 등을 기재한다.
② 제작에 필요한 기술적인 사항을 기재한다.
③ 제조 공정별 처리방법, 사용공구 등을 기재한다.
④ 도번, 도명, 제도 및 검도 등 관련자 서명, 척도 등을 기재한다.

**54** 배관용 아크용접 탄소강 강관의 KS 기호는?

① PW　　② WM
③ SCW　　④ SPW

**55** 도면에 아래와 같이 리벳이 표시되었을 경우 올바른 설명은?

| KS B 1101 둥근머리리벳 25×36 SWRM 10 |
|---|

① 호칭 지름은 25mm이다.
② 리벳이음의 피치는 400mm이다.
③ 리벳의 재직은 황동이다.
④ 둥근머리부의 바깥지름은 36mm이다.

해설
KS B 1101 둥근머리리벳 25 × 36 SWRM 10
(규격 번호) ( 종 류 ) (호칭지름)×(길이) (재료 : 연강선재)

**56** 그림은 배관용 밸브의 도시 기호이다. 어떤 밸브의 도시 기호인가?

① 앵글 밸브　　② 체크 밸브
③ 게이트 밸브　　④ 안전 밸브

**57** 그림과 같은 원추를 전개하였을 경우 전개면의 꼭지각이 180°가 되려면 $\phi$D의 치수는 얼마가 되어야 하는가?

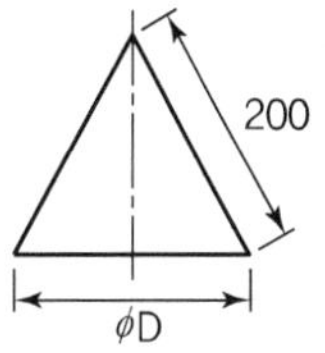


① $\phi$100　　② $\phi$120
③ $\phi$180　　④ $\phi$200

해설
부채꼴의 중심각을 구하는 공식을 이용한다.
$\theta = 360 \times \frac{r}{l}$ 이므로 180=360×r/200 계산식에 의해 풀이하면 원뿔 밑변의 지름은 200mm이다.

여기서, $\theta$ : 부채꼴의 중심각
$r$ : 원뿔의 반지름
$l$ : 원뿔 빗변의 길이

정답 50 ② 51 ② 52 ① 53 ④ 54 ④ 55 ① 56 ② 57 ④

**58** 도면에서의 지시한 용접법으로 바르게 짝지어진 것은?

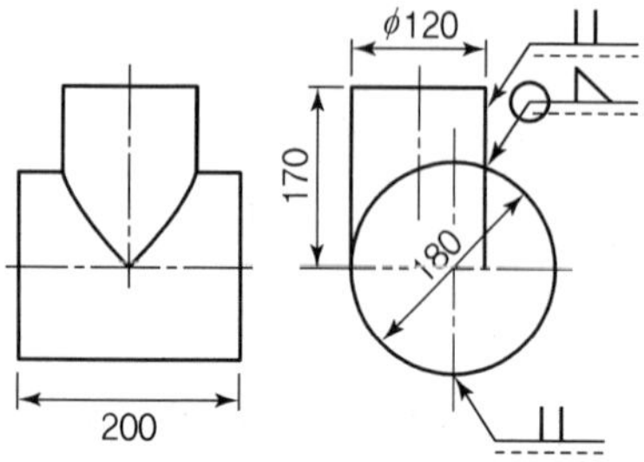


① 이면 용접, 필릿용접
② 겹치기 용접, 플러그 용접
③ 평형 맞대기 용접, 필릿용접
④ 심용접, 겹치기 용접

**59** 단면을 나타내는 해칭선의 방향이 가장 적합하지 않은 것은?

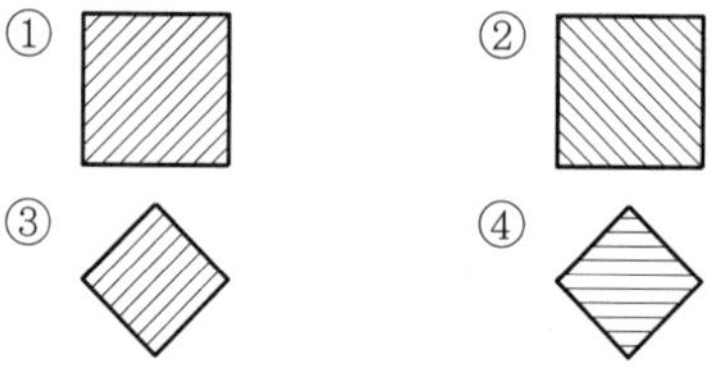

**60** 그림과 같이 제3각법으로 정면도와 우측면도를 작도할 때 누락된 평면도로 적합한 것은?

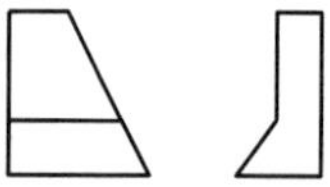

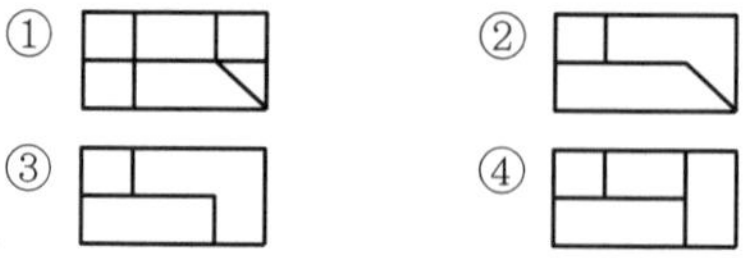

정답 **58** ③ **59** ③ **60** ②

시 행 일 자
2014년 4월 6일

# 특수용접기능사 2회

**01** 절단용 산소 중의 불순물이 증가되면 나타나는 결과가 아닌 것은?

① 절단속도가 늦어진다.
② 산소의 소비량이 적어진다.
③ 절단 개시 시간이 길어진다.
④ 절단 홈의 폭이 넓어진다.

해설 절단용 산소 중의 불순물이 증가되면 산소의 소비량이 증가한다.

**02** 탄소 아크 절단에 압축공기를 병용하여 전극 홀더의 구멍에서 탄소 전극봉에 나란히 분출하는 고속의 공기를 분출시켜 용융금속을 불어내어 홈을 파는 방법은?

① 금속 아크 절단
② 아크 에어 가우징
③ 플라스마 아크 절단
④ 불활성 가스 아크 절단

해설 아크 에어 가우징은 탄소 아크 절단에 약 5~7기압의 압축공기를 병용한 가공법이다.

**03** 출제 빈도 높음 가스용접 시 전진법과 후진법을 비교 설명한 것 중 틀린 것은?

① 전진법은 용접속도가 느리다.
② 후진법은 열 이용률이 좋다.
③ 후진법은 용접변형이 크다.
④ 전진법은 개선 홈의 각도가 크다.

해설 후진법은 비드의 모양이 나쁜 것을 제외하고는 다른 성질은 모두 우수하다.

**04** 피복아크용접봉에서 피복 배합제인 아교의 역할은?

① 고착제 ② 합금제
③ 탈산제 ④ 아크 안정제

해설 아교는 동물의 가죽, 힘줄, 창자, 뼈 등을 고아 그 액체를 고형화한 물질로 지혈제, 약용캅셀, 보호콜로이드, 회화용 또는 접착제로 쓰이며 용접에서는 피복제를 심선에 고착시키기 위해 사용한다.

**05** 교류 아크용접기 부속장치 중 용접봉 홀더의 종류(KS)가 아닌 것은?

① 400호 ② 300호
③ 200호 ④ 100호

**06** 균열에 대한 감수성이 좋아 구속도가 큰 구조물의 용접이나 탄소가 많은 고탄소강 및 황의 함유량이 많은 쾌삭강 등의 용접에 사용되는 용접봉의 계통은?

① 고산화티탄계 ② 일미나이트계
③ 라임티탄계 ④ 저수소계

**07** 서브머지드 아크용접법에서 다전극 방식의 종류에 해당되지 않는 것은?

① 텐덤식 방식 ② 횡병렬식 방식
③ 횡직렬식 방식 ④ 종직렬식 방식

**08** 스테인리스강을 용접하면 용접부가 입계부식을 일으켜 내식성을 저하시키는 원인으로 가장 적합한 것은?

① 자경성 ② 적열취성
③ 탄화물의 석출 ④ 산화에 의한 취성

정답 01 ② 02 ② 03 ③ 04 ① 05 ④ 06 ④ 07 ④ 08 ③

**09** 라우탈(Lautal) 합금의 주성분은?

출제 빈도 높음

① Al – Cu – Si ② Al – Si – Ni
③ Al – Cu – Mn ④ Al – Si – Mn

해설
☞ 암기법 : 라우탈은 알구실!

**10** 다음의 열처리 중 항온열처리방법에 해당되지 않는 것은?

① 마퀜칭 ② 마템퍼링
③ 오스템퍼링 ④ 인상 담금질

**11** 금속의 접합법 중 야금학적 접합법이 아닌 것은?

① 융접 ② 압접
③ 납땜 ④ 볼트 이음

**12** 아세틸렌가스의 성질에 대한 설명으로 옳은 것은?

① 수소와 산소가 화합된 매우 안정된 기체이다.
② 1리터의 무게는 1기압 15℃에서 117g이다.
③ 가스용접용 가스이며, 카바이드로부터 제조된다.
④ 공기를 1로 했을 때의 비중은 1.91이다.

해설
아세틸렌은 매우 불안정안 화합물로 압축상태에서 충격을 가할 시 폭발의 위험이 있으며 비중이 약 0.906으로 공기보다 가벼운 것이 특징이다. 1리터의 무게는 1기압 15℃에서 1.176g이다.

**13** 오스테나이트계 스테인리스강은 용접 시 냉각되면서 고온균열이 발생되는데 주원인이 아닌 것은?

① 아크 길이가 짧을 때
② 모재가 오염되어 있을 때
③ 크레이터 처리를 하지 않을 때
④ 구속력이 가해진 상태에서 용접할 때

해설
아크 길이를 짧게 했다는 것은 정상적으로 용접을 했다는 의미이다. 균열이 발생하지 않는다는 의미로 이해하자.

**14** 직류 아크용접의 극성에 관한 설명으로 옳은 것은?

출제 빈도 높음

① 직류 정극성에서는 용접봉의 녹음 속도가 빠르다.
② 직류 역극성에서는 용접봉에 30%의 열 분배가 되기 때문에 용입이 깊다.
③ 직류 정극성에서는 용접봉에 70%의 열 분배가 되기 때문에 모재의 용입이 얕다.
④ 직류 역극성은 박판, 주철, 고탄소강, 비철금속의 용접에 주로 사용된다.

해설
상대적으로 열의 발생이 많은 +극(약 70%)이 어느 쪽(용접봉 또는 모재)에 접속되는지 파악하면 된다. 직류 역극성(DCRP)은 용접봉 쪽에 +가 접속되기 때문에 용접봉의 녹음이 빠르고 –극이 접속된 모재 쪽은 열전달이 +극에 비해 적어 용입이 얕고 넓어져 주로 박판용접에 사용된다.

**15** 다음 중 가스 압접의 특징으로 틀린 것은?

① 이음부의 탈탄 층이 전혀 없다.
② 작업이 거의 기계적이어서, 숙련이 필요하다.
③ 용가재 및 용제가 불필요하고, 용접시간이 빠르다.
④ 장치가 간단하여 설비비, 보수비가 싸고 전력이 불필요하다.

**16** 직류용접기와 비교하여 교류용접기의 특징을 틀리게 설명한 것은?

① 유지가 쉽다.
② 아크가 불안정하다.
③ 감전의 위험이 적다.
④ 고장이 적고, 값이 싸다.

해설
교류아크용접기는 무부하전압이 높아 감전(전격)의 위험이 높다.

정답 09 ① 10 ④ 11 ④ 12 ③ 13 ① 14 ④ 15 ② 16 ③

**17** 가스 절단 시 예열 불꽃이 약할 때 나타나는 현상으로 틀린 것은?

① 절단속도가 늦어진다.
② 역화 발생이 감소된다.
③ 드래그가 증가한다.
④ 절단이 중단되기 쉽다.

**18** 피복아크용접작업에서 아크 길이에 대한 설명 중 틀린 것은?

① 아크 길이는 일반적으로 3mm 정도가 적당하다.
② 아크 전압은 아크 길이에 반비례한다.
③ 아크 길이가 너무 길면 아크가 불안정하게 된다.
④ 양호한 용접은 짧은 아크(Short Arc)를 사용한다.

해설
아크 전압은 아크 길이와 비례하여 증감한다.

**19** 가스 절단에 영향을 미치는 인자가 아닌 것은?

① 후열 불꽃 ② 예열 불꽃
③ 절단 속도 ④ 절단 조건

**20** 피복아크용접에서 아크열에 의해 모재가 녹아 들어간 깊이는?

① 용적 ② 용입
③ 용락 ④ 용착금속

**21** 탄소강의 담금질 중 고온의 오스테나이트 영역에서 소재를 냉각하면 냉각 속도의 차에 따라 마텐자이트, 페라이트, 펄라이트, 소르바이트 등의 조직으로 변태되는데 이들 조직 중에서 강도와 경도가 가장 높은 것은?

① 소르바이트 ② 페라이트
③ 펄라이트 ④ 마텐자이트

해설
열처리조직의 경도는 마텐자이트가 가장 높다.
(마텐자이트 > 소르바이트 > 펄라이트 > 페라이트)

**22** Mg－Al에 소량의 Zn과 Mn을 첨가한 합금은?

① 엘린바(Elinvar)
② 일렉트론(Elektron)
③ 퍼멀로이(Permalloy)
④ 모넬메탈(Monel Metal)

해설
Mg－Al(다우메탈), Mg－Al－Zn(일렉트론)－내연기관의 피스톤에 사용된다.

**23** 산소－아세틸렌가스를 사용하여 담금질성이 있는 강재의 표면만을 경화시키는 방법은?

① 질화법 ② 가스 침탄법
③ 화염 경화법 ④ 고주파 경화법

**24** 시험재료의 전성, 연성 및 균열의 유무 등 용접부위를 시험하는 시험법은?

① 굴곡시험 ② 경도시험
③ 압축시험 ④ 조직시험

해설
굴곡시험(굽힘시험 : Bending Test)은 주로 재료의 연성 유무를 알기 위한 시험법이다.

**25** 납땜 시 사용하는 용제가 갖추어야 할 조건이 아닌 것은?

① 사용재료의 산화를 방지할 것
② 전기 저항 납땜에는 부도체를 사용할 것
③ 모재와의 친화력을 좋게 할 것
④ 산화피막 등의 불순물을 제거하고 유동성이 좋을 것

해설
전기 저항 납땜에는 부도체(전기가 통하지 않는 물질)가 아닌 도체를 사용해야 한다.

**26** 불활성 가스 텅스텐 아크용접의 장점으로 틀린 것은?

① 용제가 불필요하다.

정답 17 ② 18 ② 19 ① 20 ② 21 ④ 22 ② 23 ③ 24 ① 25 ② 26 ④

② 용접 품질이 우수하다.
③ 전자세 용접이 가능하다.
④ 후판용접에 능률적이다.

해설
TIG 용접은 주로 박판용접에 능률적이다.

**27** 제품을 제작하기 위한 조립 순서에 대한 설명으로 틀린 것은?

① 대칭으로 용접하여 변형을 예방한다.
② 리벳작업과 용접을 같이 할 때는 리벳작업을 먼저 한다.
③ 동일 평면 내에 많은 이음이 있을 때는 수축은 가능한 자유단으로 보낸다.
④ 용접선의 직각 단면 중심축에 대하여 용접의 수축력의 합이 0(Zero)이 되도록 용접순서를 취한다.

해설
리벳작업을 먼저 하면 제품의 구속력이 가해져 응력이 발생할 우려가 있기 때문에 가급적 용접을 먼저 하도록 한다.

**28** 언더컷의 원인이 아닌 것은?

① 전류가 높을 때 ② 전류가 낮을 때
③ 빠른 용접 속도 ④ 운봉각도의 부적합

해설
전류가 낮을 때 생기는 결함은 오버랩이다.

**29** 반자동 $CO_2$ 가스 아크 편면(One Side)용접 시 뒷댐 재료로 가장 많이 사용되는 것은?

① 세라믹 제품 ② $CO_2$ 가스
③ 테프론 테이프 ④ 알루미늄 판재

**30** 서브머지드 아크용접에서 맞대기 용접이음 시 받침쇠가 없을 경우 루트 간격은 몇 mm 이하가 가장 적합한가?

출제빈도 높음

① 0.8mm ② 1.5mm
③ 2.0mm ④ 2.5mm

해설
**서브머지드 아크용접**
홈각도 ±5°, 루트간격 0.8mm 이하, 루트면 ±1mm

**31** 금속의 공통적 특성에 대한 설명으로 틀린 것은?

① 열과 전기의 부도체이다.
② 금속 특유의 광택을 갖는다.
③ 소성변형이 있어 가공이 가능하다.
④ 수은을 제외하고 상온에서 고체이며, 결정체이다.

해설
금속은 열과 전기가 잘 통하는 전도체이다.

**32** 베어링에 사용되는 대표적인 구리합금으로 70% Cu − 30%Pb 합금은?

① 톰백(Tombac)
② 다우메탈(Dow Metal)
③ 켈밋(Kelmet)
④ 배빗메탈(Babbit Metal)

해설
**켈밋합금**
구리(Cu)에 30% 전후의 납(Pb)과 소량의 주석(Sn), 니켈(Ni)을 첨가한 합금으로, 주로 자동차, 디젤 기관 등의 베어링으로 사용된다.

**33** 구리(Cu)와 그 합금에 대한 설명 중 틀린 것은?

① 가공하기 쉽다.
② 전연성이 우수하다.
③ 아름다운 색을 가지고 있다.
④ 비중이 약 2.7인 경금속이다.

해설
구리의 비중은 약 8.9
☞ 암기법 : 구리는 팔.구 와라

**34** 주강에 대한 설명으로 틀린 것은?

① 주조조직 개선과 재질 균일화를 위해 풀림처리를 한다.
② 주철에 비해 기계적 성질이 우수하고, 용접에 의한 보수가 용이하다.

정답 27 ② 28 ② 29 ① 30 ① 31 ① 32 ③ 33 ④ 34 ③

③ 주철에 비해 강도는 작으나 용융점이 낮고 유동성이 커서 주조성이 좋다.
④ 탄소함유량에 따라 저탄소 주강, 중탄소 주강, 고탄소 주강으로 분류한다.

**35** 주철에서 탄소와 규소의 함유량에 의해 분류한 조직의 분포를 나타낸 것은?

① T.T.T 곡선
② Fe－C 상태도
③ 공정반응 조직도
④ 마우러(Maurer) 조직도

해설
**마우러 조직도**
주철에서 탄소와 규소의 양 및 냉각속도에 따른 관계를 도시한 것

**36** 전기 저항 점용접작업 시 용접기 조작에 대한 3대 요소가 아닌 것은?
출제빈도 높음

① 가압력 ② 통전시간
③ 전극봉 ④ 전류세기

**37** 논 가스 아크용접(Non Gas Arc Welding)의 장점에 대한 설명으로 틀린 것은?

① 바람이 있는 옥외에서도 작업이 가능하다.
② 용접 장치가 간단하며 운반이 편리하다.
③ 용착금속의 기계적 성질은 다른 용접법에 비해 우수하다.
④ 피복아크용접봉의 저수소계와 같이 수소의 발생이 적다.

**38** 전격에 의한 사고를 입을 위험이 있는 경우와 거리가 가장 먼 것은?

① 옷이 습기에 젖어 있을 때
② 케이블의 일부가 노출되어 있을 때
③ 홀더의 통전부분이 절연되어 있을 때
④ 용접 중 용접봉 끝에 몸이 닿았을 때

**39** 용접부의 내부 결함으로서 슬래그 섞임을 방지하는 것은?

① 용접전류를 최대한 낮게 한다.
② 루트 간격을 최대한 좁게 한다.
③ 저층의 슬래그는 제거하지 않고 용접한다.
④ 슬래그가 앞지르지 않도록 운봉속도를 유지한다.

**40** 수랭 동판을 용접부의 양면에 부착하고 용융된 슬래그 속에서 전극와이어를 연속적으로 송급하여 용융슬래그 내를 흐르는 저항 열에 의하여 전극와이어 및 모재를 용융 접합시키는 용접법은?

① 초음파 용접 ② 플라스마 제트 용접
③ 일렉트로 가스 용접 ④ 일렉트로 슬래그 용접

해설
일렉트로 슬래그 용접은 전기의 아크열이 아닌 전기의 저항열을 이용한 용접이다.

**41** 용접 후 잔류응력이 있는 제품에 하중을 주어 용접부에 약간의 소성 변형을 일으키게 한 다음 하중을 제거하는 잔류응력 경감방법은?

① 노내 풀림법 ② 국부 풀림법
③ 기계적 응력 완화법 ④ 저온 응력 완화법

해설
‘기계적’이란 것은 외력만을 가한다는 의미이다.

**42** 연강용 피복용접봉에서 피복제의 역할이 아닌 것은?

① 아크를 안정시킨다.
② 스패터(Spatter)를 많게 한다.
③ 파형이 고운 비드를 만든다.
④ 용착금속의 탈산정련 작용을 한다.

정답 35 ④ 36 ③ 37 ③ 38 ③ 39 ④ 40 ④ 41 ③ 42 ②

**43** 전기누전에 의한 화재의 예방대책으로 틀린 것은?

① 금속관 내에 접속점이 없도록 해야 한다.
② 금속관의 끝에는 캡이나 절연 부싱을 하여야 한다.
③ 전선 공사 시 전선피복의 손상이 없는지를 점검한다.
④ 전기기구의 분해조립을 쉽게 하기 위하여 나사의 조임을 헐겁게 해 놓는다.

**44** 솔리드 이산화탄소 아크용접의 특징으로 틀린 것은?

① 바람의 영향을 전혀 받지 않는다.
② 용제를 사용하지 않아 슬래그의 혼입이 없다.
③ 용접 금속의 기계적, 야금적 성질이 우수하다.
④ 전류 밀도가 높아 용입이 깊고 용융 속도가 빠르다.

**45** 화상에 의한 응급조치로서 적절하지 않은 것은?

① 냉찜질을 한다.
② 붕산수에 찜질한다.
③ 전문의의 치료를 받는다.
④ 물집을 터트리고 수건으로 감싼다.

**46** 서브머지드 아크용접에 사용되는 용접용 용제 중 용융형 용제에 대한 설명으로 옳은 것은?

① 화학적 균일성이 양호하다.
② 미용융 용제는 다시 사용이 불가능하다.
③ 흡습성이 있어 재건조가 필요하다.
④ 용융 시 분해되거나 산화되는 원소를 첨가할 수 있다.

**47** 아크 발생 시간이 3분, 아크 발생 정지 시간이 7분일 경우 사용률(%)은?

출제빈도 높음

① 100% ② 70%
③ 50% ④ 30%

해설
정격사용률의 기준시간은 10분이므로 아크 발생을 3분 했다는 것은 7분의 휴식시간을 가졌다는 의미가 된다. 따라서 정격사용률은 30%가 된다.

**48** 용접부의 결함 검사법에서 초음파 탐상법의 종류에 해당되지 않는 것은?

출제빈도 높음

① 공진법 ② 투과법
③ 스테레오법 ④ 펄스반사법

**49** 서브머지드 아크용접용 재료 중 와이어의 표면에 구리를 도금한 이유에 해당되지 않는 것은?

① 콘텐트 팁과의 전기적 접촉을 좋게 한다.
② 와이어에 녹이 발생하는 것을 방지한다.
③ 전류의 통전 효과를 높게 한다.
④ 용착금속의 강도를 높게 한다.

**50** 공랭식 MIG 용접토치의 구성요소가 아닌 것은?

① 와이어 ② 공기 호스
③ 보호가스 호스 ④ 스위치 케이블

**51** 용기 모양의 대상물 도면에서 아주 굵은 실선을 외형선으로 표시하고 치수 표시가 $\phi$int 34로 표시된 경우 가장 올바르게 해독한 것은?

① 도면에서 int로 표시된 부분의 두께 치수
② 화살표로 지시된 부분의 폭방향 치수가 $\phi$34mm
③ 화살표로 지시된 부분의 안쪽 치수가 $\phi$34mm
④ 도면에서 int로 표시된 부분만 인치단위 치수

정답 43 ④ 44 ① 45 ④ 46 ① 47 ④ 48 ③ 49 ④ 50 ② 51 ③

## 52 냉간 압연 강판 및 강대에서 일반용으로 사용되는 종류의 KS 재료 기호는?

① SPSC ② SPHC
③ SSPC ④ SPCC

## 53 미터나사의 호칭지름은 수나사의 바깥지름을 기준으로 정한다. 이에 결합되는 암나사의 호칭지름은 무엇이 되는가?

① 암나사의 골지름 ② 암나사의 안지름
③ 암나사의 유효지름 ④ 암나사의 바깥지름

## 54 바퀴의 암(Arm), 림(Rim), 축(Shaft), 훅(Hook) 등을 나타낼 때 주로 사용하는 단면도로서, 단면의 일부를 90° 회전하여 나타낸 단면도는?

① 부분 단면도 ② 회전도시 단면도
③ 계단 단면도 ④ 곡면 단면도

## 55 도면의 마이크로필름 촬영, 복사할 때 등의 편의를 위해 만든 것은?

① 중심마크 ② 비교눈금
③ 도면구역 ④ 재단마크

## 56 원호의 길이 치수 기입에서 원호를 명확히 하기 위해서 치수에 사용되는 치수 보조 기호는?

① (20) ② C20
③ $\boxed{20}$ ④ $\overset{\frown}{20}$

## 57 용접부의 도시기호가 "a4⊿3×25(7)"일 때의 설명으로 틀린 것은?

① ⊿ – 필릿용접
② 3 – 용접부의 폭
③ 25 – 용접부의 길이
④ 7 – 인접한 용접부의 간격

해설
3이라는 숫자는 단속필릿용접의 개수를 의미한다.

## 58 배관의 간략도시방법 중 환기계 및 배수계의 끝부분 장치 도시방법의 평면도에서 그림과 같이 도시된 것의 명칭은?

① 회전식 환기삿갓 ② 고정식 환기삿갓
③ 벽붙이 환기삿갓 ④ 콕이 붙은 배수구

## 59 그림과 같은 입체를 제3각법으로 나타낼 때 가장 적합한 투상도는?(단, 화살표 방향을 정면으로 한다.)

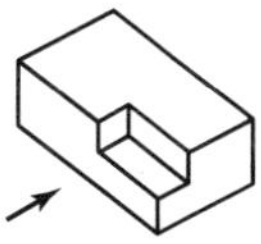

①
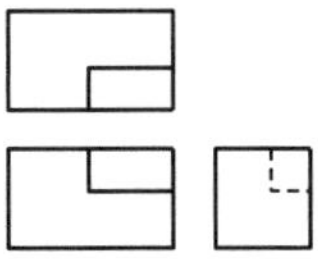
②
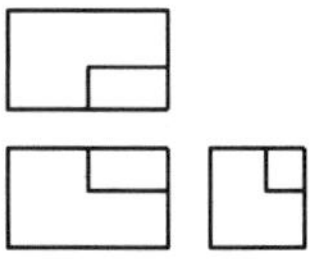
③
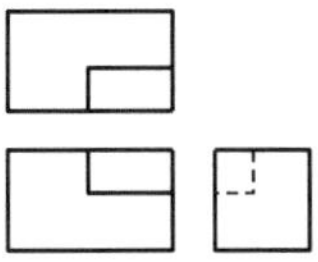
④
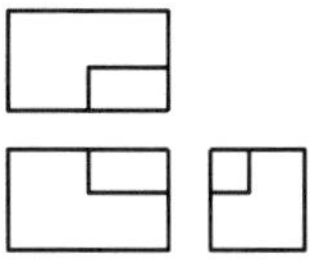

## 60 그림과 같은 입체도에서 화살표 방향이 정면일 경우 좌측면도로 가장 적합한 것은?

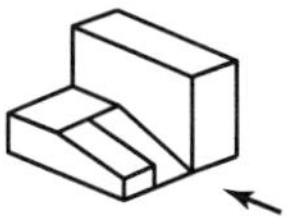

①
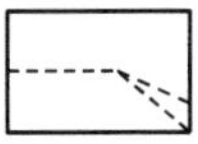
②
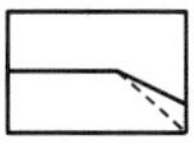
③
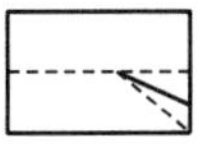
④
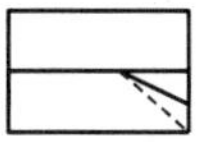

정답 52 ④ 53 ① 54 ② 55 ① 56 ④ 57 ② 58 ④ 59 ④ 60 ②

시 행 일 자
2014년 7월 20일

# 용접기능사 4회

**01** MIG용접의 용적이행 중 단락 아크용접에 관한 설명으로 맞는 것은?

① 용적이 안정된 스프레이형태로 용접된다.
② 고주파 및 저전류 펄스를 활용한 용접이다.
③ 임계전류 이상의 용접전류에서 많이 적용된다.
④ 저전류, 저전압에서 나타나며 박판용접에 사용된다.

해설
MIG 용접에서 저전류, 저전압 사용 시 용접용 와이어가 모재에 접촉할 때마다 단락전류에 의해 녹아 용적이 되는 단락용접이 진행되며 주로 박판용접에 사용된다.

**02** 용접결함 중 내부에 생기는 결함은?

① 언더컷 ② 오버랩
③ 크레이터 균열 ④ 기공

**03** 다음 중 불활성 가스 텅스텐 아크용접에서 중간 형태의 용입과 비드 쪽을 얻을 수 있으며, 청정 효과가 있어 알루미늄이나 마그네슘 등의 용접에 사용되는 전원은?

① 직류 정극성 ② 직류 역극성
③ 고주파 교류 ④ 교류 전원

해설
직류 역극성(DCRP)에서는 청정작용으로 산화막의 융점이 높은 알루미늄의 용접에 사용되고 있으며 교류(AC)에서도 50% 정도의 청정작용 효과가 나타난다.

**04** 용접용 용제는 성분에 의해 용접 작업성, 용착 금속의 성질이 크게 변화하는데 다음 중 원료와 제조방법에 따른 서브머지드 아크용접의 용접용 용제에 속하지 않는 것은?

① 고온 소결형 용제 ② 저온 소결형 용제
③ 용융형 용제 ④ 스프레이형 용제

해설
서브머지드 아크용접의 종류 : 용융형, 소결형, 혼성형

**05** 용접 시 발생하는 변형을 적게 하기 위하여 구속하고 용접하였다면 잔류응력은 어떻게 되는가?

① 잔류응력이 작게 발생한다.
② 잔류응력이 크게 발생한다.
③ 잔류응력은 변함없다.
④ 잔류응력과 구속용접과는 관계없다.

해설
금속을 구속하고 용접하면 잔류응력이 크게 발생한다.

**06** 용접결함 중 균열의 보수방법으로 가장 옳은 방법은?

① 작은 지름의 용접봉으로 재용접한다.
② 굵은 지름의 용접봉으로 재용접한다.
③ 전류를 높게 하여 재용접한다.
④ 정지구멍을 뚫어 균열부분은 홈을 판 후 재용접한다.

**07** 안전 · 보건 표지의 색채, 색도기준 및 용도에서 문자 및 빨간색 또는 노란색에 대한 보조색으로 사용되는 색채는?

① 파란색 ② 녹색
③ 흰색 ④ 검은색

**08** 감전의 위험으로부터 용접 작업자를 보호하기 위해 교류 용접기에 설치하는 것은?

① 고주파 발생 장치 ② 전격 방지 장치
③ 원격 제어 장치 ④ 시간 제어 장치

해설
전격방지장치는 약 80V의 무부하전압을 20V까지 낮추어 용접작업자를 전격으로부터 보호한다.

정답 01 ④ 02 ④ 03 ③ 04 ④ 05 ② 06 ④ 07 ④ 08 ②

**09** 산화하기 쉬운 알루미늄을 용접할 경우에 가장 적합한 용접법은?

① 서브머지드 아크용접
② 불활성 가스 아크용접
③ 아크용접
④ 피복아크용접

**10** 용접 홈의 형식 중 두꺼운 판의 양면 용접을 할 수 없는 경우에 가공하는 방법으로 한쪽 용접에 의해 충분한 용입을 얻으려고 할 때 사용되는 홈은?

① I형 홈　② V형 홈
③ U형 홈　④ H형 홈

**11** 다음 용접법 중 저항용접이 아닌 것은?

① 스폿용접　② 심용접
③ 프로젝션용접　④ 스터드용접

해설
스터드용접은 전기 아크열을 이용해 볼트나 환봉 등을 용접할 때 사용한다.

**12** 아크용접의 재해라 볼 수 없는 것은?

① 아크 광선에 의한 전안염
② 스패터의 비산으로 인한 화상
③ 역화로 인한 화재
④ 전격에 의한 감전

해설
역화는 가스용접에서 나타나는 현상이다.

**13** 다음 중 전자 빔 용접의 장점과 거리가 먼 것은?

① 고진공 속에서 용접을 하므로 대기와 반응되기 쉬운 활성 재료도 용이하게 용접된다.
② 두꺼운 판의 용접이 불가능하다.
③ 용접을 정밀하고 정확하게 할 수 있다.
④ 에너지 집중이 가능하기 때문에 고속으로 용접이 된다.

**14** 대상물에 감마선(γ－선), 엑스선(X－선)을 투과시켜 필름에 나타나는 상으로 결함을 판별하는 비파괴 검사법은?

① 초음파 탐상검사　② 침투 탐상검사
③ 와전류 탐상검사　④ 방사선 투과검사

해설
방사선 투과검사(RT)

**15** 다음 그림 중에서 용접 열량의 냉각 속도가 가장 큰 것은?

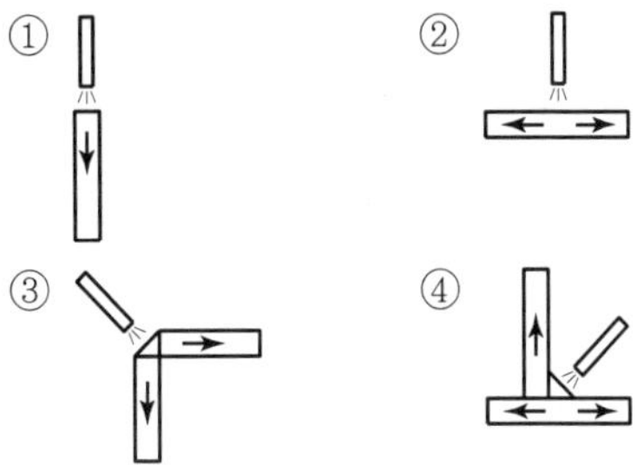


해설
필릿용접은 열을 받는 면적이 넓어 냉각속도가 가장 빠르다.

**16** 납땜 시 강한 접합을 위한 틈새는 어느 정도가 가장 적당한가?

① 0.02~0.10mm　② 0.20~0.30mm
③ 0.30~0.40mm　④ 0.40~0.50mm

**17** 다음 중 맞대기 저항용접의 종류가 아닌 것은?

① 업셋 용접　② 프로젝션 용접
③ 퍼커션 용접　④ 플래시 버트 용접

해설
프로젝션 용접은 겹치기 저항용접으로 한쪽 모재의 면에 돌기를 만들어 접합하는 용접법이다.

**18** MIG 용접에서 가장 많이 사용되는 용적 이행 형태는?

① 단락 이행　② 스프레이 이행
③ 입상 이행　④ 글로뷸러 이행

정답　09 ②　10 ③　11 ④　12 ③　13 ②　14 ④　15 ④　16 ①　17 ②　18 ②

**19** 아래 그림과 같이 각 층마다 전체의 길이를 용접하면서 쌓아 올리는 가장 일반적인 방법으로 주로 사용하는 용착법은?

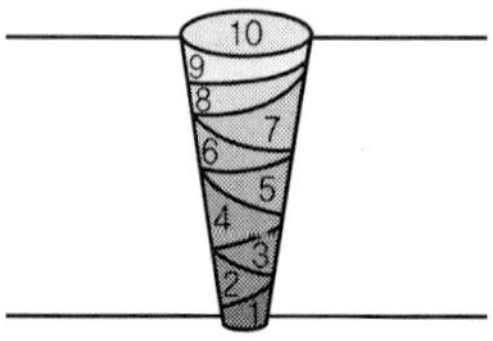


① 교호법 ② 덧살올림법
③ 캐스케이드법 ④ 전진블록법

해설
위의 그림은 덧살올림법(빌드업법)을 나타낸 것이다.

**20** $CO_2$ 가스 아크용접에서 솔리드 와이어에 비교한 복합 와이어의 특징을 설명한 것으로 틀린 것은?

① 양호한 용착금속을 얻을 수 있다.
② 스패터가 많다.
③ 아크가 안정된다.
④ 비드 외관이 깨끗하여 아름답다.

**21** 다음 중 용접부의 검사방법에 있어 비파괴 검사법이 아닌 것은?

① X선 투과시험 ② 형광침투시험
③ 피로시험 ④ 초음파시험

해설
피로시험법은 약한 반복하중을 가해 피로파괴 한도를 검사하는 파괴시험에 속한다.

**22** 출제 빈도 높음
금속산화물이 알루미늄에 의하여 산소를 빼앗기는 반응에 의해 생성되는 열을 이용하여 금속을 접합시키는 용접법은?

① 스터드 용접 ② 테르밋 용접
③ 원자수소 용접 ④ 일렉트로슬래그 용접

해설
테르밋 용접은 전기를 사용하지 않으며 금속산화철과 알루미늄의 분말을 약 3 : 1로 혼합하여 과산화바륨과 알루미늄 또는 마그네슘 등의 점화제를 가해 발생하는 화학적인 반응 에너지로 용접을 하게 되며 변형이 적어 주로 기차 레일의 용접에 사용된다.

**23** 용접에 의한 이음을 리벳이음과 비교했을 때 용접이음의 장점이 아닌 것은?

① 이음구조가 간단하다.
② 판 두께에 제한을 거의 받지 않는다.
③ 용접 모재의 재질에 대한 영향이 작다.
④ 기밀성과 수밀성을 얻을 수 있다.

해설
모재의 재질에 대한 영향이 크다는 것은 용접의 단점에 속한다.

**24** 피복아크용접 회로의 순서가 올바르게 연결된 것은?

① 용접기 → 전극케이블 → 용접봉 홀더 → 피복아크용접봉 → 아크 → 모재 → 접지케이블
② 용접기 → 용접봉 홀더 → 전극케이블 → 모재 → 아크 → 피복아크용접봉 → 접지케이블
③ 용접기 → 피복아크용접봉 → 아크 → 모재 → 접지케이블 → 전극케이블 → 용접봉 홀더
④ 용접기 → 전극케이블 → 접지케이블 → 용접봉 홀더 → 피복아크용접봉 → 아크 → 모재

**25** 연강용 가스 용접봉의 용착금속의 기계적 성질 중 시험편의 처리에서 「용접한 그대로 응력을 제거하지 않은 것」을 나타내는 기호는?

① NSR ② SR
③ GA ④ GB

해설
NSR(Non Stress Relief) : 응력을 제거하지 않은 것

**26** 용접 중에 아크가 전류의 자기작용에 의해서 한쪽으로 쏠리는 현상을 아크 쏠림(Arc Blow)이라 한다. 다음 중 아크 쏠림의 방지법이 아닌 것은?

① 직류 용접기를 사용한다.
② 아크의 길이를 짧게 한다.
③ 보조판(엔드탭)을 사용한다.
④ 후퇴법을 사용한다.

해설
교류아크용접기를 사용하면 아크쏠림(자기불람)현상을 방지할 수 있다.

정답 19 ② 20 ② 21 ③ 22 ② 23 ③ 24 ① 25 ① 26 ①

**27** 연강용 피복금속아크용접봉에서 다름 중 피복제의 염기성이 가장 높은 것은?

① 저수소계 ② 고산화철계
③ 고셀룰로스계 ④ 티탄계

해설
피복제의 염기도가 가장 높은 용접봉은 저수소계(E4316) 용접봉이며 내균열성이 높으나 용접성이 떨어지는 단점을 가지고 있다.

**28** 가스 절단에서 양호한 절단면을 얻기 위한 조건으로 맞지 않는 것은?

① 드래그가 가능한 한 클 것
② 절단면 표면의 각이 예리할 것
③ 슬래그 이탈이 양호할 것
④ 경제적인 절단이 이루어질 것

해설
양호한 절단면을 얻기 위해 드래그는 가능한 한 작은 것이 좋다.(표준드래그길이 : 모재 두께의 20%)

**29** 용접봉의 용융금속이 표면장력의 작용으로 모재에 옮겨가는 용적이행으로 맞는 것은?

① 스프레이형 ② 핀치효과형
③ 단락형 ④ 용적형

해설
표면장력이란 서로 끌어 당기는 힘을 말하며 단락형을 용융금속이 모재에 단락된 상태에서 표면장력이 작용하게 된다.

**30** 피복아크용접봉에서 피복제의 가장 중요한 역할은?

① 변형 방지
② 인장력 증대
③ 모재 강도 증가
④ 아크 안정

**31** 저수소계 용접봉의 특징이 아닌 것은?

① 용착금속 중의 수소량이 다른 용접봉에 비해서 현저하게 적다.
② 용착금속의 취성이 크며 화학적 성질도 좋다.
③ 균열에 대한 감수성이 특히 좋아서 두꺼운 판 용접에 사용된다.
④ 고탄소강 및 황의 함유량이 많은 쾌삭강 등의 용접에 사용되고 있다.

해설
저수소계 용접봉은 취성(깨지는 성질)이 작다.

**32** 폭발 위험성이 가장 큰 산소와 아세틸렌의 혼합비(%)는?

① 40 : 60 ② 15 : 85
③ 60 : 40 ④ 85 : 15

**33** 발전(모터, 엔진형)형 직류 아크용접기와 비교하여 정류기형 직류 아크용접기를 설명한 것 중 틀린 것은?

① 고장이 적고 유지보수가 용이하다.
② 취급이 간단하고 가격이 싸다.
③ 초소형 경량화 및 안정된 아크를 얻을 수 있다.
④ 완전한 직류를 얻을 수 있다.

해설
정류기형 직류아크용접기는 교류전기를 직류로 전환하는 방식으로 완전한 직류를 얻을 수 없다.

**34** 35℃에서 150kgf/cm$^2$로 압축하여 내부용적 45.7리터의 산소 용기에 충전하였을 때, 용기 속의 산소량은 몇 리터인가?

① 6,855 ② 5,250
③ 6,105 ④ 7,005

해설
산소량 = 내용적 × 충전압력
$45.7 \times 150 = 6,855$L

정답 27 ① 28 ① 29 ③ 30 ④ 31 ② 32 ④ 33 ④ 34 ①

**35** 산소 프로판 가스용접 시 산소 : 프로판 가스의 혼합비로 가장 적당한 것은?

① 1 : 1　② 2 : 1
③ 2.5 : 1　④ 4.5 : 1

해설
산소 프로판 용접 시 산소는 프로판에 비해 약 4.5배 더 소비된다.

**36** 교류피복아크용접기에서 아크 발생 초기에 용접전류를 강하게 흘려보내는 장치를 무엇이라고 하는가?

① 원격 제어장치
② 핫 스타트 장치
③ 전격 방지기
④ 고주파 발생장치

**37** 아크 절단법의 종류가 아닌 것은?

① 플라스마제트절단
② 탄소아크절단
③ 스카핑
④ 티그절단

**38** 부탄가스의 화학 기호로 맞는 것은?

① $C_4H_{10}$　② $C_3H_8$
③ $C_5H_{12}$　④ $C_2H_6$

**39** 아크 에어 가우징에 가장 적합한 홀더 전원은?

출제 빈도 높음

① DCRP
② DCSP
③ DCRP, DCSP 모두 좋다.
④ 대전류의 DCSP가 가장 좋다.

해설
아크 에어 가우징의 전원극성은 직류 역극성(DCRP)을 사용한다. 아크 에어 가우징, MIG용접은 직류 역극성 전원을 사용함을 반드시 기억하자.

**40** 고장력강(HT)의 용접성을 가급적 좋게 하기 위해 줄여야 할 합금원소는?

① C　② Mn
③ Si　④ Cr

해설
탄소(C)를 줄이면 용접성이 좋아짐
예 연강

**41** 내식강 중에서 가장 대표적인 특수 용도용 합금강은?

① 주강　② 탄소강
③ 스테인리스강　④ 알루미늄강

해설
스테인리스강은 내식성이 좋아 불수강(녹이 슬지 않는 강)이라고도 한다.

**42** 열간가공이 쉽고 다듬질 표면이 아름다우며 용접성이 우수한 강으로 몰리브덴 첨가로 담금질성이 높아 각종 축, 강력볼트, 아암, 레버 등에 많이 사용되는 강은?

① 크롬-몰리브덴강　② 크롬-바나듐강
③ 규소-망간강　④ 니켈-구리-코발트강

**43** 아공석강의 기계적 성질 중 탄소함유량이 증가함에 따라 감소하는 성질은?

① 연신율　② 경도
③ 인장강도　④ 항복강도

해설
탄소함유량이 증가함에 따라 연신율이 감소한다.

**44** 금속침투법에서 칼로라이징이란 어떤 원소로 사용하는 것인가?

① 니켈　② 크롬
③ 붕소　④ 알루미늄

해설
금속침투법의 종류 : 칼로라이징(Al), 세라다이징(Zn), 크로마이징(Cr), 실리코나이징(Si)

정답 35 ④ 36 ② 37 ③ 38 ① 39 ① 40 ① 41 ③ 42 ① 43 ① 44 ④

**45** 주조 시 주형에 냉금을 삽입하여 주물표면을 급랭시키는 방법으로 제조되어 금속 압연용 롤 등으로 사용되는 주철은?

① 가단주철 ② 칠드주철
③ 고급주철 ④ 페라이트주철

**46** 알루마이트법이라 하여, Al 제품을 2% 수산 용액에서 전류를 흘려 표면에 단단하고 치밀한 산화막을 만드는 방법은?

① 통산법 ② 황산법
③ 수산법 ④ 크롬산법

**47** 출제 빈도 높음 주위의 온도에 의하여 선팽창 계수나 탄성률 등의 특정한 성질이 변하지 않는 불변강이 아닌 것은?

① 인바 ② 엘린바
③ 슈퍼인바 ④ 베빗메탈

해설
**불변강의 종류**
인바, 초인바, 엘린바, 코엘린바, 플래티나이트, 퍼멀로이, 이소에라스틱
☞ 암기법 : 인초엘/코플퍼이

**48** 다음 가공법 중 소성가공법이 아닌 것은?

① 주조 ② 압연
③ 단조 ④ 인발

**49** 다음 중 담금질에서 나타나는 조직으로 경도와 강도가 가장 높은 조직은?

① 시멘타이트 ② 오스테나이트
③ 소르바이트 ④ 마텐자이트

해설
**담금질 조직의 종류**(경도, 강도 큰 순서)
마텐자이트 > 트루스타이트 > 소루바이트 > 오스테나이트
☞ 암기법 : 마.트.소.오.

**50** 일반적으로 강에 S, Pb, P 등을 첨가하여 절삭성을 향상시킨 강은?

① 구조용강 ② 쾌삭강
③ 스프링강 ④ 탄소공구강

**51** KS 재료 기호에서 고압 배관용 탄소강관을 의미하는 것은?

① SPP ② SPS
③ SPPA ④ SPPH

해설
**SPPH**
고압배관용 탄소강관. 여기서 H는 high를 의미한다.

**52** 용도에 의한 명칭에서 선의 종류가 모두 가는 실선인 것은?

① 치수선, 치수보조선, 지시선
② 중심선, 지시선, 숨은선
③ 외형선, 치수보조선, 해칭선
④ 기준선, 피치선, 수준면선

해설
숨은선(가는 파선), 외형선(굵은 실선), 피치선(가는 일점 쇄선)

**53** 리벳의 호칭방법으로 옳은 것은?

① 규격번호, 종류, 호칭지름×길이, 재료
② 명칭, 등급, 호칭지름×길이, 재료
③ 규격번호, 종류, 부품 등급, 호칭, 재료
④ 명칭, 다듬질 정도, 호칭, 등급, 강도

**54** 도면에서 표제란과 부품란으로 구분할 때 다음 중 일반적으로 표제란에만 기입하는 것은?

① 부품번호 ② 부품기호
③ 수량 ④ 척도

정답 45 ② 46 ③ 47 ④ 48 ① 49 ④ 50 ② 51 ④ 52 ① 53 ① 54 ④

**55** 그림과 같이 파단선을 경계로 필요로 하는 요소의 일부만을 단면으로 표시하는 단면도는?

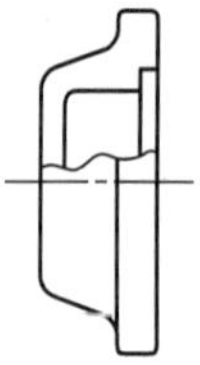

① 온 단면도 ② 부분 단면도
③ 한쪽 단면도 ④ 회전 도시 단면도

**56** 그림과 같은 치수 기입방법은?

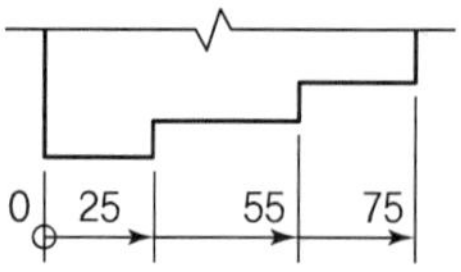


① 직렬 치수 기입법 ② 병렬 치수 기입법
③ 조합 치수 기입법 ④ 누진 치수 기입법

**57** 관의 구배를 표시하는 방법 중 틀린 것은?

① 

② 

③ 

④ 

**58** 그림과 같은 용접이음 방법의 명칭으로 가장 적합한 것은?

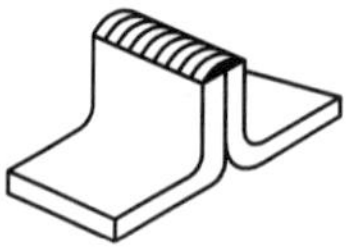

① 연속 필릿용접 ② 플랜지형 겹치기 용접
③ 연속 모서리 용접 ④ 플랜지형 맞대기 용접

**59** 그림과 같은 원뿔을 전개하였을 경우 나타난 부채꼴의 전개각(전개된 물체의 꼭지각)이 150°가 되려면 $l$의 치수는?

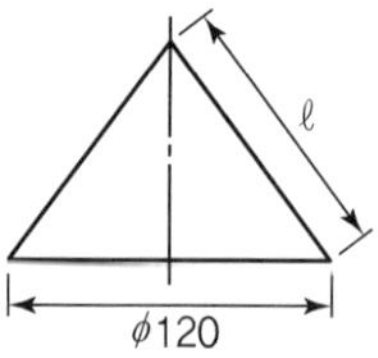


① 100 ② 122
③ 144 ④ 150

해설
부채꼴의 중심각을 구하는 공식을 이용한다.
$\theta = 360 \times \frac{r}{l}$ 이므로 $150 = 360 \times 60/l$ 계산식에 의해 풀이하면 원뿔 밑변의 지름은 144mm이다.

여기서, $\theta$ : 부채꼴의 중심각
$r$ : 원뿔의 반지름
$l$ : 원뿔 빗변의 길이

**60** 그림과 같은 제3각 정투상도의 3면도를 기초로 한 입체도로 가장 적합한 것은?

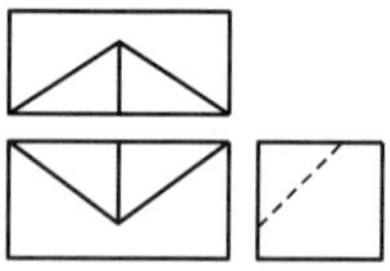

① 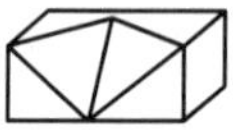
② 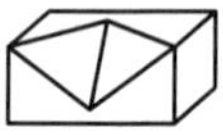
③ 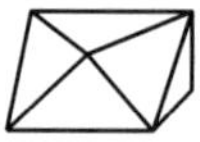
④ 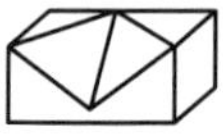

정답 55 ② 56 ④ 57 ④ 58 ④ 59 ③ 60 ②

시 행 일 자 2014년 7월 20일

# 특수용접기능사 4회

**01** 금속산화물이 알루미늄에 의하여 산소를 빼앗기는 반응에 의해 생성되는 열을 이용하여 금속을 접합하는 용접방법은?

출제빈도 높음

① 일렉트로 슬래그 용접
② 테르밋 용접
③ 불활성 가스 금속 아크용접
④ 스폿 용접

**02** 맞대기 용접에서 판 두께가 대략 6mm 이하의 경우에 사용되는 홈의 형상은?

① I형 ② X형
③ U형 ④ H형

해설
용접기능사 시험에서는 모재두께 6mm 이하를 박판으로 보며 I형 홈은 박판용접 시 사용되는 용접홈이다.

**03** TIG 용접에서 청정작용이 가장 잘 발생하는 용접 전원은?

① 직류 역극성일 때 ② 직류 정극성일 때
③ 교류 정극성일 때 ④ 극성에 관계없음

해설
청정작용은 금속산화막을 제거하는 데 효과적이며 알루미늄등 산화막으로 인해 용접이 어려운 금속에 효율적이다.

**04** 다음 중 서브머지드 아크용접에서 기공의 발생 원인과 거리가 가장 먼 것은?

① 용제의 건조불량
② 용접속도의 과대
③ 용접부의 구속이 심할 때
④ 용제 중에 불순물의 혼입

**05** 안전모의 일반구조에 대한 설명으로 틀린 것은?

① 안전모는 모체, 착장체 및 턱끈을 가질 것
② 착장체의 구조는 착용자의 머리 부위에 균등한 힘이 분배되도록 한 것
③ 안전모의 내부수직거리는 25mm 이상 50mm 미만일 것
④ 착장체의 머리 고정대는 착용자의 머리 부위에 고정하도록 조절할 수 없을 것

**06** 아크전류가 일정할 때 아크 전압이 높아지면 용접봉의 용융속도가 늦어지고, 아크 전압이 낮아지면 용융속도가 빨라지는 특성은?

① 부저항 특성
② 전압회복 특성
③ 절연회복 특성
④ 아크 길이 자기제어 특성

**07** 일반적으로 피복아크용접 시 운봉폭은 심선 지름의 몇 배인가?

① 1~2배 ② 2~3배
③ 5~6배 ④ 7~8배

해설
• 운봉폭 : 2~3배
• 용접봉과 모재 사이의 거리(아크 길이) : 1~2배

**08** 시중에서 시판되는 구리 제품의 종류가 아닌 것은?

① 전기동 ② 산화동
③ 정련동 ④ 무산소동

정답 01 ② 02 ① 03 ① 04 ③ 05 ④ 06 ④ 07 ② 08 ②

**09** 출제빈도높음 암모니아($NH_3$) 가스 중에서 500℃ 정도로 장시간 가열하여 강제품의 표면을 경화시키는 열처리는?

① 침탄 처리 ② 질화 처리
③ 화염 경화처리 ④ 고주파 경화처리

해설
질화 처리법은 암모니아 중의 N(실소)를 이용한 강의 표면경화법이다. 시험에서는 질화법과 침탄법을 비교하는 문제가 자주 출제된다. 두 가지 중 기계적 성질이 우수한 것은 질화법으로 경도가 높고, 열처리가 필요 없으며, 변화가 적고, 고온으로 가열해도 경도가 낮아지지 않는 장점이 있는 반면 질화층이 침탄법에 비해 여리다는 단점이 있다.

**10** 냉간가공을 받은 금속의 재결정에 대한 일반적인 설명으로 틀린 것은?

① 가공도가 낮을수록 재결정 온도는 낮아진다.
② 가공시간이 길수록 재결정 온도는 낮아진다.
③ 철의 재결정온도는 330~450℃ 정도이다.
④ 재결정 입자의 크기는 가공도가 낮을수록 커진다.

해설
가공도가 크면 결정핵이 새롭게 만들어지기 쉬워 낮은 온도에서 재결정이 생기며, 가공도가 작은 것은 결정핵이 발생하기 어렵기 때문에 높은 온도로 가열해야 재결정이 생긴다.

**11** 황동의 화학적 성질에 해당되지 않는 것은?

① 질량효과 ② 자연 균열
③ 탈아연 부식 ④ 고온 탈아연

해설
질량효과란 질량의 크고 작음에 따라 담금질의 효과가 다르게 나타나는 효과를 말한다.

**12** 18%Cr-8%Ni계 스테인리스강의 조직은?

① 페라이트계 ② 마텐자이트계
③ 오스테나이트계 ④ 시멘타이트계

**13** 주강제품에는 기포, 기공 등이 생기기 쉬우므로 제강작업 시에 쓰이는 탈산제는?

① P.S ② Fe-Mn
③ $SO_2$ ④ $Fe_2O_3$

**14** Fe-C 상태도에서 아공석강의 탄소함량으로 옳은 것은?

① 0.025~0.8%C ② 0.80~2.0%C
③ 2.0~4.3%C ④ 4.3~6.67%C

해설
- 아공석강 : 0.025~0.8%C
- 공석강 : 0.8%C
- 과공석강 : 0.8~6.67%C

**15** 저온 메짐을 일으키는 원소는?

① 인(P) ② 황(S)
③ 망간(Mn) ④ 니켈(Ni)

해설
저온 메짐(취성)을 일으키는 원소는 인(P)이다.

**16** 출제빈도높음 피복아크용접 시 용접회로의 구성순서가 바르게 연결된 것은?

① 용접기 → 접지케이블 → 용접봉홀더 → 용접봉 → 아크 → 모재 → 헬멧
② 용접기 → 전극케이블 → 용접봉홀더 → 용접봉 → 아크 → 접지케이블 → 모재
③ 용접기 → 접지케이블 → 용접봉홀더 → 용접봉 → 아크 → 전극케이블 → 모재
④ 용접기 → 전극케이블 → 용접봉홀더 → 용접봉 → 아크 → 모재 → 접지케이블

해설
단순하게 암기하기보다는 그림을 한번 그려보면 이해가 빠르다.

정답 09 ② 10 ① 11 ① 12 ③ 13 ② 14 ① 15 ① 16 ④

## 17 정류기형 직류 아크용접기의 특성에 관한 설명으로 틀린 것은?

① 보수와 점검이 어렵다.
② 취급이 간단하고, 가격이 싸다.
③ 고장이 적고, 소음이 나지 않는다.
④ 교류를 정류하므로 완전한 직류를 얻지 못한다.

해설
정류기라는 것은 교류를 직류로 바꿔주는 장치이며 완전한 직류를 얻지 못한다.

## 18 동일한 용접조건에서 피복아크용접할 경우 용입이 가장 깊게 나타나는 것은?

① 교류(AC)
② 직류 역극성(DCRP)
③ 직류 정극성(DCSP)
④ 고주파 교류(ACHF)

해설
**용입이 깊은 순서**
직류 정극성 > 교류 > 직류 역극성

## 19 탄소강의 종류 중 탄소 함유량이 0.3~0.5%이고, 탄소량이 증가함에 따라서 용접부에서 저온 균열이 발생될 위험성이 커지기 때문에 150~250℃로 예열을 실시할 필요가 있는 탄소강은?

① 저탄소강 ② 중탄소강
③ 고탄소강 ④ 대탄소강

## 20 가스 용접봉의 성분 중에서 인(P)이 모재에 미치는 영향을 올바르게 설명한 것은?

① 기공을 막을 수도 있으나 강도가 떨어지게 된다.
② 강의 강도를 증가시키나 연신율, 굽힘성 등이 감소된다.
③ 용접부의 저항력을 감소시키고, 기공 발생의 원인이 된다.
④ 강에 취성을 주며, 가연성을 잃게 하는데 특히 암적색으로 가열한 경우는 대단히 심하다.

## 21 오스테나이트계 스테인리스강을 용접 시 냉각과정에서 고온균열이 발생하게 되는 원인으로 틀린 것은?

① 아크의 길이가 너무 길 때
② 모재가 오염되어 있을 때
③ 크레이터 처리를 하였을 때
④ 구속력이 가해진 상태에서 용접할 때

## 22 텅스텐(W)의 용융점은 약 몇 ℃인가?

① 1,538℃ ② 2,610℃
③ 3,410℃ ④ 4,310℃

해설
텅스텐은 가장 용융점이 높은 금속이며 TIG(불활성 가스 텅스텐아크용접의 심선으로 사용된다.)

## 23 저온뜨임의 목적이 아닌 것은?

① 치수의 경년변화 방지
② 담금질 응력 제거
③ 내마모성의 향상
④ 기공의 방지

## 24 현미경 시험용 부식제 중 알루미늄 및 그 합금용에 사용되는 것은?

① 초산 알코올 용액 ② 피크린산 용액
③ 왕수 ④ 수산화나트륨 용액

해설
알루미늄 및 그 합금(수산화나트륨 용액) 암기법 : 알 았 수!

## 25 전기에 감전되었을 때 체내에 흐르는 전류가 몇 mA일 때 근육 수축이 일어나는가?

① 5mA ② 20mA
③ 50mA ④ 100mA

해설
- 5mA : 상당한 고통
- 10mA : 견디기 힘든 심한 고통
- 20mA : 근육수축
- 50mA : 사망위험
- 100mA : 치명적인 영향

정답 17 ① 18 ③ 19 ② 20 ④ 21 ③ 22 ③ 23 ④ 24 ④ 25 ②

**26** 아크용접에서 피복제의 작용을 설명한 것 중 틀린 것은?

① 전기절연 작용을 한다.
② 아크(Arc)를 안정하게 한다.
③ 스패터링(Spattering)을 많게 한다.
④ 용착금속의 탈산정련 작용을 한다.

**27** 강의 인성을 증가시키며, 특히 노치 인성을 증가시켜 강의 고온 가공을 쉽게 할 수 있도록 하는 원소는?

① P ② Si
③ Pb ④ Mn

**28** 플라스마 아크 절단법에 관한 설명이 틀린 것은?

① 알루미늄 등의 경금속에는 작동가스로 아르곤과 수소의 혼합가스가 사용된다.
② 가스 절단과 같은 화학반응은 이용하지 않고, 고속의 플라스마를 사용한다.
③ 텅스텐전극과 수랭 노즐 사이에 아크를 발생시키는 것을 비이행형 절단법이라 한다.
④ 기체의 원자가 저온에서 음(−)이온으로 분리된 것을 플라스마라 한다.

해설
플라스마란 초고온에서 음전하를 가진 전자와 양전하를 띤 이온으로 분리된 기체 상태를 말한다

**29** AW 220, 무부하전압 80V, 아크 전압이 30V인 용접기의 효율은?(단, 내부손실은 2.5kW이다.)

① 71.5% ② 72.5%
③ 73.5% ④ 74.5%

**30** 예열용 연소 가스로는 주로 수소가스를 이용하며, 침몰선의 해체, 교량의 교각 개조 등에 사용되는 절단법은?

① 스카핑 ② 산소창 절단
③ 분말절단 ④ 수중절단

**31** 피복아크용접봉의 보관과 건조방법으로 틀린 것은?

① 건조하고 진동이 없는 곳에 보관한다.
② 저소수계는 100~150℃에서 30분 건조한다.
③ 피복제의 계통에 따라 건조 조건이 다르다.
④ 일미나이트계는 70~100℃에서 30~60분 건조한다.

**32** 가스 절단 작업을 할 때 양호한 절단면을 얻기 위하여 예열 후 절단을 실시하는데 예열불꽃이 강할 경우 미치는 영향 중 잘못 표현된 것은?

① 절단면이 거칠어진다.
② 절단면이 매우 양호하다.
③ 모서리가 용융되어 둥글게 된다.
④ 슬래그 중의 철 성분의 박리가 어려워진다.

**33** 아크용접기에 사용하는 변압기는 어느 것이 가장 적합한가?

① 누설 변압기
② 단권 변압기
③ 계기용 변압기
④ 전압 조정용 변압기

**34** 가스용접에서 전진법과 비교한 후진법의 설명으로 맞는 것은?

① 열 이용률이 나쁘다.
② 용접속도가 느리다.
③ 용접변형이 크다.
④ 두꺼운 판의 용접에 적합하다.

해설
후진법은 열이용률이 좋으며 속도가 빠르고 변형이 잘 생기지 않으며 후판용접도 가능하나 비드의 모양이 좋지 못한 단점이 있다.

정답 26 ③ 27 ④ 28 ④ 29 ② 30 ④ 31 ② 32 ② 33 ① 34 ④

**35** 산소에 대한 설명으로 틀린 것은?

① 가연성 가스이다.
② 무색, 무취, 무미이다.
③ 물의 전기분해로도 제조한다.
④ 액체 산소는 보통 연한 청색을 띤다.

해설
산소는 스스로 연소하지 않는 지연성(조연성) 가스이다.

**36** 모재의 열 변형이 거의 없으며, 이종 금속의 용접이 가능하고 정밀한 용접을 할 수 있으며, 비접촉식 방식으로 모재에 손상을 주지 않는 용접은?

① 레이저 용접
② 테르밋 용접
③ 스터드 용접
④ 플라스마 제트 아크용접

해설
레이저 용접은 비접촉식 용접법이다.

**37** 납땜에 관한 설명 중 맞는 것은?

① 경납땜은 주로 납과 주석의 합금용제를 많이 사용한다.
② 연납땜은 450℃ 이상에서 하는 작업이다.
③ 납땜은 금속 사이에 융점이 낮은 별개의 금속을 용융 첨가하여 접합한다.
④ 은납의 주성분은 은, 납, 탄소 등의 합금이다.

**38** 용접부의 비파괴 시험에 속하는 것은?

① 인장시험 ② 화학분석시험
③ 침투시험 ④ 용접균열시험

해설
침투시험(PT)은 염료를 이용한 PT－D와 형광물질을 이용한 PT－F 시험법이 있다.

**39** 용접 시 발생되는 아크 광선에 대한 재해 원인이 아닌 것은?

① 차광도가 낮은 차광 유리를 사용했을 때
② 사이드에 아크 빛이 들어 왔을 때
③ 아크 빛을 직접 눈으로 보았을 때
④ 차광도가 높은 차광 유리를 사용했을 때

**40** 용접전의 일반적인 준비사항이 아닌 것은?

① 용접재료 확인 ② 용접사 선정
③ 용접봉의 선택 ④ 후열과 풀림

해설
후열은 용접 전의 준비사항이 아닌 용접 후에 실시하는 열처리이다 .

**41** TIG 용접에서 보호 가스로 주로 사용하는 가스는?

① Ar, He ② CO, Ar
③ He, $CO_2$ ④ CO, He

해설
Ar, He은 불활성 가스이다.

**42** 이산화탄소 아크용접의 시공법에 대한 설명으로 맞는 것은?

① 와이어의 돌출길이가 길수록 비드가 아름답다.
② 와이어의 용융속도는 아크전류에 정비례하여 증가한다.
③ 와이어의 돌출길이가 길수록 늦게 용융된다.
④ 와이어의 돌출길이가 길수록 아크가 안정된다.

해설
이산화탄소 아크용접에서 아크전류는 와이어의 용융속도와 비례하며, 아크 전압은 비드의 모양과 관계가 있다.

**43** 서브머지드 아크용접에서 루트 간격이 0.8mm보다 넓을 때 누설방지 비드를 배치하는 가장 큰 이유로 맞는 것은?

① 기공을 방지하기 위하여
② 크랙을 방지하기 위하여
③ 용접변형을 방지하기 위하여
④ 용락을 방지하기 위하여

정답 35 ① 36 ① 37 ③ 38 ③ 39 ④ 40 ④ 41 ① 42 ② 43 ④

해설
서브머지드 아크용접은 자동용접으로 시공 전 정밀한 홈 가공을 해 주어야 한다.
루트간격은 0.8mm 이하

**44** MIG 용접 시 와이어 송급 방식의 종류가 아닌 것은?

출제 빈도 높음

① 풀 방식　② 푸시 방식
③ 푸시 풀 방식　④ 푸시 언더 방식

**45** 다음 중 심용접의 종류가 아닌 것은?

① 맞대기 심용접　② 슬롯 심용접
③ 매시 심용접　④ 포일 심용접

**46** 매크로 조직시험에서 철강재의 부식에 사용되지 않는 것은?

① 염산 1 : 물 1의 액
② 염산 38 : 황산 1.2 : 물 5.0의 액
③ 소금 1 : 물 1.5의 액
④ 초산 1 : 물 3의 액

**47** 서브머지드 아크용접의 용제에서 광물성 원료를 고온(1,300℃ 이상)으로 용융한 후 분쇄하여 적합한 입도로 만드는 용제는?

① 용융형 용제　② 소결형 용제
③ 첨가형 용제　④ 혼성형 용제

해설
서브머지드 아크용접에 사용되는 용제의 종류에는 용융형, 소결형, 혼합형의 세 가지가 있다.

**48** 용접결함과 그 원인을 조합한 것으로 틀린 것은?

① 선상조직 – 용착금속의 냉각속도가 빠를 때
② 오버랩 – 전류가 너무 낮을 때
③ 용입 불량 – 전류가 너무 높을 때
④ 슬래그 섞임 – 전 층의 슬래그 제거가 불완전할 때

**49** 용접작업을 할 때 발생한 변형을 가열하여 소성 변형을 시켜서 교정하는 방법으로 틀린 것은?

① 박판에 대한 점수축법
② 형재에 대한 직선수축법
③ 가열 후 해머질하는 법
④ 피닝법

해설
피닝법은 끝이 둥근 망치를 이용해 두들기며 응력을 제거하는 방법이다.

**50** 다음 중 $CO_2$ 가스 아크용접에 적용되는 금속으로 맞는 것은?

① 알루미늄　② 황동
③ 연강　④ 마그네슘

해설
$CO_2$ 용접(연강), MIG 용접(알루미늄 등 비철) 두 가지 용접의 용접방식은 동일하나 사용하는 가스의 종류가 다르다.

**51** 다음 중 기계제도 분야에서 가장 많이 사용되며, 제3각법에 의하여 그리므로 모양을 엄밀, 정확하게 표시할 수 있는 도면은?

① 캐비닛도　② 등각투상도
③ 투시도　④ 정투상도

**52** 다음 중 치수 보조 기호를 적용할 수 없는 것은?

① 구의 지름 치수　② 단면이 정사각형인 면
③ 판재의 두께 치수　④ 단면이 정삼각형인 면

**53** 다음 중 용접 구조용 압연 강재의 KS 기호는?

① SS 400　② SCW 450
③ SM 400 C　④ SCM 415 M

해설
- SS : 일반구조용압연강재
- SCW : 용접구조용주강
- SCM : 크롬몰리브덴강재

정답 44 ④ 45 ② 46 ③ 47 ① 48 ③ 49 ④ 50 ③ 51 ④ 52 ④ 53 ③

**54** 다음 중 단독형체로 적용되는 기하공차로만 짝지어진 것은?

① 평면도, 진원도　② 진직도, 직각도
③ 평행도, 경사도　④ 위치도, 대칭도

**55** 기계제도에서 도면의 크기 및 양식에 대한 설명 중 틀린 것은?

① 도면 용지는 A형 사이즈를 사용할 수 있으며, 연장하는 경우에는 연장 사이즈를 사용한다.
② A4~A0 도면 용지는 반드시 긴 쪽을 좌우 방향으로 놓고서 사용해야 한다.
③ 도면에는 반드시 윤곽선 및 중심마크를 그린다.
④ 복사한 도면을 접을 때 그 크기는 원칙적으로 A4 크기로 한다.

해설
A4용지 이하의 사이즈에 한해 방향 전환이 가능하다.

**56** 물체의 정면도를 기준으로 하여 뒤쪽에서 본 투상도는?

① 정면도　② 평면도
③ 저면도　④ 배면도

해설
제1각법과 제3각법에서 서로 위치가 바뀌지 않는 도면이 바로 정면도와 배면도이다.

**57** 다음 그림에서 축 끝에 도시된 센터 구멍 기호가 뜻하는 것은?

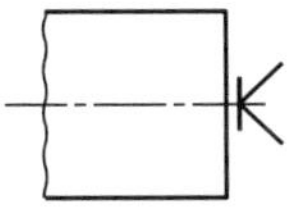

① 센터 구멍이 남아 있어도 좋다.
② 센터 구멍이 필요하지 않다.
③ 센터 구멍을 반드시 남겨둔다.
④ 센터 구멍이 필요하다.

**58** 그림과 같은 용접 이음을 용접 기호로 옳게 표시한 것은?

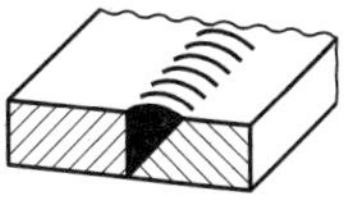

① 　② 
③ 　④ 

해설
② : 베벨각

**59** 배관 도시 기호 중 체크밸브를 나타내는 것은?

① 　② 
③ 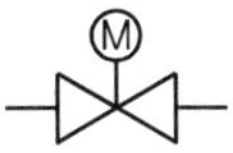　④ 

해설
① 밸브일반(게이트밸브) ② 글로브밸브 ③ 전동밸브

**60** 그림과 같은 도면에서 ⓐ 판의 두께는 얼마인가?

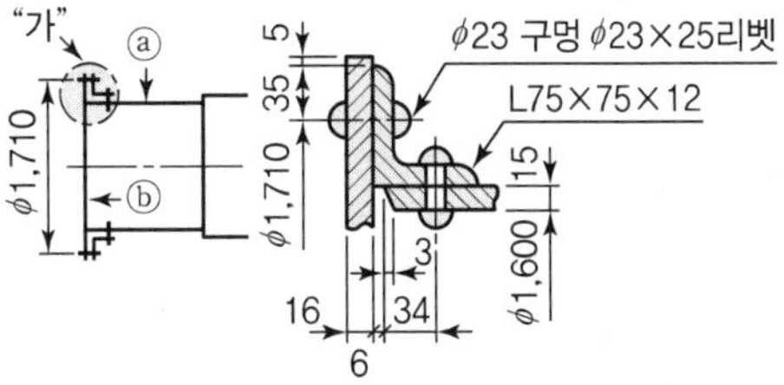


① 6mm　② 12mm
③ 15mm　④ 16mm

해설
오른쪽 도면은 왼쪽도면 "가"부분을 확대한 것으로 a부와 b부가 ㄴ자 형태로 리벳 조립되어 있으며 L75×75×12라는 것은 L자 형강의 가로세로 사이즈가 각각 75mm를 나타내며 두께가 12mm라는 의미이다.

정답　54 ①　55 ②　56 ④　57 ②　58 ②　59 ④　60 ③

시 행 일 자
2014년 10월 11일

# 용접기능사 5회

**01** 차축, 레일의 접합, 선박의 프레임 등 비교적 큰 단면을 가진 주조나 단조품의 맞대기 용접과 보수용접에 주로 사용되는 용접법은?

출제 빈도 높음

① 오토콘 용접
② 테르밋 용접
③ 원자 수소 아크용접
④ 서브머지드 아크용접

해설
테르밋 용접은 전기를 사용하지 않으며 금속산화철과 알루미늄의 분말을 약 3 : 1로 혼합하여 과산화바륨과 알루미늄 또는 마그네슘 등의 점화제를 가해 발생하는 화학적인 반응 에너지로 용접을 하게 되며 변형이 적어 주로 기차 레일의 접합에 사용된다.

**02** 용접부 시험 중 비파괴 시험방법이 아닌 것은?

① 피로시험 ② 자기적 시험
③ 누설시험 ④ 초음파시험

해설
피로시험은 파괴시험에 속한다.

**03** 불활성 가스 금속 아크용접의 제어장치로서 크레이터 처리기능에 의해 낮아진 전류가 서서히 줄어들면서 아크가 끊어지는 기능으로 이면용접 부위가 녹아내리는 것을 방지하는 것은?

① 예비가스 유출시간 ② 스타트 시간
③ 크레이터 충전시간 ④ 버언 백 시간

**04** 다음 중 용접 결함의 보수 용접에 관한 사항으로 가장 적절하지 않은 것은?

① 재료의 표면에 얕은 결함은 덧붙임 용접으로 보수한다.
② 덧붙임 용접으로 보수할 수 있는 한도를 초과할 때에는 결함부분을 잘라내어 맞대기 용접으로 보수한다.
③ 결함이 제거된 모재 두께가 필요한 치수보다 얕게 되었을 때에는 덧붙임 용접으로 보수한다.
④ 언더컷이나 오버랩 등은 그대로 보수 용접을 하거나 정으로 따내기 작업을 한다.

해설
재료 표면의 얕은 결함은 반드시 잘 갈아낸 후 재용접해야 한다.

**05** 불활성 가스 금속아크용접의 용적이행 방식 중 용융이행 상태는 아크기류 중에서 용가재가 고속으로 용융, 미입자의 용적으로 분사되어 모재에 용착되는 용적이행은?

① 용락 이행
② 단락 이행
③ 스프레이 이행
④ 글로뷸러 이행

해설
미입자라는 말은 스프레이 이행에서 용적(용융금속)의 입자가 작게 분사된다는 의미이다.

**06** 경납용 용가재에 대한 각각의 설명이 틀린 것은?

① 알루미늄납 : 일반적으로 알루미늄에 규소, 구리를 첨가하여 사용하며 융점은 660℃ 정도이다.
② 황동납 : 구리와 니켈의 합금으로, 값이 저렴하여 공업용으로 많이 쓰인다.
③ 인동납 : 구리가 주 성분이며 소량의 은, 인을 포함한 합금으로 되어 있다. 일반적으로 구리 및 구리 합금의 땜납으로 쓰인다.
④ 은납 : 구리, 은, 아연이 주성분으로 구성된 합금으로 인장강도, 전연성 등의 성질이 우수하다.

해설
황동은 구리(Cu)와 아연(Zn)으로 구성되어 있음을 반드시 숙지하도록 하자.
☞ 암기법 : 아(아연)구(구리)찜 먹으러 갔는데 아구는 없고 콩나물만 있어 황(황동)이었다.

정답 01 ② 02 ① 03 ④ 04 ① 05 ③ 06 ②

**07** 토륨 텅스텐 전극봉에 대한 설명으로 맞는 것은?

① 전자 방사능력이 떨어진다.
② 아크 발생이 어렵고 불순물 부착이 많다.
③ 직류 정극성에는 좋으나 교류에는 좋지 않다.
④ 전극의 소모가 많다.

해설
직류 정극성은 전극봉(텅스텐봉)에 −극이 접속되어 열량이 작아 전극이 잘 용융되지 않는다.

**08** 일렉트로 슬래그 용접의 단점에 해당되는 것은?

① 다전극을 이용하면 더욱 능률을 높일 수 있다.
② 용접진행 중에 용접부를 직접 관찰할 수 없다.
③ 최소한의 변형과 최단시간의 용접법이다.
④ 용접능률과 용접품질이 우수하므로 후판용접 등에 적당하다.

해설
일렉트로 슬래그 용접은 와이어가 용융슬래그 속에 잠겨 용융되므로 용접부를 직접 관찰할 수 없다.

**09** 다음 전기 저항 용접 중 맞대기 용접이 아닌 것은?

① 버트 심용접 ② 업셋 용접
③ 프로젝션 용접 ④ 퍼커션 용접

해설
프로젝션 용접(돌기용접)은 겹치기 저항 용접이다.

**10** $CO_2$ 가스 아크용접 시 저전류 영역에서 가스유량은 약 몇 $l$/min 정도가 가장 적당한가?

① 1~5 ② 6~10
③ 10~15 ④ 16~20

**11** 상온에서 강하게 압축함으로써 경계면을 국부적으로 소성 변형시켜 접합하는 것은?

① 냉간 압접 ② 플래시 버트 용접
③ 업셋 용접 ④ 가스 압접

**12** 서브머지드 아크용접에서 다전극 방식에 의한 분류가 아닌 것은?

① 유니언식 ② 횡병렬식
③ 횡직렬식 ④ 탠덤식

**13** 용착금속의 극한 강도가 30kg/mm², 안전율이 6이면 허용 응력은?

① 3kg/mm² ② 4kg/mm²
③ 5kg/mm² ④ 6kg/mm²

해설
안전율 = 인장강도(극한강도)/허용응력이므로
6 = 30/허용응력
그러므로 허용응력은 5kg/mm²

**14** 하중의 방향에 따른 필릿용접의 종류가 아닌 것은?

① 전면필릿 ② 측면필릿
③ 연속필릿 ④ 경사필릿

해설
**하중의 방향에 따른 필릿용접의 종류**
- 전면필릿용접(수직)
- 측면필릿용접(수평)
- 경사필릿용접

**15** 모재 두께 9mm, 용접 길이 150mm인 맞대기 용접의 최대 인장 하중(kg)은 얼마인가?(단, 용착금속의 인장 강도는 43kg/mm²이다.)

① 716kg ② 4,450kg
③ 40,635kg ④ 58,050kg

해설
인장강도 = 하중/단면적이며 단면적 = 모재의 두께 × 용접선의 길이이므로, 43 = 하중/(9 × 150)을 수식으로 풀면 하중의 값은 58,050kg

**16** 화재의 폭발 및 방지조치 중 틀린 것은?

① 필요한 곳에 화재를 진화하기 위한 발화 설비를 설치할 것
② 용접 작업 부근에 점화원을 두지 않도록 할 것

정답 07 ③ 08 ② 09 ③ 10 ③ 11 ① 12 ① 13 ③ 14 ③ 15 ④ 16 ①

③ 대기 중에 가연성 가스를 누설 또는 방출시키지 말 것
④ 배관 또는 기기에서 가연성 증기가 누출되지 않도록 할 것

해설
발화설비란 불이 타기 쉬운 설비를 말한다.

**17** 용접 변형에 대한 교정방법이 아닌 것은?

① 가열법
② 절단에 의한 변형과 재용접
③ 가압법
④ 역변형법

해설
역변형법은 변형이 생기는 것을 감안하여 용접전 변형이 생기는 방향의 반대방향으로 접어 가접을 실시하는 것으로 변형의 교정법과는 거리가 멀다.

**18** 용접 시 두통이나 뇌빈혈을 일으키는 이산화탄소 가스의 농도는?

① 1~2%　　② 3~4%
③ 10~15%　　④ 20~30%

해설
이산화탄소의 농도가 3~4%(두통 뇌빈혈), 15% 이상(위험), 30% 이상(치사량)

**19** 용접에서 예열에 관한 설명 중 틀린 것은?

① 용접 작업에 의한 수축 변형을 감소시킨다.
② 용접부의 냉각 속도를 느리게 하여 결함을 방지한다.
③ 고급 내열합금도 용접 균열을 방지하기 위하여 예열을 한다.
④ 알루미늄합금, 구리합금은 50~70℃의 예열이 필요하다.

해설
알루미늄, 구리합금의 예열 온도는 200~400℃이다.

**20** 현미경 조직시험 순서 중 가장 알맞은 것은?

① 시험편 채취 → 마운팅 → 샌드페이퍼 연마 → 폴리싱 → 부식 → 현미경검사
② 시험편 채취 → 폴리싱 → 마운팅 → 샌드페이퍼 연마 → 부식 → 현미경검사
③ 시험편 채취 → 마운팅 → 폴리싱 → 샌드페이퍼 연마 → 부식 → 현미경검사
④ 시험편 채취 → 마운팅 → 부식 → 샌드페이퍼 연마 → 폴리싱 → 현미경검사

**21** 용접부의 연성결함의 유무를 조사하기 위하여 실시하는 시험법은?

① 경도시험　　② 인장시험
③ 초음파시험　　④ 굽힘시험

해설
용접부의 연성(구부러지거나 늘어나는 성질) 유무를 시험하는 시험은 굽힘 시험이다.

**22** TIG 용접 및 MIG 용접에 사용되는 불활성 가스로 가장 적합한 것은?

① 수소 가스　　② 아르곤 가스
③ 산소 가스　　④ 질소 가스

**23** 가스 용접 시 양호한 용접부를 얻기 위한 조건에 대한 설명 중 틀린 것은?

① 용착금속의 용입 상태가 균일해야 한다.
② 용접부에는 기름, 먼지, 녹 등을 완전히 제거하여야 한다.
③ 용접부에 첨가된 금속의 성질이 양호하지 않아도 된다.
④ 슬래그, 기공 등의 결함이 없어야 한다.

정답　17 ④　18 ②　19 ④　20 ①　21 ④　22 ②　23 ③

**24** 교류 아크용접기 종류 중 AW－500의 정격부하 전압은 몇 V인가?

① 28V ② 32V
③ 36V ④ 40V

해설
AW－500인 교류 아크용접기의 정격부하전압은 40V이다.

**25** 연강 피복아크용접봉인 E4316의 계열은 어느 계열인가?

① 저수소계 ② 고산화티탄계
③ 철분 저수소계 ④ 일미나이트계

**26** 용해 아세틸렌가스는 각각 몇 ℃, 몇 $kgf/cm^2$로 충전하는 것이 가장 적합한가?

① 40℃, $160kgf/cm^2$
② 35℃, 150 $kgf/cm^2$
③ 20℃, $30kgf/cm^2$
④ 15℃, 15 $kgf/cm^2$

해설
• 용해 아세틸렌의 충전 : 15℃, $15kgf/cm^2$
• 산소충전 : 35℃, $150kgf/cm^2$

**27** 용접의 원리는 금속과 금속을 서로 충분히 접근시키면 금속원자 간에 (　　)이 작용하여 스스로 결합하게 된다. 괄호 안에 알맞은 용어는?

① 인력 ② 기력
③ 자력 ④ 응력

**28** 산소 아크 절단을 설명한 것 중 틀린 것은?

① 가스 절단에 비해 절단면이 거칠다.
② 절단 속도가 빨라 철강 구조물 해체, 수중 해체 작업에 이용된다.
③ 중실(속이 찬) 원형봉의 단면을 가진 강(Steel) 전극을 사용한다.
④ 직류 정극성이나 교류를 사용한다.

해설
산소아크절단은 중공(속이 빈)의 강관에 절단 산소를 흘려 절단하는 방법이다.

**29** 피복아크용접봉의 피복 배합제의 성분 중에서 탈산제에 해당하는 것은?

① 산화티탄(Ti)
② 규소철(Fe－Si)
③ 셀룰로오스(Cellulose)
④ 일미나이트(Ti · FeO)

해설
피복 배합제의 탈산제로 Fe－Mn(페로망간), Fe－Si(페로실리콘), Fe－Ti(페로티탄), Fe－Al(페로알루미늄) 및 Mn, Si, Ti, Al 등이 주로 사용된다.

**30** 다음 가스 중 가연성 가스로만 되어 있는 것은?

① 아세틸렌, 헬륨 ② 수소, 프로판
③ 아세틸렌, 아르곤 ④ 산소, 이산화탄소

해설
헬륨, 아르곤은 불활성 가스이며 이산화탄소는 불연성 가스이다.

**31** 용접법을 크게 융접, 압접, 납땜으로 분류할 때 압접에 해당되는 것은?

① 전자 빔 용접 ② 초음파 용접
③ 원자 수소 용접 ④ 일렉트로 슬래그 용접

해설
초음파 용접은 진동에너지에서 생긴 열을 이용해 가압하는 방식으로 접합하는 압접의 한 종류이다.

**32** 정격 2차 전류 200A, 정격 사용률 40%, 아크용접기로 150A의 용접전류 사용 시 허용 사용률은 약 얼마인가?

① 51% ② 61%
③ 71% ④ 81%

해설
허용사용률＝(정격 2차 전류)$^2$/(실제 사용전류)$^2$×정격사용률이므로
$(200)^2/(150)^2 \times 40$＝약 71%

정답 24 ④ 25 ① 26 ④ 27 ① 28 ③ 29 ② 30 ② 31 ② 32 ③

**33** 가스 용접에 대한 설명 중 옳은 것은?

① 열집중성이 좋아 효율적인 용접이 가능하다.
② 아크용접에 비해 불꽃의 온도가 높다.
③ 전원 설비가 있는 곳에서만 설치가 가능하다.
④ 가열할 때 열량 조절이 비교적 자유롭기 때문에 박판 용접에 적합하다.

**34** 연강용 피복아크용접봉의 피복 배합제 중 아크 안정제 역할을 하는 종류로 묶여 놓은 것 중 옳은 것은?

① 알루미나, 마그네슘, 탄산나트륨
② 적철강, 알루미나, 붕산
③ 붕산, 구리, 마그네슘
④ 산화티탄, 규산나트륨, 석회석, 탄산나트륨

**35** 가스 가우징용 토치의 본체는 프랑스식 토치와 비슷하나 팁은 비교적 저압으로 대용량의 산소를 방출할 수 있도록 설계되어 있는데 이는 어떤 설계 구조인가?

① 초코 ② 인젝트
③ 오리피스 ④ 슬로 다이버전트

**36** 가스용접 작업에서 후진법의 특징이 아닌 것은?

출제 빈도 높음

① 열 이용률이 좋다.
② 용접속도가 빠르다.
③ 용접 변형이 작다.
④ 얇은 판의 용접에 적당하다.

해설
가스용접에서 후진법은 전진법에 비해 기계적 성질이 모두 우수하다.(단, 비드의 모양은 나쁨)

**37** 가스 절단 시 양호한 절단면을 얻기 위한 품질 기준이 아닌 것은?

① 절단면의 표면 각이 예리할 것
② 절단면이 평활하며 노치 등이 없을 것
③ 슬래그 이탈이 양호할 것
④ 드래그의 홈이 높고 가능한 한 클 것

**38** 피복아크용접봉은 피복제가 연소한 후 생성된 물질이 용접부를 보호한다. 용접부의 보호방식에 따른 분류가 아닌 것은?

① 가스 발생식 ② 스프레이형
③ 반가스 발생식 ④ 슬래그 생성식

해설
**피복아크용접봉의 피복제가 용접부를 보호하는 방식**
가스 발생식, 반가스 발생식, 슬래그 생성식(스프레이형은 용적의 이행형식 중 하나이다.)

**39** 직류 아크용접에서 정극성의 특징으로 옳은 것은?

① 비드 폭이 넓다.
② 주로 박판용접에 쓰인다.
③ 모재의 용입이 깊다.
④ 용접봉의 녹음이 빠르다.

해설
직류 정극성(DCSP)은 용접봉에 －극을, 모재에 ＋극을 연결하며 용입이 깊고 비드의 폭이 좁아 후판용접에 사용된다. 일반적으로 많이 사용되는 극성이다.

**40** 스테인리스강의 종류에 해당되지 않는 것은?

① 마텐자이트계 스테인리스강
② 레데뷰라이트계 스테인리스강
③ 석출경화형 스테인리스강
④ 페라이트계 스테인리스강

해설
스테인리스강의 종류 : 오스테나이트계, 페라이트계, 마텐자이트계, 석출경화형
☞ 암기법 : 오.페.마.석.(오페라 보러 마석에 가자)

**41** 금속 침투법 중 칼로라이징은 어떤 금속을 침투시킨 것인가?

① B ② Cr
③ Al ④ Zn

해설
칼로라이징은 Al을 침투시키는 금속침투법이다.

정답 33 ④ 34 ④ 35 ④ 36 ④ 37 ④ 38 ② 39 ③ 40 ② 41 ③

## 42 마그네슘(Mg)의 특성을 설명한 것 중 틀린 것은?

① 비강도가 Al 합금보다 떨어진다.
② 비중이 약 1.74 정도로 실용금속 중 가볍다.
③ 항공기, 자동차 부품, 전기기기, 선박, 광학기계, 인쇄제판 등에 사용된다.
④ 구상흑연 주철의 첨가제로 사용된다.

해설
마그네슘은 실용금속 중 가장 가벼운 금속이며 비강도가 Al합금보다 우수하다.

## 43 Al－Si계 합금의 조대한 공정조직을 미세화하기 위하여 나트륨(Na), 수산화나트륨(NaOH), 알칼리염류 등을 합금 용탕에 첨가하여 10～15분간 유지하는 처리는?

① 시효 처리　② 폴링 처리
③ 개량 처리　④ 응력제거 풀림처리

## 44 조성이 2.0～3.0%C, 0.6～1.5%Si 범위의 것으로 백주철을 열처리로에 넣어 가열해서 탈탄 또는 흑연화 방법으로 제조한 주철은?

① 가단 주철　② 칠드 주철
③ 구상 흑연 주철　④ 고력 합금 주철

## 45 구리(Cu)에 대한 설명으로 옳은 것은?

① 구리의 전기 전도율은 금속 중에서 은(Ag)보다 높다.
② 구리는 체심입방격자이며, 변태점이 있다.
③ 전기 구리는 탈산제를 품지 않는 구리이다.
④ 구리는 $CO_2$가 들어 있는 공기 중에서 염기성 탄산구리가 생겨 녹청색이 된다.

해설
**전기 및 열의 전도율**
Ag＞Cu＞Au＞Al 등, 구리는 면심입방격자(FCC)이다.

## 46 담금질에 대한 설명 중 옳은 것은?

① 정지된 물속에서 냉각 시 대류단계에서 냉각속도가 최대가 된다.
② 위험구역에서는 급랭한다.
③ 강을 경화시킬 목적으로 실시한다.
④ 임계구역에서는 서랭한다.

## 47 열간가공과 냉간가공을 구분하는 온도로 옳은 것은?

① 재결정 온도　② 재료가 녹는 온도
③ 물의 어는 온도　④ 고온취성 발생온도

## 48 강의 표준조직이 아닌 것은?

① 페라이트(Ferrite)
② 시멘타이트(Cementite)
③ 펄라이트(Pearlite)
④ 소르바이트(Sorbite)

해설
**강의 표준조직**
- 페라이트
- 시멘타이트
- 펄라이트

## 49 보통 주강에 3% 이하의 Cr을 첨가하여 강도와 내마멸성을 증가시켜 분쇄기계, 석유화학 공업용 기계부품 등에 사용되는 합금 주강은?

① Ni 주강　② Cr 주강
③ Mn 주강　④ Ni－Cr 주강

## 50 다음 중 탄소량이 가장 적은 강은?

① 연강　② 반경강
③ 최경강　④ 탄소공구강

정답 42 ① 43 ③ 44 ① 45 ④ 46 ③ 47 ① 48 ④ 49 ② 50 ①

**51** 기계제도에서의 척도에 대한 설명으로 잘못된 것은?

① 척도란 도면에서의 길이와 대상물의 실제길이의 비이다.
② 축척의 표시는 2 : 1, 5 : 1, 10 : 1 등과 같이 나타낸다.
③ 도면을 정해진 척도값으로 그리지 못하거나 비례하지 않을 때에는 척도를 'NS'로 표시할 수 있다.
④ 척도는 표제란에 기입하는 것이 원칙이다.

해설
축척(축소)의 표시는 1 : 2, 1 : 5, 1 : 10 등으로 나타낸다.

**52** 다음 배관 도면에 포함되어 있는 요소로 볼 수 없는 것은?

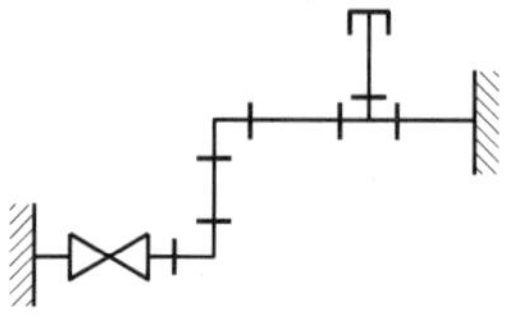

① 엘보 ② 티
③ 캡 ④ 체크밸브

**53** 리벳 구멍에 카운터 싱크가 없고 공장에서 드릴 가공 및 끼워 맞추기할 때의 간략 표시 기호는?

① 
② 
③ 
④ 

**54** 그림과 같이 지름이 같은 원기둥과 원기둥이 직각으로 만날 때의 상관선은 어떻게 나타나는가?

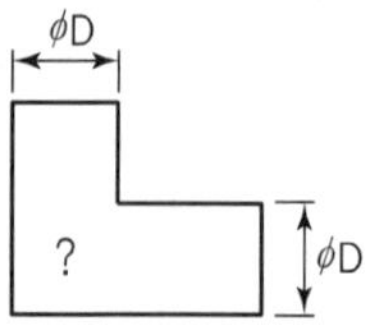


① 점선 형태의 직선
② 실선 형태의 직선
③ 실선 형태의 포물선
④ 실선 형태의 하이포이드 곡선

**55** 리벳 이음(Rivet Joint) 단면의 표시법으로 가장 올바르게 투상된 것은?

① 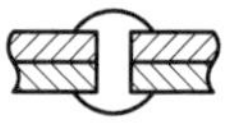
② 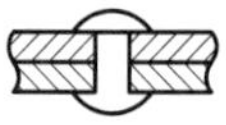
③ 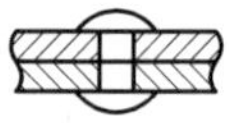
④ 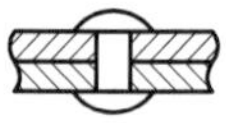

**56** KS 재료기호 중 기계 구조용 탄소강재의 기호는?

① SM 35C ② SS 490B
③ SF 340A ④ STKM 20A

해설
- SS : 일반구조용압연강재
- SF : 탄소강단조품
- STKM : 기계구조용탄소강관

**57** 다음 중 치수기입의 원칙에 대한 설명으로 가장 적절한 것은?

① 중요한 치수는 중복하여 기입한다.
② 치수는 되도록 주 투상도에 집중하여 기입한다.
③ 계산하여 구한 치수는 되도록 식을 같이 기입한다.
④ 치수 중 참고 치수에 대하여는 네모 상자 안에 치수 수치를 기입한다.

**58** 다음 용접기호에서 "3"의 의미로 올바른 것은?

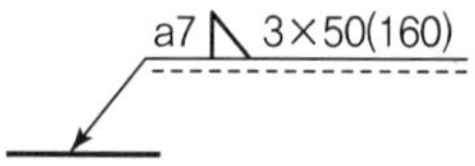


① 용접부 수 ② 필릿용접 목두께
③ 용접의 길이 ④ 용접부 간격

정답 51 ② 52 ④ 53 ③ 54 ② 55 ④ 56 ① 57 ② 58 ①

해설

a7(목두께가 7mm), 직각삼각형(필릿용접), 3(용접부의 개수), 50(용접선의 길이), 160(피치, 용접부 간의 중심거리)

**59** 다음 중 지시선 및 인출선을 잘못 나타낸 것은?

① 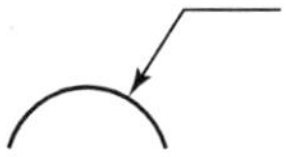 ② 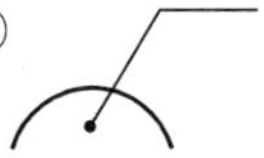

③ 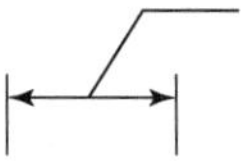 ④ 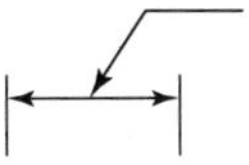

**60** 제3각 정투상법으로 투상한 그림과 같은 투상도의 우측면도로 가장 적합한 것은?

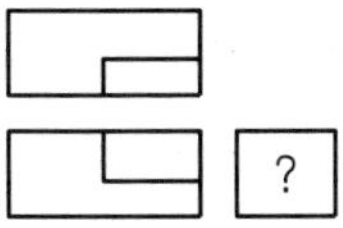


① 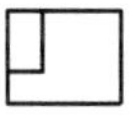 ② 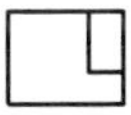

③ 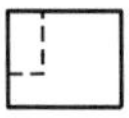 ④ 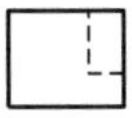

정답 59 ④ 60 ①

시 행 일 자
2014년 10월 11일

# 특수용접기능사 5회

**01** 아크 에어 가우징법으로 절단을 할 때 사용되는 장치가 아닌 것은?

① 가우징 토치 ② 가우징 봉
③ 컴프레서 ④ 냉각장치

**02** 출제빈도높음 가스 실드계의 대표적인 용접봉으로 유기물을 20~30% 정도 포함하고 있는 용접봉은?

① E4303 ② E4311
③ E4313 ④ E4324

해설
E4311(고셀룰로오스계) 용접봉은 대표적인 가스실드계이며 위보기 용접 시 효율적이다.

**03** 출제빈도높음 가스 절단에서 절단하고자 하는 판의 두께가 25.4mm일 때, 표준 드래그의 길이는?

① 2.4mm ② 5.2mm
③ 6.4mm ④ 7.2mm

해설
표준 드레그 길이는 모재두께의 약 1/5(20%)

**04** 수중절단에 주로 사용되는 가스는?

① 아세틸렌가스 ② 부탄가스
③ LPG ④ 수소가스

**05** 출제빈도높음 직류 아크용접의 정극성과 역극성의 특징으로 옳은 것은?

① 정극성은 용접봉의 용융이 느리고 모재의 용입이 깊다.
② 모재에 음극(−), 용접봉에 양극(+)을 연결하는 것을 정극성이라 한다.
③ 역극성은 일반적으로 비드 폭이 좁고 두꺼운 모재의 용접에 적당하다.
④ 역극성은 용접봉의 용융이 빠르고 모재의 용입이 깊다.

해설
이 문제는 상대적으로 열의 발생이 많은 +극이 어느 쪽(용접봉 또는 모재)에 접속되는지 파악하면 된다. 직류 역극성(DCRP)은 용접봉 쪽에 +가 접속되기 때문에 용접봉의 녹음이 빠르고 −극이 접속된 모재 쪽은 열전달이 +극에 비해 적어 용입이 얕고 넓어져 주로 박판용접에 사용된다.

**06** 산소 용기에 각인되어 있는 TP와 FP는 무엇을 의미하는가?

① TP : 내압시험 압력, FP : 최고충전 압력
② TP : 용기중량, FP : 내용적(실측)
③ TP : 내용적(실측), FP : 용기중량
④ TP : 최고충전 압력, FP : 내압시험 압력

해설
- TP(Test Pressure) : 시험 압력
- FP(Full Pressure) : 최고 압력

**07** 출제빈도높음 교류 아크용접기의 규격 AW−300에서 300이 의미하는 것은?

① 무부하전압 ② 정격 2차 전류
③ 정격 사용률 ④ 정격 부하 전압

**08** 피복아크용접봉의 용융금속 이행 형태에 따른 분류가 아닌 것은?

① 스프레이형 ② 글로뷸러형
③ 슬래그형 ④ 단락형

해설
용적(용융금속)의 이행 형태에는 스프레이형, 글로뷸러형, 단락형이 있다.

정답 01 ④ 02 ② 03 ② 04 ④ 05 ① 06 ① 07 ② 08 ③

**09** 일반적으로 가스용접봉의 지름이 2.6mm일 때 강판의 두께는 몇 mm 정도가 적당한가?

① 1.6mm ② 3.2mm
③ 4.5mm ④ 6.0mm

해설
가스용접봉의 지름=(모재의 두께/2)+1이므로
2.6=모재의 두께/2+1 ························A
2.6−1=모재의 두께/2
1.6=모재의 두께/2(양쪽 변에 2를 곱한다.)
3.2=모재의 두께
계산식으로 풀기 어려우면 A에 보기문항 ①~④를 모두 대입하며 풀어본다.

**10** 다음 중 용접작업에 영향을 주는 요소가 아닌 것은?

① 용접봉 각도 ② 아크 길이
③ 용접 속도 ④ 용접 비드

**11** 피복아크용접에서 아크 안정제에 속하는 피복 배합제는?

① 산화티탄 ② 탄산마그네슘
③ 페로망간 ④ 알루미늄

해설
아크 안정제에 속하는 피복 배합제에는 방해석($CaCO_3$), 산화티탄($TiO_2$), 일미나이트($FeO \cdot TiO_2$), 이산화망간($MnO_2$), 철분, 규산칼리($K_2O_2 \cdot SiO_2$) 등이 있다.

**12** 아세틸렌은 각종 액체에 잘 용해된다. 그러면 1기압 아세톤 2$l$에는 몇 $l$의 아세틸렌이 용해되는가?

① 2 ② 10
③ 25 ④ 50

해설
아세톤은 25배의 아세틸렌이 용해된다. 때문에 1기압×2리터×25배=50리터

**13** 아크용접에서 부하전류가 증가하면 단자전압이 저하하는 특성을 무엇이라 하는가?

① 상승 특성 ② 수하 특성
③ 정전류 특성 ④ 정전압 특성

해설
☞ 암기법 : 수하 특성은 하나가 증가하면 하나가 감소한다. 결과적으로 내려가는 것(下 하)이다. 수하(下)특성.

**14** 용접전류에 의한 아크 주위에 발생하는 자장이 용접봉에 대해서 비대칭으로 나타나는 현상을 방지하기 위한 방법 중 옳은 것은?

① 용접봉 끝을 아크가 쏠리는 방향으로 기울인다.
② 접지점을 될 수 있는 대로 용접부에서 가까이 한다.
③ 직류용접에서 극성을 바꿔 연결한다.
④ 피복제가 모재에 접촉할 정도로 짧은 아크를 사용한다.

해설
**자기불림(아크불림)현상방지법**
- 교류용접기를 사용할 것
- 짧은 아크를 사용할 것
- 용접봉 끝을 아크 쏠리는 반대 방향으로 기울일 것
- 접지를 최대한 많이 할 것
- 접지를 용접부에서 떨어져서 할 것 등

**15** 아크가 발생하는 초기에 용접봉과 모재가 냉각되어 있어 용접 입열이 부족하여 아크가 불안정하기 때문에 아크 초기에만 용접 전류를 특별히 크게 해주는 장치는?

① 원격제어 장치 ② 전격방지 장치
③ 핫 스타트 장치 ④ 고주파발생 장치

**16** 산소용기의 내용적이 33.7리터($l$)인 용기에 120 kgf/cm$^2$가 충전되어 있을 때, 대기압 환산용적은 몇 리터인가?

① 2,803 ② 4,044
③ 28,030 ④ 40,440

해설
33.7×120=4,044리터

정답 09 ② 10 ④ 11 ① 12 ④ 13 ② 14 ④ 15 ③ 16 ②

**17** 연강용 피복아크용접봉 심선의 4가지 화학성분 원소는?

① C, Si, P, S ② C, Si, Fe, S
③ C, Si, Ca, P ④ Al, Fe, Ca, P

해설
**연강용 피복아크용접봉 심선의 성분**(강의 5대 원소)
C, Si, Mn, P, S
☞ 암기법 : 탄.규.망.인.황.

**18** 알루미늄 합금 재료가 가공된 후 시간의 경과에 따라 합금이 경화하는 현상은?

① 재결정 ② 시효경화
③ 가공경화 ④ 인공시효

**19** 경금속(Light Metal) 중에서 가장 가벼운 금속은?

① 리튬(Li) ② 베릴륨(Be)
③ 마그네슘(Mg) ④ 티타늄(Ti)

해설
리튬은 비중이 약 0.534(Fe 7.89)로 경금속 중 가장 가벼운 금속에 속한다.

**20** 정련된 용강을 노 내에서 Fe-Mn, Fe-Si, Al 등으로 완전탈산시킨 강은?

① 킬드강 ② 세미킬드강
③ 캡드강 ④ 림드강

해설
킬드강은 노 내에서 완전탈산을 시켜 기포나 편석 등이 생기지 않으나 탈산 중에 수축관과 헤어크랙이 생기는 단점을 가지고 있다.

**21** 합금 공구강을 나타내는 한국산업표준(KS)의 기호는?

① SKH 2 ② SCr 2
③ STS 11 ④ SNCM

**22** 스테인리스강의 금속 조직학상 분류에 해당하지 않는 것은?

① 마텐자이트계 ② 페라이트계
③ 시멘타이트계 ④ 오스테나이트계

해설
**스테인리스강의 종류**(반드시 암기)
오.페.마.석.(오스테나이트계, 페라이트계, 마텐자이트계, 석출경화형)

**23** 구리에 40~50% Ni을 첨가한 합금으로서 전기저항이 크고 온도계수가 일정하므로 통신기자재, 저항선, 전열선 등에 사용하는 니켈합금은?

① 인바 ② 엘린바
③ 모넬메탈 ④ 콘스탄탄

해설
콘스탄탄은 Ni이 약 45% 함유되어 주로 전기 저항선으로 사용이 된다.

**24** 강의 표면에 질소를 침투시켜 경화시키는 표면경화법은?

① 침탄법 ② 질화법
③ 세라다이징 ④ 고주파 담금질

**25** 합금강의 분류에서 특수 용도용으로 게이지, 시계추 등에 사용되는 것은?

① 불변강 ② 쾌삭강
③ 규소강 ④ 스프링강

**26** 인장강도가 98~196MPa 정도이며, 기계 가공성이 좋아 공작기계의 베드, 일반기계 부품, 수도관 등에 사용되는 주철은?

① 백주철 ② 회주철
③ 반주철 ④ 흑주철

해설
일반주철이라고도 하는 회주철은 일상에서 수도관으로도 사용되고 있다.

정답 17 ① 18 ② 19 ① 20 ① 21 ③ 22 ③ 23 ④ 24 ② 25 ① 26 ②

**27** 열처리된 탄소강의 현미경 조직에서 경도가 가장 높은 것은?

① 소르바이트 ② 오스테나이트
③ 마텐자이트 ④ 트루스타이트

해설
위 보기는 담금질 후 나타나는 조직으로 경도가 높은 순서로 나열을 하면
마텐자이드 > 트루스타이트 > 소르바이트 > 오스테나이트 순이다.
☞ 암기법 : 마.트.소.오.

**28** 용접부품에서 일어나기 쉬운 잔류응력을 감소시키기 위한 열처리 방법은?

① 확산풀림(Diffusion Annealing)
② 연화풀림(Softening Annealing)
③ 완전풀림(Full Annealing)
④ 응력제거 풀림(Stress Relief Annealing)

**29** 초음파 탐상법의 특징으로 틀린 것은?

① 초음파의 투과 능력이 작아 얇은 판의 검사에 적합하다.
② 감도가 높으므로 미세한 결함을 검출할 수 있다.
③ 검사 시험체의 한 면에서도 검사가 가능하다.
④ 결함의 위치와 크기를 비교적 정확히 알 수 있다.

해설
초음파 탐상법은 너무 얇은 판은 검사를 할 수가 없다.

**30** 다음 중 용제와 와이어가 분리되어 공급되고 아크가 용제 속에서 일어나며 잠호용접이라 불리는 용접은?

① MIG 용접
② 심용접
③ 서브머지드 아크용접
④ 일렉트로 슬래그 용접

해설
서브머지드 아크용접은 아크가 보이지 않아 잠호용접, 불가시용접이라고 하며 상품명으로 유니언 멜트용접, 링컨 용접등으로 불리기도 한다.

**31** 용접 후 변형을 교정하는 방법이 아닌 것은?

① 박판에 대한 점 수축법
② 형재(形材)에 대한 직선 수축법
③ 가스 가우징법
④ 롤러에 거는 방법

**32** 용접전압이 25V, 용접전류가 350A, 용접속도가 40cm/min인 경우 용접 입열량은 몇 J/cm인가?

① 10,500J/cm ② 11,500J/cm
③ 12,125J/cm ④ 13,125J/cm

해설
입열량 = 60 × 용접전류 × 용접전압/용접속도이므로 대입을 해보면 60 × 350 × 25/40 = 13,125

**33** 용접 이음 준비 중 홈 가공에 대한 설명으로 틀린 것은?

① 피복아크용접에서는 54~70% 정도의 홈 각도가 적합하다.
② 홈 모양은 용접방법과 조건에 따라 다르다.
③ 용접 균열은 루트 간격이 넓을수록 적게 발생한다.
④ 홈 가공의 정밀 또는 용접 능률과 이음의 성능에 큰 영향을 준다.

**34** 출제빈도 높음 그림과 같이 용접선의 방향과 하중의 방향이 직교한 필릿용접은?

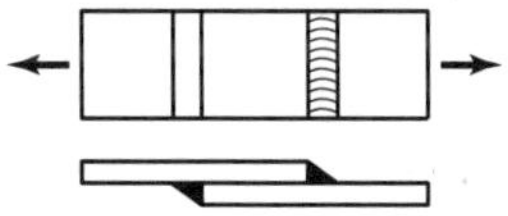

① 측면필릿용접 ② 경사필릿용접
③ 전면필릿용접 ④ T형필릿용접

해설
**용접선의 방향과 하중의 방향에 따른 필릿용접의 종류**
- 전면필릿용접(용접선과 하중이 직각)
- 측면필릿용접(용접선과 하중이 수평)
- 경사필릿용접

정답 27 ③ 28 ④ 29 ① 30 ③ 31 ③ 32 ④ 33 ③ 34 ③

**35** 아크 플라스마는 고전류가 되면 방전전류에 의하여 생기는 자장과 전류의 작용으로 아크의 단면이 수축된다. 그 결과 아크 단면이 수축하여 가늘게 되고 전류밀도가 증가한다. 이와 같은 성질을 무엇이라고 하는가?

① 열적 핀치효과 ② 자기적 핀치효과
③ 플라스마 핀치효과 ④ 동적 핀치효과

**36** 안전 보호구의 구비요건 중 틀린 것은?

① 구조와 끝마무리가 양호할 것
② 재료의 품질이 양호할 것
③ 착용이 간편할 것
④ 위험, 유해요소에 대한 방호성능이 나쁠 것

**37** 피복아크용접기를 설치해도 되는 장소는?

① 수증기 또는 습도가 높은 곳
② 먼지가 매우 많고 옥외의 비바람이 치는 곳
③ 폭발성 가스가 존재하지 않는 곳
④ 진동이나 충격을 받는 곳

**38** $CO_2$ 가스 아크용접에서 복합 와이어의 구조에 해당하지 않는 것은?

① C관상 와이어 ② S관상 와이어
③ 아코스 와이어 ④ NCG 와이어

**39** 다음 중 비파괴 시험이 아닌 것은?

① 초음파시험 ② 피로시험
③ 침투시험 ④ 누설시험

해설
피로시험은 피로파괴가 일어날 때까지 작은 하중을 지속적으로 주는 파괴시험법이다.

**40** 다음 중 화재 및 폭발의 방지조치가 아닌 것은?

① 가연성 가스는 대기 중에 방출시킨다.
② 배관 또는 기기에서 가연성 가스의 누출 여부를 철저히 점검한다.
③ 가스용접 시에는 가연성 가스가 누설되지 않도록 한다.
④ 용접작업 부근에 점화원을 두지 않도록 한다.

**41** 불활성 가스 금속 아크(MIG) 용접의 특징으로 옳은 것은?

① TIG 용접에 비해 전류밀도가 낮아 용접속도가 느리다.
② TIG 용접에 비해 전류밀도가 높아 용융속도가 빠르고 후판용접에 적합하다.
③ 각종 금속용접이 불가능하다.
④ 바람의 영향을 받지 않아 방풍대책이 필요 없다.

**42** 가스 절단 작업 시 주의사항이 아닌 것은?

① 가스 누설의 점검은 수시로 해야 하며 간단히 라이터로 할 수 있다.
② 절단 진행 중에 시선은 절단면을 떠나서는 안 된다.
③ 가스 호스가 용융 금속이나 산화물의 비산으로 인해 손상되지 않도록 한다.
④ 가스 호스가 꼬여 있거나 막혀 있는지를 확인한다.

**43** 본 용접의 용착법 중 각 층마다 전체 길이를 용접하면서 쌓아올리는 방법으로 용접하는 것은?

① 전진 블록법 ② 캐스케이드법
③ 빌드업법 ④ 스킵법

정답 35 ② 36 ④ 37 ③ 38 ① 39 ② 40 ① 41 ② 42 ① 43 ③

**44** TIG 용접 시 텅스텐 전극의 수명을 연장시키기 위하여 아크를 끊은 후 전극의 온도가 얼마일 때까지 불활성 가스를 흐르게 하는가?

① 100℃ ② 300℃
③ 500℃ ④ 700℃

**45** 연납과 경납을 구분하는 용융점은 몇 ℃인가?

① 200℃ ② 300℃
③ 450℃ ④ 500℃

**46** 용접부에 은점을 일으키는 주요 원소는?

① 수소 ② 인
③ 산소 ④ 탄소

해설
용접에서 용착 금속의 파단면에 나타나는 은백색을 띤 물고기의 눈 모양의 결함부를 말하는데 그 크기는 보통 0.2~5mm 정도로서 사용 용접봉 및 용접 조건에 따라서 각각 다르다. 은점의 발생 원인으로는 수소의 석출 경화로 추정되고 있다.

**47** 교류아크용접기의 종류가 아닌 것은?

① 가동 철심형 ② 가동 코일형
③ 가포화 리액터형 ④ 정류기형

**48** TIG 용접에서 전극봉의 마모가 심하지 않으면서 청정작용이 있고 알루미늄이나 마그네슘 용접에 가장 적합한 전원 형태는?

① 직류 역극성(DCRP)
② 직류 정극성(DCSP)
③ 고주파 교류(ACHF)
④ 일반 교류(AC)

**49** 일렉트로 슬래그 아크용접에 대한 설명 중 맞지 않는 것은?

① 일렉트로 슬래그 용접의 홈 형상은 I형 그대로 사용한다.
② 일렉트로 슬래그 용접은 단층 수직 상진 용접을 하는 방법이다.
③ 일렉트로 슬래그 용접은 아크를 발생시키지 않고 와이어와 용융 슬래그 그리고 모재 내에 흐르는 전기 저항열에 의하여 용접한다.
④ 일렉트로 슬래그 용접 전원으로는 정전류형의 직류가 적합하고, 용융금속의 용착량은 90% 정도이다.

**50** 용접 결함 종류가 아닌 것은?

① 기공 ② 언더컷
③ 균열 ④ 용착금속

**51** 재료기호가 "SM400C"로 표시되어 있을 때 이는 무슨 재료인가?

① 탄소 공구강 강재
② 용접 구조용 압연 강재
③ 스프링 강재
④ 일반 구조용 압연 강재

**52** 회전도시 단면도에 대한 설명으로 틀린 것은?

① 절단선의 연장선 위에 그린다.
② 절단면은 90° 회전하여 표시한다.
③ 도형 내의 절단한 곳에 겹쳐서 도시할 경우 굵은 실선을 사용하여 그린다.
④ 절단할 곳의 전후를 끊어서 그 사이에 그린다.

정답 44 ② 45 ③ 46 ① 47 ④ 48 ③ 49 ④ 50 ④ 51 ② 52 ③

**53** 도면에 그려진 길이가 실제 대상물의 길이보다 큰 경우 사용한 척도의 종류인 것은?

① 현척　② 실척
③ 배척　④ 축척

해설
실제대상물의 길이보다 크게 그리는 것을 배척이라 하며 5 : 1, 10 : 1 등으로 표기한다.

**54** 대상물의 보이는 부분의 모양을 표시하는 데 사용하는 선은?

① 치수선　② 외형선
③ 숨은선　④ 기준선

해설
외형선은 대상물의 보이는 부분을 표시하며 굵은 실선을 사용한다.

**55** 기계제도의 치수 보조 기호 중에서 SΦ는 무엇을 나타내는 기호인가?

① 구의 지름　② 원통의 지름
③ 판의 두께　④ 원호의 길이

**56** 다음 그림과 같은 양면 용접부 조합기호의 명칭으로 옳은 것은?

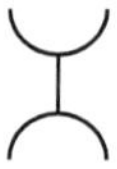

① 넓은 루트면이 있는 K형 맞대기 용접
② 넓은 루트면이 있는 양면 V형 용접
③ 양면 V형 맞대기 용접
④ 양면 U형 맞대기 용접

**57** 그림과 같은 관 표시 기호의 종류는?

① 크로스　② 리듀서
③ 디스트리뷰터　④ 휨 관 조인트

**58** 다음 그림은 경유 서비스 탱크 지지철물의 정면도와 측면도이다. 모두 동일한 ㄱ형강일 경우 중량은 약 몇 kgf인가?(단, ㄱ형강(L − 50 × 50 × 6)의 단위 m당 중량은 4.43kgf/m이고, 정면도와 측면도에서 좌우대칭이다.)

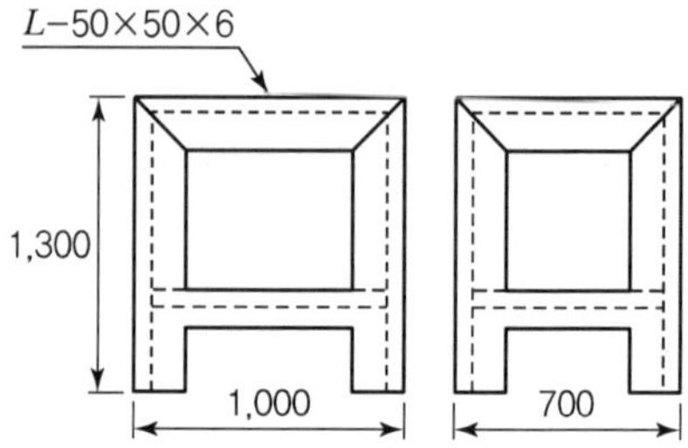


① 44.3　② 53.1
③ 55.4　④ 76.1

**59** 아래 그림은 원뿔을 경사지게 자른 경우이다. 잘린 원뿔의 전개 형태로 가장 올바른 것은?

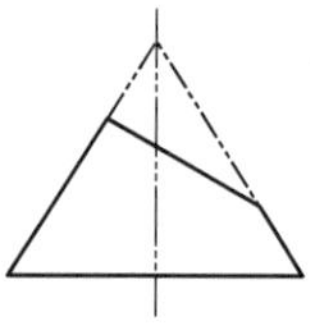

① 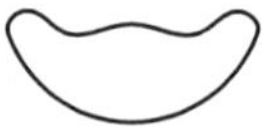
② 
③ 
④ 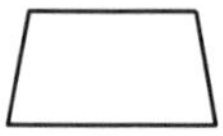

**60** 3각법으로 정투상한 아래 도면에서 정면도와 우측면도에 가장 적합한 평면도는?

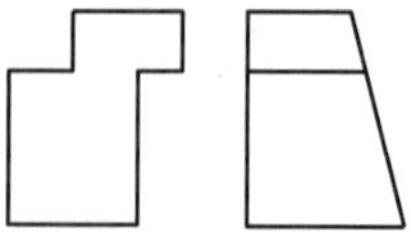
(정면도)

① 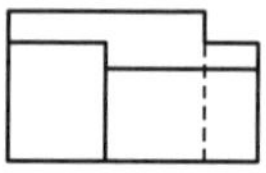
② 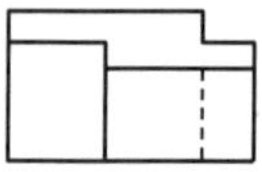
③ 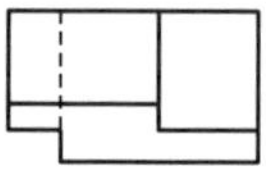
④ 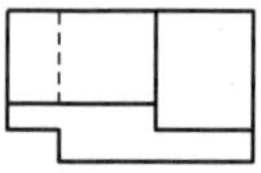

정답　53 ③　54 ②　55 ①　56 ④　57 ④　58 ②　59 ①　60 ①

시 행 일 자
2015년 1월 25일

# 용접기능사 1회

**01** 불활성 가스 텅스텐 아크용접(TIG)의 KS규격이나 미국용접협회(AWS)에서 정하는 텅스텐 전극봉의 식별 색상이 황색이면 어떤 전극봉인가?

① 순텅스텐 ② 지르코늄 텅스텐
③ 1%토륨텅스텐 ④ 2%토륨텅스텐

해설

**텅스텐 전극봉의 종류**

| 종류 | 화학 첨가물 | 봉의 색상 |
|---|---|---|
| 토륨 텅스텐 | 토륨 2% | 적색 |
| 토륨 텅스텐 | 토륨 1% | 황색 |
| 순 텅스텐 | – | 녹색 |
| 세륨 텅스텐 | 세륨 2.0% | 회색 |
| 지르코늄 텅스텐 | 지르코늄 1.3% | 백색 |

**02** 서브머지드 아크용접의 다전극 방식에 의한 분류가 아닌 것은?

① 푸시식 ② 텐덤식
③ 횡병렬식 ④ 횡직렬식

해설
푸시식(Push)은 와이어 송급방식의 종류이다.

**03** 다음 중 정지구멍(Stop Hole)을 뚫어 결함부분을 깎아내고 재용접해야 하는 결함은?

① 균열 ② 언더컷
③ 오버랩 ④ 용입 부족

해설
강재 균열의 발생 시 균열이 더 커지는 것을 막기 위해 균열의 양 끝단에 구멍을 뚫는다.

**04** 다음 중 비파괴시험에 해당하는 시험법은?

① 굽힘시험 ② 현미경 조직시험
③ 파면시험 ④ 초음파시험

해설
초음파시험(UT)은 비파괴시험에 해당한다.

**05** 산업용 로봇 중 직각좌표계 로봇의 장점에 속하는 것은?

① 오프라인 프로그래밍이 용이하다.
② 로봇 주위에 접근이 가능하다.
③ 1개의 선형축과 2개의 회전축으로 이루어졌다.
④ 작은 설치공간에 큰 작업영역이다.

**06** 용접 후 변형 교정 시 가열 온도 500~600℃, 가열 시간 약 30초, 가열 지름 20~30mm로 하여, 가열한 후 즉시 수랭하는 변형교정법을 무엇이라 하는가?

① 박판에 대한 수랭 동판법
② 박판에 대한 살수법
③ 박판에 대한 수랭 석면포법
④ 박판에 대한 점 수축법

**07** 용접 전의 일반적인 준비사항이 아닌 것은?

① 사용 재료를 확인하고 작업내용을 검토한다.
② 용접전류, 용접순서를 미리 정해둔다.
③ 이음부에 대한 불순물을 제거한다.
④ 예열 및 후열처리를 실시한다.

해설
후열처리는 용접 전의 준비사항이 아니다.

**08** 금속 간의 원자가 접합되는 인력 범위는?

① $10^{-4}$cm ② $10^{-6}$cm
③ $10^{-8}$cm ④ $10^{-10}$cm

해설
금속은 $10^{-8}$cm(1Å : 옹스트롬)에서 원자 간의 인력으로 접합하게 된다.

정답 01 ③ 02 ① 03 ① 04 ④ 05 ① 06 ④ 07 ④ 08 ③

**09** 불활성 가스 금속아크용접(MIG)에서 크레이터 처리에 의해 전류가 서서히 줄어들면서 아크가 끊어지는 기능으로 용접부가 녹아내리는 것을 방지하는 제어기능은?

① 스타트 시간 ② 예비 가스 유출시간
③ 버언 백 시간 ④ 크레이터 충전시간

**10** 다음 중 용접용 지그 선택의 기준으로 적절하지 않은 것은?

① 물체를 튼튼하게 고정시켜 줄 크기와 힘이 있을 것
② 변형을 막아줄 만큼 견고하게 잡아줄 수 있을 것
③ 물품의 고정과 분해가 어렵고 청소가 편리할 것
④ 용접 위치를 유리한 용접자세로 쉽게 움직일 수 있을 것

**11** 다음 중 테르밋 용접의 특징에 관한 설명으로 틀린 것은?

① 전기가 필요 없다.
② 용접 작업이 단순하다.
③ 용접 시간이 길고 용접 후 변형이 크다.
④ 용접 기구가 간단하고 작업 장소의 이동이 쉽다.

해설
테르밋 용접 관련 문제는 출제 빈도가 상당히 높은 편이다. 테르밋 용접은 전기를 사용하지 않으며 금속산화철과 알루미늄의 분말을 약 3 : 1로 혼합하여 과산화바륨과 알루미늄 또는 마그네슘등의 점화제를 가해 발생하는 화학적인 반응 에너지로 용접을 하게 되며 변형이 적어 주로 기차 레일의 용접에 사용된다.

**12** 서브머지드 아크용접에 대한 설명으로 틀린 것은?

① 가시용접으로 용접 시 용착부를 육안으로 식별이 가능하다.
② 용융속도와 용착속도가 빠르며 용입이 깊다.
③ 용착금속의 기계적 성질이 우수하다.
④ 개선각을 작게 하여 용접 패스 수를 줄일 수 있다.

해설
서브머지드 아크용접은 입상의 용제 속에서 와이어가 파묻혀 아크를 일으키므로 아크를 육안으로 식별할 수가 없다.

**13** 다음 중 용접 설계상 주의해야 할 사항으로 틀린 것은?

① 국부적으로 열이 집중되도록 할 것
② 용접에 적합한 구조의 설계를 할 것
③ 결함이 생기기 쉬운 용접 방법은 피할 것
④ 강도가 약한 필릿용접은 가급적 피할 것

**14** 이산화탄소 아크용접법에서 이산화탄소($CO_2$)의 역할을 설명한 것 중 틀린 것은?

① 아크를 안정시킨다.
② 용융금속 주위를 산성 분위기로 만든다.
③ 용융속도를 빠르게 한다.
④ 양호한 용착금속을 얻을 수 있다.

**15** 이산화탄소 아크용접에 관한 설명으로 틀린 것은?

① 팁과 모재 간의 거리는 와이어의 돌출길이에 아크 길이를 더한 것이다.
② 와이어 돌출길이가 짧아지면 용접와이어의 예열이 많아진다.
③ 와이어의 돌출길이가 짧아지면 스패터가 부착되기 쉽다.
④ 약 200A 미만의 저전류를 사용할 경우 팁과 모재 간의 거리는 10~15mm 정도 유지한다.

**16** 강구조물 용접에서 맞대기 이음의 루트 간격의 차이에 따라 보수용접을 하는데 보수방법으로 틀린 것은?

① 맞대기 루트 간격 6mm 이하일 때에는 이음부의 한쪽 또는 양쪽을 덧붙임 용접한 후 절삭하여 규정 간격으로 개선 홈을 만들어 용접한다.

정답 09 ③ 10 ③ 11 ③ 12 ① 13 ① 14 ③ 15 ② 16 ④

② 맞대기 루트 간격 15mm 이상일 때에는 판을 전부 또는 일부(대략 300mm 이상의 폭)를 바꾼다.
③ 맞대기 루트 간격 6~15mm일 때에는 이음부에 두께 6mm 정도의 뒷댐판을 대고 용접한다.
④ 맞대기 루트 간격 15mm 이상일 때에는 스크랩을 넣어서 용접한다.

해설
맞대기 루트간격 15mm 이상일 때는 판 전부 또는 일부를 바꿔 용접한다.

**17** 용접 시공 시 발생하는 용접 변형이나 잔류응력의 발생을 줄이기 위해 용접시공 순서를 정한다. 다음 중 용접시공 순서에 대한 사항으로 틀린 것은?

① 제품의 중심에 대하여 대칭으로 용접을 진행시킨다.
② 같은 평면 안에 이음이 있을 때에는 수축은 가능한 자유단으로 보낸다.
③ 수축이 적은 이음을 가능한 먼저 용접하고 수축이 큰 이음을 나중에 용접한다.
④ 리벳작업과 용접을 같이 할 때는 용접을 먼저 실시하여 용접열에 의해서 리벳의 구멍이 늘어남을 방지한다.

해설
수축이 큰 이음을 먼저 하고 수축이 작은 이음을 나중에 한다.(응력 발생 방지)

**18** 용접작업 시의 전격에 대한 방지대책으로 올바르지 않은 것은?

① TIG 용접 시 텅스텐 전극봉을 교체할 때는 전원 스위치를 차단하지 않고 해야 한다.
② 습한 장갑이나 작업복을 입고 용접하면 강전의 위험이 있으므로 주의한다.
③ 절연홀더의 절연 부분이 균열이나 파손되었으면 곧바로 보수하거나 교체한다.
④ 용접작업이 끝났을 때나 장시간 중지할 때에는 반드시 스위치를 차단시킨다.

**19** 단면적이 $10cm^2$의 평판을 완전 용입 맞대기 용접한 경우의 하중은 얼마인가?(단, 재료의 허용응력을 $1600kgf/cm^2$로 한다.)

① 160kgf ② 1,600kgf
③ 16,000kgf ④ 16kgf

해설
허용응력 = 하중/단면적이므로 1,600 = 하중/10
그러므로 하중의 값은 16,000kgf

**20** 용접 길이가 짧거나 변형 및 잔류응력의 우려가 적은 재료를 용접할 경우 가장 능률적인 용착법은?

① 전진법 ② 후진법
③ 비석법 ④ 대칭법

해설
잔류응력의 우려가 적은 경우는 전진법으로 용접한다. 전진법은 용접선이 잘 보이며 비드의 모양이 좋기 때문이다.

**21** 다음 중 아세틸렌($C_2H_2$) 가스의 폭발성에 해당되지 않는 것은?

① 406~408℃가 되면 자연 발화한다.
② 마찰, 진동, 충격 등의 외력이 작용하면 폭발 위험이 있다.
③ 아세틸렌 90%, 산소 10%의 혼합 시 가장 폭발위험이 크다.
④ 은, 수은 등과 접촉하면 이들과 화합하여 120℃ 부근에서 폭발성이 있는 화합물을 생성한다.

해설
산소 85%, 아세틸렌 15%의 혼합비일 때 폭발의 위험이 크다.

**22** 스터드 용접의 특징 중 틀린 것은?

① 긴 용접시간으로 용접변형이 크다.
② 용접 후의 냉각속도가 비교적 빠르다.
③ 알루미늄, 스테인리스강 용접이 가능하다.
④ 탄소 0.2%, 망간 0.7% 이하 시 균열 발생이 없다.

정답 17 ③ 18 ① 19 ③ 20 ① 21 ③ 22 ①

**23** 연강용 피복아크용접봉 중 저수소계 용접봉을 나타내는 것은?

① E 4301　② E 4311
③ E 4316　④ E 4327

해설
저수소계 용접봉(E 4316)

**24** 산소-아세틸렌가스 용접의 장점이 아닌 것은?

① 용접기의 운반이 비교적 자유롭다.
② 아크용접에 비해서 유해광선의 발생이 적다.
③ 열의 집중성이 높아서 용접이 효율적이다.
④ 가열할 때 열량조절이 비교적 자유롭다.

해설
산소-아세틸렌가스 용접은 열의 집중성이 작아 비효율적이다.

**25** 직류 피복아크용접기와 비교한 교류 피복아크용접기의 설명으로 옳은 것은?

① 무부하전압이 낮다.
② 아크의 안정성이 우수하다.
③ 아크 쏠림이 거의 없다.
④ 전격의 위험이 적다.

해설
교류아크용접기는 무부하전압이 높아 전격의 위험이 따르며 아크의 안정성이 직류용접기에 비해 떨어지고 아크쏠림이 생기지 않는다.

**26** 다음 중 산소용기의 각인 사항에 포함되지 않은 것은?

① 내용적　② 내압시험압력
③ 가스충전 일시　④ 용기 중량

해설
가스충전 일시는 각인 사항에 포함되어 있지 않다.

**27** 정류기형 직류 아크용접기에서 사용되는 셀렌 정류기는 80℃ 이상이면 파손되므로 주의하여야 하는데 실리콘 정류기는 몇 ℃ 이상에서 파손되는가?

① 120℃　② 150℃
③ 80℃　④ 100℃

**28** 가스용접 작업 시 후진법의 설명으로 옳은 것은?

① 용접속도가 빠르다.
② 열 이용률이 나쁘다.
③ 얇은 판의 용접에 적합하다.
④ 용접변형이 크다.

해설
가스용접 작업 시 전진법에 비해 후진법은 기계적 성질이 대체적으로 좋다.(단, 비드의 모양 제외)

**29** 절단의 종류 중 아크 절단에 속하지 않는 것은?

① 탄소 아크 절단　② 금속 아크 절단
③ 플라스마 제트 절단　④ 수중 절단

해설
수중 절단은 아크가 아닌 가스를 이용한 절단법이다.

**30** 강재의 표면에 개재물이나 탈탄층 등을 제거하기 위하여 비교적 얇고 넓게 깎아내는 가공법은?

① 스카핑　② 가스 가우징
③ 아크 에어 가우징　④ 워트 제트 절단

해설
스카핑은 강재 표면의 불순물을 가능한 얇고 넓게 깎아내는 가공법이다.
☞ 암기법 : 스카프(핑)는 대체적으로 두께가 얇다.

**31** 다음 중 용접기에서 모재를 (+)극에, 용접봉을 (−)극에 연결하는 아크 극성으로 옳은 것은?

① 직류 정극성　② 직류역극성
③ 용극성　④ 비용극성

정답 23 ③ 24 ③ 25 ③ 26 ③ 27 ② 28 ① 29 ④ 30 ① 31 ①

해설

직류 정극성(DCSP)은 용접봉에 －극을, 모재에 ＋극을 연결하며 용입이 깊고 비드의 폭이 좁아 후판용접에 사용된다. 일반적으로 많이 사용되는 극성이다.

**32** 야금적 접합법의 종류에 속하는 것은?

① 납땜 이음 ② 볼트 이음
③ 코터 이음 ④ 리벳 이음

해설

야금적 접합이란 용접 접합을 의미하며 용접은 융접, 압접, 납땜으로 분류된다.

**33** 수중 절단작업에 주로 사용되는 연료 가스는?

① 아세틸렌 ② 프로판
③ 벤젠 ④ 수소

**34** 탄소 아크 절단에 압축공기를 병용하여 전극홀더의 구멍에서 탄소 전극봉에 나란히 분출하는 고속의 공기를 분출시켜 용융금속을 불어 내어 홈을 파는 방법은?

① 아크에어 가우징 ② 금속아크 절단
③ 가스 가우징 ④ 가스 스카핑

해설

탄소아크 절단에 압축공기를 병용한 절단법은 아크에어 가우징이다.

**35** 가스 용접 시 팁 끝이 순간적으로 막혀 가스분출이 나빠지고 혼합실까지 불꽃이 들어가는 현상을 무엇이라고 하는가?

① 인화 ② 역류
③ 점화 ④ 역화

**36** 피복배합제의 종류에서 규산나트륨, 규산칼륨 등의 수용액이 주로 사용되며 심선에 피복제를 부착하는 역할을 하는 것은 무엇인가?

① 탈산제 ② 고착제
③ 슬래그 생성제 ④ 아크 안정제

**37** 판의 두께(t)가 3.2mm인 연강판을 가스용접으로 보수하고자 할 때 사용할 용접봉의 지름(mm)은?

① 1.6mm ② 2.0mm
③ 2.6mm ④ 3.0mm

해설

가스용접봉의 두께＝모재의 두께/2＋1이므로 3.2/2＋1 ＝2.6

**38** 가스 절단 시 예열 불꽃의 세기가 강할 때의 설명으로 틀린 것은?

① 절단면이 거칠어진다.
② 드래그가 증가한다.
③ 슬래그 중 철 성분의 박리가 어려워진다.
④ 모서리가 용융되어 둥글게 된다.

해설

예열 불꽃의 세기가 약하면 드래그가 증가한다.

**39** 황(S)이 적은 선철을 용해하여 구상흑연주철을 제조 시 주로 첨가하는 원소가 아닌 것은?

① Al ② Ca
③ Ce ④ Mg

**40** 해드필드(Hadfield)강은 상온에서 오스테나이트 조직을 가지고 있다. Fe 및 C 이외의 주요 성분은?

① Ni ② Mn
③ Cr ④ Mo

해설

해드필드강은 Mn(망간)이 약 10~14% 함유된 고망간강이며 내마멸성이 뛰어나 불도저 광산기계, 기차레일의 교차점 등에 사용된다.

**41** 조밀육방격자의 결정구조로 옳게 나타낸 것은?

① FCC ② BCC
③ FOB ④ HCP

정답 32 ① 33 ④ 34 ① 35 ① 36 ② 37 ③ 38 ② 39 ① 40 ② 41 ④

## 42 전극재료의 선택 조건을 설명한 것 중 틀린 것은?

① 비저항이 작아야 한다.
② Al과의 밀착성이 우수해야 한다.
③ 산화 분위기에서 내식성이 커야 한다.
④ 금속 규화물의 용융점이 웨이퍼 처리 온도보다 낮아야 한다.

## 43 7－3 황동에 주석을 1% 첨가한 것으로 전연성이 좋아 관 또는 판을 만들어 증발기, 열교환기 등에 사용되는 것은?

① 문츠메탈　② 네이벌 황동
③ 카트리지 브라스　④ 애드미럴티 황동

해설
7－3황동(70% Cu－30% Zn)에 주석을 1% 첨가한 것을 애드미럴티 황동이라 한다.

## 44 탄소강의 표준 조직을 검사하기 위해 $A_3$, Acm 선보다 30~50℃ 높은 온도로 가열한 후 공기 중에 냉각하는 열처리는?

① 노멀라이징　② 어닐링
③ 템퍼링　④ 칭

## 45 소성변형이 일어나면 금속이 경화하는 현상을 무엇이라 하는가?

① 탄성경화　② 가공경화
③ 취성경화　④ 자연경화

## 46 납 황동은 황동에 납을 첨가하여 어떤 성질을 개선한 것인가?

① 강도　② 절삭성
③ 내식성　④ 전기전도도

## 47 마우러 조직도에 대한 설명으로 옳은 것은?

① 주철에서 C와 P 양에 따른 주철의 조직관계를 표시한 것이다.
② 주철에서 C와 Mn 양에 따른 주철의 조직관계를 표시한 것이다.
③ 주철에서 C와 Si 양에 따른 주철의 조직관계를 표시한 것이다.
④ 주철에서 C와 S 양에 따른 주철의 조직관계를 표시한 것이다.

해설
마우러 조직도는 C와 Si의 조직관계를 나타낸 것이다.

## 48 순 구리(Cu)와 철(Fe)의 용융점은 약 몇 ℃인가?

① CU : 660℃, Fe : 890℃
② CU : 1063℃, Fe : 1050℃
③ CU : 1083℃, Fe : 1539℃
④ CU : 1455℃, Fe : 2200℃

## 49 게이지용 강이 갖추어야 할 성질로 틀린 것은?

① 담금질에 의한 변형이 없어야 한다.
② HRC 55 이상의 경도를 가져야 한다.
③ 열팽창 계수가 보통 강보다 커야 한다.
④ 시간에 따른 치수 변화가 없어야 한다.

해설
열팽창계수가 커지면 쉽게 변형이 발생하므로 게이지용 강으로 사용할 수가 없다.

## 50 그림에서 마텐자이트 변태가 가장 빠른 것은?

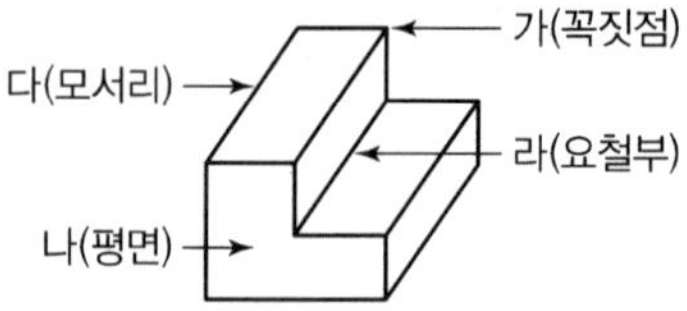


① 가　② 나
③ 다　④ 라

해설
가 부위가 냉각속도가 가장 빠른 지점이다.

정답 42 ④ 43 ④ 44 ① 45 ② 46 ② 47 ③ 48 ③ 49 ③ 50 ①

**51** 그림과 같은 입체도의 제3각 정투상도로 적합한 것은?

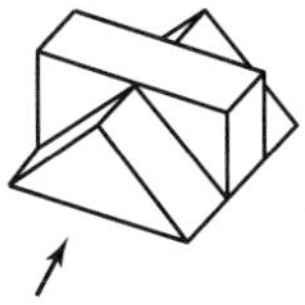

① 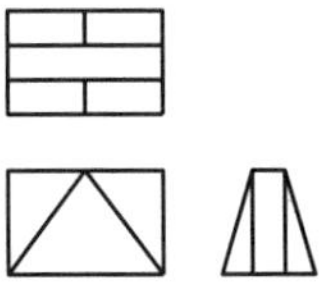
② 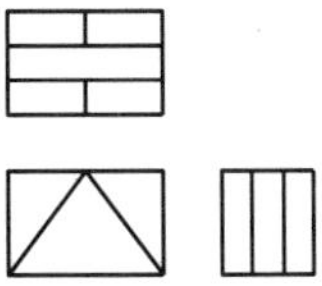
③ 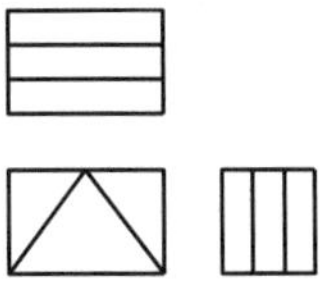
④ 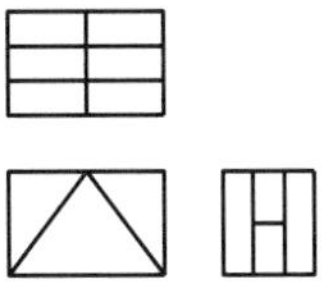

**52** 다음 중 저온 배관용 탄소 강관 기호는?

① SPPS ② SPLT
③ SPHT ④ SPA

해설
- SPPS : 압력배관용탄소강관
- SPHT : 고온배관용탄소강관
- SPA : 배관용합금강관

**53** 다음 중 이면 용접 기호는?

①  ② 
③  ④ 

해설
이면이란 뒷면(Back)을 말한다.

**54** 다음 중 현의 치수기입을 올바르게 나타낸 것은?

① 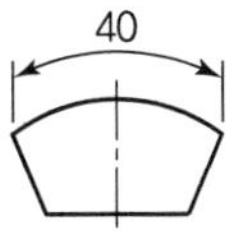

② 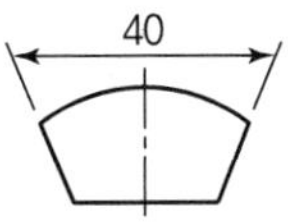

③ 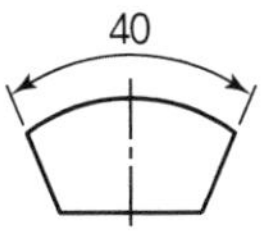

④ 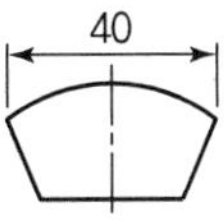


**55** 다음 중 대상물을 한쪽 단면도로 올바르게 나타낸 것은?

① 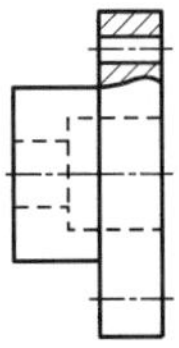
② 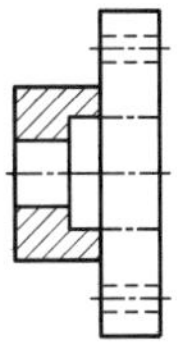
③ 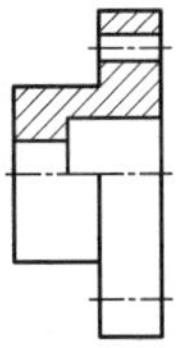
④ 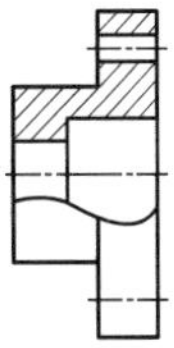

**56** 다음 중 도면에서 단면도의 해칭에 대한 설명으로 틀린 것은?

① 해칭선은 반드시 주된 중심선에 45°로만 경사지게 긋는다.
② 해칭선은 가는 실선으로 규칙적으로 줄을 늘어놓는 것을 말한다.
③ 단면도에 재료 등을 표시하기 위해 특수한 해칭(또는 스머징)을 할 수 있다.
④ 단면 면적이 넓을 경우에는 그 외형선에 따라 적절한 범위에 해칭(또는 스머징)을 할 수 있다.

**57** 배관의 간략도시방법 중 환기계 및 배수계의 끝장치 도시방법의 평면도에서 그림과 같이 도시된 것의 명칭은?

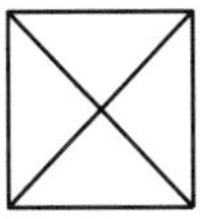

① 배수구 ② 환기관
③ 벽붙이 환기 삿갓 ④ 고정식 환기 삿갓

정답 51 ② 52 ② 53 ③ 54 ④ 55 ③ 56 ① 57 ④

**58** 그림과 같은 입체도에서 화살표 방향에서 본 투상을 정면으로 할 때 평면도로 가장 적합한 것은?

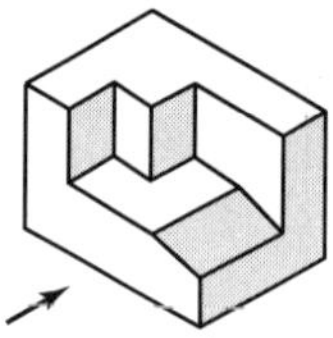

① 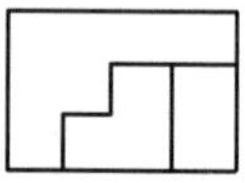
② 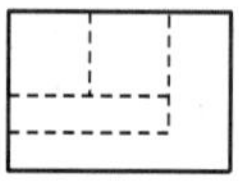
③ 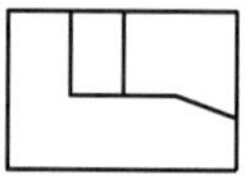
④ 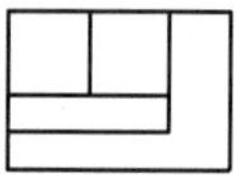

**59** 나사 표시가 "L 2N M50×2−4h"로 나타날 때 이에 대한 설명으로 틀린 것은?

① 왼 나사이다.
② 2줄 나사이다.
③ 미터 가는 나사이다.
④ 암나사 등급이 4h이다.

**60** 무게 중심선과 같은 선의 모양을 가진 것은?

① 가상선 ② 기준선
③ 중심선 ④ 피치선

해설
무게중심선은 가는 이점쇄선으로 나타낸다.

정답 **58** ① **59** ④ **60** ①

시 행 일 자
2015년
1월 25일

# 특수용접기능사 1회

**01** 용접봉에서 모재로 용융금속이 옮겨가는 용적 이행 상태가 아닌 것은?

① 글로뷸러형 ② 스프레이형
③ 단락형 ④ 핀치효과형

해설
**용융금속(용적)의 이행형식**
- 스프레이형
- 단락형
- 글로뷸러형(입상이행형)

**02** 일반적으로 사람의 몸에 얼마 이상의 전류가 흐르면 순간적으로 사망할 위험이 있는가?

① 5mA ② 15mA
③ 25mA ④ 50mA

해설
사망할 정도의 전류를 묻는 문제에서는 가장 높은 전류를 선택하면 된다.
- 5mA : 상당한 고통
- 10mA : 견디기 힘든 심한 고통
- 20mA : 근육수축
- 50mA : 사망위험
- 100mA : 치명적인 영향

**03** 피복아크용접 시 일반적으로 언더컷을 발생시키는 원인으로 가장 거리가 먼 것은?

① 용접 전류가 너무 높을 때
② 아크 길이가 너무 길 때
③ 부적당한 용접봉을 사용했을 때
④ 홈 각도 및 루트 간격이 좁을 때

해설
언더컷은 주로 전류가 과대한 경우 용접비드 양쪽이 패이는 결함으로 가느다란 용접봉으로 재용접을 하여 보수한다. 홈각도 및 루트간격이 좁으면 용입불량으로 이어지게 된다.

**04** [보기]에서 용극식 용접방법을 모두 고른 것은?

| |
|---|
| ㉠ 서브머지드 아크용접 |
| ㉡ 불활성 가스 금속 아크용접 |
| ㉢ 불활성 가스 텅스텐 아크용접 |
| ㉣ 솔리드 와이어 이산화탄소 아크용접 |

① ㉠, ㉡ ② ㉢, ㉣
③ ㉠, ㉡, ㉢ ④ ㉠, ㉡, ㉣

해설
용극식(소모식) 용접이란 전극봉이 녹는 용접을 말한다. TIG(불활성 가스텅스텐아크용접)을 제외하고 모두 용극식 용접이다.

**05** 납땜을 연납땜과 경납땜으로 구분할 때 구분 온도는?

① 350℃ ② 450℃
③ 550℃ ④ 650℃

**06** 전기저항 용접의 특징으로 틀린 것은?

① 산화 및 변질 부분이 적다.
② 다른 금속 간의 접합이 쉽다.
③ 용제나 용접봉이 필요 없다.
④ 접합 강도가 비교적 크다.

**07** 직류 정극성(DCSP)에 대한 설명으로 옳은 것은?

① 모재의 용입이 얕다.
② 비드폭이 넓다.
③ 용접봉의 녹음이 느리다.
④ 용접봉에 (+)극을 연결한다.

해설
직류 정극성(DCSP)은 용접봉에 −극을 모재에 +극을 연결하였으며 용입이 깊어 후판용접에 사용되며 일반적으로 많이 사용되는 극성이다.

정답 01 ④ 02 ④ 03 ④ 04 ④ 05 ② 06 ② 07 ③

## 08 다음 용접법 중 압접에 해당되는 것은?

① MIG 용접 ② 서브머지드 아크용접
③ 점용접 ④ TIG 용접

해설
점용접법은 전기저항용접의 일종으로 상하부의 압입자에 전류를 흘려주는 동시에 압력을 가해 접합하는 방식이다.

## 09 로크웰 경도시험에서 C스케일의 다이아몬드의 압입자 꼭지각 각도는?

① 100° ② 115°
③ 120° ④ 150°

해설
로크웰 경도시험은 B스케일(강구)과 C스케일(다이아몬드)의 두 가지 형태가 있다.

## 10 아크타임을 설명한 것 중 옳은 것은?

① 단위기간 내의 작업여유시간이다.
② 단위시간 내의 용도여유시간이다.
③ 단위시간 내의 아크발생시간을 백분율로 나타낸 것이다.
④ 단위시간 내의 시공한 용접길이를 백분율로 나타낸 것이다.

## 11 용접부에 오버랩의 결함이 발생했을 때, 가장 올바른 보수 방법은?

① 작은 지름의 용접봉을 사용하여 용접한다.
② 결함 부분을 깎아내고 재용접한다.
③ 드릴로 구멍을 뚫고 재용접한다.
④ 결함부분을 절단한 후 덧붙임 용접을 한다.

## 12 용접 설계상 주의점으로 틀린 것은?

① 용접하기 쉽도록 설계할 것
② 결함이 생기기 쉬운 용접 방법을 피할 것
③ 용접이음이 한 곳으로 집중되도록 할 것
④ 강도가 약한 필릿용접은 가급적 피할 것

## 13 저온균열에 일어나기 쉬운 재료에 용접 전에 균열을 방지할 목적으로 피용접물의 전체 또는 이음부 부근의 온도를 올리는 것을 무엇이라고 하는가?

① 잠열 ② 예열
③ 후열 ④ 발열

## 14 TIG 용접에 사용되는 전극의 재질은?

① 탄소 ② 망간
③ 몰리브덴 ④ 텅스텐

## 15 용접의 장점으로 틀린 것은?

① 작업공정이 단축되며 경제적이다.
② 기밀, 수밀, 유밀성이 우수하며 이음효율이 높다.
③ 용접사의 기량에 따라 용접부의 품질이 좌우된다.
④ 재료의 두께에 제한이 없다.

## 16 이산화탄소 아크용접의 솔리드와이어 용접봉의 종류 표시는 YGA－50W－1.2－20형식이다. 이 때 Y가 뜻하는 것은?

① 가스 실드 아크용접
② 와이어 화학 성분
③ 용접 와이어
④ 내후성 강용

## 17 용접선 양측을 일정 속도록 이동하는 가스 불꽃에 의하여 너비 약 150mm를 150~200℃로 가열한 다음 곧 수냉하는 방법으로서 주로 용접선 방향의 응력을 완화시키는 잔류응력제거법은?

① 저온응력완화법 ② 기계적 응력완화법
③ 노 내 풀림법 ④ 국부 풀림법

해설
저온응력완화법은 가열온도 150~200℃가 출제 포인트이다.

정답 08 ③ 09 ③ 10 ③ 11 ② 12 ③ 13 ② 14 ④ 15 ③ 16 ③ 17 ①

**18** 용접 자동화 방법에서 정성적 자동제어의 종류가 아닌 것은?

① 피드백제어 ② 유접점 시퀀스제어
③ 무접점 시퀀스제어 ④ PLC 제어

**19** 지름 13mm, 표점거리 150mm인 연강재 시험편을 인장시험한 후의 거리가 154mm가 되었다면 연신율은?

① 3.89% ② 4.56%
③ 2.67% ④ 8.45%

해설
인장시험은 시험편을 양쪽으로 잡아당기는 시험으로 처음 시험편에 150mm 간격으로 점을 찍고 인장한 결과 두 표점간의 거리가 154mm로 4mm가 늘어난 것인데 이것을 백분율로 나타낸 것을 연신율이라고 한다. 즉, 늘어난길이 4mm를 처음의 길이 150mm로 나누고 100을 곱해주면 연신율 값이 나온다.

**20** 용접균열에서 저온균열은 일반적으로 몇 ℃ 이하에서 발생하는 균열을 말하는가?

① 200~300℃ 이하 ② 301~400℃ 이하
③ 401~500℃ 이하 ④ 501~600℃ 이하

해설
온도를 암기해도 되지만 보기에서 가장 낮은 온도(저온)를 선택하면 된다.

**21** 스테인리스강을 TIG 용접할 시 적합한 극성은?

① DCSP ② DCRP
③ AC ④ ACRP

해설
스테인리스강을 TIG 용접 시 DCSP(직류 정극성)을 사용한다.

**22** 피복아크용접작업 시 전격에 대한 주의사항으로 틀린 것은?

① 무부하전압이 필요이상으로 높은 용접기는 사용하지 않는다.
② 전격을 받은 사람을 발견했을 때는 즉시 스위치를 꺼야 한다.
③ 작업종료 시 또는 장시간 작업을 중지할 때는 반드시 용접기의 스위치를 끄도록 한다.
④ 낮은 전압에서는 주의하지 않아도 되며, 습기 찬 구두는 착용해도 된다.

**23** 직류 아크용접의 설명 중 옳은 것은?

① 용접봉을 양극, 모재를 음극에 연결하는 경우를 정극성이라고 한다.
② 역극성은 용입이 깊다.
③ 역극성은 두꺼운 판의 용접에 적합하다.
④ 정극성은 용접 비드의 폭이 좁다.

해설
극성을 묻는 문제는 매 회차 출제가 되고 있으며 이 문제는 상대적으로 열의 발생이 많은 +극이 어느 쪽(용접봉 또는 모재)에 접속되는지 파악하면 된다. 직류 역극성(DCRP)은 용접봉 쪽에 +가 접속되기 때문에 용접봉의 녹음이 빠르고 −극이 접속된 모재 쪽은 열 전달이 +극에 비해 적어 용입이 얕고 넓어져 주로 박판용접에 사용된다.

**24** 다음 중 수중 절단에 가장 적합한 가스로 짝지어진 것은?

① 산소−수소 가스
② 산소−이산화탄소 가스
③ 산소−암모니아 가스
④ 산소−헬륨 가스

**25** 피복아크용접봉 중에서 피복제 중에 석회석이나 형석을 주성분으로 하고, 피복제에서 발생하는 수소량이 적어 인성이 좋은 용착금속을 얻을 수 있는 용접봉은?

① 일미나이트계(E4301)
② 고셀룰로이스계(E4311)
③ 고산화탄소계(E4313)
④ 저수소계(E4316)

정답 18 ① 19 ③ 20 ① 21 ① 22 ④ 23 ④ 24 ① 25 ④

해설

저수소계 용접봉의 피복제는 대부분 석회석으로 구성되어 있다.

**26** 피복아크용접봉의 간접 작업성에 해당되는 것은?

① 부착 슬래그의 박리성
② 용접봉 용융 상태
③ 아크 상태
④ 스패터

**27** 가스용접의 특징으로 틀린 것은?

① 가열 시 열량조절이 비교적 자유롭다.
② 피복금속아크용접에 비해 후판 용접에 적당하다.
③ 전원 설비가 없는 곳에서도 쉽게 설치할 수 있다.
④ 피복금속아크용접에 비해 유해광선의 발생이 적다.

해설

가스용접은 열의 집중성이 피복아크용접에 비해 낮아 주로 박판용접에 사용된다.

**28** 피복아크용접봉의 심선의 재질로서 적당한 것은?

① 고탄소 림드강 ② 고속도강
③ 저탄소 림드강 ④ 빈 연강

해설

탄소의 함량이 적을수록 균열의 정도가 양호하기 때문에 저탄소 림드강이 사용된다.

**29** 가스 절단에서 양호한 절단면을 얻기 위한 조건으로 틀린 것은?

① 드래그(Drag)가 가능한 클 것
② 드래그(Drag)의 홈이 낮고 노치가 없을 것
③ 슬래그 이탈이 양호할 것
④ 절단면 표면의 각이 예리할 것

**30** 용접기의 2차 무부하전압을 20~30V로 유지하고, 용접 중 전격 재해를 방지하기 위해 설치하는 용접기의 부속장치는?

① 과부하방지장치 ② 전격방지장치
③ 원격제어장치 ④ 고주파발생장치

**31** 피복아크용접기로서 구비해야 할 조건 중 잘못된 것은?

① 구조 및 취급이 간편해야 한다.
② 전류조정이 용이하고 일정하게 전류가 흘러야 한다.
③ 아크 발생과 유지가 용이하고 아크가 안정되어야 한다.
④ 용접기가 빨리 가열되어 아크 안정을 유지해야 한다.

**32** 피복아크용접에서 용접봉의 용융속도와 관련이 큰 것은?

① 아크 전압 ② 용접봉 지름
③ 용접기의 종류 ④ 용접봉 쪽 전압강하

**33** 가스 가우징이나 치핑에 비교한 아크 에어 가우징의 장점이 아닌 것은?

① 작업 능률이 2~3배 높다.
② 장비 조작이 용이하다.
③ 소음이 심하다.
④ 활용 범위가 넓다.

해설

아크 에어 가우징은 소음이 없고 조작이 간편하다.

**34** 피복아크용접에서 아크 전압이 30V, 아크전류가 150A, 용접속도가 20cm/min일 때, 용접입열은 몇 Joule/cm인가?

출제빈도 높음

① 27,000 ② 22,500
③ 15,000 ④ 13,500

정답 26 ① 27 ② 28 ③ 29 ① 30 ② 31 ④ 32 ④ 33 ③ 34 ④

해설
**용접입열**
60×아크전류×아크 전압/용접속도이므로
(60×150×30)/20=13,500

**35** 다음 가연성 가스 중 산소와 혼합하여 연소할 때 불꽃 온도가 가장 높은 가스는?

① 수소　　② 메탄
③ 프로판　　④ 아세틸렌

해설
아세틸렌가스의 불꽃온도가 가장 높으며, 프로판가스는 이중 발열량이 가장 높은 가스이다.

**36** 피복아크용접봉의 피복제의 작용에 대한 설명으로 틀린 것은?

① 산화 및 질화를 방지한다.
② 스패터가 많이 발생한다.
③ 탈산 정련작용을 한다.
④ 합금원소를 첨가한다.

**37** 부하 전류가 변화하여도 단자 전압은 거의 변하지 않는 특성은?

① 수하 특성　　② 정전류 특성
③ 정전압 특성　　④ 전기저항 특성

해설
전압이 변하지 않는 특성은 정전압(전압이 정지, 머무른다.)이다.

**38** 용접기의 명판에 사용률이 40%로 표시되어 있을 때, 다음 설명으로 옳은 것은?

① 아크발생시간이 40%이다.
② 휴지시간이 40%이다.
③ 아크발생 시간이 60%이다.
④ 휴지시간이 4분이다.

해설
사용률이 40%라는 것은 10분을 기준으로 하여 4분 아크발생, 6분 휴식을 취했다는 의미이다.

**39** 포금의 주성분에 대한 설명으로 옳은 것은?

① 구리에 8~12% Zn을 함유한 합금이다.
② 구리에 8~12% Sn을 함유한 합금이다.
③ 6-4황동에 1% Pb을 함유한 합금이다.
④ 7-3황동에 1% Mg을 함유한 합금이다.

해설
포금은 오래전 대포의 포신용으로 사용했다 하여 붙여진 이름이며 Cu-Sn인 청동의 한 종류이다. 내식성이 좋아 현재는 선박의 부품으로 사용되고 있다.

**40** 다음 중 완전 탈산시켜 제조한 강은?

① 킬드강　　② 림드강
③ 고망간강　　④ 세미킬드강

해설
**강의 종류**
- 림드강(불완전 탈산 : 기공, 편석 생김)
- 킬드강(완전탈산 : 헤어크랙, 수축공 생김)
- 세미킬드강(림드강과 킬드강의 중간)

**41** Al-Cu-Si 합금으로 실리콘(Si)을 넣어 주조성을 개선하고 Cu를 첨가하여 절삭성을 좋게 한 알루미늄 합금으로 시효 경화성이 있는 합금은?

① Y합금
② 라우탈
③ 코비탈륨
④ 로-엑스 합금

해설
☞ 암기법 : 라우탈은 알구실!

**42** 주철 중 구상 흑연과 편상 흑연의 중간 형태의 흑연으로 형성된 조직을 갖는 주철은?

① CV 주철
② 에시큘라 주철
③ 니크로 실라 주철
④ 미하나이트 주철

정답　35 ④　36 ②　37 ③　38 ①　39 ②　40 ①　41 ②　42 ①

## 43 연질 자성 재료에 해당하는 것은?

① 페라이트 자석
② 알니코 자석
③ 네오디뮴 자석
④ 퍼멀로이

해설
**퍼멀로이**
철과 니켈의 합금. 매우 높은 투자성과 순수한 철보다 8배가 높은 자성)을 지니며, 마멸도가 적고 교류 자기장의 자심(磁心), 자기 헤드, 전기 통신 기구 따위의 재료로 쓴다.

## 44 다음 중 황동과 청동의 주성분으로 옳은 것은?

① 황동 : Cu+Pb, 청동 : Cu+Sb
② 황동 : Cu+Sn, 청동 : Cu+Zn
③ 황동 : Cu+Sb, 청동 : Cu+Pb
④ 황동 : Cu+Zn, 청동 : Cu+Sn

해설
☞ 암기법 : 황동(아구황-아연, 구리, 황동), 청동(구주청-구리, 주석, 청동)

## 45 다음 중 담금질에 의해 나타난 조직 중에서 경도와 강도가 가장 높은 것은?

① 오스테나이트 ② 소르바이트
③ 마텐자이트 ④ 트루스타이트

해설
**담금질 조직**(경도가 높은 순서로 나열)
마텐자이트 > 트루스타이트 > 소르바이트 > 오스테나이트

## 46 다음 중 재결정 온도가 가장 낮은 금속은?

① Al ② Cu
③ Ni ④ Zn

해설
**금속의 재결정 온도**

| 금속 | Fe | Ni | Au | Cu | Al | Mg | Zn |
|---|---|---|---|---|---|---|---|
| 재결정 온도 | 450 | 600 | 200 | 200 | 150 | 150 | 7~75 |

## 47 다음 중 상온에서 구리(Cu)의 결정격자 형태는?

① HCT ② BCC
③ FCC ④ CPH

해설
FCC(면심입방격자) : 주로 전연성이 풍부하다.

## 48 Ni-Fe 합금으로서 불변강이 아닌 합금은?

① 인바 ② 모넬메탈
③ 엘린바 ④ 슈퍼인바

해설
불변강의 종류는 암기를 해두는 것이 좋다.
- 인바
- 초인바
- 엘린바
- 코엘린바
- 플래티나이트
- 퍼멀로이
- 이소에라스틱

☞ 암기법 : (앞글자만 따서 암기) 인초엘, 코플퍼이

## 49 다음 중 Fe-C 평형상태도에 대한 설명으로 옳은 것은?

① 공정점의 온도는 약 723℃이다.
② 포정점은 약 4.30%C를 함유한 점이다.
③ 공석점은 약 0.80%C를 함유한 점이다.
④ 순철의 자기변태 온도는 210℃이다.

해설
- 포정점 : 0.18%C, 1,492°C
- 공석점 : 0.77%C, 723°C
- 공정점 : 4.3%C, 1,147°C

## 50 고주파 담금질의 특징을 설명한 것 중 옳은 것은?

① 직접 가열하므로 열효율이 높다.
② 열처리 불량은 적으나 변형 보정이 필요하다.
③ 열처리 후의 연삭 과정을 생략 또는 단축시킬 수 있다.
④ 간접 부분 담금질법으로 원하는 깊이만큼 경화하기 힘들다.

정답 43 ④ 44 ④ 45 ③ 46 ④ 47 ③ 48 ② 49 ③ 50 ①

**51** 다음 입체도의 화살표 방향 투상도로 가장 적합한 것은?

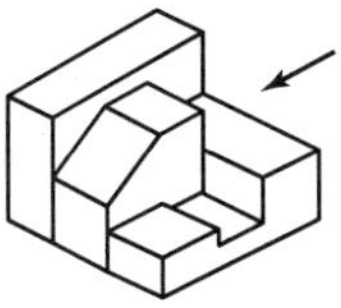

① 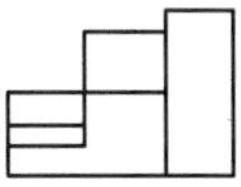
② 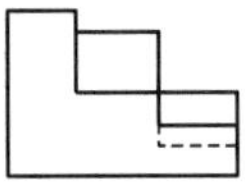
③ 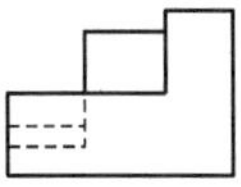
④ 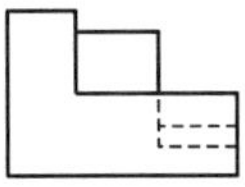

**52** 다음 그림과 같은 용접방법 표시로 맞는 것은?

① 삼각 용접　　② 현장 용접
③ 공장 용접　　④ 수직 용접

**53** 다음 밸브 기호는 어떤 밸브를 나타내는가?

① 풋 밸브　　② 볼 밸브
③ 체크 밸브　　④ 버터플라이 밸브

**54** 다음 중 리벳용 원형강의 KS 기호는?

① SV　　② SC
③ SB　　④ PW

**55** 대상물의 일부를 떼어낸 경계를 표시하는 데 사용하는 선의 굵기는?

① 굵은 실선　　② 가는 실선
③ 아주 굵은 실선　　④ 아주 가는 실선

해설
대상물의 떼어낸 경계는 파단선(가는 실선)으로 표시한다.

**56** 그림과 같은 배관도시기호가 있는 관에는 어떤 종류의 유체가 흐르는가?

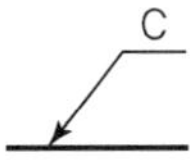


① 온수　　② 냉수
③ 냉온수　　④ 증기

해설
냉수(Cool Water)

**57** 제3각법에 대하여 설명한 것으로 틀린 것은?

① 저면도는 정면도 밑에 도시한다.
② 평면도는 정면도의 상부에 도시한다.
③ 좌측면도는 정면도의 좌측에 도시한다.
④ 우측면도는 평면도의 우측에 도시한다.

해설
우측면도는 정면도(기준)의 우측에 도시한다.

**58** 다음 치수 표현 중에서 참고 치수를 의미하는 것은?

① S$\phi$24　　② t=24
③ (24)　　④ □24

**59** 구멍에 끼워 맞추기 위한 구멍, 볼트, 리벳의 기호 표시에서 현장에서 드릴가공 및 끼워맞춤을 하고 양쪽 면에 카운터 싱크가 있는 기호는?

① 
② 
③ 
④ 

정답　51 ③　52 ②　53 ①　54 ①　55 ②　56 ②　57 ④　58 ③　59 ④

**60** 도면을 용도에 따른 분류와 내용에 따른 분류로 구분할 때, 다음 중 내용에 따라 분류한 도면인 것은?

① 제작도 ② 주문도
③ 견적도 ④ 부품도

해설
- **도면의 용도에 따른 분류** : 계획도, 제작도, 주문도, 승인도, 견적도, 설명도
- **도면의 내용에 따른 분류** : 조립도, 부품도, 공정도, 결선도, 배선도, 계통도, 전개도 등

정답 60 ④

시 행 일 자
2015년 4월 4일

# 용접기능사 2회

**01** 용접작업 시 안전에 관한 사항으로 틀린 것은?

① 높은 곳에서 용접작업 할 경우 추락, 낙하 등의 위험이 있으므로 항상 안전벨트와 안전모를 착용한다.
② 용접작업 중에 여러 가지 유해 가스가 발생하기 때문에 통풍 또는 환기장치가 필요하다.
③ 가연성의 분진, 화약류 등 위험물이 있는 곳에서는 용접을 해서는 안 된다.
④ 가스 용접은 강한 빛이 나오지 않기 때문에 보안경을 착용하지 않아도 괜찮다.

해설
보통 일반아크용접에서는 차광도 번호 11번, 가스용접에서는 4~6번을 사용한다.

**02** 다음 전기저항용접법 중 주로 기밀, 수밀, 유밀성을 필요로 하는 탱크의 용접 등에 가장 적합한 것은?

① 점(Spot) 용접법
② 심(Seam) 용접법
③ 프로젝션(Projection) 용접법
④ 플래시(Flash) 용접법

해설
심용접은 전기저항용접의 일종으로 기밀, 수밀, 유밀성을 필요로 하는 제품의 용접에 사용된다.

**03** 용접부의 중앙으로부터 양끝을 향해 용접해 나가는 방법으로, 이음의 수축에 의한 변형이 서로 대칭이 되게 할 경우에 사용되는 용착법을 무엇이라 하는가?

① 전진법 ② 비석법
③ 케스케이드법 ④ 대칭법

**04** 불활성 가스를 이용한 용가재인 전극 와이어를 송급장치에 의해 연속적으로 보내어 아크를 발생시키는 소모식 또는 용극식 용접 방식을 무엇이라 하는가?

① TIG 용접 ② MIG 용접
③ 피복아크용접 ④ 서브머지드 아크용접

해설
TIG(Tungsten Inert Gas) 용접, MIG(Metal Inert Gas) 용접 두 가지 모두 불활성 가스(Inert Gas)를 이용한 용접이며 TIG 용접은 텅스텐 전극봉이 용융되지 않는 비소모식(비용극식) 용접이며 MIG용접은 전극인 와이어가 직접 용융되는 소모식(용극식) 용접법이다.

**05** 용접부에 결함 발생 시 보수하는 방법 중 틀린 것은?

① 기공이나 슬래그 섞임 등이 있는 경우는 깎아내고 재용접한다.
② 균열이 발견되었을 경우 균열 위에 덧살올림 용접을 한다.
③ 언더컷일 경우 가는 용접봉을 사용하여 보수한다.
④ 오버랩일 경우 일부분을 깎아내고 재용접한다.

해설
균열이 발생되었을 경우 균열부위를 바닥이 드러낸 때까지 잘 깎아낸 후 재용접한다.

**06** 용접할 때 용접 전 적당한 온도로 예열을 하면 냉각 속도를 느리게 하여 결함을 방지할 수 있다. 예열 온도 설명 중 옳은 것은?

① 고장력강의 경우는 용접 홈을 50~350℃로 예열
② 저합금강의 경우는 용점 홈을 200~500℃로 예열
③ 연강을 0℃ 이하에서 용접할 경우는 이음의 양쪽 폭 100mm 정도를 40~250℃로 예열
④ 주철의 경우는 용접홈을 40~75℃로 예열

정답 01 ④ 02 ② 03 ④ 04 ② 05 ② 06 ①

**07** 서브머지드 아크용접에 관한 설명으로 틀린 것은?

① 장비의 가격이 고가이다.
② 홈 가공의 정밀을 요하지 않는다.
③ 불가시 용접이다.
④ 주로 아래보기 자세로 용접한다.

해설
서브머지드 아크용접은 자동으로 용접이 진행되기 때문에 작업의 홈 가공 등의 정밀도가 중요하다.

**08** 안전표지 색채 중 방사능 표지의 색상은 어느 색인가?

① 빨강 ② 노랑
③ 자주 ④ 녹색

**09** 용접부의 시험에서 비파괴 검사로만 짝지어진 것은?

① 인장시험 – 외관시험
② 피로시험 – 누설시험
③ 형광시험 – 충격시험
④ 초음파 시험 – 방사선 투과시험

해설
인장, 피로, 충격시험은 파괴시험에 속한다.

**10** 용접 시공 시 발생하는 용접변형이나 잔류응력 발생을 최소화하기 위하여 용접순서를 정할 때 유의사항으로 틀린 것은?

출제 빈도 높음

① 동일평면 내에 많은 이음이 있을 때 수축은 가능한 자유단으로 보낸다.
② 중심선에 대하여 대칭으로 용접한다.
③ 수축이 적은 이음은 가능한 먼저 용접하고, 수축이 큰 이음은 나중에 한다.
④ 리벳작업과 용접을 같이 할 때에는 용접을 먼저 한다.

해설
수축이 큰 이음을 먼저 용접한 후 응력을 제거해주고 그 후에 수축이 적은 이음을 용접해야 응력 발생을 최소화할 수 있다.

**11** 다음 중 용접부 검사방법에 있어 비파괴시험에 해당하는 것은?

① 피로시험 ② 화학분석시험
③ 용접균열시험 ④ 침투탐상시험

해설
침투탐상시험(PT)은 강재 표면의 균열을 검사하는 시험을 표면에 염료(PT–D)나 형광물질(PT–F)을 도포하여 검사하는 방법이다.

**12** 다음 중 불활성 가스(Inert Gas)가 아닌 것은?

① Ar ② He
③ Ne ④ $CO_2$

해설
$CO_2$가스는 불연성 가스이다.

**13** 납땜에서 경납용 용제에 해당하는 것은?

① 염화아연 ② 인산
③ 염산 ④ 붕산

해설
경납용 용제로는 붕사, 붕산, 붕산염, 불화물, 염화물, 알칼리 등이 있으며 연납용 용제로는 염화아연, 염화암모늄, 인산, 염산 송진 등이 있다.
☞ 암기법 : 용접기능사 시험에서는 현재까지는 염, 인 등 "ㅇ"으로 시작하는 용제는 연납용 용제, 붕산 붕사 등 "ㅂ"으로 시작하는 용제는 경납용 용제로 풀이가 되는 문제들이 반복 출제되고 있다.

**14** 논가스 아크용접의 장점으로 틀린 것은?

① 보호 가스나 용제를 필요로 하지 않는다.
② 피복아크용접봉의 저수소계와 같이 수소의 발생이 적다.
③ 용접비드가 좋지만 슬래그 박리성은 나쁘다.
④ 용접장치가 간단하며 운반이 편리하다.

해설
**논가스 아크용접**
솔리드 와이어 또는 플럭스가 든 와이어를 써서 탄산가스 등 실드 가스 없이 공기 중에서 직접 용접하는 방법이다. 비피복 아크용접이라고도 하며, 반자동용접으로서는 가장 간편한 방법이다. 실드 가스가 필요치 않으므로, 바람이 불어도 비교적 안정되고, 특히 옥외 용접에 적합하다.

정답 07 ② 08 ② 09 ④ 10 ③ 11 ④ 12 ④ 13 ④ 14 ③

**15** 용접선과 하중의 방향이 평행하게 작용하는 필릿 용접은?

① 전면 ② 측면
③ 경사 ④ 변두리

해설
측면필릿용접은 용접선과 하중의 방향이 평행하게 작용한다. 전면필릿용접(수직)

**16** 납땜 시 용제가 갖추어야 할 조건이 아닌 것은?

① 모재의 불순물 등을 제거하고 유동성이 좋을 것
② 청정한 금속면의 산화를 쉽게 할 것
③ 땜납의 표면장력에 맞추어 모재와의 친화도를 높일 것
④ 납땜 후 슬래그 제거가 용이할 것

해설
납땜 시 사용하는 용제는 청정한 금속면의 산화를 방지할 수 있는 조건이어야 한다.

**17** 피복아크용접 시 전격을 방지하는 방법으로 틀린 것은?

① 전격방지기를 부착한다.
② 용접홀더에 맨손으로 용접봉을 갈아 끼운다.
③ 용접기 내부에 함부로 손을 대지 않는다.
④ 절연성이 좋은 장갑을 사용한다.

**18** 맞대기이음에서 판 두께 100mm, 용접 길이 300cm, 인장하중이 9,000kgf일 때 인장응력은 몇 $kgf/cm^2$인가?

① 0.3 ② 3
③ 30 ④ 300

해설
인장응력=하중/단면적 이며 단면적은 인장되기 전의 최초단면적을 의미하며 판두께와 용접선의 길이의 곱으로 구할 수 있다.
그러므로 $9,000/(100 \times 300) = 3$

**19** 다음은 용접 이음부의 홈의 종류이다. 박판 용접에 가장 적합한 것은?

① K형 ② H형
③ I형 ④ V형

해설
I형 이음은 6mm이하 박판의 용접에 사용된다.

**20** 주철의 보수용접방법에 해당되지 않는 것은?

① 스터드링 ② 비녀장법
③ 버터링법 ④ 백킹법

해설
**주철 보수용접의 종류**
버터링법, 스터드법, 비녀장법, 로킹법
☞ 암기법 : 오늘은 버.스.비.로 저녁을 사먹자.

**21** MIG 용접이나 탄산가스 아크용접과 같이 전류 밀도가 높은 자동이나 반자동 용접기가 갖는 특성은?

① 수하 특성과 정전압 특성
② 정전압 특성과 상승 특성
③ 수하 특성과 상승 특성
④ 맥동 전류 특성

해설
☞ 암기법 자동 반자동 용접기에 사용되는 특성은 정상(정전압/상승)특성이다.

**22** $CO_2$ 가스 아크용접에서 아크 전압에 대한 설명으로 옳은 것은?

① 아크 전압이 높으면 비드 폭이 넓어진다.
② 아크 전압이 높으면 비드 볼록해진다.
③ 아크 전압이 높으면 용입이 깊어진다.
④ 아크 전압이 높으면 아크 길이가 짧다.

해설
아크 전압이 높으면 비드의 폭이 넓어진다.

정답 15 ② 16 ② 17 ② 18 ② 19 ③ 20 ④ 21 ② 22 ①

**23** 다음 중 가스 용접에서 산화불꽃으로 용접할 경우 가장 적합한 용접 재료는?

① 황동　② 모넬메탈
③ 알루미늄　④ 스테인리스

해설
일반적으로 동합금(황동) 용접 시에는 산소 과잉불꽃을 사용한다.

**24** 용접기의 사용률이 40%인 경우 아크 시간과 휴식시간을 합한 전체시간은 10분을 기준으로 했을 때 발생시간은 몇 분인가?

① 4　② 6
③ 8　④ 10

해설
정격사용률이 40%이면 전체시간을 10분으로 했을 때 아크발생시간은 4분이 된다.

**25** 얇은 철판을 쌓아 포개어 놓고 한꺼번에 절단하는 방법으로 가장 적합한 것은?

① 분말절단　② 산소창절단
③ 포갬절단　④ 금속아크절단

해설
포갬절단(겹치기 절단)은 산소-프로판 가스 용접을 사용한다.

**26** 용접봉의 용융속도는 무엇으로 표시하는가?

① 단위 시간당 소비되는 용접봉의 길이
② 단위 시간당 형성되는 비드의 길이
③ 단위 시간당 용접 입열의 양
④ 단위 시간당 소모되는 용접전류

**27** 출제빈도 높음 전류조정을 전기적으로 하기 때문에 원격조정이 가능한 교류 용접기는?

① 가포화 리액터형　② 가동 코일형
③ 가동 철심형　④ 탭 전환형

해설
가포화 리액터형 교류용접기는 가변저항을 사용하여 전기적으로 전류를 조절한다.

**28** 35℃에서 150kgf/cm$^2$로 압축하여 내부 용적 40.7리터의 산소 용기에 충전하였을 때, 용기 속의 산소량은 몇 리터인가?

① 4,470　② 5,291
③ 6,105　④ 7,000

해설
산소의 양=내용적×충전압력이므로
$40.7 \times 150 = 6,105$

**29** 아크 전류가 일정할 때 아크 전압이 높아지면 용융 속도가 늦어지고, 아크 전압이 낮아지면 용융 속도는 빨라진다. 이와 같은 아크 특성은?

① 부저항 특성
② 절연회복 특성
③ 전압회복 특성
④ 아크 길이 자기제어 특성

**30** 출제빈도 높음 다음 중 산소-아세틸렌 용접법에서 전진법과 비교한 후진법의 설명으로 틀린 것은?

① 용접 속도가 느리다.
② 열 이용률이 좋다.
③ 용접변형이 작다.
④ 홈 각도가 작다.

해설
가스용접에서 전진법에 비해 후진법의 기계적 성질이 양호하다. 즉 용접속도가 빠르며 열 이용률이 좋고 변형이 적고 홈의 각도를 작게 해도 된다. 단 비드의 모양이 나쁘다는 단점을 가지고 있다.

**31** 다음 중 가스 절단에 있어 양호한 절단면을 얻기 위한 조건으로 옳은 것은?

① 드래그가 가능한 한 클 것
② 절단면 표면의 각이 예리할 것
③ 슬래그 이탈이 이루어지지 않을 것
④ 절단면이 평활하며 드래그의 홈이 깊을 것

해설
가스 절단면 표면의 각은 예리한 것이 좋다.

정답　23 ①　24 ①　25 ③　26 ①　27 ①　28 ③　29 ④　30 ①　31 ②

**32** 피복아크용접봉의 피복배합제 성분 중 가스발생제는?

① 산화티탄 ② 규산나트륨
③ 규산칼륨 ④ 탄산바륨

**33** 가스 절단에 대한 설명으로 옳은 것은?

① 강의 절단 원리는 예열 후 고압산소를 불어내면 강보다 용융점이 낮은 산화철이 생성되고 이때 산화철은 용융과 동시 절단된다.
② 양호한 절단면을 얻으려면 절단면이 평활하며 드래그의 홈이 높고 노치 등이 있을수록 좋다.
③ 절단산소의 순도는 절단속도와 절단면에 영향이 없다.
④ 가스 절단 중에 모래를 뿌리면서 절단하는 방법을 가스분말절단이라 한다.

**34** 가스용접에 사용되는 가스의 화학식을 잘못 나타낸 것은?

① 아세틸렌 : $C_2H_2$ ② 프로판 : $C_3H_8$
③ 에탄 : $C_4H_7$ ④ 부탄 : $C_4H_{10}$

해설
에탄($C_2H_6$)

**35** 다음 중 아크 발생 초기에 모재가 냉각되어 있어 용접 입열이 부족한 관계로 아크가 불안정하기 때문에 아크 초기에만 용접 전류를 특별히 크게 하는 장치를 무엇이라 하는가?

① 원격제어장치 ② 핫스타트장치
③ 고주파 발생장치 ④ 전격방지장치

**36** 납땜 용제가 갖추어야 할 조건으로 틀린 것은?

① 모재의 산화피막과 같은 불순물을 제거하고 유동성이 좋을 것
② 청정한 금속면의 산화를 방지할 것
③ 납땜 후 슬래그 제거가 용이할 것
④ 침지 땜에 사용되는 것은 젖은 수분을 함유할 것

해설
침지땜에 사용되는 것은 수분을 함유하고 있지 않아야 한다.

**37** 직류 아크용접 시 정극성으로 용접할 때의 특징이 아닌 것은?

① 박판, 주철, 합금강, 비철금속의 용접에 이용된다.
② 용접봉의 녹음이 느리다.
③ 비드 폭이 좁다.
④ 모재의 용입이 깊다.

해설
직류 정극성(DCSP)은 용접봉에 −극을, 모재에 +극을 연결하며 용입이 깊고 비드의 폭이 좁아 후판용접에 사용된다. 일반적으로 많이 사용되는 극성이다.

**38** 피복아크용접 결함 중 기공이 생기는 원인으로 틀린 것은?

① 용접 분위기 가운데 수소 또는 일산화탄소 과잉
② 용접부의 급속한 응고
③ 슬래그의 유동성이 좋고 냉각하기 쉬울 때
④ 과대전류와 용접속도가 빠를 때

**39** 금속재료의 경량화와 강인화를 위하여 섬유강화 금속 복합재료가 많이 연구되고 있다. 강화섬유 중에서 비금속계로 짝지어진 것은?

① K, W ② W, Ti
③ W, Be ④ SiC, $Al_2O_3$

해설
SiC(탄화규소), $Al_2O_3$(알루미나)

**40** 상자성체 금속에 해당되는 것은?

① Al ② Fe
③ Ni ④ Co

정답 32 ④ 33 ① 34 ③ 35 ② 36 ④ 37 ① 38 ③ 39 ④ 40 ①

해설

**상자성체**(Al, Mn, Pt, Sn, Ir)
자계 안에 넣으면 자계방향으로 약하게 자화되고, 자계가 제거되면 자화되지 않는 물질이다. 즉 자계에 끌리며 자력선과 평행하게 나열되며, 자화되는 물질이다. 그러나 상자성체는 극성이 약하다.

**41** 구리(Cu)합금 중에서 가장 큰 강도와 경도를 나타내며 내식성, 도전성, 내피로성 등이 우수하여 베어링, 스프링 및 전극재료 등으로 사용되는 재료는?

① 인(P) 청동　② 규소(Si) 동
③ 니켈(Ni) 청동　④ 베릴륨(Be) 동

**42** 고 Mn강으로 내마멸성과 내충격성이 우수하고, 특히 인성이 우수하기 때문에 파쇄장치, 기차 레일, 굴착기 등의 재료로 사용되는 것은?

출제 빈도 높음

① 엘린바(Elinvar)
② 디디뮴(Didymium)
③ 스텔라이트(Stellite)
④ 해드필드(Hadfield)강

해설

고망간강은 내마멸성이 우수하여 기차 레일, 굴착기 등의 재료로 하용되며 해드필드라는 사람이 발명했다 하여 이 같은 이름이 지어지게 되었다.

**43** 시험편의 지름이 15mm, 최대하중이 5200kgf일 때 인장강도는?

① 16.8kgf/mm²　② 29.4kgf/mm²
③ 33.8kgf/mm²　④ 55.8kgf/mm²

해설

인장강도(극한강도) = 하중/단면적이므로
$5200/(7.5^2 \times 3.14)$ = 약 29.4
※ (원의 면적 = $(반지름)^2 \times 3.14$)

**44** 다음의 금속 중 경금속에 해당하는 것은?

① Cu　② Be
③ Ni　④ Sn

해설

**비중**
Cu(8.96), Be(1.73), Ni(8.9), Sn(7.3)
비중 4.5를 기준으로 4.5보다 작은 것을 경금속이라 한다.

**45** 순철의 자기변태($A_2$)점 온도는 약 몇 ℃인가?

① 210℃　② 768℃
③ 910℃　④ 1400℃

해설

순철의 자기변태점(퀴리점)은 768℃이다. 1,400℃(순철의 $A_4$변태점), 910℃(순철의 $A_3$변태점)

※ 순철에는 세 개의 변태점이 존재한다.

**46** 주철의 일반적인 성질을 설명한 것 중 틀린 것은?

① 용탕이 된 주철은 유동성이 좋다.
② 공정 주철의 탄소량은 4.3% 정도이다.
③ 강보다 용융 온도가 높아 복잡한 형상이라도 주조하기 어렵다.
④ 주철에 함유하는 전탄소(Total Carbon)는 흑연+화합탄소로 나타낸다.

해설

주철은 강에 비해 용융온도가 낮고 유동성이 좋아 주조하기 용이하다.

**47** 포금(Gun Metal)에 대한 설명으로 틀린 것은?

① 내해수성이 우수하다.
② 성분은 8~12%Sn 청동에 1~2%Zn을 첨가한 합금이다.
③ 용해주조 시 탈산제로 사용되는 P의 첨가량을 많이 하여 합금 중에 P를 0.05~0.5% 정도 남게 한 것이다.
④ 수압, 수증기에 잘 견디므로 선박용 재료로 널리 사용된다.

정답　41 ④　42 ④　43 ②　44 ②　45 ②　46 ③　47 ③

**48** 황동은 도가니로, 전기로 또는 반사로 중에서 용해하는데, Zn의 증발로 손실이 있기 때문에 이를 억제하기 위해서 용탕 표면에 어떤 것을 덮어 주는가?

① 소금　　② 석회석
③ 숯가루　　④ Al 분말가루

**49** 건축용 철골, 볼트, 리벳 등에 사용되는 것으로 연신율이 약 22%이고, 탄소함량이 약 0.15%인 강재는?

① 연강　　② 경강
③ 최경강　　④ 탄소공구강

**50** 저용융점(Fusible) 합금에 대한 설명으로 틀린 것은?

① Bi를 55% 이상 함유한 합금은 응고 수축을 한다.
② 용도로는 화재통보기, 압축공기용 탱크 안전밸브 등에 사용된다.
③ 33~66%Pb를 함유한 Bi 합금은 응고 후 시효 진행에 따라 팽창현상을 나타낸다.
④ 저용융점 합금은 약 250℃ 이하의 용융점을 갖는 것이며 Pb, Bi, Sn, In 등의 합금이다.

**51** 치수 기입 방법이 틀린 것은?

①

②

③

④

**52** 다음과 같은 배관의 등각 투상도(Isometric Drawing)를 평면도로 나타낸 것으로 맞는 것은?

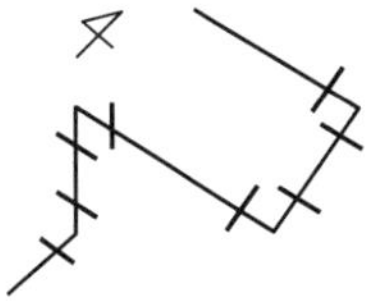

①
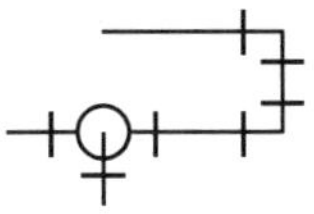

②
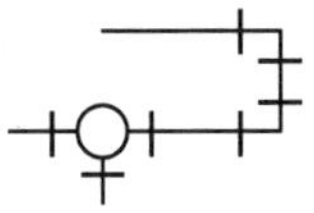

③
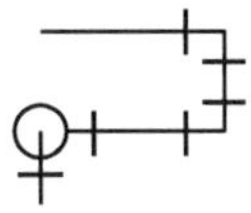

④
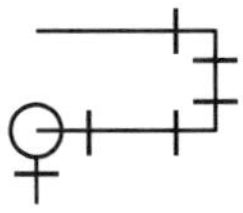

**53** 표제란에 표시하는 내용이 아닌 것은?

① 재질　　② 척도
③ 각법　　④ 제품명

해설
재질은 부품표에 표시한다.

**54** 그림과 같은 용접기호의 설명으로 옳은 것은?

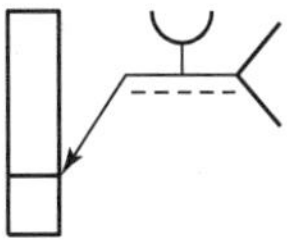

① U형 맞대기 용접, 화살표 쪽 용접
② V형 맞대기 용접, 화살표 쪽 용접
③ U형 맞대기 용접, 화살표 반대쪽 용접
④ V형 맞대기 용접, 화살표 반대쪽 용접

해설
점선이 표시된 부위(화살표 아래쪽)에 아무런 표시가 없고 그위 실선에 U자 모양이 있는 것은 화살표 방향의 용접을 의미한다. 반대로 점선 부위에 U자 모양이 표시되었다면 화살표 반대방향의 용접을 의미한다.

정답　48 ③　49 ①　50 ①　51 ②　52 ④　53 ①　54 ①

**55** 전기아연도금 강판 및 강대의 KS기호 중 일반용 기호는?

① SECD ② SECE
③ SEFC ④ SECC

**56** 아래 도면은 정면도와 우측면도만이 올바르게 도시되어 있다. 평면도로 가장 적합한 것은?

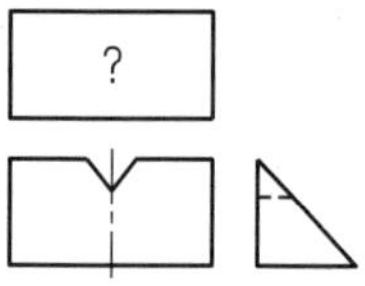


① 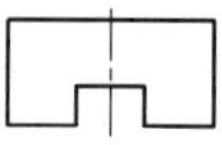 ② 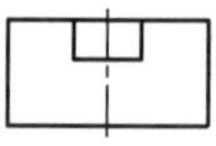
③ 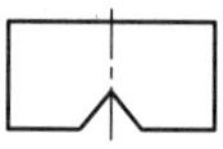 ④ 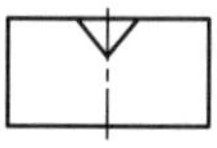

**57** 선의 종류와 용도에 대한 설명의 연결이 틀린 것은?

① 가는 실선 : 짧은 중심을 나타내는 선
② 가는 파선 : 보이지 않는 물체의 모양을 나타내는 선
③ 가는 1점 쇄선 : 기어의 피치원을 나타내는 선
④ 가는 2점 쇄선 : 중심이 이동한 중심궤적을 표시하는 선

**58** 그림의 입체도를 제3각법으로 올바르게 투상한 투상도는?

① 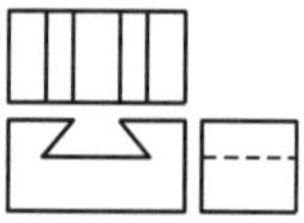 ② 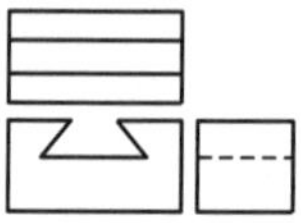
③ 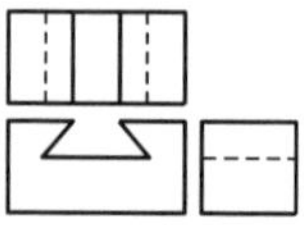 ④ 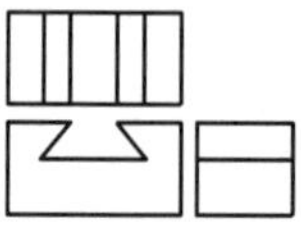

**59** KS에서 규정하는 체결부품의 조립 간략 표시방법에서 구멍에 끼워 맞추기 위한 구멍, 볼트, 리벳의 기호 표시 중 공장에서 드릴 가공 및 끼워 맞춤을 하는 것은?

①  ② 
③  ④ 

**60** 그림과 같은 단면도에서 “A”가 나타내는 것은?

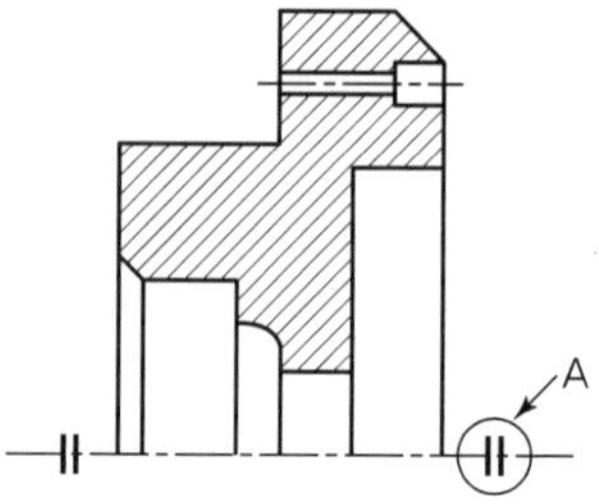


① 바닥 표시 기호
② 대칭 도시 기호
③ 반복 도형 생략 기호
④ 한쪽 단면도 표시 기호

정답 55 ④ 56 ③ 57 ④ 58 ③ 59 ① 60 ②

시 행 일 자
2015년 4월 4일

# 특수용접기능사 2회

**01** 피복아크용접 후 실시하는 비파괴 검사방법이 아닌 것은?

① 자분탐상법　② 피로시험법
③ 침투탐상법　④ 방사선 투과검사법

**02** 다음 중 용접이음에 대한 설명으로 틀린 것은?

① 필릿용접에서는 형상이 일정하고, 미용착부가 없어 응력분포상태가 단순하다.
② 맞대기 용접이음에서 시점과 크레이터 부분에서는 비드가 급랭하여 결함을 일으키기 쉽다.
③ 전면 필릿용접이란 용접선의 방향이 하중의 방향과 거의 직각인 필릿용접을 말한다.
④ 겹치기 필릿용접에서는 루트부에 응력이 집중되기 때문에 보통 맞대기 이음에 비하여 피로강도가 낮다.

해설
필릿용접은 직각을 이루는 2면의 구석을 용접하는 것으로 필릿용접에 의한 이음에는 겹침 이음, T 이음 등이 있다. 필릿 이음은 강도가 약해 일반적으로 간단한 부착물에 대해 행해지며 강도상 문제가 발생할 것 같은 부위의 용접에는 실시하지 않는다.

**03** 변형과 잔류응력을 최소로 해야 할 경우 사용되는 용착법으로 가장 적합한 것은?

① 후진법　② 전진법
③ 스킵법　④ 덧살 올림법

해설
스킵법(비석법)은 일명 건너뛰기 용접으로 열을 분산시키며 용접을 하여 잔류응력이 최소가 된다.

**04** 이산화탄소 용접에 사용되는 복합 와이어(Flux Cored Wire)의 구조에 따른 종류가 아닌 것은?

① 아코스 와이어　② T관상 와이어
③ Y관상 와이어　④ S관상 와이어

**05** 불활성 가스 아크용접에 주로 사용되는 가스는?

① $CO_2$　② $CH_4$
③ Ar　④ $C_2H_2$

**06** 다음 중 용접 결함에서 구조상 결함에 속하는 것은?

① 기공　② 인장강도의 부족
③ 변형　④ 화학적 성질 부족

해설
- 구조상 결함 : 기공 슬래그 섞임 융합불량 용입불량 언더컷 균열 등
- 치수상 결함 : 변형 치수불량 형상불량
- 성질상 결함 : 기계적 · 화학적 · 물리적 성질 부족

**07** 다음 TIG 용접에 대한 설명 중 틀린 것은?

① 박판 용접에 적합한 용접법이다.
② 교류나 직류가 사용된다.
③ 비소모식 불활성 가스 아크용접법이다.
④ 전극봉은 연강봉이다.

해설
TIG 용접에서 전극봉은 텅스텐봉이 사용된다.(비소모식, 비용극식 용접)

**08** 아르곤(Ar)가스는 1기압 하에서 6500L 용기에 몇 기압으로 충전하는가?

① 100 기압　② 120 기압
③ 140 기압　④ 160 기압

**09** 불활성 가스 텅스텐(TIG) 아크용접에서 용착금속의 용락을 방지하고 용착부 뒷면의 용착금속을 보호하는 것은?

① 포지셔너(Psitioner)　② 지그(Zig)
③ 뒷받침(Backing)　④ 앤드탭(End Tap)

정답　01 ②　02 ①　03 ③　04 ②　05 ③　06 ①　07 ④　08 ③　09 ③

**10** 구리 합금 용접 시험편을 현미경 시험할 경우 시험용 부식재로 주로 사용되는 것은?

① 왕수 ② 피크린산
③ 수산화나트륨 ④ 연화철액

**11** 용접 결함 중 치수상의 결함에 대한 방지대책과 가장 거리가 먼 것은?

① 역변형법 적용이나 지그를 사용한다.
② 습기, 이물질 제거 등 용접부를 깨끗이 한다.
③ 용접 전이나 시공 중에 올바른 시공법을 적용한다.
④ 용접 조건과 자세, 운봉법을 적정하게 한다.

**12** TIG 용접에 사용되는 전극봉의 조건으로 틀린 것은?

① 고융용점의 금속
② 전자방출이 잘되는 금속
③ 전기저항률이 많은 금속
④ 열전도성이 좋은 금속

해설
전기저항률이 많으면 용접봉이 용융되어 TIG 용접의 전극으로 사용할 수 없게 된다.

**13** 철도 레일 이음용접에 적합한 용접법은?

① 테르밋 용접
② 서브머지드 용접
③ 스터드 용접
④ 그래비티 및 오토콘 용접

**14** 통행과 운반 관련 안전조치로 가장 거리가 먼 것은?

① 뛰지 말 것이며 한 눈을 팔거나 주머니에 손을 넣고 걷지 말 것
② 기계와 다른 시설물 사이의 통행로 폭은 30cm 이상으로 할 것
③ 운반차는 규정 속도를 지키고 운반 시 시야를 가리지 않게 할 것
④ 통행로와 운반차, 기타 시설물에는 안전 표지색을 이용한 안전표지를 할 것

**15** 플라스마 아크의 종류 중 모재가 전도성 물질이어야 하며, 열효율이 높은 아크는?

① 이행형 아크 ② 비이행형 아크
③ 중간형 아크 ④ 피복아크

**16** TIG 용접에서 전극봉은 세라믹 노즐의 끝에서부터 몇 mm 정도 돌출시키는 것이 가장 적당한가?

① 1~2mm ② 3~6mm
③ 7~9mm ④ 10~12mm

해설
너무 돌출되면 용접부위가 불활성 가스의 보호를 받지 못해 산화된다.

**17** 다음 파괴시험 방법 중 충격시험 방법은?

① 전단시험 ② 샤르피시험
③ 크리프시험 ④ 응력부식 균열시험

**18** 초음파 탐상 검사방법이 아닌 것은?

① 공진법 ② 투과법
③ 극간법 ④ 펄스반사법

**19** 레이저 빔 용접에 사용되는 레이저의 종류가 아닌 것은?

① 고체 레이저 ② 액체 레이저
③ 극간법 ④ 펄스반사법

해설
펄스반사법은 초음파시험법의 종류이다.

정답 10 모두 정답 11 ② 12 ③ 13 ① 14 ② 15 ① 16 ② 17 ② 18 ③ 19 ④

**20** 다음 중 저탄소강의 용접에 관한 설명으로 틀린 것은?

① 용접균열의 발생 위험이 크기 때문에 용접이 비교적 어렵고, 용접법의 적용에 제한이 있다.
② 피복아크용접의 경우 피복아크용접봉은 모재와 강도 수준이 비슷한 것을 선정하는 것이 바람직하다.
③ 판의 두께가 두껍고 구속이 큰 경우에는 저수소계 계통의 용접봉이 사용된다.
④ 두께가 두꺼운 강재일 경우 적절한 예열을 할 필요가 있다.

**21** 15℃, 1kgf/cm² 하에서 사용 전 용해 아세틸렌 병의 무게가 50kgf이고, 사용 후 무게가 47kgf일 때 사용한 아세틸렌의 양은 몇 L인가?

① 2,915 ② 2,815
③ 3,815 ④ 2,715

해설

**사용한 아세틸렌의 양**
(사용전 가스용기의 무게－사용 후 가스용기의 무게)×905
(50－47)×905＝2,715

**22** 다음 용착법 중 다층 쌓기 방법인 것은?

출제 빈도 높음

① 전진법 ② 대칭법
③ 스킵법 ④ 캐스케이드법

해설

**다층 쌓기 용착법의 종류**
- 빌드업법(덧살올림법) : 각 층마다 전체의 길이를 용접하면서 다층용접하며 한랭 시, 구속이 클 때, 판 두께가 두꺼울 때는 첫 번째 층에 균열이 생길 위험이 있다.
- 캐스케이드법 : 한 부분의 몇 층을 용접하다가, 이것을 다른 부분의 층으로 연속시켜 전체가 계단 형태의 단계를 이루도록 용착시킨다.
- 점진블록법 : 한 개의 용접봉으로 살을 붙일 만한 길이로 구분해서 홈을 한 부분씩 여러 층으로 쌓아 올린 다음 다른 부분으로 진행한다.

**23** 다음 중 두께 20mm인 강판을 가스 절단하였을 때 드래그(Drag)의 길이가 5mm이었다면 드래그 양은 몇 %인가?

① 5 ② 20
③ 25 ④ 100

해설

총 두께 20mm 중 5mm(드래그)가 백분율로 몇 %인지 물어보는 문제이다.
5/20×100＝25

**24** 가스용접에 사용되는 용접용 가스 중 불꽃 온도가 가장 높은 가연성 가스는?

① 아세틸렌 ② 메탄
③ 부탄 ④ 천연가스

해설

**각종 가스 불꽃의 최고온도 및 발열량 비교**

| 가스의 종류 | 불꽃의 최고온도(℃) | 발열량(Kcal/m³) |
|---|---|---|
| 아세틸렌 | 3,430 | 12,690 |
| 프로판 | 2,820 | 20,780 |
| 메탄 | 2,700 | 8,080 |
| 수소 | 2,900 | 2,420 |

**25** 가스용접에서 전진법과 후진법을 비교하여 설명한 것으로 옳은 것은?

① 용착금속의 냉각도는 후진법이 서랭된다.
② 용접변형은 후진법이 크다.
③ 산화의 정도가 심한 것은 후진법이다.
④ 용접속도는 후진법보다 전진법이 더 빠르다.

해설

후진법은 전진법에 비해 용착 금속이 서랭되며, 변형이 적고, 산화가 생기지 않으며 용접속도가 빠르다.

**26** 가스 절단 시 절단면에 일정한 간격의 곡선이 진행방향으로 나타나는데 이것을 무엇이라 하는가?

① 슬래그(Slag) ② 태핑(Tapping)
③ 드래그(Drag) ④ 가우징(Gouging)

정답 20 ① 21 ④ 22 ④ 23 ③ 24 ① 25 ① 26 ③

**27** 피복금속아크용접봉의 피복제가 연소한 후 생성된 물질이 용접부를 보호하는 방식이 아닌 것은?

① 가스 발생식 ② 슬래그 생성식
③ 스프레이 발생식 ④ 반가스 발생식

해설
**피복금속아크용접봉 피복제의 용접부 보호방식**
가스발생식, 반가스발생식, 슬래그 생성식

**28** 용해 아세틸렌 용기 취급 시 주의사항으로 틀린 것은?

① 아세틸렌 충전구가 동결 시는 50℃ 이상의 온수로 녹여야 한다.
② 저장 장소는 통풍이 잘 되어야 한다.
③ 용기는 반드시 캡을 씌워 보관한다.
④ 용기는 진동이나 충격을 가하지 말고 신중히 취급해야 한다.

해설
아세틸렌 충전구 동결 시는 35℃ 미만의 미온수로 녹여야 한다.

**29** AW300, 정격사용률이 40%인 교류아크용접기를 사용하여 실제 150A의 전류 용접을 한다면 허용 사용률은?

① 80% ② 120%
③ 140% ④ 160%

해설
허용사용률 = (정격2차전류)2/(실제사용전류)2 × 정격사용률 = $(300)^2/(150)^2 \times 40 = 160$

**30** 용접 용어와 그 설명이 잘못 연결된 것은?

① 모재 : 용접 또는 절단되는 금속
② 용융풀 : 아크열에 의해 용융된 쇳물 부분
③ 슬래그 : 용접봉이 용융지에 녹아 들어가는 것
④ 용입 : 모재가 녹은 깊이

**31** 직류아크용접에서 용접봉을 용접기의 음(−)극에, 모재를 양(+)극에 연결한 경우의 극성은?

① 직류 정극성 ② 직류 역극성
③ 용극성 ④ 비용극성

**32** 강제 표면의 흠이나 개제물, 탈탄층 등을 제거하기 위하여 얇고 타원형 모양으로 표면을 깎아내는 가공법은?

① 산소창 절단 ② 스카핑
③ 탄소아크 절단 ④ 가우징

해설
얇게 깎아내는 가공법은 스카핑이다.

**33** 가동 철심형 용접기를 설명한 것으로 틀린 것은?

① 교류아크용접기의 종류에 해당한다.
② 미세한 전류 조정이 가능하다.
③ 용접작업 중 가동 철심의 진동으로 소음이 발생할 수 있다.
④ 코일의 감긴 수에 따라 전류를 조정한다.

해설
용접기 내부의 가동철심을 이동시킴으로써 전류를 조정한다.

**34** 용접 중 전류를 측정할 때 전류계(클램프 미터)의 측정위치로 적합한 것은?

① 1차 측 접지선 ② 피복아크용접봉
③ 1차 측 케이블 ④ 2차 측 케이블

해설
전류를 측정 시에는 용접 홀더 측(2차)케이블에서 전류를 측정한다.

**35** 저수소계 용접봉은 용접시점에서 기공이 생기기 쉬운데 해결방법으로 가장 적당한 것은?

① 후진법 사용
② 용접봉 끝에 페인트 도색
③ 아크 길이를 길게 사용
④ 접지점을 용접부에 가깝게 물림

정답 27 ③ 28 ① 29 ④ 30 ③ 31 ① 32 ② 33 ④ 34 ④ 35 ①

**36** 다음 중 가스용접의 특징으로 틀린 것은?

① 전기가 필요 없다.
② 응용범위가 넓다.
③ 박판용접에 적당하다.
④ 폭발의 위험이 없다.

**37** 다음 중 피복아크용접에 있어 용접봉에서 모재로 용융 금속이 옮겨가는 상태를 분류한 것이 아닌 것은?

① 폭발형 ② 스프레이형
③ 글로뷸러형 ④ 단락형

**38** 출제빈도높음 주철의 용접 시 예열 및 후열 온도는 얼마 정도가 가장 적당한가?

① 100~200℃ ② 300~400℃
③ 500~600℃ ④ 700~800℃

**39** 융점이 높은 코발트(Co) 분말과 1~5m 정도의 세라믹, 탄화 텅스텐 등의 입자들을 배합하여 확산과 소결 공정을 거쳐서 분말 야금법으로 입자강화 금속 복합재료를 제조한 것은?

① FRP
② FRS
③ 서멧(Cermet)
④ 진공청정구리(OFHC)

**40** 황동에 납(Pb)을 첨가하여 절삭성을 좋게 한 황동으로 스크류, 시계용 기어 등의 정밀가공에 사용되는 합금은?

① 리드 브라스(Lead Brass)
② 문츠메탈(Munts Metal)
③ 틴 브라스(Tin Brass)
④ 실루민(Silumin)

해설
• 납(Lead), 문츠메탈(6 : 4 Cu－Zn)
• 틴 황동(브라스) : 주석을 소량 첨가한 황동(놋쇠)의 총칭
• 실루민 : (Al－Si)

**41** 탄소강에 함유된 원소 중에서 고온 메짐(Hot Shortness)의 원인이 되는 것은?

① Si ② Mn
③ P ④ S

해설
고온취성(고온메짐)현상은 S(황) 때문에 발생하며 Mn으로 방지가 가능하다.

**42** 알루미늄의 표면 방식법이 아닌 것은?

① 수산법 ② 염산법
③ 황산법 ④ 크롬산법

**43** 재료 표면상에 일정한 높이로부터 낙하시킨 추가 반발하여 튀어 오르는 높이로부터 경도값을 구하는 경도기는?

① 쇼어 경도기 ② 로크웰 경도기
③ 비커즈 경도기 ④ 브리넬 경도기

**44** Fe－C 평형 상태도에서 나타날 수 없는 반응은?

① 포정 반응 ② 편정 반응
③ 공석 반응 ④ 공정 반응

**45** 강의 담금질 깊이를 깊게 하고 크리프 저항과 내식성을 증가시키며 뜨임 메짐을 방지하는 데 효과가 있는 합금 원소는?

① Mo ② Ni
③ Cr ④ Si

해설
Mo(몰리브덴)은 강의 뜨임취성 방지제로 사용된다.

정답 36 ④ 37 ① 38 ③ 39 ③ 40 ① 41 ④ 42 ② 43 ① 44 ② 45 ①

**46** 2~10%Sn, 0.6%P 이하의 합금이 사용되며 탄성률이 높아 스프링 재료로 가장 적합한 청동은?

① 알루미늄 청동 ② 망간 청동
③ 니켈 청동 ④ 인청동

해설
인청동은 청동 정련 시 탈산제로 인을 첨가해 탄성, 내마모성이 필요한 기계 부품 등에 사용된다.

**47** 알루미늄 합금 중 대표적인 단련용 Al합금으로 주요 성분이 Al-Cu-Mg-Mn인 것은?

① 알민 ② 알드레리
③ 두랄루민 ④ 하이드로날륨

해설
두랄루민은 대표적인 단련용(가공용) 알루미늄 합금이며 시험에서 자주 출제되므로 그 조성을 암기하는 것이 좋다. (알구마망)

**48** 인장시험에서 표점거리가 50mm의 시험편을 시험 후 절단된 표점거리를 측정하였더니 65mm가 되었다. 이 시험편의 연신율은 얼마인가?

① 20% ② 23%
③ 30% ④ 33%

해설
연신율= 늘어난 길이/최초 표점거리×100
15/50×100=30

**49** 면심입방격자 구조를 갖는 금속은?

① Cr ② Cu
③ Fe ④ Mo

해설
주로 면심입방격자(FCC) 구조를 갖는 금속의 특징은 전연성이 풍부하다는 것이다. 다시 말해 원자의 밀도가 높고 치밀하며, 강도도 높고 부서지지 않고 연성이 좋은 구조이다. ( : Au금, Ag은, Pb납, Cu구리, Al알루미늄 등)

**50** 노멀라이징(Normalizing) 열처리의 목적으로 옳은 것은?

① 연화를 목적으로 한다.
② 경도 향상을 목적으로 한다.
③ 인성 부여를 목적으로 한다.
④ 재료의 표준화를 목적으로 한다.

**51** 물체를 수직단면으로 절단하여 그림과 같이 조합하여 그릴 수 있는데, 이러한 단면도를 무슨 단면도라고 하는가?

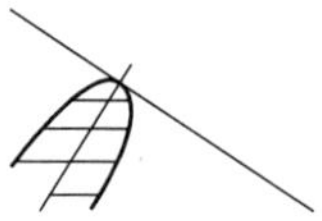

① 온 단면도 ② 한쪽 단면도
③ 부분 단면도 ④ 회전도시 단면도

**52** 일면 개선형 맞대기 용접의 기호로 맞는 것은?

①  ② 
③  ④ 

해설
베벨형 그루브라고도 한다.

**53** 다음 배관 도면에 없는 배관 요소는?

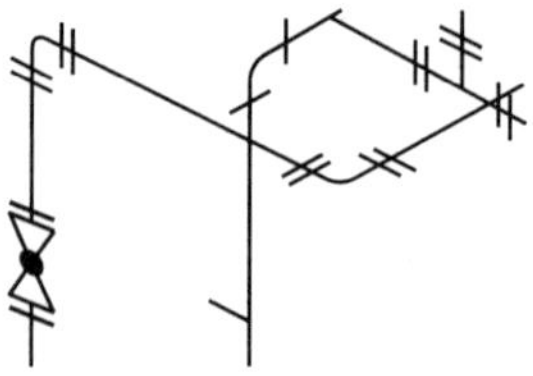

① 티 ② 엘보
③ 플랜지 이음 ④ 나비 밸브

정답 46 ④ 47 ③ 48 ③ 49 ② 50 ④ 51 ④ 52 ② 53 ④

**54** 치수선상에서 인출선을 표시하는 방법으로 옳은 것은?

① 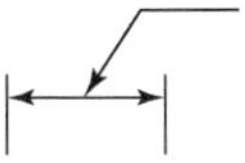
② 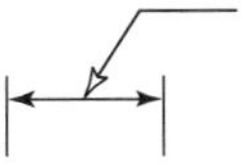
③ 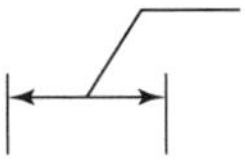
④ 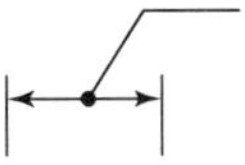

**55** KS 재료기호 "SM10C"에서 10C는 무엇을 뜻하는가?

① 일련번호　　② 항복점
③ 탄소함유량　　④ 최저인장강도

해설
탄소 함유량을 말하며 10C는 탄소가 0.1% 함유되어 있다는 의미이다.(SM10C 탄소함유량 0.08~0.13 %)
예 SM20C 탄소함유량 0.18~0.23%, SM45C 탄소함유량0.42~0.48%

**56** 그림과 같이 정투상도의 제3각법으로 나타낸 정면도와 우측면도를 보고 평면도를 올바르게 도시한 것은?

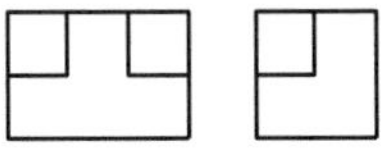

① 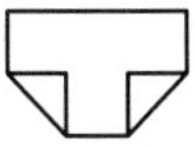
② 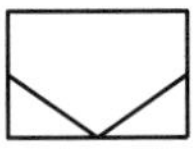
③ 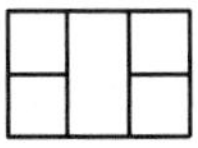
④ 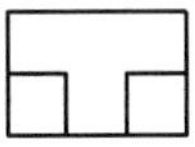

**57** 도면을 축소 또는 확대했을 경우, 그 정도를 알기 위해서 설정하는 것은?

① 중심 마크　　② 비교 눈금
③ 도면의 구역　　④ 재단 마크

**58** 다음 중 선의 종류와 용도에 의한 명칭 연결이 틀린 것은?

① 가는 1점 쇄선 : 무게 중심선
② 굵은 1점 쇄선 : 특수지정선
③ 가는 실선 : 중심선
④ 아주 굵은 실선 : 특수한 용도의 선

해설
가는 1점 쇄선은 중심선(피치선)으로 사용된다.(가는 실선도 중심선으로 사용)

**59** 다음 중 원기둥의 전개에 가장 적합한 전개도법은?

① 평행선 전개도법　　② 방사선 전개도법
③ 삼각형 전개도법　　④ 타출 전개도법

해설
평행선을 이용한 전개도법은 주로 각기둥이나 원기둥을 전개할 때 사용하며, 방사선을 이용한 전개도법은 각뿔이나 원뿔의 전개에 사용한다.

**60** 나사의 단면도에서 수나사와 암나사의 골밑(골지름)을 도시하는 데 적합한 선은?

① 가는 실선　　② 굵은 실선
③ 가는 파선　　④ 가는 1점 쇄선

정답 54 ③ 55 ③ 56 ④ 57 ② 58 ① 59 ① 60 ①

시 행 일 자
2015년 7월 19일

# 용접기능사 4회

**01** 다음 중 텅스텐과 몰리브덴 재료 등을 용접하기에 가장 적합한 용접은?

① 전자 빔 용접
② 일렉트로 슬래그 용접
③ 탄산가스 아크용접
④ 서브머지드 아크용접

해설 전자빔 용접은 융점이 높은 텅스텐, 몰리브덴 등의 용접이 가능하며 진공 중에서 용접하여 산화 등에 의한 오염이 적다.

**02** 서브머지드 아크용접 시, 받침쇠를 사용하지 않을 경우 루트 간격을 몇 mm 이하로 하여야 하는가?

① 0.2　② 0.4
③ 0.6　④ 0.8

해설 서브머지드 아크용접은 자동용접이며 전류밀도가 높아 용입이 깊은 것이 특징이다. 루트간격은 받침쇠를 사용하지 않을 경우 0.8mm 이하이다.

**03** 연납땜 중 내열성 땜납으로 주로 구리, 황동용에 사용되는 것은?

① 인동납　② 황동납
③ 납-은납　④ 은납

**04** 용접부 검사법 중 기계적 시험법이 아닌 것은?

① 굽힘시험　② 경도시험
③ 인장시험　④ 부식시험

해설 부식시험은 화학적 시험법에 해당한다.

**05** 일렉트로 가스 아크용접의 특징으로 틀린 것은?

① 판두께에 관계없이 단층으로 상진 용접한다.
② 판두께가 얇을수록 경제적이다.
③ 용접속도는 자동으로 조절된다.
④ 정확한 조립이 요구되며, 이동용 냉각 동판에 급수 장치가 필요하다.

해설 일렉트로 가스 아크용접은 두께운 판에 대해 경제적인 용접이다.

**06** 텅스텐 전극봉 중에서 전자 방사능력이 현저하게 뛰어난 장점이 있으며 불순물이 부착되어도 전자 방사가 잘되는 전극은?

① 순텅스텐 전극
② 토륨 텅스텐 전극
③ 지르코늄 텅스텐 전극
④ 마그네슘 텅스텐 전극

해설 토륨 텅스텐 전극은 전자방사능력이 뛰어나 일반적으로 토륨 2% 함유된 텅스텐 전극봉이 많이 사용되고 있다.(색상은 적색)

**07** 다음 중 표면 피복 용접을 올바르게 설명한 것은?

① 연강과 고장력강의 맞대기 용접을 말한다.
② 연강과 스테인리스강의 맞대기 용접을 말한다.
③ 금속 표면에 다른 종류의 금속을 용착시키는 것을 말한다.
④ 스테인리스 강판과 연강판재를 접합 시 스테인리스 강판에 구멍을 뚫어 용접하는 것을 말한다.

정답 01 ① 02 ④ 03 ③ 04 ④ 05 ② 06 ② 07 ③

**08** 산업용 용접 로봇의 기능이 아닌 것은?

① 작업 기능　② 제어 기능
③ 계측인식 기능　④ 감정 기능

**09** 불활성 가스 금속아크용접(MIG)의 용착효율은 얼마 정도인가?

① 58%　② 78%
③ 88%　④ 98%

해설
불활성 가스 금속아크용접은 전류밀도가 높아 용착효율이 타 용접기에 비해 높은 편이다.

**10** 다음 중 일렉트로 슬래그 용접의 특징으로 틀린 것은?

① 박판용접에는 적용할 수 없다.
② 장비 설치가 복잡하며 냉각장치가 요구된다.
③ 용접시간이 길고 장비가 저렴하다.
④ 용접 진행 중 용접부를 직접 관찰할 수 없다.

해설
일렉트로 슬래그 용접장치는 용융슬래그 속에서 와이어가 용융되며 용접하는 방식으로 최대 1m 두께의 철판용접도 가능하다.

**11** 용접에 있어 모든 열적 요인 중 가장 영향을 많이 주는 요소는?

① 용접 입열　② 용접 재료
③ 주위 온도　④ 용접 복사열

**12** 사고의 원인 중 인적 사고 원인에서 선천적 원인은?

① 신체의 결함　② 무지
③ 과실　④ 미숙련

**13** TIG 용접에서 직류 정극성을 사용하였을 때 용접 효율을 올릴 수 있는 재료는?

① 알루미늄　② 마그네슘
③ 마그네슘 주물　④ 스테인리스강

해설
스테인리스강은 직류 정극성(DCSP)에서 용접효율을 올릴 수 있다.

**14** 재료의 인장 시험방법으로 알 수 없는 것은?

① 인장강도　② 단면수축률
③ 피로강도　④ 연신율

해설
피로강도 시험법은 피로시험으로 검사한다.

**15** 용접 변형 방지법의 종류에 속하지 않는 것은?

① 억제법　② 역변형법
③ 도열법　④ 취성파괴법

**16** 솔리드 와이어와 같이 단단한 와이어를 사용할 경우 적합한 용접 토치 형태로 옳은 것은?

① Y형　② 커브형
③ 직선형　④ 피스톨형

**17** 안전 · 보건표지의 색채, 색도기준 및 용도에서 색채에 따른 용도를 올바르게 나타낸 것은?

① 빨간색 : 안내　② 파란색 : 지시
③ 녹색 : 경고　④ 노란색 : 금지

**18** 용접금속의 구조상의 결함이 아닌 것은?

① 변형　② 기공
③ 언더컷　④ 균열

해설
- 구조상 결함 : 기공 슬래그섞임 융합불량 용입불량 언더컷 균열 등 치수상 결함 : 변형 치수불량 형상불량
- 성질상 결함 : 기계적 · 화학적 · 물리적 성질 부족

정답　08 ④　09 ④　10 ③　11 ①　12 ①　13 ④　14 ③　15 ④　16 ②　17 ②　18 ①

**19** 금속재료의 미세조직을 금속현미경을 사용하여 광학적으로 관찰하고 분석하는 현미경시험의 진행순서로 맞는 것은?

① 시료 채취 → 연마 → 세척 및 건조 → 부식 → 현미경 관찰
② 시료 채취 → 연마 → 부식 → 세척 및 건조 → 현미경 관찰
③ 시료 채취 → 세척 및 건조 → 연마 → 부식 → 현미경 관찰
④ 시료 채취 → 세척 및 건조 → 부식 → 연마 → 현미경 관찰

해설
현미경 조직시험은 파괴시험의 일종으로 금속의 일부를 채취하여(파괴 발생) 연마(잘 갈아냄)후 세척하고 부식을 시킨 후(조직이 잘 보이도록 하기 위해) 현미경으로 관찰하게 된다.

**20** 강판의 두께가 12mm, 폭 100mm인 평판을 V형 홈으로 맞대기 용접 이음할 때, 이음효율 $\eta$ = 0.8 로 하면 인장력 P는?(단, 재료의 최저인장강도는 40 N/mm$^3$이고, 안전율은 4로 한다.)

① 960N ② 9,600N
③ 860N ④ 8,600N

해설
이음효율 = (용접시험편의 인장강도)/(모재의 인장강도)
안전률 = (인장강도)/(허용응력)
허용응력 = (인장력)/(단면적)
용접시험편의 인장강도 = 이음효율 × 재료의 인장강도
용접시험편의 인장강도 = 0.8 × 40 = 32N/m$^2$
허용응력 = (인장강도)/안전율
허용응력 = 32/4 = 8N/m$^2$
인장력(하중) = 8 × 12 × 100 = 9600N

**21** 다음 중 목재, 섬유류, 종이 등에 의한 화재의 급수에 해당하는 것은?

① A급 ② B급
③ C급 ④ D급

해설
• A급 : 일반화재 • B급 : 유류화재
• C급 : 전기화재 • D급 : 금속화재

**22** 용접부의 시험 중 용접성 시험에 해당하지 않는 시험법은?

① 노치 취성 시험
② 열특성 시험
③ 용접 연성 시험
④ 용접 균열 시험

**23** 다음 중 가스용접의 특징으로 옳은 것은?

① 아크용접에 비해서 불꽃의 온도가 높다.
② 아크용접에 비해 유해광선의 발생이 많다.
③ 전원 설비가 없는 곳에서는 쉽게 설치할 수 없다.
④ 폭발의 위험이 크고 금속이 탄화 및 산화될 가능성이 많다.

**24** 산소 – 아세틸렌 용접에서 표준불꽃으로 연강판 두께 2mm를 60분간 용접하였더니 200L의 아세틸렌가스가 소비되었다면, 다음 중 가장 적당한 가변압식 팁의 번호는?

① 100번 ② 200번
③ 300번 ④ 400번

해설
가변압식팁(프랑스식)의 번호는 1시간당 소비되는 아세틸렌가스의 양으로 표시하므로 60분(1시간) 동안 200L의 아세틸렌가스가 소비되었으니 팁의 번호는 200번이다.

**25** 연강용 가스 용접봉의 시험편 처리 표시기호 중 NSR의 의미는?

① 625±25℃로써 용착금속의 응력을 제거한 것
② 용착금속의 인장강도를 나타낸 것
③ 용착금속의 응력을 제거하지 않은 것
④ 연신율을 나타낸 것

해설
• NSR(Non Stress Relief) : 응력 제거하지 않음
• SR(Stress Relief) : 응력 제거

정답 19 ① 20 ② 21 ① 22 ② 23 ④ 24 ② 25 ③

**26** 피복아크용접에서 사용하는 아크용접용 기구가 아닌 것은?

① 용접 케이블　　② 접지 클램프
③ 용접 홀더　　④ 팁 클리너

해설
팁 클리너는 가스용접 시 팁의 구멍이 막혔을 경우 사용하는 기구이다.

**27** 피복아크용접봉의 피복제의 주된 역할로 옳은 것은?

① 스패터의 발생을 많게 한다.
② 용착 금속에 필요한 합금원소를 제거한다.
③ 모재 표면에 산화물이 생기게 한다.
④ 용착 금속의 냉각속도를 느리게 하여 급랭을 방지한다.

**28** 용접의 특징으로 옳은 것은?

① 복잡한 구조물 제작이 어렵다.
② 기밀, 수밀, 유밀성이 나쁘다.
③ 변형의 우려가 없어 시공이 용이하다.
④ 용접사의 기량에 따라 용접부의 품질이 좌우된다.

**29** 가스 절단에서 팁(Tip)의 백심 끝과 강판 사이의 간격으로 가장 적당한 것은?

① 0.1~0.3mm　　② 0.4~1mm
③ 1.5~2mm　　④ 4~5mm

**30** 스카핑 작업에서 냉간재의 스카핑 속도로 가장 적합한 것은?

① 1~3m/min　　② 5~7m/min
③ 10~15m/min　　④ 20~25m/min

**31** AW－300, 무부하전압 80V, 아크 전압 20V인 교류용접기를 사용할 때, 다음 중 역률과 효율을 올바르게 계산한 것은?(단, 내부손실을 4kW라 한다.)

① 역률 : 80.0%, 효율 : 20.6%
② 역률 : 20.6%, 효율 : 80.8%
③ 역률 : 60.0%, 효율 : 41.7%
④ 역률 : 41.7%, 효율 : 60.6%

**32** 가스 용접에서 후진법에 대한 설명으로 틀린 것은?

① 전진법에 비해 용접변형이 작고 용접속도가 빠르다.
② 전진법에 비해 두꺼운 판의 용접에 적합하다.
③ 전진법에 비해 열 이용률이 좋다.
④ 전진법에 비해 산화의 정도가 심하고 용착금속 조직이 거칠다.

해설
후진법은 용접비드의 모양이 나쁜 것만 제외하고 장점만 가지고 있다.(전진법에 비해 산화의 정도가 심하지 않음)

**33** 피복아크용접에 관한 사항으로 아래 그림의 ( )에 들어가야 할 용어는?

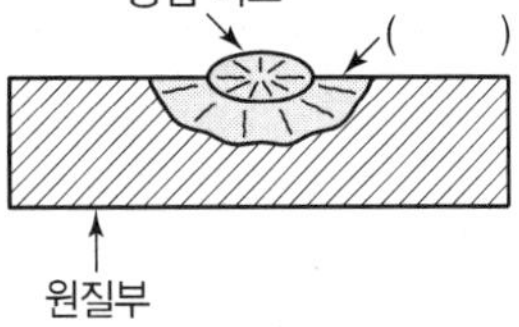


① 용락부　　② 용융지
③ 용입부　　④ 열영향부

해설
열영향부(HAZ ; Heat Affected Zone)

**34** 용접봉에서 모재로 용융금속이 옮겨가는 이행형식이 아닌 것은?

① 단락형　　② 글로뷸러형
③ 스프레이형　　④ 철심형

해설
용적의 이행형식 : 스프레이형, 단락형, 글로뷸러형

정답 26 ④ 27 ④ 28 ④ 29 ③ 30 ② 31 ④ 32 ④ 33 ④ 34 ④

**35** 직류 아크용접에서 용접봉의 용융이 늦고, 모재의 용입이 깊어지는 극성은?

① 직류 정극성 ② 직류 역극성
③ 용극성 ④ 비용극성

**36** 아세틸렌 가스의 성질로 틀린 것은?

① 순수한 아세틸렌 가스는 무색무취이다.
② 금, 백금, 수은 등을 포함한 모든 원소와 화합 시 산화물을 만든다.
③ 각종 액체에 잘 용해되며, 물에는 1배, 알코올에는 6배 용해된다.
④ 산소와 적당히 혼합하여 연소시키면 높은 열을 발생한다.

해설
아세틸렌은 구리 또는 구리합금(62% 이상), 은, 수은 등과 접촉하면 폭발성 화합물을 생성한다.

**37** 아크용접기에서 부하전류가 증가하여도 단자전압이 거의 일정하게 되는 특성은?

① 절연특성 ② 수하특성
③ 정전압특성 ④ 보존특성

해설
정전압특성(전압이 정지하는, 변하지 않는 특성)

**38** 피복제 중에 산화티탄을 약 35% 정도 포함하였고 슬래그의 박리성이 좋아 비드의 표면이 고우며 작업성이 우수한 특징을 지닌 연강용 피복아크용접봉은?

출제 빈도 높음

① E4301 ② E4311
③ E4313 ④ E4316

해설
- E4313 : 고산화티탄계
- E4301 : 일미나이트계
- E4311 : 고셀룰로오스계
- E4316 : 저수소계

반드시 암기하도록 하자.

**39** 상률(Phase Rule)과 무관한 인자는?

① 자유도 ② 원소 종류
③ 상의 수 ④ 성분 수

**40** 공석 조성을 0.80%C라고 하면, 0.2%C 강의 상온에서의 초석페리이트와 펄라이트의 비는 약 몇 % 인가?

① 초석페라이트 75% : 펄라이트 25%
② 초석페라이트 25% : 펄라이트 75%
③ 초석페라이트 80% : 펄라이트 20%
④ 초석페라이트 20% : 펄라이트 80%

**41** 금속의 물리적 성질에서 자성에 관한 설명 중 틀린 것은?

① 연철(鍊鐵)은 잔류자기는 작으나 보자력이 크다.
② 영구자석재료는 쉽게 자기를 소실하지 않는 것이 좋다.
③ 금속을 자석에 접근시킬 때 금속에 자석의 극과 반대의 극이 생기는 금속을 상자성체라 한다.
④ 자기장의 강도가 증가하면 자화되는 강도도 증가하나 어느 정도 진행되면 포화점에 이르는 이 점을 퀴리점이라 한다.

**42** 다음 중 탄소강의 표준 조직이 아닌 것은?

① 페라이트 ② 펄라이트
③ 시멘타이트 ④ 마텐자이트

해설
☞ 암기법 : 탄소강의 표준조직 (페.시.펄 : 페라이트, 시멘타이트, 펄라이트)

**43** 주요성분이 Ni−Fe 합금인 불변강의 종류가 아닌 것은?

① 인바 ② 모넬메탈
③ 엘린바 ④ 플래티나이트

정답 35 ① 36 ② 37 ③ 38 ③ 39 ② 40 ① 41 ① 42 ④ 43 ②

해설

**불변강의 종류**

- 인바
- 초인바
- 엘린바
- 코엘린바
- 플래티나이트
- 퍼멀로이
- 이소에라스틱

**44** 탄소강 중에 함유된 규소의 일반적인 영향 중 틀린 것은?

① 경도의 상승 ② 연신율의 감소
③ 용접성의 저하 ④ 충격값의 증가

**45** 다음 중 이온화 경향이 가장 큰 것은?

① Cr ② K
③ Sn ④ H

해설

이온화 경향이란 금속이 액체, 특히 물과 접촉하였을 때 양이온이 되고자 하는 경향을 말한다. 대하여 이온화 경향을 보면 다음과 같다.
K > Ca > Na > Mg > Zn > Fe > Co > Pb > (H) > Cu > Hg > Ag > Au

**46** 실온까지 온도를 내려 다른 형상으로 변형시켰다가 다시 온도를 상승시키면 어느 일정한 온도 이상에서 원래의 형상으로 변화하는 합금은?

① 제진합금 ② 방진합금
③ 비정질합금 ④ 형상기억합금

**47** 금속에 대한 설명으로 틀린 것은?

① 리튬(Li)은 물보다 가볍다.
② 고체 상태에서 결정구조를 가진다.
③ 텅스텐(W)은 이리듐(Ir)보다 비중이 크다.
④ 일반적으로 용융점이 높은 금속은 비중도 큰 편이다.

해설

이리듐은 금속 중 가장 비중이 큰 것으로 22.5이다.(텅스텐 19.3)

**48** 고강도 Al 합금으로 조성이 Al－Cu－Mg－Mn인 합금은?

① 라우탈 ② Y－합금
③ 두랄루민 ④ 하이드로날륨

해설

두랄루민은 가공용 알루미늄의 대표적인 합금으로 조성을 묻는 문제가 자주 출제되는 편이니 반드시 암기해두자.
☞ 암기법 : 알.구.마.망

**49** 7 : 3 황동에 1% 내외의 Sn을 첨가하여 열교환기, 증발기 등에 사용되는 합금은?

① 코슨 황동 ② 네이벌 황동
③ 애드미럴티 황동 ④ 에버듀어 메탈

**50** 구리에 5~20%Zn을 첨가한 황동으로, 강도는 낮으나 전연성이 좋고 색깔이 금색에 가까워, 모조금이나 판 및 선 등에 사용되는 것은?

① 톰백 ② 켈밋
③ 포금 ④ 문츠메탈

해설

구리합금에는 황동(Cu－Zn)과 청동(Cu－Sn)이 있으며 구리에 아연이 20% 함유된 황동을 톰백이라고 한다. 이는 금 대용 장식품으로 사용된다.

**51** 열간 성형 리벳의 종류별 호칭길이 L을 표시한 것 중 잘못 표시된 것은?

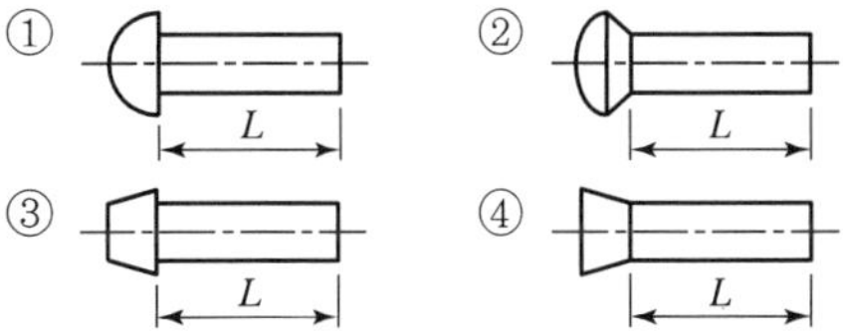


해설

4번의 접시머리 리벳은 전체의 길이를 호칭길이로 표시한다.

**52** 다음 중 배관용 탄소 강관의 재질기호는?

① SPA ② STK
③ SPP ④ STS

정답 44 ④ 45 ② 46 ④ 47 ③ 48 ③ 49 ③ 50 ① 51 ④ 52 ③

**53** 그림과 같은 KS 용접 보조기호의 설명으로 옳은 것은?

① 필릿용접부 토우를 매끄럽게 함
② 필릿용접 끝단부를 볼록하게 다듬질
③ 필릿용접 끝단부에 영구적인 덮개 판을 사용
④ 필릿용접 중앙부에 제거 가능한 덮개 판을 사용

**54** 그림과 같은 경 ㄷ 형강의 치수 기입 방법으로 옳은 것은?(단, L은 형강의 길이를 나타낸다.)

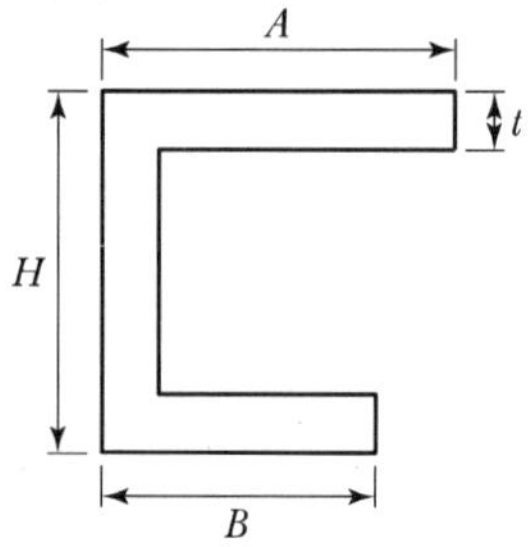


① ㄷ A×B×H×t − L
② ㄷ H×A×B×t−L
③ ㄷ B×A×H×t − L
④ ㄷ H×B×A×L−t

**55** 도면에서 반드시 표제란에 기입해야 하는 항목으로 틀린 것은?

① 재질　② 척도
③ 투상법　④ 도명

해설
재질은 부품표에 기입을 한다.

**56** 선의 종류와 명칭이 잘못된 것은?

① 가는 실선－해칭선
② 굵은 실선－숨은선
③ 가는 2점 쇄선－가상선
④ 가는 1점 쇄선－피치선

해설
숨은 선은 가는 파선으로 표시한다.

**57** 그림과 같은 입체도에서 화살표 방향을 정면으로 할 때 평면도로 가장 적합한 것은?

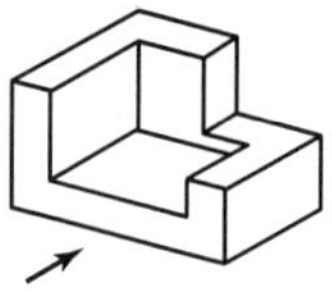

① 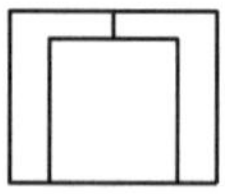
② 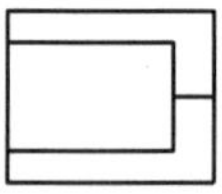
③ 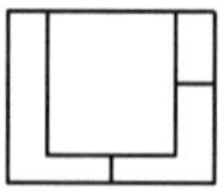
④ 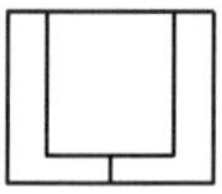

**58** 도면의 밸브 표시방법에서 안전밸브에 해당하는 것은?

① 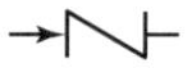
② 
③ 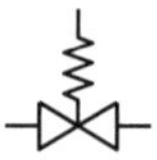
④ 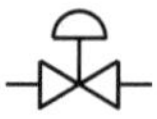

**59** 제1각법과 제3각법에 대한 설명 중 틀린 것은?

① 제3각법은 평면도를 정면도의 위에 그린다.
② 제1각법은 정면도를 정면도의 아래에 그린다.
③ 제3각법의 원리는 눈 → 투상면 → 물체의 순서가 된다.
④ 제1각법에서 우측면도는 정면도를 기준으로 본 위치와는 반대쪽인 좌측에 그려진다.

해설
정면도는 물체의 아래에서 본 도면으로 정면도의 위쪽에 그린다.(3각도의 반대)

**60** 일반적으로 치수선을 표시할 때, 치수선 양 끝에 치수가 끝나는 부분임을 나타내는 형상으로 사용하는 것이 아닌 것은?

① 
② 
③ 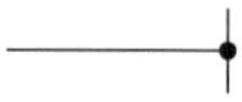
④ 

| 정답 | | | | | | | |
|---|---|---|---|---|---|---|---|
| 53 ① | 54 ② | 55 ① | 56 ② | 57 ① | 58 ③ | 59 ② | 60 ④ |

시 행 일 자
2015년 7월 19일

# 특수용접기능사 4회

**01** $CO_2$용접에서 발생되는 일산화탄소와 산소 등의 가스를 제거하기 위해 사용되는 탈산제는?

① Mn ② Ni
③ W ④ Cu

**02** 용접부의 균열 발생의 원인 중 틀린 것은?

① 이음의 강성이 큰 경우
② 부적당한 용접봉 사용 시
③ 용접부의 서랭
④ 용접전류 및 속도 과대

해설
용접부는 급랭될 때 균열이 발생하기 쉽다.

**03** 다음 중 플라스마 아크용접의 장점이 아닌 것은?

① 용접속도가 빠르다.
② 1층으로 용접할 수 있으므로 능률적이다.
③ 무부하전압이 높다.
④ 각종 재료의 용접이 가능하다.

**04** MIG 용접 시 와이어 송급방식의 종류가 아닌 것은?

① 풀(Pull)방식
② 푸시(Push)방식
③ 푸시언더(Push－under)방식
④ 푸시풀(Push－pull)방식

해설
와이어 송급방식에는 풀방식, 푸시방식, 푸시풀방식이 있다.

**05** 다음 용접 이음부 중에서 냉각속도가 가장 빠른 이음은?

① 맞대기 이음 ② 변두리 이음
③ 모서리 이음 ④ 필릿 이음

**06** $CO_2$용접 시 저전류 영역에서의 가스유량으로 가장 적당한 것은?

① 5~10$l$/min ② 10~15$l$/min
③ 15~20$l$/min ④ 20~25$l$/min

**07** 비소모성 전극봉을 사용하는 용접법은?

① MIG 용접 ② TIG 용접
③ 피복아크용접 ④ 서브머지드 아크용접

해설
TIG 용접은 텅스텐봉을 전극봉으로 사용하는 비소모식(비용극식)용접법이다.

**08** 용접부 비파괴 검사법인 초음파 탐상법의 종류가 아닌 것은?

① 투과법 ② 펄스 반사법
③ 형광탐상법 ④ 공진법

해설
형광탐상법은 침투검사법(PT) 중의 하나로 형광물질을 이용한 표면 균열검사법이다. 도면에서는 PT－F로 도시한다.

**09** 공기보다 약간 무거우며 무색, 무미, 무취의 독성이 없는 불활성 가스로 용접부의 보호능력이 우수한 가스는?

① 아르곤 ② 질소
③ 산소 ④ 수소

정답 01 ① 02 ③ 03 ③ 04 ③ 05 ④ 06 ② 07 ② 08 ③ 09 ①

**10** 예열 방법 중 국부 예열의 가열 범위는 용접선 양쪽에 몇 mm 정도로 하는 것이 가장 적합한가?

① 0~50mm ② 50~100mm
③ 100~150mm ④ 150~200mm

**11** 인장강도가 750MPa인 용접 구조물의 안전율은?(단, 허용응력은 250MPa이다.)

① 3 ② 5
③ 8 ④ 12

해설
안전율＝인장강도/허용응력이므로 750/250＝3

**12** 용접부의 결함은 치수상 결함, 구조상 결함, 성질상 결함으로 구분된다. 구조상 결함들로만 구성된 것은?

① 기공, 변형, 치수 불량
② 기공, 용입 불량, 용접균열
③ 언더컷, 연성 부족, 표면결함
④ 표면결함, 내식성 불량, 융합 불량

해설
**구조상 결함**
기공, 슬래그 섞임, 융합 불량, 용입 불량, 언더컷 균열 등(치수 불량－치수상 결함, 내식성 불량, 연성 부족은 성질상 결함에 속한다.)

**13** 다음 중 연납땜(Sn＋Pb)의 최저 용융 온도는 몇 ℃인가?

① 327℃ ② 250℃
③ 232℃ ④ 183℃

**14** 레이저 용접의 특징으로 틀린 것은?

① 루비 레이저와 가스 레이저의 두 종류가 있다.
② 광선이 용접의 열원이다.
③ 열 영향 범위가 넓다.
④ 가스 레이저로는 주로 $CO_2$가스 레이저가 사용된다.

**15** 용접부의 연성 결함을 조사하기 위하여 사용되는 시험은?

① 인장시험 ② 경도시험
③ 피로시험 ④ 굽힘시험

**16** 용융 슬래그와 용융금속이 용접부로부터 유출되지 않게 모재의 양측에 수랭식 동판을 대어 용융 슬래그 속에서 전극 와이어를 연속적으로 공급하여 주로 용융 슬래그의 저항열로 와이어와 모재 용접부를 용융시키는 것으로 연속 주조형식의 단층용접법은?

① 일렉트로 슬래그 용접
② 논 가스 아크용접
③ 그래비트 용접
④ 테르밋 용접

**17** 맴돌이 전류를 이용하여 용접부를 비파괴 검사하는 방법으로 옳은 것은?

① 자분 탐상 검사 ② 와류 탐상 검사
③ 침투 탐상 검사 ④ 초음파 탐상 검사

해설
자분탐상검사(MT), 와류탐상검사(ET), 침투탐상검사(PT), 초음파탐상검사(UT)

**18** 화재 및 폭발의 방지조치로 틀린 것은?

① 대기 중에 가연성 가스를 방출시키지 말 것
② 필요한 곳에 화재 진화를 위한 방화설비를 설치할 것
③ 배관에서 가연성 증기의 누출 여부를 철저히 점검할 것
④ 용접작업 부근에 점화원을 둘 것

정답 10 ② 11 ① 12 ② 13 ④ 14 ③ 15 ④ 16 ① 17 ② 18 ④

**19** 연납땜의 용제가 아닌 것은?

① 붕산 ② 염화아연
③ 인산 ④ 염화암모늄

해설
☞ 암기법 : 연납땜의 용제는 "염"이나 "인"자로 시작하는 것이 많다.

**20** 점용접에서 용접점이 앵글재와 같이 용접위치가 나쁠 때 보통 팁으로는 용접이 어려운 경우에 사용하는 전극의 종류는?

① P형 팁 ② E형 팁
③ R형 팁 ④ F형 팁

**21** 용접작업의 경비를 절감시키기 위한 유의사항으로 틀린 것은?

① 용접봉의 적절한 선정
② 용접사의 작업 능률의 향상
③ 용접지그를 사용하여 위 보기 자세의 시공
④ 고정구를 사용하여 능률 향상

**22** 다음 중 표준 홈 용접에 있어 한쪽에서 용접으로 완전 용입을 얻고자 할 때 V형 홈이음의 판 두께로 가장 적합한 것은?

① 1~10mm ② 5~15mm
③ 20~30mm ④ 35~50mm

해설
용접기능사 실기시험에서도 V형 홈가공을 한 6~9mm의 모재가 지급된다.

**23** 프로판($C_3H_8$)의 성질을 설명한 것으로 틀린 것은?

① 상온에서 기체 상태이다.
② 쉽게 기화하며 발열량이 높다.
③ 액화하기 쉽고 용기에 넣어 수송이 편리하다.
④ 온도변화에 따른 팽창률이 작다.

해설
프로판가스는 온도변화에 따라 팽창률이 크다.

**24** 다음 중 용접기의 특성에 있어 수하특성의 역할로 가장 적합한 것은?

① 열량의 증가
② 아크의 안정
③ 아크 전압의 상승
④ 개로전압의 증가

해설
수하특성은 부하 전류가 증가하면 단자 전압이 저하하는 특성으로서 피복아크용접에 필요한 특성이다. 아크를 안정시키기 위한 역할이다.

**25** 용접기의 사용률이 40%일 때, 아크 발생 시간과 휴식시간의 합이 10분이면 아크 발생 시간은?

① 2분 ② 4분
③ 6분 ④ 8분

해설
사용률이 40%라는 것은 전체 10분 가운데 4분은 아크를 발생시키고 6분은 휴식을 취했다는 의미이다.

**26** 다음 중 가스 용접에서 용제를 사용하는 주된 이유로 적합하지 않은 것은?

① 재료표면의 산화물을 제거한다.
② 용융금속의 산화 · 질화를 감소하게 한다.
③ 청정작용으로 용착을 돕는다.
④ 용접봉 심선의 유해성분을 제거한다.

**27** 교류 아크용접기 종류 중 코일의 감긴 수에 따라 전류를 조정하는 것은?

① 탭전환형 ② 가동철심형
③ 가동코일형 ④ 가포화 리액터형

해설
탭전환형 용접기는 코일의 감긴 수에 따라 전류를 조정하며 무부하전압이 높아 전격의 위험이 다른 용접기에 비해 높은 용접기이다.

정답 19 ① 20 ② 21 ③ 22 ② 23 ④ 24 ② 25 ② 26 ④ 27 ①

**28** 피복아크용접에서 아크 쏠림 방지대책이 아닌 것은?

① 접지점을 될 수 있는 대로 용접부에서 멀리 할 것
② 용접봉 끝을 아크쏠림 방향으로 기울일 것
③ 접지점 2개를 연결할 것
④ 직류용접으로 하지 말고 교류용접으로 할 것

해설
아크쏠림(자기불림현상) 시 용접봉 끝을 아크 쏠림 반대방향으로 기울인다.

**29** 다음 중 피복제의 역할이 아닌 것은?

① 스패터의 발생을 많게 한다.
② 중성 또는 환원성 분위기를 만들어 질화, 산화 등의 해를 방지한다.
③ 용착금속의 탈산 정련 작용을 한다.
④ 아크를 안정하게 한다.

**30** 용접봉을 여러 가지 방법으로 움직여 비드를 형성하는 것을 운봉법이라 하는데, 위빙비드 운봉 폭은 심선지름의 몇 배가 적당한가?

① 0.5~1.5배 ② 2~3배
③ 4~5배 ④ 6~7배

해설
**용접봉 심선기준**
• 1~2배 : 아크 길이
• 2~3배 : 위빙비드 운봉폭

**31** 수중절단 작업 시 절단 산소의 압력은 공기 중에서의 몇 배 정도로 하는가?

① 1.5~2배 ② 3~4배
③ 5~6배 ④ 8~10배

**32** 산소병의 내용적이 40.7리터인 용기에 압력이 100kgf/cm²로 충전되어 있다면 프랑스식 팁 100번을 사용하여 표준불꽃으로 약 몇 시간까지 용접이 가능한가?

① 16시간 ② 22시간
③ 31시간 ④ 41시간

해설
프랑스식(가변압식, B형)팁의 번호는 1시간당 소비하는 아세틸렌가스의 양이므로 전체가스의 양(40.7×100=4070L)을 100으로 나누면 약 41시간이 나온다.

**33** 가스용접 토치 취급상 주의사항이 아닌 것은?

① 토치를 망치나 갈고리 대용으로 사용하여서는 안 된다.
② 점화되어 있는 토치를 아무 곳에나 함부로 방치하지 않는다.
③ 팁 및 토치를 작업장 바닥이나 흙 속에 함부로 방치하지 않는다.
④ 작업 중 역류나 역화 발생 시 산소의 압력을 높여서 예방한다.

**34** 용접기의 특성 중 부하전류가 증가하면 단자전압이 저하되는 특성은?

① 수하 특성 ② 동전류 특성
③ 정전압 특성 ④ 상승 특성

해설
☞ 암기법 전류가 증가하면 전압은 저하한다.(하나가 올라가면 하나가 내려간다.)
결론적으로 내려가는 특성이다. → 그러므로 보기에서 下(하)자가 들어간 보기를 찾는다.

**35** 다음 중 가스 절단 시 예열 불꽃이 강할 때 생기는 현상이 아닌 것은?

① 드래그가 증가한다.
② 절단면이 거칠어진다.
③ 모서리가 용융되어 둥글게 된다.
④ 슬래그 중의 철 성분의 박리가 어려워진다.

해설
드래그가 증가하는 경우는 예열불꽃이 약할 때이다.

정답 28 ② 29 ① 30 ② 31 ① 32 ④ 33 ④ 34 ① 35 ①

## 36 보기와 같이 연강용 피복아크용접봉을 표시하였다. 설명으로 틀린 것은?

출제 빈도 높음

| E 4 3 1 6 |
|---|

① E : 전기 용접봉
② 43 : 용착 금속의 최저 인장강도
③ 16 : 피복제의 계통 표시
④ E4316 : 일미나이트계

해설
E4316은 저수소계 용접봉으로 내균열성이 좋으나 용접성이 떨어지는 특징이 있다. 사용 전 300~350℃로 약 1~2시간 건조를 시켜주어야 한다.

## 37 가스 절단에서 고속 분출을 얻는 데 가장 적합한 다이버전트 노즐은 보통의 팁에 비하여 산소소비량이 같을 때 절단 속도를 몇 % 정도 증가시킬 수 있는가?

출제 빈도 높음

① 5~10% ② 10~15%
③ 20~25% ④ 30~35%

해설
다이버전트 노즐은 보통 팁에 비해 절단속도를 약 20~25% 증가시킬 수 있다.

## 38 직류아크용접에서 정극성(DCSP)에 대한 설명으로 옳은 것은?

출제 빈도 높음

① 용접봉의 녹음이 느리다.
② 용입이 얕다.
③ 비드 폭이 넓다.
④ 모재를 음극(−)에 용접봉을 양극(+)에 연결한다.

해설
이 문제는 상대적으로 열의 발생이 많은 +극이 어느 쪽(용접봉 또는 모재)에 접속되는지 파악하면 된다. 직류 정극성(DCSP)은 용접봉에 −극을 모재에 +극을 연결하였으며 비드의 폭이 좁고 용입이 깊어 후판용접에 사용되며 일반적으로 많이 사용되는 극성이다. 직류 역극성(DCRP)은 용접봉 쪽에 +가 접속되기 때문에 용접봉의 녹음이 빠르고 −극이 접속된 모재 쪽은 열전달이 +극에 비해 적어 용입이 얕고 넓어져 주로 박판용접에 사용된다.

## 39 게이지용 강이 갖추어야 할 성질에 대한 설명 중 틀린 것은?

① HRC 55 이하의 경도를 가져야 한다.
② 팽창계수가 보통 강보다 작아야 한다.
③ 시간이 지남에 따라 치수변화가 없어야 한다.
④ 담금질에 의하여 변형이나 담금질 균열이 없어야 한다.

해설
HRC 55란 로크웰 경도게이지 C스케일(다이아몬드 압입자)로 측정된 값을 말한다.

## 40 알루미늄에 대한 설명으로 옳지 않은 것은?

① 비중이 2.7로 낮다.
② 용융점은 1,067℃이다.
③ 전기 및 열전도율이 우수하다.
④ 고강도 합금으로 두랄루민이 있다.

해설
알루미늄은 용점이 약 660℃이다.

## 41 강의 표면경화방법 중 화학적 방법이 아닌 것은?

① 침탄법 ② 질화법
③ 침탄 질화법 ④ 화염 경화법

## 42 황동 합금 중에서 강도는 낮으나 전연성이 좋고 금색에 가까워 모조금이나 판 및 선에 사용되는 합금은?

① 톰백(Tombac)
② 7−3 황동(Cartridge Brass)
③ 6−4 황동(Muntz Metal)
④ 주석 황동(Tin Brass)

해설
톰백은 Cu−Zn의 합금이며 Cu가 약 80% 이상 함유되어 금 대용의 장식용으로 사용된다.

정답 36 ④ 37 ③ 38 ① 39 ① 40 ② 41 ④ 42 ①

**43** 다음 중 비중이 가장 작은 것은?

① 청동 ② 주철
③ 탄소강 ④ 알루미늄

해설
비중이 작다는 것은 가볍다는 것을 의미한다.

**44** 냉간가공 후 재료의 기계적 성질을 설명한 것 중 옳은 것은?

① 항복강도가 감소한다.
② 인장강도가 감소한다.
③ 경도가 감소한다.
④ 연신율이 감소한다.

해설
금속 등의 결정체에 재결정이 일어나는 온도보다 상당히 낮은 온도에서 소성변형을 주는 가공이며 이에 대하여 재결정 온도보다 높은 온도에서 하는 가공을 열간가공이라 한다. 일반적으로 사용되는 공업재료에서 냉간가공은 열간가공과 같은 큰 소성변형을 시키기는 어려우나, 다듬질 치수의 정밀도가 좋으므로 판, 선, 관재 등의 다듬질 가공에 이용된다.

**45** 금속 간 화합물에 대한 설명으로 옳은 것은?

① 자유도가 5인 상태의 물질이다.
② 금속과 비금속 사이의 혼합물질이다.
③ 금속이 공기 중의 산소와 화합하여 부식이 일어난 물질이다.
④ 두 가지 이상의 금속 원소가 간단한 원자비로 결합되어 있으며, 원래 원소와는 전혀 다른 성질을 갖는 물질이다.

**46** 물과 얼음의 상태도에서 자유도가 "0(Zero)"일 경우 몇 개의 상이 공존하는가?

① 0 ② 1
③ 2 ④ 3

**47** 변태 초소성의 조건과 원칙에 대한 설명 중 틀린 것은?

① 재료에 변태가 있어야 한다.
② 변태 진행 중에 작은 하중에도 변태 초소성이 된다.
③ 감노지수(m)의 값은 거의 0(Zero)의 값을 갖는다.
④ 한 번의 열사이클로 상당한 초소성 변형이 발생한다.

**48** Mg－희토류계 합금에서 희토류 원소를 첨가할 때 미시메탈(Micsh－metal)의 형태로 첨가한다. 미시메탈에서 세륨(Ce)을 제외한 합금 원소를 첨가한 합금의 명칭은?

① 탈타뮴 ② 디디뮴
③ 오스뮴 ④ 갈바늄

**49** 인장 시험에서 변형량을 원표점 거리에 대한 백분율로 표시한 것은?

① 연신율 ② 항복점
③ 인장 강도 ④ 단면 수축률

해설
연신율은 예를 들어 길이가 10mm인 환봉을 인장시켰더니 12mm로 늘어났다면 늘어난 길이는 2mm가 된다. 원래의 길이인 10mm에 대한 늘어난 길이(변형량)와의 비를 백분율로 나타낸 것을 연신율이라고 한다. $2/10 \times 100 = 20\%$

**50** 강에 인(P)이 많이 함유되면 나타나는 결함은?

① 적열메짐 ② 연화메짐
③ 저온메짐 ④ 고온메짐

해설
인은 저온메짐(저온취성)의 원인이 된다.

정답 43 ④ 44 ④ 45 ④ 46 ④ 47 ③ 48 ② 49 ① 50 ③

**51** 화살표가 가리키는 용접부의 반대쪽 이음의 위치로 옳은 것은?

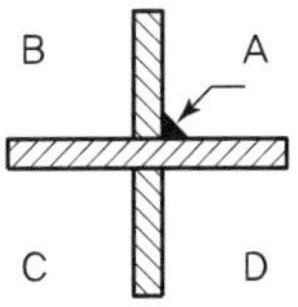


① A ② B
③ C ④ D

해설
A방향 금속의 반대쪽은 B가 된다. C, D는 전혀 다른 금속의 부분이다.

**52** 재료기호에 대한 설명 중 틀린 것은?

① SS 400은 일반 구조용 압연 강재이다.
② SS 400의 400은 최고 인장 강도를 의미한다.
③ SM 45C는 기계구조용 탄소 강재이다.
④ SM 45C의 45C는 탄소 함유량을 의미한다.

**53** 보기 입체도의 화살표 방향이 정면일 때 평면도로 적합한 것은?

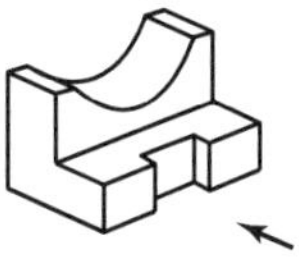

① 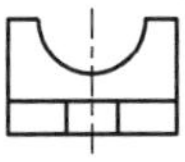 ② 
③ 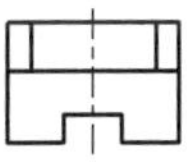 ④ 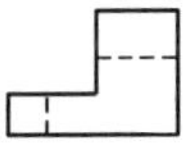

**54** 보조 투상도의 설명으로 가장 적합한 것은?

① 물체의 경사면을 실제 모양으로 나타낸 것
② 특수한 부분을 부분적으로 나타낸 것
③ 물체를 가상해서 나타낸 것
④ 물체를 90° 회전시켜서 나타낸 것

**55** 출제빈도 높음 용접부의 보조기호에서 제거 가능한 이면 판재를 사용하는 경우의 표시 기호는?

① [M] ② [P]
③ [MR] ④ [PR]

해설
• M : 제거할 수 없는 영구적인 덮개판 사용
• MR : 제거 가능한 덮개판 사용 → 도면 기호로 사용됨

**56** 다음 그림과 같이 상하면의 절단된 경사각이 서로 다른 원통의 전개도 형상으로 가장 적합한 것은?

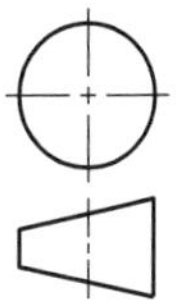

①  ② 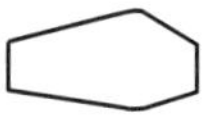
③ 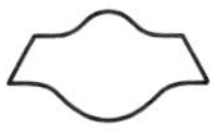 ④ 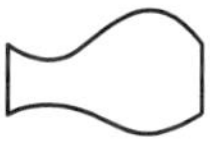

**57** 기계나 장치 등의 실체를 보고 프리핸드(Freehand)로 그린 도면은?

① 배치도 ② 기초도
③ 조립도 ④ 스케치도

**58** 도면에서 2종류 이상의 선이 겹쳤을 때, 우선하는 순위를 바르게 나타낸 것은?

① 숨은선 > 절단선 > 중심선
② 중심선 > 숨은선 > 절단선
③ 절단선 > 중심선 > 숨은선
④ 무게 중심선 > 숨은선 > 절단선

**59** 관용 테이퍼 나사 중 평행 암나사를 표시하는 기호는?(단, ISO 표준에 있는 기호로 한다.)

① G ② R
③ Rc ④ Rp

정답 51 ② 52 ② 53 ③ 54 ① 55 ③ 56 ④ 57 ④ 58 ① 59 ④

**60** 현의 치수 기입 방법으로 옳은 것은?

① 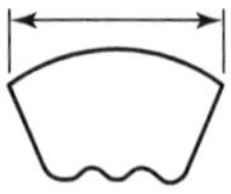
② 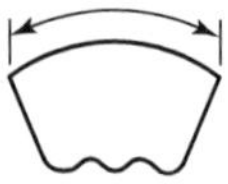
③ 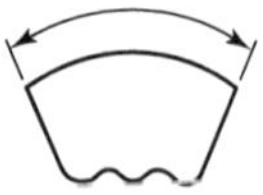
④ 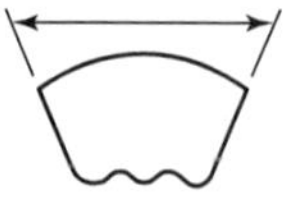

해설

② 호의 길이, ③ 각도, ④번과 같은 치수표기법은 없다.

정답 **60** ①

시 행 일 자
2015년 10월 10일

# 용접기능사 5회

**01** 초음파 탐상법의 종류에 속하지 않는 것은?

① 투과법 ② 펄스반사법
③ 공진법 ④ 극간법

**02** 용접작업 중 지켜야 할 안전사항으로 틀린 것은?

① 보호 장구를 반드시 착용하고 작업한다.
② 훼손된 케이블은 사용 후에 보수한다.
③ 도장된 탱크 안에서의 용접은 충분히 환기시킨 후 작업한다.
④ 전격 방지기가 설치된 용접기를 사용한다.

**03** 자동화 용접장치의 구성요소가 아닌 것은?

① 고주파 발생장치 ② 칼럼
③ 트랙 ④ 갠트리

**04** $CO_2$ 가스 아크용접에서 기공의 발생 원인으로 틀린 것은?

① 노즐에 스패터가 부착되어 있다.
② 노즐과 모재 사이의 거리가 짧다.
③ 모재가 오염(기름, 녹, 페인트)되어 있다.
④ $CO_2$ 가스의 유량이 부족하다.

**05** 서브머지드 아크용접의 특징으로 틀린 것은?

① 콘택트 팁에서 통전되므로 와이어 중에 저항열이 적게 발생되어 고전류 사용이 가능하다.
② 아크가 보이지 않으므로 용접부의 적부를 확인하기가 곤란하다.
③ 용접 길이가 짧을 때 능률적이며 수평 및 위보기 자세 용접에 주로 이용된다.
④ 일반적으로 비드 외관이 아름답다.

**06** 주철 용접 시 주의사항으로 옳은 것은?

① 용접 전류는 약간 높게 하고 운봉하여, 곡선비드 배치하며 용입을 깊게 한다.
② 가스 용접 시 중성불꽃 또는 산화불꽃을 사용하고 용제는 사용하지 않는다.
③ 냉각되어 있을 때 피닝작업을 하여 변형을 줄이는 것이 좋다.
④ 용접봉의 지름은 가는 것을 사용하고, 비드의 배치는 짧게 하는 것이 좋다.

**07** 다음 중 $CO_2$ 가스 아크용접의 장점으로 틀린 것은?

① 용착 금속의 기계적 성질이 우수하다.
② 슬래그 혼입이 없고, 용접 후 처리가 간단하다.
③ 전류밀도가 높아 용입이 깊고, 용접 속도가 빠르다.
④ 풍속 2m/s 이상의 바람에도 영향을 받지 않는다.

**08** 용접 홈 이음 형태 중 U형은 루트 반지름을 가능한 크게 만드는 데 그 이유로 가장 알맞은 것은?

① 큰 개선각도 ② 많은 용착량
③ 충분한 용입 ④ 큰 변형량

**09** 비용극식, 비소모식 아크용접에 속하는 것은?

① 피복아크 용접
② TIG 용접
③ 서브머지드 아크용접
④ $CO_2$ 용접

정답 01 ④ 02 ② 03 ① 04 ② 05 ③ 06 ④ 07 ④ 08 ③ 09 ②

**10** TIG 용접에서 직류 역극성에 대한 설명이 아닌 것은?

① 용접기의 음극에 모재를 연결한다.
② 용접기의 양극에 토치를 연결한다.
③ 비드 폭이 좁고 용입이 깊다.
④ 산화 피막을 제거하는 청정작용이 있다.

**11** 다음 중 용접 작업 전에 예열을 하는 목적으로 틀린 것은?

① 용접 작업성의 향상을 위하여
② 용접부의 수축 변형 및 잔류 응력을 경감시키기 위하여
③ 용접금속 및 열 영향부의 연성 또는 인성을 향상시키기 위하여
④ 고탄소강이나 합금강의 열 영향부 경도를 높게 하기 위하여

**12** 전기저항용접 중 플래시 용접 과정의 3 단계를 순서대로 바르게 나타낸 것은?

① 업셋 → 플래시 → 예열
② 예열 → 업셋 → 플래시
③ 예열 → 플래시 → 업셋
④ 플래시 → 업셋 → 예열

**13** 다음 중 다중용접 시 적용하는 용착법이 아닌 것은?

① 빌드업법 ② 캐스케이드법
③ 스킵법 ④ 전진블록법

**14** 피복아크용접 시 지켜야 할 유의사항으로 적합하지 않은 것은?

① 작업 시 전류는 적정하게 조절하고 정리 정돈을 잘하도록 한다.
② 작업을 시작하기 전에는 메인스위치를 작동시킨 후에 용접기 스위치를 작동시킨다.
③ 작업이 끝나면 항상 메인스위치를 먼저 끈 후에 용접기 스위치를 꺼야 한다.
④ 아크 발생 시 항상 안전에 신경을 쓰도록 한다.

**15** 전격의 방지대책으로 적합하지 않은 것은?

① 접기의 내부는 수시로 열어서 점검하거나 청소한다.
② 홀더나 용접봉은 절대로 맨손으로 취급하지 않는다.
③ 절연 홀더의 절연부분이 파손되면 즉시 보수하거나 교체한다.
④ 땀, 물 등에 의해 습기 찬 작업복, 장갑, 구두 등은 착용하지 않는다.

**16** 연납과 경납을 구분하는 온도는?

① 550℃ ② 450℃
③ 350℃ ④ 250℃

**17** 용접 진행 방향과 용착 방향이 서로 반대가 되는 방법으로 잔류 응력은 다소 적게 발생하나 작업의 능률이 떨어지는 용착법은?

① 전진법 ② 후진법
③ 대칭법 ④ 스킵법

**18** 다음 중 테르밋 용접의 특징에 관한 설명으로 틀린 것은?

① 용접 작업이 단순하다.
② 용접기구가 간단하고, 작업장소의 이동이 쉽다.
③ 용접시간이 길고, 용접 후 변형이 크다.
④ 전기가 필요 없다.

**19** 다음 중 용접 후 잔류응력완화법에 해당하지 않은 것은?

① 기계적응력완화법 ② 저온응력완화법
③ 피닝법 ④ 화염경화법

정답 **10** ③ **11** ④ **12** ③ **13** ③ **14** ③ **15** ① **16** ② **17** ② **18** ③ **19** ④

**20** 용접 지그나 고정구의 선택 기준 설명 중 틀린 것은?

① 용접하고자 하는 물체의 크기를 튼튼하게 고정시킬 수 있는 크기와 강성이 있어야 한다.
② 용접 응력을 최소화할 수 있도록 변형이 자유스럽게 일어날 수 있는 구조이어야 한다.
③ 피용접물의 고정과 분해가 쉬워야 한다.
④ 용접간극을 적당히 받쳐주는 구조이어야 한다.

**21** 다음 중 용접자세 기호로 틀린 것은?

① F　② V
③ H　④ OS

**22** 전기저항용접의 발열량을 구하는 공식으로 옳은 것은?(단, H : 발열량[cal], I : 전류[A], R : 저항[Ω], t : 시간[sec]이다.)

① $H=0.24\ IRt$　② $H=0.24\ IR^2t$
③ $H=0.24\ I^2Rt$　④ $H=0.24\ IRt^2$

**23** 가스용접 모재의 두께가 3.2mm일 때 가장 적당한 용접봉의 지름을 계산식으로 구하면 몇 mm인가?

① 1.6　② 2.0
③ 2.6　④ 3.2

**24** 가스 용접에 사용되는 가연성 가스의 종류가 아닌 것은?

① 프로판가스　② 수소가스
③ 아세틸렌가스　④ 산소

**25** 환원가스발생 작용을 하는 피복아크용접봉의 피복제 성분은?

① 산화티탄　② 규산나트륨
③ 탄산칼륨　④ 당밀

**26** 토치를 사용하여 용접 부분의 뒷면을 따내거나 U형, H형으로 용접 홈을 가공하는 것으로 일명 가스 파내기라고 부르는 가공법은?

① 산소창 절단　② 선삭
③ 가스 가우징　④ 천공

**27** 피복아크용접에서 직류 역극성(DCRP) 용접의 특징으로 옳은 것은?

① 모재의 용입이 깊다.
② 비드 폭이 좁다.
③ 봉의 용융이 느리다.
④ 박판, 주철, 고탄소강의 용접 등에 쓰인다.

**28** 다음 중 아세틸렌가스의 관으로 사용할 경우 폭발성 화합물을 생성하게 되는 것은?

① 순구리관　② 스테인리스강관
③ 알루미늄합금관　④ 탄소강관

**29** 가스 절단 시 예열 불꽃이 약할 때 일어나는 현상으로 틀린 것은?

① 드래그가 증가한다.
② 절단면이 거칠어진다.
③ 역화를 일으키기 쉽다.
④ 절단속도가 느려지고, 절단이 중단되기 쉽다.

**30** 직류아크용접기와 비교하여 교류아크용접기에 대한 설명으로 가장 올바른 것은?

① 무부하전압이 높고 감전의 위험이 많다.
② 구조가 복잡하고 극성변화가 가능하다.
③ 자기쏠림방지가 불가능하다.
④ 아크 안정성이 우수하다.

정답 20 ② 21 ④ 22 ③ 23 ③ 24 ④ 25 ④ 26 ③ 27 ④ 28 ① 29 ② 30 ①

**31** 재료의 접합방법은 기계적 접합과 야금적 접합으로 분류하는데 야금적 접합에 속하지 않는 것은?

① 리벳　② 용접
③ 압접　④ 납땜

**32** 피복아크용접기를 사용하여 아크 발생을 8분간 하고 2분간 쉬었다면, 용접기 사용률은 몇 %인가?

① 25　② 40
③ 65　④ 80

**33** 다음 중 알루미늄을 가스 용접할 때 가장 적절한 용제는?

① 붕사　② 탄산나트륨
③ 염화나트륨　④ 중탄산나트륨

**34** 아크용접에서 아크쏠림 방지대책으로 옳은 것은?

① 용접봉 끝을 아크쏠림 방향으로 기울인다.
② 접지점을 용접부에 가까이 한다.
③ 아크 길이를 길게 한다.
④ 직류용접 대신 교류용접을 사용한다.

**35** 일반적인 용접의 장점으로 옳은 것은?

① 재질 변형이 생긴다.
② 작업공정이 단축된다.
③ 잔류응력이 발생한다.
④ 품질검사가 곤란하다.

**36** 용접작업을 하지 않을 때는 무부하전압을 20~30V 이하로 유지하고 용접봉을 작업물에 접촉시키면 릴레이(Relay) 작동에 의해 전압이 높아져 용접작업이 가능하게 하는 장치는?

① 아크부스터　② 원격제어장치
③ 전격방지기　④ 용접봉 홀더

**37** 다음 중 연강용 가스용접봉의 종류인 "GA43"에서 "43"이 의미하는 것은?

① 가스 용접봉
② 용착금속의 연신율 구분
③ 용착금속의 최소 인장강도 수준
④ 용착금속의 최대 인장강도 수준

**38** 피복제 중에 산화티탄($TiO_2$)을 약 35% 정도 포함한 용접봉으로서 아크는 안정되고 스패터는 적으나, 고온 균열(Hot Crack)을 일으키기 쉬운 결점이 있는 용접봉은?

① E 4301　② E 4313
③ E 4311　④ E 4316

**39** 알루미늄과 마그네슘의 합금으로 바닷물과 알칼리에 대한 내식성이 강하고 용접성이 매우 우수하여 주로 선박용 부품, 화학장치용 부품 등에 쓰이는 것은?

① 실루민　② 하이드로날륨
③ 알루미늄 청동　④ 애드미럴티 황동

**40** 다음 금속 중 용융 상태에서 응고할 때 팽창하는 것은?

① Sn　② Zn
③ Mo　④ Bi

**41** 60%Cu－40%Zn 황동으로 복수기용 판, 볼트, 너트 등에 사용되는 합금은?

① 톰백(Tombac)
② 길딩 메탈(Gilding Metal)
③ 문츠 메탈(Muntz Metal)
④ 애드미럴티 메탈(Admiralty Metal)

해설
**복수기(Condenser)**
증기 기관 따위에서 수증기를 냉각시켜 다시 물로 되돌림으로써 압력을 대기압 이하로 내리는 장치

정답　31 ①　32 ④　33 ③　34 ④　35 ②　36 ③　37 ③　38 ②　39 ②　40 ④　41 ③

**42** 시편의 표점거리가 125mm, 늘어난 길이가 145mm이었다면 연신율은?

① 16% ② 20%
③ 26% ④ 30%

**43** 주철의 유동성을 나쁘게 하는 원소는?

① Mn ② C
③ P ④ S

**44** 주변 온도가 변화하더라도 재료가 가지고 있는 열팽창계수나 탄성계수 등의 특정한 성질이 변하지 않는 강은?

① 쾌삭강 ② 불변강
③ 강인강 ④ 스테인리스강

**45** 열과 전기의 전도율이 가장 좋은 금속은?

① Cu ② Al
③ Ag ④ Au

**46** 비파괴검사가 아닌 것은?

① 자기탐상시험 ② 침투탐상시험
③ 샤르피충격시험 ④ 초음파탐상시험

**47** 구상흑연주철에서 그 바탕조직이 펄라이트이면서 구상흑연의 주위를 유리된 페라이트가 감싸고 있는 조직의 명칭은?

① 오스테나이트(Austenite) 조직
② 시멘타이트(Cementite) 조직
③ 레데뷰라이트(Ledeburite) 조직
④ 불스 아이(Bull's Eye) 조직

**48** 섬유강화금속복합 재료의 기지 금속으로 가장 많이 사용되는 것으로 비중이 약 2.7인 것은?

① Na ② Fe
③ Al ④ Co

**49** 강에서 상온 메짐(취성)의 원인이 되는 원소는?

① P ② S
③ Al ④ Co

**50** 강자성체 금속에 해당되는 것은?

① Bi, Sn, Au ② Fe, Pt, Mn
③ Ni, Fe, Co ④ Co, Sn, Cu

해설
☞ 암기법 : 니.코.철.(Ni, Co, Fe)

**51** 그림과 같은 KS 용접기호의 해석으로 올바른 것은?

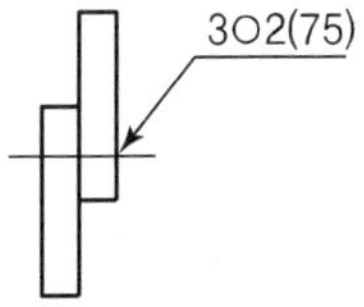


① 지름이 2mm이고, 피치가 75mm인 플러그 용접이다.
② 지름이 2mm이고, 피치가 75mm인 심용접이다.
③ 용접 수는 2개이고, 피치가 75mm인 슬롯 용접이다.
④ 용접 수는 2개이고, 피치가 75mm인 스폿(점) 용접이다.

**52** 그림과 같은 도시기호가 나타내는 것은?

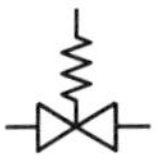

① 안전 밸브 ② 전동 밸브
③ 스톱 밸브 ④ 슬루스 밸브

정답 42 ① 43 ④ 44 ② 45 ③ 46 ③ 47 ④ 48 ③ 49 ① 50 ③ 51 ④ 52 ①

**53** 도면의 척도 값 중 실제 형상을 확대하여 그리는 것은?

① 2 : 1　　② 1 : $\sqrt{2}$
③ 1 : 1　　④ 1 : 2

**54** 그림과 같은 입체도를 3각법으로 올바르게 도시한 것은?

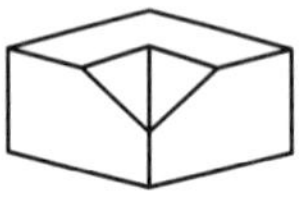

① 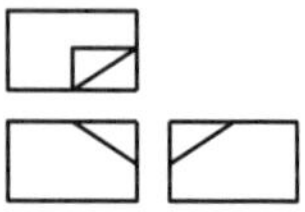
② 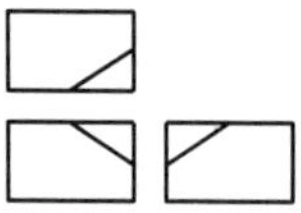
③ 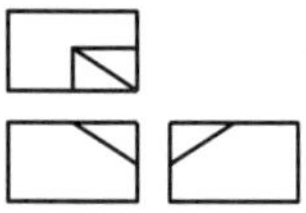
④ 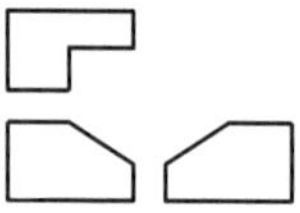

**55** 도면에 물체를 표시하기 위한 투상에 관한 설명 중 잘못된 것은?

① 주 투상도는 대상물의 모양 및 기능을 가장 명확하게 표시하는 면을 그린다.
② 보다 명확한 설명을 위해 주 투상도를 보충하는 다른 투상도를 많이 나타낸다.
③ 특별한 이유가 없을 경우 대상물을 가로길이로 놓은 상태로 그린다.
④ 서로 관련되는 그림의 배치는 되도록 숨은선을 쓰지 않도록 한다.

**56** KS 기계재료 표시기호 "SS 400"의 400은 무엇을 나타내는가?

① 경도　　② 연신율
③ 탄소 함유량　　④ 최저 인장강도

**57** 그림과 같이 기계 도면 작성 시 가공에 사용하는 공구 등의 모양을 나타낼 필요가 있을 때 사용하는 선으로 올바른 것은?

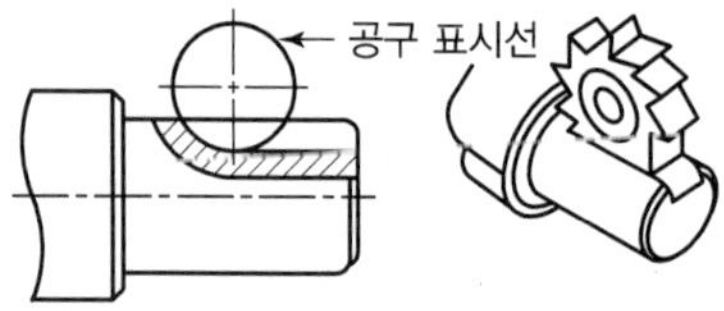


① 가는 실선　　② 가는 1점 쇄선
③ 가는 2점 쇄선　　④ 가는 파선

**58** 기호를 기입한 위치에서 먼 면에 카운터 싱크가 있으며, 공장에서 드릴 가공 및 현장에서 끼워 맞춤을 나타내는 리벳의 기호 표시는?

① 
② 
③ 
④ 

**59** 그림과 같은 입체도의 화살표 방향 투시도로 가장 적합한 것은?

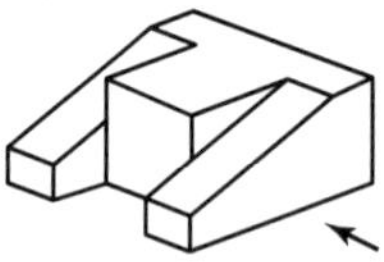

① 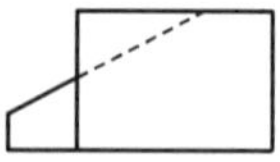
② 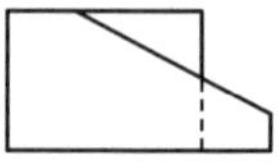
③ 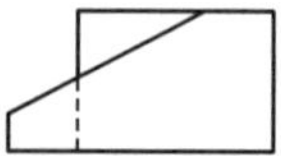
④ 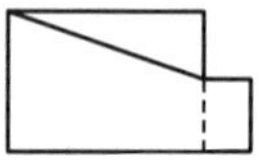

정답　53 ①　54 ③　55 ②　56 ④　57 ③　58 ②　59 ③

**60** 치수기입의 원칙에 관한 설명 중 틀린 것은?

① 치수는 필요에 따라 기준으로 하는 점, 선 또는 면을 기준으로 하여 기입한다.
② 대상물의 기능, 제작, 조립 등을 고려하여 필요하다고 생각되는 치수를 명료하게 도면에 지시한다.
③ 치수 입력에 대해서는 중복 기입을 피한다.
④ 모든 치수에는 단위를 기입해야 한다.

정답 **60** ④

시 행 일 자
2015년 10월 10일

# 특수용접기능사 5회

**01** $CO_2$ 용접작업 중 가스의 유량은 낮은 전류에서 얼마가 적당한가?

① 10~15$l$/min ② 20~25$l$/min
③ 30~35$l$/min ④ 40~45$l$/min

**02** 피복아크용접 결함 중 용착 금속의 냉각 속도가 빠르거나, 모재의 재질이 불량할 때 일어나기 쉬운 결함으로 가장 적당한 것은?

① 용입 불량 ② 언더컷
③ 오버랩 ④ 선상조직

해설
선상 조직(Ice－flower Structure) : 용접부의 파단면에 나타나는 조직이며 아주 미세한 주상 결정에 서리 모양으로 나란히 있고 그 사이에 현미경적인 비금속 개재물과 기공이 있다. 이 조직을 나타내는 파단면을 선상 파단면이라고 한다.

**03** 다음 각종 용접에서 전격방지대책으로 틀린 것은?

① 홀더나 용접봉은 맨손으로 취급하지 않는다.
② 어두운 곳이나 밀폐된 구조물에서 작업 시 보조자와 함께 작업한다.
③ $CO_2$ 용접이나 MIG 용접 작업 도중에 와이어를 2명이 교대로 교체할 때는 전원은 차단하지 않아도 된다.
④ 용접작업을 하지 않을 때에는 TIG 전극봉은 제거하거나 노즐 뒤쪽에 밀어 넣는다.

**04** 각종 금속의 용접부 예열온도에 대한 설명으로 틀린 것은?

① 고장력강, 저합금강, 주철의 경우 용접 홈을 50~350℃로 예열한다.
② 연강을 0℃ 이하에서 용접할 경우 이음의 양쪽 폭 100mm 정도를 40~75℃로 예열한다.
③ 열전도가 좋은 구리 합금은 200~400℃의 예열이 필요하다.
④ 알루미늄 합금은 500~600℃ 정도의 예열온도가 적당하다.

**05** 다음 중 초음파 탐상법의 종류에 해당하지 않는 것은?

① 투과법 ② 펄스반사법
③ 관통법 ④ 공진법

해설
**초음파 탐상법의 종류**
펄스반사법(가장 일반적으로 사용), 투과법, 공진법

**06** 납땜에서 경납용 용제가 아닌 것은?

① 붕사 ② 붕산
③ 염산 ④ 알칼리

해설
염산은 대부분의 금속을 격렬하게 부식시키므로 납땜의 용제로 사용하지 않는다.

**07** 플라스마 아크의 종류가 아닌 것은?

① 이행형 아크 ② 비이행형 아크
③ 중간형 아크 ④ 텐덤형 아크

**08** 피복아크용접작업의 안전사항 중 전격방지대책이 아닌 것은?

① 용접기 내부는 수시로 분해 · 수리하고 청소를 하여야 한다.
② 절연 홀더의 절연부분이 노출되거나 파손되면 교체한다.
③ 장시간 작업을 하지 않을 시는 반드시 전기 스위치를 차단한다.
④ 젖은 작업복이나 장갑, 신발 등을 착용하지 않는다.

정답 01 ① 02 ④ 03 ③ 04 ④ 05 ③ 06 ③ 07 ④ 08 ①

## 09 서브머지드 아크용접에서 동일한 전류 전압의 조건에서 사용되는 와이어 지름의 영향에 대한 설명 중 옳은 것은?

① 와이어의 지름이 크면 용입이 깊다.
② 와이어의 지름이 작으면 용입이 깊다.
③ 와이어의 지름과 상관이 없이 같다.
④ 와이어의 지름이 커지면 비드 폭이 좁아진다.

해설
동일한 전류/전압의 조건이라면 와이어의 지름이 작으면 모재는 더 큰 열을 받아 용입 또한 깊어지며, 지름이 커지면 모재는 작은 열을 받아 용입이 얕아지게 된다.

## 10 맞대기용접 이음에서 모재의 인장강도는 40kgf/mm²이며, 용접 시험편의 인장강도가 45kgf/mm²일 때 이음효율은 몇 %인가?

① 88.9 ② 104.4
③ 112.5 ④ 125.0

해설
이음효율을 구하는 공식과 계산문제는 출제빈도가 높은 편이다.
이음효율 = 용접시험편의 인장강도/모재의 인장강도 × 100 이므로 45/40 × 100 = 112.5

## 11 용접입열이 일정한 경우에는 열전도율이 큰 것일수록 냉각속도가 빠른데 다음 금속 중 열전도율이 가장 높은 것은?

① 구리 ② 납
③ 연강 ④ 스테인리스강

해설
**열전도율이 높은 금속의 순서**
은(Ag) > 구리(Cu) > 금(Au) > Al(알루미늄)⋯철(Fe) > 납(Pb) 순이다.

## 12 전자렌즈에 의해 에너지를 집중시킬 수 있고, 고용융 재료의 용접이 가능한 용접법은?

① 레이저 용접 ② 피복아크용접
③ 전자 빔 용접 ④ 초음파 용접

해설
전자빔 용접은 진공 중에서 용접하므로 불순물에 의한 오염이 적으며 용융점이 높은 텅스텐, 몰리브덴 등의 용접이 가능하나 시설비가 많이 들고 진공작업실에 금속을 넣고 용접을 해야 하는 특성상 제품의 크기에 제한을 받는다.

## 13 다음 중 연납의 특성에 관한 설명으로 틀린 것은?

① 연납땜에 사용하는 용가제를 말한다.
② 주석 – 납계 합금이 가장 많이 사용된다.
③ 기계적 강도가 낮으므로 강도를 필요로 하는 부분에는 적당하지 않다.
④ 은납, 황동납 등이 이에 속하고 물리적 강도가 크게 요구될 때 사용된다.

## 14 일렉트로 슬래그 용접에서 사용되는 수랭식 판의 재료는?

① 연강 ② 동
③ 알루미늄 ④ 주철

해설
일렉트로 슬래그 용접에서는 열전도도가 높은 동(Cu, 구리)이 사용된다.

## 15 용접부의 균열 중 모재의 재질 결함으로서 강괴일 때 기포가 압연되어 생기는 것으로 설퍼밴드와 같은 층상으로 편재해 있어 강재 내부에 노치를 형성하는 균열은?

① 라미네이션(Lamination) 균열
② 루트(Root) 균열
③ 응력 제거 풀림(Stress Relief) 균열
④ 크레이터(Crater) 균열

해설
라미네이션 결함은 방사선검사로는 검출이 어려우며 반드시 초음파검사(UT)를 이용하여 검출한다.

정답 09 ② 10 ③ 11 ① 12 ③ 13 ④ 14 ② 15 ①

**16** 심(Seam) 용접법에서 용접전류의 통전방법이 아닌 것은?

① 직 · 병렬 통전법 ② 단속 통전법
③ 연속 통전법 ④ 맥동 통전법

해설
심용접법에서는 병렬 통전법은 사용되지 않는다.

**17** 용접부의 결함이 오버랩일 경우 보수방법은?

① 가는 용접봉을 사용하여 보수한다.
② 일부분을 깎아내고 재용접한다.
③ 양단에 드릴로 정지 구멍을 뚫고 깎아내고 재용접한다.
④ 그 위에 다시 재용접한다.

해설
용접부의 결함이 오버랩일 경우에는 그 부분을 깎아내고 다시 용접을 한다.

**18** 다음 중 용접열원을 외부로부터 가하는 것이 아니라 금속분말의 화학반응에 의한 열을 사용하여 용접하는 방식은?

① 테르밋 용접 ② 전기저항 용접
③ 잠호 용접 ④ 플라스마 용접

해설
테르밋 반응에 의한 용접은 금속분말의 화학반응으로 열을 사용한다.

**19** 논 가스 아크용접의 설명으로 틀린 것은?

① 보호 가스나 용제를 필요로 한다.
② 바람이 있는 옥외에서 작업이 가능하다.
③ 용접장치가 간단하며 운반이 편리하다.
④ 용접 비드가 아름답고 슬래그 박리성이 좋다.

**20** 로봇용접의 분류 중 동작 기구로부터의 분류방식이 아닌 것은?

① PTB 좌표 로봇 ② 직각 좌표 로봇
③ 극좌표 로봇 ④ 관절 로봇

**21** 용접기의 점검 및 보수 시 지켜야 할 사항으로 옳은 것은?

① 정격사용률 이상으로 사용한다.
② 탭전환은 반드시 아크 발생을 하면서 시행한다.
③ 2차 측 단자의 한쪽과 용접기 케이스는 반드시 어스(Earth)하지 않는다.
④ 2차 측 케이블이 길어지면 전압강하가 일어나므로 가능한 한 지름이 큰 케이블을 사용한다.

해설
용접용 케이블은 가급적 허용치보다 지름이 큰 케이블을 사용하여야 안전하다.

**22** 아크용접에서 피닝을 하는 목적으로 가장 알맞은 것은?

① 용접부의 잔류응력을 완화시킨다.
② 모재의 재질을 검사하는 수단이다.
③ 응력을 강하게 하고 변형을 유발시킨다.
④ 모재 표면의 이물질을 제거한다.

**23** 가스용접에서 프로판 가스의 성질 중 틀린 것은?

① 증발 잠열이 작고, 연소할 때 필요한 산소의 양은 1 : 1 정도이다.
② 폭발한계가 좁아 다른 가스에 비해 안전도가 높고 관리가 쉽다.
③ 액화가 용이하여 용기에 충전이 쉽고 수송이 편리하다.
④ 상온에서 기체 상태이고 무색, 투명하며 약간의 냄새가 난다.

해설
산소－프로판 용접 시 산소의 소비량은 프로판에 비해 약 4.5배가 더 들어간다.(4.5 : 1)

**24** 가변압식의 팁 번호가 200일 때 10시간 동안 표준 불꽃으로 용접할 경우 아세틸렌가스의 소비량은 몇 리터인가?

① 20 ② 200
③ 2,000 ④ 20,000

정답 16 ① 17 ② 18 ① 19 ① 20 ① 21 ④ 22 ① 23 ① 24 ③

해설
가변압식(프랑스식) 팁의 번호는 1시간당 소비되는 아세틸렌 가스의 양으로 표시하므로
200리터(1시간소비량)×10(시간)=2,000리터

**25** 가스용접에서 토치를 오른손에, 용접봉을 왼손에 잡고 오른쪽에서 왼쪽으로 용접을 해나가는 용접법은?

① 전진법 ② 후진법
③ 상진법 ④ 병진법

**26** 정격 2차 전류가 200A, 아크출력 60kW인 교류 용접기를 사용할 때 소비전력은 얼마인가?(단, 내부 손실이 4kW이다.)

① 64kW ② 104kW
③ 264kW ④ 804kW

해설
소비전력(kW)=아크출력+내부손실이므로
60kW+4kW=64kW
☞ 암기법 : 소비 잘 하는 아.내.(소비전력(kW)=아크출력+내부손실)

**27** 수중절단작업을 할 때 가장 많이 사용하는 가스로 기포 발생이 적은 연료가스는?

① 아르곤 ② 수소
③ 프로판 ④ 아세틸렌

**28** 다음 중 용접봉의 내균열성이 가장 좋은 것은?

① 셀룰로오스계 ② 티탄계
③ 일미나이트계 ④ 저수소계

해설
저수소계(E 4316) 용접봉은 염기도가 높아 내균열성이 가장 좋은 용접봉이다.

**29** 아크에어 가우징법의 작업능률은 가스 가우징법보다 몇 배 정도 높은가?

① 2~3배 ② 4~5배
③ 6~7배 ④ 8~9배

해설
아크에어 가우징은 가스가우징에 비해 약 2~3배의 작업능률을 보인다.

**30** 피복아크용접에서 홀더로 잡을 수 있는 용접봉 지름(mm)이 5.0~8.0일 경우 사용하는 용접봉 홀더의 종류로 옳은 것은?

① 125호 ② 160호
③ 300호 ④ 400호

해설
이 문제는 표를 암기하는 것보다 일반적으로 많이 사용되는 직경 3.2mm의 용접봉(대략 300호의 용접봉 홀더 사용)을 기준으로 잡고 문제를 풀이하는 것이 간단하겠다.

| 홀더 종류 | 용접전류(A) | 아크 전압(V) | 사용 용접봉 지름(mm) |
|---|---|---|---|
| 100호 | 100 | 25 | 1.2~3.2 |
| 200호 | 200 | 30 | 2.0~5.0 |
| 300호 | 300 | 30 | 3.2~6.4 |
| 400호 | 400 | 30 | 4.0~8.0 |
| 500호 | 500 | 30 | 5.0~9.0 |

**31** 아크 길이가 길 때 일어나는 현상이 아닌 것은?

① 아크가 불안정해진다.
② ~~용융금속~~의 산화 및 질화가 쉽다.
③ 열 집중력이 양호하다.
④ 전압이 높고 스패터가 많다.

해설
아크 길이는 전압과 비례하며 아크 길이가 길어지면 열의 집중력이 떨어지며 스패터가 많이 발생한다.

**32** 아크가 보이지 않는 상태에서 용접이 진행된다고 하여 일명 잠호용접이라 부르기도 하는 용접법은?

① 스터드 용접
② 레이저 용접
③ 서브머지드 아크용접
④ 플라스마 용접

정답 25 ① 26 ① 27 ② 28 ④ 29 ① 30 ④ 31 ③ 32 ③

**33** 용접기의 규격 AW 500의 설명 중 옳은 것은?

① AW은 직류 아크용접기라는 뜻이다.
② 500은 정격 2차 전류의 값이다.
③ AW은 용접기의 사용률을 말한다.
④ 500은 용접기의 무부하전압 값이다.

**34** 직류용접기 사용 시 역극성(DCRP)과 비교한 정극성(DCSP)의 일반적인 특징으로 옳은 것은?

① 용접봉의 용융속도가 빠르다.
② 비드 폭이 넓다.
③ 모재의 용입이 깊다.
④ 박판, 주철, 합금강 비철금속의 접합에 쓰인다.

해설
극성을 묻는 문제는 매 회차 출제가 되고 있으며 이 문제는 상대적으로 열의 발생이 많은 +극이 어느 쪽(용접봉 또는 모재)에 접속되는지 파악하면 된다. 직류 정극성(DCSP)은 용접봉에 −극을, 모재에 +극을 연결하였으며 비드의 폭이 좁고 용입이 깊어 후판용접에 사용되며 일반적으로 많이 사용되는 극성이다. 직류 역극성(DCRP)은 용접봉 쪽에 +가 접속되기 때문에 용접봉의 녹음이 빠르고 −극이 접속된 모재쪽은 열전달이 +극에 비해 적어 용입이 얕고 넓어져 주로 박판용접에 사용된다.

**35** 다음 중 부하전류가 변하여도 단자 전압은 거의 변화하지 않는 용접기의 특성은?

① 수하 특성　② 하향 특성
③ 정전압 특성　④ 정전류 특성

해설
전압이 변하지 않는 특성은 정전압(전압이 정지, 머무른다.) 특성이다.

**36** 용접기와 멀리 떨어진 곳에서 용접전류 또는 전압을 조절할 수 있는 장치는?

① 원격제어장치　② 핫 스타트 장치
③ 고주파 발생장치　④ 수동전류조정장치

해설
원격제어장치는 원격으로 전류를 조정하며 교류용접기 중 과포화리액터형 용접기에 해당한다.

**37** 피복아크용접봉에서 피복제의 주된 역할로 틀린 것은?

① 전기절연작용을 하고 아크를 안정시킨다.
② 스패터의 발생을 적게 하고 용착금속에 필요한 합금원소를 첨가시킨다.
③ 용착 금속의 탈산정련작용을 하며 용융점이 높고, 높은 점성의 무거운 슬래그를 만든다.
④ 모재 표면의 산화물을 제거하고, 양호한 용접부를 만든다.

해설
피복아크용접봉의 피복제는 용융점이 낮고, 낮은 점성의 가벼운 슬래그를 만든다.

**38** 가스 절단면의 표준 드래그(Drag) 길이는 판 두께의 몇 % 정도가 가장 적당한가?

① 10%　② 20%
③ 30%　④ 40%

해설
가스 절단면의 표준드래그 길이는 판두께의 20%(1/5)이다.

**39** 다음 중 경질 자성 재료가 아닌 것은?

① 샌더스트
② 알니코 자석
③ 페라이트 자석
④ 네오디뮴 자석

**40** 알루미늄과 알루미늄 가루를 압축 성형하고 약 500~600℃로 소결하여 압출 가공한 분산 강화형 합금의 기호에 해당하는 것은?

① DAP　② ACD
③ SAP　④ AMP

해설
SAP(Sintered Aluminum Powder)
소결 알루미늄 분말제

정답　33 ②　34 ③　35 ③　36 ①　37 ③　38 ②　39 ①　40 ③

## 41 컬러 텔레비전의 전자총에서 나온 광선의 영향을 받아 섀도 마스크가 열팽창하면 엉뚱한 색이 나오게 된다. 이를 방지하기 위해 섀도 마스크의 제작에 사용되는 불변강은?

① 인바　② Ni－Cr강
③ 스테인리스강　④ 플래티나이트

해설
인바는 온도에 따른 선팽창 계수가 적어 권척, 표준척, 정밀 기계부품 등의 제작에 사용된다.

**불변강의 종류**
인바, 초인바, 엘린바, 코엘린바, 플래티나이트, 퍼멀로이, 이소에라스틱
☞ 암기법 : 인초엘/코플퍼이

## 42 다음의 조직 중 경도값이 가장 낮은 것은?

① 마텐자이트　② 베이나이트
③ 소르바이트　④ 오스테나이트

해설
**금속조직의 경도순서**
시멘타이트 > 마텐자이트 > 트루스타이트 > 소르바이트 > 펄라이트 > 오스테나이트 > 페라이트(베이나이트는 소르바이트, 트루스타이트와 같음－위치에 따라 차이)

## 43 열처리의 종류 중 항온열처리 방법이 아닌 것은?

① 마퀜칭　② 어닐링
③ 마템퍼링　④ 오스템퍼링

해설
**항온열처리의 종류**
인상담금질(시간담금질), MS퀜칭, 마퀜칭, 오스템퍼링, 오스포밍, 마템퍼 등(어닐링＝풀림열처리)

## 44 문츠메탈(Muntz Metal)에 대한 설명으로 옳은 것은?

① 90% Cu－10% Zn 합금으로 톰백의 대표적인 것이다.
② 70% Cu－30% Zn 합금으로 가공용 황동의 대표적인 것이다.
③ 70% Cu－30% Zn 황동에 주석(Sn)을 1% 함유한 것이다.
④ 60% Cu－40% Zn 합금으로 황동 중 아연 함유량이 가장 높은 것이다.

해설
60% Cu－40%Zn 의 황동을 문츠메탈이라고 한다.
☞ 암기법 : 육사(6 : 4황동)에 들어가는 문(문츠메탈)이 좁다. 여기서 육사란 육군사관학교를 말하며 실제로 입학하기 쉽지 않다.

## 45 자기변태가 일어나는 점을 자기 변태점이라 하며, 이 온도를 무엇이라고 하는가?

① 상점　② 이슬점
③ 퀴리점　④ 동소점

해설
순철의 자기변태점(퀴리점)은 768℃이다.(자기변태점 : 자성이 변하는 온도)

## 46 스테인리스강 중 내식성이 제일 우수하고 비자성이나 염산, 황산, 염소가스 등에 약하고 결정입계 부식이 발생하기 쉬운 것은?

① 석출경화계 스테인리스강
② 페라이트계 스테인리스강
③ 마텐자이트계 스테인리스강
④ 오스테나이트계 스테인리스강

해설
오스테나이트(18－8강)은 비자성체이며 결정입계 부식이 잘 발생한다. 그리고 위의 보기는 모두 스테인리스강의 종류이므로 반드시 암기하도록 하자.
☞ 암기법 : 오페마석

## 47 탄소 함량 3.4%, 규소 함량 2.4% 및 인 함량 0.6%인 주철의 탄소당량(CE)은?

① 4.0　② 4.2
③ 4.4　④ 4.6

해설
**탄소당량**
강재의 기계적 성질이나 용접성은 성분을 구성하는 원소의 종류나 양에 따라 좌우되며 그 원소들의 영향을 강의 기본적인 첨가 원소인 탄소의 양으로 환산한 것이 탄소 당량이다. 주철의 탄소당량＝C＋(Si＋P)/3이므로
3.4＋(2.4＋0.6)/3＝4.4

정답　41 ①　42 ④　43 ②　44 ④　45 ③　46 ④　47 ③

**48** 라우탈은 Al－Cu－Si 합금이다. 이 중 3~8% Si를 첨가하여 향상되는 성질은?

① 주조성 ② 내열성
③ 피삭성 ④ 내식성

해설
라우탈의 조성은 암기할 필요가 있으며(알구실) Si(규소)는 금속의 유동성 즉 주조성을 개선시켜 준다.

**49** 면심입방격자의 어떤 성질이 가공성을 좋게 하는가?

① 취성 ② 내식성
③ 전연성 ④ 전기전도성

해설
전연성이란 전성(퍼지는 성질)과 연성(늘어나는 성질)을 합친 것이다.

**50** 금속의 조직검사로서 측정이 불가능한 것은?

① 결함 ② 결정입도
③ 내부응력 ④ 비금속개재물

**51** 나사의 감김 방향의 지시 방법 중 틀린 것은?

① 오른나사는 일반적으로 감김 방향을 지시하지 않는다.
② 왼나사는 나사의 호칭 방법에 약호 "LH"를 추가하여 표시한다.
③ 동일 부품에 오른나사와 왼나사가 있을 때는 왼나사에만 약호 "LH"를 추가한다.
④ 오른나사는 필요하면 나사의 호칭 방법에 약호 "RH"를 추가하여 표시할 수 있다.

**52** 그림과 같이 제3각법으로 정투상한 도면에 적합한 입체도는?

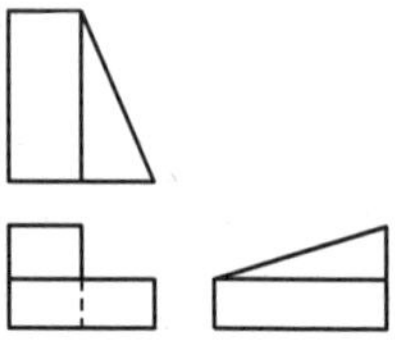

① 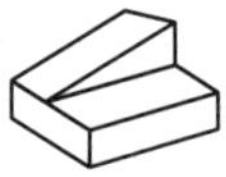 ② 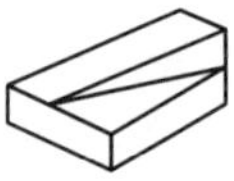
③ 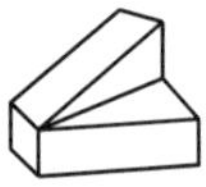 ④ 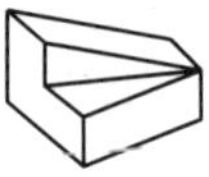

**53** 다음 냉동장치의 배관 도면에서 팽창 밸브는?

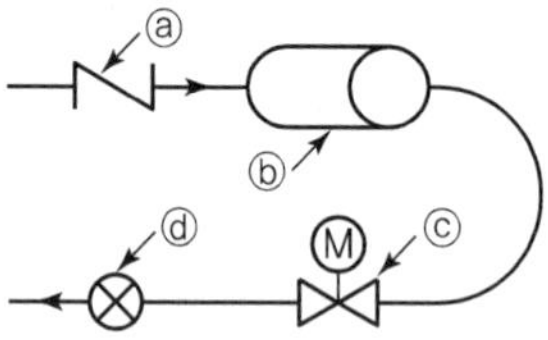


① ⓐ ② ⓑ
③ ⓒ ④ ⓓ

**54** 3각법으로 그린 투상도 중 잘못된 투상이 있는 것은?

① 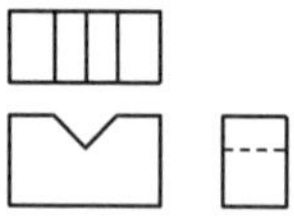 ② 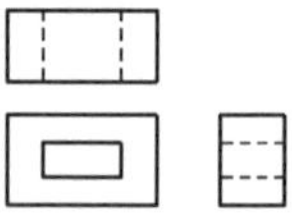
③ 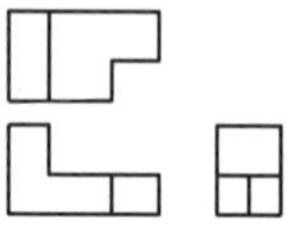 ④ 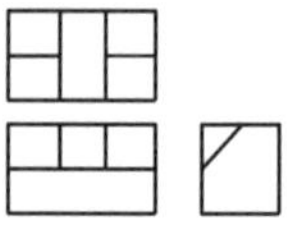

**55** 다음 중 열간 압연 강판 및 강재에 해당하는 재료 기호는?

① SPCC ② SPHC
③ STS ④ SPB

**56** 동일 장소에서 선이 겹칠 경우 나타내야 할 선의 우선순위를 옳게 나타낸 것은?

① 외형선＞중심선＞숨은선＞치수보조선
② 외형선＞치수보조선＞중심선＞숨은선
③ 외형선＞숨은선＞중심선＞치수보조선
④ 외형선＞중심선＞치수보조선＞숨은선

정답 48 ① 49 ③ 50 ③ 51 ③ 52 ② 53 ④ 54 ④ 55 ② 56 ③

해설
외형선, 숨은선은 물체의 윤곽을 나타내므로 우선적으로 도시해야 한다.

**57** 일반적인 판금 전개도의 전개법이 아닌 것은?

① 다각전개법 ② 평행선법
③ 방사선법 ④ 삼각형법

**58** 다음 중 치수 보조기호로 사용되지 않는 것은?

① $\pi$ ② S$\phi$
③ R ④ □

**59** 다음 단면도에 대한 설명으로 틀린 것은?

① 부분 단면도는 일부분을 잘라내고 필요한 내부 모양을 그리기 위한 방법이다.
② 조합에 의한 단면도는 축, 핀, 볼트, 너트류의 절단면의 이해를 위해 표시한 것이다.
③ 한쪽 단면도는 대칭형 대상물의 외형 절반과 온단면의 절반을 조합하여 표시한 것이다.
④ 회전도시 단면도는 핸들이나 바퀴 등의 암, 림, 훅, 구조물 등의 절단면을 90도 회전시켜서 표시한 것이다.

**60** 그림과 같은 도면의 해독으로 잘못된 것은?

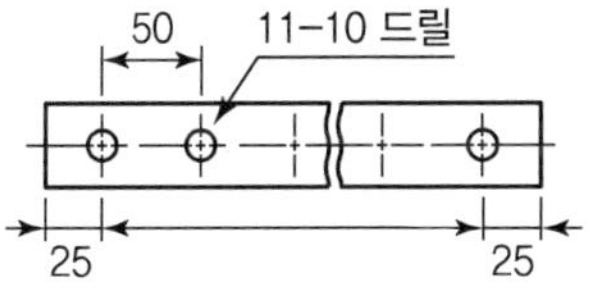


① 구멍 사이의 피치는 50mm
② 구멍의 지름은 10mm
③ 전체 길이는 600mm
④ 구멍의 수는 11개

해설
전체길이는 양쪽의 길이(25mm×2=50mm)와 첫 번째 구멍과 마지막 구멍 사이의 길이(50mm×10=500mm)를 합하면 550mm가 나온다.

정답 57 ① 58 ① 59 ② 60 ③

시 행 일 자
2016년
1월 24일

# 특수용접기능사 1회

**01** 용접이음 설계 시 충격하중을 받는 연강의 안전율은?

① 12 ② 8
③ 5 ④ 3

해설

| 재료의 종류 | 정하중 | 반복하중 | 교번하중 | 충격하중 |
|---|---|---|---|---|
| 강 | 3 | 5 | 8 | 12 |
| 주철 | 4 | 6 | 10 | 15 |
| 구리 등 연질금속 | 5 | 6 | 9 | 15 |

※ 강의 충격하중 정도만 숙지

**02** 다음 중 기본 용접 이음 형식에 속하지 않는 것은?

① 맞대기 이음 ② 모서리 이음
③ 마찰 이음 ④ T자 이음

**03** 화재의 분류는 소화 시 매우 중요한 역할을 한다. 서로 바르게 연결된 것은?

① A급 화재 – 유류 화재
② B급 화재 – 일반 화재
③ C급 화재 – 가스 화재
④ D급 화재 – 금속 화재

해설
A급화재 : 일반화재(고체), B급화재(유류화재), C급화재(전기화재)

**04** 불활성 가스가 아닌 것은?

① $C_2H_2$ ② Ar
③ Ne ④ He

해설
$C_2H_2$(아세틸렌) : 가연성 가스

**05** 서브머지드 아크용접장치 중 전극형상에 의한 분류에 속하지 않는 것은?

① 와이어(Wire) 전극 ② 테이프(Tape) 전극
③ 대상(Hoop) 전극 ④ 대차(Carriage) 전극

해설
대차는 용접기를 이동시키는 바퀴를 말한다.

**06** 용접 시공 계획에서 용접 이음 준비에 해당되지 않는 것은?

① 용접 홈의 가공 ② 부재의 조립
③ 변형 교정 ④ 모재의 가용접

**07** 다음 중 서브머지드 아크용접(Submer Ged Arc Welding)에서 용제의 역할과 가장 거리가 먼 것은?

① 아크 안정 ② 용락 방지
③ 용접부의 보호 ④ 용착금속의 재질 개선

해설
용락을 방지하기 위해 사용하는 것이 뒷댐재이며 주로 동판이나 세라믹 재질이 사용된다.

**08** 다음 중 전기저항 용접의 종류가 아닌 것은?

① 점용접 ② MIG 용접
③ 프로젝션 용접 ④ 플래시 용접

해설
MIG용접은 전기아크용접에 속한다.

**09** 다음 중 용접 금속에 기공을 형성하는 가스에 대한 설명으로 틀린 것은?

① 응고 온도에서의 액체와 고체의 용해도 차에 의한 가스 방출
② 용접금속 중에서의 화학반응에 의한 가스 방출
③ 아크 분위기에서의 기체의 물리적 혼입
④ 용접 중 가스 압력의 부적당

정답 01 ① 02 ③ 03 ④ 04 ① 05 ④ 06 ③ 07 ② 08 ② 09 ④

**10** 가스용접 시 안전조치로 적절하지 않은 것은?

① 가스의 누설검사는 필요할 때만 체크하고 점검은 수돗물로 한다.
② 가스용접장치는 화기로부터 5m 이상 떨어진 곳에 설치해야 한다.
③ 작업 종료 시 메인 밸브 및 콕 등을 완전히 잠가준다.
④ 인화성 액체 용기의 용접을 할 때는 증기 열탕물로 완전히 세척 후 통풍구멍을 개방하고 작업한다.

해설
가스 누출 점검은 비눗물 검사로 한다.

**11** TIG 용접에서 가스이온이 모재에 충돌하여 모재 표면에 산화물을 제거하는 현상은?

① 제거효과 ② 청정효과
③ 용융효과 ④ 고주파효과

해설
직류 역극성(DCRP)에서 청정효과가 나타나며 교류(AC)에서도 청정효과가 50% 정도 나타난다.

**12** 연강의 인장시험에서 인장시험편의 지름이 10mm이고, 최대하중이 5500kgf일 때 인장 강도는 약 몇 $kgf/mm^2$인가?

① 60 ② 70
③ 80 ④ 90

해설
인장강도(극한강도) = 하중(P)/단면적(A)이므로
5500/(5×5×3.14) = 약 70

**13** 용접부의 표면에 사용되는 검사법으로 비교적 간단하고 비용이 싸며, 특히 자기탐상검사가 되지 않는 금속 재료에 주로 사용되는 검사법은?

① 방사선 비파괴검사 ② 누수 검사
③ 침투 비파괴검사 ④ 초음파 비파괴검사

해설
침투 비파괴검사(PT)는 표면의 균열을 검출하는 시험법이다.

**14** 용접에 의한 변형을 미리 예측하여 용접하기 전에 용접 반대방향으로 변형을 주고 용접하는 방법은?

① 억제법 ② 역변형법
③ 후퇴법 ④ 비석법

**15** 다음 중 플라스마 아크용접에 적합한 모재가 아닌 것은?

① 텅스텐, 백금 ② 티탄, 니켈 합금
③ 티탄, 구리 ④ 스테인리스강, 탄소강

**16** 용접 지그를 사용했을 때의 장점이 아닌 것은?

① 구속력을 크게 하여 잔류응력 발생을 방지한다.
② 동일 제품을 다량 생산할 수 있다.
③ 제품의 정밀도를 높인다.
④ 작업을 용이하게 하고 용접능률을 높인다.

**17** 일종의 피복아크용접법으로 피더(Feeder)에 철분계 용접봉을 장착하여 수평 필릿용접을 전용으로 하는 일종의 반자동 용접장치로서 모재와 일정한 경사를 갖는 금속지주를 용접 홀더가 하강하면서 용접되는 용접법은?

① 그래비트 용접 ② 용사
③ 스터드 용접 ④ 테르밋 용접

해설
그래비티 용접(Gravity Arc Welding) : 피복아크용접봉이 용융함에 따라서 막대 지지부가 중력에 의해 비스듬하게 서서히 하강하고 막대가 용접선을 따라서 이동하여 행하여지는 용접

**18** 피복아크용접에 의한 맞대기 용접에서 개선 홈과 판 두께에 관한 설명으로 틀린 것은?

① I형 : 판 두께 6mm 이하 양쪽 용접에 적용
② V형 : 판 두께 20mm 이하 한쪽 용접에 적용
③ U형 : 판 두께 40~60mm 양쪽 용접에 적용
④ X형 : 판 두께 15~40mm 양쪽 용접에 적용

정답 10 ① 11 ② 12 ② 13 ③ 14 ② 15 ① 16 ① 17 ① 18 ③

**19** 이산화탄소 아크용접 방법에서 전진법의 특징으로 옳은 것은?

① 스패터의 발생이 적다.
② 깊은 용입을 얻을 수 있다.
③ 비드 높이가 낮고 평탄한 비드가 형성된다.
④ 용접선이 잘 보이지 않아 운봉을 정확하게 하기 어렵다.

**20** 일렉트로 슬래그 용접에서 주로 사용되는 전극 와이어의 지름은 보통 몇 mm인가?

① 1.2~1.5 ② 1.7~2.3
③ 2.5~3.2 ④ 3.5~4.0

**21** 볼트나 환봉을 피스톤형의 홀더에 끼우고 모재와 볼트 사이에 순간적으로 아크를 발생시켜 용접하는 방법은?

① 서브머지드 아크용접
② 스터드 용접
③ 테르밋 용접
④ 불활성 가스 아크용접

**22** 용접 결함과 그 원인에 대한 설명 중 잘못 짝지어진 것은?

① 언더컷 – 전류가 너무 높은 때
② 기공 – 용접봉이 흡습되었을 때
③ 오버랩 – 전류가 너무 낮을 때
④ 슬래그 섞임 – 전류가 과대되었을 때

**23** 피복아크용접에서 피복제의 성분에 포함되지 않는 것은?

① 피복 안정제 ② 가스 발생제
③ 피복 이탈제 ④ 슬래그 생성제

**24** 피복아크용접봉의 용융속도를 결정하는 식은?

① 용융속도 = 아크전류 × 용접봉 쪽 전압강하
② 용융속도 = 아크전류 × 모재 쪽 전압강하
③ 용융속도 = 아크 전압 × 용접봉 쪽 전압강하
④ 용융속도 = 아크 전압 × 모재 쪽 전압강하

해설
용융속도는 아크전류와 용접봉 쪽 전압강하의 곱으로 나타낸다.

**25** 용접법의 분류에서 아크용접에 해당되지 않는 것은?

① 유도가열용접 ② TIG 용접
③ 스터드용접 ④ MIG용접

**26** 피복아크용접 시 용접선 상에서 용접봉을 이동시키는 조작을 말하며 아크의 발생, 중단, 재아크, 위빙 등이 포함된 작업을 무엇이라 하는가?

① 용입 ② 운봉
③ 키홀 ④ 용융지

**27** 다음 중 산소 및 아세틸렌 용기의 취급방법으로 틀린 것은?

① 산소용기의 밸브, 조정기, 도관, 취부구는 반드시 기름이 묻은 천으로 깨끗이 닦아야 한다.
② 산소용기의 운반 시에는 충돌, 충격을 주어서는 안 된다.
③ 사용이 끝난 용기는 실병과 구분하여 보관한다.
④ 아세틸렌 용기는 세워서 사용하며 용기에 충격을 주어서는 안 된다.

**28** 가스용접이나 절단에 사용되는 가연성 가스의 구비조건을 틀린 것은?

① 발열량이 클 것
② 연소속도가 느릴 것
③ 불꽃의 온도가 높을 것
④ 용융금속과 화학반응이 일어나지 않을 것

정답 19 ③ 20 ③ 21 ② 22 ④ 23 ③ 24 ① 25 ① 26 ② 27 ① 28 ②

**29** 다음 중 가변저항의 변화를 이용하여 용접전류를 조정하는 교류 아크용접기는?

① 탭 전환형 ② 가동 코일형
③ 가동 철심형 ④ 가포화 리액터형

**30** AW－250, 무부하전압 80V, 아크 전압 20V인 교류 용접기를 사용할 때 역률과 효율은 각각 얼마인가?(단, 내부 손실은 4kW이다.)

① 역률 : 45%, 효율 : 56%
② 역률 : 48%, 효율 : 69%
③ 역률 : 54%, 효율 : 80%
④ 역률 : 69%, 효율 : 72%

**31** 혼합가스 연소에서 불꽃 온도가 가장 높은 것은?

① 산소－수소 불꽃
② 산소－프로판 불꽃
③ 산소－아세틸렌 불꽃
④ 산소－부탄 불꽃

해설
불꽃온도가 높은 것은 아세틸렌 불꽃이다.

**32** 연강용 피복아크용접봉의 종류와 피복제 계통으로 틀린 것은?

① E4303 : 라임티타니아계
② E4311 : 고산화티탄계
③ E4316 : 저수소계
④ E4327 : 철분산화철계

해설
E4311(고셀룰로오스계) 용접봉은 가스실드계의 대표적인 용접봉이며 위 보기 용접에 탁월한 성능을 가진다.

**33** 산소－아세틸렌 가스 절단과 비교한 산소－프로판 가스 절단의 특징으로 옳은 것은?

① 절단면이 미세하며 깨끗하다.
② 절단 개시 시간이 빠르다.
③ 슬래그 제거가 어렵다.
④ 중성불꽃을 만들기가 쉽다.

**34** 피복아크용접에서 “모재의 일부가 녹은 쇳물 부분”을 의미하는 것은?

① 슬래그 ② 용융지
③ 피복부 ④ 용착부

**35** 가스 압력 조정지 취급사항으로 틀린 것은?

① 압력 용기의 설치구 방향에는 장애물이 없어야 한다.
② 압력 지시계가 잘 보이도록 설치하며 유리가 파손되지 않도록 주의한다.
③ 조정기를 견고하게 설치한 다음 조정 나사를 잠그고 밸브를 빠르게 열어야 한다.
④ 압력 조정기 설치구에 있는 먼지를 털어내고 연결부에 정확하게 연결한다.

**36** 연강용 가스 용접봉에서 “625±25℃에서 1시간 동안 응력을 제거한 것”을 뜻하는 영문자 표시에 해당되는 것은?

① NSR ② GB
③ SR ④ GA

해설
- SR(Stress Relief) : 응력 제거
- NSR(Non Stress Relief) : 응력 제거하지 않음

**37** 피복아크용접에서 위빙(Weaving) 폭은 심선 지름의 몇 배로 하는 것이 가장 적당한가?

① 1배 ② 2~3배
③ 5~6배 ④ 7~8배

해설
위빙 폭은 용접봉 심선지름의 2~3배 정도로 한다.

정답 29 ④ 30 ① 31 ③ 32 ② 33 ① 34 ② 35 ③ 36 ③ 37 ②

## 38 전격방지기는 아크를 끊음과 동시에 자동적으로 릴레이가 차단되어 용접기의 2차 무부하전압을 몇 V 이하로 유지시키는가?

① 20~30 ② 35~45
③ 50~60 ④ 65~75

해설
전격방지기는 2차 무부하전압을 약 20~30V로 낮춰 전격의 위험을 방지하는 기능을 한다.

## 39 30% Zn을 포함한 황동으로 연신율이 비교적 크고, 인장강도가 매우 높아 판, 막대, 관, 선 등으로 널리 사용되는 것은?

① 톰백(Tombac)
② 네이벌 황동(Naval Brass)
③ 6 : 4 황동(Muntz Metal)
④ 7 : 3 황동(Cartidge Brass)

해설
황동은 Cu－Zn의 합금이며 7 : 3황동은 30%의 Zn을 함유하고 있다.

## 40 Au의 순도를 나타내는 단위는?

① K(Carat) ② P(Pound)
③ %(Percent) ④ $\mu$m(Micron)

## 41 다음 상태도에서 액상선을 나타내는 것은?

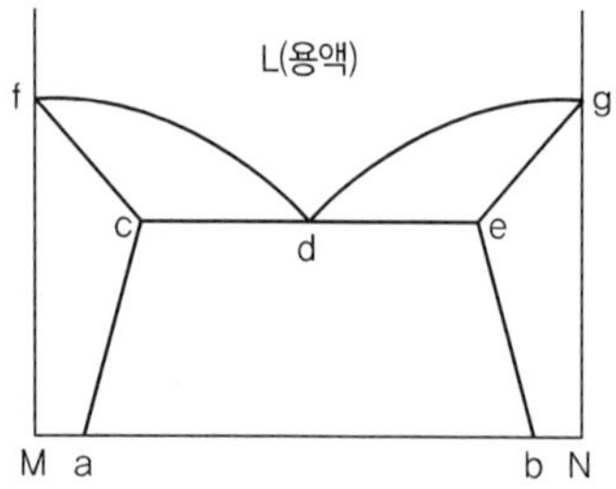


① acf ② cde
③ fdg ④ beg

해설
흔히 응고선이라고도 하는 액상선은 상태도에서 액체에만 존재하는 구역과 액체와 고체가 공존하는 구역과의 경계선을 말하며 액상에서 고상으로 응고되기 시작하는 온도선을 말한다. 자주 출제되는 문제 유형은 아니다.

## 42 금속 표면에 스텔라이트, 초경합금 등의 금속을 용착시켜 표면경화층을 만드는 것은?

① 금속 용사법 ② 하드 페이싱
③ 쇼트 피이닝 ④ 금속 침투법

## 43 다음 중 용접법의 분류에서 초음파 용접은 어디에 속하는가?

① 납땜 ② 압접
③ 융접 ④ 아크용접

해설
초음파 용접은 얇은 두 모재에 진동과 압력을 가해 접합하는 용접이다.

## 44 주철의 조직은 C와 Si의 양과 냉각속도에 의해 좌우된다. 이들의 요소와 조직의 관계를 나타낸 것은?

① C.C.T 곡선 ② 탄소 당량도
③ 주철의 상태도 ④ 마우러 조직도

## 45 Al－Cu－Si 합금의 명칭으로 옳은 것은?

① 알민 ② 라우탈
③ 알드리 ④ 코오슨 합금

해설
☞ 암기법 : 알구실은 라우탈

## 46 Al 표면에 방식성이 우수하고 치밀한 산화 피막이 만들어지도록 하는 방식 방법이 아닌 것은?

① 산화법 ② 수산법
③ 황산법 ④ 크롬산법

## 47 다음 중 재결정온도가 가장 낮은 것은?

① Sn ② Mg
③ Cu ④ Ni

정답 38 ① 39 ④ 40 ① 41 ③ 42 ② 43 ② 44 ④ 45 ② 46 ① 47 ①

## 48 다음 중 하드필드(Hadfield)강에 대한 설명으로 틀린 것은?

① 오스테나이트조직의 Mn강이다.
② 성분은 10~14Mn%, 0.9~1.3C% 정도이다.
③ 이 강은 고온에서 취성이 생기므로 600~800℃에서 공랭한다.
④ 내마멸성과 내충격성이 우수하고, 인성이 우수하기 때문에 파쇄장치, 임펠러 플레이트 등에 사용한다.

## 49 Fe－C 상태도에서 $A_3$와 $A_4$ 변태점 사이에서의 결정구조는?

① 체심정방격자　② 체심입방격자
③ 조밀육방격자　④ 면심입방격자

해설
순철은 $A_4$(동소변태점), $A_3$(동소변태점), $A_2$(자기변태점)의 세 가지 변태점이 있으며, 평형상태도에서 $A_3$와 $A_4$ 변태점 사이에는 면심입방격자(FCC)의 결정구조를 가지게 된다.

## 50 열팽창계수가 다른 두 종류의 판을 붙여서 하나의 판으로 만든 것으로 온도 변화에 따라 휘거나 그 변형을 구속하는 힘을 발생하며 온도감응소자 등에 이용되는 것은?

① 서멧 재료　② 바이메탈 재료
③ 형상기억합금　④ 수소저장합금

## 51 기계제도에서 가는 2점 쇄선을 사용하는 것은?

① 중심선　② 지시선
③ 피치선　④ 가상선

해설
가는 2점 쇄선은 가상선으로 사용된다.

## 52 나사의 종류에 따른 표시기호가 옳은 것은?

① M－미터 사다리꼴 나사
② UNC－미니추어 나사
③ Rc－관용 테이퍼 암나사
④ G－전구나사

## 53 배관용 탄소강관의 종류를 나타내는 기호가 아닌 것은?

① SPPS 380　② SPPH 380
③ SPCD 390　④ SPLT 390

해설
- SPPS : 압력배관용탄소강관
- SPPH : 고압배관용탄소강관
- SPCD : 냉간압연강판급강대
- SPLT : 저온배관용탄소강관

## 54 기계제도에서 도형의 생략에 관한 설명으로 틀린 것은?

① 도형이 대칭 형식인 경우에는 대칭 중심선의 한쪽 도형만을 그리고, 그 대칭 중심선의 양 끝 부분에 대칭그림기호를 그려서 대칭임을 나타낸다.
② 대칭 중심선의 한쪽 도형을 대칭 중심선을 조금 넘는 부분까지 그려서 나타낼 수도 있으며, 이 때 중심선 양끝에 대칭그림기호를 반드시 나타내야 한다.
③ 같은 종류, 같은 모양의 것이 다수 줄지어 있는 경우에는 실형 대신 그림기호를 피치선과 중심선과의 교점에 기입하여 나타낼 수 있다.
④ 축, 막대, 관과 같은 동일 단면형의 부분은 지면을 생략하기 위하여 중간 부분을 파단선으로 잘라내서 그 긴요한 부분만을 가까이 하여 도시할 수 있다.

## 55 모떼기의 치수가 2mm이고 각도가 45°일 때 올바른 치수 기입 방법은?

① C2　② 2C
③ 2－45°　④ 45°×2

정답 48 ③ 49 ④ 50 ② 51 ④ 52 ③ 53 ③ 54 ② 55 ①

**56** 도형의 도시방법에 관한 설명으로 틀린 것은?

① 소성가공 때문에 부품의 초기 윤곽선을 도시해야 할 필요가 있을 때는 가는 2점 쇄선으로 도시한다.

② 필릿이나 둥근 모퉁이와 같은 가상의 교차선은 윤곽선과 서로 만나지 않은 가는 실선으로 투상도에 도시할 수 있다.

③ 널링 부는 굵은 실선으로 전체 또는 부분적으로 도시한다.

④ 투명한 재료로 된 모든 물체는 기본적으로 투명한 것처럼 도시한다.

**57** 그림과 같은 제3각 정투상도에 가장 적합한 입체도는?

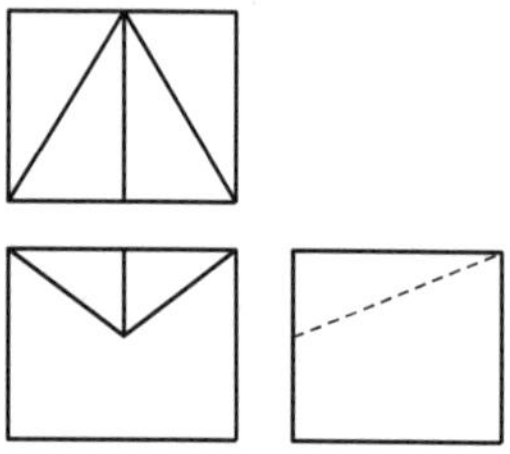

①
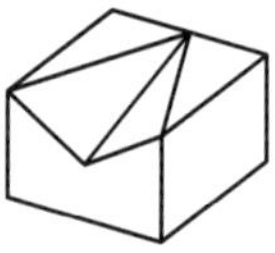
②
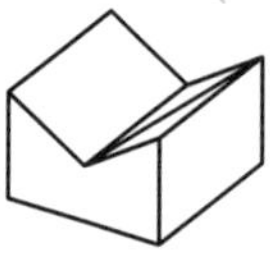

③
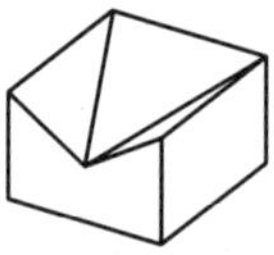
④
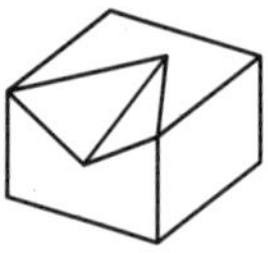

**58** 제3각법으로 정투상한 그림에서 누락된 정면도로 가장 적합한 것은?

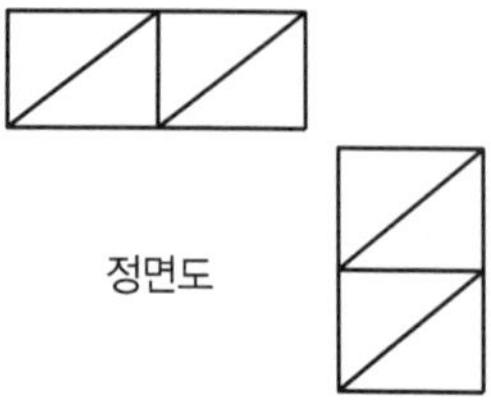


①
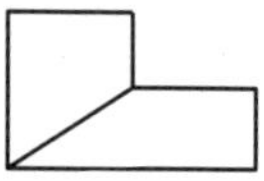
②
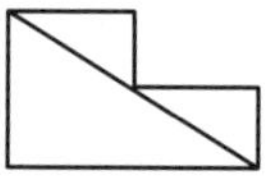

③
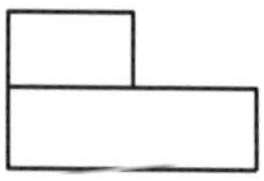
④
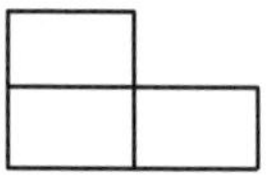

**59** 다음 중 게이트 밸브를 나타내는 기호는?

①

②

③

④

**60** 그림과 같은 용접기호는 무슨 용접을 나타내는가?

① 심용접　　② 비트 용접

③ 필릿용접　　④ 점용접

정답　56 ④　57 ①　58 ②　59 ①　60 ③

PART

# 04

# CBT 실전모의고사

# 01회 CBT 실전모의고사

**01** 설계 단계에서의 일반적인 용접변형 방지법으로 틀린 것은?

① 용접 길이가 감소될 수 있는 설계를 한다.
② 용착 금속을 증가시킬 수 있는 설계를 한다.
③ 보강재 등 구속이 커지도록 구조 설계를 한다.
④ 변형이 적어질 수 있는 이음 형상으로 배치한다.

해설
용접 설계 시 용착금속이 증가되는 경우 금속의 재질변형과 잔류 응력이 발생할 수 있으므로 가급적 용착량을 적게 하는 설계를 실시해야 한다.

**02** 불활성가스 텅스텐 아크용접 이음부 설계에서 I형 맞대기 용접이음의 설명으로 적합한 것은?

① 판 두께가 12mm 이상인 두꺼운 판 용접에 이용된다.
② 판 두께가 6~20mm 정도인 다층 비드용접에 이용된다.
③ 판 두께가 3mm 정도인 박판용접에 많이 이용된다.
④ 판 두께가 20mm 이상인 두꺼운 판 용접에 이용된다.

해설
I형 용접이음은 판 두께가 3mm 정도인 박판용접에 주로 사용되며 이는 개선을 주지 않은 상태로 용접하는 것을 말한다.

**03** 용접기의 특성 중에서 부하전류(아크전류)가 증가하면 단자 전압이 저하하는 특성은?

① 수하 특성 ② 정전압 특성
③ 상승 특성 ④ 자기제어 특성

해설
수하 특성은 부하전류가 증가 시 단자전압이 저하하는 특성으로 피복아크용접에 필요한 특성이다.

**04** 일반적으로 금속의 크리프(creep)곡선은 어떠한 관계를 나타낸 것인가?

① 응력과 시간의 관계
② 변위와 연신율의 관계
③ 변형량과 시간의 관계
④ 응력과 변형률의 관계

해설
크리프란 일정한 온도에서 일정 응력 혹은 일정 하중이 작용할 때 변형이 시간과 함께 증가하는 현상을 말한다.

**05** 정격전류 200A, 정격사용률 45%인 아크용접기를 사용하여 실제 아크 전압 30V, 아크 전류 150A로 용접한다고 가정할 때 허용사용률은 약 얼마인가?

① 70% ② 80%
③ 90% ④ 100%

해설

$$\text{허용사용률} = \frac{(\text{정격2차전류})^2}{(\text{실제용접전류})^2} \times \text{정격사용률}$$

$$= \frac{(200)^2}{(150)^2} \times 45 = 80\%$$

**06** 용접부의 이음효율 공식으로 옳은 것은?

① $\text{이음효율} = \frac{\text{모재의 인장강도}}{\text{용접시편의 인장강도}} \times 100(\%)$
② $\text{이음효율} = \frac{\text{모재의 충격강도}}{\text{용접시편의 충격강도}} \times 100(\%)$
③ $\text{이음효율} = \frac{\text{용접시편의 충격강도}}{\text{모재의 충격강도}} \times 100(\%)$
④ $\text{이음효율} = \frac{\text{용접시편의 인장강도}}{\text{모재의 인장강도}} \times 100(\%)$

해설
계산문제로도 출제가 잘되는 문항이므로 이음효율을 구하는 공식은 암기를 하도록 하자.

정답 01 ② 02 ③ 03 ① 04 ③ 05 ② 06 ④

**07** 용접부의 시점과 끝나는 부분에 용입 불량이나 각종 결함을 방지하기 위해 주로 사용되는 것은?

① 엔드 탭 ② 포지셔너
③ 회전 지그 ④ 고정 지그

해설
엔드 탭은 모재와 동일한 재질의 금속을 본 용접에서 실시하는 동일한 소건(홈 가공 등)으로 용접의 시점과 종단부에 발생하는 결함을 방지해 주는 역할을 한다.

**08** 산소-아세틸렌 용접법에서 전진법과 비교한 후진법의 설명으로 틀린 것은?

① 열 이용률이 좋다.
② 용접변형이 적다.
③ 용접 속도가 느리다.
④ 홈 각도가 작다.

해설
후진법은 용접 속도가 빠르며 변형이 적어 후판의 용접에 가능하나 비드의 모양이 전진법에 비해 미려하지는 못한 것이 특징이다.

**09** 사람의 팔꿈치나 손목의 관절에 해당하는 움직임을 갖는 로봇으로 아크용접용 다관절 로봇은?

① 원통 좌표 로봇(cylindrical robot)
② 직각 좌표 로봇(rectangular coordinate robot)
③ 극 좌표 로봇(polar coordinate robot)
④ 관절 좌표 로봇(articulated robot)

해설
관절 또는 회전 좌표형 로봇(jointed-arm or revolute coordinated robot) 은 불규칙하게 형성된 작업영역에서 작업을 수행하고 사람의 관절처럼 수직 · 수평으로 자유롭게 움직이는 로봇이다.

**10** 플라스마 제트 절단에서 주로 이용하는 효과는?

① 열적 핀치 효과 ② 열적 불림 효과
③ 열적 담금 효과 ④ 열적 뜨임 효과

해설
열적 핀치 효과란 전류가 중심 부근에 집중하여 그 부분의 전류밀도가 상승하고 온도도 동시에 올라가는 현상을 가리킨다.

**11** 연강용 피복아크용접봉 심선의 성분 중 고온균열을 일으키는 성분은?

① 황 ② 인
③ 망간 ④ 규소

해설
황(S)은 고온균열(적열취성)의 원인이 되는 동시에 쾌삭성을 갖게 하는 성분이다.

**12** 용접이음 강도 계산에서 안전율을 5로 하고 허용응력을 100MPa이라 할 때 인장강도는 얼마인가?

① 300MPa ② 400MPa
③ 500MPa ④ 600MPa

해설

$$안전율 = \frac{인장강도}{허용응력}$$

**13** 아크에어 가우징에 사용되는 압축공기에 대한 설명으로 올바른 것은?

① 압축공기의 압력은 2~3kgf/cm$^2$ 정도가 좋다.
② 압축공기 분사는 항상 봉의 바로 앞에서 이루어져야 효과적이다.
③ 약간의 압력 변동에도 작업에 영향을 미치므로 주의한다.
④ 압축공기가 없을 경우 긴급 시에는 용기에 압축된 질소나 아르곤 가스를 사용한다.

해설
아크에어 가우징에 사용되는 압축공기의 압력은 5~7 kgf/cm$^2$ 정도이며 금속의 절단이나 가우징 작업 시 사용된다.

**14** 용접변형 방지방법에서 역변형법에 대한 설명으로 옳은 것은?

① 용접물을 고정하거나 보강재를 이용하는 방법이다.
② 용접에 의한 변형을 미리 예측하여 용접하기 전에 반대쪽으로 변형을 주는 방법이다.
③ 용접물을 구속하고 용접하는 방법이다.
④ 스트롱 백을 이용하는 방법이다.

정답 07 ① 08 ③ 09 ④ 10 ① 11 ① 12 ③ 13 ④ 14 ②

해설

역변형법은 용접 전 변형을 방지하는 데 사용되는 방법으로 용접하기 전에 변형량을 미리 예측하여 그 반대쪽으로 변형을 주는 방법이다.

**15** 가스 절단면 절단 기류의 입구점과 출구점 사이의 수평거리를 무엇이라고 하는가?

① 드래그　② 절단깊이
③ 절단거리　④ 너깃

해설

드래그란 가스 절단 기류의 입구점과 출구점 사이의 수평거리를 말하며 표준 드래그 길이는 모재두께의 20%(1/5)가 적당하다.

**16** 모세관 현상을 이용하여 표면결함을 검사하는 방법은?

① 육안검사　② 침투검사
③ 자분검사　④ 전자기적검사

해설

침투검사(PT)는 금속표면의 결함을 검출하는 데 사용되며 그 종류로는 염료(PT-D)를 이용하는 방법과 형광물질(PT-F)을 이용하는 두 가지 방법이 있다.

**17** 직류 아크용접에서 역극성(DCRP)에 대한 설명 중 틀린 것은?

① 용접봉의 용융속도가 빠르다.
② 모재의 용입이 얕다.
③ 박판, 주철, 비철금속의 용접에 쓰인다.
④ 모재에 양극(+)을, 용접봉에 음극(-)을 연결한다.

해설

직류 역극성은 전극봉에 양극, 모재에 음극을 연결하는 방식이며 용입이 정극성에 비해 얕아 주로 박판이나 주철, 비철금속의 용접에 사용된다.

**18** 탄소량이 약 0.80%인 공석강의 조직으로 옳은 것은?

① 페라이트　② 펄라이트
③ 시멘타이트　④ 레데뷰라이트

해설

탄소량 약 0.8%를 함유하는 조성의 탄소강이 냉각될 때 오스테나이트가 페라이트와 시멘타이트로 분해되는 공석반응이 일어나는데 이를 펄라이트 변태라고 한다.

**19** Fe-C 평형 상태도에서 감마철의 결정 구조는?

① 면심입방격자　② 체심입방격자
③ 조밀입방격자　④ 사방입방격자

해설

Fe-C 평형 상태도에서 감마철($\gamma$-철)의 결정은 면심입방격자(FCC)의 구조를 갖는다.

**20** 6 : 4 황동에 Fe를 1% 정도 품은 것으로 강도가 크고 내식성이 좋아 광산기계, 선박용기계, 화학기계 등에 사용되는 합금은?

① 연황동　② 주석황동
③ 델타메탈　④ 망간황동

해설

6 : 4 황동(문쯔메탈)에 Fe을 약 1% 포함한 것을 델타메탈이라 하며 이는 내식성이 좋아 광산기계, 선박용 기계등의 용도로 사용된다.

**21** 구속 용접 시 발생하는 일반적인 응력은?

① 잔류응력　② 연성력
③ 굽힘력　④ 스프링백

해설

금속을 구속하에 용접 시 변형량을 최소화할 수 있으나 잔류응력이 발생할 우려가 있다.

**22** 합금강에서 고온에서의 크리프 강도를 높게 하는 원소는?

① O　② S
③ Mo　④ H

해설

Mo(몰리브덴)은 합금강에서 크리프 강도를 높게 하는 원소인 동시에 뜨임취성을 방지하는 역할을 하는 원소이기도 하다.

정답　15 ①　16 ②　17 ④　18 ②　19 ①　20 ③　21 ①　22 ③

**23** 가스용접에 사용하는 지연성 가스는?

① 산소 ② 수소
③ 프로판 ④ 아세틸렌

해설
지연성 가스란 가연성 가스가 연소되는 데 필요한 가스를 말하며 조연성 가스라고도 한다. 공기, 산소, 염소 등이 이에 속한다.

**24** 강괴를 탈산의 정도에 따라 분류할 때 이에 해당되지 않는 것은?

① 킬드강 ② 림드강
③ 세미킬드강 ④ 쾌삭강

해설
강괴에는 림드강(불완전 탈산), 킬드강(완전 탈산), 세미킬드강 등 세 가지 종류가 있다.

**25** 탄소강에 함유된 황(S)에 대해 설명한 것 중 맞는 것은?

① 황은 철과 화합하여 용융온도가 높은 황화철을 만든다.
② 황은 단조온도에서 융체로 되어 결정입계로 나와 저온가공을 해친다.
③ 황은 절삭성을 향상한다.
④ 황에 의한 청열취성의 폐해를 제거하기 위하여 망간을 첨가한다.

해설
황(S)은 적열취성의 원인이 되며 절삭성을 향상하는 성질을 가지고 있어 쾌삭강의 제조에 사용된다.

**26** 스터드 용접에서 페롤의 역할로 틀린 것은?

① 용융금속의 유출을 촉진한다.
② 아크열을 집중시켜준다.
③ 용융금속의 산화를 방지한다.
④ 용착부의 오염을 방지한다.

해설
스터드 용접은 볼트나 환봉의 용접에 사용되는 용접법으로 용융금속의 유출을 막고 아크열을 집중시키기 위해 페룰이라는 세라믹 재질의 부속이 사용된다.

**27** 오스테나이트계 스테인리스강의 표준조성으로 맞는 것은?

① Cr(18%) – Ni(8%)
② Ni(18%) – Cr(8%)
③ Cr(13%) – Ni(4%)
④ Ni(13%) – Cr(4%)

해설
스테인리스강의 종류 중 하나인 오스테나이트계 스테인리스강은 18–8강이라고도 하며 용접성이 뛰어나고 기계적인 강도가 우수하나 필요 이상의 열을 받으면 크롬 탄화물이 석출하게 된다.

**28** 금속침투법 중 Cr을 침투시키는 것은?

① 세라다이징(sheradizing)
② 크로마이징(chromizing)
③ 칼로라이징(calorizing)
④ 실리코나이징(siliconizing)

해설
금속침투법 : 세라다이징(Zn 침투), 크로마이징(Cr 침투), 칼로라이징(Al 침투), 실리코나이징(Si 침투)

**29** 피복아크용접에서 용접부의 보호방식이 아닌 것은?

① 가스 발생식 ② 슬래그 생성식
③ 아크 발생식 ④ 반가스 발생식

해설
피복아크용접에서 용접봉의 피복제가 용접부위를 보호해 주는 방식은 가스 발생식, 반가스 발생식, 슬래그 생성식의 세 가지 형태로 나뉜다.

**30** 황동을 가스용접 시 주로 사용하는 불꽃의 종류는?

① 탄화불꽃 ② 중성불꽃
③ 산화불꽃 ④ 질화불꽃

해설
불꽃의 종류로는 산화불꽃, 탄화불꽃, 중성불꽃의 세 가지 형태가 있으며 황동의 용접 시 산화불꽃, 스테인리스강의 용접 시 탄화불꽃이 사용된다.

정답 23 ① 24 ④ 25 ③ 26 ① 27 ① 28 ② 29 ③ 30 ③

**31** 피복아크용접봉에서 피복제의 편심률은 몇 % 이내이어야 하는가?

① 3%　② 6%
③ 9%　④ 12%

해설
피복아크용접봉의 편심률은 3% 이내로 한다.

**32** $CO_2$ 용접 중 와이어가 팁에 용착될 때의 방지대책으로 틀린 것은?

① 팁과 모재 사이의 거리는 와이어의 지름에 관계없이 짧게만 사용한다.
② 와이어를 모재에서 떼 놓고 아크 스타트를 한다.
③ 와이어에 대한 팁의 크기가 맞는 것을 사용한다.
④ 와이어의 선단에 용적이 붙어 있을 때는 와이어 선단을 절단한다.

해설
$CO_2$ 용접 시 팁과 모재 간의 거리에 의해 전류가 크게 변동되기 때문에 약 10~20mm 정도(사용전류 300A 미만)를 유지하도록 한다.

**33** 용접 시공 시 동일 평면 내에 이음이 많을 경우, 수축은 가능한 한 자유단으로 보내는 이유로 옳은 것은?

① 압축변형을 크게 해 주는 효과와 구조물 전체가 가능한 한 균형을 이루도록 인장응력을 증가시키는 효과 때문
② 구속에 의한 압축 응력을 작게 해 주는 효과와 구조물 전체가 가능한 한 균형을 이루도록 굽힘 응력을 증가시키는 효과 때문
③ 압축응력을 크게 해 주는 효과와 구조물 전체가 가능한 한 균형을 이루도록 인장응력을 경감하는 효과 때문
④ 구속에 의한 잔류응력을 작게 해 주는 효과와 구조물 전체가 가능한 한 균형을 이루도록 변형을 경감하는 효과 때문

해설
용접 시공 시 수축은 구속에 의한 잔류응력을 작게 해주기 위해 자유단으로 보내며 중립축에 대해 모멘트의 합이 0이 되도록 하며 중앙에서 끝으로 용접한다.

**34** 불활성 가스 금속 아크용접의 용접토치 구성 부품 중 노즐과 토치 몸체 사이에서 통전을 막아 절연하는 역할을 하는 것은?

① 가스 분출기(gas diffuser)
② 인슐레이터(insulator)
③ 팁(tip)
④ 플렉시블 콘딧(flexible conduit)

해설
토치의 몸체 사이 통전을 막기 위해 인슐레이터(Insulator)가 사용되며 와이어에 전류를 통전하기 위해 팁(Tip)이 사용된다.

**35** 가스 절단에서 일정한 속도로 절단할 때 절단홈의 밑으로 갈수록 슬랙의 방해, 산소의 오염 등에 의해 절단이 느려져 절단면을 보면 거의 일정한 간격으로 평행한 곡선이 나타난다. 이 곡선을 무엇이라 하는가?

① 절단면의 아크 방향
② 가스궤적
③ 드래그 라인
④ 절단속도의 불일치에 따른 궤적

해설
가스 절단 시 절단면에 평행하게 일정한 간격으로 나타나는 곡선을 드래그 라인이라 한다.

**36** 가접 방법에서 가장 옳은 것은?

① 가접은 반드시 본 용접을 실시할 홈 안에 하도록 한다.
② 가접은 가능한 튼튼하게 하기 위하여 길고 많게 한다.
③ 가접은 본 용접과 비슷한 기량을 가진 용접공이 할 필요는 없다.
④ 가접은 강도상 중요한 곳과 용접의 시점 및 종점이 되는 끝부분에는 피해야 한다.

해설
가접은 용접의 시점과 종점에 용접을 피해야 하며 반드시 기량을 가진 전문 용접사가 실시해야 한다.

정답 31 ① 32 ① 33 ④ 34 ② 35 ③ 36 ④

**37** 용접변형을 경감하는 방법으로 용접 전 변형 방지책은?

① 역변형법 ② 빌드업법
③ 캐스케이드법 ④ 전진블록법

해설
용접 실시 전 변형을 경감하기 위해 역변형법이 사용된다.

**38** 산소 아세틸렌 불꽃에서 아세틸렌이 이론적으로 완전연소 하는 데 필요한 산소 : 아세틸렌의 연소비로 가장 알맞은 것은?

① 1.5 : 1 ② 1 : 1.5
③ 2.5 : 1 ④ 4.5 : 1

해설
산소-아세틸렌의 완전 연소 시 필요한 산소와 아세틸렌의 비는 2.5 : 1이며 산소-프로판 가스의 용접 시 이상적인 가스의 혼합비는 4.5 : 1이다.

**39** 전자 빔 용접의 특징으로 틀린 것은?

① 정밀 용접이 가능하다.
② 용입이 깊어 다층용접도 단층용접으로 완성할 수 있다.
③ 유해가스에 의한 오염이 적고 높은 순도의 용접이 가능하다.
④ 용접부의 열 영향부가 크고 설비비가 적게 든다.

해설
전자 빔 용접은 진공에서 대전류를 흘려 용접이 진행되기 때문에 텅스텐(W)과 같은 고융점 재료의 용접이 가능하다.

**40** 불활성 가스에 해당되는 것은?

① Sr ② $H_2$
③ Ar ④ $O_2$

해설
불활성 가스의 종류 : Ar(아르곤), Ne(네온), He(헬륨)

**41** 용접부의 시험과 검사 중 파괴 시험에 해당되는 것은?

① 방사선 투과시험 ② 초음파 탐상시험
③ 현미경 조직시험 ④ 유향 시험

해설
현미경 조직시험과 육안 조직시험은 금속의 조직을 떼어내고 그것을 부식시키는 과정에서 파괴가 일어나는 파괴시험이다.

**42** 피복아크용접봉에서 용융 금속 중에 침투한 산화물을 제거하는 탈산 정련작용제로 사용되는 것은?

① 붕사 ② 석회석
③ 형석 ④ 규소철

해설
피복아크용접봉의 탈산제 정련작용제로는 규소철(Fe-Si), 망간철(Fe-Mn)이 있으며 이는 용착 금속에 침입한 산소를 제거해주는 역할을 한다.

**43** 탄산가스($CO_2$)아크용접부의 기공발생에 대한 방지 대책으로 틀린 것은?

① 가스 유량을 적정하게 한다.
② 노즐 높이를 적정하게 한다.
③ 용접 부위의 기름, 녹, 수분 등을 제거한다.
④ 용접 전류를 높이고 운봉을 빠르게 한다.

해설
용접 전류와 운봉의 속도는 기공발생을 방지하는 대책과 그 연관성이 크지 않다.

**44** 습기 찬 저수소계 용접봉은 사용 전 건조해야 하는데 건조 온도로 가장 적당한 것은?

① 섭씨 70~100도
② 섭씨 100~150도
③ 섭씨 150~200도
④ 섭씨 300~350도

해설
저수소계 용접봉의 건조 온도는 300~350℃이며 약1~2시간 정도 건조를 실시해야 한다.

정답 37 ① 38 ③ 39 ④ 40 ③ 41 ③ 42 ④ 43 ④ 44 ④

## 45 가스용접에서 산소에 대한 설명으로 틀린 것은?

① 산소는 산소용기에 35℃, 150kgf/$cm^2$ 정도의 고압으로 충전되어 있다.
② 산소병은 이음매 없이 제조되며 인장강도는 약 57kgf/$cm^2$ 이상, 연신율은 18% 이상의 강재가 사용된다.
③ 산소를 다량으로 사용하는 경우에는 매니폴드(manifold)를 사용한다.
④ 산소의 내압 시험 압력은 충전압력의 3배 이상으로 한다.

해설
산소 등 압축가스의 내압시험압력은 최고충전압력의 5/3배로 하며 아세틸렌의 경우 내압시험압력은 최고 충전압력의 3배로 한다.

## 46 용접선의 방향이 전달하는 응력의 방향과 거의 평행한 필릿용접은?

① 전면 필릿용접 ② 측면 필릿용접
③ 단속 필릿용접 ④ 슬롯 필릿용접

해설
용접선의 방향과 작용하는 힘의 방향이 직각인 경우를 전면 필릿용접, 평행하는 경우를 측면 필릿용접이라 한다.

## 47 저항용접의 종류가 아닌 것은?

① 스폿 용접 ② 심용접
③ 업셋 맞대기 용접 ④ 초음파 용접

해설
초음파 용접은 대표적인 압접법에 속한다.

## 48 용접 입열이 일정한 경우 용접부의 냉각속도가 열전도율 및 열의 확산하는 방향에 따라 달라질 때, 냉각속도가 가장 빠른 것은?

① 두꺼운 연강판의 맞대기 이음
② 두꺼운 구리판의 T형 필릿 이음
③ 얇은 연강판의 모서리 이음
④ 얇은 구리판의 맞대기 이음

해설
우선 연강과 구리를 비교할 때 구리의 열 전도도가 더 우수하며 맞대기 이음보다는 필릿 이음의 냉각속도가 더 빠르다.

## 49 용착강 터짐 현상의 발생원인이 아닌 것은?

① 용착강에 기포 등의 결함이 있는 경우
② 예열, 후열을 한 경우
③ 유황 함량이 많은 강을 용접한 경우
④ 나쁜 용접봉을 사용한 경우

해설
용착강의 터짐 현상은 금속에 포함된 기포, 유황의 영향 등으로 인한 것이며 이는 예열과 후열을 하여 감소할수 있다.

## 50 인장시험에서 구할 수 없는 것은?

① 인장응력 ② 굽힘응력
③ 변형률 ④ 단면수축률

해설
인장시험은 시험편에 인장력(잡아당기는 힘)을 가해 인장응력, 변형률, 단면수축률, 항복점, 비례한도 등을 시험하는 시험법이다.

## 51 점용접(spot welding)의 3대 요소에 해당되는 것은?

① 가압력, 통전시간, 전류의 세기
② 가압력, 통전시간, 전압의 세기
③ 가압력, 냉각수량, 전류의 세기
④ 가압력, 냉각수량, 전압의 세기

해설
점용접은 전기저항용접의 한 종류이며 이것의 3대 요소로는 통전시간, 가압력, 전류의 세가지 요소가 필요하다.

## 52 3각법에서 물체의 위에서 내려다본 모양을 도면에 표현한 투상도는?

① 정면도 ② 평면도
③ 우측면도 ④ 좌측면도

해설
평면도는 물체의 위쪽에서 내려다본 모양을 나타낸 도면이다.

정답 45 ④ 46 ② 47 ④ 48 ② 49 ② 50 ② 51 ① 52 ②

**53** 줄을 가는 실선으로 규칙적으로 표시한 것으로 도형의 한정된 특정 부분을 다른 부분과 구별하는 데 사용하며 단면도의 절단된 부분을 나타내는 선의 명칭은?

① 파단선 ② 지시선
③ 중심선 ④ 해칭

해설
단면도의 절단된 부분은 가는 실선의 해칭선으로 표현하거나 스머징으로 처리한다.

**54** 도면에서 척도를 기입하는 경우, 도면을 정해진 척도값으로 그리지 못하거나 비례하지 않을 때 표시 방법은?

① 현척 ② 축척
③ 배척 ④ NS

해설
NS(Non Scale)는 비례척이 아님을 나타내는 표시법이다.

**55** 투상법 중 등각투상도법에 대한 설명으로 옳은 것은?

① 한 평면 위에 물체의 실제모양을 정확히 표현하는 방법을 말한다.
② 정면, 측면, 평면을 하나의 투상면 위에서 동시에 볼 수 있도록 그린 투상도이다.
③ 물체의 주요 면을 투상면에 평행하게 놓고 투상면에 대해 수직보다 다소 옆면에서 보고 나나낸 투상도이다.
④ 도면에 물체의 앞면, 뒷면을 동시에 표시하는 방법이다.

해설
등각투상도는 3개의 면(정면, 좌우측, 위아래)의 실제모양과 크기를 나타낼 수 있으며 3개의 축이 모두 120°가 되도록 한 입체도이다.

**56** 도면에서 표제란의 척도 표시란에 NS의 의미는?

① 배척을 나타낸다
② 척도가 생략됨을 나타낸다.
③ 비례척이 아님을 나타낸다.
④ 현척이 아님을 나타낸다.

해설
NS(Non Scale)는 비례척이 아님을 나타내는 표시법이다.

**57** 도면의 크기에 대한 설명으로 틀린 것은?

① 제도 용지의 세로와 가로 비는 1 : $\sqrt{2}$ 이다.
② A0의 넓이는 약 $1m^2$이다.
③ 큰 도면을 접을 때는 A3의 크기로 접는다.
④ A4의 크기는 210×297mm이다.

해설
도면을 접을 때는 A4의 크기로 접으며 반드시 표제란이 보이도록 한다.

**58** 나사 호칭 표시 "M20×2"에서 숫자 "2"의 뜻은?

① 나사의 등급
② 나사의 줄 수
③ 나사의 지름
④ 나사의 피치

해설
M은 나사의 종류를 나타내는 기호(미터보통나사)이며 20은 나사의 종류를 표시하는 숫자(지름)이며 2는 피치를 나타내는 숫자이다.

**59** 판의 두께를 나타내는 치수 보조 기호는?

① C ② R
③ □ ④ t

해설
C(모따기), R(반지름), □(정사각형), t(판 두께)

정답 53 ④ 54 ④ 55 ② 56 ③ 57 ③ 58 ④ 59 ④

**60** 평면도법에서 인벌류트곡선에 대한 설명으로 옳은 것은?

① 원기둥에 감긴 실의 한 끝을 늦추지 않고 풀어 나갈 때 이 실의 끝이 그리는 곡선이다.

② 한 개의 원이 직선 또는 원주 위를 굴러갈 때 그 구르는 원의 원주 위의 한 점이 움직이며 그려 나가는 자취를 말한다.

③ 전동원이 기선 위를 굴러갈 때 생기는 곡선을 말한다.

④ 원뿔을 여러 가지 각도로 절단하였을 때 생기는 곡선이다.

해설

인벌류트곡선은 원에 휘감은 실의 한 점이 그 원으로부터 풀려갈 때의 궤적을 톱니형으로 그려 나가는 자취를 말한다.

정답 60 ①

# 02회 CBT 실전모의고사

**01** 용접자세 중 H－Fill이 의미하는 자세는?

① 수직 자세 ② 아래보기 자세
③ 위보기 자세 ④ 수평 필릿 자세

해설
H－fill(Horizontal－Fillet)은 수평 필릿 자세의 용접을 뜻한다.

**02** 다음 금속 중 냉각속도가 가장 큰 금속은?

① 연강 ② 알루미늄
③ 구리 ④ 스테인리스강

해설
열전도율 크기 : Ag(은) > Cu(구리) > Au(금) > Al(알루미늄) > Mg(마그네슘) > Zn(아연) > Ni(니켈) > Fe(철) > Pb(납) > Sb(안티몬)

**03** 재가열 균열시험법으로 사용되지 않는 것은?

① 고온인장시험 ② 변형이완시험
③ 자율구속도시험 ④ 크리프저항시험

해설
크리프저항시험이란 일정한 온도에서 일정 응력 혹은 일정 하중이 작용할 때 변형이 시간과 함께 증가하는 현상을 시험하는 것으로 균열시험법과는 거리가 멀다.

**04** 용접준비 사항 중 용접변형 방지를 위해 사용하는 것은?

① 터닝 롤러(turing roller)
② 매니플레이터(manipulator)
③ 스트롱 백(strong back)
④ 앤빌(anvil)

해설
스트롱 백은 맞대기 용접을 하는 경우 단차를 수정하거나 변형이나 뒤틀림을 방지하기 위해 일시적으로 설치하는 일종의 지그이다.

**05** 용접 경비를 적게 하고자 할 때 유의할 사항으로 틀린 것은?

① 용접봉의 적절한 선정과 그 경제적 사용방법
② 재료 절약을 위한 방법
③ 용접지그의 사용에 의한 위보기 자세의 이용
④ 고정구 사용에 의한 능률 향상

해설
용접 작업은 아래보기 자세가 가장 편하며 효율적이므로 지그를 사용하여 아래보기 자세를 이용하는 것이 경비 절감에 도움이 된다.

**06** 다음 중 용접 작업 시 감전으로 인한 사망재해의 원인과 가장 거리가 먼 것은?

① 용접작업 중 홀더에 용접봉을 물릴 때나, 홀더가 신체에 접촉되었을 때
② 피용접물에 붙어 있는 용접봉을 떼려다 몸에 접촉되었을 때
③ 용접 후 슬래그를 제거하다가 슬래그가 몸에 접촉되었을 때
④ 1차 측과 2차 측의 케이블의 피복 손상부에 접촉되었을 때

해설
슬래그가 몸에 접촉되었을 경우 화상으로 상처를 입게 된다.

**07** 이종의 원자가 결정격자를 만드는 경우 모재원자보다 작은 원자를 고용할 때 모재원자의 틈새 또는 격자결함에 들어가는 경우의 고용체는?

① 치환형 고용체 ② 변태형 고용체
③ 침입형 고용체 ④ 금속간 고용체

해설
고용체란 결정구조 내의 특정한 원자의 자리가 두 개 또는 그 이상의 다른 원소들이 다양한 비율로 점유되는 결정구조를 말하며 그 종류에는 침입형, 치환형, 규칙격자형 등이 있다.

정답 01 ④ 02 ③ 03 ④ 04 ③ 05 ③ 06 ③ 07 ③

## 08 설계 단계에서 용접부 변형을 방지하기 위한 방법이 아닌 것은?

① 용접길이가 감소될 수 있는 설계를 한다.
② 변형이 적어질 수 있는 이음 부분을 배치한다.
③ 보강재 등 구속이 커지도록 구조설계를 한다.
④ 용착금속을 증가할 수 있는 설계를 한다.

해설 용착금속이 증가될수록 용접부는 많은 열의 영향으로 변형량이 많아지게 된다.

## 09 맞대기 용접이음에서 각 변형이 가장 크게 나타날 수 있는 홈의 형상은?

① H형 ② V형
③ X형 ④ I형

해설 V형 맞대기 용접 시 각 변형이 가장 크게 나타나므로 역변형과 같은 변형방지 대책을 세워야 한다.

## 10 용접에 의한 용착효율을 구하는 식으로 옳은 것은?

① $\frac{\text{용접봉의 총 사용량}}{\text{용착금속의 중량}} \times 100\%$

② $\frac{\text{피복제의 중량}}{\text{용착금속의 중량}} \times 100\%$

③ $\frac{\text{용착금속의 중량}}{\text{용접봉의 사용 중량}} \times 100\%$

④ $\frac{\text{피복제의 중량}}{\text{용접봉의 사용 중량}} \times 100\%$

해설 용착효율을 구하는 공식을 묻는 문제로 출제가 잘 되고 있다.

## 11 다음 중 용접에서 예열하는 목적과 가장 거리가 먼 것은?

① 수소의 방출을 용이하게 하여 저온균을 방지한다.
② 열영향부와 용착 금속의 연성을 방지하고, 경화를 증가시킨다.
③ 용접부의 기계적 성질을 향상하고, 경화조직의 석출을 방지한다.
④ 온도 분포가 완만하게 되어 열응력의 감소로 변형과 전류 응력의 발생을 적게 한다.

해설 예열의 목적은 용착금속을 연화할 목적으로 실시한다.

## 12 맞대기 용접 이음의 피로강도 값이 가장 크게 나타나는 경우는?

① 용접부 이면 용접을 하고 용접 그대로인 것
② 용접부 이면 용접을 하지 않고 표면용접 그대로인 것
③ 용접부 이면 및 표면을 기계 다듬질한 것
④ 용접부 표면의 덧살만 기계 다듬질한 것

해설 피로란 반복하중에 의해 파괴가 일어나는 현상으로 이면 및 표면을 기계 다듬질한 것일 경우 피로강도의 값이 크게 나타난다.

## 13 다음 중 스터드 용접에서 페룰의 역할이 아닌 것은?

① 아크열을 발산한다.
② 용착부의 오염을 방지한다.
③ 용융금속의 유출을 막아준다.
④ 용융금속의 산화를 방지한다.

해설 스터드 용접은 볼트나 환봉 등을 용접하는 경우 가장 효율적인 용접법의 한 종류이며 용융금속의 유출을 막기 위해 사용되는 세라믹 재질의 부속이다.

## 14 레이저 용접(laser welding)에 대한 설명으로 틀린 것은?

① 모재의 열변형이 거의 없다.
② 이종금속의 용접이 가능하다.
③ 미세하고 정밀한 용접을 할 수 있다.
④ 접촉식 용접방법이다.

해설 레이저 용접은 대표적인 미접촉식 용접법이며 전자빔 용접법와 구분하여 숙지하도록 한다.

정답 08 ④ 09 ② 10 ③ 11 ② 12 ③ 13 ① 14 ④

**15** $CO_2$ 가스 아크용접에서 솔리드 와이어(Solid wire) 혼합 가스법에 해당되지 않는 것은?

① $CO_2+O_2$ 법
② $CO_2+CO$ 법
③ $CO+C_2H_2$ 법
④ $CO_2+Ar+CO_2$ 법

해설
$C_2H_2$(아세틸렌)은 가연성가스로 $CO_2$ 가스 아크용접 시 보호가스로 사용되지 않는다.

**16** 용접 후처리에서 변형을 교정할 때 가열하지 않고, 외력만으로 소성변형을 일으켜 교정하는 방법은?

① 형재(形材)에 대한 직선 수축법
② 가열한 후 해머로 두드리는 법
③ 변형 교정 롤러에 의한 방법
④ 박판에 대한 점 수축법

해설
변형 교정 롤러에 의한 방법은 가열하지 않고 외력만으로 변형을 교정하는 방법의 한 종류이다.

**17** 용접변형의 일반적 특성에서 홈 용접 시 용접진행에 따라 홈 간격이 넓어지거나 좁아지는 변형은?

① 종변형 ② 횡변형
③ 각변형 ④ 회전변형

**18** 다음 중 용착금속 내부에 발생된 기공을 적출하는 데 가장 적합한 검사법은?

① 누설 검사 ② 육안 검사
③ 침투 탐상 검사 ④ 방사선 투과 검사

해설
방사선 투과검사법(RT)은 용착금속 내부의 결함을 검출하는 데 사용되며 이때 기공은 검은색 점의 형태로 필름상 판독된다.

**19** 가장 두꺼운 판을 용접할 수 있는 용접법은?

① 일렉트로 슬래그 용접
② 전자 빔 용접
③ 서브머지드 아크용접
④ 불활성가스 아크용접

해설
일렉트로 슬래그 용접은 1,000T까지 금속 용접이 가능하며 수직 상진하는 수냉동판이 용융금속의 유출을 방지하는데 사용된다.

**20** 저온균열의 발생에 관한 내용으로 옳은 것은?

① 용융금속의 응고 직후에 일어난다.
② 오스테나이트계 스테인리스강에서 자주 발생한다.
③ 용접금속이 약 300℃ 이하로 냉각되었을 때 발생한다.
④ 입계가 충분히 고상화되지 못한 상태에서 응력이 작용하여 발생한다.

해설
저온균열은 용접금속이 300℃ 이하로 냉각되었을 경우 발생하는 것으로 경화된 조직, 확산성 수소, 높은 구속도(잔류응력)의 3가지 요인에 따라 발생하게 된다.

**21** 일반적인 금속의 결정격자 중 전연성이 가장 큰 것은?

① 면심입방격자 ② 체심입방격자
③ 조밀육방격자 ④ 체심정방격자

해설
금속의 결정격자는 크게 면심입방격자(FCC), 체심입방격자(BCC), 조밀육방격자(HCP) 등 세 가지로 나뉘며 이 중 면심입방격자에 속하는 금속은 전연성이 가장 큰 것이 특징이다.

**22** 다음 중 B급 화재에 해당하는 것은?

① 일반 화재 ② 유류 화재
③ 전기 화재 ④ 금속 화재

해설
일반 화재(A급), 전기 화재(C급), *금속 화재(D급)

정답 15 ③ 16 ③ 17 ④ 18 ④ 19 ① 20 ③ 21 ① 22 ②

**23** 다음 중 납땜 작업 시 차광 유리의 차광도 번호로 가장 적정한 것은?

① 2~4 ② 5~6
③ 8~10 ④ 11~12

해설
납땜을 하는 경우 적절한 차광도는 2~4이며 일반 용접 시 10~11번을 많이 사용한다.

**24** 표피효과(skin effect)와 근접효과(proximity effect)를 이용하여 용접부를 가열 용접하는 방법은?

① 폭발 압접(explosive welding)
② 초음파 용접(ultrasonic welding)
③ 마찰 용접(friction pressure welding)
④ 고주파 용접(hight－frequency welding)

해설
표피효과란 전류의 흐름이 전선의 중앙부가 아닌 표피 쪽으로 흐르는 것을 말하며 근접효과란 근접한 두 개의 도체에 전류가 흐를 시 각 도선에 발생한 전류가 서로 영향을 주게 되는 현상이다.

**25** 용접구조물에서 파괴 및 손상의 원인으로 가장 거리가 먼 것은?

① 재료 불량 ② 포장 불량
③ 설계 불량 ④ 시공 불량

**26** T 이음 등에서 강의 내부에 강판 표면과 평행하게 층상으로 발생되는 균열로 주요 원인이 모재의 비금속 개재물인 것은?

① 토 균열 ② 재열 균열
③ 루트 균열 ④ 라멜라테어

해설
열간압연에 의해 생산되는 강재의 제조과정에서 압연이 진행되는 방향과 교차되는 단면 중에서 두께가 얇은 판에 수직인 하중이 작용하면 변형의 집중현상과 취성파괴가 일어나는데 이것을 라멜라테어라 한다.

**27** 본 용접의 용착법에서 용접방향에 따른 비드의 배치법이 아닌 것은?

① 전진법 ② 펄스법
③ 대칭법 ④ 스킵법

해설
용착법의 종류에는 전진법, 후진법, 대칭법, 스킵법, 교호법등이 있다. 펄스법이라는 것은 없으며 펄스반사법은 초음파 용접의 한 종류에 속한다.

**28** 스터드 용접의 용접장치가 아닌 것은?

① 용접건 ② 용접헤드
③ 제어장치 ④ 텅스텐 전극봉

해설
텅스텐 전극봉이 사용되는 용접장치는 불활성가스 텅스텐 아크용접(Tig)과 원자수소용접 두 가지뿐이다.

**29** 자동으로 용접을 하는 서브머지드 아크용접에서 루트 간격과 루트면의 필요한 조건은?(단, 받침쇠가 없는 경우이다.)

① 루트간격 0.8mm 이상, 루트면은 ±5mm허용
② 루트간격 0.8mm 이하, 루트면은 ±1mm허용
③ 루트간격 3mm 이상, 루트면은 ±5mm허용
④ 루트간격 10mm 이상, 루트면은 ±10mm허용

해설
서브머지드 아크용접의 경우 전류밀도가 상당히 크기 때문에 받침쇠가 없는 경우에 한해 루트간격은 0.8mm 이하, 루트면은 1mm 정도로 해야 용락을 방지할 수 있다.

**30** 교류아크용접 시 비안전형 홀더를 사용할 때 가장 발생하기 쉬운 재해는?

① 낙상 재해 ② 협착 재해
③ 전도 재해 ④ 전격 재해

해설
전격이란 전류에 의한 충격(쇼크)을 뜻한다.

정답 23 ① 24 ④ 25 ② 26 ④ 27 ② 28 ④ 29 ② 30 ④

**31** 용접부 윗면이나 아랫면이 모재의 표면보다 낮게 되는 것으로 용접사가 충분히 용착금속을 채우지 못하였을 때 생기는 결함은?

① 오버랩　② 언더필
③ 스패터　④ 아크 스트라이크

해설 언더필이란 용접부의 윗면 또는 아랫면이 모재의 표면보다 낮게 되는 결함을 말한다.

**32** 다음 중 맞대기 저항 용접이 아닌 것은?

① 스폿 용접
② 플래시 용접
③ 업셋버트 용접
④ 퍼커션 용접

해설 저항 용접의 종류 중 스폿 용접(점용접)과 심용접, 돌기 용접은 겹치기 저항 용접이다.

**33** 다음 중 아크 에어 가우징에 대한 설명으로 가장 적절한 것은?

① 압축공기의 압력은 1~2kgf/cm$^2$이 적당하다.
② 비철금속에는 적용되지 않는다.
③ 용접 균열부분이나 용접 결함부를 제거하는 데 사용한다.
④ 그라인딩이나 가스 가우징보다 작업 능률이 낮다.

해설 압축공기의 압력은 5~7kgf/cm$^2$이 적당하다.

**34** 다음 중 연강판 두께가 25.4mm일 때 표준 드래그 길이로 가장 적합한 것은?

① 2.4mm　② 5.2mm
③ 10.2mm　④ 25.4mm

해설 표준드래그 길이는 모재 두께의 1/5(20%)이다.

**35** 용접 시점이나 종점 부분의 결함을 줄이는 설계 방법으로 가장 거리가 먼 것은?

① 주부재와 2차 부재를 전 둘레 용접하는 경우 틈새를 10mm 정도로 둔다.
② 용접부의 끝단에 돌출부를 주어 용접한 후에 엔드 탭(end tab)은 제거한다.
③ 양면에서 용접 후 다리길이 끝에 응력이 집중되지 않게 라운딩을 준다.
④ 엔드 탭(end tab)을 붙이지 않고 한 면에 V형 홈으로 만들어 용접 후 라운딩한다.

해설 ①의 내용은 용접 시점, 종점부분의 결함 발생과 관련성이 없다.

**36** 다음 중 수중 절단 시 토치를 수중에 넣기 전에 보조팁에 점화를 하는 데 가장 적합한 연료가스는?

① 질소　② 아세톤
③ 수소　④ 이산화탄소

해설 수중 절단 시 수소가스가 사용된다.

**37** 다음 중 가스 용접에서 산화불꽃으로 용접할 경우 가장 적합한 용접 재료는?

① 황동　② 모넬메탈
③ 알루미늄　④ 스테인리스

해설 황동의 용접 시 산화불꽃을 사용하며 스테인리스강의 용접 시 탄화불꽃을 사용하며 알루미늄 용접 시 중성 또는 약간의 아세틸렌 과잉불꽃을 사용한다.

**38** 카바이드($CaC_2$)의 취급법으로 틀린 것은?

① 카바이드는 인화성 물질과 같이 보관한다.
② 카바이드 개봉 후 뚜껑을 잘 닫아 습기가 침투되지 않도록 보관한다.
③ 운반 시 타격, 충격, 마찰을 주지 말아야 한다.
④ 카바이드 통을 개방할 때 절단가위를 사용한다.

정답 31 ② 32 ① 33 ③ 34 ② 35 ① 36 ③ 37 ① 38 ①

해설

카바이드는 물과 화합하여 가연성인 아세틸렌 가스를 생성하므로 인화성 물질과 같이 보관하지 않도록 주의해야 한다.

**39** 다음 중 KS상 연강용 가스 용접봉의 표준치수가 아닌 것은?

① 1.0　　② 2.0
③ 3.0　　④ 4.0

해설

연강용 아크용접봉의 공칭지름 : 1.0, 1.4, 2.0, 2.6, 3.2, 4.0, 4.5, 5.0 등이 있다.

**40** 용접 중 용융금속 중에 가스의 흡수로 인한 기공이 발생되는 화학 반응식을 나타낸 것은?

① $FeO + Mn \rightarrow MnO + Fe$
② $2FeO + Si \rightarrow SiO_2 + 2Fe$
③ $FeO + C \rightarrow CO + 3Fe$
④ $3Fe + 2Al \rightarrow Al_2O_3 + 3Fe$

해설

보기 결과식의 생성물 중 CO(일산화탄소)가 유일한 가스(기공은 가스로 인한 결함)이다.

**41** 다음 중 베어링강의 구비조건으로 옳은 것은?

① 높은 탄성한도와 피로한도
② 낮은 탄성한도와 피로한도
③ 높은 취성파괴와 연성파괴
④ 낮은 내마모성과 내압성

해설

베어링강은 고속으로 회전하는 회전체의 축으로 사용되기 때문에 높은 탄성한도와 피로한도를 필요로 한다.

**42** 다음 중 강의 표면 경화법에서 침탄법과 질화법에 대한 설명으로 틀린 것은?

① 침탄법은 경도가 질화법보다 높다.
② 질화법은 질화처리 후 열처리가 필요 없다.
③ 침탄법은 고온가열 시 뜨임되고, 경도는 낮아진다.
④ 질화법은 침탄법에 비하여 경화에 의한 변형이 적다.

해설

침탄법은 강재의 표면에 탄소를 침투시키며 질화법은 질소를 침투시켜 표면을 경화하는 방법이며 질화법에 의한 처리가 더욱 경도값이 높게 나타난다.

**43** 다음 중 고탄소 경강품(주강)을 이용한 부품으로 가장 적합하지 않은 것은?

① 기어　　② 실린더
③ 압연기　　④ 피아노선

**44** 탄소와 질소를 동시에 강의 표면에 침투, 확산시켜 강의 표면을 경화시키는 방법은?

① 침투법　　② 질화법
③ 침탄 질화법　　④ 고주파 담금질

**45** 킬드강(killed steel)을 제조할 때 탈산 작용을 하는 가장 적합한 원소는?

① P　　② S
③ Ar　　④ Si

해설

강의 종류에는 킬드강(완전 탈산), 세미킬드강, 림드강(불완전 탈산) 등 세 가지가 있다.

**46** 연강을 0℃ 이하에서 용접할 경우 예열하는 요령으로 옳은 것은?

① 연강은 예열할 필요 없다.
② 용접 이음부를 약 500~600℃로 예열한다.
③ 용접 이음부의 홈 안을 700℃ 전후로 예열한다.
④ 용접 이음의 양쪽 폭 100mm 정도를 40~75℃로 예열한다.

해설

연강은 0℃ 이하에서 이음부의 양쪽 폭 100mm정도를 40~75°로 예열한 후 용접을 해야 균열이 발생하지 않는다.

정답　39 ③　40 ③　41 ①　42 ①　43 ④　44 ③　45 ④　46 ④

**47** 다음 중 질량 효과(mass effect)가 가장 큰 것은?

① 탄소강　② 니켈강
③ 크롬강　④ 망간강

해설
질량 효과란 질량의 크고 작음에 따라 담금질의 효과가 다르게 나타나는 것으로 보기 중 탄소강의 질량효과가 가장 크게 나타난다.(실량효과가 크다는 것은 담금질이 잘 안 된다는 의미)

**48** 슬래그를 구성하는 산화물 중 산성 산화물에 속하는 것은?

① FeO　② $SiO_2$
③ $TiO_2$　④ $Fe_2O_3$

**49** 다음 중 강을 여리게 하고, 산이나 알칼리에 약하며 은점이나 헤어크랙의 원인이 되는 것은?

① 규소　② 망간
③ 인　④ 수소

해설
수소(H)는 은점과 헤어크랙의 원인이 되는 원소이다.

**50** 다음 중 용착금속의 샤르피 흡수 에너지를 가장 높게 할 수 있는 용접봉은?

① E4303　② E4311
③ E4316　④ E4327

해설
E4316(저수소계) 용접봉은 염기도가 높아 샤르피 흡수 에너지가 높은 용접봉이다.

**51** Fe－C 합금에서 6.67%C를 함유하는 탄화철의 조직은?

① 페라이트　② 시멘타이트
③ 오스테나이트　④ 트루스타이트

해설
시멘타이트 조직은 다른 조직에 비해 가장 경도가 높은 조직이다.(주철의 최대탄소함유량 6.67%)

**52** 나사의 도시법에 대한 설명으로 틀린 것은?

① 불완전 나사부는 기능상 필요한 경우 경사된 굵은 실선으로 그린다.
② 수나사와 암나사의 골을 표시하는 선은 가는 실선으로 그린다.
③ 수나사에서 완전 나사부와 불완전 나사부의 경계선은 굵은 실선으로 그린다.
④ 수나사와 암나사의 측면 도시에서 각각의 골 지름은 가는 실선으로 약 3/4의 원으로 그린다.

해설
불완전 나사부는 생략한다.

**53** 다음은 KS 기계제도의 모양에 따른 선의 종류를 설명한 것이다. 틀린 것은?

① 실선 : 연속적으로 이어진 선
② 파선 : 짧은 선을 불규칙한 간격으로 나열한 선
③ 일점쇄선 : 길고 짧은 두 종류의 선을 번갈아 나열한 선
④ 이점쇄선 : 긴 선과 두 개의 짧은 선을 번갈아 나열한 선

해설
파선은 짧은 선을 규칙적인 간격으로 나열한 선이며 숨은 선의 용도로 사용된다.

**54** 치수 기입법에서 지름, 반지름, 구의 지름 및 반지름, 모떼기, 두께 등을 표시할 때 사용되는 보조기호 표시가 잘못된 것은?

① 두께 : D6
② 반지름 : R3
③ 모떼기 : C3
④ 구의 반지름 : SØ6

해설
두께는 t(Thickness)로 나타낸다. (T6)

정답　47 ①　48 ②　49 ④　50 ③　51 ②　52 ①　53 ②　54 ①

**55** 제도에서 사용되는 선의 종류 중 가는 2점 쇄선의 용도를 바르게 나타낸 것은?

① 대상물의 실제 보이는 부분을 나타낸다.
② 도형의 중심선을 간략하게 나타내는 데 쓰인다.
③ 가공 전 또는 가공 후의 모양을 표시하는 데 쓰인다.
④ 특수한 가공을 하는 부분 등 특별한 요구사항을 적용할 수 있는 범위를 표시하는 데 쓰인다.

해설
가는 2점쇄선은 가상선으로 사용되며 가공 전후의 모양, 이동하는 궤적 등 가상의 모양을 표현하는 데 사용된다.

**56** 도면에서 2종류 이상의 선이 같은 장소에서 중복될 경우 도면에 우선적으로 그어야 하는 선은?

① 외형선 ② 중심선
③ 숨은선 ④ 무게 중심선

해설
도면에서 두 종류 이상의 선이 같은 장소에서 중복될 경우 선의 우선순위 : 외형선>숨은선>절단선>중심선>치수보조선

**57** 그림과 같은 배관 접합 기호의 설명으로 옳은 것은?

① 블랭크 연결
② 유니언 연결
③ 마개와 소켓 연결
④ 칼라 연결

**58** 제도를 할 때 아주 굵은 선, 굵은 선, 가는 선의 굵기 비율은 어떻게 해야 하는가?

① 3 : 2 : 1 ② 4 : 2 : 1
③ 9 : 5 : 1 ④ 9 : 3 : 1

**59** 상하 또는 좌우 대칭인 물체의 중심선을 기준으로 내부와 외부 모양을 동시에 표시하는 단면도법은?

① 온 단면도 ② 한쪽 단면도
③ 계단 단면도 ④ 부분 단면도

해설
한쪽 단면도

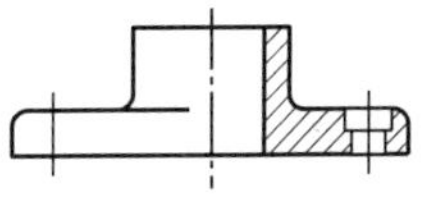

**60** 도면에서 표제란과 부품란으로 구분할 때, 부품란에 기입할 사항이 아닌 것은?

① 품명 ② 재질
③ 수량 ④ 척도

해설
표제란에는 도명, 날짜, 척도, 작성자 이름과 소속 등을 기입한다.

정답 55 ③ 56 ① 57 ① 58 ② 59 ② 60 ④

# 03회 CBT 실전모의고사

**01** 가접에 대한 설명으로 틀린 것은?

① 본 용접 전에 용접물을 잠정적으로 고정하기 위한 짧은 용접이다
② 가접은 아주 쉬운 작업이므로 본 용접사보다 기량이 부족해도 된다.
③ 홈 안에 가접을 할 경우 본 용접을 하기 전에 갈아낸다.
④ 가접에는 본 용접보다는 지름이 약간 가는 용접봉을 사용하게 된다.

해설
가접(Tack welding)도 중요한 용접이며 용접 전문가가 직접 용접해야 한다.

**02** 맞대기 용접에서 제1층부에 결함이 생겨 밑면 따내기를 하고자 할 때 이용되지 않는 방법은?

① 선삭(turning)
② 핸드 그라인더에 의한 방법
③ 아크 에어 가우징(arc air gouging)
④ 가스 가우징(gas gouging)

해설
선삭 : 선반을 이용하여 둥근 모양의 공작물을 회전시켜 그 표면을 절삭 공구로 깎아서 가공하는 방법

**03** 피복아크용접에서 아크쏠림 현상에 대한 설명으로 틀린 것은?

① 직류를 사용할 경우 발생한다.
② 교류를 사용할 경우 발생한다.
③ 용접봉에 아크가 한쪽으로 쏠리는 현상이다.
④ 짧은 아크를 사용하면 아크쏠림 현상을 방지할 수 있다

해설
아크쏠림(아크 불림) 현상은 직류 용접 시 발생하며 아크가 쏠리는 반대 방향으로 용접봉을 기울여 해결할 수 있다.

**04** 직류 및 교류아크용접에서 용입의 깊이를 바른 순서로 나타낸 것은?

① 직류 정극성 > 교류 > 직류 역극성
② 직류 역극성 > 교류 > 직류 정극성
③ 직류 정극성 > 직류 역극성 > 교류
④ 직류 역극성 > 직류 정극성 > 교류

해설
아크열로 인해 모재가 녹은 깊이를 용입이라고 한다.

**05** 용접구조물에서의 비틀림 변형을 경감해 주는 시공상의 주의사항 중 틀린 것은?

① 집중적으로 교차 용접을 한다.
② 지그를 활용한다.
③ 가공 및 정밀도에 주의한다.
④ 이음부의 맞춤을 정확하게 해야 한다.

해설
용접의 설계 시 용접선의 교차를 피하도록 해야 변형과 응력의 집중을 방지할 수 있다.

**06** 중공인 피복 용접봉과 모재와의 사이에 아크를 발생시키고 이 아크열을 이용하여 절단하는 방법은?

① 산소 아크절단
② 플라스마 제트절단
③ 산소창 절단
④ 스카핑

해설
중공(속이 빈)인 절단 전용의 피복 용접봉을 사용하여 절단하는 방법이며 속이 비어 있는 용접봉의 구멍에서 고압의 산소가 방출된다.

**07** 용접부에 대한 침투검사법의 종류에 해당하는 것은?

① 자기침투검사, 와류침투검사
② 초음파침투검사, 펄스침투검사

정답 01 ② 02 ① 03 ② 04 ① 05 ① 06 ① 07 ③

③ 염색침투검사, 형광침투검사
④ 수직침투검사, 사각침투검사

해설
염색침투검사(PT－D), 형광침투검사(PT－F)

**08** 용접의 장점으로 틀린 것은?

① 이음의 효율이 높고 기밀, 수밀이 우수하다.
② 재료의 두께 제한이 없다.
③ 응력이 분산되어 노치부에 균열이 생기지 않는다.
④ 재료가 절약되고 작업공정 단축으로 경제적이다.

해설
응력의 집중과 저온균열의 발생은 용접 시 발생하는 단점 중 한가지 이다.

**09** KS에서 연강용 가스용접봉의 용착금속의 기계적 성질에서 시험편의 처리에 사용한 기호 중 "용접 후 열처리를 한 것"을 나타내는 기호는?

① P ② A
③ GA ④ GP

해설
KS의 용접기호 중 용접 후 열처리를 한 것에 대한 기호를 P로 나타낸다.

**10** 건축, 교량, 선박, 철도, 차량 등의 구조물에 쓰이는 일반구조용 압연강재 2종의 재료기호는?

① SHP2 ② SPC2
③ SM20C ④ SS400

해설
SHP(열간압연강재), SPC(냉간압연강재), SM(기계구조용탄소강재)

**11** 산소병 내용적이 40.7L인 용기에 100kgf/cm$^2$로 충전되어 있다면 프랑스식 팁 100번을 사용하여 표준불꽃으로 약 몇 시간까지 용접이 가능한가?

① 약 16시간 ② 약 22시간
③ 약 31시간 ④ 약 40시간

해설
가스용접토치 팁의 종류는 프랑스식과 독일식이 있으며 프랑스식의 팁 번호는 1시간당 소비되는 아세틸렌가스의 양, 독일식 팁 번호는 용접 가능한 모재의 두께를 나타낸다. 산소병에 충전된 가스의 총량은4,070L(40.7×100)이며 시간당 100L를 소비하는 100번 팁으로 약 40시간(4,070 ÷100) 용접이 가능하다.

**12** 아크전류 200(A), 아크 전압 30(V), 용접속도가 20(cm/min)일 때 용접 길이 1cm당 발생하는 용접 입열(Joule/cm)은?

① 12,000 ② 15,000
③ 18,000 ④ 20,000

해설

$$\text{용접 입열} = \frac{60\times \text{전류}\times \text{전압}}{\text{용접속도}} \text{ 이므로}$$

$$= \frac{60\times 200\times 30}{20} = 18,000$$

**13** 가스용접에서 압력 조정기의 압력 전달순서가 올바르게 된 것은?

① 부르동관 → 링크 → 섹터기어 → 피니언
② 부르동관 → 피니언 → 링크 → 섹터기어
③ 부르동관 → 링크 → 피니언 → 섹터기어
④ 부르동관 → 피니언 → 섹터기어 → 링크

**14** 아크용접 시 용접이음의 용융부 밖에서 아크를 발생시킬 때 모재표면에 결함이 생기는 것은?

① 아크 스트라이크(arc strike)
② 언더 필(under fill)
③ 스캐터링(scattering)
④ 은점(fish eye)

해설
용접이음부 이외의 곳에서 아크를 발생시킬 때 모재표면에 발생하는 결함을 아크 스트라이크라고 한다.

정답 08 ③ 09 ① 10 ④ 11 ④ 12 ③ 13 ① 14 ①

**15** 용접용 안전 보호구에 해당되지 않는 것은?

① 치핑해머 ② 용접헬멧
③ 핸드실드 ④ 용접장갑

해설
치핑해머는 용접용 수공구에 해당한다.

**16** 용접 작업 시 적절한 용접지그의 사용에 따른 효과로 틀린 것은?

① 용접 작업을 용이하게 한다.
② 다량생산의 경우 작업능률이 향상된다.
③ 제품의 마무리 정밀도를 향상한다.
④ 용접변형은 증가되나, 잔류응력을 감소한다.

해설
용접지그를 사용하는 경우 용접변형과 잔류응력을 감소할 수 있다.

**17** 전 용접 길이에 방사선 투과검사를 하여 결함이 전혀 발견되지 않았을 때 용접이음의 효율은?

① 70% ② 80%
③ 90% ④ 100%

**18** 실용 주철의 특성에 대한 설명으로 틀린 것은?

① 비중은 C와 Si 등이 많을수록 작아진다.
② 용융점은 C와 Si 등이 많을수록 낮아진다.
③ 흑연편이 클수록 자기 감응도가 나빠진다.
④ 내식성 주철은 염산, 질산 등의 산에는 강하나 알칼리에 약하다.

해설
실용 주철은 산에 취약하여 접촉 시 심하게 부식된다.

**19** 강의 표면경화법이 아닌 것은?

① 불림 ② 침탄법
③ 질화법 ④ 고주파 열처리

해설
불림은 강의 열처리법 중 한 가지이며 조직의 표준화, 균일화를 목적으로 실시한다.

**20** 용접하기 전 예열하는 목적이 아닌 것은?

① 수축 변형을 감소한다.
② 열영향부의 경도를 증가한다.
③ 용접 금속 및 열영향부에 균열을 방지한다.
④ 용접 금속 및 열영향부의 연성 또는 노치 인성을 개선한다.

해설
용접을 실시하기 전 모재를 예열하는 목적은 재료를 연화하여 균열을 방지하려는 것이다.

**21** 고용체와 $\alpha$고용체의 조직은?

① 고용체＝페라이트조직, $\alpha$고용체＝오스테나이트
② 고용체＝페라이트조직, $\alpha$고용체＝시멘타이트
③ 고용체＝시멘타이트조직, $\alpha$고용체＝페라이트조직
④ 고용체＝오스테나이트조직, $\alpha$고용체＝페라이트조직

**22** 금속 표면에 내식성과 내산성을 높이기 위해 다른 금속을 침투 확산시키는 방법으로 종류와 침투제가 바르게 연결된 것은?

① 세라다이징－Mn ② 크로마이징－Cr
③ 칼로라이징－Fe ④ 실리코나이징－C

해설
금속침투법의 종류 : 세라다이징(Zn), 칼로라이징(Al), 실리코나이징(Si), 크로마이징(Cr)

**23** 고강도 알루미늄 합금으로 대표적인 시효 경화성 알루미늄 합금명은?

① 두랄루민(duralumin)
② 양은(nickel silver)
③ 델타 메탈(delta metal)
④ 실루민(silumin)

정답 15 ① 16 ④ 17 ④ 18 ④ 19 ① 20 ② 21 ④ 22 ② 23 ①

해설
두랄루민은 가벼우면서도 비강도가 우수해 비행기 동체의 재료로 널리 사용되지는 가공용 알루미늄의 대표적인 합금이며 그 구성 성분으로는 Al－Cu－Mg－Mn이 함유되어 있다.

**24** 점용접의 3대 주요 요소가 아닌 것은?

① 용접전류 ② 통전시간
③ 용제 ④ 가압력

해설
용제(flux)는 용접 시 금속표면의 산화막을 제거하는 데 사용되는 물질이다.

**25** 다음 중 탄소강의 표준조직이 아닌 것은?

① 페라이트 ② 펄라이트
③ 시멘타이트 ④ 마텐자이트

**26** 주강에 대한 설명으로 틀린 것은?

① 주철에 비해 기계적 성질이 우수하고 용접에 의한 보수가 용이하다.
② 주철에 비해 강도는 작으나 용융점이 낮고 유동성이 커서 주조성이 좋다.
③ 주조조직 개선과 재질 균일화를 위해 풀림처리를 한다.
④ 탄소 함유량에 따라 저탄소 주강, 고탄소 주강, 중탄소 주강으로 분류한다.

해설
주강은 주철의 기계적인 성질을 보완하기 위해 탄소함유량을 주철보다 적게 한 것으로 주철에 비해 용점이 높고 유동성이 낮으며 주조성이 떨어지나 기계적인 강도가 주철보다 우수한 것이 특징이다.

**27** 금속을 가열한 다음 급속히 냉각하여 재질을 경화시키는 열처리 방법은?

① 불림 ② 풀림
③ 담금질 ④ 뜨임

**28** 고장력강 용접 시 일반적인 주의사항으로 틀린 것은?

① 용접봉은 저수소계를 사용한다.
② 아트 길이는 가능한 한 길게 유지한다.
③ 위빙 폭은 용접봉 지름의 3배 이하로 한다.
④ 용접 개시 전에 이음부 내부 또는 용접할 부분을 청소한다.

**29** 비열이 가장 큰 금속은?

① Al ② Mg
③ Cr ④ Mn

해설
- 비열 : 어떤 금속 1g을 1℃ 올리는 데 필요한 열량을 말한다.
- 비열이 큰 순서 : Mg > Al > Mn > Cr > Fe > Ni... Pt > Au > pb

**30** 용접 후 잔류응력이 있는 제품에 하중을 주고 용접부에 소성변형을 일으키는 방법은?

① 연화 풀림법
② 국부 풀림법
③ 저온 응력 완화법
④ 기계적 응력 완화법

해설
기계적 응력 완화법은 제품에 외력을 가해 소성변형을 일으켜 응력을 제거하는 방법이다.

**31** 다음 그림과 같은 용접순서의 용착법을 무엇이라고 하는가?

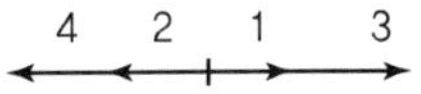


① 전진법 ② 후진법
③ 대칭법 ④ 비석법

해설
용착법의 종류에는 전진법, 후진법, 대칭법, 비석법, 교호법 등이 있다.

정답 24 ③ 25 ④ 26 ② 27 ③ 28 ② 29 ② 30 ④ 31 ③

**32** 용접 시공 관리의 4대(4M) 요소가 아닌 것은?

① 사람(Man) ② 기계(Machine)
③ 재료(Material) ④ 태도(Manner)

해설
**용접 시공 관리의 4대요소(4M)**
사람(Man), 기계(Machine), 재료(Material), 작업 방법(Method)

**33** 전기저항 용접이 아닌?

① TIG 용접 ② 점용접
③ 프로젝션 용접 ④ 플래시 용접

해설
TIG 용접(불활성가스 텅스텐 아크용접)은 전기 저항열이 아닌 아크열을 아용한 용접에 속한다.

**34** 피복아크용접 시 발생하는 기공의 방지대책으로 올바르지 않은 것은?

① 이음의 표면을 깨끗이 한다.
② 건조한 저수소계 용접봉을 사용한다.
③ 용접속도를 빠르게 하고, 가장 높은 전류를 사용한다.
④ 위빙을 하여 열량을 늘리거나 예열을 한다.

**35** 용접부 취성을 측정하는 데 가장 적당한 시험방법은?

① 굽힘시험 ② 충격시험
③ 인장시험 ④ 부식시험

해설
용접부의 취성을 측정하기 위해 충격시험(아이조드식, 샤르피식 충격시험등)을 시행한다.

**36** 원자와 분자의 유도방사현상을 이용한 빛에너지를 이용하여 모재의 열 변형이 거의 없고 이종금속의 용접이 가능하며, 미세하고 정밀한 용접을 비접촉식 용접방식으로 할 수 있는 용접법은?

① 전자빔 용접법 ② 플라스마 용접법
③ 레이저 용접법 ④ 초음파 용접법

**37** 용접준비 사항 중 용접변형 방지를 위해 사용하는 것은?

① 터닝 롤러(turing roller)
② 매니플레이터(manipulator)
③ 스트롱 백(strong back)
④ 엔빌(anvil)

해설
스트롱 백 : 맞대기 용접을 하는 경우 각변형이나 뒤틀림을 방지하기 위하여 설치하는 지그의 일종이다.

**38** 용접 경비를 적게 하고자 할 때 유의할 사항으로 틀린 것은?

① 용접봉의 적절한 선정과 그 경제적 사용방법
② 재료 절약을 위한 방법
③ 용접지그의 사용에 의한 위보기 자세의 이용
④ 고정구 사용에 의한 능률 향상

해설
용접 자세의 경우 아래보기를 이용해야 용접작업의 효율성을 극대화할 수 있다.

**39** 스테인리스강의 종류가 아닌 것은?

① 마텐자이트계 스테인리스강
② 페라이트계 스테인리스강
③ 오스테나이트계 스테인리스강
④ 트루스타이트계 스테인리스강

해설
스테인리스강의 종류에는 오스테나이트계(18−8강), 페라이트계, 마텐자이트계, 석출경화형 스테인리스강 등이 있다.

**40** 다음 그림과 같이 용접부의 비드 끝과 모재 표면 경계부에서 균열이 발생하였다. A를 무슨 균열이라고 하는가?

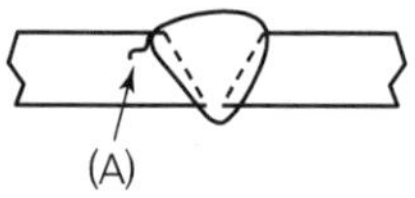


① 토우 균열 ② 라멜라테어
③ 비드 밑 균열 ④ 비드 종 균열

정답 32 ④ 33 ① 34 ③ 35 ② 36 ③ 37 ③ 38 ③ 39 ④ 40 ①

해설

토우 균열(Toe crack)은 주로 모재의 열영향부에서 발생하는 균열로 용접응력과 수소 등이 발생원인이다.

**41** 연강 및 고장력강 플럭스 코어 아크용접 와이어의 중 하나인 YFW－C502X에서 "2"가 뜻하는 것은?

① 플럭스 타입
② 실드가스
③ 용착금속의 최소 인장강도 수준
④ 용착금속의 충격시험 온도와 흡수에너지

해설

Y : 용접용 와이어, FW : 플럭스 코어드 와이어, C : 가스의 종류(탄산가스), 50 : 최저인장강도, 2 : 용착금속의 충격시험 온도와 흡수에너지, X : 플럭스의 종류

**42** 용접준비 사항 중 용접변형 방지를 위해 사용하는 것은?

① 터닝 롤러(turing roller)
② 매니플레이터(manipulator)
③ 스트롱 백(strong back)
④ 엔빌(anvil)

**43** 기체를 수천도의 높은 온도로 가열하면 그 속도의 가스원자가 원자핵과 전자로 분리되어 양(＋)과 음(－) 이온상태로 된 것을 무엇이라 하는가?

① 전자빔　② 레이저
③ 플라스마　④ 테르밋

**44** 이산화탄소 아크용접의 보호가스 설비에서 저전류 영역의 가스 유량은 약 몇 ℓ/min 정도가 좋은가?

① 1~5　② 6~9
③ 10~15　④ 20~25

해설

저전류 영역에서 이산화탄소 작업 시 적절한 유량계의 구슬은 10~15ℓ/min로 맞추는 것이 적당하다. 가스의 유량이 과대하면 아크불안정을 초래하므로 주의해야 한다.

**45** $CO_2$가스 아크용접은 어떤 금속의 용접에 가장 적합한가?

① 연강　② 알루미늄
③ 스테인리스강　④ 동과 그 합금

해설

$CO_2$가스 아크 연강(비철이 아닌 철금속 계통)의 용접 시에 사용된다.

**46** 퍼커링(puckuring) 현상이 발생하는 한계 전류값의 주원인이 아닌 것은?

① 와이어 지름　② 후열 방법
③ 용접 속도　④ 보호 가스의 조성

해설

퍼커링 현상 : 주로 미그용접에서 용접전류가 과대할 때 용접 비드 표면에 주름진 산화막이 생기는 현상이다.

**47** 높은 에너지 밀도로 용접하기 위해 $10^{-4}$~$10^{-6}$ mmHg 정도의 고진공 중에서 용접하는 용접법은?

① 플라스마 용접
② 전자빔 용접
③ 초음파 용접
④ 원자수소 용접

해설

전자빔 용접은 고진공 중에서 용접이 되며 전류밀도가 상당히 높아 후판이나 고융점 재료의 용접에 사용되며 용접 작업 시 방사선이 방출되는 특징이 있다.

**48** TIG 용접 시 사용되는 전극봉의 재료로 가장 적합한 금속은?

① 연강　② 구리
③ 텅스텐　④ 탄소

정답　41 ④　42 ③　43 ③　44 ③　45 ①　46 ②　47 ②　48 ③

해설
TIG 용접의 정식명칭은 불활성가스 텅스텐 아크용접(Tungsten Inert Gas welding)이며 전극봉으로 텅스텐(W)봉이 사용된다.

**49** 용접부 보조기호 중 제거 가능한 덮개판을 사용하는 기호는?

①  ② 
③ 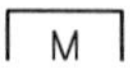

④ 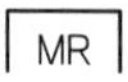


해설
• M : 제거할 수 없는 영구적인 덮개판
• MR : 제거할 수 있는 덮개판

**50** 도면에 치수를 기입하는 경우에 유의사항으로 틀린 것은?

① 치수는 되도록 주 투상도에 집중한다.
② 치수는 되도록 계산할 필요가 없도록 기입한다.
③ 치수는 되도록 공정마다 배열을 분리하여 기입한다.
④ 참고 치수에 대하여는 치수에 원을 넣는다.

해설
치수는 괄호 안에 치수문자를 넣는다.

**51** 척도에 관계없이 적당한 크기로 부품을 그린 후 치수를 측정하여 기입하는 스케치 방법은?

① 프린트법 ② 프리핸드법
③ 본뜨기법 ④ 사진촬영법

해설
프리핸드법은 제도기나 자 등을 사용하지 않고 그린 도면을 말한다.

**52** 배관 도시기호에서 안전밸브에 해당하는 것은?

①  ② 
③  ④ 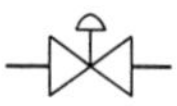

해설
① 체크밸브, ② 밸브 일반, ③ 안전밸브, ④ 다이어프램 밸브

**53** 치수기입 원칙의 일반적인 주의사항으로 틀린 것은?

① 치수는 중복 기입을 피한다.
② 관련되는 치수는 되도록 분산하여 기입한다.
③ 치수는 되도록 계산해서 구할 필요가 없도록 기입한다.
④ 치수 중 참고 치수에 대하여는 치수 수치에 괄호를 붙인다.

해설
치수는 가급적 정면도에 집중하여 그리며 필요시 측면도 등에 기입한다.

**54** 전개도법에서 꼭짓점을 도면에서 찾을 수 있는 원뿔의 전개에 가장 적합한 것은?

① 평행선 전개법 ② 방사선 전개법
③ 삼각형 전개법 ④ 사각형 전개법

해설
평행선 전개법(원기둥, 각기둥), 방사선 전개법(원뿔, 각뿔), 삼각형 전개법(복잡한 형상)

**55** 도면의 척도란에 5 : 1로 표시되었을 때 의미로 올바른 설명은?

① 축척으로 도면의 형상 크기는 실물의 1/5배이다.
② 축척으로 도면의 형상 크기는 실물의 5배이다.
③ 배척으로 도면의 형상 크기는 실물의 1/5이다.
④ 배척으로 도면의 형상 크기는 실물의 5배이다.

**56** 보기와 같은 KS 용접기호 도시방법의 기호 설명이 잘못된 것은?

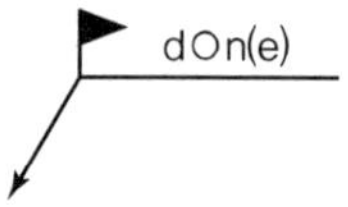


①  : 현장 용접 ② d : 끝단까지의 거리
③ n : 스폿 용접수 ④ (e) : 용접부의 간격

해설
d : 스폿 용접 너깃의 지름

정답 49 ④ 50 ④ 51 ② 52 ③ 53 ② 54 ② 55 ④ 56 ②

**57** 제3각법에 의한 정투상도에서 배면도의 위치는?

① 정면도의 위　　② 좌측면도의 좌측
③ 정면도의 아래　　④ 우측면도의 우측

해설
배면도는 정면도의 반대쪽에 위치한 도형의 도면이며 우측면도의 우측에 그린다.

**58** 한 도면에서 두 종류 이상의 선이 같은 장소에 겹치게 될 때 우선순위로 옳은 것은?

① 숨은선→절단선→외형선→중심선→무게중심선
② 외형선→중심선→절단선→무게중심선→숨은선
③ 숨은선→무게중심선→절단선→중심선→외형선
④ 외형선→숨은선→절단선→중심선→무게중심선

해설
두 종류 이상의 선이 같은 장소에 겹치게 되는 경우 외형선과 숨은선은 도형의 외형을 나타내는 중요한 선이므로 항시 먼저 그린다.

**59** 다음의 용접 도면의 기호 중 잘못된 것은?

① ◺ : 필릿용접
② || : 한쪽 면 수직 맞대기 용접
③ V : V형 맞대기 용접
④ X : 양면 V형 맞대기 용접

해설
②는 I 형 용접을 나타내는 용접 기호이다.

**60** 다음 용접 기호 중 이면 용접 기호는?

① 　　② 
③ 　　④ 

정답　57 ④　58 ④　59 ②　60 ③

# 04회 CBT 실전모의고사

**01** 고장력강의 용접부 중에서 경도 값이 가장 높게 나타나는 부분은?

① 원질부 ② 본드부
③ 모재부 ④ 용착금속부

해설
- 용착금속부(1500℃) : 용융 응고부분으로, 수지상 조직
- 본드부(1400℃) : 모재 일부가 녹고, 일부는 고체인 상태로 아주 조직으로 경도값이 가장 높게 나타나는 부분
- 원질부(200℃~상온) : 열의 영향을 거의 받지 않은 모재의 부분

**02** 용접할 재료의 예열에 관한 설명으로 옳은 것은?

① 예열은 수축 정도를 늘려 준다.
② 용접 후 일정시간 동안 예열을 유지시켜도 효과는 떨어진다.
③ 예열은 냉각 속도를 느리게 하여 수소의 확산을 촉진한다.
④ 예열은 용접 금속과 열영향 모재의 냉각속도를 높여 용접균열에 저항성이 떨어진다.

해설
예열의 목적은 주로 저온균열이 일어나기 쉬운 재료에 용접 전에 열을 가해 용접부의 냉각속도를 늦춰 경도를 낮추고 인성을 증가시키며 동시에 수소의 방출을 용이하게 하여 저온균열을 방지하는 데 있다.

**03** 용접용 고장력강의 인성(toughness)을 향상하기 위해 첨가하는 원소가 아닌 것은?

① P ② Al
③ Ti ④ Mn

해설
철강의 원소 중 P(인)은 황(S)과 함께 강(Steel)의 5대 원소에 속하며 고온취성을 유발하는 원소이기도 하다.

**04** 연강용접에서 용착금속의 샤르피(Charpy)충격치가 가징 높은 것은?

① 산화철계 ② 티탄계
③ 저수소계 ④ 셀룰로오스계

해설
샤르피 충격 시험은 재질의 인성을 측정하는 시험으로 보통 샤르피 V 노치 충격 시험으로 알려져 있는 충격시험법의 한 종류이다.

**05** 습기제거를 위한 용접봉의 건조 시 건조온도가 가장 높은 것은?

① 일미나이트계 ② 저수소계
③ 고산화티탄계 ④ 라임티탄계

해설
- 저수소계 용접봉의 건조온도와 시간 : 300~350℃, 1시간~2시간
- 그 외 일반 용접봉의 건조온도와 시간 : 80~100℃, 30분

**06** 연화를 목적으로 적당한 온도까지 가열한 다음 그 온도에서 유지하고 나서 서랭하는 열처리법은?

① 불림 ② 띄임
③ 풀림 ④ 담금질

해설
풀림 열처리는 재료의 연화와 잔류응력을 제거할 목적으로 사용되며 강재의 노 내 풀림온도는 625℃±25이다.

**07** 침투 탐상법의 장점으로 틀린 것은?

① 국부적 시험이 가능하다.
② 미세한 균열도 탐상이 가능하다.
③ 주변환경 특히 온도에 둔감해 제약을 받지 않는다.
④ 철, 비철, 플라스틱, 세라믹 등 거의 모든 제품에 적용이 용이하다.

정답 01 ② 02 ③ 03 ① 04 ④ 05 ② 06 ③ 07 ③

해설

침투 탐상검사는 금속표면의 균열이나 결함 등을 검출하기 위하여 침투액, 현상액, 세척액 등 3종류의 약품을 사용하는 비파괴 검사법의 일종이며 염색침투검사(PT－D)법과 형광침투검사(PT－F) 두 가지의 방법이 있다.

**08** 피복아크용접 결함의 종류에 따른 원인과 대책이 바르게 묶인 것은?

① 기공 : 용착부가 급랭되었을 때－예열 및 후열을 한다.
② 슬래그 섞임 : 운봉속도가 빠를 때－운봉에 주의한다.
③ 용입 불량 : 용접전류가 높을 때－전류를 약하게 한다.
④ 언더컷 : 용접전류가 낮을 때－전류를 높게 한다.

해설

용접금속의 내부에 생성되는 기공은 용융 금속 중에 다량의 수소가 잔존하는 경우 발생하며 이음부의 오염, 수분 전류와 아크 길이와 급랭 등의 부적절한 용접 조건에서 발생한다.

**09** 원판상의 롤러 전극 사이에 용접할 2장의 판을 두고 가압 통전해 전극을 회전시키면서 연속적으로 용접하는 것은?

① 퍼커션 용접 ② 프로젝션
③ 심용접 ④ 업셋 용접

해설

심(Seam) 용접은 기밀, 수밀을 요하는 제품의 용접에 사용되는 일종의 전기저항 용접(압접)이다.

**10** 서브머지드 아크용접에서 소결형 용제의 특징이 아닌 것은?

① 고전류에서의 용접 작업성이 좋다.
② 합금원소의 첨가가 용이하다.
③ 전류에 상관없이 동일한 용제로 용접이 가능하다.
④ 용융형 용제에 비하여 용제의 소모량이 많다.

해설

서브머지드 아크용접에 사용되는 용제의 종류에는 용융형, 소결형, 혼합형 등 세 가지가 있으며 소결형 용제는 큰 입열의 용접에 사용되며 합금첨가가 유리한 것이 특징이다. 일반적으로 사용되는 용제는 흡습성이 적고 재사용이 가능한 용융형 용제이다.

**11** 돌기 용접(projection welding)의 특징으로 틀린 것은?

① 용접된 양쪽의 열용량이 크게 달라도 양호한 열평형을 얻는다.
② 작은 용접점이라도 작업 속도가 매우 느리다.
③ 점용접에 비해 작업 속도가 매우 느리다.
④ 점용접에 비해 전극의 소모가 적어 수명이 길다.

해설

돌기(프로젝션) 용접은 일종의 전기저항 용접으로 한쪽 모재에 돌기(프로젝션)를 만들어 전류와 압력을 가해 용접하는 방법으로 용접속도가 점용접에 비해 빠른 것이 특징이다.

**12** $CO_2$가스 아크용접의 특징을 설명한 것으로 틀린 것은?

① 전류밀도가 높아 용입이 깊고 용접속도를 빠르게 할 수 있다.
② 박판(0.8mm) 용접은 단락이행 용접법에 의해 가능하며, 전 자세 용접도 가능하다.
③ 적용 재질은 거의 모든 재질이 가능하며, 이종(異種) 재질의 용접이 가능하다.
④ 가시 아크이므로 용융지의 상태를 보면서 용접할 수 있어 용접진행의 양(良)·부(不) 판단이 가능하다.

해설

$CO_2$(탄산가스) 용접은 일반적으로 연강의 용접에만 적용된다.

정답 08 ① 09 ③ 10 ④ 11 ③ 12 ③

**13** 슬래그의 생산량이 대단히 적고 수직 자세와 위보기 자세에 좋으며 아크는 스프레이 형으로 용입이 좋아 아주 좁은 홈의 용접에 가장 적합한 특성을 갖고 있는 가스실드계 용접봉은?

① E4301 ② E4316
③ E4311 ④ E4327

해설
피복아크용접봉의 피복제가 용접부를 보호하는 방식은 슬래그 생성식, 가스발생식, 반가스발생식의 세 가지가 있으며 E4311(고셀룰로오스계) 용접봉은 유일한 가스발생식 용접봉이다.

**14** 정격 2차 전류 300A, 정격 사용률이 40%인 교류 아크용접기를 사용하여 전류 150A로 용접 작업하는 경우 허용사용률(%)은?

① 180 ② 160
③ 80 ④ 60

해설

$$\text{허용사용률} = \frac{\text{정격2차전류}^2}{\text{실제사용전류}^2} \times \text{정격사용률이므로}$$
$$= \frac{300^2}{150^2} \times 40 = \frac{90,000}{22,500} \times 40 = 160$$

**15** 다음 중 테르밋제의 점화제가 아닌 것은?

① 과산화바륨 ② 망간
③ 알루미늄 ④ 마그네슘

해설
금속산화물과 알루미늄 분말의 혼합물을 점화하면 금속을 용융할 수 있는 정도의 화학적인 열이 발생하는데 이것을 테르밋 반응이라고 한다. 이 반응을 이용한 테르밋 용접은 주로 기차레일의 용접 시 사용된다.

**16** 용접부의 시험법 중 기계적 시험법이 아닌 것은?

① 굽힘 시험 ② 경도 시험
③ 인장 시험 ④ 부식 시험

해설
부식 시험은 화학적 시험법에 해당된다.

**17** 합금을 하여 얻는 성질이 아닌 것은?

① 주조성이 양호하다.
② 내열성이 증가한다.
③ 내식, 내마모성이 증가한다.
④ 전연성이 증가되며, 융점 또한 높아진다.

해설
합금이란 두 가지 이상의 금속 또는 비금속을 융합하여 기계적인 강도와 내식성, 내열성 및 주조성 등을 부여한 금속을 뜻한다. 합금 시 전연성과 전기전도도, 열전도도는 감소하게 된다.

**18** TIG 용접에서 모재가 (−)이고 전극이 (+)인 극성은?

① 직류 정극성 ② 직류 역극성
③ 반극성 ④ 양극성

해설
직류 역극성은 전극에 양극(+)을 모재 쪽에 음극(−)을 연결한 것으로 용입이 얕고 비드의 폭이 좁아 주로 박판이나 주철, 비철 등의 용접에 사용되며 청정작용이 발생하여 금속산화막의 제거효과가 우수해 알루미늄 등 비철금속의 용접에 사용된다.

**19** 피복금속아크용접에서 가접을 할 때 본 용접보다 지름이 약간 가는 용접봉을 사용하는 이유로 가장 적절한 것은?

① 용접봉의 소비량을 줄이기 위하여
② 가접 모양을 좋게 하기 위하여
③ 변형량을 줄이기 위하여
④ 충분한 용입을 형성하기 위하여

해설
용접봉의 직경이 작으면 가공된 모재 홈의 깊은 부분부터 용접이 가능해 보다 충분한 용입을 형성할 수 있다.

**20** 용접조건이 같은 경우에 박판과 후판의 열 영향에 대한 설명으로 올바른 것은?

① 박판 쪽 열영향부의 폭이 넓어진다.
② 후판 쪽 열영향부의 폭이 넓어진다.
③ 박판, 후판 똑같이 열영향부의 폭이 넓어진다.
④ 박판, 후판 똑같이 열영향부의 폭이 좁아진다.

정답 13 ③ 14 ② 15 ② 16 ④ 17 ④ 18 ② 19 ④ 20 ①

해설
두께가 3mm인 금속을 박판이라 하며 이를 용접 시 열영향부의 폭이 후판에 비해 넓어지므로 잔류응력은 적으나 용접변형은 크게 된다.

**21** 접합하려는 모재에 구멍을 뚫고 그 구멍에 용접하여 다른 한쪽 모재와 접합하는 용접방법은?

① 필릿용접 ② 플러그 용접
③ 초음파 용접 ④ 고주파 용접

해설
플러그 용접은 구멍이 진원인 경우이며 타원형태의 구멍을 뚫는 방식을 슬롯 용접이라 한다.

**22** 용접금속에 수소가 침입하여 발생하는 것이 아닌 것은?

① 은점 ② 언더컷
③ 헤어 크랙 ④ 비드 밑 균열

해설
언더컷은 용접 전류가 과대한 경우 발생하며 이를 보수 시 지름이 가는 용접봉을 사용하여 보수 용접한다.

**23** 용접부의 노 내 응력제거 방법에서 가열부를 노에 넣을 때 및 꺼낼 때의 노 내 온도는 몇℃ 이하로 하는가?

① 300℃ ② 400℃
③ 500℃ ④ 600℃

해설
노(爐) 내 응력제거 시 가열부를 노에 넣고 꺼내는 경우 300℃의 온도를 유지해야 한다.

**24** U형, H형의 용접 홈을 가공하기 위하여 슬로우 다이버전트로 설계된 팁을 사용하여 깊은 홈을 파내는 가공법은?

① 치핑 ② 슬랙절단
③ 가스가우징 ④ 아크에어가우징

해설
가스가우징은 용접홈을 가공하기 위해 깊은 홈을 파내는 가공법이며, 스카핑은 금속표면을 얇게 깎아낼 때 사용되는 가공법이다.

**25** 가스 절단 작업 시의 표준 드래그 길이는 일반적으로 모재 두께의 몇 % 정도인가?

① 5 ② 10
③ 20 ④ 25

해설
가스 절단 작업 시 표준 드래그 길이는 모재두께의 약 20%(1/5)로 한다.

**26** 질기고 강하며 충격파괴를 일으키기 어려운 성질은?

① 연성 ② 취성
③ 굽힘성 ④ 인성

해설
인성(toughness)은 외력에 견디는 성질로 질기고 강하며 충격파괴를 일으키기 어려운 성질을 의미한다.

**27** 금속강화방법으로 금속을 구부리거나 두드려서 변형을 가하여 금속을 단단하게 하는 방법은?

① 가공경화 ② 시효경화
③ 고용경화 ④ 이상경화

해설
얇은 철사를 수차례 구부리는 작업을 반복하면(가공) 휘어진 부분에 가공경화가 일어나 결국 부러짐 현상이 발생하는데 이는 가공경화가 발생하는 대표적인 예이다.

**28** 두 종류의 금속이 간단한 원자의 정수비로 결합하여 고용 채를 만드는 물질은?

① 층간 화합물 ② 금속간 화합물
③ 합금 화합물 ④ 치환 화합물

해설
금속 간 화합물(intermetallic compound)은 두 종류 이상의 금속원소가 어떤 조성비로 결합한 화합물을 말한다.

정답 21 ② 22 ② 23 ① 24 ③ 25 ③ 26 ④ 27 ① 28 ②

**29** 산소－아세틸렌의 불꽃에서 속불꽃과 겉불꽃 사이에 백색의 제3의 불꽃 즉 아세틸렌 페더라고도 하는 불꽃의 가장 올바른 명칭은?

① 탄화 불꽃　　② 중성 불꽃
③ 산화 불꽃　　④ 백색 불꽃

해설
아세틸렌 페더(Feather)는 아세틸렌 깃이라고도 하며 산소－아세틸렌 불꽃에서 속불꽃과 겉불꽃 사이에 나타나는 백색의 제3의 불꽃이며 탄화불꽃에서 나타난다.

**30** 피복아크용접봉에서 피복제의 주된 역할이 아닌 것은?

① 용융금속의 용적을 미세화하여 용착효율을 높인다.
② 용착금속의 응고와 냉각속도를 빠르게 한다.
③ 스패터의 발생을 적게 하고 전기 절연작용을 한다.
④ 용착금속에 적당한 합금원소를 첨가한다.

해설
피복아크용접봉의 피복제가 하는 가장 주요한 역할은 아크의 안정이며 용접 후 융점이 낮은 슬래그를 생성하여 용착금속의 냉각속도를 느리게(서랭)하여 균열의 발생을 방지한다.

**31** 전자빔 용접의 특징을 설명한 것으로 틀린 것은?

① 고진공 속에서 용접하므로 대기와 반응되기 쉬운 활성재료도 용이하게 용접된다.
② 전자렌즈에 의해 에너지를 집중시킬 수 있으므로 고용융 재료의 용접이 가능하다.
③ 전기적으로 매우 정확히 제어되므로 얇은 판에만 용접이 가능하다.
④ 진공 중에서 용접이 이루어지기 때문에 용접부가 오염되지 않아 용접 품질이 우수하다.

해설
전자빔 용접은 진공에서 용접되며 전류 밀도가 상당히 높아 후판이나 고용점재료의 용접에 사용된다. 용접 중 방사선이 발생되기 때문에 납(Pb)을 이용해 이를 차폐하는 방안을 필요로 한다.

**32** 접합하려는 모재의 한쪽에 구멍을 뚫고 그 구멍에 용접하여 다른 한쪽 모재와 접합하는 용접방법은?

① 플러그 용접　　② 필릿용접
③ 초음파 용접　　④ 테르밋 용접

해설
접합하려는 두 모재를 겹쳐 놓고 그중 한 개의 모재에 구멍을 뚫고 그 구멍에 용접을 하여 두 부재를 접합하는 것으로 그 원의 형태가 진원인 경우 플러그 용접, 타원인 경우 슬롯 용접이라 한다.

**33** 재료의 접합방법은 기계적 접합과 야금적 접합으로 분류하는데 야금적 접합에 속하지 않는 것은?

① 리벳　　② 융접
③ 압접　　④ 납땜

해설
기계적인 접합은 재료에 외력을 가해 접합하는 것으로 볼트, 너트, 리벳, 시밍 등이 대표적인 기계적 접합법이며 융접, 압접, 납땜으로 분류되는 용접은 야금적인 접합에 속한다.

**34** 가스 실드(shield)형으로 파이프 용접에 가장 적합한 용접봉은?

① 라임티타니아계(E4303)
② 특수계(E4340)
③ 저수소계(E4316)
④ 고셀룰로오스계(E4311)

해설
피복제가 용접부위를 보호하는 방식에는 슬래그 생성식, 가스발생식, 반가스발생식의 세 가지의 방식이 있다. 고셀룰로오스계(E4311) 용접봉은 가스실드계 용접봉이며 위보기 용접 및 파이프 용접 시 탁월한 효과를 나타낸다.

**35** 현장에서의 용접 작업 시 주의사항이 아닌 것은?

① 폭발, 인화성 물질 부근에서는 용접작업을 피할 것
② 부득이 가연성 물체 가까이서 용접할 경우는 화재 발생 방지 조치를 충분히 할 것

정답　29 ①　30 ②　31 ③　32 ①　33 ①　34 ④　35 ④

③ 탱크 내에서 용접 작업 시 통풍을 잘하고 때때로 외부로 나와서 휴식을 취할 것
④ 탱크 내 용접 작업 시 2명이 동시에 들어가 작업을 실시하고 빠른 시간에 작업을 완료하도록 할 것

해설
탱크 내 용접 작업 시 2인 1개조 이상의 인원으로 편성해야 하고 탱크작업 시 반드시 한 명씩 들어가 작업을 하도록 한다.

**36** 산소 용기의 취급상 주의사항이 아닌 것은?

① 운반이나 취급시 충격을 주지 않는다.
② 가연성 가스와 함께 저장한다.
③ 기름이 묻은 손이나 장갑을 끼고 취급하지 않는다.
④ 운반 시 가능한 한 운반기구를 이용한다.

해설
산소는 직접 타지는 않지만 연소를 돕는 지연성(조연성) 가스로 가연성 가스와 함께 보관 시 폭발 및 화재의 위험이 있다.

**37** 용접 분류방법 중 아크용접에 해당하는 것은?

① 프로젝션 용접 ② 마찰용접
③ 서브머지드 용접 ④ 초음파 용접

해설
프로젝션(돌기 용접), 마찰 용접, 초음파 용접은 압접에 속한다.

**38** 피복아크용접에 관한 설명 중 틀린 것은?

① 피복아크용접은 가스용접보다 두꺼운 판 용접에 사용한다.
② 피복아크용접에서 교류보다 직류의 아크가 안정되어 있다.
③ 직류 전류에서 60~75%가 음극에서 열이 발생한다.
④ 피복아크용접이 가스 용접보다 온도가 높다.

해설
직류 전류에서 약 75%의 열이 양극에서 발생한다.

**39** 가스 절단 시 산소 대 프로판 가스의 혼합비로 적당한 것은?

① 2.0 : 1 ② 4.5 : 1
③ 3.0 : 1 ④ 3.5 : 1

**40** 온도 변화에 따라 열팽창계수, 탄성계수 등이 변하지 않는 불변강의 종류가 아닌 것은?

① 인바(invar)
② 텅갈로이(tungalloy)
③ 엘린바(elinvar)
④ 플라티나이트(platinite)

해설
불변강의 종류 : 인바, 초인바, 엘린바, 코엘린바, 플라티나이트, 퍼멀로이, 이소에라스틱

**41** 연강재 표면에 스텔라이트(stellite)나 경합금을 용착시켜 표면 경화시키는 방법은?

① 브레이징(brazing)
② 숏 피닝(shot peening)
③ 하드 페이싱(hard facing)
④ 질화법(nitriding)

해설
하드 페이싱 : 반복되는 마찰이나 충격, 부식, 열 등으로 인하여 마모가 특히 심한 금속의 표면에 경합금을 용착시켜 표면을 경화시키는 방법

**42** 고탄소강의 탄소 함유량으로 가장 적당한 것은?

① 0.35~0.45%C ② 0.25~0.35%C
③ 0.45~1.7%C ④ 1.7~2.5%C

해설
- 고탄소강 : 탄소함유량 1.7~0.45%
- 중탄소강 : 탄소함유량 0.45~0.3%
- 저탄소강 : 탄소함유량 0.3% 이하

**43** $Fe_3C$에서 Fe의 원자비는?

① 75% ② 50%
③ 25% ④ 10%

정답 36 ② 37 ③ 38 ③ 39 ② 40 ② 41 ③ 42 ③ 43 ①

해설
$Fe_3C$에서 Fe의 원자의 수 : 3, C의 원자수 : 1

$$\text{원자비} = \frac{\text{원자수}}{\text{전체원자의 수}} \times 100 = \frac{3}{3+1} \times 100 = 75\%$$

**44** 응력제거 풀림처리 시 발생하는 효과가 아닌 것은?

① 잔류응력을 제거한다.
② 응력부식에 대한 저항력이 증가한다.
③ 충격저항과 크리프 저항이 감소한다.
④ 온도가 높고 시간이 길수록 수소함량은 낮아진다.

해설
응력제거 풀림처리 시 충격 저항도와 크리프 저항값이 증가한다.

**45** 스프링강을 830~860℃에서 담금질 하고 450~570℃에서 뜨임처리 하였다. 이때 얻는 조직은?

① 마테자이트　　② 트루스타이트
③ 소르바이트　　④ 시멘타이트

해설
담금질 열처리작업으로 얻은 마텐자이트 조직에 인성을 부여하려고 뜨임 열처리를 하면 시멘타이트의 미세입자의 응집이 한층 단행된 소르바이트 조직을 얻는다.

**46** 철강 재료의 변태 중 순철에서는 나타나지 않는 변태는?

① $A_1$　　② $A_2$
③ $A_3$　　④ $A_4$

해설
순철에는 $A_2$(자기변태점), $A_3$(동소변태점), $A_4$(동소변태점) 등 3가지 변태점이 존재한다.

**47** Al－Mg 합금으로 내해수성, 내식성, 연신율이 우수하여 선박용 부품, 조리용기구, 화학용 부품에 사용되는 Al 합금은?

① Y합금　　② 두랄루민
③ 라우탈　　④ 하이드로날륨

해설
하이드로날륨은 Al에 Mg을 첨가한 내식성 합금이다.

**48** 금속의 변태에서 자기변태(magnetic transformation)에 대한 설명으로 틀린 것은?

① 철의 자기변태점은 910℃이다.
② 격자의 배열변화는 없고 자성변화만을 가져오는 변태이다.
③ 자기변태가 일어나는 온도를 자기변태점이라 하고 이 온도를 퀴리점이라 한다.
④ 강자성 금속을 가열하면 어느 온도에서 자성의 성질이 급감한다.

해설
철의 자기변태점(퀴리점)은 768℃이다.

**49** 용융금속 중에 첨가하는 탈산제가 아닌 것은?

① 규소－철(Fe－Si)
② 티탄－철(Fe－Ti)
③ 망간－철(Fe－Mn)
④ 석회석($CaCO_3$)

해설
석회석은 저수소계 용접봉의 피복제를 구성하는 성분으로 사용된다.

**50** 열팽창 계수가 높으며 케이블의 피복, 활자 합금용, 방사선 물질의 보호재로 사용되는 것은?

① 금　　② 크롬
③ 구리　　④ 납

해설
Pb(납)은 방사능 차폐용 금속으로 사용된다.

**51** 구의 반지름을 나타내는 기호는?

① C　　② R
③ t　　④ SR

해설
C(모따기), R(반지름), t(두께)

정답　44 ③　45 ③　46 ①, ④　47 ④　48 ①　49 ④　50 ④　51 ④

## 52 도면 크기의 종류 중 호칭방법과 치수(A×B)가 틀린 것은?(단, 단위는 mm이다.)

① A0=841×1,189
② A1=594×841
③ A3=297×420
④ A4=220×297

해설
A4용지의 치수는 210×297이다.

## 53 종이의 가장자리가 찢어져서 도면의 내용을 훼손하지 않도록 하기 위해 긋는 선은?

① 파선 ② 2점쇄선
③ 1점쇄선 ④ 윤곽선

해설
도면의 윤곽선은 종이의 가장자리가 찢어져서 도면의 내용을 훼손하지 않도록 하기 위해 긋는 선으로 A0, A1용지의 경우 종이의 가장자리에서 20mm의 간견을 두고 윤곽선을 그리며 A2, A3, A4용지는 10mm의 간격으로 윤곽선을 그린다. 도면의 양이 많아 철을 하는 경우 철하는 부분은 25mm의 간격을 둔다.

## 54 가상선의 용도에 대한 설명으로 틀린 것은?

① 인접부분을 참고로 표시할 때
② 공구, 지그 등의 위치를 참고로 나타낼 때
③ 대상물이 보이지 않는 부분을 나타낼 때
④ 가공 전 또는 가공 후의 모양을 나타낼 때

해설
대상물의 보이지 않는 부분을 나타내는 경우 숨은선(파선)을 사용한다.

## 55 전개도를 그리는 방법에 속하지 않는 것은?

① 평행선 전개법 ② 나선형 전개법
③ 방사선 전개법 ④ 삼각형 전개법

해설
전개도법의 종류에는 평행선 전개법(원기둥, 각기둥), 방사선 전개법(원뿔, 각뿔), 삼각형 전개법 등 세 가지가 있다.

## 56 그림과 같은 용접기호에 대한 설명으로 옳은 것은?

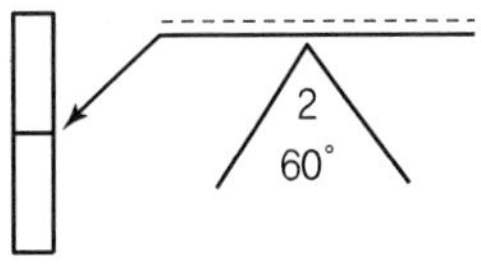


① V형 용접 : 화살표 쪽으로 루트간격 2mm, 홈각 60°이다.
② V형 용접 : 화살표 반대쪽으로 루트간격 2mm, 홈각 60°이다.
③ 필렛용접 : 화살표 쪽으로 루트간격 2mm, 홈각 60°이다.
④ 필렛용접 : 화살표 반대쪽으로 루트간격 2mm, 홈각 60°이다.

해설
점선 쪽 기호는 화살표 반대쪽 용접부의 표시기호이다.

## 57 아래 그림과 같은 필릿용접부의 종류는?

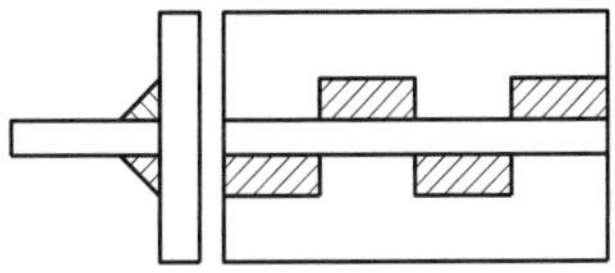

① 연속 필릿용접
② 단속 병렬 필릿용접
③ 연속 병렬 필릿용접
④ 단속 지그재기 필릿용접

## 58 다음 배관도 중 "P"가 의미하는 것은?

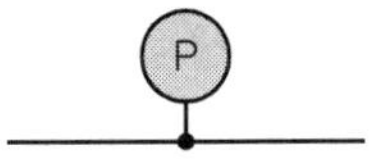


① 온도계 ② 압력계
③ 유량계 ④ 핀구멍

해설
- 온도계 : T
- 유량계 : F

정답 52 ④ 53 ④ 54 ③ 55 ② 56 ① 57 ④ 58 ②

**59** 그림과 같은 용접기호를 바르게 해독한 것은?

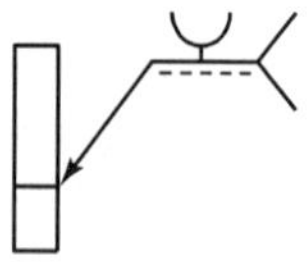

① U형 맞대기 용접, 화살표 쪽 용접
② V형 맞대기 용접, 화살표 쪽 용접
③ U형 맞대기 용접, 화살표 반대쪽 용접
④ V형 맞대기 용접, 화살표 반대쪽 용접

**60** 다음 중 치수 보조기호의 의미가 틀린 것은?

① C : 45° 모따기
② SR : 구의 반지름
③ t : 판의 두께
④ ( ) : 이론적으로 정확한 치수

해설
( )는 참고치수이며 괄호 안에 치수문자를 삽입한다.

정답 59 ① 60 ④

# 05회 CBT 실전모의고사

**01** TIG 용접봉 토치는 사용 전류에 따라 공랭식과 수랭식으로 분류하는데 일반적으로 공랭식 토치는 전류 몇 A 이하에서 사용하는가?

① 200 ② 300
③ 400 ④ 500

해설
TIG(Tungsten Inert Gas) 용접봉 토치 공랭식은 전류 200A 이하에서 사용한다.

**02** 서브머지드 아크용접의 특징으로 틀린 것은?

① 개선각을 작게 하여 용접 패스 수를 줄일 수 있다.
② 용접 중 아크가 안 보이므로 용접부의 확인이 곤란하다.
③ 용접선이 구부러지거나 짧아도 능률적이다.
④ 용접설비비가 고가이다.

해설
서브머지드 아크용접은 자동용접으로 아래보기, 수평필릿 자세 용접만 가능하며 용접선이 너무 짧거나 구부러진 것은 사용하지 않는다.

**03** 다음 보기 중 야금학적 접합법에 속하는 것은?

① 납땜 이음 ② 볼트 이음
③ 코터 이음 ④ 리벳 이음

해설
접합법의 종류로는 기계적인 접합법(외력 이용)과 야금학적인 접합법(열원 이용)이 있으며 납땜 이음은 야금학적인 접합법에 속한다.

**04** 금속 비파괴 검사 방법이 아닌 것은?

① 방사선 투과 시험 ② 초음파 시험
③ 로크웰 경도 시험 ④ 음향 시험

해설
로크웰 경도 시험은 B 스케일과 C 스케일이라는 압입자로 시험편을 찍어 경도를 시험하는 파괴시험이다.

**05** 내균열성이 가장 좋은 용접봉은?

① 셀룰로오스계 ② 티탄계
③ 일미나이트계 ④ 저수소계

해설
저수소계(E4316) 용접봉은 염기도가 높아 내균열성이 가장 좋은 용접봉이다.

**06** 에너지를 집중시킬 수 있고, 고용점 재료의 용접이 가능한 용접법은?

① 레이저 용접 ② 피복아크용접
③ 전자 빔 용접 ④ 초음파 용접

해설
전자 빔 용접은 진공 중에서 용접하므로 불순물에 의한 오염이 적으며 용융점이 높은 텅스텐, 몰리브덴 등의 용접이 가능하나 시설비가 많이 들고 진공 작업실에 금속을 넣고 용접을 해야 하는 특성상 제품의 크기에 제한을 받는다.

**07** 아크 전류가 일정할 때 아크 전압이 높아지면 용접봉의 용융속도가 늦어지고 아크 전압이 낮아지면 용융속도가 빨라지는 특성을 무엇이라 하는가?

① 부저항 특성
② 절연회복 특성
③ 전압회복 특성
④ 아크 길이 자기제어 특성

해설
아크 길이 자기제어 특성은 아크 길이 변동에도 전압을 일정하게 유지해 주는 것으로 정전압 특성과 비슷하다.

**08** 용접 홈 종류 중 두꺼운 판을 한쪽 방향에서 충분한 용입을 얻으려고 할 때 사용되는 것은?

① U형 홈 ② X형 홈
③ H형 홈 ④ I형 홈

해설
한쪽 방향에서만 용접을 하며 충분한 용입을 기대할 수 있는 홈의 종류는 U형 홈이다.

정답 01 ① 02 ③ 03 ① 04 ③ 05 ④ 06 ③ 07 ④ 08 ①

09 비소모성 전극봉을 사용하는 용접법은?

① MIG 용접
② TIG 용접
③ 피복아크용접
④ 서브머지드 아크용접

해설
TIG 용접은 텅스텐봉을 전극봉으로 사용하는 비소모식(비용극식) 용접법이다.

10 용융 슬래그와 용융금속이 용접부로부터 유출되지 않게 모재의 양측에 수랭식 동판을 대어 용융 슬래그 속에서 전극 와이어를 연속적으로 공급하여 주로 용융 슬래그의 저항열로 와이어와 모재 용접부를 용융시키는 것으로 연속 주조 형식의 단층 용접법은?

① 일렉트로 슬래그 용접
② 논가스 아크용접
③ 그래비트 용접
④ 테르밋 용접

해설
일렉트로 슬래그 용접은 가장 두꺼운 판(약 1m)의 용접이 가능하며 아크열이 아닌 전기의 저항열을 이용한 용접법이다.

11 용접기와 멀리 떨어진 곳에서 용접전류 또는 전압을 조절할 수 있는 장치는?

① 원격 제어 장치 ② 핫 스타트 장치
③ 고주파 발생 장치 ④ 수동전류조정장치

해설
원격 제어 장치는 원격으로 전류를 조정하며 교류 용접기 중 가포화 리액터형 용접기에 해당한다.

12 가변압식의 팁 번호가 200일 때 10시간 동안 표준 불꽃으로 용접할 경우 아세틸렌 가스의 소비량은 몇 리터인가?

① 20 ② 200
③ 2,000 ④ 20,000

해설
가변압식(프랑스식) 팁의 번호는 1시간당 소비되는 아세틸렌 가스의 양으로 표시하므로
200리터(1시간 소비량)× 10(시간)=2,000리터

13 보기와 같이 연강용 피복아크용접봉을 표시하였다. 설명으로 틀린 것은?

| E4316 |
|---|

① E : 전기 용접봉
② 43 : 용착 금속의 최저 인장강도
③ 16 : 피복제의 계통 표시
④ E4316 : 일미나이트계

해설
E4316은 저수소계 용접봉으로 내균열성이 좋으나 용접성이 떨어지는 특징이 있다. 사용 전 300~350℃로 약 1~2시간 건조를 시켜주어야 한다.

14 용접부의 연성 결함을 조사하기 위하여 사용되는 시험은?

① 인장시험 ② 경도시험
③ 피로시험 ④ 굽힘시험

해설
연성이란 물체가 탄성 한도에 의해 파괴되지 않고 길게 늘어나 소성적으로 변형하는 성질을 말한다.

15 용접부의 결함은 치수상 결함, 구조상 결함, 성질상 결함으로 구분된다. 구조상 결함들로만 구성된 것은?

① 기공, 변형, 치수불량
② 기공, 용입불량, 용접균열
③ 언더컷, 연성부족, 표면결함
④ 표면결함, 내식성 불량, 융합불량

해설
구조상 결함 : 기공, 슬래그 섞임, 융합불량, 용입불량, 언더컷, 균열 등
(치수불량 – 치수상 결함, 내식성 불량, 연성 부족은 성질상 결함에 속한다.)

정답 09 ② 10 ① 11 ① 12 ③ 13 ④ 14 ④ 15 ②

## 16 $CO_2$ 용접작업 중 가스의 유량은 낮은 전류에서 얼마가 적당한가?

① 10~15L/min ② 20~25L/min
③ 30~35L/min ④ 40~45L/min

해설
$CO_2$ 가스 아크용접작업 중 저전류 영역에의 가스 유량은 약 10~15L/min 정도이다.

## 17 다음 TIG 용접에 대한 설명 중 틀린 것은?

① 박판 용접에 적합한 용접법이다.
② 교류나 직류가 사용된다.
③ 비소모식 불활성 가스 아크용접법이다.
④ 전극봉은 연강봉이다.

해설
TIG 용접에서 전극봉은 텅스텐봉이 사용된다.(비소모식 또는 비용극식 용접)
※ 텅스텐봉의 종류(전극봉 끝의 색으로 구분) : 순텅스텐 전극봉(녹색), 토륨 1%(황색), 토륨 2%(적색), 지르코늄 함유(갈색)

## 18 다음 중 용접 결함에서 구조상 결함에 속하는 것은?

① 기공 ② 인장강도의 부족
③ 변형 ④ 화학적 성질 부족

해설
- 구조상 결함 : 기공, 슬래그 섞임, 융합불량, 용입불량, 언더컷, 균열 등
- 치수상 결함 : 변형, 치수불량, 형상불량
- 성질상 결함 : 기계적/화학적/물리적 성질 부족

## 19 가스용접의 특징에 대한 설명으로 틀린 것은?

① 가열 시 열량 조절이 비교적 자유롭다.
② 피복 금속 아크용접에 비해 후판 용접에 적당하다.
③ 전원 설비가 없는 곳에서도 쉽게 설치할 수 있다.
④ 피복 금속 아크용접에 비해 유해광선의 발생이 적다.

해설
가스용접은 열의 집중성이 피복아크용접에 비해 낮아 주로 박판 용접에 사용된다.

## 20 가스용접에 사용되는 용접용 가스 중 불꽃 온도가 가장 높은 가연성 가스는?

① 아세틸렌 ② 메탄
③ 부탄 ④ 천연가스

해설
아세틸렌은 불꽃 온도가 가장 높은 가연성 가스에 속하며 프로판가스는 발열량이 가장 높다.

## 21 강의 담금질 조직에서 경도 순서를 바르게 표시한 것은?

① 마텐자이트 > 트루스타이트 > 소르바이트 > 오스테나이트
② 마텐자이트 > 소르바이트 > 오스테나이트 > 트루스타이트
③ 마텐자이트 > 트루스타이트 > 오스테나이트 > 소르바이트
④ 마텐자이트 > 소르바이트 > 트루스타이트 > 오스테나이트

해설
**금속조직의 경도 순서**
마텐자이트 > 트루스타이트 > 소르바이트 > 펄라이트 > 오스테나이트 > 페라이트

## 22 탄소 아크 절단에 압축공기를 병용하여 전극 홀더의 구멍에서 탄소 전극봉에 나란히 분출하는 고속의 공기를 분출시켜 용융금속을 불어내어 홈을 파는 방법은?

① 금속 아크 절단
② 아크 에어 가우징
③ 플라스마 아크 절단
④ 불활성가스 아크 절단

해설
아크 에어 가우징은 탄소 아크 절단에 약 5~7기압의 압축공기를 병용한 가공법이다.

정답 16 ① 17 ④ 18 ① 19 ② 20 ① 21 ① 22 ②

**23** 피복아크용접봉의 심선의 재질로서 적당한 것은?

① 고탄소 림드강 ② 고속도강
③ 저탄소 림드강 ④ 연강

해설
탄소의 함량이 적을수록 균열의 정도가 양호하기 때문에 저탄소 림드강이 사용된다.

**24** 가스 절단 시 절단면에 일정한 간격의 곡선이 진행 방향으로 나타나는데 이것을 무엇이라 하는가?

① 슬래그(slag)
② 태핑(tapping)
③ 드래그(drag)
④ 가우징(gouging)

해설
표준 드래그 길이 : 모재 두께의 약 1/5 (20%)

**25** 피복금속아크용접봉의 피복제가 연소한 후 생성된 물질이 용접부를 보호하는 방식이 아닌 것은?

① 가스 발생식
② 슬래그 생성식
③ 스프레이 발생식
④ 반가스 발생식

해설
**피복금속아크용접봉 피복제의 용접부 보호방식**
가스 발생식, 반가스 발생식, 슬래그 생성식

**26** AW300, 정격사용률이 40%인 교류 아크용접기를 사용하여 실제 150A의 전류 용접을 한다면 허용 사용률은?

① 80% ② 120%
③ 140% ④ 160%

해설

$$\text{허용사용률} = \frac{(\text{정격2차전류})^2}{(\text{실제사용전류})^2} \times \text{정격사용률}$$

$$= \frac{300^2}{150^2} \times 40 = 160$$

**27** 직류 아크용접의 설명 중 옳은 것은?

① 용접봉을 양극, 모재를 음극에 연결하는 경우를 정극성이라고 한다.
② 역극성은 용입이 깊다.
③ 역극성은 두꺼운 판의 용접에 적합하다.
④ 정극성은 용접 비드의 폭이 좁다.

해설
상대적으로 열의 발생이 많은 +극이 어느 쪽(용접봉 또는 모재)에 접속되는지 파악하면 된다. 직류 역극성(DCRP)은 용접봉 쪽에 +가 접속되기 때문에 용접봉의 녹음이 빠르고 −극이 접속된 모재 쪽은 열전달이 +극에 비해 적어 용입이 얕고 넓어져 주로 박판 용접에 사용된다.

**28** 강제 표면의 흠이나 개재물, 탈탄층 등을 제거하기 위하여 얇게 타원형 모양으로 표면을 깎아내는 가공법은?

① 산소창 절단 ② 스카핑
③ 탄소 아크 절단 ④ 가우징

해설
얇게 깎아내는 가공법은 스카핑이라 하며 깊은 홈을 깎는 가공법을 가스 가우징이라고 한다.

**29** 가스 절단에서 예열 불꽃이 약할 때 나타나는 현상은?

① 드래그가 증가한다.
② 절단면이 거칠어진다.
③ 변두리가 용융되어 둥글게 된다.
④ 슬래그 중의 철 성분의 박리가 어려워진다.

해설
가스 절단 시 예열 불꽃이 약한 경우 드래그가 증가하며 절단속도가 느려지고 절단이 중단되기 쉬워진다.

**30** 용접균열에서 저온균열은 일반적으로 몇 ℃ 이하에서 발생하는 균열을 말하는가?

① 200~300℃ 이하 ② 300~400℃ 이하
③ 400~500℃ 이하 ④ 500~600℃ 이하

해설
용접 시 200~300℃ 이하에서 생기는 균열을 저온균열이라고 한다.

정답 23 ③ 24 ③ 25 ③ 26 ④ 27 ④ 28 ② 29 ① 30 ①

**31** 그림과 같이 용접선의 방향과 하중의 방향이 직교한 필릿용접은?

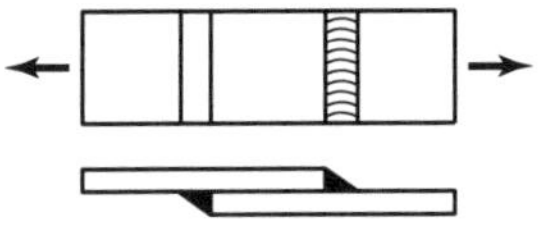

① 측면 필릿용접 ② 경사 필릿용접
③ 전면 필릿용접 ④ T형 필릿용접

해설
**용접선과 하중의 방향에 따른 필릿용접의 종류(3종류)**
전면필릿용접(용접선과 하중이 직각), 측면필릿용접(용접선과 하중이 수평), 경사필릿용접

**32** 가스 용접에서 후진법에 대한 설명으로 틀린 것은?

① 전진법에 비해 용접변형이 작고 용접속도가 빠르다.
② 전진법에 비해 두꺼운 판의 용접에 적합하다.
③ 전진법에 비해 열 이용률이 좋다.
④ 전진법에 비해 산화의 정도가 심하고 용착금속 조직이 거칠다.

해설
후진법은 용접비드의 모양이 나쁜 것만 제외하고 장점만 가지고 있다.(전진법에 비해 산화의 정도가 심하지 않음)

**33** 아크 발생 시간이 3분, 아크 발생 정지 시간이 7분일 경우 사용률(%)은?

① 100% ② 70%
③ 50% ④ 30%

해설
정격사용률의 기준시간은 10분이며 아크 발생을 3분 동안 했다는 것은 7분의 휴식시간을 가졌다는 의미이므로 정격사용률은 30%가 된다.

**34** 용접봉에서 모재로 용융금속이 옮겨가는 이행형식이 아닌 것은?

① 단락형 ② 글로뷸러형
③ 스프레이형 ④ 철심형

해설
용적의 이행형식 : 스프레이형, 단락형, 글로뷸러형

**35** 용접 후 잔류응력이 있는 제품에 하중을 주어 용접부에 약간의 소성 변형을 일으키게 한 다음 하중을 제거하는 잔류응력 경감 방법은?

① 노 내 풀림법 ② 국부 풀림법
③ 기계적 응력 완화법 ④ 저온 응력 완화법

해설
기계적이란 의미는 외력만을 가한다는 의미이다.

**36** 아세틸렌 가스의 성질로 틀린 것은?

① 순수한 아세틸렌 가스는 무색무취이다.
② 금, 백금, 수은 등을 포함한 모든 원소와 화합 시 산화물을 만든다.
③ 각종 액체에 잘 용해되며, 물에는 1배, 알코올에는 6배 용해된다.
④ 산소와 적당히 혼합하여 연소시키면 높은 열을 발생한다.

해설
아세틸렌은 구리 또는 구리합금(62% 이상), 은, 수은 등과 접촉하면 폭발성 화합물을 생성한다.

**37** 아크용접기에서 부하전류가 증가하여도 단자전압이 거의 일정하게 유지되는 특성은?

① 절연특성 ② 수하특성
③ 정전압특성 ④ 보존특성

해설
정전압특성(전압이 정(停)지, 변하지 않는 특성)

**38** 피복제 중에 산화티탄을 약 35% 정도 포함하였고 슬래그의 박리성이 좋아 비드의 표면이 고우며 작업성이 우수한 특징을 지닌 연강용 피복아크용접봉은?

① E4301 ② E4311
③ E4313 ④ E4316

정답 31 ③ 32 ④ 33 ④ 34 ④ 35 ③ 36 ② 37 ③ 38 ③

해설
E4313(고산화티탄계), E4301(일미나이트계), E4311(고셀룰로오스계), E4316(저수소계)

**39** 구리에 40~50% Ni을 첨가한 합금으로서 전기저항이 크고 온도계수가 일정하므로 통신기자재, 저항선, 전열선 등에 사용하는 니켈합금은?

① 인바 ② 엘린바
③ 모넬메탈 ④ 콘스탄탄

해설
콘스탄탄은 Ni이 약 45% 함유되어 주로 전기 저항선(열선으로 사용)으로 사용된다.

**40** 알루미늄 합금 중 대표적인 단련용 Al합금으로 주요 성분이 Al－Cu－Mg－Mn인 것은?

① 알민 ② 알드레이
③ 두랄루민 ④ 하이드로날륨

해설
두랄루민은 대표적인 가공용 알루미늄 합금이며 시험에서 자주 출제되므로 그 조성을 암기하는 것이 좋다.(알구마망)

**41** 다음 중 완전 탈산시켜 제조한 강은?

① 킬드강 ② 림드강
③ 고망간강 ④ 세미킬드강

해설
강의 종류 : 림드강(불완전 탈산 : 기공, 편석 생김), 킬드강(완전 탈산 : 기공 없으나 헤어크랙, 수축공 생김), 세미킬드강(림드강과 킬드강의 중간)

**42** 다음 중 탄소강의 표준조직이 아닌 것은?

① 페라이트 ② 펄라이트
③ 시멘타이트 ④ 마텐자이트

해설
탄소강의 표준조직 : 페라이트, 시멘타이트, 펄라이트
(암기 : 페. 시. 펄)

**43** 주요 성분이 Ni－Fe합금인 불변강의 종류가 아닌 것은?

① 인바 ② 모넬메탈
③ 엘린바 ④ 플래티나이트

해설
**불변강의 종류**
인바, 초인바, 엘린바, 코엘린바, 플래티나이트, 퍼멀로이, 이소엘라스틱

**44** 칼로라이징(calorizing) 금속침투법은 철강표면에 다음 중 어떠한 금속을 침투시키는가?

① 규소 ② 알루미늄
③ 크롬 ④ 아연

해설
칼로라이징(Al), 세라다이징(Zn), 크로마이징(Cr), 실리코나이징(Si)

**45** 다음 중 담금질에 의해 나타난 조직 중에서 경도와 강도가 가장 높은 것은?

① 오스테나이트 ② 소르바이트
③ 마텐자이트 ④ 트루스타이트

해설
**담금질 조직(경도가 높은 순서로 나열)**
마텐자이트 > 트루스타이트 > 소르바이트 > 오스테나이트

**46** 다음 중 용접성이 가장 좋은 스테인리스강은?

① 펄라이트계 스테인리스강
② 페라이트계 스테인리스강
③ 마텐자이트계 스테인리스강
④ 오스테나이트계 스테인리스강

해설
오스테나이트계 스테인리스강 관련 문제는 출제 빈도가 매우 높은 편이다.
예열을 하면 안 되며(입계부식 발생), 18－8강(Cr－Ni)이라고도 한다. 비자성체이며 용접성이 가장 좋은 스테인리스강이다.

정답 39 ④ 40 ③ 41 ① 42 ④ 43 ② 44 ② 45 ③ 46 ④

**47** 금속에 대한 설명으로 틀린 것은?

① 리튬(Li)은 물보다 가볍다.
② 고체 상태에서 결정구조를 가진다.
③ 텅스텐(W)은 이리듐(Ir)보다 비중이 크다.
④ 일반적으로 용융점이 높은 금속은 비중도 큰 편이다.

해설 이리듐은 금속 중 가장 비중이 큰 것으로 22.5이다.(텅스텐 19.3)

**48** 오스테나이트계 스테인리스강은 용접 시 냉각되면서 고온균열이 발생하는데 주원인이 아닌 것은?

① 아크 길이가 짧을 때
② 모재가 오염되어 있을 때
③ 크레이터 처리를 하지 않을 때
④ 구속력이 가해진 상태에서 용접할 때

해설 아크 길이가 짧다는 것은 정상적으로 용접을 했다는 의미이므로 균열이 발생하지 않는다는 것으로 간주한다.

**49** 다음 중 황동과 청동의 주성분으로 옳은 것은?

① 황동 : Cu+Pb, 청동 : Cu+Sb
② 황동 : Cu+Sn, 청동 : Cu+Zn
③ 황동 : Cu+Sb, 청동 : Cu+Pb
④ 황동 : Cu+Zn, 청동 : Cu+Sn

해설 황동(아구황－아연 구리 황동), 청동(구주청－구리 주석 청동)

**50** 구리에 5~20% Zn을 첨가한 황동으로, 강도는 낮으나 전연성이 좋고 색깔이 금색에 가까워, 모조금이나 판 및 선 등에 사용되는 것은?

① 톰백　　② 켈밋
③ 포금　　④ 문쯔메탈

해설 구리합금에는 황동(Cu－Zn)과 청동(Cu－Sn)이 있으며 구리에 아연이 20% 함유된 황동을 톰백이라고 한다. 이는 메달 등 금 대용 장식품에 사용된다.

**51** 그림과 같은 입체를 제3각법으로 나타낼 때 가장 적합한 투상도는?(단, 화살표 방향을 정면으로 한다.)

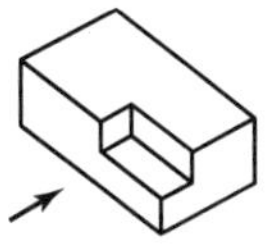

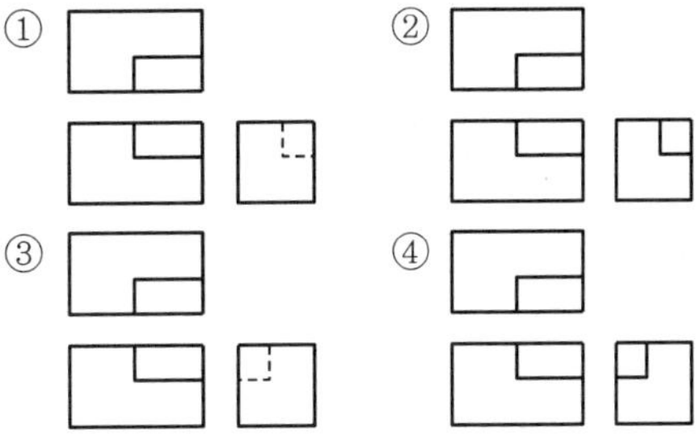


**52** KS 재료기호 "SM10C"에서 10C는 무엇을 뜻하는가?

① 일련번호　　② 항복점
③ 탄소함유량　　④ 최저인장강도

해설 탄소 함유량을 말하며 10C는 탄소가 0.1% 함유되어 있다는 의미이다.
- SM10C 탄소함유량 : 0.08~0.13%
- SM20C 탄소함유량 : 0.18~0.23%
- SM45C 탄소함유량 : 0.42~0.48%

**53** 그림과 같은 KS 용접 보조기호에 대한 설명으로 옳은 것은?

① 필릿용접부 토를 매끄럽게 함
② 필릿용접 끝 단부를 볼록하게 다듬질
③ 필릿용접 끝 단부에 영구적인 덮개 판을 사용
④ 필릿용접 중앙부에 제거 가능한 덮개 판을 사용

정답 47 ③ 48 ① 49 ④ 50 ① 51 ④ 52 ③ 53 ①

**54** 그림에서 '6.3' 선이 나타내는 선의 명칭으로 옳은 것은?

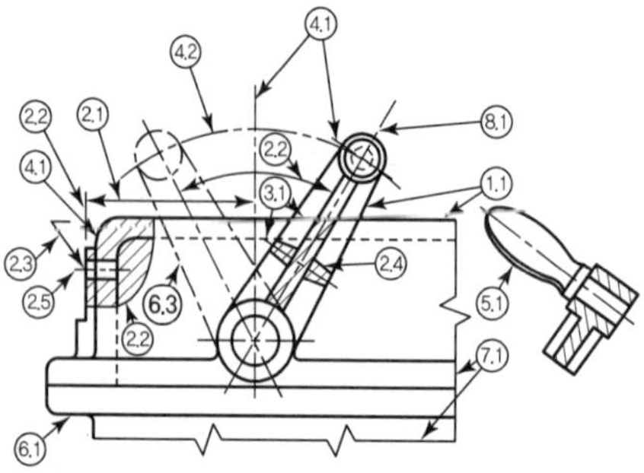


① 가상선 ② 절단선
③ 중심선 ④ 무게중심선

해설
그림 6.3의 가상선은 이동하는 부분의 이동위치를 표시하는 가상선의 한 종류이며 가는 이점쇄선으로 나타낸다.

**55** 용접부의 도시기호가 "a4◺3 × 25(7)"일 때의 설명으로 틀린 것은?

① ◺ – 필릿용접
② 3 – 용접부의 폭
③ 25 – 용접부의 길이
④ 7 – 인접한 용접부의 간격

해설
3이라는 숫자는 단속 필릿용접의 개수를 의미한다.

**56** 다음 중 선의 종류와 용도에 의한 명칭 연결이 틀린 것은?

① 가는 1점쇄선 : 무게중심선
② 굵은 1점쇄선 : 특수지정선
③ 가는 실선 : 중심선
④ 아주 굵은 실선 : 특수한 용도의 선

해설
가는 1점쇄선은 중심선(피치선)으로 사용된다.(가는 실선도 중심선으로 사용)

**57** 그림과 같은 입체도에서 화살표 방향을 정면으로 할 때 평면도로 가장 적합한 것은?

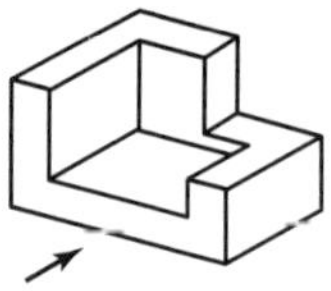

① 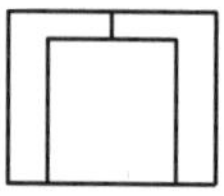
② 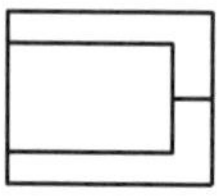
③ 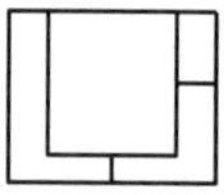
④ 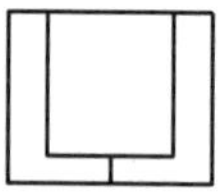

해설
평면도는 사물을 위에서 내려다본 구조를 나타낸 도면이다.

**58** 그림과 같은 양면 필릿용접 기호를 가장 올바르게 해석한 것은?

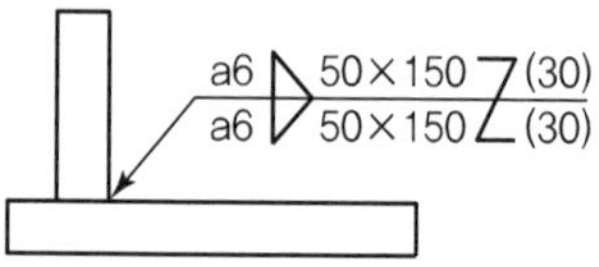


① 목길이 6mm, 용접길이 150mm, 인접한 용접부 간격 50mm
② 목길이 6mm, 용접길이 50mm, 인접한 용접부 간격 30mm
③ 목길이 6mm, 용접길이 150mm, 인접한 용접부 간격 30mm
④ 목길이 6mm, 용접길이 50mm, 인접한 용접부 간격 50mm

**59** 용접성 시험 중 용접연성시험에 해당되는 것은?

① 코머렐 시험 ② 슈나트 시험
③ 로버트슨 시험 ④ 카안 인열 시험

해설
용접연성시험은 코머렐 시험으로, 시편의 표면에 작은 홈을 내고 일정 조건으로 용접 후 구부림으로써 용접부에 균열 발생 여부를 관찰하는 시험이다.

정답 54 ① 55 ② 56 ① 57 ① 58 ③ 59 ①

**60** 대상물의 일부를 떼어낸 경계를 표시하는 데 사용하는 선의 굵기는?

① 굵은 실선 ② 가는 실선
③ 아주 굵은 실선 ④ 아주 가는 실선

해설
대상물의 떼어낸 경계는 파단선(가는 실선)으로 표시한다.

정답 60 ②

# 06회 CBT 실전모의고사

**01** 알루미늄을 플라스마 제트 절단할 때 작동 가스로 적합한 것은?

① 아르곤+수소 ② 아르곤+질소
③ 헬륨+수소 ④ 질소+수소

해설
알루미늄, 스테인리스강, 비철금속의 절단 시 일반적으로 아르곤과 수소의 혼합 가스를 사용한다.

**02** 서브머지드 아크용접의 다전극 방식에 의한 분류가 아닌 것은?

① 푸시식 ② 텐덤식
③ 횡병렬식 ④ 횡직렬식

해설
푸시식(push)은 와이어 송급방식의 종류이다.

**03** 다음 중 정지구멍(stop hole)을 뚫어 결함 부분을 깎아내고 재용접해야 하는 결함은?

① 균열 ② 언더컷
③ 오버랩 ④ 용입부족

해설
강재의 균열 발생 시 균열이 더 커지는 것을 막기 위해 균열의 양끝 단에 구멍을 뚫는다.

**04** 다음 중 비파괴 시험에 해당하는 시험법은?

① 굽힘 시험 ② 현미경 조직 시험
③ 파면 시험 ④ 초음파 시험

해설
초음파 시험(UT)은 비파괴 시험에 해당한다.

**05** 산업용 로봇 중 직각좌표계 로봇의 장점에 속하는 것은?

① 오프라인 프로그래밍이 용이하다.
② 로봇 주위에 접근이 가능하다.
③ 1개의 선형축과 2개의 회전축으로 이루어졌다.
④ 작은 설치공간에 큰 작업영역이다.

해설
직각좌표계 로봇은 오프라인 프로그래밍이 용이하며 정확도와 반복 정밀도가 뛰어나다.

**06** 용접 후 변형 교정 시 가열온도 500~600℃, 가열시간 약 30초, 가열지름 20~30mm로 하여, 가열한 후 즉시 수랭하는 변형 교정법을 무엇이라 하는가?

① 박판에 대한 수랭 동판법
② 박판에 대한 살수법
③ 박판에 대한 수랭 석면포법
④ 박판에 대한 점수축법

해설
**용접 시 발생한 변형의 교정법**
- 박판에 대한 점가열법
- 형재에 대한 직선가열법
- 가열 후 해머로 두드리는 방법
- 두꺼운 판에 대해 가열 후 압력을 걸고 수랭하는 방법

**07** 용접 전의 일반적인 준비사항이 아닌 것은?

① 사용 재료를 확인하고 작업내용을 검토한다.
② 용접전류, 용접순서를 미리 정해둔다.
③ 이음부에 대한 불순물을 제거한다.
④ 예열 및 후열처리를 실시한다.

해설
후열처리는 용접 전의 준비사항이 아니다.

**08** 금속의 원자가 접합되는 인력 범위는?

① $10^{-4}$cm ② $10^{-6}$cm
③ $10^{-8}$cm ④ $10^{-10}$cm

해설
금속은 $10^{-8}$cm(1Å : 옹스트롱)에서 원자 간의 인력으로 접합된다.

정답 01 ① 02 ① 03 ① 04 ④ 05 ① 06 ④ 07 ④ 08 ③

## 09 불활성가스 금속아크용접(MIG)에서 크레이터 처리에 의해 전류가 서서히 줄어들면서 아크가 끊어지는 기능으로 용접부가 녹아내리는 것을 방지하는 제어기능은?

① 스타트 시간 ② 예비 가스 유출 시간
③ 번백 시간 ④ 크레이터 충전 시간

해설
번백 시간이란 MIG 용접과 같은 자동, 반자동 용접 시 크레이터 처리에 의해 전류가 서서히 줄어들면서 아크가 끊어지는 기능으로, 용접부가 녹아내리는 것을 방지하는 기능이다.

## 10 다음 중 용접용 지그 선택의 기준으로 적절하지 않은 것은?

① 물체를 튼튼하게 고정해줄 크기와 힘이 있을 것
② 변형을 막아줄 만큼 견고하게 잡아줄 수 있을 것
③ 물품의 고정과 분해가 어렵고 청소가 편리할 것
④ 용접 위치를 유리한 용접자세로 쉽게 움직일 수 있을 것

해설
용접용 지그는 고정과 분해가 쉬운 것이어야 한다.

## 11 다음 중 테르밋 용접의 특징에 관한 설명으로 틀린 것은?

① 전기가 필요 없다.
② 용접 작업이 단순하다.
③ 용접 시간이 길고 용접 후 변형이 크다.
④ 용접 기구가 간단하고 작업 장소의 이동이 쉽다.

해설
테르밋 용접 관련 문제는 출제 빈도가 상당히 높은 편이다. 테르밋 용접은 전기를 사용하지 않으며 산화철과 알루미늄의 분말을 약 3:1로 혼합하여 과산화바륨과 알루미늄 또는 마그네슘 등의 점화제를 가해 발생하는 화학적인 반응 에너지로 용접을 하며 변형이 적어 주로 기차 레일의 용접에 사용된다.

## 12 서브머지드 아크용접에 대한 설명으로 틀린 것은?

① 가시용접으로 용접 시 용착부를 육안으로 식별 가능하다.
② 용융속도와 용착속도가 빠르며 용입이 깊다.
③ 용착금속의 기계적 성질이 우수하다.
④ 개선각을 작게 하여 용접 패스 수를 줄일 수 있다.

해설
서브머지드 아크용접은 입상의 용제 속에 와이어가 파묻혀 아크를 일으키므로 아크를 육안으로 식별할 수 없다.

## 13 다음 중 용접 설계상 주의해야 할 사항으로 틀린 것은?

① 국부적으로 열이 집중되도록 할 것
② 용접에 적합한 구조의 설계를 할 것
③ 결함이 생기기 쉬운 용접 방법은 피할 것
④ 강도가 약한 필릿용접은 가급적 피할 것

해설
용접 시 모재가 국부적으로 열이 집중되지 않도록 설계해야 응력으로 인한 결함을 방지할 수 있다.

## 14 이산화탄소 아크용접법에서 이산화탄소($CO_2$)의 역할을 설명한 것 중 틀린 것은?

① 아크를 안정시킨다.
② 용융금속 주위를 산성 분위기로 만든다.
③ 용융속도를 빠르게 한다.
④ 양호한 용착금속을 얻을 수 있다.

해설
이산화탄소 아크용접 시 이산화탄소 가스는 아크를 안정시키며 용접부를 산성분위기로 만들어 양호한 용착금속을 얻을 수 있게 하는 역할을 한다.

## 15 이산화탄소 아크용접에 관한 설명으로 틀린 것은?

① 팁과 모재 간의 거리는 와이어의 돌출길이에 아크 길이를 더한 것이다.
② 와이어 돌출길이가 짧아지면 용접와이어의 예열이 많아진다.
③ 와이어의 돌출길이가 짧아지면 스패터가 부착되기 쉽다.
④ 약 200A 미만의 저전류를 사용할 경우 팁과 모재 간의 거리는 10~15mm 정도를 유지한다.

해설
와이어 돌출길이가 길어지면 용접와이어의 예열이 많아지게 되어 용융속도가 증가한다.

정답 09 ③ 10 ③ 11 ③ 12 ① 13 ① 14 ③ 15 ②

**16** 강구조물 용접에서 맞대기 이음의 루트 간격의 차이에 따라 보수용접을 하는데 보수방법으로 틀린 것은?

① 맞대기 루트 간격 6mm 이하일 때에는 이음부의 한쪽 또는 양쪽을 덧붙임 용접한 후 절삭하여 규정 간격으로 개선 홈을 만들어 용접한다.
② 맞대기 루트 간격 15mm 이상일 때에는 판을 전부 또는 일부(대략 300mm 이상의 폭)를 바꾼다.
③ 맞대기 루트 간격 6~15mm일 때에는 이음부에 두께 6mm 정도의 뒷댐판을 대고 용접한다.
④ 맞대기 루트 간격 15mm 이상일 때에는 스크랩을 넣어서 용접한다.

해설
맞대기 루트간격 15mm 이상일 때는 판 전부 또는 일부를 바꿔 용접한다.

**17** 용접 시공 시 발생하는 용접 변형이나 잔류응력의 발생을 줄이기 위해 용접 시공 순서를 정한다. 다음 중 용접 시공 순서에 대한 사항으로 틀린 것은?

① 제품의 중심에 대하여 대칭으로 용접을 진행한다.
② 같은 평면 안에 이음이 있을 때에는 수축은 가능한 한 자유단으로 보낸다.
③ 수축이 적은 이음을 가능한 한 먼저 용접하고 수축이 큰 이음을 나중에 용접한다.
④ 리벳작업과 용접을 같이 할 때는 용접을 먼저 실시하여 용접열에 의해서 리벳의 구멍이 늘어남을 방지한다.

해설
수축이 큰 이음을 먼저 하고 수축이 작은 이음을 나중에 한다.(응력 발생 방지)

**18** 용접 작업 시의 전격에 대한 방지대책으로 올바르지 않은 것은?

① TIG 용접 시 텅스텐 전극봉을 교체할 때는 전원 스위치를 차단하지 않고 해야 한다.
② 습한 장갑이나 작업복을 입고 용접하면 감전의 위험이 있으므로 주의한다.
③ 절연홀더의 절연 부분이 균열이 생기거나 파손되었으면 곧바로 보수하거나 교체한다.
④ 용접작업이 끝났을 때나 장시간 중지할 때에는 반드시 스위치를 차단시킨다.

해설
전격이란 몸속에 흘러들어간 전류에 의해 생기는 물리적 영향을 말하며 전기충격이라고도 한다. 이를 방지하기 위해 TIG 용접 시 텅스텐 전극봉을 교체할 때는 전원 스위치를 반드시 차단하고 작업해야 한다.

**19** 단면적이 $10cm^2$인 평판을 완전 용입 맞대기 용접한 경우의 하중은 얼마인가?(단, 재료의 허용응력을 $1,600kgf/cm^2$로 한다.)

① 160kgf ② 1,600kgf
③ 16,000kgf ④ 16kgf

해설
'허용응력＝하중/단면적'이므로 '1,600＝하중/10'이다. 그러므로 하중의 값은 16,000kgf

**20** 용접 길이가 짧거나 변형 및 잔류응력의 우려가 적은 재료를 용접할 경우 가장 능률적인 용착법은?

① 전진법 ② 후진법
③ 비석법 ④ 대칭법

해설
잔류응력의 우려가 적은 경우는 전진법으로 용접한다. 전진법은 용접선이 잘 보이며 비드의 모양이 좋기 때문이다.

**21** 다음 중 아세틸렌($C_2H_2$) 가스의 폭발성에 해당되지 않는 것은?

① 406~408℃가 되면 자연 발화한다.
② 마찰, 진동, 충격 등의 외력이 작용하면 폭발 위험이 있다.
③ 아세틸렌 90%, 산소 10%의 혼합 시 가장 폭발 위험이 크다.
④ 은, 수은 등과 접촉하면 이들과 화합하여 120℃ 부근에서 폭발성이 있는 화합물을 생성한다.

정답 16 ④ 17 ③ 18 ① 19 ③ 20 ① 21 ③

해설
산소 85%, 아세틸렌 15%의 혼합비일 때 폭발의 위험이 크다.

**22** 스터드 용접의 특징 중 틀린 것은?

① 긴 용접시간으로 용접변형이 크다.
② 용접 후의 냉각속도가 비교적 빠르다.
③ 알루미늄, 스테인리스강 용접이 가능하다.
④ 탄소 0.2%, 망간 0.7% 이하 시 균열 발생이 없다.

해설
스터드 용접이란 볼트나 환봉 등을 모재에 접합하기 위한 용접법이며 아크를 발생시키고 적당하게 용융한 뒤에 순간적으로 압착시켜 용접하는 방식이다.

**23** 연강용 피복아크용접봉 중 저수소계 용접봉을 나타내는 것은?

① E4301 ② E4311
③ E4316 ④ E4327

해설
저수소계 용접봉(E4316)

**24** 산소－아세틸렌가스 용접의 장점이 아닌 것은?

① 용접기의 운반이 비교적 자유롭다.
② 아크용접에 비해서 유해광선의 발생이 적다.
③ 열의 집중성이 높아서 용접이 효율적이다.
④ 가열할 때 열량 조절이 비교적 자유롭다.

해설
산소－아세틸렌가스 용접은 열의 집중성이 작아 비효율적이다.

**25** 직류 피복아크용접기와 비교한 교류 피복아크용접기의 설명으로 옳은 것은?

① 무부하전압이 낮다.
② 아크의 안정성이 우수하다.
③ 아크 쏠림이 거의 없다.
④ 전격의 위험이 작다.

해설
교류 아크용접기는 무부하전압이 높아 전격의 위험이 따르며 아크의 안정성이 직류 용접기에 비해 떨어지고 아크 쏠림이 생기지 않는다.

**26** 다음 중 산소용기의 각인 사항에 포함되지 않은 것은?

① 내용적 ② 내압시험압력
③ 가스충전일시 ④ 용기 중량

해설
가스충전일시는 각인사항에 포함되어 있지 않다.

**27** 정류기형 직류 아크용접기에서 사용되는 셀렌 정류기는 80℃ 이상이면 파손되므로 주의하여야 하는데 실리콘 정류기는 몇 ℃ 이상에서 파손되는가?

① 120℃ ② 150℃
③ 80℃ ④ 100℃

해설
정류기형 직류 아크용접기의 정류자로는 셀렌, 실리콘 등이 있으며 셀렌은 80℃, 실리콘은 150℃ 이상에서 파손되므로 주의해야 한다.

**28** 평로 제강법에서 탈산제로 사용되는 것은?

① 알루미늄 분말
② 산화철
③ 코크스
④ 암모니아수

해설
탈산제인 페로망간(Fe－Mn), 페로실리콘(Fe－Si), 알루미늄 등을 첨가하여 산소와 질소를 제거한다.

**29** 절단의 종류 중 아크 절단에 속하지 않는 것은?

① 탄소 아크 절단 ② 금속 아크 절단
③ 플라스마 제트 절단 ④ 수중 절단

해설
수중 절단은 아크가 아닌 가스를 이용한 절단법이다.

정답 22 ① 23 ③ 24 ③ 25 ③ 26 ③ 27 ② 28 ① 29 ④

**30** 강재의 표면에 개재물이나 탈탄층 등을 제거하기 위하여 비교적 얇고 넓게 깎아내는 가공법은?

① 스카핑 ② 가스 가우징
③ 아크 에어 가우징 ④ 워터 제트 절단

해설
스카핑은 강재 표면의 불순물을 가능한 한 얇고 넓게 깎아내는 가공법이다.
(암기법 : 스카프(핑)는 대체적으로 두께가 얇다.)

**31** 다음 중 용접기에서 모재를 (+)극에, 용접봉을 (−)극에 연결하는 아크 극성으로 옳은 것은?

① 직류 정극성 ② 직류 역극성
③ 용극성 ④ 비용극성

해설
직류 정극성(DCSP)은 용접봉에 (−)극을 모재에 (+)극을 연결하며 용입이 깊고 비드의 폭이 좁아 후판 용접에 사용된다. 일반적으로 많이 사용되는 극성이다.

**32** 야금적 접합법의 종류에 속하는 것은?

① 납땜 이음 ② 볼트 이음
③ 코터 이음 ④ 리벳 이음

해설
야금적 접합이란 용접접합을 의미하며 용접은 융접, 압접, 납땜으로 분류된다.

**33** 수중 절단작업에 주로 사용되는 연료 가스는?

① 아세틸렌 ② 프로판
③ 벤젠 ④ 수소

해설
수중 절단 시 아세틸렌, 프로판 등 일반 가스 절단에 사용되는 가스로는 가압하는 압력에 한계가 있기 때문에 수소가 사용된다.

**34** 탄소 아크 절단에 압축공기를 병용하여 전극홀더의 구멍에서 탄소 전극봉에 나란히 분출하는 고속의 공기를 분출시켜 용융금속을 불어내어 홈을 파는 방법은?

① 아크 에어 가우징 ② 금속 아크 절단
③ 가스 가우징 ④ 가스 스카핑

해설
탄소 아크 절단에 압축공기를 병용한 절단법은 아크 에어 가우징이다.

**35** 가스용접 시 팁 끝이 순간적으로 막혀 가스분출이 나빠지고 혼합실까지 불꽃이 들어가는 현상을 무엇이라고 하는가?

① 인화 ② 역류
③ 점화 ④ 역화

해설
인화란 팁 끝이 막혀 불꽃이 혼합실까지 밀려들어 가는 현상을 말한다.

**36** 피복배합제의 종류 중 규산나트륨, 규산칼륨 등의 수용액이 주로 사용되며 심선에 피복제를 부착하는 역할을 하는 것은 무엇인가?

① 탈산제 ② 고착제
③ 슬래그 생성제 ④ 아크 안정제

해설
전기 피복아크용접봉에서 피복제를 심선에 부착(고착)하는 것에 규산나트륨, 규산칼륨 등의 수용액이 사용된다.

**37** 판의 두께($t$)가 3.2mm인 연강판을 가스용접으로 보수하고자 할 때 사용할 용접봉의 지름(mm)은?

① 1.6mm ② 2.0mm
③ 2.6mm ④ 3.0mm

해설
가스용접봉의 두께 = 모재의 두께/2 + 1 이므로
3.2/2 + 1 = 2.6

**38** 가스 절단 시 예열 불꽃의 세기가 강할 때의 설명으로 틀린 것은?

① 절단면이 거칠어진다.
② 드래그가 증가한다.
③ 슬래그 중의 철 성분의 박리가 어려워진다.
④ 모서리가 용융되어 둥글게 된다.

정답 30 ① 31 ① 32 ① 33 ④ 34 ① 35 ① 36 ② 37 ③ 38 ②

해설
예열 불꽃의 세기가 약하면 드래그가 증가한다.

**39** 황(S)이 적은 선철을 용해하여 구상흑연주철을 제조 시 주로 첨가하는 원소가 아닌 것은?

① Al ② Ca
③ Ce ④ Mg

해설
구상흑연주철이란 Mg, Ca, Ce 등을 첨가해서 흑연을 구상으로 정출시킨 주철을 말한다.

**40** 해드필드(Hadfield)강은 상온에서 오스테나이트 조직을 가지고 있다. Fe 및 C 이외의 주요 성분은 무엇인가?

① Ni ② Mn
③ Cr ④ Mo

해설
해드필드강이란 Mn이 약 13% 정도 함유된 고망간강으로 내마멸성이 뛰어나다.

**41** 쇼터라이징 또는 도펠-듀로(doppel-durro)법이라 하며 국부 담금질이 가능한 표면 경화 처리법은?

① 화염경화법 ② 구상화 처리법
③ 강인화 처리법 ④ 결정입자 처리법

해설
화염경화법은 쇼터라이징 또는 도펠-듀로법이라 하며 국부 담금질이 가능하다. 보통주철, 탄소강 등에 산소-아세틸렌 화염으로 표면을 가열, 냉각시키는 방법이다.

**42** 전극재료의 선택 조건을 설명한 것 중 틀린 것은?

① 비저항이 작아야 한다.
② Al과의 밀착성이 우수해야 한다.
③ 산화 분위기에서 내식성이 커야 한다.
④ 금속 규화물의 용융점이 웨이퍼 처리 온도보다 낮아야 한다.

해설
전극재료의 선택 시 금속 규화물의 용융점은 웨이퍼 처리 온도보다 높은 것이어야 한다.

**43** 7-3 황동에 주석을 1% 첨가한 것으로 전연성이 좋아 관 또는 판을 만들어 증발기, 열교환기 등에 사용되는 것은?

① 문쯔메탈 ② 네이벌 황동
③ 카트리지 브라스 ④ 애드미럴티 황동

해설
7 : 3 황동(70% Cu-30% Zn)에 주석을 1% 첨가한 것을 애드미럴티 황동이라 한다.

**44** 탄소강의 표준조직을 검사하기 위해 $A_3$, $A_{cm}$ 선보다 30~50℃ 높은 온도로 가열한 후 공기 중에 냉각하는 열처리는?

① 노멀라이징 ② 어닐링
③ 템퍼링 ④ 퀜칭

해설
노멀라이징(불림) 열처리는 탄소강의 표준조직을 얻는 열처리이며 결정조직을 미세화하여 가공 재료의 내부응력을 제거하며 기계적, 물리적 성질을 고르게 한다.

**45** 소성변형이 일어나면 금속이 경화하는 현상을 무엇이라 하는가?

① 탄성경화 ② 가공경화
③ 취성경화 ④ 자연경화

해설
가공경화란 금속 재료의 가공, 변형 시 원래의 것보다 강도가 강해지는 현상(경화)을 말한다.

**46** 납황동은 황동에 납을 첨가하여 어떤 성질을 개선한 것인가?

① 강도 ② 절삭성
③ 내식성 ④ 전기전도도

해설
납황동은 황동(Cu-Zn)에 납(Pb)을 첨가하여 절삭성을 개선시킨 것이다

정답 39 ① 40 ② 41 ① 42 ④ 43 ④ 44 ① 45 ② 46 ②

## 47 마우러 조직도에 대한 설명으로 옳은 것은?

① 주철에서 C와 P 양에 따른 주철의 조직관계를 표시한 것이다.
② 주철에서 C와 Mn 양에 따른 주철의 조직관계를 표시한 것이다.
③ 주철에서 C와 Si 양에 따른 주철의 조직관계를 표시한 것이다.
④ 주철에서 C와 S 양에 따른 주철의 조직관계를 표시한 것이다.

해설
마우러 조직도는 C와 Si의 조직관계를 나타낸 것이다.

## 48 순 구리(Cu)와 철(Fe)의 용융점은 약 몇 ℃인가?

① Cu : 660℃, Fe : 890℃
② Cu : 1,063℃, Fe : 1,050℃
③ Cu : 1,083℃, Fe : 1,539℃
④ Cu : 1,455℃, Fe : 2,200℃

해설
구리의 융점 : 1,083℃, Fe의 융점 : 1,539℃

## 49 게이지용 강이 갖추어야 할 성질로 틀린 것은?

① 담금질에 의한 변형이 없어야 한다.
② HRC 55 이상의 경도를 가져야 한다.
③ 열팽창계수가 보통 강보다 커야 한다.
④ 시간에 따른 치수 변화가 없어야 한다.

해설
열팽창계수가 커지면 쉽게 변형이 발생하므로 게이지용 강으로 사용할 수가 없다.

## 50 그림에서 마텐자이트 변태가 가장 빠른 것은?

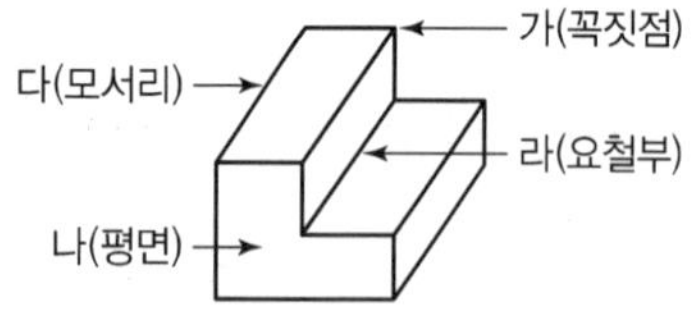


① 가 ② 나
③ 다 ④ 라

해설
'가' 부분은 냉각속도가 가장 빠른 지점이다.

## 51 그림과 같은 입체도의 제3각 정투상도로 적합한 것은?

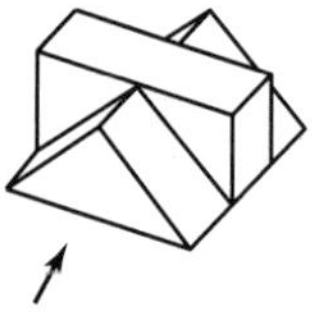

① 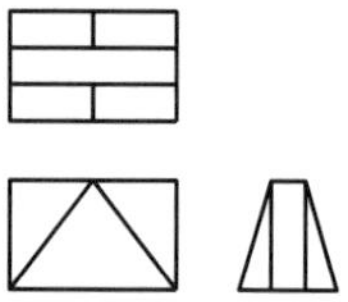
② 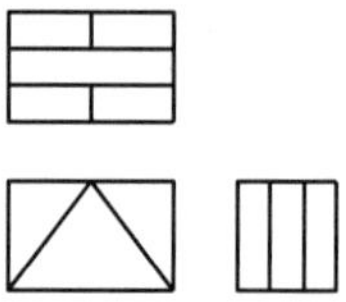
③ 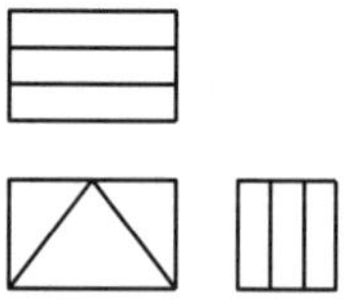
④ 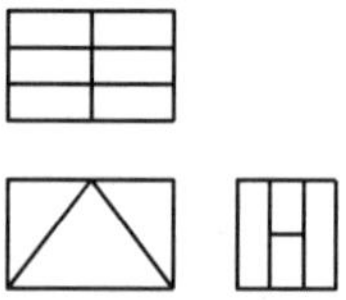

## 52 다음 중 저온 배관용 탄소강관 기호는?

① SPPS ② SPLT
③ SPHT ④ SPA

해설
- SPPS : 압력배관용탄소강관
- SPHT : 고온배관용탄소강관
- SPA : 배관용합금강관

## 53 다음 중 이면용접 기호는?

① 
② 
③ 
④ 

해설
이면이란 뒷면(back)을 말한다.

## 54 다음 중 현의 치수기입을 올바르게 나타낸 것은?

① 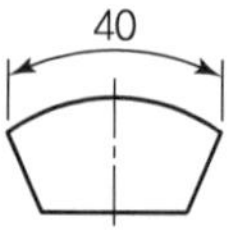

② 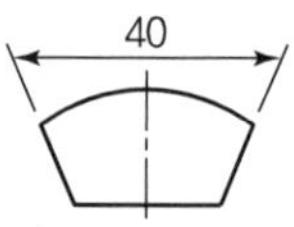

③ 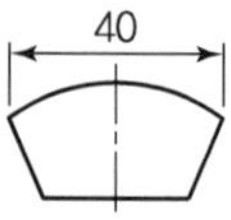

④ 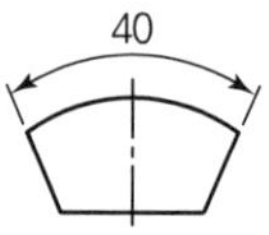


정답 47 ③ 48 ③ 49 ③ 50 ① 51 ② 52 ② 53 ③ 54 ③

해설
①：호의 길이, ③：현의 길이, ④：각도

**55** 다음 중 대상물을 한쪽 단면도로 올바르게 나타낸 것은?

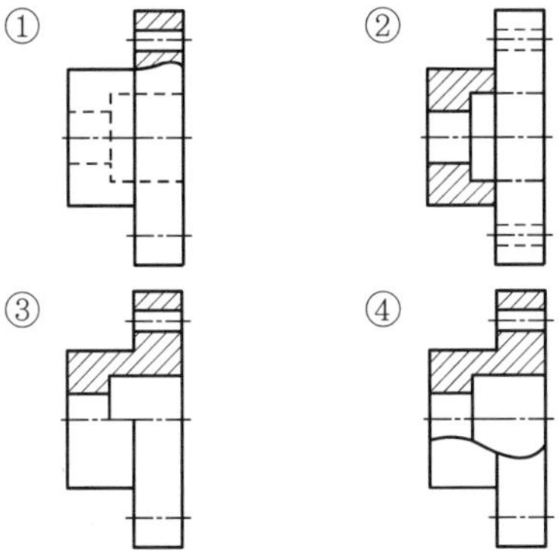

해설
한쪽 단면도(반단면도)란 기본 중심선에 대해 대칭인 물체의 1/4만을 잘라내어 해당 부분을 그린 단면도이다. 한쪽 단면도는 1/2이 단면이고, 나머지 1/2이 외형이다.

**56** 다음 중 도면에서 단면도의 해칭에 대한 설명으로 틀린 것은?

① 해칭선은 반드시 주된 중심선에 대해 45°로만 경사지게 긋는다.
② 해칭선은 가는 실선으로 규칙적으로 줄을 늘어놓는 것을 말한다.
③ 단면도에 재료 등을 표시하기 위해 특수한 해칭(또는 스머징)을 할 수 있다.
④ 단면 면적이 넓을 경우에는 그 외형선에 따라 적절한 범위에 해칭(또는 스머징)을 할 수 있다.

해설
해칭선은 가는 실선으로 제도하나 반드시 주된 중심선에 대해 45도로 제도하지 않아도 무방하다.

**57** 배관의 간략도시방법 중 환기계 및 배수계의 끝장치 도시방법의 평면도에서 그림과 같이 도시된 것의 명칭은?

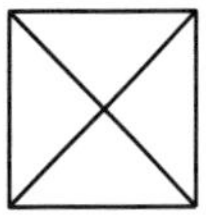

① 배수구　　② 환기관
③ 벽붙이 환기 삿갓　　④ 고정식 환기 삿갓

해설
보기에 제시된 그림은 고정식 환기 삿갓을 의미한다.

**58** 그림과 같은 입체도에서 화살표 방향에서 본 투상을 정면으로 할 때 평면도로 가장 적합한 것은?

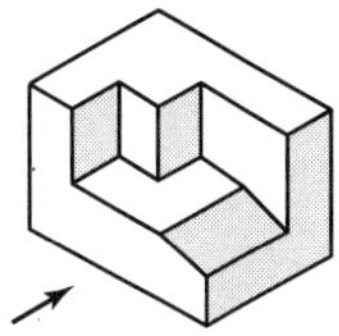

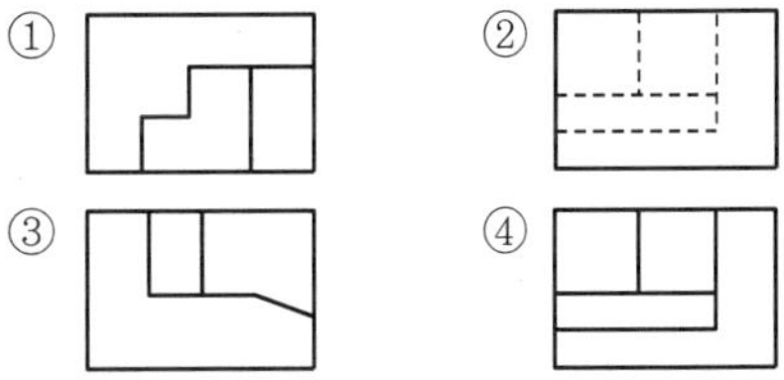

해설
화살표를 기준(정면)으로 위에서 본 투상도를 평면도라 한다.

**59** 나사 표시가 "L 2N M50×2 － 4h"로 나타날 때 이에 대한 설명으로 틀린 것은?

① 왼나사이다.
② 2줄 나사이다.
③ 미터 가는 나사이다.
④ 암나사 등급이 4h이다.

해설
위의 나사는 좌(왼) 2줄 미터 가는 나사이며 등급이 4h인 수나사이다.

**60** 무게중심선과 같은 선의 모양을 가진 것은?

① 가상선　　② 기준선
③ 중심선　　④ 피치선

해설
무게중심선은 가는 이점쇄선으로 나타낸다.

정답 55 ③ 56 ① 57 ④ 58 ① 59 ④ 60 ①

# 부록

# 계산문제 총정리

지금까지 출제된 계산문제를 모두 취합하여 정리 · 수록하였습니다.

**01** 피복아크용접에서 용접의 단위 길이 1cm당 발생하는 전기적 열에너지 $H$(J/cm)를 구하는 식은?

① $H=\dfrac{V}{60EI}$

② $H=\dfrac{60V}{EI}$

③ $H=\dfrac{60E}{VI}$

④ $H=\dfrac{60EI}{V}$

**02** 아크 전압 25V, 속도 12.5cm/min, 아크전류 120

A로 용접할 때 단위 $cm^2$당 용접입열은 얼마인가?

① 144J ② 1,440J

③ 14,400J ④ 144,000J

해설

$H=\dfrac{60EI}{V}=\dfrac{60\times25\times120}{12.5}=14,400$

**03** 규격이 (AW) 200인 교류 아크용접기로 조정할 수 있는 정격 2차 전류 최댓값은 어느 정도인가?

① 200A ② 220A

③ 240A ④ 260A

해설

조정 가능한 전류는 20~110%,
따라서, 200×1.1=220

**04** 용접기의 사용률(Duty Cycle)을 구하는 공식으로 맞는 것은?

① $\text{사용률}=\dfrac{\text{아크 발생 시간}}{\text{아크 발생 시간}+\text{휴식 시간}}\times100$

② $\text{사용률}=\dfrac{\text{휴식 시간}}{\text{아크 발생 시간}+\text{휴식 시간}}\times100$

③ $\text{사용률}=\dfrac{\text{아크 발생 시간}}{\text{아크 발생 시간}-\text{휴식 시간}}\times100$

④ $\text{사용률}=\dfrac{\text{휴식 시간}}{\text{아크 발생 시간}-\text{휴식 시간}}\times100$

**05** 용접기의 아크 발생시간이 8분이고, 휴식시간이 2분이었다면 사용률은 몇 % 인가?

① 25 ② 40

③ 65 ④ 80

해설

$\text{사용률}=\dfrac{\text{아크 발생 시간}}{\text{아크 발생 시간}+\text{휴식 시간}}\times100$

$\text{사용률}=\dfrac{8}{8+2}\times100$

$=80$

**06** 아크 발생시간이 4분이고, 용접기의 휴식시간이 6분일 경우 사용률(%)은 얼마인가 ?

① 40% ② 100%

③ 60% ④ 50%

**07** 사용률이 40%인 교류 아크용접기를 사용하여 정격전류로 4분 용접하였다면 휴식시간은 얼마인가?

① 2분 ② 4분

③ 6분 ④ 8분

해설

$40=\dfrac{4}{4+x}\times100,\ 40(4+x)=4\times100,$

$160+40x=400,\ 40x=400-160$

$x=(400-160)/40=240/40=6$

**08** 용접기에서 허용 사용률(%)을 나타내는 식은?

① (정격 2차 전류)$^2$/(실제의 용접전류)$^2$×정격사용률

② (실제의 용접전류)$^2$/(정격 2차 전류)$^2$×100

③ (정격 2차 전류)/(실제의 용접전류)×정격사용률

④ (실제의 용접전류)/(정격 2차

정답 01 ④ 02 ③ 03 ② 04 ① 05 ④ 06 ① 07 ③ 08 ①

**09** 피복아크용접 시 2차측 사용전류가 120A이고 정격 2차 전류가 300A일 때 허용 사용률은 얼마인가?(단, 정격 사용률은 40%이다.)

① 100[%]　② 150[%]
③ 250[%]　④ 360[%]

해설
$300^2/120^2 \times 40 = 250$

**10** 피복아크용접을 할 때 용융 속도를 결정하는 것으로 맞는 것은?

① 용융 속도=아크 전류×용접봉 쪽 전압 강하
② 용융 속도=아크 전압×용접봉 쪽 전압 강하
③ 용융 속도=아크 전류×용접봉 지름
④ 용융 속도=아크 전류×아크 전압

**11** 양극 전압 강하 $V_A$, 음극 전압 강하 $V_K$, 아크 기둥 전압 강하 $V_P$ 라고 할 때에 아크 전압 $V_a$의 올바른 관계식은?

① $Va = V_A + V_K - V_P$
② $Va = V_K + V_P - V_A$
③ $Va = V_A - V_K - V_P$
④ $Va = V_A + V_K + V_P$

**12** 다음 중 역률을 구하는 공식은?

① 역률=소비전력(kW)/전원입력(kVA)×100
② 역률=전원입력(kVA)/소비전력(kW)×100
③ 역률=전원입력(kVA)×소비전력(kW)×100
④ 역률=전원입력(kVA)×소비전력(kW)/100

**13** 다음 중 효율을 구하는 공식은?

① 효율=아크출력(kW)/소비전력(kW)×100
② 효율=소비전력(kW)/아크출력(kW)×100
③ 효율=아크출력(kW)×소비전력(kW)×100
④ 효율=아크출력(kW)×소비전력(kW)/100

**14** AW-300 무부하전압 80V, 아크 전압 30V인 교류 용접기를 사용할 때 역률과 효율은 약 얼마인가?(단, 내부 손실은 4kW이다.)

① 역률 : 54%, 효율 : 69%
② 역률 : 89%, 효율 : 72%
③ 역률 : 80%, 효율 : 72%
④ 역률 : 54%, 효율 : 80%

해설
역률 = 30×300+4,000/80×300 = 54.1
효율 = 30×300/(30×300+4,000) = 69.2

**15** 용접봉의 소요량을 판단하거나 용접 작업 시간을 판단하는 데 필요한 용접봉의 용착효율을 구하는 식은?

① $\text{용착 효율} = \dfrac{\text{용착 금속의 중량}}{\text{용접봉 사용 중량}} \times 100$
② $\text{용착 효율} = \dfrac{\text{용착 금속의 중량} \times 2}{\text{용접봉 사용 중량}} \times 100$
③ $\text{용착 효율} = \dfrac{\text{용접봉 사용 중량}}{\text{용착 금속의 중량}} \times 100$
④ $\text{용착 효율} = \dfrac{\text{용접봉 사용 중량}}{\text{용착 금속의 중량} \times 2} \times 100$

**16** 필릿용접에서 이론 목두께 a와 용접 다리 길이 z의 관계를 옳게 나타낸 것은?

① a≒0.3z　② a≒0.5z
③ a≒0.7z　④ a≒0.9z

해설
목 두께 구하는 공식=다리길이×0.7

**17** 용접 시험편에서 P=최대 하중, D=재료의 지름, A=재료의 최초 단면적일 때, 인장 강도를 구하는 식으로 옳은 것은?

① $P/\pi D$　② $P/A$
③ $P/A^2$　④ $A/P$

정답 09 ③ 10 ① 11 ④ 12 ① 13 ① 14 ① 15 ① 16 ③ 17 ②

**18** 맞대기 이음에서 판 두께 10cm, 용접선의 길이 200cm, 하중 9000kgf에 대한 인장 응력($\sigma$)은?

① 4.5kgf/cm$^2$　② 3.5kgf/cm$^2$
③ 2.5kgf/cm$^2$　④ 1.5kgf/cm$^2$

해설
$\sigma$=P/A=9,000/10×200=4.5

**19** 맞대기 용접을 한 것을 그림과 같이 P=3000kg의 하중으로 잡아당겼다면 인장 응력은 몇 kg/mm$^2$인가?

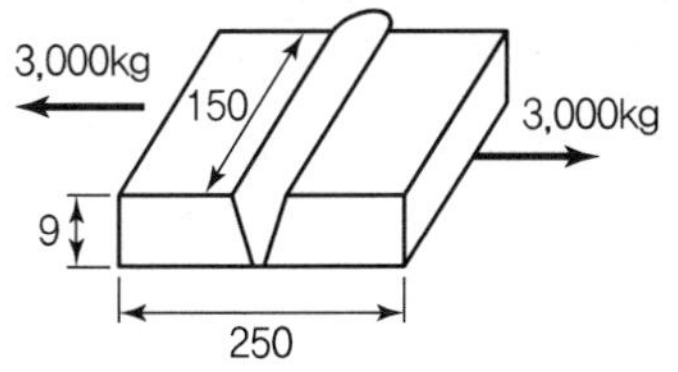


① 약 5.1kg/mm$^2$　② 약 2.5kg/mm$^2$
③ 약 2.2kg/mm$^2$　④ 약 4.2kg/mm$^2$

해설
$\sigma$=P/A
=3,000/9×150
=2.2

**20** 맞대기 용접이음에서 최대 인장하중이 800kgf이고 판 두께가 5mm, 용접선의 길이가 20cm일 때 용착금속의 인장 강도는 몇 kgf/mm$^2$인가?

① 0.8　② 8
③ 80　④ 800

해설
단위를 mm로 통일하면,
$\sigma$=P/A=800/5×200
=0.8

**21** 연강의 인장 시험에서 하중 100N, 시험편의 최초 단면적이 20mm$^2$일 때 응력은 몇 N/mm$^2$인가?

① 5　② 10
③ 15　④ 20

해설
$\sigma$=P/A=100/20=5

**22** 용착 금속의 인장 강도가 45kgf/mm$^2$이고 안전율이 9일 때 용접이음의 허용 응력은 몇 kgf/mm$^2$인가?

① 5　② 36
③ 53　④ 405

해설
안전율(S)=인장강도/허용응력
9=45/$x$, $x$=45/9=5

**23** 피복아크용접봉에서 큰 쪽의 직경이 8이고 작은 쪽의 직경이 7.5일 경우 편심률은 얼마인가?

① 3.3　② 5.2
③ 6.7　④ 7.6

해설
편심율(%)$=\dfrac{D'-D}{D}\times 100$,

편심율$=\dfrac{8-7.5}{7.5}\times 100=6.7$

**24** 가변압식 토치의 팁 번호 중 400번을 사용하여 중성불꽃으로 1시간 동안 용접할 때, 아세틸렌 가스의 소비량은 몇 리터인가?

① 800　② 1,600
③ 2,400　④ 400

해설
400$l$×1시간=400, 가변압식 팁 400번의 의미는 1시간당 소비되는 아세틸렌 가스의 양

**25** 가스 용접용 토치의 팁 중 표준 불꽃으로 1시간 용접 시 아세틸렌 소모량이 100L인 것은?

① 고압식 200번 팁
② 중압식 200번 팁
③ 가압식 100번 팁
④ 불변압식 120번 팁

정답　18 ①　19 ③　20 ①　21 ①　22 ①　23 ③　24 ④　25 ③

**26** 산소 용기의 내용적이 33.7리터인 용기에 120 $kgf/cm^2$가 충전되어 있을 때 대기압 환산 용적은 몇 리터인가?

① 2,803 ② 4,044
③ 40,440 ④ 28,030

해설
환산 용적=V
P=33.7×120=4,044

**27** 33.7리터의 산소 용기에 150$kgf/cm^2$으로 산소를 충전하여 대기 중에서 환산하면 산소는 몇 리터인가?

① 5,055 ② 6,066
③ 7,077 ④ 8,088

**28** 35℃에서 150기압으로 압축하여 내부용적 40.7리터의 산소 용기에 충전하였을 때 용기 속의 산소량은 몇 리터인가?

① 4,015 ② 5,210
③ 6,105 ④ 7,210

해설
환산 용적=V
P=40.7×150=6,105

**29** 산소-아세틸렌 용접에서 표준불꽃으로 연강판 두께 2.0mm를 60분간 용접하였더니 200리터의 아세틸렌 가스가 소비되었다면, 가장 적당한 가변압식 팁의 번호는?

① 100번 ② 200번
③ 300번 ④ 400번

해설
가변압식 팁은 1시간(60분) 동안 소비되는 아세틸렌 가스의 양을 번호로 나타낸다.

**30** 가변압식의 팁 번호가 200일 때 10시간 동안 표준 불꽃으로 용접할 경우 아세틸렌 가스의 소비량은 몇 리터인가?

① 20 ② 200
③ 2,000 ④ 20,000

해설
가변압식 팁의 번호가 200인 경우 1시간당 200ℓ의 아세틸렌 가스를 소비한다는 의미이므로 10시간 동안 2,000ℓ의 아세틸렌 가스를 소비하게 된다.

**31** 내용적 40리터, 충전 압력이 150$kgf/cm^2$인 산소용기의 압력이 100$kgf/cm^2$까지 내려갔다면 소비한 산소의 량은 몇 $l$인가?

① 2,000 ② 3,000
③ 4,000 ④ 5,000

해설
소비량=내용적(충전압력-사용 후 압력)
=40(150-100)=2,000

**32** 내용적이 40.7L인 용기에 산소가 100$kgf/cm^2$로 충전되어 있다면 프랑스식 팁 100번을 사용하여 표준불꽃으로 약 몇 시간까지 용접이 가능한가?

① 약 16시간 ② 약 22시간
③ 약 31시간 ④ 약 40시간

해설
사용시간=충전량/팁 번호
=40.7×100/100=40.7

**33** 규격이 AW 300인 교류 아크용접기의 정격 2차 전류 범위(A)는?

① 0~300A ② 20~330A
③ 60~330A ④ 120~430A

해설
**교류 용접기의 정격 2차 전류 범위**
정격 2차 전류의 20~110%=300(0.2~1.1)=60~330

정답 26 ② 27 ① 28 ③ 29 ② 30 ③ 31 ① 32 ④ 33 ③

**34** 아세톤은 각종 액체에 잘 용해된다. 15℃, 15기압에서 아세톤 2L에는 아세틸렌이 몇 L 정도가 용해되는가?

① 150L ② 225L
③ 375L ④ 750L

해설
아세틸렌은 아세톤에 1기압 상태에서 25배 용해된다. 따라서 25×15×2=750

**35** A는 병 전체 무게(빈병의 무게+아세틸렌 가스의 무게)이고, B는 빈병의 무게이며, 또한 15℃ 1기압에서의 아세틸렌 가스 용적을 905리터라고 할 때, 용해 아세틸렌 가스의 양 C(리터)를 계산하는 식은?

① C=905(B−A) ② C=905+(B−A)
③ C=905(A−B) ④ C=905+(A−B)

해설
(병 전체의 무게−빈병의 무게)=사용한 아세틸렌 가스의 무게(kg). 또한 아세틸렌 1kg=905$l$이므로 사용한 아세틸렌의 양($l$)은 (A−B)×905이다.

**36** 15℃, 1kgf/cm²하에서 사용 전 용해아세틸렌 병의 무게가 50kgf이고, 사용 후 무게가 47kgf일 때 사용한 아세틸렌 양은 몇 리터인가?

① 2,915 ② 2,815
③ 3,815 ④ 2,715

해설
C=905(사용 전 무게−사용 후 무게)
=905(50−47)=2,715

**37** 가스 절단면의 표준드래그의 길이는 얼마 정도로 하는가?

① 판 두께의 1/2 ② 판 두께의 1/3
③ 판 두께의 1/5 ④ 판 두께의 1/7

**38** 가스 절단 작업 시의 표준 드래그 길이는 일반적으로 모재 두께의 몇 % 정도인가?

① 5 ② 10
③ 20 ④ 25

**39** 두께 25mm의 연강판을 가스 절단하였을 때 경제적인 표준 드래그의 길이는 얼마인가?

① 약 2mm ② 약 5mm
③ 약 8mm ④ 약 10mm

해설
표준 드래그 길이는 판 두께의 약 20%(1/5)

**40** 일반적으로 모재의 두께가 1mm 이상일 때 용접봉의 지름을 결정하는 방법으로 사용되는 식은? (단, D : 용접봉의 지름(mm), T : 판두께(mm))

① D=1/2+T
② D=2/1+T
③ D=2/T+1
④ D=T/2+1

**41** 다음 중 가스용접봉을 선택하는 공식으로 맞는 것은?

① D=T/2+1 ② D=T/2+2
③ D=T/2−2 ④ D=T/2−1

**42** 가스 용접 시 모재의 두께가 2.0mm일 때 용접봉의 지름을 계산식에 의해 구하면 몇 mm인가?

① 2.0 ② 2.6
③ 3.2 ④ 4.0

해설
D=T/2+1
=2/2+1=2

정답 34 ④ 35 ③ 36 ④ 37 ③ 38 ③ 39 ② 40 ④ 41 ① 42 ①

**43** 산소－아세틸렌가스 용접기로 두께가 3.2mm인 연강판을 V형 맞대기 이음을 하려면 이에 적당한 연강용 가스 용접봉의 지름(mm)은?

① 4.6　② 3.2
③ 3.6　④ 2.6

해설
D=T/2+1
=3.2/2+1=2.6

**44** 연강판 두께 6.0mm를 가스 용접하려고 할 때 가장 적당한 용접봉의 지름(mm)을 계산하면?

① 1.6mm　② 2.6mm
③ 4.0mm　④ 5.0mm

해설
D=T/2+1
=6/2+1=4

**45** 연강판 두께 4.4mm의 모재를 가스용접할 때 가장 적당한 가스 용접봉의 지름은 몇 mm인가?

① 1.0　② 1.6
③ 2.0　④ 3.2

해설
D=T/2+1
=4.4/2+1=3.2

**46** 일반적으로 가스 용접봉의 지름이 2.6mm일 때 강판의 두께는 몇 mm 정도가 가장 적당한가? (단, 계산식으로 구한다.)

① 1.6mm　② 3.2mm
③ 4.5mm　④ 6.0mm

해설
D=T/2+1, 2.6=T/2+1,
T/2=2.6−1, T/2=1.6, T=1.6×2=3.2

**47** KS에 규정된 연강용 가스 용접봉의 지름 치수(단위 : mm)에 해당되지 않는 것은?

① 1.6　② 4.2
③ 3.2　④ 5.0

**48** 가스 용접 작업에서 보통 작업을 할 때 압력 조정기의 산소 압력은 몇 $kgf/mm^2$ 이하이어야 하는가?

① 5~6　② 3~4
③ 1~2　④ 0.1~0.3

**49** 형틀 굽힘(굴곡) 시험을 할 때 시험편을 보통 몇 도까지 굽히는가?

① 120°　② 180°
③ 240°　④ 300°

**50** 아크에어 가우징(Arc Air Gouging) 작업 시 압축공기의 압력은 어느 정도가 옳은가?

① $3\sim4kgf/cm^2$　② $5\sim7kgf/cm^2$
③ $8\sim10kgf/cm^2$　④ $11\sim13kgf/cm^2$

**51** 수동가스 절단기에서 저압식 절단토치는 아세틸렌가스 압력이 보통 몇 $kgf/cm^2$ 이하에서 사용되는가?

① 0.07　② 0.40
③ 0.70　④ 1.40

**52** 불활성 가스 금속 아크용접(MIG 용접)의 전류 밀도는 피복아크용접에 비해 약 몇 배 정도인가?

① 2배　② 6배
③ 10배　④ 12배

**53** 맞대기 용접 이음에서 모재의 인장강도는 $45kgf/mm^2$이며, 용접 시험편의 인장강도가 $47kgf/mm^2$일 때 이음 효율은 약 몇 %인가?

① 104　② 96
③ 60　④ 69

해설

$$\text{이음 효율} = \frac{\text{용접 시험편의 인장강도}}{\text{모재의 인장강도}} \times 100 = \frac{47}{45} \times 100 = 104$$

정답　43 ④　44 ③　45 ④　46 ②　47 ②　48 ②　49 ②　50 ②　51 ①　52 ②　53 ①

**54** 이산화탄소 아크용접의 보호가스설비에서 저전류 영역의 가스 유량은 약 몇 $l$/min 정도가 좋은가?

① 1~5 ② 6~9
③ 10~15 ④ 20~25

**55** 액체 이산화탄소 25kg 용기는 대기 중에서 가스량이 대략 12,700L이다. 20L/min의 유량으로 연속 사용할 경우 사용 가능한 시간(Hour)은 약 얼마인가?

① 60시간 ② 6시간
③ 10시간 ④ 1시간

해설
사용 가능 시간=대기 중의 가스량/분당 소비량

$\frac{12,700}{20}$=635분/60=10.6시간

**56** 이산화탄소 가스 아크용접에서 $CO_2$ 가스가 인체에 미치는 영향 중 위험한 상태가 되는 $CO_2$(체적 %양) 양은?

① 0.1 이상 ② 3 이상
③ 8 이상 ④ 15 이상

**57** 서브머지드 아크용접의 V형 맞대기 용접 시 루트면 쪽에 받침쇠가 없는 경우에는 루트 간격을 몇 mm 이하로 하여야 하는가?

① 0.8mm 이하 ② 1.2mm 이하
③ 1.8mm 이하 ④ 2.0mm 이하

**58** TIG 용접에서 직류 정극성으로 용접할 때 전극 선단의 각도가 가장 적합한 것은?

① 5~10° ② 10~20°
③ 20~50° ④ 60~70°

**59** 테르밋 용접에서 미세한 알루미늄 분말과 산화철 분말의 중량비로 가장 올바른 것은?

① 1~2 : 1 ② 3~4 : 1
③ 5~6 : 1 ④ 7~8 : 1

**60** 아세틸렌 가스는 몇 ℃ 이상이면 산소 없이도 자연폭발하는가?

① 406℃ ② 505℃
③ 780℃ ④ 850℃

**61** 보기 도면에서 A 부분의 치수값은?

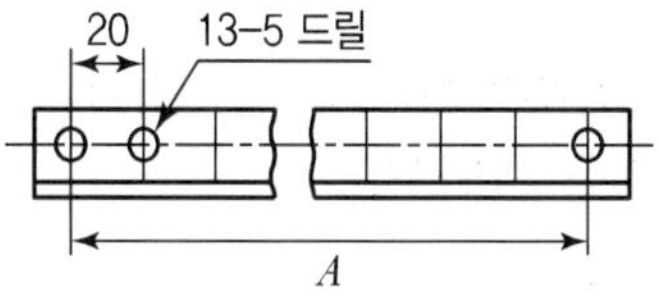


① 100 ② 120
③ 240 ④ 260

해설
A=(구멍 수−1)×1칸의 간격=(13−1)×20=240

**62** 그림과 같이 안지름 550mm, 두께 6mm, 높이 900mm인 원통을 만들려고 할 때 소요되는 철판의 크기로 가장 적당한 것은?(단, 양쪽 마구리는 트인 상태이며 이음매 부위는 고려하지 않는다.)

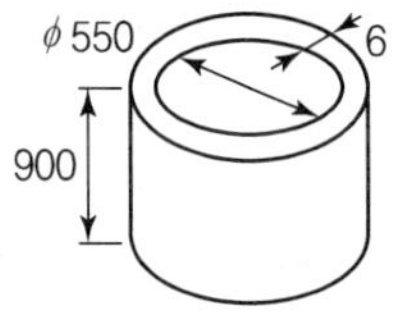


① 900×1,709 ② 900×1,727
③ 900×1,747 ④ 900×1,765

해설
- 외경 표시의 경우=(D−t)×π
- 내경 표시의 경우=(D+t)×π=(550+6)×3.1416 =1,746.7≒1,747

정답 54 ③ 55 ③ 56 ④ 57 ① 58 ③ 59 ② 60 ③ 61 ③ 62 ③

**63** 전압이 200V, 전류가 50A라면 전력(P)은 얼마인가?

① 1kW ② 10kW
③ 20kW ④ 30kW

해설
P=EI, P−200×50=10,000W=10kW

**64** 전기 모터의 마력이 5HP라면 전력은 얼마인가?

① 2kW ② 3.73kW
③ 5.23kW ④ 7.23kW

해설
1HP=746W, 5×746=3,730W=3.73kW

**65** 전압($E$)이 200V이고 전류($I$)가 50A라면 저항($R$)은 얼마인가?

① 2 ② 4
③ 6 ④ 8

해설
$R=\frac{E}{I}$, $E=IR$ ∴ $R=200/50=4$

**66** 직렬 접속 저항에서 $R_1=4[\Omega]$, $R_2=5[\Omega]$, $R_3=10[\Omega]$일 때 합성저항은 약 몇 [Ω]인가?

① 15 ② 17
③ 19 ④ 21

해설
직렬접속 합성저항 $R=R_1+R_2+R_3$
$=4+5+10=19$

**67** 병렬접속 저항에서 $R_1=4[\Omega]$, $R_2=5[\Omega]$, $R_3=10[\Omega]$일 때 합성저항은 약 몇 [Ω]인가?

① 1.8 ② 18
③ 19 ④ 1.9

해설
병렬 합성저항 $=\frac{1}{\frac{1}{4}+\frac{1}{5}+\frac{1}{10}}$

$=\frac{1}{\frac{5}{20}+\frac{4}{20}+\frac{2}{20}}=\frac{1}{\frac{11}{20}}$

$=\frac{20}{11}=1.9$

**68** 1차 입력이 22kVA인 전원 전압을 220V의 전기기기에 사용할 때 퓨즈 용량(A)은?

① 1,000 ② 100
③ 10 ④ 1

해설
퓨즈 용량=1차 입력/전원 전압
=22,000/220=100

**69** 200V용 아크용접기의 1차 입력이 15kVA일 때 퓨즈의 용량은 얼마(A)가 적당한가?

① 65A ② 75A
③ 90A ④ 100A

**70** 용접기 설치 시 1차 입력이 10kVA이고 전원 전압이 200V이면 퓨즈 용량은?

① 50A ② 100A
③ 150A ④ 200A

**71** 변압기에서 1차 측 코일의 감김 수가 20, 2차 코일의 감김 수가 10이며, 1차 측 전압이 220V일 경우 2차 측 전압은 얼마인가?

① 55V ② 110V
③ 220V ④ 440V

해설
$\frac{E_1}{E_2}=\frac{n_1}{n_2}=\frac{I_2}{I_1}$ ∴ $E_1 n_2=E_2 n_1$
$n_1 I_1=n_2 I_2$, $E_1 I_1=E_2 I_2$
$220\times 10=20E_2$
$E_2=220\times 10/20=110$

정답 63 ② 64 ② 65 ② 66 ③ 67 ④ 68 ② 69 ② 70 ① 71 ②

**72** 그림과 같은 원뿔을 전개하였을 경우 나타난 부채꼴의 전개각(전개된 물체의 꼭지각)이 120°가 되려면 $l$의 치수는?

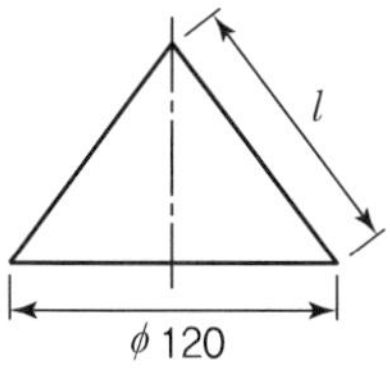


① 90 ② 120
③ 180 ④ 270

해설
방사선을 이용한 전개도법은 각뿔이나 원뿔의 전개에 사용한다. 꼭짓점을 중심으로 방사형으로 전개시키는 방법이며 그림의 전개도에서 부채꼴의 반지름은 원뿔의 빗변 길이와 같다. 부채꼴의 중심각을 구하는 공식에서 빗변의 길이를 계산할 수 있다.

$e = 360 \times \frac{r}{l}$ 그러므로

$120 = 360 \times 60/l = 21{,}600/l = 120$, $l = 180$

여기서, $\theta$ : 부채꼴의 중심각
$r$ : 원뿔의 반지름
$l$ : 원뿔 빗변의 길이

**73** 두께가 3.2mm인 박판을 탄산가스 아크용접법으로 맞대기 용접을 하고자 한다. 용접전류 100A를 사용할 때 이에 적합한 아크 전압[V]의 조정 범위는 어느 정도인가?

① 10~13V ② 18~21V
③ 23~26V ④ 28~31V

해설
**아크 전압의 조정 범위**
- 6T 이하인 박판
  0.04×사용전류+14~17=최소전압
- 최대전압 9T 이상인 후판
  0.04×사용전류+18~22=최소전압, 최대전압
  그러므로 0.04×100+14=18V이며
  0.04×100+17=21V

**74** 액체 이산화탄소 25kg 용기는 대기 중에서 가스량이 대략 12,700L이다. 20L/min의 유량으로 연속 사용할 경우 사용 가능한 시간은 약 얼마인가?3

① 60시간 ② 6시간
③ 10시간 ④ 1시간

해설
20L/min의 의미는 1분당 20L의 가스를 사용한다는 것이며 결국 1시간에 1,200리터(20×60=1,200)의 가스를 소모하게 된다.
∴ 12,700/1,200=약 10시간

정답 72 ③ 73 ② 74 ③

# 피복아크용접기능사 필기


발행일 | 2016. 9. 20 초판 발행
2019. 1. 15 개정 1판1쇄
2020. 3. 20 개정 2판1쇄
2021. 4. 20 개정 3판1쇄
2023. 1. 20 개정 4판1쇄
2023. 4. 20 개정 4판2쇄
2024. 1. 20 개정 5판1쇄

저　자 | 유 기 섭
발행인 | 정 용 수
발행처 | 예문사

주　소 | 경기도 파주시 직지길 460(출판도시) 도서출판 예문사
TEL | 031) 955－0550
FAX | 031) 955－0660
등록번호 | 11－76호





정가 : 23,000원

ISBN 978-89-274-5320-8 13550